University Physics

大学物理学简明教程

（第二版）

主　编　饶瑞昌

副主编　张　楠　董福龙

李新梁　李彦荣

高等教育出版社·北京

内容提要

本书是在饶瑞昌教授主编的《大学物理学》(简明版)的基础上修订而成的。此次修订主要对教学内容的表述、例题的选择、习题的配备等方面做了相应修改,力求做到深入浅出、难易适中,以适应少学时大学物理课程的需要。

本书内容包括:质点力学、守恒定律、刚体力学、相对论力学、静电场、恒定磁场、变化的电磁场、气体动理论、热力学基础、振动和波动、波动光学以及量子物理,共计12章。

本书可作为高等学校理科非物理学类专业和工科各专业60~80学时的大学物理课程教材,也可供高职高专、成人高校等选用及有关科技人员参考。

图书在版编目(CIP)数据

大学物理学简明教程 / 饶瑞昌主编. -- 2版. -- 北京 : 高等教育出版社,2020.1

ISBN 978-7-04-050710-2

Ⅰ. ①大… Ⅱ. ①饶… Ⅲ. ①物理学-高等学校-教材 Ⅳ. ①O4

中国版本图书馆CIP数据核字(2018)第233442号

Daxue Wulixue Jianming Jiaocheng

策划编辑 程福平　责任编辑 程福平　封面设计 杨立新　版式设计 杜微言
插图绘制 于 博　责任校对 马鑫蕊　责任印制 刁 毅

出版发行 高等教育出版社
社　　址 北京市西城区德外大街4号
邮政编码 100120
印　　刷 北京玥实印刷有限公司
开　　本 787mm × 1092mm 1/16
印　　张 24.25
字　　数 510千字
购书热线 010-58581118
咨询电话 400-810-0598

网　　址 http://www.hep.edu.cn
http://www.hep.com.cn
网上订购 http://www.hepmall.com.cn
http://www.hepmall.com
http://www.hepmall.cn
版　　次 2013年9月第1版
2020年1月第2版
印　　次 2020年1月第1次印刷
定　　价 48.00元

物 料 号 50710-00

大学物理学简明教程

（第二版）

主编　饶瑞昌

1 计算机访问http://abook.hep.com.cn/12440415，或手机扫描二维码、下载并安装Abook应用。

2 注册并登录，进入“我的课程”。

3 输入封底数字课程账号（20位密码，刮开涂层可见），或通过Abook应用扫描封底数字课程账号二维码，完成课程绑定。

4 单击“进入课程”按钮，开始本数字课程的学习。

课程绑定后一年为数字课程使用有效期。受硬件限制，部分内容无法在手机端显示，请按提示通过计算机访问学习。

如有使用问题，请发邮件至abook@hep.com.cn。

物理学家简介　阅读材料　演示实验

http://abook.hep.com.cn/12440415

第二版前言

本书依据教育部高等学校物理学与天文学教学指导委员会编制的《理工科类大学物理课程教学基本要求》(2010 年版)的精神,在第一版的基础上,综合使用过程中反馈的信息和意见修订而成。

在这次修订过程中,保持了第一版选材适当、概念清晰、语言精练和易教易学的特点。同时考虑到少学时大学物理课程教学的实际情况,修订中更加注重"以人为本"的理念,突出了物理学的研究思路和方法,充实了物理学原理在工程技术中的应用,加强了近代物理的教学内容,删除了一些难度偏大的习题,以使本书更好地满足独立学院以及高等学校理科非物理学类专业和工科各专业少学时大学物理课程的教学需要。

本书第二版的修订工作由饶瑞昌教授主持,参加第二版修订工作的还有张楠、董福龙、李新梁、李彦荣和李渊华。

东华理工大学长江学院对修订工作给予了大力的支持,高等教育出版社程福平编辑对修订工作给予了精心指导,在此一并表示衷心的感谢。

本书有笔误或者不足之处,请读者批评指正。

饶瑞昌

2018 年 4 月

第一版前言

随着教育形势的发展,我国高等教育已从精英教育转变为大众化教育,不少普通高校均开设了少学时的大学物理课程。然而,目前国内适合少学时教学计划的大学物理课程教材却比较少,因此在使用现有教材时,教师不得不花费很多时间和精力来处理教材,尽管如此,学生在学习过程中仍然感到不适应。

为了适应教学改革新形势的需要,让教师使用教材更加方便,学生学习更加顺畅,我们以《理工科类大学物理课程教学基本要求》(2010 年版)的 A 类核心内容(择要介绍的 B 类扩展内容用“*”号标注)为教学体系,编写了这本适合少学时的大学物理课程教材。

本教材定位在既能适用于工科各专业少学时的大学物理课程的教学,又能适用于独立学院非物理学专业的大学物理课程的教学。希望这样的定位能使教材具有普遍适用性,解决教学层次的多样性以及高等教育大众化所带来的问题。

教材内容相对丰富和完整,力图使学生对物理学的内容和方法、概念和图像、历史和现状有所了解,保证在较少时间内达到本科教学的基本要求。

教材结构兼顾体系的科学性和教学上的可接受性,既要紧凑,又要把问题阐述清楚,使之便于教师教和学生学。

为了实现上述目标,在本教材的编写中,既保持了物理基础学科知识的系统性和完整性,同时也注意培养学生的科学思想与物理学的研究方法。考虑到学时较少的特点,减少了与中学物理课程的重复,简化了过多繁琐的数学推导和过深的理论探讨,对 B 类内容仅作简单的定性描述,不进行深入的讨论,对概念的引出、定理的证明和例题的阐述,力求简明清晰,并尽量配合插图,使学生易于接受。

某些专业教学计划中,大学物理课程只有 64 学时,对这些专业的学生,可以不讲授加“*”号的内容,这样仍然可以达到本课程的基本要求。

编者怀着深深的谢意,衷心感谢高等教育出版社程福平编辑的大力帮助,在本教材的编写过程中记录着他的辛勤劳动和出色工作。

编写面向大众化教育所需要的教材,是教学改革的一种尝试,也是编者努力追求的目标,但由于编者水平有限,书中不足与疏漏之处在所难免,希望使用本书的教师、学生和其他读者随时提出宝贵意见。

饶瑞昌

2013 年 3 月

目录

绪　论

一、物理学研究的内容

物质世界是一个无限广阔、无限深邃、变化多端、丰富多彩的世界. 所谓物质,就是宇宙中存在的客观实在,日月星辰、山川草木、飞禽走兽是物质,各种气体、液体、固体和组成物质的分子、原子、电子等实物也是物质,电场、磁场、重力场和引力场这些场还是物质,总的来说,我们周围的一切都是物质.

一切物质都在永不停息地运动着,自然界一切现象都是物质的各种不同运动形式的表现,自然科学的各个分支就是按所研究的不同的物质运动形式而区分的. 物理学所研究的运动主要包括机械运动、电磁运动、热运动及微观粒子的运动,它们是自然界中最基本、最普遍的运动,任何其他更高级、更复杂的运动形式均包含有上述运动的成分. 因此,物理学所得出的规律具有极大的普遍性. 因而长期以来物理学都被视为一切自然科学的基础.

近年来,物理学发展很快,出现了不少新现象、新分支,但就基础理论而言,仍然可分为如下五个方面:

1. 经典力学(第一章至第三章)

研究物体的机械运动规律. 物体与物体之间或物体各部分之间相对位置随时间的变化称为机械运动. 如各种机器的运动、弹簧的伸长与压缩、河水及空气的流动、心脏的跳动等都是机械运动.

力学理论的建立与发展经历了漫长的时期,它起源于公元前 4 世纪古希腊学者亚里士多德关于力产生运动的说法. 17 世纪,伽利略论述了惯性运动. 而后,牛顿又提出了力学的三大定律,解决了大量的实际问题,使力学理论的发展达到了前所未有的水平,人们常把以牛顿运动定律为基础的力学理论称为经典力学(或称为牛顿力学).

尽管力学很古老,但在科学研究及工程技术领域,如机械工程、水利工程、抗震工程、航空航天工程以及天体运动等,经典力学都是必不可少的基础理论.

2. 电磁学(第五章至第七章)

研究电磁场的运动和电磁相互作用的规律. 电磁学大体可划分为“场”和“路”,大学物理课程侧重于对场的研究,而强电电路、电子线路等有关“路”的部分留待后续课程去研究.

在相当长的历史时期内,电和磁被看做是两种完全不同的现象加以研究,直到奥斯特发现电流有磁效应,之后法拉第又发现变化的磁场有电效应,才将电磁之间联系的认识推广到一个新的阶段. 1865 年,英国物理学家麦克斯韦在总结了大量实验研究成果的基础上提出了感生电场和位移电流假设,建立了完整的电磁场理论基础——麦克斯韦方程组. 这个理论的重要意义在于它不仅适用于一切宏观电磁现象,促进了工程技术和现代文明的飞速发展,而且在于它将光现象统一在这个理论框架内,深刻地影响着人们认识物质世界的思想.

电磁学知识之所以重要就在于电磁学基本规律的实际应用正日新月异地渗透到人类社会的各个领域,从生产到生活,从各种新技术的应用到尖端科学研究,都离不开电和磁. 此外,电磁学理论还是人类深入认识物质世界必不可少的基础理论.

3. 热学(第八章和第九章)

热学主要研究大量分子进行无规则运动所表现出来的热现象和热运动规律. 凡是与温度有关的现象都称为热现象. 热现象是自然界中极为普遍的现象,热运动不仅与我们的生活密切相关,而且广泛应用于工农业生产和科学研究中,汽车、火车等的动力装置,就是利用燃料燃烧放出来的热来做功的;金属的冶炼,材料的提纯,医药、化工产品生产,电子器件的制造,核反应堆的设计等,无不与热运动有关. 而且,随着科学技术的发展,人类对物质世界的研究又深入到高温、高压、高真空和超低温等极端条件下的各个领域.

热学的发展经历了一个漫长的历史过程,直至18世纪之后,由于贸易和海上运输的发展,促进了工农业生产的发展,蒸汽机的出现,大大解放了生产力,激发了人们对热学现象进行深入的研究,到19世纪中期,经过玻耳兹曼、克劳修斯、开尔文等人的努力,建立起了系统的热学理论.

热学按研究方法的不同分为两门学科,一是热力学,它是通过大量的实验、观测和分析,归纳得到热现象的宏观规律. 另一门是统计物理学,它是从物质的微观结构出发,通过合理的假设,对单个粒子采用力学的方法,对大量粒子采用统计方法阐明热现象的微观本质.

4. 波动学(第十章和第十一章)

波动学主要研究宏观领域的波动规律. 波动是自然界中一种重要且常见的物质运动形式,横跨了物理学的所有学科,广泛地存在于宏观世界和微观世界中. 例如,力学中的机械波,电磁学中的电磁波,声也是机械波,光又是电磁波,微观粒子也具有波动性. 因此,波动是整个物理学中最重要的研究领域之一.

波动理论始于17世纪,完整的波动理论是在19世纪由惠更斯、托马斯·杨和菲涅耳从实验和理论推导建立起来的.

波动在人类生存活动中是不可缺少的,荡漾的湖水、灿烂的阳光、悠扬的琴声都是波,高耸的天线不断向空中传送的信号、宇宙深处许多天体有韵律的辐射也是波,人们的思想交流和信息交换更离不开波. 人类就是生活在各种各样的"波的海洋中".

5. 近代物理学(第四章和第十二章)

近代物理学主要研究高速运动的时空观和微观粒子内部结构及粒子之间相互作用的规律.

19世纪末,人们认为物理学已经发展到了比较完善的阶段,被称为经典物理学的力学、热力学和统计物理学、电动力学(电磁学)、光学等从不同侧面反映了自然界物质运动的基本规律,它们能解释几乎所有的自然现象和实验事实. 许多物理学家都认为物理学的基本规律已全部揭示出来了,正如1900年著名物理学家开尔文在展望物理学前景所说的:"物理学大厦已经建成,后人只需做些修补工作就行了." 然而,正当物理学家们为物理学的伟大成就感到欢欣鼓舞的时候,在物理学领域内出现了一些新的实验现象,这些实验现象无法用当时的经典物理学理论来解释,使经典物理学陷入了非常困难的境地,也使物理学家们感到困惑.

为了说明这些实验结果,人们不得不突破经典物理学的束缚,提出一些新的假设和概念,这些假设和概念在实践中经受了检验,不断修正和发展,逐步建立起新的物理理论. 20 世纪初,建立了适用于高速运动的相对论,20 世纪 30 年代建立了适用于微观体系的量子力学,以后又在此基础上深入研究各种凝聚态物质的微观结构,分子、原子、原子核、基本粒子等的内部结构及它们的相互作用和运动变化规律等,所有这些构成了近代物理学.

近代物理学是相对经典物理学而言的,一般是以 1900 年前后为界予以划分的. 近代物理学的内容极其丰富,相对论和量子力学是近代物理学的两大支柱,早已渗透到物理学的各个领域,原子物理、原子核物理、固体物理等学科所涉及的微观现象都能从以量子力学为基础的理论中获得解释.

二、物理学对科技发展的作用

物理学的发展始终是与人类的生产活动紧密相连,物理学所研究的许多重大问题都是人类社会生活中当时迫切需要解决的问题,这些问题的解决一方面使物理学向前跨越了一步,也往往会使生产力得到了一次大解放.

18 世纪 60 年代,由于力学和热学的发展,蒸汽机和其他机器得到改进和推广,人类结束了单纯依靠人力和畜力做功的局面,掌握了向大自然索取能源的技能,借助自然能源,工业生产迅速发展,引发了人类历史上第一次工业革命.

19 世纪电磁学的研究成果,促进了电力的应用,电动机与发电机等电器的发明、无线电通信的实现,使人们学会了把其他形式的能量转化为电能和把电能转化为其他形式的能量,使劳动生产力得到了又一次大解放,形成了人类历史上第二次工业革命.

进入 20 世纪以来,物理学的研究深入到高速运动与物质结构的微观领域,建立了以相对论和量子力学为基础的近代物理学,导致了半导体、激光器、计算技术等高新技术的诞生,使人类社会进入了技术高速发展的新时代. 尤其是随着相对论和量子力学的建立,原子和原子核物理得到了很快的发展,在第二次世界大战后期制成了威力巨大的原子弹(1945 年美国在日本广岛、长崎爆炸的两颗原子弹杀伤了几十万无辜的日本人民). 不久,科学家研制了用于发电的可控核反应堆,开辟了人类和平利用核能的途径,核能成为一种新型的能源. 目前世界各国,特别是发达国家,竞相发展核电站,法国 70%的电力、美国 20%的电力都是核电.

目前,全世界范围内正面临着以信息、能源、材料、生物工程和空间技术等为核心的一场新技术革命,毫无疑问,在未来发展中,高速发展的现代物理学必将使人类文明进入更高级的阶段.

三、物理学的研究方法

物理学是一门实验科学,实验是物理学的根本,精确的、能够反复重复的实验决定物理学的一切,具有最高权威,而且对于未知领域的探求也主要是靠实验. 例如:1956 年华裔物理学家杨振宁和李政道提出了弱相互作用下宇称不守恒. 这一理论是否正确,关键在于实验. 很快,另一位华裔实验物理学家吴健雄用他精湛的实验技巧从实验上证实了这一理论的正确性,杨振宁和李政道也因此获得了 1957 年的诺贝尔物理学奖.

物理现象的规律和若干物理量之间的关系是以一定的原理、假设、定律和定理来反映的,其中原理是指在自然科学的某一领域中具有普遍意义的、最基本的、可以作为其他规律的基础规律(如力的叠加原理、波的叠加原理等),它实际上是人们在大量实践的基础上提出来的,其正确性要通过由它所导出的其他结论与实验事实是否一致来检验的. 自然科学的各个学科领域都是从基本原理出发,推演出各种具体的定理、命题、结论等,由此形成了各自的学科体系. 定律则是通过大量实验事实归纳概括而成的客观规律(如牛顿运动定律、库仑定律等). 从基本定律出发,也可以推演出有关的物理定理及结论,而定理则是根据原理或定律应用数学的方法推导出来的理论结论. 例如:从牛顿运动定律出发可以推导出动能定理、动量定理、角动量定理等.当新的实验结果与物理理论不相符合时,常用假设去说明. 假设是在一定的观察、实验的基础上对自然现象本质提出的说明方案,其正确与否尚需进一步的实验和观察来验证. 如果实验与观察证明它是正确的,这种假设便可上升为真理;如果证实它只有部分正确,则应予以修正;如果证实这种假设完全不对,则应予以否认. 例如:爱因斯坦的光子假设就是根据大量的光电效应实验事实提出来的,由于它反映了客观事物的本质,因此很快就成为光电效应的理论基础.

“大学物理”是高等院校理工科非物理学类专业的一门十分重要的基础理论课,它所阐述的物理学基本知识、基本概念、基本规律和基本方法,对于培养学生科学素养和思维方法,提高科学研究能力起着重要的作用. 大家应该通过坚持不懈的学习,牢固地掌握物理学中的基本理论和基本知识,并在实验技能和运用数学的能力以及研究方法等方面受到严格的训练,为今后学习专业知识及近代科学技术打下必要的物理基础.

第一章

质点力学

质点力学包括质点运动学和质点动力学. 质点运动学研究的是物体的位置随时间变化的规律,而不涉及引起变化的原因. 质点动力学研究的是物体间的相互作用对物体运动的影响.

本章讨论质点运动的描述及其运动的基本规律.

1-1 描述质点运动的基本概念

一、质点与质点系

任何物体都有一定的大小、形状和内部结构,一般情况下,物体各点的运动状态各不相同,而且物体大小和形状也可能会变化. 如果物体的大小和形状在我们研究问题中不起作用或者所起的作用小得可以忽略不计时,我们就可以近似地把这物体看做一个只具有质量而不考虑大小和形状的几何点,称为质点.

质点是经过科学抽象形成的概念,把物体当做质点是有条件的、相对的,而不是任意的、绝对的. 只有在如下情况下才可以把物体当做质点来处理:

(1) 当物体只做平动时,可将物体看做质点. 因为物体平动时,物体上各点的运动情况完全相同,任意一个点的运动都代表了整个物体的平动.

(2) 当物体的线度远小于它运动的空间范围时,可将物体看做质点. 例如,在研究地球这个庞大物体绕太阳公转时,由于地球与太阳的平均距离(约为1.5×10^8 km)比地球的半径(约6.37×10^3 km)大得多,地球上各点相对于太阳的运动可以看做是相同的,所以在研究地球公转时,就可以把地球当做质点. 但是,在研究地球本身的自转时,地球上各点的运动情况就大不相同,这时就不能再把地球当做质点了.

必须指出:质点实际上是不存在的,它只是为了研究问题的方便而抽象出来的一种理想模型,是实际物体在一定条件下的抽象. 这种在一定条件下把研究对象抽象化、理想化,形成某种模型的方法是一种重要的科学研究方法,不这样做,我们甚至连最简单的现象也会感到难以处理,甚至束手无策. 实际上,物理学的全部原理、定律都是对于一定的理想模型行为的刻画,可以毫不夸张地说,没有理想模型作为研究手段就没有物理学.

物理学中常见的理想模型主要有质点、刚体、弹性体、理想气体、弹簧振子、点电荷、薄透镜、点光源、黑体等,它们都是基于同样的道理而建立起来的.

当物体在所研究的问题中不能视为质点时,可把物体看做是由许多个质点组成的,这许多个质点的集合称为质点系. 通过分析质点系的运动,就可以弄清楚整个物体的运动. 所以,研究质点的运动是研究物体运动的基础.

二、参考系与坐标系

宇宙间的万物都处在永不停息地运动中,绝对静止的物体是不存在的,地球上的房屋、树木等看似静止，但它们都随着地球一起绕太阳公转，同时也和地球一起绕地球自转轴转动. 而太阳又相对银河系中心以更大的速度（约 3×10^5 m/s）运动着……这些事实说明，运动本身是绝对的. 然而，描述物体的运动总是相对于其他物体而言的. 例如，观察行驶着的火车的位置变化时，通常以地面某一物体（如电线杆）作为参考，并把该物体看成不动的. 同样，观察河水的流动时，也是以某一个我们认为是不动的物体（如桥墩）为参考来判别的. 所以，在观察一个物体的位置以及它的位置变化时，总要选取其他物体来作参考，这个被选为描述物体运动的参考物体（或物体系）叫做参考系.

演示实验：运动小车

选取不同的参考系，对物体运动情况的描述是不同的. 例如，在一平稳行驶的轮船中，以轮船为参考系，静坐的乘客相对于船是静止不动的，以地面为参考系，它相对于地面的某一物体的位置却不断变化. 可见，相对于不同的参考系（轮船或地面），物体运动的情况是不同的，这一事实称为运动描述的相对性. 因此，在讲述物体运动情况时，必须指明是对什么参考系而言的.

在运动学中，参考系的选择是任意的，主要根据问题的性质和研究问题是否方便来定，在讨论地面上物体的运动时，通常选地面或相对地面静止的物体作为参考系，而在描述太阳系中行星的运动时，则通常选太阳作为参考系.

在选定参考系以后，为了定量地描述物体的位置和位置随时间的变化，必须在参考系上建立一个坐标系，常用坐标系有直角坐标系、极坐标系、自然坐标系、球坐标系以及柱坐标系等. 坐标系的选择是任意的，最常用的坐标系是直角坐标系.

当物体在空间运动时，可选取一坐标原点 O，通过原点 O 作三条相互垂直的 Ox 轴、Oy 轴和 Oz 轴，如图 1-1 所示. 这样，物体的位置可由它在 Ox 轴、Oy 轴和 Oz 轴上的投影点到 O 点的距离，即坐标 x、y 和 z 来确定，这种坐标系叫做空间直角坐标系.

当物体在平面上运动时，可选取一坐标原点 O，通过原点 O 作一坐标轴 Ox，再通过原点 O 作一与 Ox 轴相垂直的 Oy 轴，如图 1-2 所示. 这样，物体的位置 P 可由它在 Ox 轴和 Oy 轴上的投影点到 O 点的距离，即坐标 x 和 y 来确定，这种坐标系叫做平面直角坐标系.

文档：笛卡尔简介

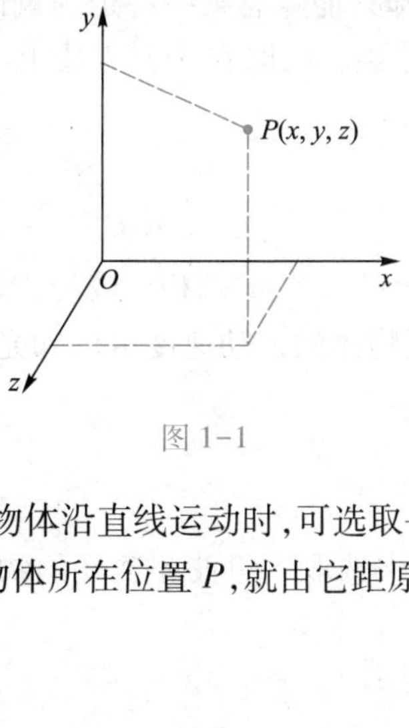

图 1-1

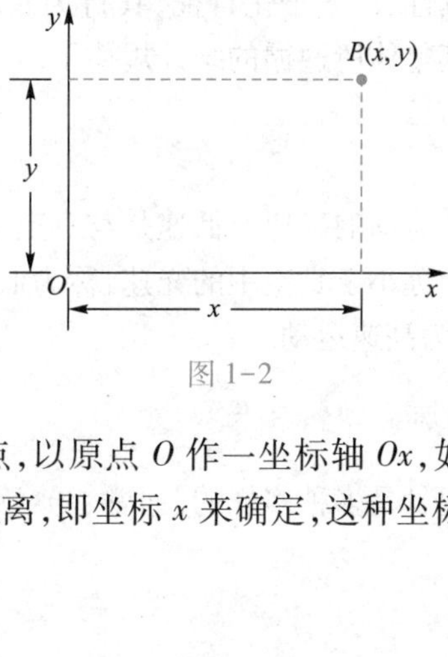

图 1-2

当物体沿直线运动时，可选取一坐标原点，以原点 O 作一坐标轴 Ox，如图 1-3 所示. 物体所在位置 P，就由它距原点 O 的距离，即坐标 x 来确定，这种坐标系叫做直线坐标系.

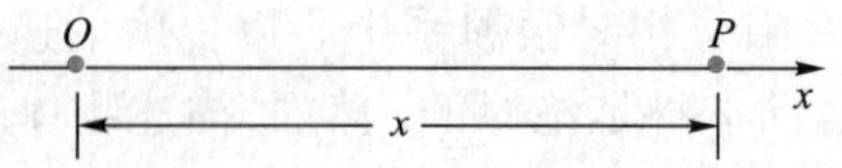

图 1-3

三、时间与空间

时间与空间是运动着的物质存在的形式，没有脱离物质的时间与空间，也没有不在时间与空间中运动的物质. 物理学所描述的现象都离不开时间与空间.

时间反映物质运动过程的持续性和顺序性，其基本计量单位为 s（秒）. 1967 年，第十三届国际计量大会定义：秒是铯-133（^{133}Cs）原子基态的两个超精细能级之间跃迁所对应的辐射的 9 192 631 770 个周期的持续时间. 除时间外，还常用到时刻的概念. 当质点在参考系中运动时，与质点所在某一位置相对应的为某一时刻，与质点所走某一段路程相对应的为某一段时间. 例如，火车 8∶00 从甲站开出，10∶00 到达乙站，这个 8∶00 和 10∶00 就是时刻；从 8∶00 到 10∶00 经过了 2 h（小时），这 2 h 就是时间间隔，简称为时间.

空间反映了物质运动的广延性，空间中两点之间的距离称为长度，其基本计量单位为 m（米）. 1983 年，第十七届国际计量大会定义：1 m 是光在真空中（1/299 792 485）s 时间间隔内所经路径的长度.

四、宏观与微观

为了研究需要，人们常以 10^{-7} m（大体处于原子尺度）为界限，粗略地把物质分为“宏观”与“微观”两类. 所谓宏观物体，是指人的感觉可以直接观察或使用常规仪器能直接观测到的物体，说得具体一点，就是当物体线度大于 $10^{-6}\sim10^{-8}$ m，即远大于原子尺度的物体称为宏观物体，原子尺度的粒子和更小的粒子称为微观粒子.

宏观与微观，不仅有大小的差别，而且在其性质、规律及研究方法上存在着质的差异. 例如，宏观物体可以具有任意数值的能量，显示出连续性，在研究方法上着重于研究个体的粒子性规律，而微观物体的能量却只能具有某些特定的量值，呈现出不连续性，即量子化特征，其行为具有波粒二象性，因此，在研究方法上，就着重于研究其整体所遵循的统计规律了.

五、高速与低速

物体运动的高速与低速是与真空中的光速（$c=3\times10^{8}$ m/s）相比较的，若物体的运动速度远小于真空中的光速，称为低速运动，当物体的运动速度可以和光速比拟时，则称为高速运动.

六、国际单位制与量纲

物理量是多种多样的，通常在众多的物理量中选取一组彼此独立的物理量作为基本量,其单位作为基本单位,而其他的物理量则根据定义或定律由基本量导出,称为导出量,它们的单位称为导出单位.

由于各国使用的单位制种类多种多样,给国际间科学技术的交流带来很大不便,因此,1960 年第十一届国际计量大会通过了国际单位制,缩写为 SI. 我国的法定计量单位即以国际单位制为基础.

国际单位制选取 7 个物理量:长度、质量、时间、电流、热力学温度、物质的量、发光强度作为基本量,这 7 个基本量的基本单位相应为 m(米)、kg(千克)、s(秒)、A(安[培])、K(开[尔文])、mol(摩[尔])和 cd(坎[德拉]).

将一个物理量表示为基本量的幂次之积的表达式称为该物理量的量纲,基本量的量纲符号分别用 L(长度)、M(质量)、T(时间)、I(电流)、Θ(热力学温度)、N(物质的量)和 J(发光强度)表示. 其他物理量的量纲可用这些基本量纲的组合来表示. 例如,力的量纲可表示为 MLT^{-2}. 但也有些物理量的量纲指数为零,称为纲量为 1 的量,这种量表示为单位为 1 的纯数.

不同的物理量可能有相同的量纲. 例如,力矩和功的量纲都是 ML^2T^{-2}.

由于只有量纲相同的物理量才能相加减或用等号连接,所以只要考察等式两端各项量纲是否相同,就可初步校验等式的正确性. 这种方法在求解实际问题和科学实验中经常用到.

1-2 描述质点运动的物理量

一、位置矢量

位置矢量是描述质点位置的物理量. 如图 1-4 所示,设在某时刻质点运动到 P 点,则 P 点的位置可用从坐标原点 O 向 P 点所引的位置矢量 $\boldsymbol{r}$ 表示,也可用坐标 x,y,z 表示,显然,(x,y,z) 是位置矢量 $\boldsymbol{r}$ 沿坐标轴的三个分量的大小. 若用 $\boldsymbol{i}$,$\boldsymbol{j}$,$\boldsymbol{k}$ 分别表示沿 x,y,z 三个坐标轴正方向的单位矢量,这样位置矢量 $\boldsymbol{r}$ 可写成

$$\boldsymbol{r}=x\boldsymbol{i}+y\boldsymbol{j}+z\boldsymbol{k} \tag{1-1}$$

$\boldsymbol{r}$ 的大小可表示为

$$r=|\boldsymbol{r}|=\sqrt{x^2+y^2+z^2} \tag{1-2a}$$

$\boldsymbol{r}$ 的方向由三个方向余弦来确定

$$\cos\alpha=\frac{x}{|\boldsymbol{r}|},\quad \cos\beta=\frac{y}{|\boldsymbol{r}|},\quad \cos\gamma=\frac{z}{|\boldsymbol{r}|} \tag{1-2b}$$

式中 α、β、γ 分别是 $\boldsymbol{r}$ 与 Ox 轴、Oy 轴和 Oz 轴之间的夹角.

今后,我们主要讨论质点的平面运动和直线运动,当质点在平面内运动时,建立如图 1-5 所示的平面直角坐标系,则其位置矢量为

$$\boldsymbol{r}=x\boldsymbol{i}+y\boldsymbol{j} \tag{1-3}$$

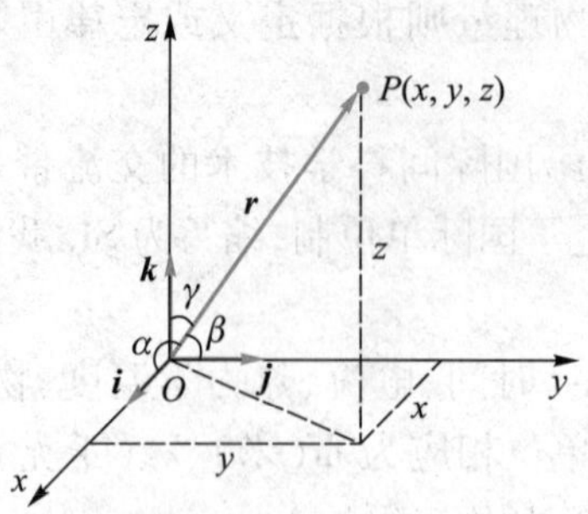

图 1-4

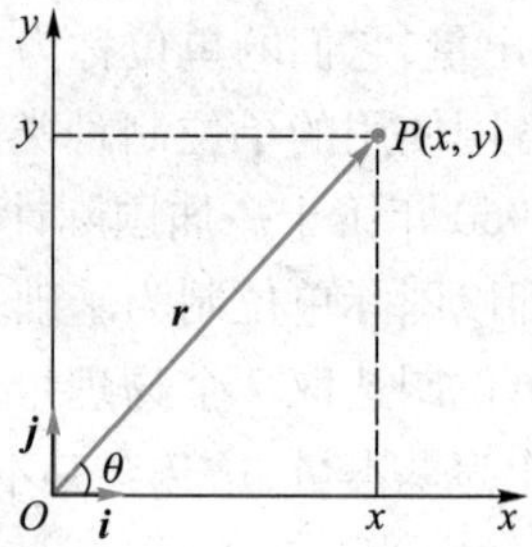

图 1-5

位置矢量的大小为

$$r=\sqrt{x^2+y^2} \tag{1-4a}$$

位置矢量的方向由 $\boldsymbol{r}$ 与 x 轴正向夹角 θ 表示为

$$\theta=\arctan\left(\frac{y}{x}\right) \tag{1-4b}$$

二、位移

位移是描述初始时刻和终止时刻质点位置变化大小和方向的物理量. 如图 1-6 所示,质点沿图中曲线运动,t 时刻位于 A 点,位置矢量为 $\boldsymbol{r}_A$,$t+\Delta t$ 时刻到达 B 点,位置矢量为 $\boldsymbol{r}_B$,我们将由 A 点指向 B 点的有向线段称为位移,用 $\Delta\boldsymbol{r}$ 表示. 位移是矢量,其大小等于由 A 点指向 B 点的直线距离,其方向由 A 点指向 B 点. 在平面直角坐标系中,位移可表示为

$$\Delta\boldsymbol{r}=\boldsymbol{r}_B-\boldsymbol{r}_A=(x_B\boldsymbol{i}+y_B\boldsymbol{j})-(x_A\boldsymbol{i}+y_A\boldsymbol{j})$$
$$=(x_B-x_A)\boldsymbol{i}+(y_B-y_A)\boldsymbol{j}$$

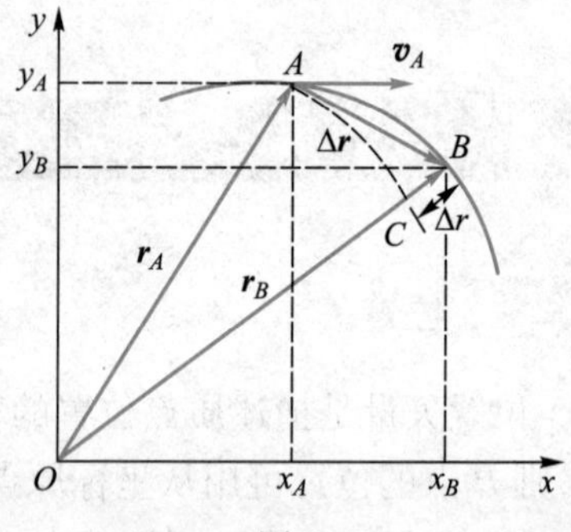

图 1-6

因此有

$$\Delta\boldsymbol{r}=\Delta x\boldsymbol{i}+\Delta y\boldsymbol{j} \tag{1-5}$$

位移的大小为

$$|\Delta\boldsymbol{r}|=\sqrt{(\Delta x)^2+(\Delta y)^2} \tag{1-6a}$$

位移的方向由 $\Delta\boldsymbol{r}$ 与 x 轴正向夹角 θ 表示,即

$$\theta=\arctan\left(\frac{\Delta y}{\Delta x}\right) \tag{1-6b}$$

必须指出,位移只给出质点在一段时间内位置变动的结果,但并未给出质点是沿什么路径由起点运动到终点的,因此一定要认清质点在一段时间内的位移和所经过的路程的区别. 路程是质点所经历的实际路径的长度. 在图 1-6 中,位移是有向线段 $\overrightarrow{AB}$,是矢量,它的大小 $|\Delta\boldsymbol{r}|$ 即割线的长度;路程是标量,即曲线弧 $\widehat{AB}$ 的长

度,记为 Δs. 一般情况下,Δs 和 $|\Delta \boldsymbol{r}|$ 并不相等,即使在直线运动中,位移和路程也是截然不同的两个概念,例如:某质点沿直线从 A 点到 B 点,又返回 A 点,显然该质点经过的路程等于 A、B 两点之间距离的两倍,而位移却为零.

此外,$|\Delta \boldsymbol{r}|$ 与 Δr 也不相同,前者代表位移的大小,后者表示位置矢量大小的增量,由图 1-6 可以看出,$|\Delta \boldsymbol{r}|=|AB|$,取 $|OC|=|OA|$,则 $\Delta r=|CB|$,显然,$|\Delta \boldsymbol{r}|\neq \Delta r$,即使当 $\Delta t\to 0$ 时,仍有 $|\mathrm{d}\boldsymbol{r}|\neq \mathrm{d}r$.

在国际单位制中,位置矢量、位移和路程的单位都是 m(米).

三、速度

速度是描述质点运动快慢和方向的物理量,如图 1-7 所示,若质点在 t 时刻位于 A 点,$t+\Delta t$ 时刻位于 B 点,则在 Δt 时间内,质点的位移为 $\Delta \boldsymbol{r}$,我们定义质点的平均速度为其位移 $\Delta \boldsymbol{r}$ 与所经历的时间 Δt 之比,即

$$\overline{\boldsymbol{v}}=\frac{\Delta \boldsymbol{r}}{\Delta t} \tag{1-7}$$

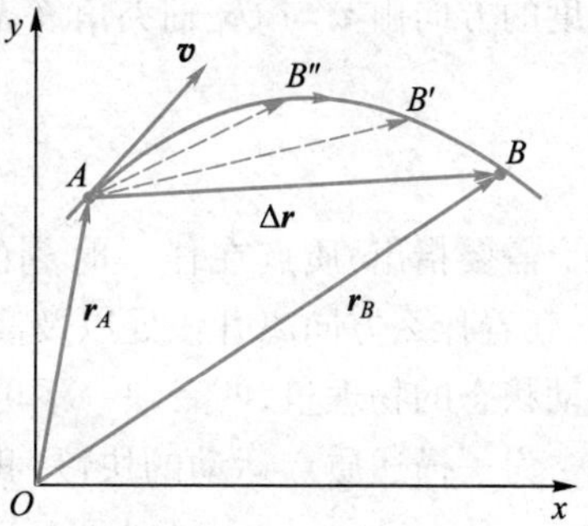

图 1-7

平均速度是矢量,其大小为 $|\overline{\boldsymbol{v}}|=\dfrac{|\Delta \boldsymbol{r}|}{\Delta t}$,其方向与 $\Delta \boldsymbol{r}$ 的方向相同. 即由 A 点指向 B 点.

平均速度只能粗略地描述一段时间内的运动情况,并不能反映出质点在某一时刻或某一位置的运动情况. 那么,如何精确地描述质点在某一时刻或某一位置的运动呢?

仍以图 1-7 所示的质点运动为例,若 B 点比较接近于 A 点时,位移 $\Delta \boldsymbol{r}$ 较小,所用的时间 Δt 也较短,此时 A,B 两点间的平均速度就能比较精确地反映质点在 A 点的运动情况. 时间 Δt 取得越短,就越能反映 A 点的真实运动. 当 $\Delta t\to 0$ 时,$\Delta \boldsymbol{r}\to 0$,但是,这时 $\dfrac{\Delta \boldsymbol{r}}{\Delta t}$ 却趋近于某一极限值,即在 Δt 时间内的平均速度也就趋近于 A 点的真实速度,这个速度叫做 A 点的瞬时速度,用 $\boldsymbol{v}$ 表示,则有

$$\boldsymbol{v}=\lim_{\Delta t\to 0}\frac{\Delta \boldsymbol{r}}{\Delta t}=\frac{\mathrm{d}\boldsymbol{r}}{\mathrm{d}t} \tag{1-8}$$

上式表明,质点在某一时刻(或某一位置)的瞬时速度等于该质点的位置矢量对时间的一阶导数. 瞬时速度又叫即时速度,简称速度.

速度是一个矢量,其方向是当 $\Delta t\to 0$ 时位移 $\Delta \boldsymbol{r}$ 的极限方向,由图 1-7 可知,质点在 A 点的速度方向,是沿着轨道上 A 点的切线指向质点前进的方向.

在平面直角坐标系中,速度可表示为

$$\boldsymbol{v}=\frac{\mathrm{d}\boldsymbol{r}}{\mathrm{d}t}=\frac{\mathrm{d}}{\mathrm{d}t}(x\boldsymbol{i}+y\boldsymbol{j})$$

由于沿两个坐标轴的单位矢量 $\boldsymbol{i}$、$\boldsymbol{j}$ 的大小和方向都不随时间变化,即

$$\frac{\mathrm{d}\boldsymbol{i}}{\mathrm{d}t}=0,\quad \frac{\mathrm{d}\boldsymbol{j}}{\mathrm{d}t}=0$$

故

$$\boldsymbol{v}=\frac{\mathrm{d}x}{\mathrm{d}t}\boldsymbol{i}+\frac{\mathrm{d}y}{\mathrm{d}t}\boldsymbol{j}=v_x\boldsymbol{i}+v_y\boldsymbol{j} \tag{1-9}$$

它的两个分量为 $v_x=\frac{\mathrm{d}x}{\mathrm{d}t},\quad v_y=\frac{\mathrm{d}y}{\mathrm{d}t}$

速度的大小为

$$v=\sqrt{v_x^2+v_y^2} \tag{1-10a}$$

速度的方向由 $\boldsymbol{v}$ 与 Ox 轴夹角 θ 表示,即

$$\theta=\arctan\frac{v_y}{v_x} \tag{1-10b}$$

需要指出,质点在任一时刻的位置矢量和速度,表述了质点在该时刻位于何处,朝着什么方向离开该处以及离开的快慢. 所以,位置矢量 $\boldsymbol{r}$ 和速度 $\boldsymbol{v}$ 是描述质点运动状态的物理量,两者缺一不可.

为了描述质点运动的快慢,我们引入速率这一物理量. 质点所经过的路程与完成这一路程所用时间之比 $\frac{\Delta s}{\Delta t}$ 称为质点在该时间段内的平均速率,即

$$\bar{v}=\frac{\Delta s}{\Delta t} \tag{1-11}$$

由于位移的大小 $|\Delta\boldsymbol{r}|$ 与路程的长短 Δs 一般不等,故平均速度的大小与平均速率一般并不相等. 然而,在 $\Delta t\to 0$ 的极限情形下,如图 1-7 所示,B 点趋向于 A 点,相应的位移 $\Delta\boldsymbol{r}$ 将成为位移元 $\mathrm{d}\boldsymbol{r}$(位移的微分),$\mathrm{d}\boldsymbol{r}$ 的极限方向将沿轨道在 A 点的切线方向;与此同时,路程 Δs 将趋近于轨道曲线上的一段线元 $\mathrm{d}s$(即近似于一微小的直线段). 此时,位移的大小将等于相应的路程,即 $|\mathrm{d}\boldsymbol{r}|=\mathrm{d}s$. 因此,我们定义瞬时速率 v 是 $\Delta t\to 0$ 时平均速率 $\bar{v}$ 的极限,即

$$v=\lim_{\Delta t\to 0}\frac{\Delta s}{\Delta t}=\frac{\mathrm{d}s}{\mathrm{d}t} \tag{1-12}$$

由于瞬时速度的大小为

$$|\boldsymbol{v}|=\frac{|\mathrm{d}\boldsymbol{r}|}{\mathrm{d}t}=\frac{\mathrm{d}s}{\mathrm{d}t}=v$$

所以,瞬时速率就是瞬时速度(即时速度)的大小.

在国际单位制中,速度和速率的单位均为 m/s(米每秒).

四、加速度

加速度是描述质点运动速度变化快慢的物理量. 如图 1-8 所示,质点在 t 时刻

位于 A 点时速度为 $\boldsymbol{v}_A$，在 $t+\Delta t$ 时刻到达 B 点时速度为 $\boldsymbol{v}_B$，速度的增量 $\Delta\boldsymbol{v}=\boldsymbol{v}_B-\boldsymbol{v}_A$，我们定义平均加速度为速度增量 $\Delta\boldsymbol{v}$ 与产生该增量所需的时间 Δt 之比，即

$$\overline{\boldsymbol{a}}=\frac{\Delta\boldsymbol{v}}{\Delta t}\tag{1-13}$$

平均加速度 $\overline{\boldsymbol{a}}$ 是矢量. 平均加速度的大小表示在确定时间内质点运动速度改变的快慢程度，它的方向就是质点速度增量的方向. 平均加速度仅反映了一段时间内速度的变化程度，仍然不能把这段时间内各个时刻速度变化的情况精确地表达出来. 为了精确反映速度变化的情况，只有将时间 Δt 取得足够小，相应地时间 Δt 内的速度变化量 $\Delta\boldsymbol{v}$ 也很小. 这样，当 $\Delta t\to 0$ 时，$\Delta\boldsymbol{v}\to 0$. 但是，这时 $\dfrac{\Delta\boldsymbol{v}}{\Delta t}$ 却趋近于某一极限值，这个极限值就叫做时刻 t 的瞬时加速度，用 $\boldsymbol{a}$ 表示，即

$$\boldsymbol{a}=\lim_{\Delta t\to 0}\frac{\Delta\boldsymbol{v}}{\Delta t}=\frac{\mathrm{d}\boldsymbol{v}}{\mathrm{d}t}=\frac{\mathrm{d}^2\boldsymbol{r}}{\mathrm{d}t}\tag{1-14}$$

上式表明，质点在某一时刻或某一位置的瞬时加速度等于速度对时间的一阶导数或者位置矢量对时间的二阶导数. 瞬时加速度又叫即时加速度，简称加速度.

加速度是矢量，它的方向是当 $\Delta t\to 0$ 时速度增量 $\Delta\boldsymbol{v}$ 的极限方向，$\Delta\boldsymbol{v}$ 的极限方向一般与 $\boldsymbol{v}$ 的方向不同，所以加速度的方向与同一时刻速度的方向一般不相同，在曲线运动中加速度 $\boldsymbol{a}$ 的方向总是指向曲线凹的一侧，如图 1-9 所示.

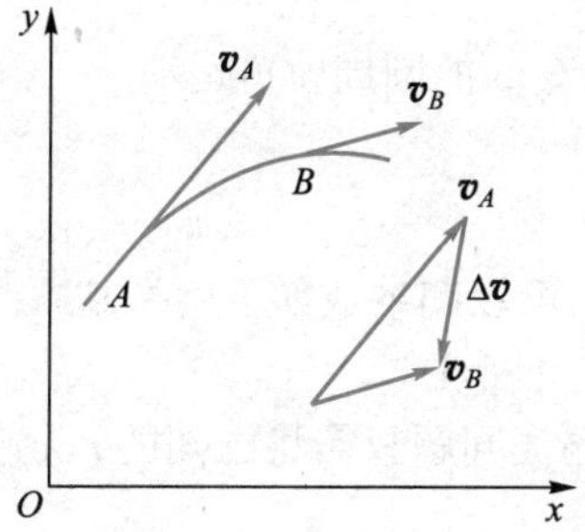

图 1-8

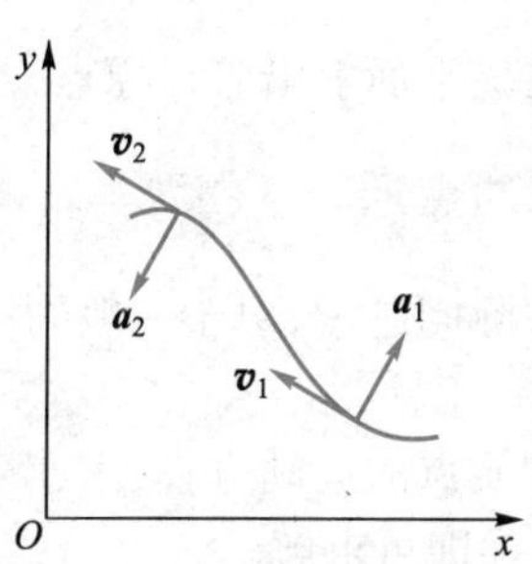

图 1-9

在平面直角坐标系中，加速度可表示为

$$\boldsymbol{a}=\frac{\mathrm{d}v_x}{\mathrm{d}t}\boldsymbol{i}+\frac{\mathrm{d}v_y}{\mathrm{d}t}\boldsymbol{j}=\frac{\mathrm{d}^2x}{\mathrm{d}t^2}\boldsymbol{i}+\frac{\mathrm{d}^2y}{\mathrm{d}t^2}\boldsymbol{j}=a_x\boldsymbol{i}+a_y\boldsymbol{j}\tag{1-15}$$

它的两个分量为

$$a_x=\frac{\mathrm{d}v_x}{\mathrm{d}t}=\frac{\mathrm{d}^2x}{\mathrm{d}t^2},\quad a_y=\frac{\mathrm{d}v_y}{\mathrm{d}t}=\frac{\mathrm{d}^2y}{\mathrm{d}t^2}$$

加速度的大小为

$$a=\sqrt{a_x^2+a_y^2}\tag{1-16a}$$

加速度的方向由 $\boldsymbol{a}$ 与 Ox 轴正向夹角 θ 表示，即

$$\theta = \arctan \frac{a_y}{a_x} \tag{1-16b}$$

在国际单位制中,加速度的单位为 m/s^2(米每二次方秒).

五、运动方程

质点的位置矢量随时间变化的过程就是质点的运动过程,我们把位置矢量与时间的函数关系称为质点的运动方程,即

$$\boldsymbol{r}=\boldsymbol{r}(t) \tag{1-17a}$$

上式在平面直角坐标系中的两个分量式是

$$x=x(t),\quad y=y(t) \tag{1-17b}$$

在平面直角坐标系中,式(1-17a)与式(1-17b)是等价的,质点的位置既可用式(1-17a)的矢量式表示,也可用式(1-17b)的分量式表示. 知道了质点的运动方程,就能确定任一时刻质点的位置,从而就能确定质点的运动. 从质点的运动方程的分量式消去参量 t,就得到质点的轨道方程,它表示质点运动时所经历的路径形状. 例如,质点在一平面上运动,它在平面直角坐标系中的运动方程为

$$x=6\cos \frac{\pi}{3}t,\quad y=6\sin \frac{\pi}{3}t$$

式中 t 以 s 计,x,y 以 m 计. 则在上两式中消去时间 t,便得质点的轨道方程

$$x^2+y^2=36$$

即质点在该平面上沿着以原点 O 为圆心、半径为 6 m 的圆周轨道运动.

六、质点运动学的两类基本问题

在实际问题中,对于一般的质点运动学问题,可以归纳成如下两类基本问题.

1. 第一类问题

已知质点的运动方程,求速度和加速度. 对这类问题只需将已知的 $\boldsymbol{r}(t)$ 函数对时间 t 求导即可求解.

例 1-1 一质点在 Oxy 平面内按 $x=t^2$ 的规律沿曲线 $y=x^3/32$ 运动,式中 x,y 以 m 计,t 以 s 计.试求:(1) 该质点在 $t=2$ s 时的速度;(2) 该质点在 $t=2$ s 时的加速度.

解 已知质点在给定坐标系中沿着曲线运动,$x=t^2$ 为已知,因此可将 $x=t^2$ 代入 $y=x^3/32$ 即可求得运动方程的两个分量式

$$x(t)=t^2,\quad y(t)=\frac{t^6}{32}$$

(1) 由 $\boldsymbol{v}=\frac{\mathrm{d}\boldsymbol{r}}{\mathrm{d}t}=\frac{\mathrm{d}}{\mathrm{d}t}(x\boldsymbol{i}+y\boldsymbol{j})=\frac{\mathrm{d}x}{\mathrm{d}t}\boldsymbol{i}+\frac{\mathrm{d}y}{\mathrm{d}t}\boldsymbol{j}=v_x\boldsymbol{i}+v_y\boldsymbol{j}$,可求得速度分量为

$$v_x=\frac{\mathrm{d}x}{\mathrm{d}t}=2t,\quad v_y=\frac{\mathrm{d}y}{\mathrm{d}t}=\frac{3}{16}t^5$$

将 $t=2$ s 代入,算出其值为

$$v_x=4\ \mathrm{m/s},\quad v_y=6\ \mathrm{m/s}$$

所以质点在 $t=2$ s 时的速度为

$$\boldsymbol{v}=v_x\boldsymbol{i}+v_y\boldsymbol{j}=(4\boldsymbol{i}+6\boldsymbol{j})\ \mathrm{m/s}$$

也可分别求出 $\boldsymbol{v}$ 的大小和方向表示此时质点的速度,即

$$v=\sqrt{v_x^2+v_y^2}=\sqrt{4^2+6^2}\ \mathrm{m/s}=7.21\ \mathrm{m/s}$$

$$\theta=\arctan\left(\frac{v_y}{v_x}\right)=\arctan\left(\frac{6}{4}\right)=56.3°$$

式中 θ 为 $\boldsymbol{v}$ 与 Ox 轴正向之间的夹角.

(2) 由 $\boldsymbol{a}=\frac{\mathrm{d}\boldsymbol{v}}{\mathrm{d}t}=\frac{\mathrm{d}}{\mathrm{d}t}(v_x\boldsymbol{i}+v_y\boldsymbol{j})=\frac{\mathrm{d}v_x}{\mathrm{d}t}\boldsymbol{i}+\frac{\mathrm{d}v_y}{\mathrm{d}t}\boldsymbol{j}=a_x\boldsymbol{i}+a_y\boldsymbol{j}$,可求出 $t=2$ s 时加速度的两个分量为

$$a_x=\frac{\mathrm{d}v_x}{\mathrm{d}t}=2\ \mathrm{m/s^2},\quad a_y=\frac{\mathrm{d}v_y}{\mathrm{d}t}=\frac{15}{16}t^4\bigg|_{t=2\ \mathrm{s}}=15\ \mathrm{m/s^2}$$

从而可求得质点的加速度

$$\boldsymbol{a}=a_x\boldsymbol{i}+a_y\boldsymbol{j}=(2\boldsymbol{i}+15\boldsymbol{j})\ \mathrm{m/s^2}$$

也可分别求出 $\boldsymbol{a}$ 的大小和方向表示此时质点的加速度,即

$$a=\sqrt{a_x^2+a_y^2}=\sqrt{2^2+15^2}\ \mathrm{m/s^2}=15.13\ \mathrm{m/s^2}$$

$$\theta=\arctan\left(\frac{a_y}{a_x}\right)=\arctan\left(\frac{15}{2}\right)=82.4°$$

式中 θ 为 $\boldsymbol{a}$ 与 Ox 轴正向之间的夹角.

2. 第二类问题

已知质点的加速度(或速度)及初始条件($t=0$ 时的速度和位置矢量),求运动方程. 对于这类问题,可通过积分运算求解.

例 1-2　一质点具有恒定加速度 $\boldsymbol{a}=(6\boldsymbol{i}+4\boldsymbol{j})\ \mathrm{m/s^2}$,在 $t=0$ 时,$\boldsymbol{r}_0=10\boldsymbol{i}$ m,$v_0=0$,求:(1) 任意时刻的速度和位置矢量. (2) 质点为 Oxy 平面上的轨道方程.

解　该题属于质点运动学的第二类问题,已知加速度 $\boldsymbol{a}=\boldsymbol{a}(t)$ 及初始条件,求速度及运动方程,采用积分的方法来解决.

(1) 由加速度定义式 $\boldsymbol{a}=\frac{\mathrm{d}\boldsymbol{v}}{\mathrm{d}t}$及初始条件 $t=0$ 时,$v_0=0$,积分可得

$$\int_0^v \mathrm{d}\boldsymbol{v}=\int_0^t \boldsymbol{a}\mathrm{d}t=\int_0^t(6\boldsymbol{i}+4\boldsymbol{j})\mathrm{d}t$$

$$\boldsymbol{v}=6t\boldsymbol{i}+4t\boldsymbol{j}$$

式中 $\boldsymbol{v}$ 以 m/s 计,t 以 s 计.

又由 $\boldsymbol{v}=\dfrac{\mathrm{d}\boldsymbol{r}}{\mathrm{d}t}$及初始条件($t=0$ 时,$\boldsymbol{r}_0=10\boldsymbol{i}$ m),积分可得

$$\int_{r_0}^{r}\mathrm{d}\boldsymbol{r}=\int_0^t \boldsymbol{v}\mathrm{d}t=\int_0^t(6t\boldsymbol{i}+4t\boldsymbol{j})\mathrm{d}t$$

$$\boldsymbol{r}=(10+3t^2)\boldsymbol{i}+2t^2\boldsymbol{j}$$

式中 $\boldsymbol{r}$ 以 m 计,t 以 s 计.

(2) 由上述结果可得质点运动方程的分量式,即

$$x=10+3t^2$$

$$y=2t^2$$

消去参量 t,可得质点运动的轨道方程

$$3y=2x-20$$

1-3 几种常见的运动

一、直线运动

当质点沿着直线轨道运动时,它的位移、速度和加速度的方向都在同一直线上,因此矢量可看成标量处理. 设质点运动的直线为 x 轴,其上 O 点为坐标轴的原点,显然,质点 P 在任一时刻的位置只需一个坐标 x 就可以确定,如图 1-10 所示.

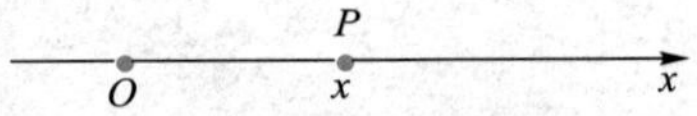

图 1-10

若 x 为正值时,则表示质点在原点右边;当 x 为负值时,则表示质点在原点左边,运动方程可写成

$$x=x(t)$$

相应地,质点的速度和加速度分别为

$$v=\frac{\mathrm{d}x}{\mathrm{d}t}$$

$$a=\frac{\mathrm{d}v}{\mathrm{d}t}=\frac{\mathrm{d}^2x}{\mathrm{d}t^2}$$

v 和 a 的正负并不表示质点在原点的左边或右边,只表示运动方向,若 v 或 a 为正值,则表示其速度或加速度的方向是沿 x 轴的正方向;若为负值,则表示其速度或加速度的方向是沿 x 轴的负方向. 当 v 和 a 同号时,质点做加速运动;当 v 和 a 异号时,质点做减速运动.

在一般情况下. 质点做直线运动,其加速度 a 是时间 t 的函数,若 a 为常量,则表明该质点做匀变速直线运动,此时有

$$a=\frac{\mathrm{d}v}{\mathrm{d}t}=\text{常量}$$

$$\mathrm{d}v=a\mathrm{d}t$$

对上式两边取积分,并利用质点在 $t=0$ 时,$v=v_0$ 的初始条件,于是有

$$\int_{v_0}^{v}\mathrm{d}v=\int_0^t a\mathrm{d}t$$

得

$$v=v_0+at \tag{1-18a}$$

根据 $v=\frac{\mathrm{d}x}{\mathrm{d}t}$,上式可写成

$$\frac{\mathrm{d}x}{\mathrm{d}t}=v_0+at$$

即

$$\mathrm{d}x=(v_0+at)\mathrm{d}t$$

对上式两边取积分,并利用质点在 $t=0$ 时 $x=x_0$ 的初始条件,于是有

$$\int_{x_0}^{x}\mathrm{d}x=\int_0^t(v_0+at)\mathrm{d}t$$

得

$$x=x_0+v_0t+\frac{1}{2}at^2 \tag{1-18b}$$

此外,如果把加速度改写为

$$a=\frac{\mathrm{d}v}{\mathrm{d}t}=\frac{\mathrm{d}v}{\mathrm{d}x}\cdot\frac{\mathrm{d}x}{\mathrm{d}t}=v\frac{\mathrm{d}v}{\mathrm{d}x}$$

简化后得

$$v\mathrm{d}v=a\mathrm{d}x$$

当质点的位置由 x_0 变更到 x 时,速度从 v_0 变到 v,将上式两边积分

$$\int_{v_0}^{v}v\mathrm{d}v=\int_{x_0}^{x}a\mathrm{d}x$$

便得

$$v^2=v_0^2+2a(x-x_0) \tag{1-18c}$$

式(1-18)就是我们中学物理讨论过的匀变速直线运动公式. 当 $a>0$ 时,称为匀加速直线运动,当 $a<0$ 时,称为匀减速直线运动.

例 1-3 已知一质点做直线运动,运动方程为 $x=8t-3t^2$,式中 x 以 m 计,t 以 s 计. 试求:(1) $t=2$ s 时质点的位置;(2) $t=1$ s 至 $t=2$ s 时间内质点的位移;(3) $t=1$ s 时质点的速度和加速度.

解 (1) 根据运动方程 $x=8t-3t^2$,可得 $t=2$ s 时质点的位置为

$$x_2=8\times2\ \mathrm{m}-3\times2^2\ \mathrm{m}=4\ \mathrm{m}$$

结果为正值,说明此时质点在坐标轴的正向.

(2) 质点在 $t=1$ s 时的位置为

$$x_1=8\times1\ \mathrm{m}-3\times1^2\ \mathrm{m}=5\ \mathrm{m}$$

$t=1$ s 至 $t=2$ s 时间内质点的位移为

$$\Delta x=x_2-x_1=4\ \mathrm{m}-5\ \mathrm{m}=-1\ \mathrm{m}$$

结果为负值,说明这段时间内质点总体在向 Ox 轴负向运动.

(3) 根据运动方程 $x=8t-3t^2$,可得质点的速度表达式为

$$v=\frac{dx}{dt}=8-6t$$

代入时间值,可得 $t=1$ s 时质点的速度为

$$v_1=8\ \text{m/s}-6\times1\ \text{m/s}=2\ \text{m/s}$$

结果为正值,说明此时质点速度方向沿 Ox 轴正向.

例 1-4 一物体沿 x 轴做直线运动,其加速度为 $a=-kv^2$,k 是常量. 在 $t=0$ 时,$v=v_0$,$x=0$. 求:(1) 速率随坐标变化的规律;(2) 坐标和速率随时间变化的规律.

解 (1)

$$a=\frac{dv}{dt}=\frac{dv}{dx}\frac{dx}{dt}=v\frac{dv}{dx}=-kv^2$$

所以

$$\int_{v_0}^{v}\frac{dv}{v}=-k\int_0^x dx$$

得

$$\ln\frac{v}{v_0}=-kx$$

所以

$$v=v_0e^{-kx}$$

(2) 因为 $a=\frac{dv}{dt}=-kv^2$,所以

$$\int_{v_0}^{v}\frac{dv}{v^2}=-k\int_0^t dt$$

有

$$v=\frac{v_0}{v_0kt+1}$$

又因为

$$v=\frac{dx}{dt}$$

所以

$$\int_0^x dx=\int_0^t v dt=\int_0^t\frac{v_0}{v_0kt+1}dt$$

可得

$$x=\frac{1}{k}\ln(v_0kt+1)$$

二、圆周运动

1. 圆周运动的速度与加速度

圆周运动也是一种常见的平面曲线运动，为了描述圆周运动，通常取圆心 O 为坐标原点，这种运动的特点是位置矢量 $\boldsymbol{r}$ 的大小等于圆半径 R，而方向却不断变化.

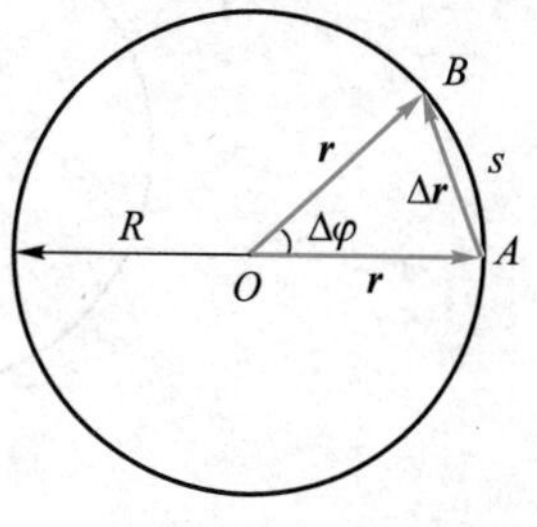

图 1-11

如图 1-11 所示，$t=0$ 时，质点在圆周的 A 处，此时，路程 $s=0$，在任意时刻 t，质点在 B 处，路程 $s=s(t)$，此式为质点的运动方程，$s(t)$ 的值确定了质点在 t 时刻的位置，则 t 时刻质点的速度大小为

$$v=\frac{\mathrm{d}s}{\mathrm{d}t}$$

它的方向是沿着圆周的切线方向，写成矢量式为

$$\boldsymbol{v}=\frac{\mathrm{d}s}{\mathrm{d}t}\boldsymbol{e}_{\mathrm{t}}=v\boldsymbol{e}_{\mathrm{t}} \tag{1-19}$$

其中 $\boldsymbol{e}_{\mathrm{t}}$ 代表沿圆的切线方向的单位矢量.

一般情况下，质点做圆周运动时，不仅速度方向要发生变化，速度大小也会变化，则质点加速度为

$$\boldsymbol{a}=\frac{\mathrm{d}\boldsymbol{v}}{\mathrm{d}t}=\frac{\mathrm{d}}{\mathrm{d}t}(v\boldsymbol{e}_{\mathrm{t}})$$

写成

$$\boldsymbol{a}=\frac{\mathrm{d}v}{\mathrm{d}t}\boldsymbol{e}_{\mathrm{t}}+v\frac{\mathrm{d}\boldsymbol{e}_{\mathrm{t}}}{\mathrm{d}t} \tag{1-20}$$

从上式可知，加速度 $\boldsymbol{a}$ 可看成两个分矢量的合矢量. 其中第一项$\dfrac{\mathrm{d}v}{\mathrm{d}t}\boldsymbol{e}_{\mathrm{t}}$ 是由于速度大小变化而引起的，其方向为 $\boldsymbol{e}_{\mathrm{t}}$ 的方向，也就是速度 $\boldsymbol{v}$ 的方向. 因此，将这项加速度分矢量称为切向加速度，用 $\boldsymbol{a}_{\mathrm{t}}$ 表示，即

$$\boldsymbol{a}_{\mathrm{t}}=\frac{\mathrm{d}v}{\mathrm{d}t}\boldsymbol{e}_{\mathrm{t}} \tag{1-21}$$

式(1-20)中的第二项 $v\dfrac{\mathrm{d}\boldsymbol{e}_{\mathrm{t}}}{\mathrm{d}t}$是由于质点速度方向(即切向单位矢量 $\boldsymbol{e}_{\mathrm{t}}$ 的方向)改变而具有的加速度.

设质点做圆周运动的半径为 R，在时刻 t 到达 A 点，速度为 $\boldsymbol{v}_A$；时刻 $t+\Delta t$ 到达 B 点，速度为 $\boldsymbol{v}_B$，如图 1-12 所示. 如果由 O'点出发分别作平行于 $\boldsymbol{v}_A$ 和 $\boldsymbol{v}_B$ 的单位矢量 $\boldsymbol{e}_{\mathrm{t}}$ 和 $\boldsymbol{e}'_{\mathrm{t}}$，则从 $\boldsymbol{e}_{\mathrm{t}}$ 的矢端出发，作指向 $\boldsymbol{e}'_{\mathrm{t}}$ 矢端的矢量 $\Delta\boldsymbol{e}_{\mathrm{t}}$，根据矢量的定义有 $\Delta\boldsymbol{e}_{\mathrm{t}}=\boldsymbol{e}'_{\mathrm{t}}-\boldsymbol{e}_{\mathrm{t}}$，它就是 $\boldsymbol{e}_{\mathrm{t}}$ 在时间间隔 Δt 内的增量，如图 1-13 所示. $\Delta\boldsymbol{e}_{\mathrm{t}}$ 是引起单位矢量 $\boldsymbol{e}_{\mathrm{t}}$ 的方向改变. $\boldsymbol{e}_{\mathrm{t}}$，$\boldsymbol{e}'_{\mathrm{t}}$和 $\Delta\boldsymbol{e}_{\mathrm{t}}$ 构成一与△AOB 相似的等腰三角形. $\boldsymbol{e}_{\mathrm{t}}$ 和$\boldsymbol{e}'_{\mathrm{t}}$之间的夹角即等于 $\boldsymbol{e}_{\mathrm{t}}$ 在 Δt 时间内扫过的角度 $\Delta\theta$. 按相似三角形对应边成比例的关系，得

$$\frac{|\Delta \boldsymbol{e}_t|}{|\boldsymbol{e}_t|}=\frac{|\Delta \boldsymbol{r}|}{R}$$

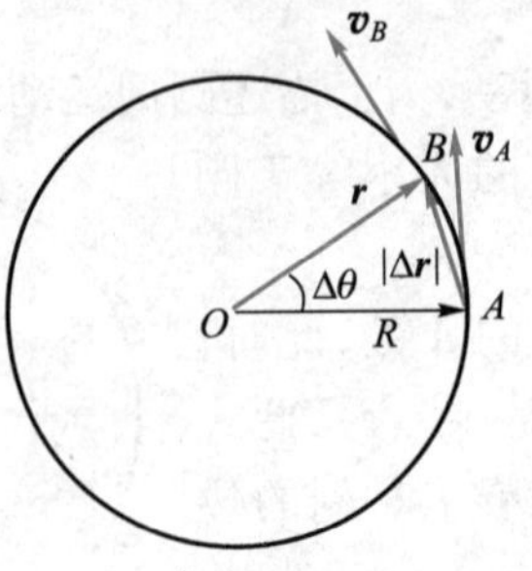

图 1-12

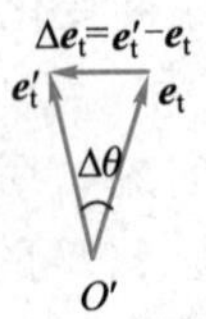

图 1-13

由于$|\boldsymbol{e}_t|=1$,在 $\Delta t\to 0$ 时,B 点趋近于 A 点,因而位移的大小$|\Delta \boldsymbol{r}|$趋近于路程 Δs,上式两边除以 Δt,并取极限得

$$\lim_{\Delta t\to 0}\frac{|\Delta \boldsymbol{e}_t|}{\Delta t}=\lim_{\Delta t\to 0}\frac{1}{R}\frac{\Delta s}{\Delta t}$$

$$\left|\frac{\mathrm{d}\boldsymbol{e}_t}{\mathrm{d}t}\right|=\frac{v}{R}$$

因此,式(1-20)中的第二项大小可写为

$$v\left|\frac{\mathrm{d}\boldsymbol{e}_t}{\mathrm{d}t}\right|=\frac{v^2}{R}$$

加速度的方向,可以从 $\Delta t\to 0$ 时 $\Delta \boldsymbol{e}_t$ 的方向来确定. 因为当 $\Delta t\to 0$ 时,$\Delta\theta\to 0$,这时 $\boldsymbol{e}_t$ 与 $\boldsymbol{e}_t'$ 趋于重合,$\Delta \boldsymbol{e}_t$ 的方向则趋向于与 $\boldsymbol{e}_t$ 垂直,即趋向于运动轨道的法线方向而指向圆心. 如果沿法线指向圆心方向取一单位矢量 $\boldsymbol{e}_n$,代表沿法线方向的单位矢量,则

$$\boldsymbol{a}_n=\frac{v^2}{R}\boldsymbol{e}_n \tag{1-22}$$

这就是通常所称的法向加速度.

由式(1-20)和式(1-22)得

$$\boldsymbol{a}=a_t\boldsymbol{e}_t+a_n\boldsymbol{e}_n=\frac{\mathrm{d}v}{\mathrm{d}t}\boldsymbol{e}_t+\frac{v^2}{R}\boldsymbol{e}_n \tag{1-23}$$

上式中的加速度两个分矢量是互相垂直的,切向加速度 $\boldsymbol{a}_t$ 的大小 $a_t=\frac{\mathrm{d}v}{\mathrm{d}t}$表示质点速率变化的快慢,法向加速度 $\boldsymbol{a}_n$ 的大小 $a_n=\frac{v^2}{R}$表示质点速度方向变化的快慢.

如图 1-13 所示,加速度大小为

$$a=\sqrt{a_t^2+a_n^2}=\sqrt{\left(\frac{\mathrm{d}v}{\mathrm{d}t}\right)^2+\left(\frac{v^2}{R}\right)^2} \tag{1-24a}$$

加速度 $\boldsymbol{a}$ 的方向用它与速度 $\boldsymbol{v}$ 间的夹角 θ 表示,即

$$\tan\theta=\frac{a_n}{a_t} \tag{1-24b}$$

加速度 $\boldsymbol{a}$ 的方向总是指向圆周的凹侧. 当 $a_t=dv/dt>0$ 时,速率增大,运动加快,这时 $\boldsymbol{a}_t$ 与 $\boldsymbol{v}$ 同向,质点做加速圆周运动,θ 为锐角($0°<\theta<90°$),如图 1-14(a)所示;当$a_t=dv/dt<0$ 时,速率减小,运动减慢,这时 $\boldsymbol{a}_t$ 与 $\boldsymbol{v}$ 反向,质点做减速圆周运动,θ 为钝角($180°>\theta>90°$),如图 1-14(b)所示;当$a_t=dv/dt=0$ 时,速率不变,质点做匀速圆周运动,θ 为直角($\theta=90°$),如图 1-14(c)所示.

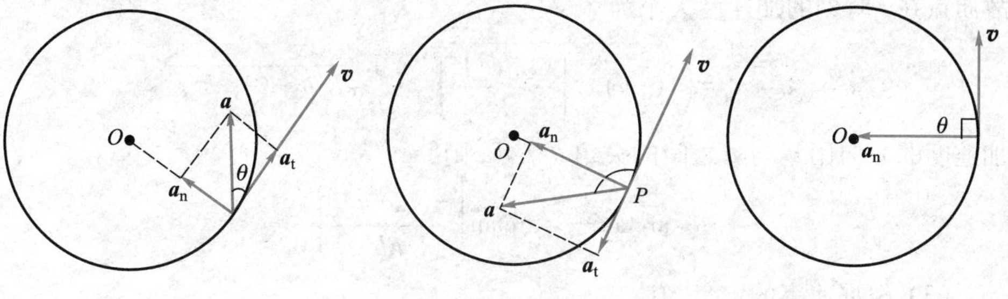

图 1-14

以上关于法向加速度与切向加速度的分析,虽然是对圆周运动作出的,但对于一般的曲线运动,式(1-23)和式(1-24)仍然适用,只是半径 R 应该由曲线的曲率半径 ρ 来代替,由于一般平面曲线上不同点处的曲率半径和曲率中心是不同的,所以 ρ 不是常量,而是随曲线上各点而变的,如图 1-15 所示.

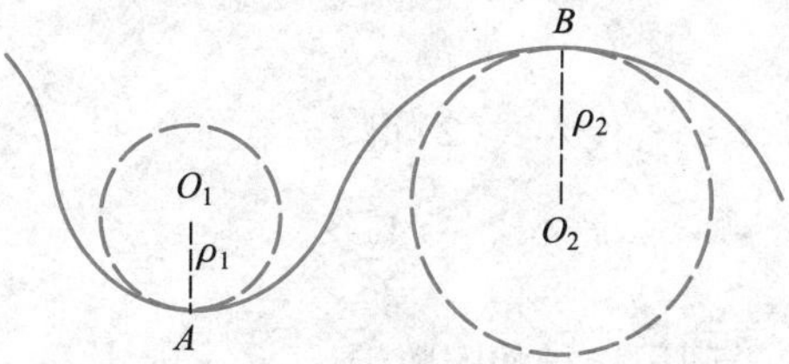

图 1-15

一般曲线运动中,法向加速度和圆周运动中的法向加速度相似,只反映速度方向的变化,切向加速度和直线运动中的加速度相似,只反映速度大小的变化. 质点做圆周运动时,曲率半径不变,曲率中心为圆心,可见圆周运动是一般平面曲线运动的一种特殊情况.

例 1-5　一质点沿半径为 R 的圆轨道做圆周运动,其初速度为 v_0,切向加速度为$-b$. 求:(1) t 时刻质点的速率;(2) t 时刻质点的加速度;(3) 质点停止运动前,共沿圆周运行了多少圈?

解　(1) 根据切向加速度的定义,有

$$\mathrm{d}v=a_{\mathrm{t}}\mathrm{d}t$$

两边积分
$$\int_{v_0}^{v}\mathrm{d}v=\int_0^t -b\mathrm{d}t$$

得
$$v=v_0-bt \tag{1}$$

(2) 由于法向加速度为
$$a_{\mathrm{n}}=\frac{v^2}{R}=\frac{(v_0-bt)^2}{R}$$

故质点在 t 时刻的加速度大小为
$$a=\sqrt{a_{\mathrm{t}}^2+a_{\mathrm{n}}^2}=\sqrt{(-b)^2+\left[\frac{(v_0-bt)^2}{R}\right]^2}=\frac{1}{R}\sqrt{R^2b^2+(v_0-bt)^4}$$

加速度的方向用 $\boldsymbol{a}$ 与 $\boldsymbol{v}$ 之间的夹角 θ 表示,则
$$\theta=\arctan\frac{a_{\mathrm{n}}}{a_{\mathrm{t}}}=\arctan\left[\frac{-(v_0-bt)^2}{Rb}\right]$$

(3) 根据速率的定义,有
$$\mathrm{d}s=v\mathrm{d}t$$

两边积分,得质点在 t 时间内所运行的路程为
$$\int_0^s\mathrm{d}s=\int_0^t v\mathrm{d}t=\int_0^t (v_0-bt)\mathrm{d}t$$

得
$$s=v_0t-\frac{1}{2}bt^2 \tag{2}$$

由式(1)知,当 $v=0$ 时,$t=\dfrac{v_0}{b}$,代入式(2)得
$$s=\frac{v_0^2}{2b}$$

故质点在停止运动前,沿圆周运行的圈数为
$$n=\frac{s}{2\pi R}=\frac{v_0^2}{4\pi bR}$$

2. 圆周运动的角量描述

如图 1-16 所示,一质点在 xOy 平面内,绕圆心 O 做圆周运动,在某一时刻 t 位于 A 点,半径 OA 与坐标轴 Ox 的夹角为 θ,角 θ 称为角位置,其值随时间 t 而变化,是时间 t 的函数,即
$$\theta=\theta(t) \tag{1-25}$$

上式称为质点做圆周运动时的运动方程.

设在时刻 $t+\Delta t$,质点到达 B 点,半径 OB 与 Ox 的夹角为 $\theta+\Delta\theta$. 在时间 Δt 内,质点转过的角度 $\Delta\theta$ 称为质点的角位移. 角位移不仅有大小而且有方向. 一般规定质

点沿逆时针方向转动时角位移取正值,沿顺时针方向转动时角位移取负值.

角位移 $\Delta\theta$ 与对应时间 Δt 之比,叫做在 Δt 时间内质点对 O 点的平均角速度. 平均角速度的极限值称为瞬时角速度,简称角速度,用 ω 表示,即

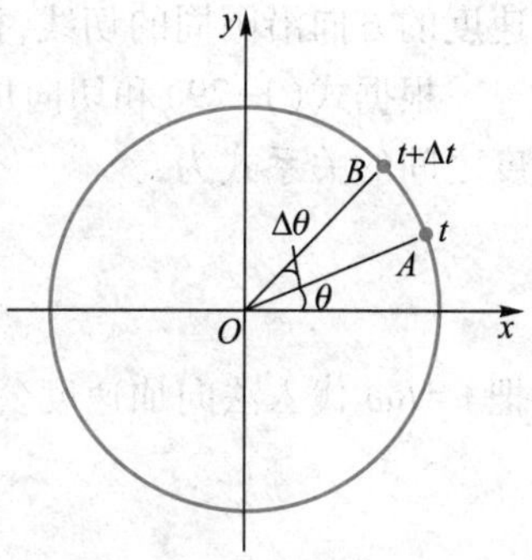

图 1-16

$$\omega=\lim_{\Delta t\to 0}\frac{\Delta\theta}{\Delta t}=\frac{\mathrm{d}\theta}{\mathrm{d}t} \qquad (1-26)$$

上式表明,角速度等于角位置对时间的一阶导数.

设在时刻 t,质点的角速度为 ω_0,在时刻 $t+\Delta t$,质点的角速度为 ω,则角速度增量 $\Delta\omega=\omega-\omega_0$,$\Delta\omega$ 与时间 Δt 之比,称为在时间 Δt 内质点的平均角加速度. 平均角加速度的极限值称为瞬时角加速度,简称角加速度,用 α 表示,即

$$\alpha=\lim_{\Delta t\to 0}\frac{\Delta\omega}{\Delta t}=\frac{\mathrm{d}\omega}{\mathrm{d}t}=\frac{\mathrm{d}^2\theta}{\mathrm{d}t^2} \qquad (1-27)$$

上式表明,角加速度等于角速度对时间的一阶导数,也等于角位置对时间的二阶导数.

在国际单位制中,角位置和角位移的单位为 rad(弧度),角速度和角加速度的单位分别为 rad/s(弧度每秒)和 $\mathrm{rad/s^2}$(弧度每二次方秒).

仿照匀变速直线运动的方法可得到一组匀变速圆周运动的计算公式

$$\begin{cases}\omega=\omega_0+\alpha t\\ \theta=\theta_0+\omega_0 t+\dfrac{1}{2}\alpha t^2\\ \omega^2=\omega_0^2+2\alpha(\theta-\theta_0)\end{cases} \qquad (1-28)$$

式中 θ_0、ω_0 分别为时刻 $t=0$ 质点的角位置和角速度;θ、ω 分别为时刻 t 质点的角位置和角速度.

3. 角量与线量的关系

质点的圆周运动,既可以用线量(速度、加速度)描述,也可以用角量(角速度、角加速度)描述. 线量与角量之间存在着某种联系. 如图 1-17 所示,质点时刻 t 在 A 点,经时间 Δt 到达 B 点,质点的角位移为 $\Delta\theta$,所经过路程为

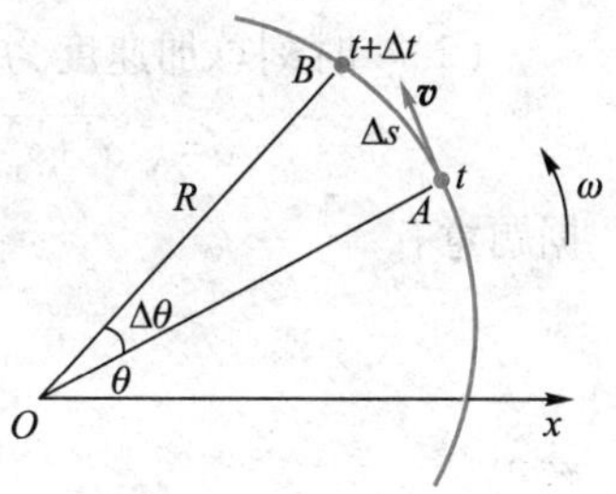

图 1-17

$$\Delta s=R\Delta\theta$$

将上式两边除以 Δt,当 $\Delta t\to 0$ 时,根据速度和角速度定义可得线速度和角速度之间关系式为

$$v=\lim_{\Delta t\to 0}\frac{\Delta s}{\Delta t}=\lim_{\Delta t\to 0}R\frac{\Delta\theta}{\Delta t}=R\omega \qquad (1-29)$$

速度的方向沿圆周的切线，指向质点运动方向，如图 1-17 所示.

根据式(1-29)和切向加速度、角速度的定义，可得到质点切向加速度与角加速度之间的关系式为

$$a_t=\frac{dv}{dt}=\frac{d(R\omega)}{dt}=R\alpha \tag{1-30a}$$

把 $v=R\omega$ 代入法向加速度公式可得

$$a_n=\frac{v^2}{R}=R\omega^2 \tag{1-30b}$$

例 1-6 一质点沿半径为 1 m 的圆周运动，其运动方程为 $\theta=3+\frac{1}{3}t^3$，式中 θ 以 rad 计，t 以 s 计.（1）求 $t=1$ s 时，质点的切向加速度和法向加速度大小；（2）当切向加速度的大小恰等于总加速度大小的一半时，θ 的值等于多少？

解 （1）质点在 t 时刻的角速度和角加速度分别为

$$\omega=\frac{d\theta}{dt}=t^2$$

$$\alpha=\frac{d\omega}{dt}=2t$$

故，切向加速度、法向加速度大小分别为

$$a_t=r\alpha=2rt$$

$$a_n=r\omega^2=rt^4$$

当 $t=1$ s 时，有

$$a_t=2\times1\times1\ \text{m/s}^2=2\ \text{m/s}^2$$

$$a_n=1\times1^4\ \text{m/s}^2=1\ \text{m/s}^2$$

（2）t 时刻总加速度为

$$a=\sqrt{a_t^2+a_n^2}=\sqrt{(r\alpha)^2+(r\omega^2)^2}=\sqrt{4t^2+t^8}=t\sqrt{4+t^6}$$

据题意有

$$a_t=\frac{1}{2}a \quad 即 \quad 2t=\frac{1}{2}t\sqrt{4+t^6}$$

解得

$$t^3=2\sqrt{3}\ \text{s}^3$$

代入运动方程 $\theta=3+\frac{1}{3}t^3$ 得

$$\theta=\left(3+\frac{1}{3}\times2\sqrt{3}\right)\text{rad}=4.15\ \text{rad}$$

三、抛体运动

抛体运动的加速度是重力加速度 $\boldsymbol{g}$，大小不变、方向始终竖直向下，因此，研究

抛体运动选取平面直角坐标系最为方便.

如图 1-18 所示,以物体抛出点为坐标原点,取 y 轴垂直向上为正,x 轴水平向右为正建立坐标系,设物体以速度 $\boldsymbol{v}_0$ 沿与 x 轴夹角 θ 方向抛出,由于 $\boldsymbol{a}=\boldsymbol{g}$,故有

$$a_x=0,a_y=-g \tag{1-31}$$

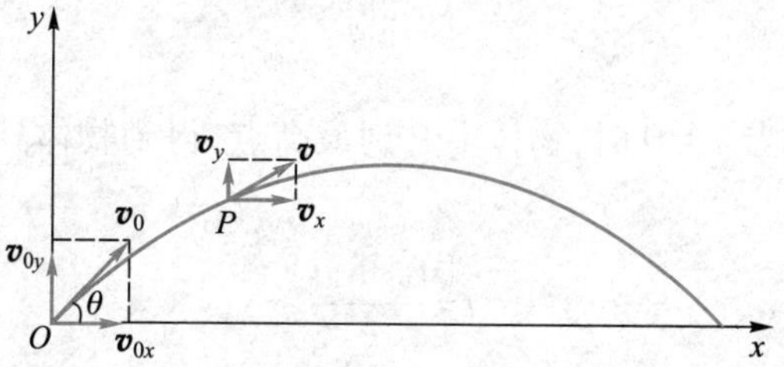

图 1-18

上式表明,抛体运动是水平方向上的匀速直线运动和竖直方向上的匀变速直线运动的合成. 由于抛出瞬间物体位于坐标原点 O,因此,初始条件为

$$t=0,x_0=0,y_0=0;v_{0x}=v_0\cos\theta,v_{0y}=v_0\sin\theta$$

由 $a_x=\dfrac{\mathrm{d}v_x}{\mathrm{d}t}=0$ 得

$$\int_{v_{0x}}^{v_x}\mathrm{d}v_x=\int_{v_0\cos\theta}^{v_x}\mathrm{d}v_x=\int_0^t a_x\,\mathrm{d}t=\int_0^t 0\mathrm{d}t$$

求解得

$$v_x=v_0\cos\theta \tag{1-32a}$$

由 $a_y=\dfrac{\mathrm{d}v_y}{\mathrm{d}t}=-g$ 得

$$\int_{v_{0y}}^{v_y}\mathrm{d}v_y=\int_{v_0\sin\theta}^{v_y}\mathrm{d}v_y=\int_0^t a_y\mathrm{d}t=\int_0^t -g\mathrm{d}t$$

求解得

$$v_y=v_0\sin\theta-gt \tag{1-32b}$$

由 $v_x=\dfrac{\mathrm{d}x}{\mathrm{d}t}=v_0\cos\theta$,得

$$\int_0^x\mathrm{d}x=\int_0^t v_0\cos\theta\mathrm{d}t$$

求解得

$$x=(v_0\cos\theta)t \tag{1-33a}$$

由 $v_y=\dfrac{\mathrm{d}y}{\mathrm{d}t}=v_0\sin\theta-gt$ 得

$$\int_0^y\mathrm{d}y=\int_0^t(v_0\sin\theta-gt)\mathrm{d}t$$

求解得

$$y=(v_0\sin\theta)t-\frac{1}{2}gt^2 \tag{1-33b}$$

式(1-33)即斜抛运动方程. 将运动方程中的 t 消去,可得轨道方程

$$y=x\tan\theta-\frac{g}{2v_0^2\cos^2\theta}x^2 \tag{1-34}$$

这是一条抛物线.

在斜抛运动中,当 $v_y=0$ 时,物体上升到最高点,得到物体到达最高点所需的时间为

$$t=\frac{v_0\sin\theta}{g} \tag{1-35}$$

而物体从抛出到落地所需的总时间 $t_{总}$ 等于 t 的 2 倍,即

$$t_{总}=2t=\frac{2v_0\sin\theta}{g} \tag{1-36}$$

斜抛运动的物体由抛出到落地所通过的水平距离,即射程 R,为

$$R=\frac{v_0^2\sin 2\theta}{g} \tag{1-37}$$

由上面的公式可以看出:

当 $\theta=0$ 时,则运动变为平抛运动;当 $\theta=\frac{\pi}{4}$时,$R_{max}=\frac{v_0^2}{g}$,此时射程最大;当$\theta=\frac{\pi}{2}$时,则运动为竖直上抛运动;当 $\theta=-\frac{\pi}{2}$时,则运动变为竖直下抛运动.

值得注意,以上关于抛体运动,都是在忽略空气阻力的情况下得出的,只有在初速度较小的情况下,其结果才比较符合实际. 实际中,有关子弹和炮弹的飞行规律,由专门的学科"弹道学"进行研究.

例 1-7 一颗子弹以水平速度 $\boldsymbol{v}_0$ 从楼窗口射出,忽略空气阻力,若以发射瞬间开始计时,试求:(1) 子弹在任一时刻 t 的坐标及子弹的轨道方程;(2) 子弹在任一时刻 t 的切向加速度和法向加速度的大小;(3) 子弹在时刻 t 运动到 P 点时,轨道上 P 点的曲率半径 ρ.

解 (1) 以抛出点为原点,水平方向为 x 轴方向,竖直向下为 y 轴方向,建立平面直角坐标系,如图1-19所示,子弹做平抛运动,t 时刻其坐标为

$$x=v_0t,\quad y=\frac{1}{2}gt^2$$

从中消去参量 t,得子弹的轨道方程

$$y=\frac{g}{2v_0^2}x^2$$

即轨道为一抛物线.

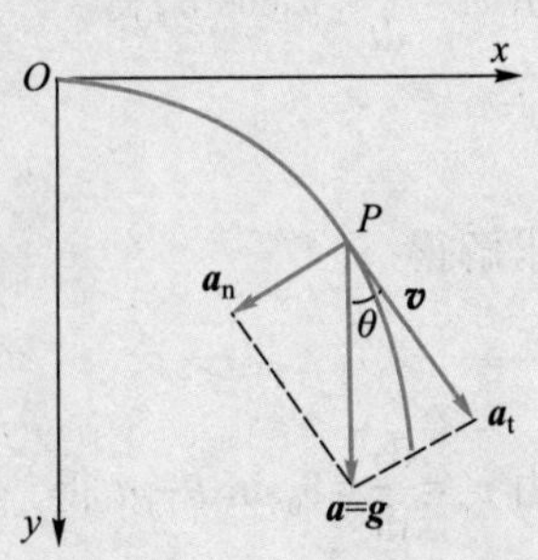

图 1-19

（2）子弹速度在 x 轴、y 轴方向投影分别为

$$v_x=\frac{\mathrm{d}x}{\mathrm{d}t}=v_0,\quad v_y=\frac{\mathrm{d}y}{\mathrm{d}t}=gt$$

速度大小
$$v=\sqrt{v_x^2+v_y^2}=\sqrt{v_0^2+g^2t^2}$$

t 时刻切向加速度为

$$a_t=\frac{\mathrm{d}v}{\mathrm{d}t}=\frac{g^2t}{\sqrt{v_0^2+g^2t^2}}$$

方向与此时速度方向相同

平抛运动中，子弹加速度大小 $a=g$，方向始终竖直向下. 由 $a=\sqrt{a_t^2+a_n^2}$ 可得

$$a_n=\sqrt{a^2-a_t^2}=\sqrt{g^2-\frac{g^4t^2}{v_0^2+g^2t^2}}=\frac{v_0g}{\sqrt{v_0^2+g^2t^2}}$$

（3）由 $a_n=\dfrac{v^2}{\rho}$ 可得

$$\rho=\frac{v^2}{a_n}=(v_0^2+g^2t^2)\cdot\frac{\sqrt{v_0^2+g^2t^2}}{v_0g}=\frac{(v_0^2+g^2t^2)^{\frac{3}{2}}}{v_0g}$$

从以上计算结果可知，a_t 和 ρ 随 t 增大而增大，a_n 随 t 增大而减小. 因 $a_t\neq$ 常量，故平抛运动是非匀变速率曲线运动.

*1-4 相对运动

我们知道，运动本身是绝对的，但对运动的描述却是相对的，同一物体的运动在不同参考系中的描述结果是不相同的. 下面研究在两个做相对运动的参考系中的位置矢量、速度和加速度之间的关系.

为了叙述的方便，将固定在地面上的参考系称为静止参考系，相对于静止参考系的运动称为绝对运动；将相对于地面运动的参考系称为运动参考系，相对于运动参考系的运动称为相对运动；将运动参考系相对于静止参考系的运动称为牵连运动.

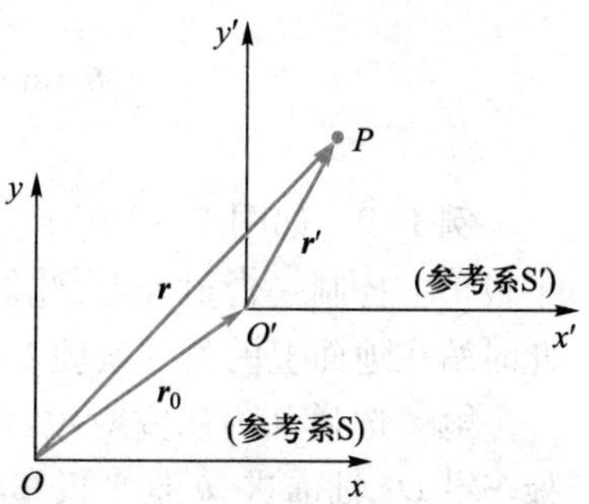

图 1-20

如图 1-20 所示，设 S 为静止参考系，S′为运动参考系，相应坐标轴保持相互平行，S′相对于 S 沿 x 轴做直线运动. 这时两参考系间的相对运动情况，可用参考系 S′的坐标原点 O' 相对于参考系 S 的坐标原点 O 的运动来代表. 设有一质点位于 P 点，它对 S 的位置矢量为 $\boldsymbol{r}$（即绝对位置矢量），对 S′的位置矢量为 $\boldsymbol{r}'$（即相对位置矢量），而 O' 点

对 O 点的位置矢量为 $\boldsymbol{r}_0$(即牵连位置矢量). 由矢量加法的三角形定则可知,$\boldsymbol{r}$、$\boldsymbol{r}'$、$\boldsymbol{r}_0$ 之间有如下关系

$$\boldsymbol{r}=\boldsymbol{r}_0+\boldsymbol{r}' \tag{1-38}$$

即绝对位置矢量等于牵连位置矢量与相对位置矢量的矢量和. 将式(1-38)两边对时间求导,即可得

$$\boldsymbol{v}=\boldsymbol{u}+\boldsymbol{v}' \tag{1-39}$$

式中 $\boldsymbol{v}$ 为绝对速度,$\boldsymbol{u}$ 为牵连速度,$\boldsymbol{v}'$ 为相对速度. 将式(1-39)两边对时间再次求导,可得

$$\boldsymbol{a}=\boldsymbol{a}_0+\boldsymbol{a}' \tag{1-40}$$

式中 $\boldsymbol{a}$ 为绝对加速度,$\boldsymbol{a}_0$ 为牵连加速度,$\boldsymbol{a}'$ 为相对加速度.

式(1-38)、式(1-39)和式(1-40)就是不同参考系中位置矢量、速度和加速度的变换关系式,称为运动合成.

式(1-38)、式(1-39)和式(1-40)是矢量式,应用时可以直接用矢量作图法,按几何关系求解,也可以用沿坐标轴的分量式求解,采用哪一种方法,视计算方便决定.

需要说明的是,上述关系只有在运动物体的速度远小于光速的情况下才成立. 当物体的运动速度可与光速相比拟时,式(1-38)至式(1-40)不再成立,此时遵循的是相对论时空坐标、速度、加速度的变换法则. 另外,当两个参考系之间还有相对转动时,它们的速度、加速度之间的关系要复杂得多,此处不进行讨论.

例 1-8 东流的江水流速为 $v_1=4$ m/s,一船在江中以航速 $v_2=3$ m/s 向正北行驶. 试问岸上的人将看到船以多大的速率 v 向什么方向航行?

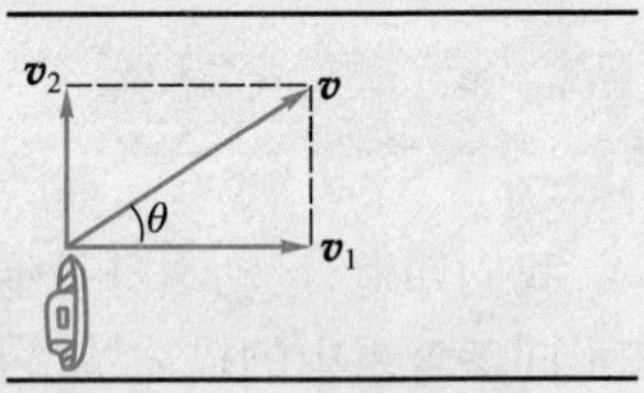

图 1-21

解 选船为研究对象,设岸参考系为 S 系,江水参考系为 S′系. 显然,$\boldsymbol{v}_1$ 为牵连速度,$\boldsymbol{v}_2$ 为相对速度,船相对于岸的速度 $\boldsymbol{v}$ 即为绝对速度,如图 1-21 所示. 于是有

$$\boldsymbol{v}=\boldsymbol{v}_1+\boldsymbol{v}_2$$

$$v=\sqrt{v_1^2+v_2^2}=\sqrt{3^2+4^2}\ \text{m/s}=5\ \text{m/s}$$

$$\theta=\arctan\frac{v_2}{v_1}=\arctan\frac{3}{4}=36.87^\circ$$

例 1-9 如图 1-22 所示,一实验者 A 在以 10 m/s 的速率沿水平轨道前进的平板车上控制一台射弹器,此射弹器以与车前进方向呈 60°角斜向上射出一弹丸. 此时站在地面上的另一实验者 B 看到弹丸竖直向上运动,求弹丸上升的高度.

解 选弹丸为研究对象,设地面参考系为 S 系,平板车参考系为 S′系,设平板车沿 Ox 轴前进,$\boldsymbol{u}$ 是平板车相对地面的速度即牵连速度,$\boldsymbol{v}'$ 是弹丸相对于平板车的速度即相对速度,$\boldsymbol{v}$ 为弹丸相对地面的速度即绝对速度. 则有

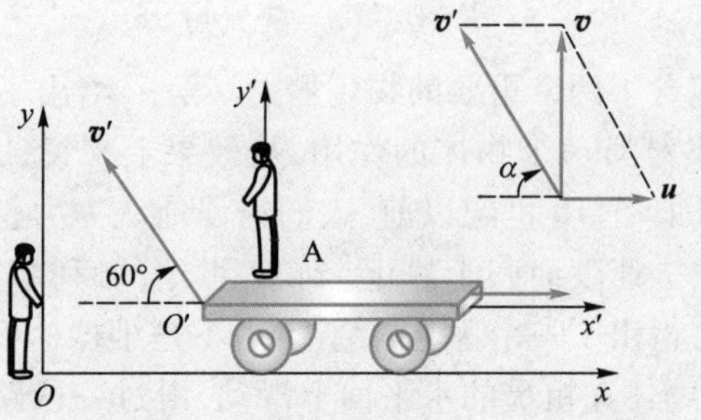

图 1-22

$$\boldsymbol{v}=\boldsymbol{v}'+\boldsymbol{u}$$

将上式各矢量投影到 x 轴和 y 轴,得

$$0=-v'\cos 60°+u \tag{1}$$

$$v=v'\sin 60°+0 \tag{2}$$

由式(1)和式(2)得

$$v=u\tan 60°=10\times\sqrt{3}\ \mathrm{m/s}=17.3\ \mathrm{m/s}$$

在 S 系中,弹丸作竖直上抛运动,得

$$h=\frac{v^2}{2g}=\frac{17.3^2}{2\times 9.8}\ \mathrm{m}=15.3\ \mathrm{m}$$

1-5 牛顿运动定律

一、牛顿运动定律

牛顿(Isaac Newton,1643—1727)

英国杰出的物理学家,经典物理学的奠基人. 他总结了前人和自己关于力学方面的研究成果,其中含有牛顿运动定律和万有引力定律以及质量、动量、力和加速度的概念等. 在光学方面,他解释了色散的起因,发现了色差、牛顿环,还提出了光的微粒说. 由于他在科学研究上的功绩,英国女王特授予他爵士爵位.

文档:牛顿简介

牛顿运动定律是整个经典力学的基础,从它可以导出动能定理、动量定理、角动量定理以及固体、流体等的运动规律,进而建立整个经典力学体系. 因此,在经典力学范围内,牛顿运动定律不仅是质点运动的基本规律,也是研究一切物质做机械运动的基础. 牛顿运动定律表述如下.

文档:牛顿与《自然哲学的数学原理》

牛顿第一定律 任何物体都保持静止或匀速直线运动状态,直到外力迫使它改变这种状态为止. 即

$$F=0, \quad \boldsymbol{v}=\text{常矢量} \tag{1-41}$$

牛顿第一定律包含了两个重要的物理概念. 第一,给出了力的科学定义. 什么是力? 力是一个物体对另一个物体的作用,从效果上来说,力是改变物体运动状态,产生加速度的原因. 在16世纪以前,人们错误地认为力是维持速度的原因,认为物体不受力就要失去速度而归于静止. 到17世纪,伽利略在他所做的实验的基础上,经过反复推敲,得出了一个普遍的结论:力不是维持速度的原因,而是改变速度的原因. 设想一个物体在粗糙的水平面上滑动,滑过一段路程后将完全停下来,这是因为物体受到摩擦阻力的缘故;如果这个物体以同样的初速度在一个较为光滑的水平面上滑动,由于受到的摩擦阻力要小些,那么它将滑得远一些才停下来. 由此可以外推:如果这个物体在一理想的绝对光滑的水平面上滑动,那么由于物体不再受到使它减速的摩擦阻力的影响,物体就会保持其初速度匀速运动下去. 这样就使我们理解到:力并不是维持速度的原因,而是改变速度的原因. 第二,指出了任何物体都具有惯性,所以第一定律也称为惯性定律. 所谓惯性就是物体在不受外力作用时,保持其原有运动状态不变的特性.

文档:伽利略简介

伽利略(Galileo Galilei,1564—1642)

意大利杰出的物理学家、天文学家、哲学家,近代实验科学的先驱者. 提出著名的相对性原理、惯性原理、抛体运动定律等. 为捍卫哥白尼的日心说,他一生都在和传统的错误观念进行着不屈不挠的斗争,不断地受到打击和迫害. 1642年因患寒热病在孤寂中离开了人世.

文档:伽利略关于自由落体定律的研究

牛顿第一定律是从大量实验事实中概括总结出来的,但它不能直接用实验来验证,因为自然界中不受力作用的物体事实上是不存在的. 我们确信牛顿第一定律正确,是因为从它导出的其他结果都和实验事实相符合. 从长期实践和实验中总结归纳出一些基本规律(常称为原理、假说或定律等),虽不能用实验等方法直接验证其正确性,但以它们为基础导出的定理等都与实践和实验相符合,因此人们公认这些基本规律的正确,并以此为基础研究其他有关问题,甚至建立新的学科.

牛顿第二定律 物体所获得的加速度的大小与其所受合外力的大小成正比,与物体的质量成反比,即

$$\boldsymbol{F}=m\boldsymbol{a}=m\frac{\mathrm{d}\boldsymbol{v}}{\mathrm{d}t} \tag{1-42}$$

上式亦称为质点动力学基本方程,是经典力学的核心.

在国际单位制中,力 $\boldsymbol{F}$ 的单位为N(牛[顿]).

牛顿第二定律的重要意义表现在两方面. 第一,定量地度量了物体平动惯性的大小. 我们知道,物体的惯性还表现在物体受到外力时,是否容易改变速度这一事实上. 在同样力的作用下,凡是容易改变速度的物体,就说它的惯性小;凡是不容易改变速

度的物体，就说它的惯性大. 若用同样的外力作用在两个质量分别为 m_1 和 m_2 的物体上，以 a_1 和 a_2 分别表示它们由此产生的加速度的数值，则由式(1-42)可得

$$\frac{m_1}{m_2}=\frac{a_2}{a_1}$$

即在相同外力的作用下，物体的质量和加速度成反比，质量大的物体产生的加速度小. 这就是说，物体的质量越大，则改变它的速度越困难，因此可以说，质量是物体惯性大小的度量. 第二，概括了力的叠加原理. 实验表明：如果几个力同时作用在一物体上，则物体的加速度等于各力单独作用时所产生的加速度的矢量和. 这一结论称为力的叠加原理. 因此，牛顿第二定律中的 $\boldsymbol{F}$ 应代表物体所受的各个力的矢量和，简称合外力.

式(1-42)是牛顿第二定律的矢量式，在应用该定律时，常把力和加速度沿选定的坐标轴分解. 在平面直角坐标系中，牛顿第二定律可写成如下分量式：

$$\begin{aligned} F_x &= ma_x = m\frac{\mathrm{d}^2x}{\mathrm{d}t^2} \\ F_y &= ma_y = m\frac{\mathrm{d}^2y}{\mathrm{d}t^2} \end{aligned} \tag{1-43}$$

在讨论圆周运动和平面曲线运动问题时，牛顿第二定律可写成如下分量形式

$$\begin{aligned} F_\mathrm{n} &= ma_\mathrm{n} = m\frac{v^2}{\rho} \\ F_\mathrm{t} &= ma_\mathrm{t} = m\frac{\mathrm{d}v}{\mathrm{d}t} \end{aligned} \tag{1-44}$$

式中 F_n、F_t 分别表示合外力的法向分量和切向分量，即法向力和切向力；ρ 为质点所在曲线某点的曲率半径.

应当指出，牛顿第一、第二定律本身只适用于质点或可视为质点的物体.

牛顿第三定律　当物体 A 以力 $\boldsymbol{F}$ 作用在物体 B 上时，物体 B 也必定同时以力 $\boldsymbol{F}'$ 作用在物体 A 上，$\boldsymbol{F}$ 和 $\boldsymbol{F}'$ 在一条直线上，大小相等，方向相反，即

$$\boldsymbol{F}=-\boldsymbol{F}' \tag{1-45}$$

牛顿第三定律具有三个含义. 第一，作用力和反作用力总是同时以大小相等、方同相反的形式成对地出现，它们同时出现，同时消失，没有主次之分，任何一方都不能单独存在. 例如地球对地面上任何物体都有引力作用，它的反作用力就是物体对地球的引力. 用球拍击打网球时，球拍与网球之间有作用力与反作用力，当网球被击飞后，球拍对网球没有作用力了，同时网球对球拍的反作用力也就消失了. 第二，虽然作用力和反作用力大小相等，但它们是分别作用在两个物体上，所产生的效果可以不相同. 例如鸡蛋碰石头，虽然鸡蛋对石头的作用力和石头对鸡蛋的作用力大小一样，但结果仅是鸡蛋破裂. 第三，作用力和反作用力属于同种性质的力，例如作用力是摩擦力，那么反作用力也一定是摩擦力，绝不可能是其他性质的力.

二、力学中常见的三种力

自然界存在着各种性质的力，它们的起源和特性是不一样的，若按它们相互作用的宏观表现则可分为两大类. 一类是接触力，如摩擦力、弹性力、正压力、绳子的张力、支持力等，这类力是通过两个物体相互接触并发生作用而产生的. 另一类是非接触力，如万有引力、重力、库仑力、安培力、核力等，产生这类力的两个物体并不相互接触，力是通过“场”来传递和实现的，故也称为场力.

在力学中经常遇到的有如下三种力.

万有引力 牛顿继承了前人的研究成果，通过深入研究，提出了著名的万有引力定律：**在两个相距为 r，质量分别为 m_1 和 m_2 的质点间有万有引力，其方向沿着它们的连线，其大小与它们的质量乘积成正比，与它们之间的距离 r 的平方成反比**，即

$$F=G\frac{m_1m_2}{r^2} \tag{1-46a}$$

式中 m_1 和 m_2 为两个物体（皆可看做质点）的质量，r 为两物体间的距离，G 为比例系数，称为引力常量，在国际单位制中，$G=6.67\times10^{-11}\ \mathrm{N\cdot m^2/kg^2}$.

文档：万有引力定律的建立

用矢量形式表示，万有引力定律可写成

$$\boldsymbol{F}=-G\frac{m_1m_2}{r^2}\boldsymbol{e}_r \tag{1-46b}$$

如以由 m_1 指向 m_2 的有向线段为 m_2 的位置矢量 $\boldsymbol{r}$，如图 1-23 所示. 那么式中 $\boldsymbol{e}_r$ 为沿位置矢量方向的单位矢量，它等于 $\boldsymbol{r}/r$. 而上式中的负号则表示 m_1 施于 m_2 的万有引力的方向始终与位置矢量的单位矢量 $\boldsymbol{e}_r$ 的方向相反，表现为吸引力.

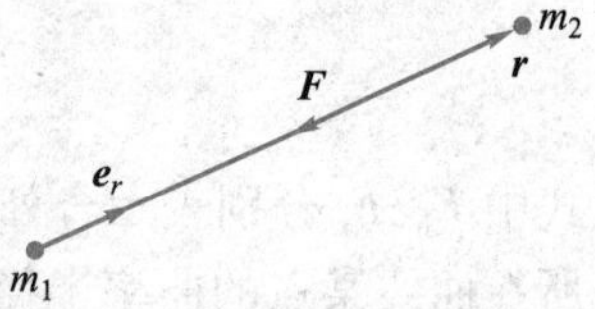

图 1-23

两物体间的万有引力可以这样来理解：质量为 m_1 的物体产生引力场，将质量为 m_2 的物体置于该引力场中距物体 m_1 为 r 处，则物体 m_1 产生的引力场会对物体 m_2 施加万有引力 $\boldsymbol{F}$.

地球是一个质量 $m_E=5.965\times10^{24}$ kg 的物体，在其周围产生引力场. 通常，把地球表面附近的引力场称为重力场，质量为 m 的物体，在地球附近应受到一个指向地球中心的万有引力，称为重力，用 $\boldsymbol{W}$ 表示.

重力的大小称为重量. 如果忽略地球自转的影响，物体的重力就近似等于它所受到的地球对它的万有引力，其方向竖直向下，指向地球中心，质量为 m 的物体，在重力 $\boldsymbol{W}$ 的作用下获得重力加速度 $\boldsymbol{g}$，根据牛顿第二定律，有

$$\boldsymbol{W}=m\boldsymbol{g} \tag{1-47}$$

设物体位于地面附近高度为 h 处，则由式(1-46)和式(1-47)，有

$$mg=G\frac{m_Em}{(r_E+h)^2}$$

由于物体在地面附近，$h\ll r_E$，故 $r_E+h\approx r_E$，因而有

$$mg=G\frac{m_E m}{r_E^2}$$

式中 m_E 为地球的质量，r_E 为地球的半径. 由此可得

$$g=G\frac{m_E}{r_E^2} \tag{1-48}$$

将地球的质量 $m_E=5.965\times10^{24}$ kg 和地球的半径 $r_E\approx6\ 370$ km 代入上式，可得重力加速度 $g=9.81\ \mathrm{m/s^2}$. 通常，在计算时我们近似取地面附近物体的重力加速度为 $9.8\ \mathrm{m/s^2}$.

弹性力 物体在外力作用下因发生形变而产生的欲使其恢复原来形状的力称为弹性力，其方向要根据物体形变的情况来决定. 下面介绍几种常见的弹性力.

1. 弹簧的弹性力

当弹簧被拉伸或压缩时，与之相连的物体就会受到弹性力的作用. 如图 1-24 所示，在弹性限度内，弹性力的大小与形变成正比. 以 F 表示弹性力，以 x 表示弹簧的长度形变（拉伸或压缩）量，则有

$$F=-kx \tag{1-49}$$

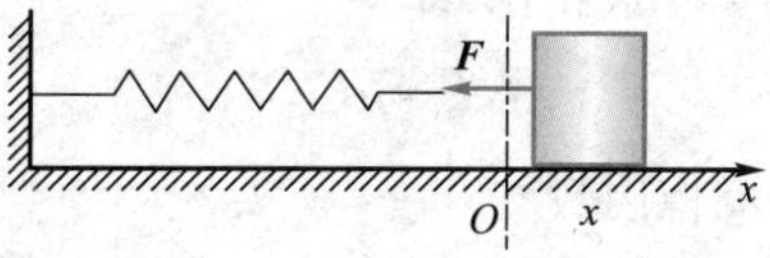

图 1-24

式中的比例系数 k 称为劲度系数，式中的负号表示弹性力的方向，它说明弹性力与形变反向.

2. 绳子的拉力

柔软的绳子在受到外力拉伸而发生形变时，会产生弹性力，与此同时，绳的内部各段之间也有相互的弹性力作用，这种弹性力称为张力. 一般而言，绳上各处的张力是不相等的. 设想把绳子分成数段，取其中任一段质量为 Δm 的绳子 PQ，它要受到前、后方相邻绳段的张力 $\boldsymbol{F}_{T1}$ 和 $\boldsymbol{F}_{T2}$ 作用，如图 1-25 所示，当绳子与重物一起以加速度 $\boldsymbol{a}$ 前进时，按牛顿第二定律，沿绳长方向取 Ox 轴，相应的分量式为 $F_x=ma_x$，有

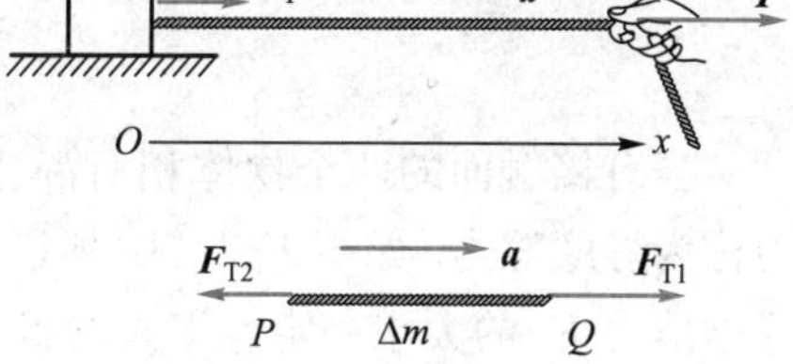

图 1-25

$$F_{T1}-F_{T2}=\Delta ma$$

故 $F_{T1}\neq F_{T2}$. 由此不难推断，绳中各处张力大小也是不相等的. 但是，如果绳子是一条质量可以忽略不计（即 $m\approx0$）的轻绳，即绳子各段的质量 $\Delta m=0$，或者绳子质量不能忽略（$m\neq0$），但处于匀速运动或静止状态（$a=0$），在这两种情况下，由上式可得出，绳中各处的张力大小就处处相等，且与作用在绳子上的拉力大小相等. 这时，手拉绳子的力 $\boldsymbol{F}$ 和绳拉物体的力 $\boldsymbol{F}_T$ 大小相等，拉力 $\boldsymbol{F}$ 就大小不变地传递到绳的另一端.

顺便指出，今后凡是讲到细绳、轻绳、细杆、轻杆、轻弹簧、轻滑轮等，均是指它们的质量可忽略不计.

3. 物体间相互挤压而引起的弹性力

这种弹性力是由于彼此挤压的物体发生形变所引起的，其形变一般极为微小，肉眼不易觉察. 如图 1-26 所示，一重物放置在桌面上，桌面受重物挤压而发生形变，它要力图恢复原状，对重物作用一个向上的弹性力 $\boldsymbol{F}_N$，这就是桌面对重物的支持力；与此同时，重物受桌面挤压而发生形变，也要力图恢复原状而对支持的桌面作用一个向下的弹性力 $\boldsymbol{F}'_N$，即重物对桌面的压力. 它们的大小取决于两个物体互相挤压的程度，它们的方向总是垂直于接触面而指向对方.

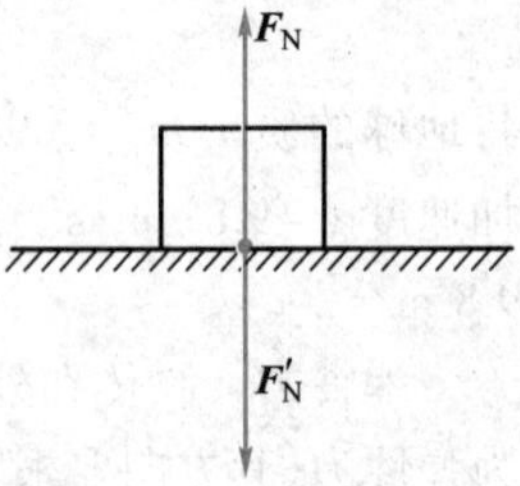

图 1-26

摩擦力 当两个相互接触的物体沿接触面发生相对运动或有相对运动的趋势时，在接触面之间便产生一对阻止相对运动或克服相对运动趋势的力，称为摩擦力. 它的方向总是与相对运动或相对运动的趋势的方向相反.

实验证明，当物体间相对滑动的速度不太大时，滑动摩擦力 $\boldsymbol{F}_f$ 的大小和滑动速度无关，而和正压力 $\boldsymbol{F}_N$ 的大小成正比，即

$$F_f = \mu F_N \tag{1-50}$$

式中 μ 称为两物体间的动摩擦因数.

如图 1-27(a)所示，当 A、B 两物体相互接触有相对运动时，A 物体受到的摩擦力 $\boldsymbol{F}_f$ 向左，B 物体受到的摩擦力 $\boldsymbol{F}'_f$ 向右.

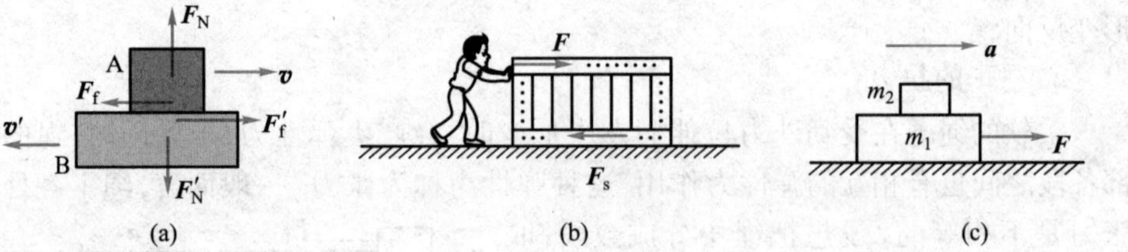

图 1-27

当有接触面的两个物体相对静止但有相对滑动趋势时，它们之间产生的摩擦力称为静摩擦力. 如图 1-27(b)所示，用力推停在地板上的重木箱，没有推动，所以静摩擦力 $\boldsymbol{F}_s$ 的大小一定等于人的推力 $\boldsymbol{F}$ 的大小，当推力增大到某一数值时，木箱将由静止开始移动，这种临界状态下的静摩擦力为最大静摩擦力. 实验证明，最大静摩擦力 $\boldsymbol{F}_{s\,max}$ 的大小与接触面上的正压力 $\boldsymbol{F}_N$ 的大小成正比，即

$$F_{s\,max} = \mu_s F_N \tag{1-51}$$

式中 μ_s 为静摩擦因数，通常它比动摩擦因数稍大一些，计算时，一般可不加区别，近似地认为 $\mu=\mu_s$.

静摩擦力的方向是与相对运动的趋势方向相反. 所谓相对运动的趋势方向是指如果没有摩擦力存在，物体的相对运动方向. 如图 1-27(c)所示，m_1 在外力 $\boldsymbol{F}$ 的

作用下向右运动，如果 m_2 与 m_1 之间没有摩擦力，则 m_2 将相对 m_1 向左运动，这就是 m_2 相对 m_1 的运动趋势方向，而 m_1 施于 m_2 的静摩擦力方向应与这个方向相反，故向右. 同理，m_2 施于 m_1 的静摩擦力方向应向左.

摩擦力是普遍存在的，并在我们的生活和技术中产生重要作用. 如果没有摩擦力，我们的一举一动都会变得不可思议了，人无法行走，车子无法行驶，即使将车子开动起来也无法使它停止，甚至连吃饭也变得十分困难了. 另一方面，摩擦还会生热，大大降低了机械效率和能源利用效率；摩擦造成机器磨损，影响其寿命；因摩擦起电，常造成起火、爆炸等重大事故……因此利用摩擦的有利因素，避免其有害的因素，成为人们长期研究的重要课题.

这里顺便指出，平常所说的压力、拉力、张力、下滑力、上举力、向心力、汽车牵引力等，都是因其产生的作用效果而起的名字. 例如，一根细长的金属条，两端施力使其拉伸，一般叫做拉力，实际上是弹性力；汽车牵引力，实际上是地面给汽车的静摩擦力；挂钩牵引力，一般指拖车对汽车的拉力，也是弹性力.

三、惯性系和非惯性系

运动学强调，描述物体的运动时必须选定一个参考系. 在运动学中参考系的选取是任意的，在应用牛顿运动定律时，参考系的选取能否任意呢？我们从下面的例子来进行讨论.

如图 1-28 所示，A，B 两物体同时自由下落，对物体 A 的运动可以选取两种参考系进行描述. 以地面为参考系，物体 A 受重力作用，具有加速度 $\boldsymbol{g}$，牛顿运动定律成立. 以 B 为参考系，物体 A 虽然受到重力作用，但与 B 相对静止，加速度为零，牛顿运动定律不成立.

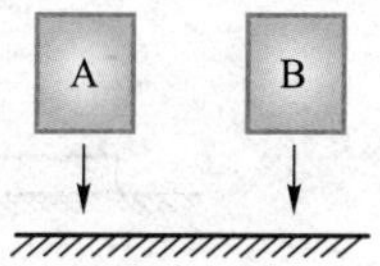

图 1-28

从上面的讨论中可以看出，牛顿运动定律不是对任意的参考系都适用的. 我们把牛顿运动定律成立的参考系称为惯性系，牛顿运动定律不成立的参考系称为非惯性系. 因此在应用牛顿运动定律时只能选取惯性系.

要确定一个参考系是不是惯性系，只能根据观察和实验的结果来判断. 人们根据观察和实验得到了以下几个实用的惯性系.

太阳参考系：以太阳中心为坐标原点，以太阳指向恒星的射线为坐标轴的参考系称为太阳参考系. 常在太阳参考系中处理行星和宇宙飞行器的运动.

地心参考系：以地心为坐标原点，以地球指向恒星的射线为坐标轴的参考系称为地心参考系. 常在地心参考系中讨论人造地球卫星的运动.

地面参考系：坐标轴固定在地面上的参考系称为地面参考系. 常在地面参考系中解决一般工程技术问题.

理论证明：惯性系不是唯一的，凡是相对惯性系静止或做匀速直线运动的参考系也是惯性系，而相对惯性系做变速运动的参考系都是非惯性系. 因此，地面或静止在地面以及在地面上做匀速直线运动的任一物体都可看做惯性系，在地面上做变速直线运动或曲线运动的物体则看做非惯性系.

四、牛顿运动定律的应用

文档：牛顿力学的完善与分析力学的创立

牛顿运动定律是物体做机械运动的基本定律，它在实践中有着广泛的应用. 用牛顿运动定律求解质点动力学问题的一般步骤如下：

第一步，选取研究对象. 在求解动力学问题时，首先必须把研究对象从与之相联系的其他物体中"隔离"出来，称之为隔离体，隔离体可以是某个物体或某个物体的一部分，也可以是几个物体的组合，如何选取研究对象，需根据求解问题具体情况来决定.

第二步，进行受力分析. 选取了研究对象后，要把作用在此物体上的力一个不漏地画出来；作图时必须正确地标明力的方向.

第三步，建立合适坐标系. 要根据题意选择适当的坐标系，坐标系选取得适当可使运算简化.

第四步，列出方程求解. 根据所选定的坐标系，写出研究对象的运动方程（常采用投影式），以及其他有关的辅助性方程，然后求解方程. 求解时最好先用字母运算得出结果，而后再代入已知数据进行运算，运算中应注意单位的正确选用. 最后要讨论结果的物理意义，判断其合理性和正确性.

例 1-10 如图 1-29(a)所示，在光滑水平桌面上放一质量为 m_1 的平板，板上再放一质量为 m_2 的重物. 已知板与物体之间的静摩擦因数为 μ. 如果将板从重物下抽出，在板上至少应加多大的水平力 F？

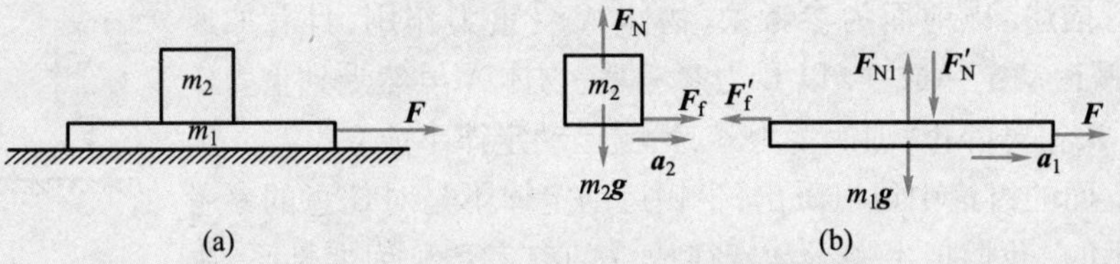

图 1-29

解 因为重物和平板两者是静止的，重物的最大加速度是在最大静摩擦力作用下获得的. 只要板的加速度大于重物的最大加速度，板就从重物下抽出来了.

分别选重物和平板为研究对象，受力分析如图 1-29(b)所示，其中 $m_1\boldsymbol{g}$、$m_2\boldsymbol{g}$ 是重物和板所受的重力，$\boldsymbol{F}_N$、$\boldsymbol{F}'_N$ 是板对重物的支持力和重物对板的正压力，$\boldsymbol{F}_f$、$\boldsymbol{F}'_f$ 是板与重物之间的最大静摩擦力，$\boldsymbol{F}_{N1}$ 是桌面对板的正压力，$\boldsymbol{F}$ 是加在板上的水平力. 对重物应用牛顿第二定律，可得

$$F_f = m_2 a_2,\quad F_N - m_2 g = 0,\quad F_f = \mu F_N$$

对板应用第二定律，可得

$$F - F'_f = m_1 a_1$$

联立解这四个方程，且有 $F_N = F'_N$，$F_f = F'_f$，得

$$a_2 = \mu g,\quad a_1 = \frac{F - \mu m_2 g}{m_1}$$

由 $a_1>a_2$，即
$$\frac{F-\mu m_2 g}{m_1}>\mu g$$
得
$$F>\mu(m_1+m_2)g$$

在例 1-10 中，作用力及加速度的大小都是恒定的，只要求出加速度，物体的运动状态就可以确定了，不需要用积分．在以下三例中作用力是变力，为了求物体的运动状态，需要对运动微分方程进行积分．

例 1-11 一个质量为 m 的雨滴自由落下，设雨滴下落过程中受到的空气阻力与其下落速率成正比（比例系数为 k），方向与运动速度方向相反．以开始下落时为计时零点，求此雨滴的运动方程．

解 选下落雨滴为研究对象，它在空中受到的作用力有向下的重力 $\boldsymbol{mg}$ 和与运动速度方向相反的空气阻力 $\boldsymbol{F}_{阻}$，如图 1-30 所示．

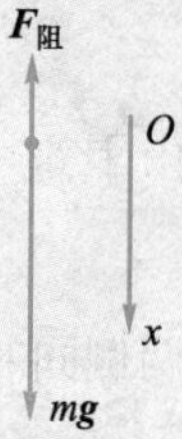

图 1-30

取地面为参考系，雨点初始位置为原点 O，x 轴向下为正，雨滴受到的重力为 $m\boldsymbol{g}$，空气阻力
$$\boldsymbol{F}_{阻}=-k\boldsymbol{v}$$
由牛顿第二定律有
$$-kv+mg=m\frac{\mathrm{d}v}{\mathrm{d}t}$$
将上式分离变量，得
$$\mathrm{d}t=\frac{m}{-kv+mg}\mathrm{d}v$$
两边分别进行积分：
$$\int_0^t \mathrm{d}t=\int_{v_0}^{v}\frac{m}{mg-kv}\mathrm{d}v$$
由初始条件 $t=0$ 时，速度 $v_0=0$，可得
$$v=\frac{mg}{k}(1-\mathrm{e}^{-\frac{k}{m}t})$$
当 $t\to\infty$ 时，雨滴的速度为一常量 $v=\dfrac{mg}{k}$，这就表明经过较长时间后，雨滴将匀速下落，跳伞员张伞后的运动正是这种运动的例子．

对上式再进行积分：
$$\int_{x_0}^{x}\mathrm{d}x=\int_0^t v\mathrm{d}t=\int_0^t \frac{mg}{k}(1-\mathrm{e}^{-\frac{k}{m}t})\,\mathrm{d}t$$
由初始条件 $t=0$ 时，$x_0=0$ 可得到雨滴的运动方程
$$x=\frac{mg}{k}\left(\frac{m}{k}\mathrm{e}^{-\frac{k}{m}t}+t-\frac{m}{k}\right)$$

例 1-12 一个质量为 m 的小球系在线的一端,线的另一端固定在墙上的钉子上,线长为 l. 先拉动小球使线保持水平静止,然后松手使小球下落. 求线摆下落 θ 角时这个小球的速率.

解 选小球为研究对象. 小球受线的拉力 $\boldsymbol{F}_{\mathrm{T}}$ 和重力 $m\boldsymbol{g}$,如图 1-31 所示. 小球做变速圆周运动,任意时刻,牛顿第二定律的切向分量式为

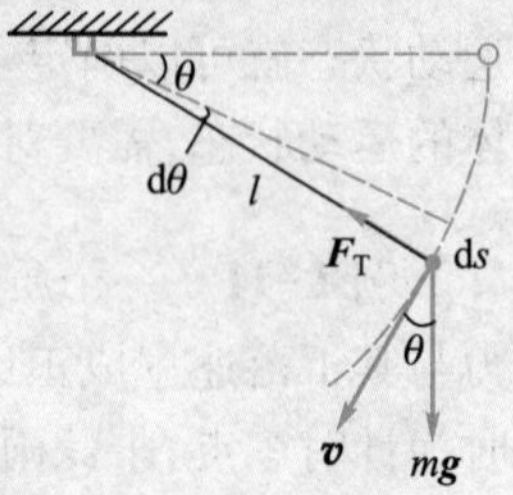

图 1-31

$$mg\cos\theta = ma_{\mathrm{t}} = m\frac{\mathrm{d}v}{\mathrm{d}t}$$

以 ds 乘此式两侧,可得

$$mg\cos\theta\mathrm{d}s = m\frac{\mathrm{d}v}{\mathrm{d}t}\mathrm{d}s = m\frac{\mathrm{d}s}{\mathrm{d}t}\mathrm{d}v$$

由于 $\mathrm{d}s = l\mathrm{d}\theta, \frac{\mathrm{d}s}{\mathrm{d}t} = v$,所以上式可写成

$$gl\cos\theta\mathrm{d}\theta = v\mathrm{d}v$$

两侧同时积分,由于摆角从 0 增大到 θ 时,速率从 0 增大到 v,所以有

$$\int_0^{\theta} gl\cos\theta\mathrm{d}\theta = \int_0^{v} v\mathrm{d}v$$

由此得

$$gl\sin\theta = \frac{1}{2}v^2$$

从而

$$v = \sqrt{2gl\sin\theta}$$

例 1-13 在光滑的桌面上固定一半径为 R 的圆环,物体沿环的内壁运动,设在$t=0$ 时刻物体运动速度为 v_0,如图 1-32(a)所示. 若物体与圆环间的摩擦因数为 μ,试求物体在任一时刻的速率和物体所经历的路程.

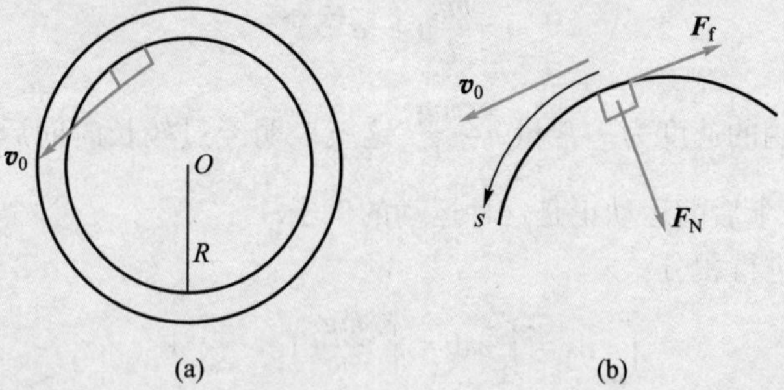

图 1-32

解 选物体为研究对象,物体在光滑桌面上沿环运动,受力情况如图 1-32(b)所示(物体所受重力和水平的支持力在竖直方向相互平衡,图中未画出),

在法向受到圆环对它的支持力 $\boldsymbol{F}_N$,此力是物体做圆周运动的向心力;在切向受环面对它的滑动摩擦力 $\boldsymbol{F}_f$,故物体做变速圆周运动,速率随时间变化. 在法向和切向分别应用牛顿第二定律得

法向 $$F_N = m\frac{v^2}{R} \tag{1}$$

切向 $$-F_f = m\frac{dv}{dt} \tag{2}$$

式中滑动摩擦力为

$$F_f = \mu F_N \tag{3}$$

由式(1)、式(2)、式(3)可得

$$-\frac{dv}{dt} = \mu\frac{v^2}{R}$$

或

$$-\frac{dv}{v^2} = \frac{\mu dt}{R}$$

两边积分得

$$\int_{v_0}^{v} -\frac{dv}{v^2} = \int_0^t \frac{\mu dt}{R}$$

或

$$\frac{1}{v} - \frac{1}{v_0} = \frac{\mu}{R}t$$

t 时刻物体速率为

$$v = \frac{R}{R+\mu v_0 t}v_0 \tag{4}$$

由速率定义 $v=\frac{ds}{dt}$,得

$$ds = v dt$$

将式(4)中的速率 v 代入上式,两边积分得

$$\int_0^s ds = \int_0^t \frac{Rv_0}{R+\mu v_0 t}dt$$

由此得物体 t 时刻所经历的路程

$$s = \frac{R}{\mu}\ln\left(1+\frac{\mu v_0}{R}t\right)$$

习题

第一章参考答案

1-1 某质点的运动方程为 $x=(A\cos\alpha)t+(B\cos\alpha)t^2$, $y=(A\sin\alpha)t+(B\sin\alpha)t^2$,式中 A、B、α 均为常量,且 $A>0$, $B>0$. 证明质点做匀加速直线运动.

1-2 一质点的运动方程为 $x=t^2, y=(t-1)^2$，式中 x、y 以 m 计，t 以 s 计. 试求：(1) 质点的轨道方程；(2) $t=2$ s 时，质点的速度 $\boldsymbol{v}$ 和加速度 $\boldsymbol{a}$.

1-3 质点在 Ox 轴上运动，其运动方程为 $x=4t^2-2t^3$，式中 x 以 m 计，t 以 s 计，求质点返回原点时的速度和加速度.

1-4 一质点的运动方程为 $\boldsymbol{r}=a\cos 2\pi t\boldsymbol{i}+b\sin 2\pi t\boldsymbol{j}$，式中 a、b 均为正常量. (1) 求质点的加速度；(2) 证明质点的运动轨道为一椭圆.

1-5 一小球在黏性的油液中由静止开始下落，已知其加速度 $a=A-Bv$，式中 A, B 为常量，试求小球的速度和运动方程.

1-6 一质点做一维运动，其中加速度与位置的关系为 $a=-kx$，k 为正常量. 已知 $t=0$ 时质点瞬时静止于 $x=x_0$ 处. 试求质点的速度.

1-7 一质点斜向上抛出，$t=0$ 时，质点位于坐标原点，其速度随时间变化关系 $\boldsymbol{v}=200\boldsymbol{i}+(200\sqrt{3}-10t)\boldsymbol{j}$，式中 v 以 m/s 计，t 以 s 计. 试求：(1) 质点的位置矢量和加速度；(2) $t=0$ 时，质点的切向加速度和法向加速度的大小.

1-8 一质点沿半径为 R 的圆周运动，质点所经过的弧长与时间的关系为 $s=bt+\dfrac{1}{2}ct^2$，其中 b, c 为正常量，且 $Rc>b^2$. 求切向加速度与法向加速度大小相等以前所经历的时间.

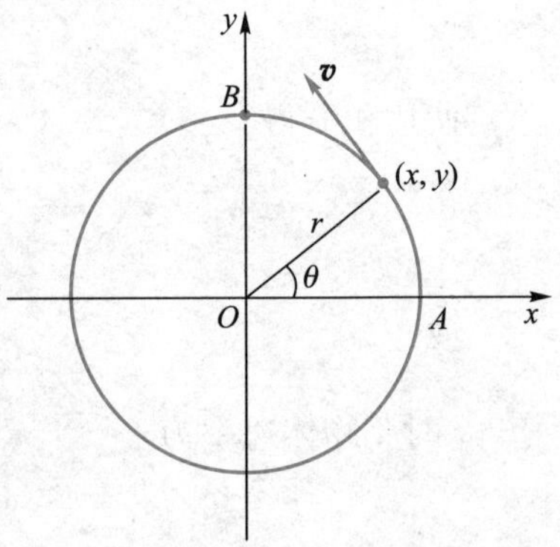

习题 1-9 图

1-9 一质点在半径为 3 m 的圆周上做匀速率运动，每分钟绕一圈. 如图所示，初始时刻质点位于 A 点. 在平面直角坐标系中，求：(1) 从初始时刻到质点第一次到达图中 B 点时刻这段时间内的平均速度；(2) 从初始时刻到质点第二次到达 B 点时刻这段时间内的平均速度；(3) 任一时刻质点加速度.

1-10 一质点沿半径为 0.1 m 的圆周运动，用角坐标表示的运动方程为 $\theta=2+4t^3$，式中 θ 以 rad 计，t 以 s 计. (1) 求 $t=2$ s 时，质点的切向加速度和法向加速度的大小；(2) 当 θ 等于多少时，质点的加速度和半径的夹角成 45°？

1-11 一质点从静止出发，沿半径 $R=3$ m 的圆周运动. 已知切向加速度 $a_t=3\ \mathrm{m/s^2}$，试求：(1) $t=1$ s 时质点的速度和加速度的大小；(2) 第 2 s 内质点经过的路程.

1-12 一质点沿半径为 R 的圆周轨道运动，初速为 v_0，其加速度方向与速度方向之间的夹角 α 恒定，如图所示. 试求速度大小与时间的关系.

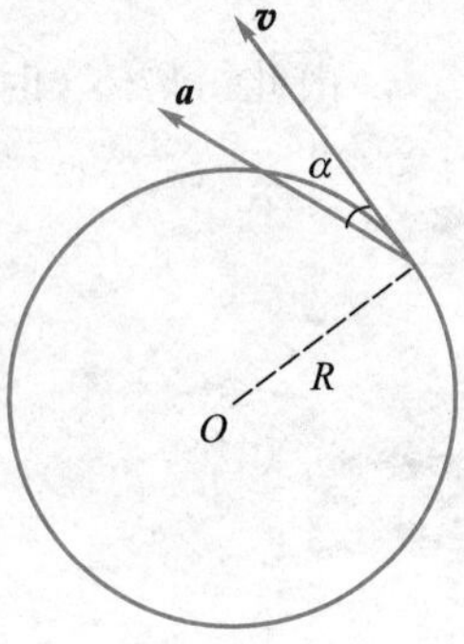

习题 1-12 图

*__1-13__ 设有一架飞机从 A 处向东飞到 B 处，然后又向西飞回到 A 处，飞机相对空气保持不变的速率 v，而空气相对于地面的速率为 u，A 和 B 间的距离为 l. 在下列三种情况下，

试求飞机来回飞行的时间.(1) 空气是静止的(即 $u=0$);(2) 空气的速度向东;(3) 空气的速度向北.

*1-14 一辆带篷的卡车,雨天在平直公路上行驶,司机发现:车速过小时,雨滴从车后斜向落入车内;车速过大时,雨滴从车前斜向落入车内.已知雨滴相对地面的速度大小为 v,方向与水平面夹角为 α.试问(1) 车速为多大时,雨滴恰好不能落入车内?(2) 此时雨滴相对车厢的速度多大?

1-15 一质量为 m 的物体,在与水平面夹角为 θ 的拉力 $\boldsymbol{F}$ 作用下沿水平面滑动,已知物体与水平面之间的动摩擦因数为 μ,如图所示.试求物体的加速度.

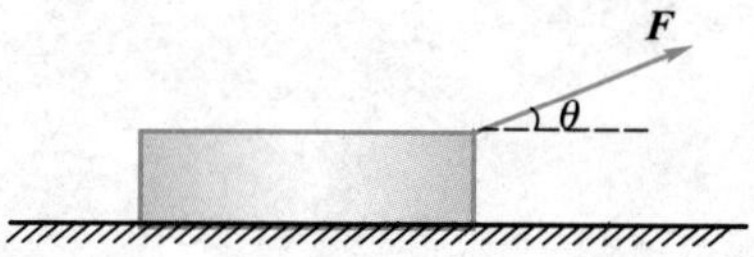

习题 1-15 图

1-16 一质量为 m 的物体,最初静止于 x_0 处.在力 $F=-k/x^2$ 的作用下沿直线运动,试求它在 x 处的速度大小.

1-17 质量为 m 的电车启动过程中在牵引力近似为 $F=\dfrac{F_0 t}{\tau}$ 的作用下沿直线运动,其中 F_0、τ 均为常量.设 $t=0$ 时电车静止于坐标原点,求电车起动过程中的速度、位置与时间的关系.

1-18 如图所示,质量分别为 m_1、m_2 的 A、B 两木块叠放在光滑的水平面上,A 与 B 的动摩擦因数为 μ.(1) 若要保持 A 和 B 相对静止,则施于 B 的水平拉力 F 的最大值为多少?(2) 若要保持 A 和 B 相对静止,则施于 A 的水平拉力 F 的最大值为多少?

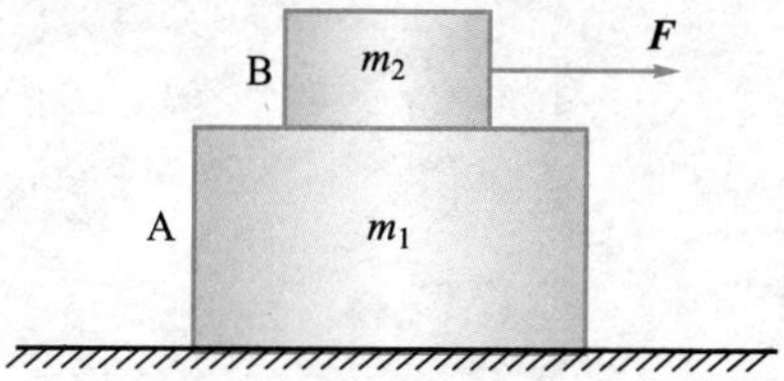

习题 1-18 图

1-19 一物体自地球表面以速率 v_0 竖直上抛.假定空气对物体阻力的值 $F_f=kmv^2$,其中 m 为物体的质量,k 为常量.试求该物体能上升的最大高度.

1-20 质量为 m 的快艇以速率 v_0 行驶,发动机关闭后,受到的摩擦阻力的大小与速度大小的平方成正比,而与速度方向相反,即 $F_f=-kv^2$,k 为比例系数(常量).求发动机关闭后(1) 快艇速率 v 随时间的变化规律;(2) 快艇路程 s 随时间的变化规律;(3) 证明:快艇行驶距离 x 时的速度为 $v=v_0 e^{-\frac{k}{m}x}$.

第二章

守恒定律

原则上说,任何力学问题应用牛顿运动定律都可以解决. 但是,在物体间的相互作用力比较复杂或不很清楚时,直接应用牛顿运动定律求解,往往比较困难,有时甚至无法进行. 然而,应用从牛顿运动定律推导出的三条定理(动能定理、动量定理、角动量定理)和三个守恒定律(机械能守恒定律、动量守恒定律、角动量守恒定律)求解力学问题时,不仅运算简便,而且还能给出明确的物理意义,深刻地揭示机械运动的本质.

本章讨论物体做机械运动时所遵守的各种规律及其应用. 在讨论中所涉及的物体仍然被当做质点,而由多个物体组成的系统,则被看做质点系.

2-1 能量守恒定律

一、功

大小和方向都不变的力叫做恒力. 设质点在恒力 $\boldsymbol{F}$ 的作用下由 a 点沿直线运动到 b 点,其位移为 $\Delta\boldsymbol{r}$,如图 2-1 所示. 物理学中定义:力对质点所做的功为力在位移方向的分量与位移大小的乘积. 设 θ 为力 $\boldsymbol{F}$ 的方向与位移 $\Delta\boldsymbol{r}$ 的方向的夹角,则力在位移方向的分量是 $F\cos\theta$,所以力对质点所做的功为

$$A=F\left|\Delta\boldsymbol{r}\right|\cos\theta \tag{2-1a}$$

根据矢量代数,两个矢量的大小与其夹角的余弦乘积称为两个矢量的标量积,于是上式可表示为力与位移的标量积

$$A=\boldsymbol{F}\cdot\Delta\boldsymbol{r} \tag{2-1b}$$

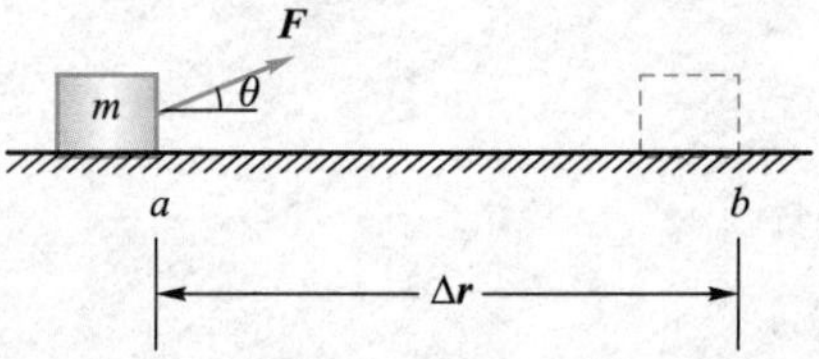

图 2-1

功是标量,只有大小和正负,没有方向,从式(2-1a)可以看出:

(1) 当 $\theta=0°$,即力与物体运动的方向一致时,$\cos 0°=1$,$A>0$,力对物体做正功.

(2) 当 $\theta=90°$,即力与物体运动方向垂直时,$\cos 90°=0$,$A=0$,力对物体不做功.

(3) 当 $\theta=180°$,即力与物体运动的方向相反时,$\cos 180°=-1$,$A<0$,力对物体做负功,或者说物体克服该力做功.

在一般情况下,作用在质点上的力 $\boldsymbol{F}$ 的大小和方向都随质点的位置而改变,质点一般做曲线运动,因此,需要研究如何计算变力的功.

如图 2-2 所示,设质点在变力 $\boldsymbol{F}$ 作用下,由 a 点沿曲线运动到 b 点,则此变力 $\boldsymbol{F}$ 所做的功可以计算如下:把质点由 a 点到 b 点的路径分成许多小段,每个小段被认为是一个小段直线,任取一小段位移,在这段位移上质点所受的力 $\boldsymbol{F}$ 可看成恒力,力对质点做的元功 $\mathrm{d}A=\boldsymbol{F}\cdot\mathrm{d}\boldsymbol{r}$,然后把整个路径上的各个元功相加,得到在整个路径上力对质点

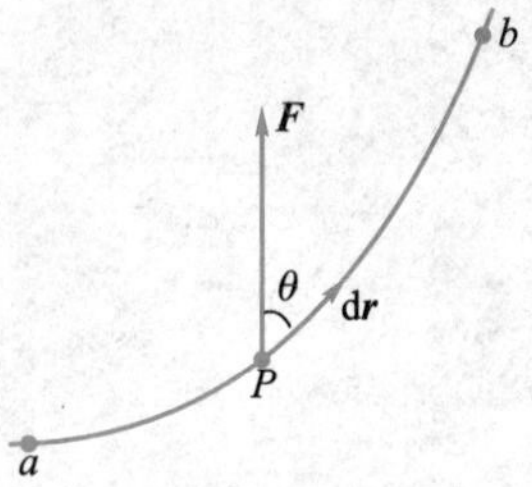

图 2-2

所做的功，按照定积分的定义有

$$A=\int_a^b \mathrm{d}A=\int_a^b \boldsymbol{F}\cdot \mathrm{d}\boldsymbol{r}=\int_a^b F\cos\theta\,|\mathrm{d}\boldsymbol{r}|=\int_a^b F\cos\theta \mathrm{d}s \tag{2-2a}$$

这一积分在数学上称为力 $\boldsymbol{F}$ 沿路径从 a 到 b 的线积分. 式(2-2a)就是计算变力做功的常用公式.

在平面直角坐标系中，有

$$\boldsymbol{F}=F_x\boldsymbol{i}+F_y\boldsymbol{j},\quad \mathrm{d}\boldsymbol{r}=\mathrm{d}x\boldsymbol{i}+\mathrm{d}y\boldsymbol{j}$$

按矢量点积的定义，式(2-2a)可表示为

$$A=\int_a^b (F_x\mathrm{d}x+F_y\mathrm{d}y)=\int_{x_0}^{x} F_x\mathrm{d}x+\int_{y_0}^{y} F_y\mathrm{d}y \tag{2-2b}$$

上面介绍的是一个力作用在物体上所做的功. 若同时有多个力作用在物体上，它们所做的功就称为合力的功. 设 $\boldsymbol{F}_1,\boldsymbol{F}_2,\cdots,\boldsymbol{F}_n$ 作用在物体上，合力 $\boldsymbol{F}=\boldsymbol{F}_1+\boldsymbol{F}_2+\cdots+\boldsymbol{F}_n$. 由定义式(2-2a)得合力 $\boldsymbol{F}$ 的功为

$$\begin{aligned}A&=\int_a^b \boldsymbol{F}\cdot\mathrm{d}\boldsymbol{r}=\int_a^b(\boldsymbol{F}_1+\boldsymbol{F}_2+\cdots+\boldsymbol{F}_n)\cdot\mathrm{d}\boldsymbol{r}\\&=\int_a^b \boldsymbol{F}_1\cdot\mathrm{d}\boldsymbol{r}+\int_a^b \boldsymbol{F}_2\cdot\mathrm{d}\boldsymbol{r}+\cdots+\int_a^b \boldsymbol{F}_n\cdot\mathrm{d}\boldsymbol{r}\\&=A_1+A_2+\cdots+A_n\end{aligned}$$

上式结果表明：合力对质点沿同一路径所做的功等于各分力做功的代数和.

为了反映做功的快慢，还须引入功率的概念，力在单位时间内所做的功称为功率，用 P 表示，即

$$P=\frac{\mathrm{d}A}{\mathrm{d}t}=\frac{\boldsymbol{F}\cdot\mathrm{d}\boldsymbol{r}}{\mathrm{d}t}=\boldsymbol{F}\cdot\boldsymbol{v} \tag{2-3}$$

上式表明，力的功率等于力与速度的标量积，从这个结果可知，当汽车发动机的功率一定时，上坡需要较大的牵引力，所以应该减速，否则就爬不上去.

在国际单位制中，功的单位是 J(焦[耳]). 功率的单位是 J/s(焦每秒)，称为 W(瓦[特]).

例 2-1 在一面积为 S 的地下蓄水池中蓄存有深为 l 的水，水面与地平面之间的距离为 h. 若把蓄水池中的水全部提升到地面上，需做多少功？(设匀速提升)

解 如图 2-3 所示，以地平面某点为坐标原点，向下为 y 轴正向. 设想把蓄水池中的水分成许多与地平面相平行的薄水层，在距原点为 y 处取一厚度为 $\mathrm{d}y$ 的薄水层，其质量为 $\mathrm{d}m=\rho s\mathrm{d}y$，$\rho$ 为水的密度. 此薄水层受到向下重力 $\boldsymbol{W}$ 和向上提升力 $\boldsymbol{F}$ 的作用，由于匀速提升，提升力 $\boldsymbol{F}$ 和重力 $\boldsymbol{W}$ 时刻相等，即

$$F=W=\mathrm{d}mg=\rho sg\mathrm{d}y \tag{1}$$

因提升力方向与位移方向相同，把此薄水层提升到地平面需做的元功为

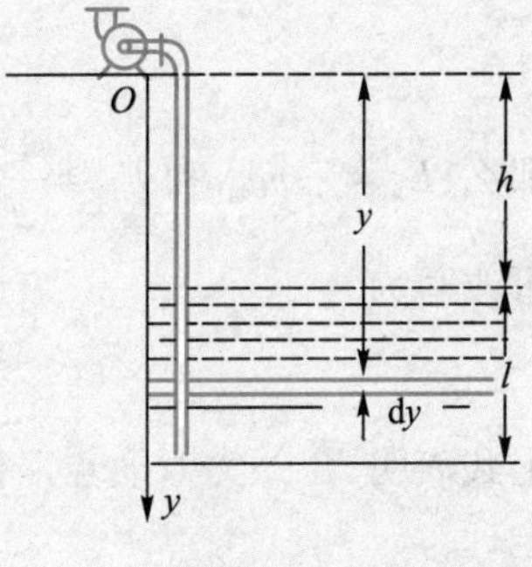

图 2-3

$$dA = gy\,dm = \rho sgy\,dy \quad (2)$$

对蓄水池中的全部水,变量 y 的取值范围是 $h \to h+l$. 所以把池中的水全部提升到地面,提力所做的功为

$$A = \int_h^{h+l} \rho sgy\,dy = \rho sg\int_h^{h+l} y\,dy = \frac{1}{2}\rho sg[(h+l)^2 - h^2]$$

二、质点的动能定理

力对物体做功是要改变物体运动状态的. 下面讨论力对物体做功后,物体的运动状态将发生的变化.

如图 2-4 所示,设质量为 m 的物体在变力 $\boldsymbol{F}$ 作用下,沿任意曲线由 a 点运动到 b 点,物体在 a 点和 b 点的速度分别为 $\boldsymbol{v}_1$ 和 $\boldsymbol{v}_2$,根据牛顿第二定律的切向分量式,有

$$\boldsymbol{F}_t = m\boldsymbol{a}_t$$

式中 $\boldsymbol{F}_t$ 为合外力 $\boldsymbol{F}$ 在切线方向的分量.

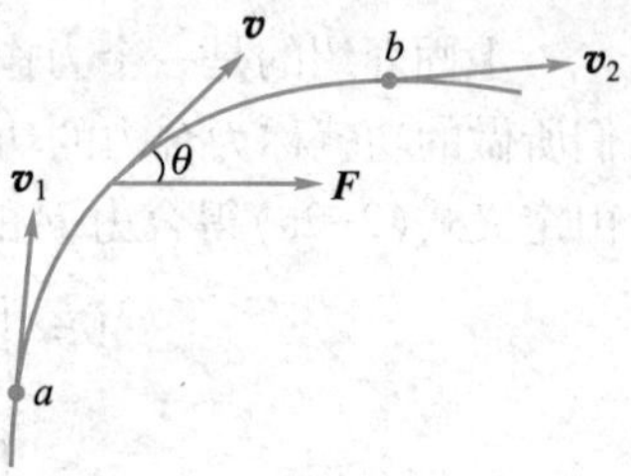

图 2-4

由于 $F_t = F\cos\theta,\quad a_t = \dfrac{dv}{dt}$

则有

$$F\cos\theta = m\frac{dv}{dt}$$

所以

$$F\cos\theta\,ds = m\frac{dv}{dt}ds = mv\,dv$$

因此,从 a 点到 b 点,合外力对质点所做的功为

$$A = \int_a^b F\cos\theta\,ds = \int_{v_1}^{v_2} mv\,dv = \frac{1}{2}mv_2^2 - \frac{1}{2}mv_1^2 \quad (2\text{-}4a)$$

上式表明,合外力对物体做功的结果,使得仅与运动状态有关的量 $\frac{1}{2}mv^2$ 发生了变化. 我们把状态量 $\frac{1}{2}mv^2$ 称为物体的动能,用 E_k 表示.

$$E_k = \frac{1}{2}mv^2 \quad (2\text{-}4b)$$

那么,$E_{k1} = \frac{1}{2}mv_1^2$ 和 $E_{k2} = \frac{1}{2}mv_2^2$ 分别代表质点在初、末位置的动能,这样,式(2-4a)可改写为

$$A = E_{k2} - E_{k1} \quad (2\text{-}4c)$$

上式表明,合外力对质点所做的功等于质点动能的增量,这一结论称为质点的动能定理.

对于动能定理,作如下几点说明:

(1) 动能定理中,A 是合外力做的功,也就是物体所受各个外力做功的代数和,即外力所做的总功. 且只有当合外力的功为正功($A>0$)时,物体动能才增加($E_{k2}>E_{k1}$);当合外力的功为负功($A<0$)时,物体的动能就减少($E_{k2}<E_{k1}$).

(2) 动能定理适用于物体任何运动过程,不管过程中物体所受的合外力是恒力还是变力,也不管路径是直线还是曲线. 合外力的总功只与物体初末状态的动能之差相关.

(3) 质点从一个状态变化到另一个状态,中间必然要经历某种过程. 有一类物理量是用以描述过程的,称其为过程量. 另一类物理量是用以描述系统状态的,称其为状态量. 动能仅与物体的状态有关,故为状态量,而功与物体受力后运动经历的过程有关,故为过程量. 因此可以说处于一定运动状态的物体有多少动能,但说某物体具有多少功则没有任何意义.

例 2-2 设质量为 2 kg 的质点,所受的合外力为 $\boldsymbol{F}=6t\boldsymbol{i}$,式中 F 以 N 计,t 以 s 计. 该质点从 $t=0$ 时刻,由静止开始运动. 试求:(1) 前 2 s 内合外力所做的功;(2) 2 s 时的功率.

解 (1) 由已知条件可知,质点在受力作用下做直线运动,其运动的加速度为

$$a=\frac{F}{m}=3t$$

故

$$v=\int_0^t a\mathrm{d}t=\int_0^t 3t\mathrm{d}t=\frac{3}{2}t^2$$

由于初动能为零,利用动能定理有

$$A=E_k-E_{k0}=\frac{1}{2}mv^2=\frac{9}{4}t^4$$

$$A=\frac{9}{4}\times 2^4\ \mathrm{J}=36\ \mathrm{J}$$

(2)

$$P=\frac{\mathrm{d}A}{\mathrm{d}t}=\frac{\mathrm{d}}{\mathrm{d}t}\left(\frac{9}{4}t^4\right)=9t^3$$

当 $t=2$ s 时

$$P=9\times 2^3\ \mathrm{W}=72\ \mathrm{W}$$

三、质点系的动能定理

由两个或两个以上质点组成的系统,一般简称为质点系. 系统内各质点间的相互作用力称为内力,系统以外的其他物体对系统内任意一质点的作用力称为外力. 例如,把地球与月球看做一个系统,则它们之间的相互作用力称为内力,而系统外的物体如太阳以及其他行星对地球或月球的引力都是外力.

设所研究的系统由 n 个质点组成,其中第 $i(i=1,2,\cdots,n)$ 个质点的质量为 m_i,初动能为 $E_{ki1}=\frac{1}{2}m_iv_{i1}^2$,末动能为 $E_{ki2}=\frac{1}{2}m_iv_{i2}^2$,并设作用在第 i 个质点上的力对它

做的功为 A_i,即

$$A_i=\frac{1}{2}m_iv_{i2}^2-\frac{1}{2}m_iv_{i1}^2$$

对系统内各个质点都应用动能定理,并相加得到

$$\sum_{i=1}^{n}A_i=\sum_{i=1}^{n}\frac{1}{2}m_iv_{i2}^2-\sum_{i=1}^{n}\frac{1}{2}m_iv_{i1}^2=\sum_{i=1}^{n}E_{ki2}-\sum_{i=1}^{n}E_{ki1}$$

式中 $\sum_{i=1}^{n}\frac{1}{2}m_iv_{i1}^2$ 是系统内所有(n 个)质点的初动能之和;$\sum_{i=1}^{n}\frac{1}{2}m_iv_{i2}^2$ 是末动能之和;$\sum_{i=1}^{n}A_i$ 是作用在系统上的所有力做的功之和. 在这些力中既有该系统的内力,也有该系统的外力,因此在 $\sum_{i=1}^{n}A_i$ 中既有该系统外力所做的总功 $A_{外}$,也有该系统内力所做的总功 $A_{内}$. 于是 $\sum_{i=1}^{n}A_i$ 可以改写为 $A_{外}+A_{内}$,即

$$A_{内}+A_{外}=\sum_{i=1}^{n}E_{ki2}-\sum_{i=1}^{n}E_{ki1} \tag{2-5}$$

上式表明,所有外力和内力对质点系所做功的总和等于系统动能的增量,这一结论称为质点系的动能定理.

由质点系的动能定理可以看出,内力所做的功同样可以改变系统的总动能. 例如,在荡秋千时,把人和秋千作为一个系统,则人对秋千的力是内力,正是人的内力做功使系统的动能增大,秋千越荡越快,越荡越高. 因此,在应用质点系的动能定理解决实际力学问题时,我们不仅要计算外力的功,还要计算内力的功.

四、保守力与势能

我们在讨论几种常见力做功的基础上,引出保守力与非保守力的概念、得出机械能的另一种形式——势能.

重力的功 如图 2-5 所示,设质量为 m 的物体在重力作用下,沿任一曲线路径 acb 由 a 点运动到 b 点,a 点和 b 点距离参考平面的高度分别为 h_a 和 h_b. 将路径 acb 分成许多元位移,在元位移 $d\boldsymbol{r}$ 中重力 $m\boldsymbol{g}$ 做的元功为

$$dA=m\boldsymbol{g}\cdot d\boldsymbol{r}=mg\cos\theta|d\boldsymbol{r}|=-mgdy$$

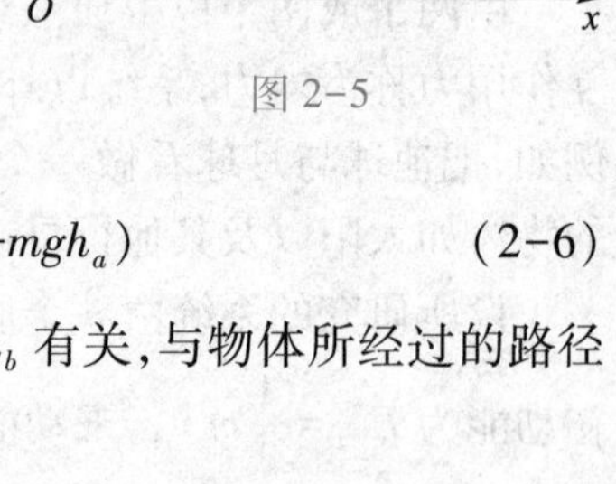

图 2-5

在由 a 点移动至 b 点的过程中,重力 $m\boldsymbol{g}$ 所做的功为

$$A=\int_a^b dA=\int_{h_a}^{h_b}-mgdy=-(mgh_b-mgh_a) \tag{2-6}$$

上式表明,重力所做的功只与物体的初、末位置 h_a 和 h_b 有关,与物体所经过的路径无关.

万有引力的功 考虑质量分别为 m_1 和 m_2 的两物体，物体 m_1 相对于物体 m_2 的初位置为 $\boldsymbol{r}_a$，末位置为 $\boldsymbol{r}_b$，如图 2-6 所示. 物体 m_1 受到物体 m_2 的万有引力的矢量式为

$$\boldsymbol{F}=-G\frac{m_1m_2}{r^2}\boldsymbol{e}_r$$

式中 $\boldsymbol{e}_r$ 表示物体 m_1 相对物体 m_2 位置矢量的单位矢量. 则万有引力的元功为

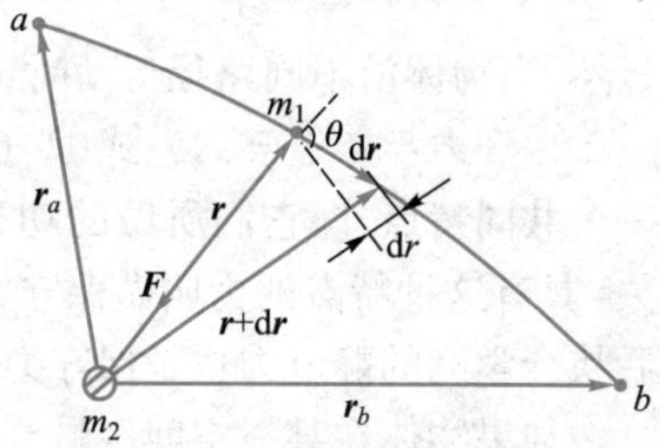

图 2-6

$$\mathrm{d}A=\boldsymbol{F}\cdot\mathrm{d}\boldsymbol{r}=-G\frac{m_1m_2}{r^2}\boldsymbol{e}_r\cdot\mathrm{d}\boldsymbol{r}$$

因为 $\boldsymbol{r}\cdot\mathrm{d}\boldsymbol{r}=r|\mathrm{d}\boldsymbol{r}|\cos\theta=r\mathrm{d}r$（注意：$|\mathrm{d}\boldsymbol{r}|\neq\mathrm{d}r$）.

又考虑到 $\boldsymbol{e}_r=\dfrac{\boldsymbol{r}}{r}$，所以

$$\mathrm{d}A=-G\frac{m_1m_2}{r^2}\mathrm{d}r$$

于是物体 m_1 由 a 点移到 b 点万有引力所做的功为

$$A=\int_{r_a}^{r_b}-G\frac{m_1m_2}{r^2}\mathrm{d}r=-\left[\left(-G\frac{m_1m_2}{r_b}\right)-\left(-G\frac{m_1m_2}{r_a}\right)\right]\tag{2-7}$$

上式表明，万有引力所做的功只与物体的初、末位置有关，而与经过的路径无关.

弹性力的功 设有一劲度系数为 k，质量可以忽略不计的弹簧，放在一光滑水平面上，弹簧一端固定，另一端与一质量为 m 的物体相连，如图 2-7 所示. 选取弹簧自然伸长处为 x 坐标轴的原点，则当弹簧形变量为 x 时，弹簧对物体的弹性力为

$$F=-kx$$

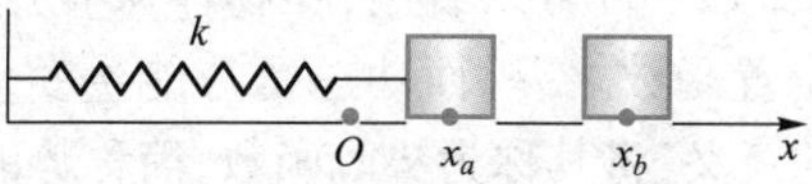

图 2-7

因为作用力只有 x 分量，故

$$A=\int_{x_0}^{x}F_x\mathrm{d}x=\int_{x_a}^{x_b}-kx\mathrm{d}x=-\left(\frac{1}{2}kx_b^2-\frac{1}{2}kx_a^2\right)\tag{2-8}$$

上式表明，弹簧弹性力的功只与初、末位置有关，而与弹簧的中间形变过程无关.

摩擦力的功 如图 2-8 所示，设一物体在粗糙的水平面上运动，其滑动摩擦力与物体运动方向相反，大小不变. 当物体沿半径为 R 的圆从 a 点运动到 b 点时，摩擦力做功为

$$A=\int_a^b\boldsymbol{F}_\mathrm{f}\cdot\mathrm{d}\boldsymbol{r}=\int_a^b F_\mathrm{f}\cos\pi|\mathrm{d}\boldsymbol{r}|=-F_\mathrm{f}\int_0^{\pi R}\mathrm{d}s=-F_\mathrm{f}\pi R$$

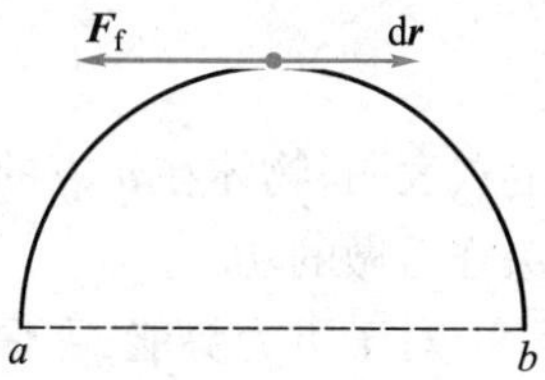

图 2-8

如果沿直线从 a 点到 b 点，如图 2-8 虚线所示，则摩擦力做功为

$$A=\int_a^b \boldsymbol{F}_{\mathrm{f}}\cdot \mathrm{d}\boldsymbol{r}=\int_a^b F_{\mathrm{f}}\cos\ \pi\,|\mathrm{d}\boldsymbol{r}|=-F_{\mathrm{f}}\int_0^{2R}\mathrm{d}s=-2RF_{\mathrm{f}}$$

显然,当物体沿不同路径运动时,摩擦力对物体做的功是不相同的.

保守力与非保守力 式(2-6)—式(2-8)表明万有引力、重力和弹性力做功有一个共同特点,即它们所做的功只与物体的初、末位置有关,而与所经过的路径无关. 具有这种特点的力叫做保守力. 因此,万有引力、重力和弹性力都是保守力. 以后将会学到的静电力也是保守力.

如果物体在某一空间区域受某种保守力作用,则此空间称为保守场. 因此,重力场、万有引力场、弹性力场都是保守场,以后将会学到的静电场也是保守场.

保守力也可以用另一种方式来定义:物体沿任意闭合路径运动一周时,保守力对它做的功为零. 即

$$\oint_L \boldsymbol{F}\cdot \mathrm{d}\boldsymbol{r}=0 \tag{2-9a}$$

符号 $\oint$ 表示沿闭合路径一周进行积分的意思. 保守力的这一定义和保守力做功与路径无关的定义是完全等价的,应用中哪种方便就采用哪种说法.

像摩擦力一类的力,其功的大小不仅与物体的初、末位置有关,而且还与物体的运动路径有关,具有这种特点的力称为非保守力. 除摩擦力外,黏性力、流体阻力等也是非保守力.

非保守力亦可用另一种方式来定义:物体沿任意闭合路径运动一周时,非保守力对它做的功不为零,即

$$\oint_L \boldsymbol{F}\cdot \mathrm{d}\boldsymbol{r}\neq 0 \tag{2-9b}$$

势能 从式(2-6)—式(2-8)可以看出,在物体从 a 点移到 b 点的过程中,保守力做功总是等于某个位置函数之差,而功总是与能量变化相联系的,因此,这个位置函数也应具有能量的意义,将其称为势能函数,简称势能,以 E_{p} 表示,即

$$A=\int_a^b \boldsymbol{F}\cdot \mathrm{d}\boldsymbol{r}=-(E_{\mathrm{p}b}-E_{\mathrm{p}a}) \tag{2-10}$$

式中 $E_{\mathrm{p}a}$ 为物体在 a 点的势能,$E_{\mathrm{p}b}$ 为物体在 b 点的势能,式(2-10)表明保守力做的功等于物体势能增量的负值,按照这一定义,要唯一确定物体在某一位置的势能值,必须确定势能零点,势能零点的选择是任意的,主要看问题的性质和研究的方便来定. 由式(2-10)可知,若选 b 点为势能零点,即 $E_{\mathrm{p}b}=0$,则 a 点的势能

$$E_{\mathrm{p}a}=\int_a^{\text{势能零点}} \boldsymbol{F}\cdot \mathrm{d}\boldsymbol{r} \tag{2-11}$$

上式表明,物体在 a 点的势能等于将物体从 a 点沿任意路径移动到所选势能零点处保守力做的功.

对于重力势能,习惯上选地面为势能零点,则质量为 m 的物体在某一高度为 h 时的重力势能为

$$E_{\mathrm{p}}=mgh \tag{2-12}$$

上式中的 h 是物体相对势能零点的高度,若物体位于势能零点以下,这时的重力势能为负.

对于弹性势能,一般选弹簧在自然长度的势能为零点,则伸长量为 x 的弹性势能为

$$E_p=\frac{1}{2}kx^2 \tag{2-13}$$

对于引力势能,在通常情况下,选取两物体相距无限远时为势能零点,则物体位于 r 处的引力势能为

$$E_p=-G\frac{m_1m_2}{r} \tag{2-14}$$

对于势能,作如下几点说明:

(1) 势能引进的条件是物体间存在着相互作用的保守力,一种保守力就可引进一种相关的势能. 由于非保守力的功与路径有关,不能用某种位置函数之差来表示. 因此,非保守力不存在势能的概念.

(2) 势能是由物体间相对位置所决定的能量,它实际上是两个或两个以上保守力相互作用的物体之间的作用能.因此,势能是属于发生相互作用物体之间共有的. 例如,重力势能属于物体与地球组成的系统,如果没有地球,则没有重力,也就不存在重力势能. 因此,单个物体可以有动能,而不能有势能,通常说某个物体具有多少势能只是一种简便的叙述.

五、质点系的功能原理

在一般情况下,质点系内部既存在保守内力的相互作用,又存在非保守内力的相互作用,所以,内力所做的功 $A_{内}$ 又可分为保守内力所做的功 $A_{保内}$ 和非保守内力所做的功 $A_{非保内}$ 两部分,因此,质点系的动能定理又可写成如下形式:

$$A_{外}+A_{保内}+A_{非保内}=\sum_{i=1}^{n}E_{ki2}-\sum_{i=1}^{n}E_{ki1}$$

根据保守内力的功与相关势能的关系,则有

$$A_{保内}=-\left(\sum_{i=1}^{n}E_{pi2}-\sum_{i=1}^{n}E_{pi1}\right)$$

代入上式并整理得

$$A_{外}+A_{非保内}=\left(\sum_{i=1}^{n}E_{ki2}+\sum_{i=1}^{n}E_{pi2}\right)-\left(\sum_{i=1}^{n}E_{ki1}+\sum_{i=1}^{n}E_{pi1}\right) \tag{2-15a}$$

系统的动能与势能之和称为系统的机械能,用 E 表示,于是式(2-15a)可简化为

$$A_{外}+A_{非保内}=E_2-E_1 \tag{2-15b}$$

上式表明,**外力和非保守内力所做功的总和等于系统机械能的增量**,这一结论称为**质点系的功能原理**.

质点系的功能原理和质点的动能定理实质上是一回事,因为对一个质点而言,

它只受外力,不受内力. 当使用质点动能定理时,选取的研究对象为单个物体,在对物体进行受力分析时要画出作用在物体上的所有力. 当使用质点系的功能原理时,选取的研究对象为系统(两个或两个以上物体),由于保守内力所做的功已为系统势能的变化所代替,因此,在对物体进行受力分析时就不再画保守内力.

例 2-3 一个质量为 2 kg 的物体,从静止开始,沿着四分之一的圆周从 a 点滑到 b 点,如图 2-9 所示. 在 b 点处时的速度为 6 m/s,已知圆的半径为 4 m. 求物体从 a 点运动到 b 点过程中摩擦力所做的功.

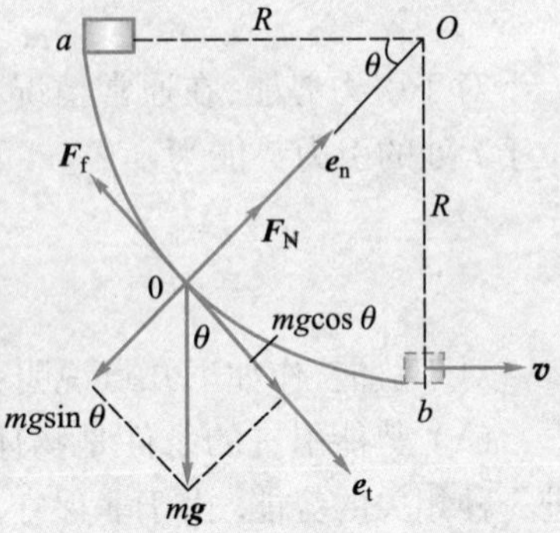

图 2-9

解法一 用质点系的功能原理求解.

选物体和地球组成的系统为研究对象,系统所受的外力有支持力 $\boldsymbol{F}_N$ 和摩擦力 $\boldsymbol{F}_f$,但支持力 $\boldsymbol{F}_N$ 不做功,内力有地球和物体之间相互作用的重力 $m\boldsymbol{g}$,但由于它是保守内力,不需考虑.

取 b 点的水平面为势能零点,则物体在 a 点处系统的能量是系统势能 mgR,而在 b 点处系统的能量则是动能$\frac{1}{2}mv^2$,根据质点系的功能原理,摩擦力所做的功为

$$A_f=\frac{1}{2}mv^2-mgR=\left(\frac{1}{2}\times2\times6^2-2\times9.8\times4\right)\text{ J}=-42.4\text{ J}$$

式中负号表示摩擦力对物体做负功,即物体反抗摩擦力做功 42.4 J.

解法二 用质点的动能定理求解.

选物体为研究对象,它受力为重力 $m\boldsymbol{g}$、支持力 $\boldsymbol{F}_N$ 和摩擦力 $\boldsymbol{F}_f$. 重力可分解为切向和法向两个分力 $mg\cos\theta$ 和 $mg\sin\theta$. $\boldsymbol{F}_N$ 和 $mg\sin\theta$ 与位移垂直,故不做功,只有 $\boldsymbol{F}_f$ 和 $mg\cos\theta$ 做功. 建立如图 2-9 所示坐标,根据质点的动能定理得

$$\int mg\cos\theta\mathrm{d}s+A_f=E_{kb}-E_{ka}$$

式中 $E_{ka}=0$,$E_{kb}=\frac{1}{2}mv^2$,则

$$A_f=\frac{1}{2}mv^2-\int mg\cos\theta\mathrm{d}s$$

因为 $\mathrm{d}s=R\mathrm{d}\theta$,并确定上、下限进行积分,得

$$A_f=\frac{1}{2}mv^2-\int_0^{\pi/2}\cos\theta R\mathrm{d}\theta=\frac{1}{2}mv^2-mgR=\left(\frac{1}{2}\times2\times6^2-2\times9.8\times4\right)\text{ J}=-42.4\text{ J}$$

六、机械能守恒定律

从质点系的功能原理式(2-15b)可以看出,当

$$A_{外}+A_{非保内}=0$$

时,有
$$E_1=E_2 \tag{2-16a}$$
即
$$\sum_{i=1}^{n} E_{pi1}+\sum_{i=1}^{n} E_{ki1}=\sum_{i=1}^{n} E_{pi2}+\sum_{i=1}^{n} E_{ki2} \tag{2-16b}$$
上式表明,当作用在系统上的外力和非保守内力不做功时,或者它们所做的总功为零时,系统内物体的动能和势能可以互相转化,但它们的总和,即系统的机械能保持不变,这一结论称为机械能守恒定律.

例 2-4 第一宇宙速度 v_1——飞行器绕地球表面运动的最小速度;第二宇宙速度 v_2——飞行器要脱离地球引力作用,在地面上发射时必须具有的最小速度; *第三宇宙速度 v_3——使飞行器脱离太阳系所需的最小发射速度. 已知地球半径 $R=6.37\times10^6$ m,地球绕太阳公转速度为 2.98×10^4 m/s. 试求以上三种速度 v_1、v_2 和 v_3.

解 (1) 飞行器在地球引力作用下绕地表做圆周运动,它受到的万有引力等于其向心力,即
$$G\frac{mm_E}{r^2}=m\frac{v^2}{r} \tag{1}$$
$$v=\sqrt{G\frac{m_E}{r}}=\sqrt{\frac{R^2}{r}g} \tag{2}$$
式中 $g=\dfrac{Gm_E}{R^2}$为地球表面处的重力加速度. 将 $r=R$ 代入上式,即得第一宇宙速度
$$v_1=\sqrt{gR} \tag{3}$$
将地球半径 $R=6.37\times10^6$ m,$g=9.8$ m/s^2 代入上式,得
$$v_1=7.9\times10^3 \text{ m/s}$$
(2) 以地球和飞行器为研究对象,规定无限远处的势能为零,当飞行器在无限远处,地球对它的引力为零,此时飞行器动能最小值可认为等于零,故在无限远处系统机械能为零. 从地面上发射到无限远过程中,只有万有引力的作用,故系统机械能守恒,即
$$\frac{1}{2}mv_2^2-G\frac{mm_{\mathrm{E}}}{R}=0 \tag{4}$$
由此求得第二宇宙速度
$$v_2=\sqrt{2Rg}=\sqrt{2}v_1=11.2\times10^3 \text{ m/s}$$
从地面发射的物体,不仅能脱离地球引力,而且还能脱离太阳引力(即逃出太阳系). 这时所需的最小发射速度,称为第三宇宙速度. 理论计算得出(详细过程从略):
$$v_3=16.7 \text{ km/s}$$
上述高速发射问题中的三种宇宙速度,在航天工业中具有重要意义.

七、能量守恒定律

在机械运动范围内，能量的形式只有动能和势能，即机械能. 但是，由于物质运动形式的多样性，我们还将遇到其他形式的能量，例如，与电磁现象相联系的电磁能，与化学反应相联系的化学能，与原子核反映相联系的原子能等. 各种形式的能量是可以相互转化的，例如，水力发电就是把水的机械能转化为电能；火力发电就是把煤燃烧时放出的热能转化为电能；电流通过电热器能发热，就是把电能转化为热能. 对一个与外界没有能量交换的系统来说，若其内部某种形式的能量减少或增加，与此同时，必然有等量的其他形式的能量增加或减少，系统内部各种形式能量的总和仍然是一常量. 这就是说，能量不能消灭，也不能创造，只能从一种形式转化为另一种形式. 对一个孤立系统来说，不论发生任何变化，各种形式的能量可以互相转化，但它们的总和是一个常量，这一结论称为能量守恒定律.

能量守恒定律是自然界的一个普遍规律，对于宏观现象和微观领域均能适用，机械能守恒定律只是它在力学范围内的一个特例，即是当系统与外界没有能量交换、系统内也没有机械能和其他形式能量相互转化时的能量守恒定律.

2-2 动量守恒定律

一、动量

在日常生活中，我们有这样的体会：当一片树叶掉下来，我们可以泰然处之；而当一块石头飞过来时，我们却望而生畏，究其原因是石头的速度太大. 我们常见足球队员用头顶皮球，但从未见过谁用头顶铅球，究其原因是铅球的质量太大. 一列高速行驶的火车若碰到障碍物，其后果将不堪设想，究其原因是火车的质量和速度都很大. 由此可见，一个物体对另一个物体的作用取决于物体的质量和速度. 为了描述物体在一定运动状态下所具有的运动量，引进了动量这一概念. 设物体的质量为 m，速度为 $\boldsymbol{v}$，则它的动量为

$$\boldsymbol{p}=m\boldsymbol{v} \tag{2-17}$$

因为质量 m 是标量，速度 $\boldsymbol{v}$ 是矢量，所以动量 $\boldsymbol{p}$ 是矢量，它的方向与速度 $\boldsymbol{v}$ 的方向相同.

早在 17 世纪末，牛顿就是利用动量表示牛顿第二定律的，其数学形式为

$$\boldsymbol{F}=\frac{\mathrm{d}\boldsymbol{p}}{\mathrm{d}t}=\frac{\mathrm{d}(m\boldsymbol{v})}{\mathrm{d}t} \tag{2-18}$$

上式表明，物体所受的合外力等于其动量对时间的一阶导数. 在经典力学范围内，质量 m 为常量，可移到导数运算符号之外，式(2-18)可写为：

$$\boldsymbol{F}=m\frac{\mathrm{d}\boldsymbol{v}}{\mathrm{d}t}=m\boldsymbol{a}$$

这就是我们熟知的牛顿第二定律表达式.

在国际单位制中,动量的单位是 kg · m/s(千克米每秒).

二、质点的动量定理

将式(2-18)所表示的牛顿第二定律写成

$$\boldsymbol{F}\mathrm{d}t=\mathrm{d}(m\boldsymbol{v}) \tag{2-19}$$

将上式在时刻 t_1 到时刻 t_2 内积分,得

$$\int_{t_1}^{t_2}\boldsymbol{F}\mathrm{d}t=m\boldsymbol{v}_2-m\boldsymbol{v}_1 \tag{2-20a}$$

式中 $\int_{t_1}^{t_2}\boldsymbol{F}\mathrm{d}t$ 为力在时间 t_1 至 t_2 的冲量,用符号 $\boldsymbol{I}$ 表示

$$\boldsymbol{I}=\int_{t_1}^{t_2}\boldsymbol{F}\mathrm{d}t \tag{2-20b}$$

令 $\boldsymbol{p}_1=m\boldsymbol{v}_1$ 为质点在时刻 t_1 的动量,$\boldsymbol{p}_2=m\boldsymbol{v}_2$ 为质点在时刻 t_2 的动量,则式(2-20a)可写成

$$\boldsymbol{I}=\boldsymbol{p}_2-\boldsymbol{p}_1 \tag{2-20c}$$

上式表明,**物体所受合外力的冲量等于物体动量的增量**,这一结论称为**质点的动量定理**.

在国际单位制中,冲量的单位为 N · s(牛秒).

对于动量定理,作如下几点说明:

(1) 动量定理是矢量式. 式(2-20)中冲量 $\boldsymbol{I}$ 是矢量,其方向与质点动量增量的方向一致,切勿以为冲量的方向与质点动量的方向一致. 在实际应用中,常将动量定理写成平面直角坐标系的分量式,即

$$\begin{aligned}I_x&=\int_{t_1}^{t_2}F_x\mathrm{d}t=mv_{2x}-mv_{1x}\\I_y&=\int_{t_1}^{t_2}F_y\mathrm{d}t=mv_{2y}-mv_{1y}\end{aligned} \tag{2-21}$$

由此可见,合外力沿某一坐标轴投影在某段时间内的冲量,等于同一时间内物体动量沿该坐标系的分量的增量.

(2) 一般在打击、碰撞和爆炸等问题中,物体与物体之间的相互作用时间极其短暂、但作用力却很大,这种力称为冲力. 由于冲力是随时间变化非常大的瞬时值,往往很难测定,我们能够测量到的是瞬时值的平均值,称为平均冲力,尽管这个平均冲力不是冲力的确定描述,但在打击、碰撞和爆炸之类的问题中,这样估计就足够了. 于是在引入平均冲力后,质点的动量定理可表示为

$$\boldsymbol{I}=\overline{\boldsymbol{F}}(t_2-t_1)=m\boldsymbol{v}_2-m\boldsymbol{v}_1 \tag{2-22}$$

在平面直角坐标系的分量式为

$$I_x=\overline{F}_x(t_2-t_1)=mv_{2x}-mv_{1x}$$
$$I_y=\overline{F}_y(t_2-t_1)=mv_{2y}-m_{1y} \tag{2-22b}$$

（3）动量取决于物体的速度和质量，是状态量；而冲量是与物体运动过程有关的，是过程量. 从动量定理可以看出，冲量总是等于动量的增量，因此，无须考虑运动过程中质点动量变化的细节，也没必要了解外力随时间变化的详细情况，所以在解决打击、碰撞和爆炸这一类力变化十分剧烈的问题时，用动量定理比直接用牛顿第二定律要方便得多.

动量定理在实际生活中有着广泛的应用. 根据式(2-22)可知，在动量变化一定的情况下，作用时间越长，物体受到的平均冲力就越小；反之则越大. 因此，给冲床和破碎机配上重锤，让其从高处落下，在很短的打击时间内发生动量剧变，从而产生巨大的冲力，以达到锻打工件或破碎废料的目的. 在跳高场地上要铺设厚厚的海绵垫子，以延长运动员落地时的作用时间，从而减小着地时地面对人的冲力.

例 2-5 质量 $m=1$ kg 的小球做半径 $R=2$ m 的圆周运动，运动方程为 $s=\dfrac{1}{2}\pi t^2$，式中 s 以 m 计，t 以 s 计. 求小球从 $t_1=\sqrt{2}$ s 到 $t_2=2$ s 所受外力的冲量.

解 以点 O 为原点，圆周周长 $L=2\pi R=4\pi$ m. $t_1=\sqrt{2}$ s 时，$s_1=\pi$ m，即对应于圆周上的 A 点，如图 2-10(a)所示. $t_2=2$ s 时，$s_2=2\pi$ m，即对应于圆周上的 B 点. 小球速度

$$v=\frac{\mathrm{d}s}{\mathrm{d}t}=\pi t$$

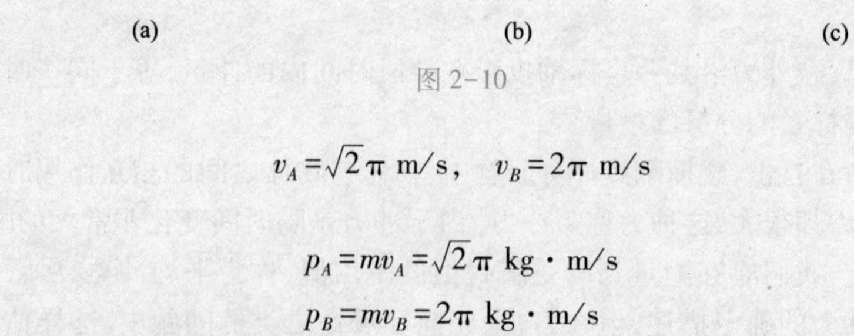

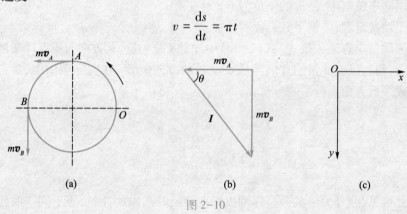

图 2-10

故
$$v_A=\sqrt{2}\pi\ \mathrm{m/s},\quad v_B=2\pi\ \mathrm{m/s}$$
动量
$$p_A=mv_A=\sqrt{2}\pi\ \mathrm{kg\cdot m/s}$$
$$p_B=mv_B=2\pi\ \mathrm{kg\cdot m/s}$$
方向如图 2-10(b)所示. 所以
$$\boldsymbol{I}=m\boldsymbol{v}_B-m\boldsymbol{v}_A$$
$$|\boldsymbol{I}|=\sqrt{(mv_A)^2+(mv_B)^2}=\sqrt{6}\pi\ \mathrm{kg\cdot m/s}$$

由题意知
$$\tan\theta=\frac{mv_B}{mv_A}=\frac{2}{\sqrt{2}}$$
$$\theta=54°44'$$

或者用矢量分量式求解，建立如图 2-10(c)所示坐标系.

$$I_x=mv_{2x}-mv_{1x}=0-(-mv_A)=mv_A=\sqrt{2}\pi\ \text{kg}\cdot\text{m/s}$$
$$I_y=mv_{2y}-mv_{1y}=mv_B-0=mv_B=2\pi\ \text{kg}\cdot\text{m/s}$$
$$I=\sqrt{I_x^2+I_y^2}=\sqrt{2\pi^2+4\pi^2}\ \text{kg}\cdot\text{m/s}=\sqrt{6}\pi\ \text{kg}\cdot\text{m/s}$$
$$\tan\theta=\frac{I_y}{I_x}=\frac{2}{\sqrt{2}},\text{即 }\theta=54°44'$$

例 2-6 一破碎废铸件的碎铸机，锤头质量为 500 kg，从 6 m 高处自由下落，撞击废铸件，经 0.05 s 停止，求锤对废铸件的平均打击力的大小.

解 锤头从 $h=6$ m 高处自由下落，根据自由落体公式 $v^2=2gh$，可以算出锤头撞击到废铸件的速度为

$$v_0=\sqrt{2gh}=10.8\ \text{m/s}$$

选锤头为研究对象，视为质点. 锤头碰到废铸件后受到两个作用力，即铸件对锤头的力 $\overline{\boldsymbol{F}}$ 和重力 $m\boldsymbol{g}$，建立如图 2-11 所示的直线坐标系，根据动量定理可得

$$(mg-\overline{F})\Delta t=mv-mv_0$$

锤头末速是 $v=0$，初速 v_0 为 10.8 m/s，所以

$$\overline{F}=mg+\frac{mv_0}{\Delta t}=500\times9.8\ \text{N}+\frac{500\times10.8}{0.005}\ \text{N}$$
$$=4.9\times10^3\ \text{N}+10.8\times10^5\ \text{N}\approx1.08\times10^6\ \text{N}$$

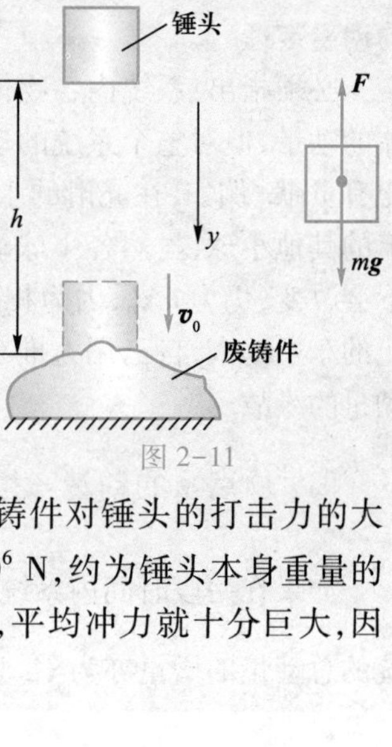

图 2-11

根据牛顿第三定律，锤头对废铸件的打击力与废铸件对锤头的打击力的大小是相等的，所以锤头对废铸件的打击力也是1.08×10^6 N，约为锤头本身重量的 220 倍. 因此，在碰撞这类问题中，只要作用时间很短，平均冲力就十分巨大，因此，重力一般可以忽略不计.

三、质点系的动量定理

动量定理说明了物体受到力作用一段时间后，它的动量变化的情况. 但是，力的作用是相互的，一物体受到其他物体对它的作用力，同时，它就对其他物体有反作用力，使其他物体的动量也发生变化. 所以，一物体的动量变化必须和其他物体的动量变化联系在一起，在实际问题中，常常要研究一组物体所组成的系统的运动.

设系统由 n 个质点组成，它们的质量分别为 $m_1,m_2,\cdots,m_n$，任一个质点 m_i 所受的合力 $\boldsymbol{F}_i$ 是作用于它的外力 $\boldsymbol{F}_{i外}$ 和内力 $\boldsymbol{F}_{i内}$ 的矢量和，对该质点应用牛顿第二定

律,有

$$\boldsymbol{F}_{i外}+\boldsymbol{F}_{i内}=\frac{\mathrm{d}}{\mathrm{d}t}(m_i\boldsymbol{v}_i)$$

系统有 n 个质点,将上式对 i 求和,得

$$\sum_{i=1}^{n}\boldsymbol{F}_{i外}+\sum_{i=1}^{n}\boldsymbol{F}_{i内}=\frac{\mathrm{d}}{\mathrm{d}t}\left(\sum_{i=1}^{n}m_i\boldsymbol{v}_i\right)$$

式中 $\sum_{i=1}^{n}m_i\boldsymbol{v}_i$ 是系统中各质点动量的矢量和,称为系统的总动量. 由牛顿第三定律可知,内力是成对出现的,它们的大小相等,方向相反,因而所有内力的矢量和 $\sum_{i=1}^{n}\boldsymbol{F}_{i内}=0$,于是有

$$\sum_{i=1}^{n}\boldsymbol{F}_{i外}=\frac{\mathrm{d}}{\mathrm{d}t}\left(\sum_{i=1}^{n}m_i\boldsymbol{v}_i\right) \tag{2-23}$$

将上式两边乘以 $\mathrm{d}t$,在时刻 t_1 到时刻 t_2 内积分得

$$\int_{t_1}^{t_2}\sum_{i=1}^{n}\boldsymbol{F}_i\mathrm{d}t=\sum_{i=1}^{n}m_i\boldsymbol{v}_{i2}-\sum_{i=1}^{n}m_i\boldsymbol{v}_{i1} \tag{2-24}$$

上式表明,**作用于系统的合外力的冲量等于系统动量的增量**,这一结论称为**质点系的动量定理**.

必须指出,系统内各物体有相互作用的内力,这些内力可以改变系统内各个物体的动量,但对整个系统的动量变化不起作用,只有外力才能对整个系统的动量变化有贡献. 例如,在光滑的水平面上,有一动量为 $m\boldsymbol{v}_0$ 的小球去碰撞静止在水平面上的其他小球,虽然各小球动量发生变化,但所有这些小球组成的整个系统的动量不会改变,仍为 $m\boldsymbol{v}_0$,因为相互碰撞的内力不会改变整个系统的动量. 再如,坐在静止的车上的人,自己用力推车却不能使人和车前进,这也是由于内力不能改变系统动量的缘故.

四、质点系的动量守恒定律

如果在一段时间内系统所受的合外力为零,即 $\sum_{i=1}^{n}\boldsymbol{F}_i=0$,由式(2-24)可知,系统的总动量的增量亦为零. 这时系统的总动量保持不变,即

$$\sum_{i=1}^{n}m_i\boldsymbol{v}_i=常矢量 \tag{2-25}$$

上式表明,**当系统所受的合外力为零时,系统的总动量保持不变**,这一结论称为**质点系的动量守恒定律**.

文档:动量守恒定律的形成

对于质点系的动量守恒定律,作如下几点说明.

(1) 动量守恒的条件是系统(质点系)不受外力或所受外力的矢量和为零. 在这种条件下,系统不仅初、末状态的动量相等,而且系统在任何时刻的动量都为一常量,但系统内部各物体的动量可以变化. 例如,一颗静止放置的定时炸弹,总动量

为零,爆炸后,碎片和火药气体等向各个方向飞出,虽然它们都有各自的动量,但各动量的矢量和仍等于零.

(2) 在研究实际问题时,虽然系统所受合外力不等于零,但只要系统所受合外力远小于内力,这时便可忽略外力对系统的作用,认为系统动量守恒. 例如,在研究打击、碰撞、爆炸等问题时,考虑到参与碰撞的物体相互作用时间很短,相互作用内力很大,所受外力(如摩擦力、重力、空气阻力等)比内力小得多,因而碰撞前后,相互碰撞物体组成的系统动量守恒.

(3) 式(2-25)是矢量式,在实际问题中,常用其沿坐标轴的分量式. 在平面直角坐标系中,其分量式为

$$\begin{aligned}&\text{当}\sum_{i=1}^{n}F_{ix}=0\text{ 时},\ \sum_{i=1}^{n}m_iv_{ix}=\text{常量}\\&\text{当}\sum_{i=1}^{n}F_{iy}=0\text{ 时},\ \sum_{i=1}^{n}m_iv_{iy}=\text{常量}\end{aligned}\tag{2-26}$$

上式表明,如果系统沿某方向所受合外力为零,则沿此方向的总动量守恒. 例如,光滑水平面上放一圆槽,小球从圆槽上滚下来的过程中,因为小球和圆槽组成的系统所受合外力沿竖直方向,它在水平方向分量为零,故小球和圆槽组成系统的动量在水平方向上的分量守恒,但在竖直方向上的分量不守恒,故系统动量不守恒.

(4) 动量与速度有关,而速度的大小、方向与参考系有关,故动量也与参考系有关. 因此,动量守恒定律中的速度和动量必须是相对于同一惯性参考系而言的.

例 2-7 水平光滑的铁轨上有一小车,如图 2-12 所示. 长度为 l,质量为 m_1. 车上站有一人,质量为 m_2. 人和小车原来都静止不动. 现设该人从车的一端走到另一端,问人和车各移动了多少距离?

解 因人和小车这一系统沿水平方向的合外力等于零,所以应用动量守恒定律得

$$m_2v+m_1u=0$$

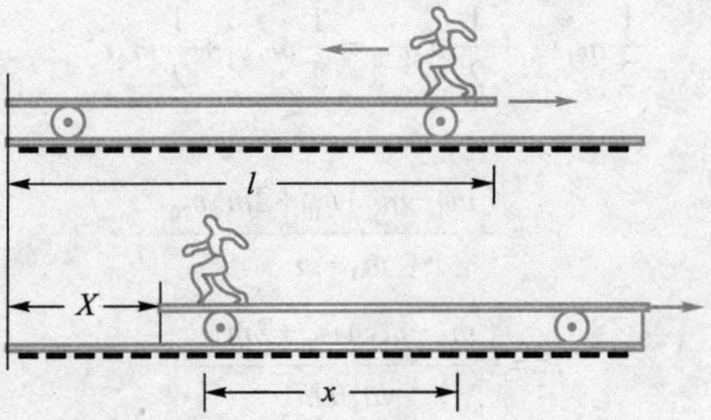

图 2-12

式中 v 和 u 分别表示人和小车相对于地面的速度. 由上式得

$$u=-\frac{m_2}{m_1}v$$

上式表示小车与人反向运动. 人相对于小车的速度为

$$v'=v-u=\frac{m_1+m_2}{m_1}v$$

设人在时间 t 内在小车上走完车长 l,则有

$$l=\int_0^t v'\mathrm{d}t=\int_0^t \frac{m_1+m_2}{m_1}v\mathrm{d}t=\frac{m_1+m_2}{m_1}\int_0^t v\mathrm{d}t$$

在这段时间内,人相对于地面走过的距离为

$$x=\int_0^t v\mathrm{d}t$$

即

$$x=\frac{m_1 l}{m_1+m_2}$$

所以,小车移动的距离为

$$X=l-x=\frac{m_2 l}{m_1+m_2}$$

例 2-8 速度为 v 的 α 粒子 $^4_2\mathrm{He}$ 与一静止的 $^{20}_{10}\mathrm{Ne}$(氖)原子做对心碰撞,若碰撞是弹性的,试求碰撞后 $^{20}_{10}\mathrm{Ne}$ 原子的速度.

解 碰撞物体组成的系统的总动量守恒. 若两物体在碰撞过程中,机械能(动能)完全无损失,称为弹性碰撞,两物体碰撞后不再分开,而是以相同的速度运动,系统的机械能有损失,称为完全非弹性碰撞.

本题由于是对心弹性碰撞,所以对于 α 粒子与 Ne 原子组成的系统,在碰撞过程中动量及动能都分别守恒.

设 α 粒子与 Ne 原子的质量分别为 m_1、m_2;碰撞前、后两者速度大小分别为 v_{10}、v_{20} 及 v_1、v_2. 则动量守恒和动能守恒分别由下述两式表示:

$$m_1v_{10}+m_2v_{20}=m_1v_1+m_2v_2$$

$$\frac{1}{2}m_1v_{10}^2+\frac{1}{2}m_2v_{20}^2=\frac{1}{2}m_1v_1^2+\frac{1}{2}m_2v_2^2$$

由以上两式可解得

$$v_1=\frac{(m_1-m_2)v_{10}+2m_2v_{20}}{m_1+m_2}$$

$$v_2=\frac{(m_2-m_1)v_{20}+2m_1v_{10}}{m_1+m_2}$$

代入已知数据

$$v_{10}=v$$

$$v_{20}=0$$

$$\frac{m_1}{m_2}=\frac{4}{20}=5$$

可得

$$v_2=\frac{2m_1v_{10}}{m_1+m_2}=\frac{2}{1+5}v_{10}=\frac{1}{3}v_{10}=\frac{1}{3}v$$

2-3 角动量守恒定律

一、质点的角动量

角动量(或称为动量矩)是描述物体转动状态的物理量. 和动量、能量一样,角动量是一个很重要的概念,从研究天体运动到微观粒子运动过程中都常用到它.

设质量为 m 的质点绕定点 O 运动,在某一时刻,它的动量为 $\boldsymbol{p}=m\boldsymbol{v}$,对点 O 的位置矢量为 $\boldsymbol{r}$,如图 2-13 所示. 位置矢量 $\boldsymbol{r}$ 与动量 $\boldsymbol{p}$ 的矢积,就定义为质点对点 O 的角动量,用 $\boldsymbol{L}$ 表示,即

$$\boldsymbol{L}=\boldsymbol{r}\times\boldsymbol{p}=\boldsymbol{r}\times m\boldsymbol{v} \tag{2-27}$$

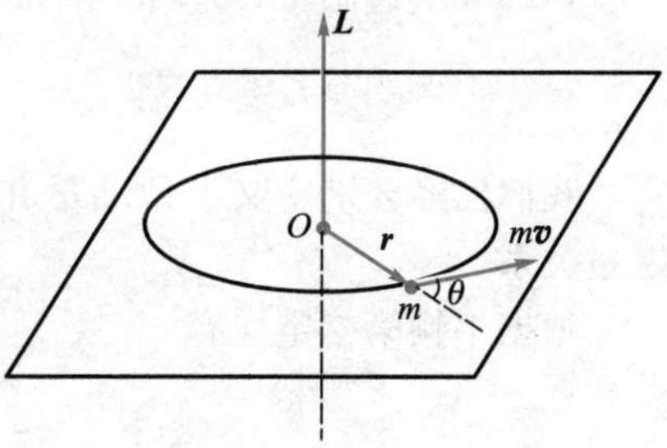

图 2-13

角动量 $\boldsymbol{L}$ 是矢量,其大小为 $L=rp\sin\theta$,其中 θ 为 $\boldsymbol{r}$ 与 $\boldsymbol{p}$ 之间的夹角,其方向既垂直于 $\boldsymbol{r}$,又垂直于 $\boldsymbol{F}$,即垂直于 $\boldsymbol{r}$ 与 $\boldsymbol{p}$ 所组成的平面,指向由右手螺旋定则确定,即当右手弯曲的四指从 $\boldsymbol{r}$ 经过 $\boldsymbol{r}$ 与 $\boldsymbol{p}$ 之间小于 180°的夹角 θ 转到 $\boldsymbol{p}$ 时,伸直的大拇指的指向就是 $\boldsymbol{L}$ 的方向.

当质点做圆周运动时,$\theta=\frac{\pi}{2}$,这时质点对圆心 O 的角动量大小为

$$L=rmv=mr^2\omega \tag{2-28a}$$

当质点以恒定速度做直线运动时,如图 2-14 所示,质点对固定点 O 的角动量大小为

$$L=mvl \tag{2-28b}$$

方向垂直于纸面向外.

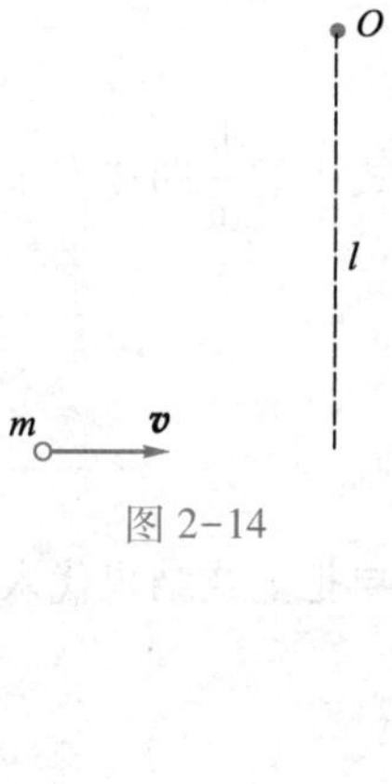

图 2-14

应该指出,对不同的参考点,角动量中的位置矢量 $\boldsymbol{r}$ 是不相同的,所以,同一质点对不同的参考点角动量是不相同的. 因此,在讲角动量时必须指明是对哪一点而言的. 为了更明确地表示角动量 $\boldsymbol{L}$ 是相对于参考点 O 而言的,通常在画图时总是把角动量画在参考点 O 上.

在国际单位制中,角动量的单位为 $kg\cdot m^2/s$.

二、力对点的力矩

为了定量地描述引起质点角动量变化的原因，必须引入力对点的力矩的概念.

如图 2-15 所示，设在某时刻质点 m 对定点 O 的位置矢量为 $\boldsymbol{r}$，作用在质点上的力为 $\boldsymbol{F}$，则 $\boldsymbol{r}$ 与 $\boldsymbol{F}$ 的矢积就定义为力对定点 O 的力矩，用 $\boldsymbol{M}$ 表示，即

$$\boldsymbol{M}=\boldsymbol{r}\times\boldsymbol{F} \tag{2-29}$$

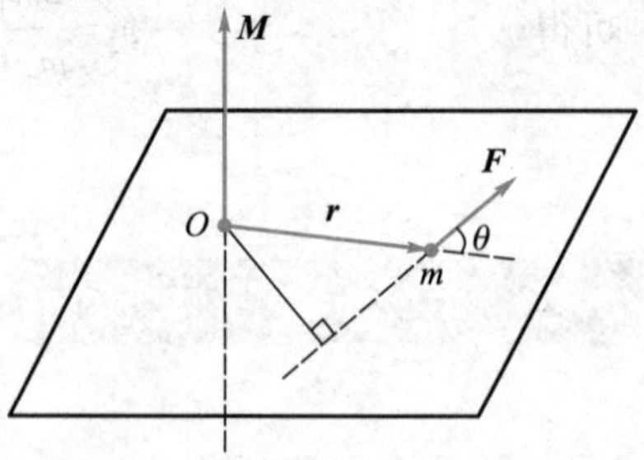

图 2-15

力矩 $\boldsymbol{M}$ 也是矢量，其大小为 $M=rF\sin\,\theta$，其中 θ 为 $\boldsymbol{r}$ 与 $\boldsymbol{F}$ 之间小于 180°的夹角，其方向既垂直于 $\boldsymbol{r}$ 又垂直于 $\boldsymbol{F}$，即垂直于 $\boldsymbol{r}$ 与 $\boldsymbol{F}$ 所组成的平面，指向由右手螺旋定则确定.

在国际单位制中，力矩的单位为 N · m.

三、质点的角动量定理

我们已经分别定义了角动量和力矩这两个物理量，现在就来导出它们之间的定量关系.

根据牛顿第二定律有

$$\boldsymbol{F}=m\frac{\mathrm{d}\boldsymbol{v}}{\mathrm{d}t}$$

由于 m 为常量，可移到微分符号的后面，得

$$\boldsymbol{F}=\frac{\mathrm{d}(m\boldsymbol{v})}{\mathrm{d}t}$$

用质点对参考点 O 的位置矢量 $\boldsymbol{r}$ 乘上式两边，得

$$\boldsymbol{r}\times\boldsymbol{F}=\boldsymbol{r}\times\frac{\mathrm{d}(m\boldsymbol{v})}{\mathrm{d}t} \tag{2-30}$$

下面讨论 $\boldsymbol{r}\times\frac{\mathrm{d}(m\boldsymbol{v})}{\mathrm{d}t}$，先将质点的角动量对时间求导数，得

$$\frac{\mathrm{d}(\boldsymbol{r}\times m\boldsymbol{v})}{\mathrm{d}t}=\frac{\mathrm{d}\boldsymbol{r}}{\mathrm{d}t}\times m\boldsymbol{v}+\boldsymbol{r}\times\frac{\mathrm{d}(m\boldsymbol{v})}{\mathrm{d}t}$$

式中的 $\frac{\mathrm{d}\boldsymbol{r}}{\mathrm{d}t}$ 即速度 $\boldsymbol{v}$，于是上式右边第一项

$$\frac{\mathrm{d}\boldsymbol{r}}{\mathrm{d}t}\times m\boldsymbol{v}=\boldsymbol{v}\times m\boldsymbol{v}=0$$

则

$$\boldsymbol{r}\times\frac{\mathrm{d}(m\boldsymbol{v})}{\mathrm{d}t}=\frac{\mathrm{d}(\boldsymbol{r}\times m\boldsymbol{v})}{\mathrm{d}t}$$

再把上式结果代入式(2-30)中，得

$$\boldsymbol{r}\times\boldsymbol{F}=\frac{\mathrm{d}(\boldsymbol{r}\times m\boldsymbol{v})}{\mathrm{d}t} \tag{2-31}$$

质点的位置矢量 $\boldsymbol{r}$ 就是受力点的位置矢量,$\boldsymbol{r}\times\boldsymbol{F}$ 为质点所受合力对参考点 O 的力矩 $\boldsymbol{M}$,$\boldsymbol{r}\times m\boldsymbol{v}$ 是质点对参考点 O 的角动量 $\boldsymbol{L}$,所以式(2-31)可写为

$$\boldsymbol{M}=\frac{\mathrm{d}\boldsymbol{L}}{\mathrm{d}t} \tag{2-32a}$$

将上式两边乘以 $\mathrm{d}t$,在时刻 t_1 到时刻 t_2 内积分得

$$\int_{t_1}^{t_2}\boldsymbol{M}\mathrm{d}t=\boldsymbol{L}_2-\boldsymbol{L}_1 \tag{2-32b}$$

式中 $\boldsymbol{L}_1$ 和 $\boldsymbol{L}_2$ 分别为质点在时刻 t_1 和 t_2 对参考点 O 的角动量; $\int_{t_1}^{t_2}\boldsymbol{M}\mathrm{d}t$ 为合外力矩 $\boldsymbol{M}$ 的冲量矩. 因此,式(2-32b)表明:质点所受的冲量矩等于质点角动量的增量,这一结论称为质点角动量定理.

四、质点系的角动量定理

设质点系由 n 个质点组成,它们的质量分别为 $m_1,m_2,\cdots,m_n$,速度分别为 $\boldsymbol{v}_1,\boldsymbol{v}_2,\cdots,\boldsymbol{v}_n$,相对于参考点 O 的位置矢量分别为 $\boldsymbol{r}_1,\boldsymbol{r}_2,\cdots,\boldsymbol{r}_n$,相对于参考点 O 的力矩分别为 $\boldsymbol{M}_1,\boldsymbol{M}_2,\cdots,\boldsymbol{M}_n$. 质点系的角动量定义为系统内所有质点的角动量的矢量之和,即

$$\boldsymbol{L}=\sum_{i=1}^{n}\boldsymbol{L}_i=\sum_{i=1}^{n}\boldsymbol{r}_i\times m_i\boldsymbol{v}_i \tag{2-33}$$

将式(2-33)两边同时对时间求导,得

$$\begin{aligned}\frac{\mathrm{d}\boldsymbol{L}}{\mathrm{d}t}&=\sum_{i=1}^{n}\frac{\mathrm{d}\boldsymbol{L}_i}{\mathrm{d}t}=\sum_{i=1}^{n}\left[\frac{\mathrm{d}\boldsymbol{r}_i}{\mathrm{d}t}\times m_i\boldsymbol{v}_i+\boldsymbol{r}_i\times\frac{\mathrm{d}(m_i\boldsymbol{v}_i)}{\mathrm{d}t}\right]\\&=\sum_{i=1}^{n}\left[0+\boldsymbol{r}_i\times(\boldsymbol{F}_{i内}+\boldsymbol{F}_{i外})\right]\\&=\sum_{i=1}^{n}\boldsymbol{M}_{i内}+\sum_{i=1}^{n}\boldsymbol{M}_{i外}\end{aligned} \tag{2-34}$$

根据牛顿第三定律,内力总是成对出现,大小相等,方向相反,作用在同一直线线上,因此内力对同一参考点的力矩的矢量和必为零,即

$$\sum_{i=1}^{n}\boldsymbol{M}_{i内}=0$$

可记为

$$\boldsymbol{M}=\sum_{i=1}^{n}\boldsymbol{M}_{i外}=\frac{\mathrm{d}\boldsymbol{L}}{\mathrm{d}t} \tag{2-35a}$$

将上式两边乘以 $\mathrm{d}t$,在时刻 t_1 到时刻 t_2 内积分得

$$\int_{t_1}^{t_2}\boldsymbol{M}\mathrm{d}t=\boldsymbol{L}_2-\boldsymbol{L}_1 \tag{2-35b}$$

式中 $\int_{t_1}^{t_2}\boldsymbol{M}\mathrm{d}t$ 称为作用于质点系的冲量矩,$\boldsymbol{L}_1$ 和 $\boldsymbol{L}_2$ 分别是质点系初、末两个状态的

演示实验:角动量守恒

角动量. 式(2-35b)表明:作用于质点系的冲量矩等于质点系角动量的增量,这一结论称为质点系的角动量定理.

五、角动量守恒定律

由式(2-32b)和式(2-35b)可知,无论是一个质点还是 n 个质点所构成的质点系,如果合外力矩为零($\boldsymbol{M}=0$),则

$$\boldsymbol{L}=\text{常矢量} \tag{2-36}$$

上式表明,当质点或质点系所受的外力矩的矢量和为零时,质点或质点系的角动量保持不变,这一结论称为质点或质点系的角动量守恒定律.

角动量守恒定律,与前面介绍的动量守恒定律和能量守恒定律一样,是自然界中的普遍规律,它有着广泛的应用. 若质点所受力的作用线始终通过某固定点,则该力称为有心力,此固定点称为力心. 由于有心力对力心的力矩恒为零,因此受有心力作用的质点对力心的角动量守恒. 行星绕太阳的运动、人造地球卫星绕地球的运动、电子绕原子核运动等都是在有心力作用下的运动,因此,它们的角动量都是守恒的.

根据角动量守恒定律,容易理解太阳系的行星为什么不会掉到太阳上. 因为在太阳系的形成之初,行星已具备一定的角动量,而太阳对行星的引力为有心力,其角动量必守恒,若行星落到太阳上,则其对太阳的角动量必大为减小,与角动量守恒相矛盾,故行星不会落到太阳上. 太阳系不会自动坍缩成一点同样也可用系统的角动量守恒定律来解释.

例 2-9 人造地球卫星在地球引力作用下沿平面椭圆轨道运动,地球中心可以看作固定点,且为椭圆轨道的一个焦点. 如图 2-16 所示,已知地球半径 $R=6\ 370\ \text{km}$,人造地球卫星的近地点 A 离地面距离为 $h_1=439\ \text{km}$,远地点 B 离地面的距离为 $h_2=2\ 384\ \text{km}$. 若人造地球卫星在近地点的速度为 $v_1=8.12\ \text{km/s}$,求人造地球卫星在远地点的速度大小.

解 人造地球卫星受到的合外力为地球对人造地球卫星的万有引力,方向指向地心,是有心力. 此力对地心的力矩为零,因此人造地球卫星在运动过程中角动量守恒. 由于人造地球卫星在近地 A 点的角动量为

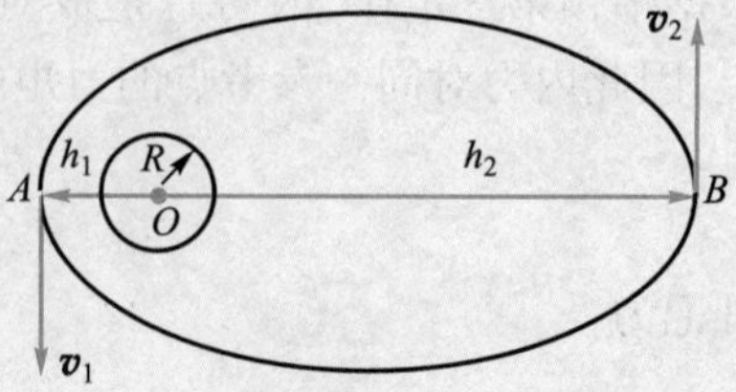

图 2-16

$$L_1=mv_1r_1=mv_1(R+h_1)$$

人造地球卫星在远地 B 点的角动量为

$$L_2=mv_2r_2=mv_2(R+h_2)$$

由角动量守恒定律得

$$mv_1(R+h_1)=mv_2(R+h_2)$$

解得

$$v_2=\frac{R+h_1}{R+h_2}v_1$$

代入数据得

$$v_2=\frac{6\ 370+439}{6\ 370+2\ 384}\times 8.12\ \mathrm{km/s}=6.32\ \mathrm{km/s}$$

2-4 守恒定律的综合应用

一、守恒定律的意义

到目前为止,在牛顿运动定律的基础上,引入了动量、能量、角动量的概念,动能定理、动量定理和角动量定理,动量守恒定律、能量守恒定律和角动量守恒定律.由于牛顿运动定律只在惯性系成立,因此,根据牛顿运动定律推导出来的动能定理、功能原理和机械能守恒定律,动量定理和动量守恒定律,角动量定理和角动量守恒定律等,都只能在惯性系中成立.虽然能量守恒定律、动量守恒定律、角动量守恒定律这些守恒定律是从牛顿运动定律推导出来的,但是,绝不能认为这些守恒定律是牛顿运动定律的推论.在现代物理理论中,这些守恒定律可以由对称性推导出来,它们是比牛顿运动定律适用范围更广的基本规律.在高速领域和微观领域中,牛顿运动定律不再适用,然而三条守恒定律仍成立.因此,三条守恒定律是整座物理学大厦的基础,是自然界最具有普遍性的重要规律.

文档:两种运动量度的争论

守恒定律表示了过程的某种不变性,它说明尽管自然界千变万化,但绝非杂乱无章的,而是严格受某些共同规律的制约,即在变化中包含着不变.物理学的任务就是从千变万化的过程中寻找一个不变的量,只要找到一个不变的量,就找到了一条守恒定律.

二、守恒定律综合应用基本方法

在实际工作中遇到的问题,往往不是一个简单的物理过程,而是几个物理过程的综合.对于一些比较复杂的问题,分析研究的方法是:首先,必须明确整个问题是由几个物理过程组成的,每相邻两个物理过程的联系是什么;然后,分别对每个物理过程进行分析研究,分别根据问题的特点,列出方程;最后联立方程得出结果.

例 2-10 如图 2-17(a)所示,一轻质弹簧上端固定在光滑斜面上(斜面固定在地面上),斜面与水平面夹角 $\alpha=30°$.今在弹簧的另一端轻轻地挂上质量为 $m_1=1.0$ kg 的木块,则木块沿斜面向下滑动,当木块向下滑 $x=0.3$ m 时,恰好有一质量 $m_2=0.01$ kg 的子弹,沿水平方向以速度 $v_0=200$ m/s 射中木块并陷在其中.设弹簧的劲度系数为 $k=25$ N/m.求子弹打入木块后它们的共同速度.

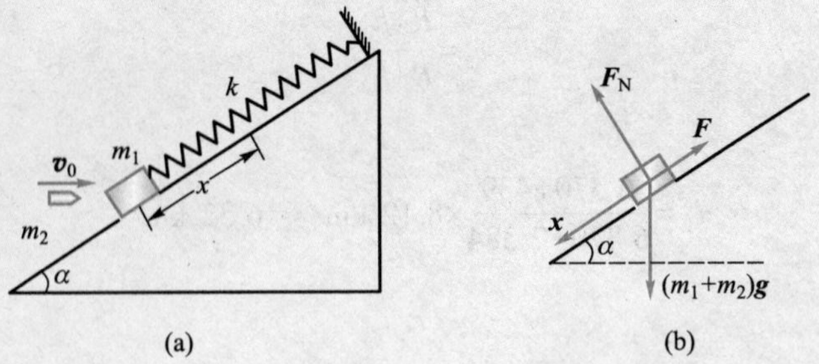

图 2-17

解 木块下滑 x 距离过程中，只有重力和弹簧拉力做功，故木块的机械能守恒，设木块滑下 x 距离时速度为 v_1，由机械能守恒定律得

$$\frac{1}{2}m_1v_1^2+\frac{1}{2}kx^2=m_1gx\sin\alpha$$

由此可求得

$$v_1=\sqrt{2gx\sin\alpha-\frac{kx^2}{m_1}}=\sqrt{2\times9.8\times0.3\times\frac{1}{2}-\frac{25\times0.3^2}{1}}\ \text{m/s}=0.83\ \text{m/s}$$

v_1 的方向平行斜面向下.

子弹射入木块到它们开始以共同速度运动这短暂碰撞过程中，由子弹和木块组成的系统（作为研究对象）受到重力 $m\boldsymbol{g}$、弹簧的弹性力 $\boldsymbol{F}$ 以及斜面的支持力 $\boldsymbol{F}_N$ 作用，如图 2-17(b)所示. 子弹和木块相互作用的内力很大，相比之下，重力 $m\boldsymbol{g}$ 和弹性力 $\boldsymbol{F}$ 可忽略，但斜面的支持力 $\boldsymbol{F}_N$ 是不能忽略的，故系统所受合外力不能近似等于零. 因此碰撞过程中，系统动量不守恒. 但支持力 $\boldsymbol{F}_N$ 在平行于斜面方向上的分力为零，在此方向上，重力 $m\boldsymbol{g}$ 和弹性力 $\boldsymbol{F}$ 的分量与内力相比可略去，因而在平行斜面方向上系统动量守恒. 然而，在水平方向上系统动量不守恒，因为外力 $\boldsymbol{F}_N$ 在水平方向分力不能忽略. 取平行斜面向下为 x 轴正向，则系统在 x 轴方向上动量守恒，即

$$m_1v_1-m_2v_0\cos\alpha=(m_1+m_2)v_2$$

求得

$$v_2=\frac{m_1v_1-m_2v_0\cos\alpha}{m_1+m_2}=\frac{1\times0.83-0.01\times200\times\frac{\sqrt{3}}{2}}{1+0.01}\ \text{m/s}=-0.89\ \text{m/s}$$

上式负号表示碰撞后共同速度方向平行斜面向上.

例 2-11 冲击摆的装置如图 2-18 所示，它可用来测定子弹的速率. 设质量为 m'的沙箱，悬挂在线的下端，如果一个质量为 m、速率为 v_0 的子弹水平射入沙箱并陷在箱中，使沙箱摆动升至某一高度 h，试求子弹的飞行速度.

解 子弹与沙箱的运动可分为两个过程. 第一个过程：当子弹射入沙箱而在

沙中不再前进时，子弹和沙箱便以相同的速度 v' 一起运动，这就是第一个过程. 由于这段过程所经历的时间极短，可以看成是完全非弹性碰撞. 取子弹与沙箱为一系统，在水平方向上除摩擦力（内力）外，再无外力作用，故动量守恒，即

$$mv_0=(m'+m)v' \quad (1)$$

第二个过程：从子弹与沙箱一起以 v' 摆动开始，直至摆到 h 高处为止，可看做第二过程. 在此过程中，取子弹、沙箱和地球为一系统，因绳的张力处处与运动方向垂直，故对系统不做功，也不计空气阻力，故机械能守恒，取点 O 为重力势能的零点，则

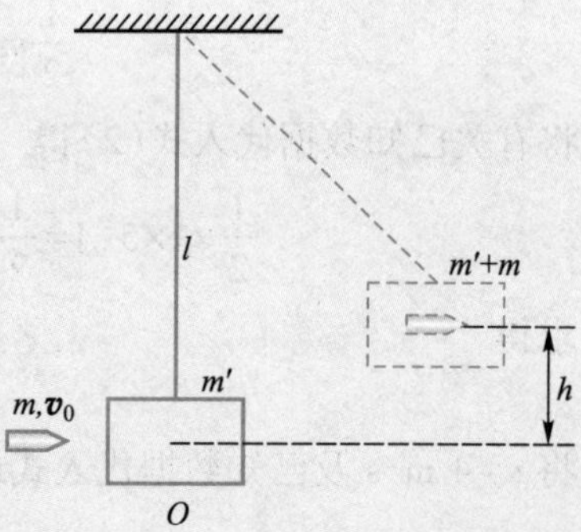

图 2-18

$$\frac{1}{2}(m'+m)v'^2=(m'+m)gh \quad (2)$$

求解式(1)和式(2)，则得到

$$v_0=\frac{m'+m}{m}\sqrt{2gh} \quad (3)$$

例 2-12 在一光滑水平面上，一轻弹簧的一端固定在 O 点，另一端连接一质量为 $m=1$ kg 的小球. 如图 2-19 所示. 弹簧自然长度 $l_0=0.2$ m，劲度系数 $k=100$ N/m. 设 $t=0$ 时，弹簧长度为 l_0，小球初速度 $v_0=5$ m/s，方向与弹簧垂直. 在某一时刻，弹簧位于与初始位置垂直的位置，长度 $l=0.5$ m，求该时刻小球速度 $\boldsymbol{v}$ 的大小和方向.

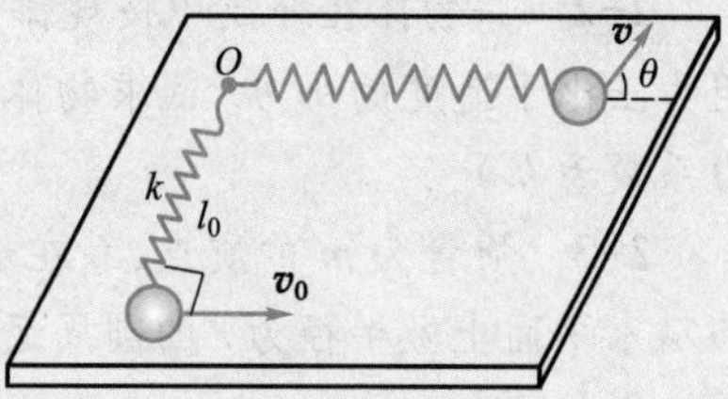

图 2-19

解 小球在运动过程中，受到重力和水平面对它的支持力，以及弹簧的拉力. 因小球在水平面内运动，故重力和支持力互相抵消. 小球所受合外力就是弹簧的拉力，且拉力的作用线总是通过 O 点，因此，小球所受合外力矩为零，其角动量是守恒的.

$t=0$ 时，小球对 O 点的角动量大小为

$$L_0=mv_0l_0\sin 90°=mv_0l_0$$

设弹簧长度为 l 时，小球的速度 $\boldsymbol{v}$ 与初速度 $\boldsymbol{v}_0$ 夹角为 θ，此时小球对 O 点角动量大小为

$$L=mvl\sin\theta$$

小球在运动过程中角动量守恒，即

$$mv_0l_0=mvl\sin\theta \quad (1)$$

小球在运动过程中，只有弹簧的弹性力做功，由机械能守恒定律可得

$$\frac{1}{2}mv_0^2=\frac{1}{2}mv^2+\frac{1}{2}k(l-l_0)^2 \quad (2)$$

将有关已知数据代入式(2)得

$$\frac{1}{2}\times1\times5^2\ \mathrm{J}=\frac{1}{2}\times1\ \mathrm{kg}\times v^2+\frac{1}{2}\times100\times(0.5-0.2)^2\ \mathrm{J}$$

求得

$$v=4\ \mathrm{m/s}$$

将 $v=4\ \mathrm{m/s}$ 及已知数据代入式(1)得

$$\sin\theta=\frac{1}{2},\theta=30°$$

习题

第二章参考答案

2-1 一质量为 m 的质点做平面运动,其位置矢量为 $\boldsymbol{r}=a\cos\omega t\boldsymbol{i}+b\sin\omega t\boldsymbol{j}$,式中 a、b 为正值常量,且 $a>b$. 问(1) 质点在 A 点$(a,0)$和 B 点$(0,b)$时的动能有多大?(2) 质点所受作用力 $\boldsymbol{F}$ 是怎样的?

2-2 一物体在介质中按规律 $x=ct^3$ 做直线运动,c 为一常量. 设介质对物体的阻力正比于速度的平方. 试求物体由 $x_0=0$ 运动到 $x=l$ 时,阻力所做的功.(已知阻力系数为 k.)

2-3 质量为 m 的质点,系在细绳的一端,绳的另一端固定在平面上. 此质点在粗糙水平面上做半径为 r 的圆周运动. 设质点的最初速率是 v_0,当它运动一周时,其速率为$\frac{v_0}{2}$. 求:(1) 摩擦力做的功;(2) 动摩擦因数;(3) 在静止以前质点运动了多少圈.

2-4 一力作用在一质量为 3 kg 的物体上. 已知物体位置与时间的函数关系为 $x=3t-4t^2+t^3$,式中 x 以 m 计,t 以 s 计. 试求:(1) 力在最初 2 s 内所做的功;(2) 在 $t=1$ s 时,力对物体做功的功率.

2-5 一质点沿 x 轴运动,势能为 $E_p(x)$,总能量为 E 恒定不变,开始时静止于原点,试证明当质点到达坐标 x 处所经历的时间为

$$t=\int_0^x\frac{\mathrm{d}x}{\sqrt{\frac{2}{m}(E-E_p(x))}}$$

2-6 有一保守力 $\boldsymbol{F}=(-Ax+Bx^2)\boldsymbol{i}$,沿 x 轴作用于质点上,式中 A,B 为常量,x 以 m 计,F 以 N 计. (1) 取 $x=0$ 时 $E_p=0$,试计算与此力相应的势能;(2) 求质点从 $x=2$ m 运动到 $x=3$ m 时势能的变化.

2-7 质量为 m 的质点沿 x 正方向运动,它受到一个指向原点的大小为 B 的恒

力和一个沿 x 正方向大小为 A/x^2 的作用，A,B 为常量.(1) 试确定质点的平衡位置 x_0;(2) 求当质点从平衡位置运动到任意位置 x 处时两力各做的功，判断两力是否是保守力;(3) 以平衡位置为势能零点，求任一位置处质点的势能.

2-8 从地面上以一定角度发射人造地球卫星，要使人造地球卫星能在距地心半径为 r 的圆轨道上运转，发射速度 v_0 应为多大？(已知地球半径为 R)

2-9 一质量为 m_1 的人造地球卫星，沿半径为 $3R$ 的圆轨道运动，R 为地球半径. 已知地球的质量为 m_2. 求(1) 人造地球卫星的动能;(2) 人造地球卫星的引力势能;(3) 人造地球卫星的机械能.

2-10 已知两粒子之间的相互作用力为排斥力，其大小 $F=\dfrac{a}{r^3}$,a 为常量. r 为两粒子间的距离. 试求两粒子相距为 r 时的势能.(取无限远处为零势点)

2-11 一劲度系数为 k 的轻质弹簧，一端固定在墙上，另一端系一质量为 m_A 的物体 A，放在光滑水平面上. 当把弹簧压缩 x_0 后，再靠着 A 放一质量为 m_B 的物体 B，如图所示. 开始时，由于外力的作用系统处于静止，若撤去外力，试求 A 与 B 离开时 B 运动的速度和 A 能到达的最大距离.

2-12 如图所示，质量为 m 的物体在半径为 r 的光滑球面上从静止开始滑下. 角度由竖直直径开始量度，势能零点选在顶点处. 试求:(1) 以角度为变量的势能函数;(2) 以角度为变量的动能函数;(3) 以角度为变量的径向和切向加速度;(4) 质点离开球面时的角度.

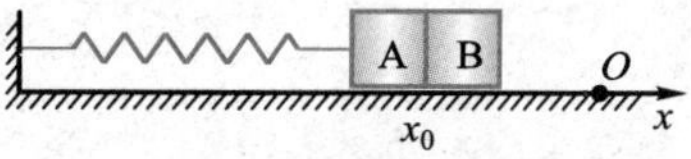

习题 2-11 图

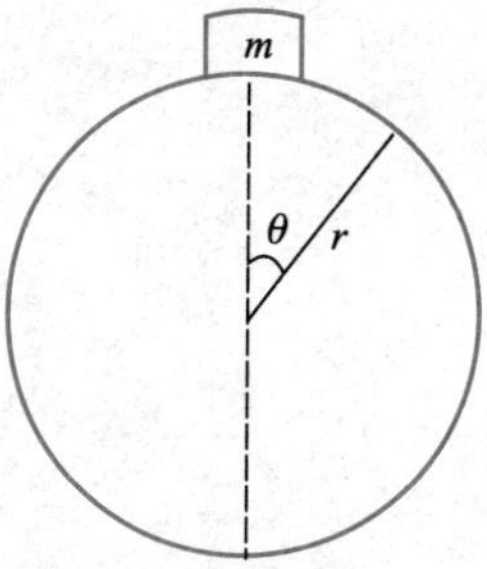

习题 2-12 图

2-13 质量 $m=140$ g 的垒球以 $v=400$ m/s 的速度沿水平方向飞向击球手，被击后它与相同速率沿 $\theta=60°$的仰角飞出，设球和棒的接触时间 $\Delta t=1.2$ s，求垒球受棒的平均打击力.

2-14 两个自由质点，其质量分别为 m_1 和 m_2，它们之间的相互作用符合万有引力定律. 开始时，两质点间的距离为 l，它们都处于静止状态. 试求当它们的距离变为$\dfrac{1}{2}l$ 时，两质点的速度各为多少？

2-15 一炮弹以速度 $\boldsymbol{v}$ 沿水平方向飞行，突然炸裂成质量相等的两碎片，已知其中一块碎片的速度为 $\boldsymbol{v}_1$，方向与炮弹飞行方向成 60°角，大小等于 v，试求另一碎片的速度 $\boldsymbol{v}_2$，问炸裂前后动能守恒吗？

2-16 质量为 m 的质点在 Oxy 平面内运动，其位置矢量为

$$\boldsymbol{r}=a\cos \omega t\boldsymbol{i}+b\sin \omega t\boldsymbol{j}$$

其中 a, b 和 ω 为常量. 求：(1) 质点动量的大小；(2) 相对于原点，质点的角动量及质点所受的力矩.

2-17 两只小船平行逆向航行，船和船上的麻袋总质量分别为 $m_{甲}=500\ \text{kg}$，$m_{乙}=1\ 000\ \text{kg}$，当它们头尾相齐时，由每一只船上各推出质量 $m=50\ \text{kg}$ 的麻袋到另一只船上去，结果甲船停了下来，乙船以 $v=8.5\ \text{m/s}$ 的速度沿原方向继续航行，求交换麻袋前两只船的速率各为多少(水的阻力不计)?

2-18 如图所示，质量为 m 的小球系在绳子的一端，绳穿过一竖直套管，使小球限制在一光滑水平面上运动. 先使小球以速度 v_0 绕管心做半径为 r_0 的圆周运动，然后向下拉绳，使小球运动轨道最后成为半径为 r_1 的圆. 求：(1) 小球距管心 r_1 时速度 v 的大小；(2) 由 r_0 缩短到 r_1 过程中，力 $\boldsymbol{F}$ 所做的功.

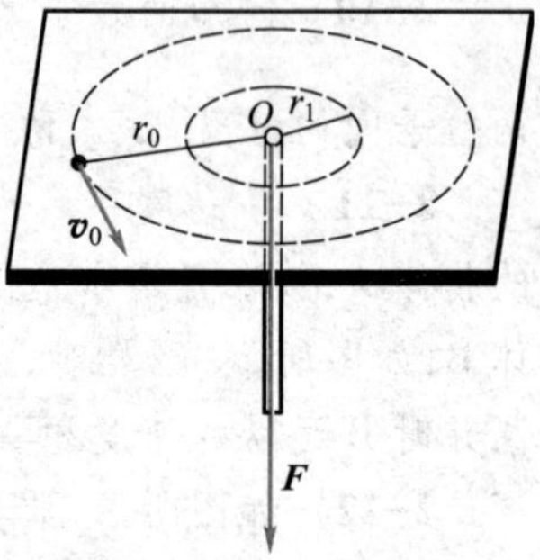

习题 2-18 图

2-19 角动量为 L，质量为 m 的人造地球卫星，在半径为 r 的圆轨道上运行. 试求它的动能、势能和总能量.

2-20 利用角动量守恒定律证明开普勒第二定律，即行星单位时间内扫过的面积为常量.

第三章

刚 体 力 学

在此之前,我们总是把物体看做质点,即忽略了物体的形状和大小. 然而,当讨论像电机转子的转动、炮弹的自旋、车轮的滚动、船舶在水中的颠簸以及起重机或桥梁的平衡等问题时,物体的形状、大小往往起着重要作用. 处理这类问题时必须考虑物体的形状和大小,不能再把这些物体看成质点了.

本章将运用牛顿运动定律对物体的转动作进一步讨论.

3-1 刚体的基本运动

一、刚体模型

在外力作用下形状和大小都不变化的物体称为刚体. 刚体是一种理想模型,实际上,任何物体在外力作用下,它的形状和大小或多或少都要发生变化,但有许多物体(如大多数固体),在外力作用下,物体的形状和大小变化很小,此时这个物体就可以被抽象为刚体.

刚体可以看做由许多个质点(或称为质元)所组成的特殊质点系,刚体这个质点系的特殊性在于在外力作用下各质点之间的相对位置保持不变. 因此,研究刚体问题的出发点是将刚体当成质点系看待,应用质点系的研究方法及有关结论得出刚体这一特殊质点系的运动规律.

二、刚体的平动和定轴转动

如图 3-1 所示,当刚体运动时,如果刚体中的任意一条直线,在运动中始终保持彼此平行,这种运动称为刚体的平动. 电梯的升降、活塞的往返、刨床刀具的运动都是刚体平动的例子. 显然,刚体平动时,刚体上各点的运动情况完全相同,即刚体上所有各点都具有相同的速度和加速度. 所以,刚体上任何一点的运动都可以代表整个刚体的运动.

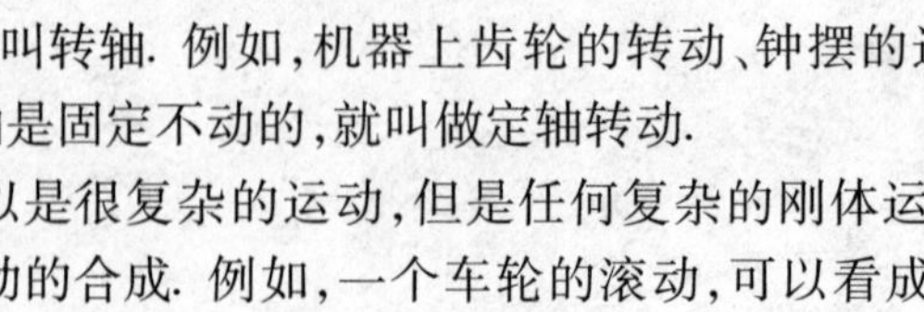

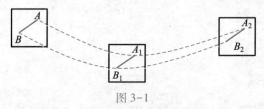

图 3-1

刚体运动时,如果刚体的各个质点在运动中都绕同一直线做圆周运动,这种运动叫转动,这一直线叫转轴. 例如,机器上齿轮的转动、钟摆的运动、地球的自转等都是转动. 如果转轴是固定不动的,就叫做定轴转动.

刚体的运动可以是很复杂的运动,但是任何复杂的刚体运动都可以看成是平动和转动这两种运动的合成. 例如,一个车轮的滚动,可以看成车轮随转轴的平动和整个车轮绕转轴转动的合成. 本章主要讨论刚体的定轴转动.

三、刚体定轴转动的描述

为了研究刚体的定轴转动,可定义:垂直于固定轴的平面为转动平面,如图 3-2 所示,显然,转动平面不止一个,而是有无数个相互平行的转动平面,每一个质点都在各自垂直于转轴的转动平面内做圆周运动,只要弄清楚了一个转动平面内各质点的运动情况,整个刚体的运动情况就清楚了. 因此,可以取任一转动平面分析刚体定轴转动的问题.

如图 3-3 所示,取任一垂直于定轴的平面作为转动平面,O 为转轴与转动平面的交点,P 为刚体上的一个质点,P 点在这一转动平面内绕点 O 做圆周运动,具有一定的角位移、角速度和角加速度. 显然,刚体中任何其他质点也都在各自的转动平面内做圆周运动,而且都具有与 P 点相等的角位移、角速度和角加速度. 在运动学中讨论过的角位移、角速度、角加速度等概念以及有关的公式都适用于刚体的定轴转动. 至于刚体内各个质点的速度和加速度,则由于各质点离开转轴的距离和方位的不同而各不相同. 转动中的角速度和角加速度等角量,与速度和加速度等线量之间的关系仍然由式(1-29)、式(1-30a)及式(1-30b)等表示.

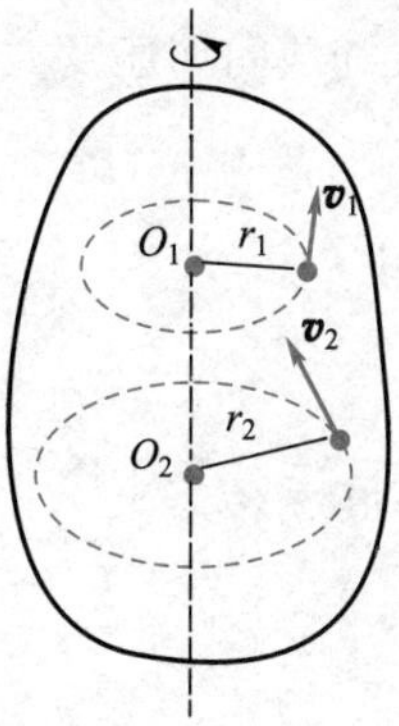

图 3-2

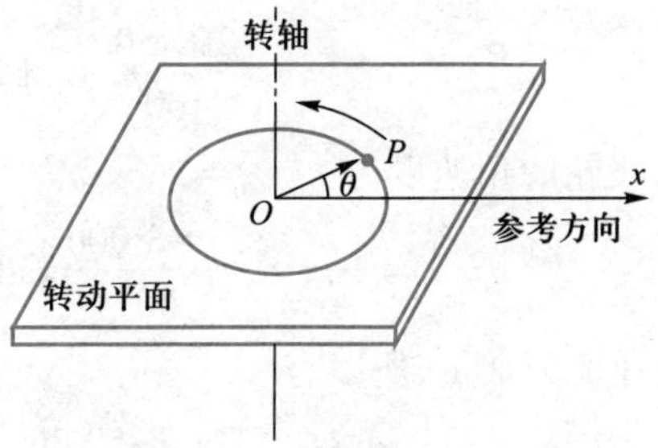

图 3-3

角速度可以定义为矢量,用 $\boldsymbol{\omega}$ 表示,它的方向由右手螺旋定则确定,即让右手螺旋转动的方向和刚体转动的方向一致,大拇指的方向便是角速度矢量的方向,如图 3-4 所示.

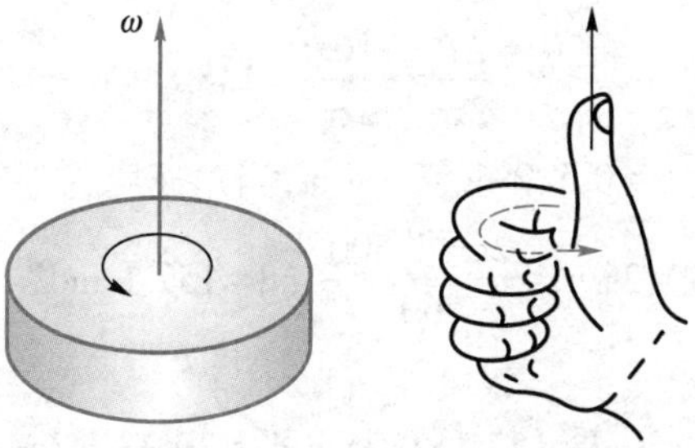

图 3-4

显然,在定轴转动的情况下,角速度的方向沿转轴的方向,因此,其方向可以用正负号来表示.

沿转轴方向规定一个坐标的正方向,角速度的方向与坐标轴的正方向相同时取正,反之取负.

在工程上,通常用每分钟转过的圈数来描述转动的快慢,称为转速,用符号 n 表示,单位是 r/min(转每分). 因为 1 圈相当于 2π rad,故角速度 ω(以 rad/s 为单位)和转速 n(以 r/min 为单位)的变换关系为

$$\omega=\frac{2\pi n}{60} \tag{3-1}$$

角加速度也是矢量,用 $\boldsymbol{\alpha}$ 表示. 在定轴转动时,当刚体转动加快时,$\boldsymbol{\alpha}$ 和 $\boldsymbol{\omega}$ 方向相同;当刚体转动减慢时,$\boldsymbol{\alpha}$ 与 $\boldsymbol{\omega}$ 方向相反. 由于在刚体定轴转动时,角速度、角加速度方向只有沿转轴的两个方向,所以常作标量处理计算.

例 3-1 一飞轮以转速 $n=500$ r/min 的初角速度转动,加速以后,在 5 s 内转速增大到 $n'=3\ 000$ r/min,设角加速度为一常量. 求:(1) 飞轮的角加速度;(2) 在加速时间内,飞轮总共转过的圈数;(3) 若飞轮的直径为 0.5 m,当转速为 $n''=1\ 500$ r/min 时,飞轮边缘上一点的速度、切向加速度和法向加速度大小.

解 (1) 飞轮的初角速度为

$$\omega=2\pi n=\frac{2\pi\times500}{60}\ \text{rad/s}=52.36\ \text{rad/s}$$

$t=5$ s 时,飞轮的角速度为

$$\omega=2\pi n'=\frac{2\pi\times3\ 000}{60}\ \text{rad/s}=314.2\ \text{rad/s}$$

因为角加速度为常量,所以有

$$\alpha=\frac{\omega-\omega_0}{t}=\frac{314.2-52.36}{5}\ \text{rad}=52.37\ \text{rad/s}^2$$

(2) $t=5$ s 内,飞轮的角位移为

$$\Delta\theta=\omega_0 t+\frac{1}{2}\alpha t^2=\left(52.36\times5+\frac{1}{2}\times52.37\times5^2\right)\ \text{rad}=916.3\ \text{rad}$$

飞轮转过的圈数为

$$N=\frac{\Delta\theta}{2\pi}=\frac{916.3}{2\pi}=145.8$$

(3) 飞轮的半径为 $r=0.5/2$ m $=0.25$ m,当角速度为

$$\omega=2\pi n''=\frac{2\pi\times1\ 500}{60}\ \text{rad}=157.1\ \text{rad/s}$$

时,速度大小为

$$v=\omega r=157.1\times0.25\ \text{m/s}=39.28\ \text{m/s}$$

切向加速度大小为

$$a_t = r\alpha = 0.25\times52.37\ \mathrm{m/s^2} = 13.09\ \mathrm{m/s^2}$$

法向加速度大小为

$$a_n = \omega^2 r = 157.1^2\times0.25\ \mathrm{m/s^2} = 6\ 170\ \mathrm{m/s^2}$$

3-2 刚体的转动惯量

一、转动动能

刚体做定轴转动时,刚体上所有质点都以同一角速度 ω 做圆周运动. 设刚体上各质点的质量分别为 $\Delta m_1,\Delta m_2,\cdots$,各质点到转轴的垂直距离为 $r_1,r_2,\cdots$,因而,它们做圆周运动的线速度分别为 $v_1=r_1\omega, v_2=r_2\omega,\cdots$,第 i 个质点的动能为

$$E_{ki}=\frac{1}{2}\Delta m_i v_i^2=\frac{1}{2}\Delta m_i r_i^2\omega^2$$

转动刚体中所有质点的动能之和,称为该刚体的转动动能,记为 E_k,则

$$E_k=\sum_{i=1}^{n}\Delta E_{ki}=\sum_{i=1}^{n}\frac{1}{2}\Delta m_i r_i^2\omega^2=\frac{1}{2}\left(\sum_{i=1}^{n}\Delta m_i r_i^2\right)\omega^2$$

对于一定的刚体和一定的转轴,上式中的 $\sum\limits_{i=1}^{n}\Delta m_i r_i^2$ 为一常量,叫做转动惯量,用 J 表示,即

$$J=\sum_{i=1}^{n}\Delta m_i r_i^2 \tag{3-2}$$

则得

$$E_k=\frac{1}{2}J\omega^2 \tag{3-3}$$

上式表明,刚体的转动动能等于刚体的转动惯量与角速度平方乘积的一半.

在国际单位制中,转动惯量的单位为 $\mathrm{kg\cdot m^2}$(千克二次方米),转动动能的单位为 J(焦[耳]).

二、转动惯量的计算

把式(3-3)与平动动能 $E_k=\frac{1}{2}mv^2$ 相对比,可以看出,它们的形式很相似:角速度 ω 与速度 v 相对应,转动惯量 J 则与质量 m 相对应. 由于质量 m 是平动惯性大小的量度,所以,转动惯量 J 是转动惯性大小的量度.

对于分立质点组成的质点系,可按照式(3-2)来计算转动惯量,对质量连续分布的刚体,转动惯量定义式(3-2)应写成积分形式:

$$J=\int r^2\ \mathrm{d}m \tag{3-4}$$

式中 dm 称为质量元，r 为质量元到转轴的距离.

对于几何形状简单、质量连续而均匀分布的刚体的转动惯量可运用式(3-4)进行计算，但对于一些形状不规则或质量分布不均匀刚体的转动惯量，很难由式(3-4)计算，通常用实验方法来测定. 表 3-1 给出了几种常见物体的转动惯量，解题时可直接查用.

表 3-1 几种常见刚体的转动惯量

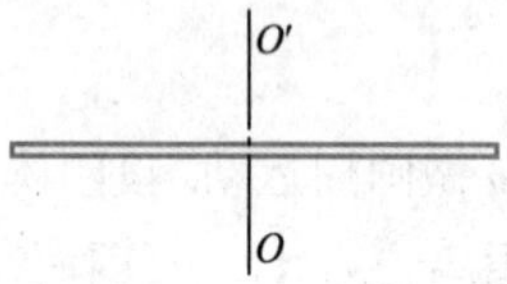 均匀细杆，长 l，质量 m. 转轴 OO' 过中心且垂直于杆 $J=\frac{1}{12}ml^2$	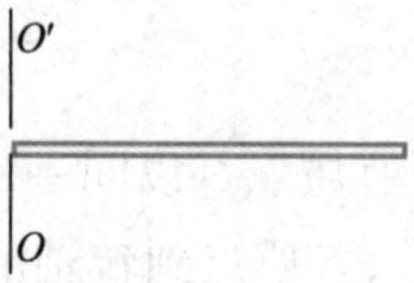 均匀细杆，长 l，质量 m. 转轴 OO' 过一端且垂直于杆 $J=\frac{1}{3}ml^2$	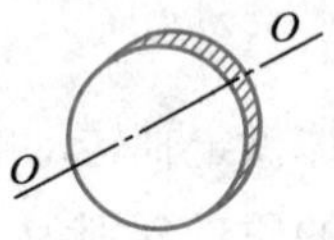 均匀薄圆盘，半径 R，质量 m. 转轴 OO' 通过圆心且垂直于圆盘 $J=\frac{1}{2}mR^2$
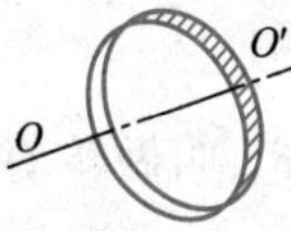 均匀薄圆环，半径 R，质量 m. 转轴 OO' 通过环心且 垂直于环面 $J=mR^2$	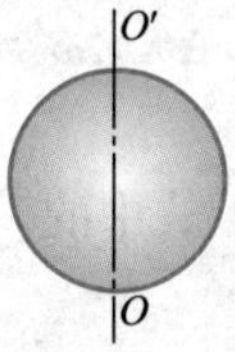 均匀球体，半径 R，质量 m. 转轴 OO' 沿一条直径 $J=\frac{2}{5}mR^2$	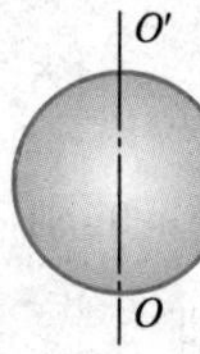 均匀球壳，半径 R，质量 m. 转轴 OO' 沿一条直径 $J=\frac{2}{3}mR^2$

例 3-2 在边长为 l 的正三角形顶点上，分别固定质量都是 m 的三个质点，组成一系统，如图 3-5 所示. 求：(1) 系统绕通过 A 点垂直于纸面的转轴转动的转动惯量；(2) 系统绕通过 O 点垂直于纸面的转轴转动的转动惯量.

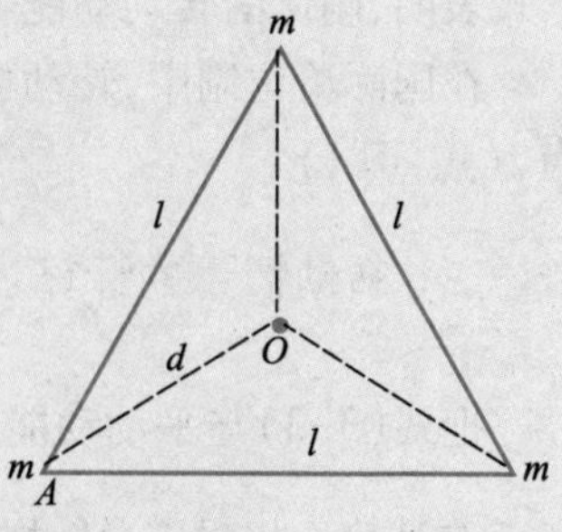

图 3-5

解 (1) 按定义，有

$$J_A=\sum_{i=1}^{3}m_ir_i^2=m\cdot 0+ml^2+ml^2=2ml^2$$

(2) 同理

$$J_O=\sum_{i=1}^{3}m_ir_i^2=md^2+md^2+md^2=3md^2$$

由图可知
$$d=\frac{l/2}{\cos 30^\circ}=\frac{\sqrt{3}}{3}l$$

$$J_O=3md^2=3m\left(\frac{\sqrt{3}}{3}l\right)^2=ml^2$$

例 3-3　求图 3-6 所示的质量为 m、长为 l 的均匀细棒绕下列固定轴转动的转动惯量：

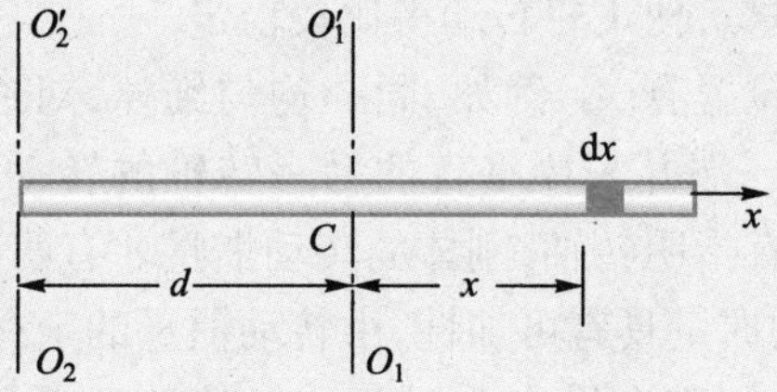

图 3-6

(1) 转轴 O_1O_1' 通过棒的中心，并与棒垂直；

(2) 转轴 O_2O_2' 通过棒的一端并与棒垂直.

解　(1) 这是一个质量连续分布的细棒(刚体)，为此，需用式(3-4)来求解. 在细棒上任取一质量元 $\mathrm{d}m$，其长度为 $\mathrm{d}x$，$\mathrm{d}m$ 离转轴的距离为 x. 该质量元的质量为 $\mathrm{d}m=\frac{m}{l}\mathrm{d}x=\lambda\mathrm{d}x$，$\lambda$ 为单位长度的质量，称为质量的线密度. 根据式(3-4)得细棒对通过质心(即质量中心，对于均匀直棒、均匀圆环、均匀球体等形体的质心就在它们的几何对称中心上) C 的转轴 O_1O_1' 的转动惯量为

$$J_\mathrm{C}=\int x^2\mathrm{d}m=\int_{-\frac{l}{2}}^{\frac{l}{2}}\lambda x^2\mathrm{d}x=\frac{\lambda}{12}l^3=\frac{1}{12}ml^2$$

(2) 同理，细棒对转轴 O_2O_2' 的转动惯量为

$$J=\int_0^l\lambda x^2\mathrm{d}x=\frac{1}{3}ml^2$$

由此可见，同一根均匀细棒，转轴的位置不同，转动惯量也就不同. 由于 O_1O_1' 轴和 O_2O_2' 轴相互平行，其距离设为 d，则有如下关系：

$$J=J_\mathrm{C}+md^2 \tag{3-5}$$

上式表明，刚体对任一转轴的转动惯量，等于刚体对通过质心并与该轴平行的轴的转动惯量 J_C 加上刚体质量与两轴间距离 d 的平方的乘积，这一结论称为平行轴定理.

利用表 3-1 的结果，应用平行轴定理，可以求出一个均匀圆盘对于通过其边缘一点且垂直于盘面的轴的转动惯量为

$$J=J_\mathrm{C}+mR^2=\frac{1}{2}mR^2+mR^2=\frac{3}{2}mR^2$$

式中 J_C 为圆盘对通过其质心并与盘面垂直的转轴的转动惯量，m 为圆盘质量，R 为圆盘半径.

由以上两例及表 3-1 可以看出，刚体转动惯量的大小与三个因素有关.

(1) 与刚体的总质量有关. 如半径相同、厚薄相同的两个圆盘，铁质的转动惯量比木质的转动惯量大.

(2) 与刚体的质量对轴的分布有关. 质量分布离轴越远，转动惯量越大. 制造飞轮时通常采用大而厚的轮缘，就是为了使其质量大部分分布在离轴较远的边缘上，以增大飞轮的转动惯量，使飞轮转动得比较稳定.

(3) 与刚体的转轴位置有关. 例如，同一均匀细棒，对通过棒的质心并与棒垂直的转轴和对通过棒的一端并与棒垂直的另一转轴的转动惯量是不相同的，后者转动惯量较大，所以，只有指明转轴，刚体的转动惯量才有明确的意义.

最后必须指出，转动惯量具有可加性，由转动惯量的定义式(3-2)可知，如果刚体是由若干个质点构成，则整个质点系对某一轴的转动惯量等于各质点对同一轴的转动惯量之和，如果一个具有复杂形状的刚体是由多个外形规则的匀质刚体构成，则整个刚体对某一轴的转动惯量等于各个匀质刚体对同一轴的转动惯量之和.

3-3 刚体定轴转动定律

一、力矩

由牛顿运动定律可知，力作用在质点上将导致质点运动状态的改变，但作用于刚体上的力不一定改变刚体的转动状态. 力对刚体转动的影响，不仅与力的大小和方向有关，还与力相对于转轴的位置有关. 例如，当用手关门时，力的作用线和门的转轴之间的距离越大，越容易把门关上，如果力的作用线通过门的转轴，或力的方向与转轴平行，则不论用多大的力也不能把门关上. 因此，为了描述力对刚体转动的作用，需要引入力对转轴的力矩这一新的物理量.

设刚体所受的外力 $\boldsymbol{F}$ 在转动平面内，作用点为 P，作用线到转轴的距离为 d，如图 3-7 所示，d 称为该力对转轴的力臂，力的大小与力臂的乘积称为力对转轴的力矩，用 M 表示，即

$$M=Fd \tag{3-6a}$$

由图 3-7 可以看出，点 P 的位置矢量为 $\boldsymbol{r}$，$\boldsymbol{r}$ 与 $\boldsymbol{F}$ 的夹角为 θ，故 $d=r\sin\theta$，于是式(3-6a)可写成

$$M=Fr\sin\theta \tag{3-6b}$$

应该指出，力矩是矢量，其方向由右手螺旋定则确定，可用 $\boldsymbol{r}$ 与 $\boldsymbol{F}$ 的矢量积表示

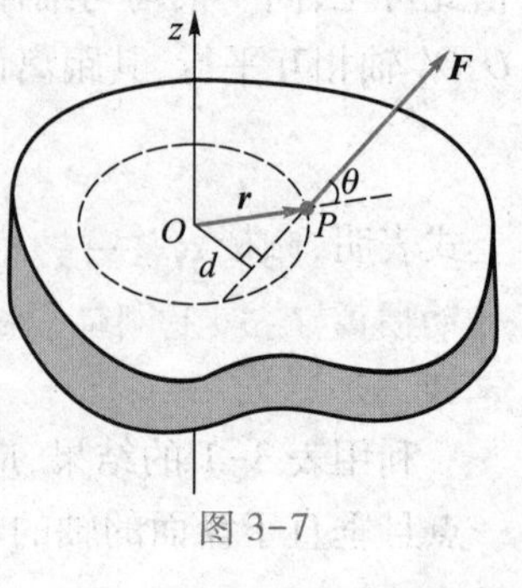

图 3-7

$$\boldsymbol{M}=\boldsymbol{r}\times\boldsymbol{F} \tag{3-6c}$$

对于定轴转动，力矩的方向沿着转轴的方向，因此，其方向可以用正负号来表示. 沿转轴方向规定一个坐标的方向，力矩与坐标轴的方向相同时取正，反之取负.

可以证明，如果有几个力同时作用在一个绕定轴转动的刚体上，它们的合力矩的大小等于各个力对转轴力矩的代数和. 图 3-8 所示的 $\boldsymbol{F}_1$、$\boldsymbol{F}_2$ 和 $\boldsymbol{F}_3$ 三个力对 Oz 轴的合力矩为

$$M_z=F_1d_1+F_2d_2-F_3d_3$$

其中正、负号表示力矩的方向，由右手螺旋定则来确定.

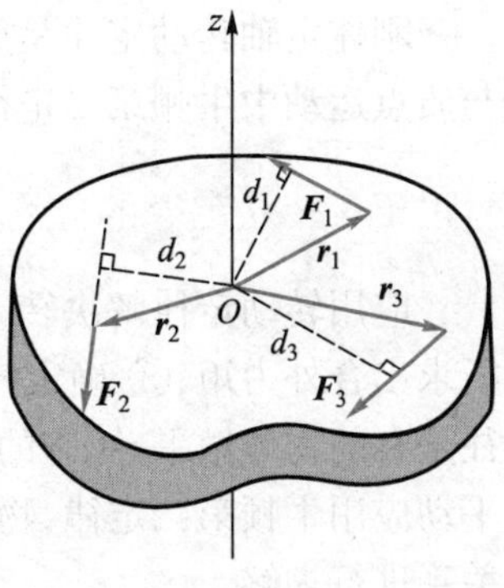

图 3-8

二、转动定律

下面运用牛顿运动定律来推导刚体定轴转动的角加速度与外力矩之间的定量关系.

图 3-9 所示是一个绕固定轴 z 转动的刚体，其角速度和角加速度分别为 ω 和 α. 刚体可看成由 n 个质点组成. 在刚体上任取一质量为 Δm_i 的质点，它到转轴的距离为 r_i，质点 i 所受的合外力为 $\boldsymbol{F}_{i外}$，合内力（其他质点对它的作用力）为 $\boldsymbol{F}_{i内}$. 设 $\boldsymbol{F}_{i外}$、$\boldsymbol{F}_{i内}$ 都在转动平面内，根据牛顿第二定律，有

$$\boldsymbol{F}_{i外}+\boldsymbol{F}_{i内}=\Delta m_i\boldsymbol{a}_i$$

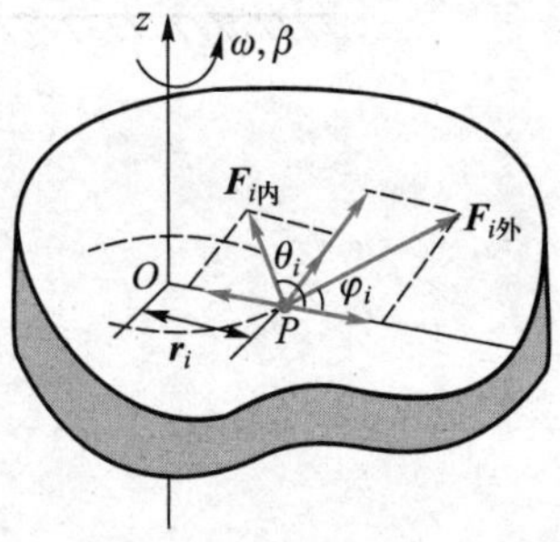

图 3-9

上式的切向分量式为

$$F_{i外}\sin\varphi_i+F_{i内}\sin(\pi-\theta_i)=\Delta m_i a_{ti}=\Delta m_i r_i\alpha$$

由于法向分力作用线通过转轴，其力矩为零，不予考虑. 在切向方程两边各乘以 r_i，得

$$F_{i外}r_i\sin\varphi_i+F_{i内}r_i\sin\theta_i=\Delta m_i r_i^2\alpha$$

对刚体上的每一个质点都可写出与上式相同的方程. 将全部方程相加得

$$\sum_{i=1}^{n}F_{i外}r_i\sin\varphi_i+\sum_{i=1}^{n}F_{i内}r_i\sin\theta_i=\left(\sum_{i=1}^{n}r_i^2\Delta m_i r_i^2\right)\alpha$$

由于内力是成对出现的，由牛顿第三定律知，每对内力对转轴的力矩之和等于零. 因此，上式中 $\sum\limits_{i=1}^{n}F_{i内}r_i\sin\theta_i=0$，$F_{i外}r_i\sin\varphi_i$ 是外力 $\boldsymbol{F}_{i外}$ 对 z 轴的力矩，$\sum\limits_{i=1}^{n}F_{i外}r_i\sin\varphi_i$ 是刚体受的合外力矩 M，$\sum\limits_{i=1}^{n}r_i^2\Delta m_i$ 是刚体对转轴的转动惯量 J. 这样，上面的求和式就变成了

$$M=J\alpha \tag{3-7}$$

上式表明，刚体定轴转动时，刚体对转轴的转动惯量与角加速度的乘积等于刚体所受的合外力矩，这一结论称为刚体定轴转动定律.

演示实验：赛跑

刚体定轴转动定律是解决刚体定轴转动问题的基本规律,它在转动中的地位与质点运动中牛顿第二定律相当.

三、转动定律的应用

应用转动定律解决转动问题的研究方法是:① 选取研究对象;② 进行受力分析求出合外力矩;③ 确定转动的正方向;④ 列出方程(组)求解. 在实际问题中,往往是有的物体做平动,有的物体做定轴转动,应把它们隔离开来分别处理. 物体的平动应用牛顿第二定律,物体的定轴转动应用转动定律,再找出平动与转动之间的关系进行求解.

例 3-4 运动系统如图 3-10(a)所示. 滑块、重物以及滑轮的质量分别为 m_1、m_2、m_3,滑轮为半径为 r 的均匀圆盘. 滑块与台面、滑轮与轴承之间的摩擦均可忽略不计,轻绳与滑轮之间无滑动,求滑块的加速度和绳中的张力.

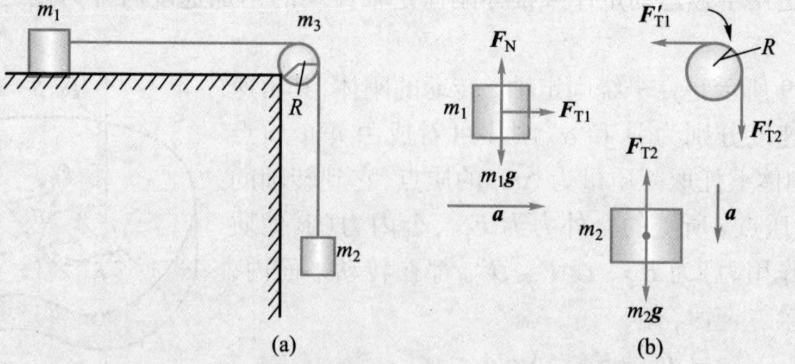

图 3-10

解 分别选滑块、重物和滑轮为研究对象,它们的受力分析及运动方向如图 3-10(b)所示. 由牛顿第二定律和转动定律可列出如下方程:

$$\begin{cases} F_{T1}=m_1a & (1)\\ m_2g-F_{T2}=m_2a & (2)\\ (F_{T2}-F_{T1})R=J\alpha & (3)\end{cases}$$

根据定轴转动的角量与线量关系,有

$$a=R\alpha \quad (4)$$

查表 3-1 有

$$J=\frac{1}{2}m_3R^2 \quad (5)$$

联立式(1)—式(5),且有 $F_{T1}=F'_{T2}$,$F_{T2}=F'_{T2}$,可以解得

$$a=\frac{m_2g}{m_1+m_2+\frac{1}{2}m_3}$$

$$F_{T1}=\frac{m_1m_2}{m_1+m_2+\frac{1}{2}m_3}g$$

$$F_{T2}=\frac{m_2\left(m_1+\frac{1}{2}m_3\right)}{m_1+m_2+\frac{1}{2}m_3}g$$

上面结果表明,滑轮两边绳上的张力不相等. 如果忽略滑轮质量,即 $m_3=0$,就得到在滑轮为光滑轻滑轮情况下的解

$$a=\frac{m_2g}{m_1+m_2},\quad F_{T1}=F_{T2}=\frac{m_1m_2g}{m_1+m_2}$$

这正是作为质点力学问题处理所得出的结论. 由此可以表明,在质点力学中解答有关滑轮的问题时总要交代滑轮质量忽略不计这句话,就是为了把刚体力学问题当做质点力学问题来处理.

*3-4 刚体定轴转动中的功和能

应用刚体定轴转动定律,原则上可以解决定轴转动动力学的所有问题. 但是,在一定条件下,用能量观点解决刚体转动问题,常常能使问题的求解简便迅速.

一、力矩的功

如图 3-11 所示,设作用在刚体上的合外力为 $\boldsymbol{F}$,作用点 P 相对于转轴的位置矢量为 $\boldsymbol{r}$,当刚体发生角位移 $\mathrm{d}\theta$ 时,P 点的元位移为 $\mathrm{d}\boldsymbol{r}$,在此过程中,力 $\boldsymbol{F}$ 所做的元功为

$$\mathrm{d}A=F\cos\alpha\,|\mathrm{d}\boldsymbol{r}|=F\cos\left(\frac{\pi}{2}-\varphi\right)\mathrm{d}s=F(\sin\varphi)r\mathrm{d}\theta$$

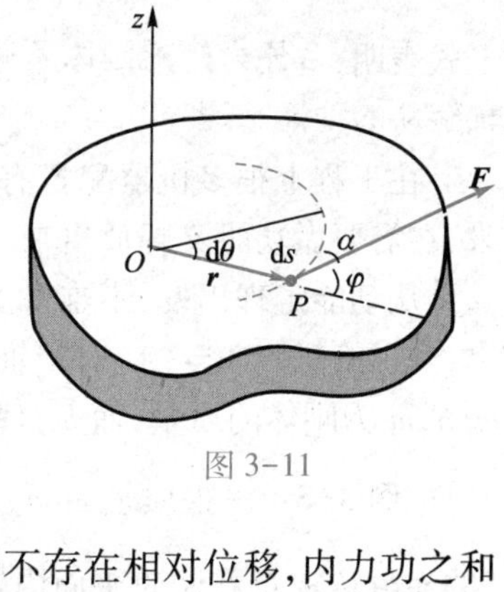

图 3-11

而 $F(\sin\varphi)r$ 正是合外力 $\boldsymbol{F}$ 对 Oz 轴的力矩,用 M 表示,故元功可表示为

$$\mathrm{d}A=M\mathrm{d}\theta \tag{3-8}$$

上式表明,力对定轴转动刚体所做的功可以用力矩做功来计算(此处之所以不考虑内力的功,是因为一对内力功之和仅与相对位移有关,而刚体各质点之间不存在相对位移,内力功之和始终为零).

如果刚体从角位置 θ_1 转至角位置 θ_2,则在此过程中合外力矩所做的功为

$$A=\int_{\theta_1}^{\theta_2}M\mathrm{d}\theta \tag{3-9}$$

需要指出的是,所谓力矩的功,实际上还是力所做的功,并无任何关于力矩所做的功的新定义. 只不过是刚体在定轴转动过程中,力所做的功可用力对转轴的力矩和刚体的角位移的乘积来表示而已.

如果力矩的大小和方向都不变,力矩的功为

$$A=\int_{\theta_1}^{\theta_2} M\mathrm{d}\theta=M(\theta_2-\theta_1) \tag{3-10}$$

按照功率的定义,力矩的功率为

$$P=\frac{\mathrm{d}A}{\mathrm{d}t}=M\frac{\mathrm{d}\theta}{\mathrm{d}t}=M\omega \tag{3-11}$$

上式表明,力矩的功率等于力矩与角速度的乘积. 当功率一定时,转速越高,力矩越小;反之,转速越低,力矩越大.

二、刚体定轴转动的动能定理

当外力矩对刚体做功时,刚体的转动动能就要发生变化. 根据刚体定轴转动定律,有

$$M=J\alpha=J\frac{\mathrm{d}\omega}{\mathrm{d}t}$$

上式两边乘以 $\mathrm{d}\theta$,得

$$M\mathrm{d}\theta=J\frac{\mathrm{d}\omega}{\mathrm{d}t}\mathrm{d}\theta=J\omega\mathrm{d}\omega$$

当刚体的角速度从角位置 θ_1 处的 ω_1 变到角位置 θ_2 处的 ω_2 时,在这一过程中合外力矩 M 对刚体做的功为

$$A=\int_{\theta_1}^{\theta_2} M\mathrm{d}\theta=\int_{\omega_1}^{\omega_2} J\omega\mathrm{d}\omega=\frac{1}{2}J\omega_2^2-\frac{1}{2}J\omega_1^2 \tag{3-12}$$

上式表明,合外力矩对刚体所做的功等于刚体转动动能增量,这一结论称为刚体定轴转动的动能定理.

在工程上很多机器配置有飞轮,转动的飞轮把能量以转动动能的形式储存起来,在需要做功时又释放出来. 冲床就是典型的例子.

从动能定理出发,不难得出这样的结论:在只有保守力和保守力矩做功的条件下,系统的机械能守恒. 对定轴转动的刚体,其动能是指转动动能,其重力势能仍为 mgh,m 为刚体的质量,而 h 是指刚体的质心距势能零点的距离.

例 3-5 一根质量为 m、长为 l 的均匀细棒 AB,如图 3-12 所示,可绕一水平的光滑转轴 O 在竖直平面内转动,O 轴离 A 端的距离为$\frac{l}{3}$. 今使棒从静止开始由水平位置绕 O 轴转动,求:(1) 棒转到竖直位置时的角速度和角加速度;(2) 棒在竖直位置时,棒的两端和中点的速度和加速度.

解 先确定细棒 AB 对 O 轴的转动惯量 J_O，参看例 3-3 中计算细棒转动惯量的结果，令 $d=\frac{l}{6}$，可算出

$$J_O=\frac{1}{12}ml^2+m\left(\frac{l}{6}\right)^2=\frac{1}{9}ml^2$$

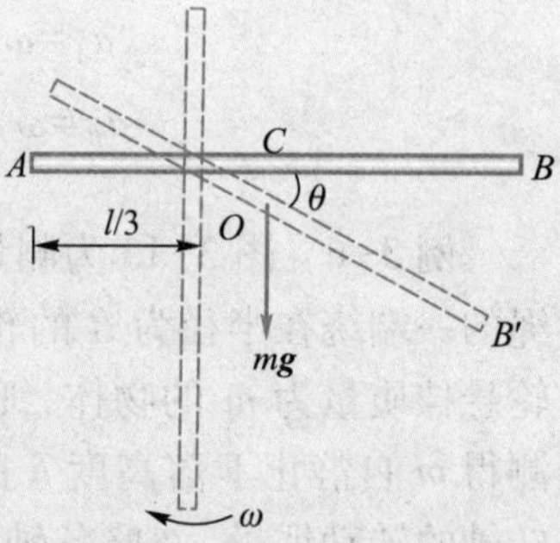

图 3-12

选细棒 AB 为研究对象，受力为：重力 $m\boldsymbol{g}$，作用在棒的中点 C（重心），方向竖直向下；轴与棒之间没有摩擦力，轴对棒作用的支撑力 $\boldsymbol{F}_N$ 垂直于棒与轴的接触面而且通过 O 点，在棒的转动过程中，这力的方向和大小将是随时改变的.

在棒的转动过程中，对转轴 O 而言，支撑力 $\boldsymbol{F}_N$ 通过 O 点，所以支撑力对轴的力矩等于零，重力 $m\boldsymbol{g}$ 的力矩则是变力矩，大小等于 $mg\frac{l}{6}\cos\theta$，其中的 θ 是棒的 B 端从水平位置下转的角度.

（1）当棒转过一个极小的角位移 $d\theta$ 时，重力矩所做的元功为

$$dA=mg\frac{l}{6}\cos\theta d\theta$$

在棒从水平位置转到竖直位置的过程中，重力矩所做的总功为

$$A=\int dA=\int_0^{\frac{\pi}{2}}mg\frac{l}{6}\cos\theta d\theta=\frac{mgl}{6}$$

棒在水平位置时的角速度 $\omega_0=0$，转到竖直位置时角速度为 ω，按刚体定轴转动的动能定理，应有

$$\frac{mgl}{6}=\frac{1}{2}J_0\omega^2$$

由此算得

$$\omega=\sqrt{\frac{mgl}{3J_O}}=\sqrt{\frac{mgl}{3\ \frac{1}{9}ml^2}}=\sqrt{\frac{3g}{l}}$$

在竖直位置时，细棒所受重力矩为零，此时角加速度为零.

（2）棒在竖直位置时，棒的两端 A、B 和中点 C 的速度、加速度计算如下：

$$v_C=\omega r_C=\frac{l}{6}\sqrt{\frac{3g}{l}}=\sqrt{\frac{3lg}{6}}\quad（方向向左）$$

$$v_A=\omega r_A=\frac{l}{3}\sqrt{\frac{3g}{l}}=\sqrt{\frac{3lg}{3}}\quad（方向向右）$$

$$v_B=\omega r_B=\frac{2l}{3}\sqrt{\frac{3g}{l}}=\frac{2\sqrt{3lg}}{3}\quad（方向向左）$$

$$a_C=\omega^2r_C=\frac{l}{6}\ \frac{3g}{l}=\frac{g}{2}\quad（方向向上，指向 O 点）$$

$$a_A=\omega^2 r_A=g \quad (方向向下,指向\ O\ 点)$$

$$a_B=\omega^2 r_B=2g \quad (方向向上,指向\ O\ 点)$$

例 3-6 图 3-13 为测量刚体转动惯量的装置. 待测物体装在转动架上,细绳的一端绕在半径为 R 的轮轴上,另一端通过定滑轮悬挂质量为 m 的物体,细绳与转轴垂直,从实验测得 m 自静止下落高度 h 的时间 t,求待测刚体对转轴的转动惯量. 忽略各轴承的摩擦以及滑轮和细绳的质量. 绳不可伸长,已知转动架对转轴的转动惯量为 J_0.

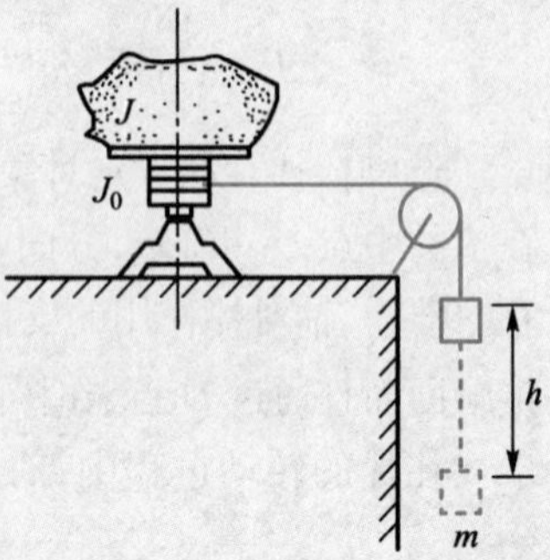

图 3-13

解 选物体、滑轮、待测物体、转动架和地球组成的系统为研究对象,在重物下落过程中,只有保守力重力做功,其他所有内力、外力做功之和为零,故系统机械能守恒. 即重物从静止下落了距离 h 过程中,系统的动能增量应等于系统势能的减少量,其表达式方程为

$$\frac{1}{2}mv^2+\frac{1}{2}(J+J_0)\omega^2=mgh \tag{1}$$

上式中的 v 和 ω 分别是重物下落 h 时的速度和待测物体转动的角速度. J 为待测物体的转动惯量.

因重物下落过程中,绳的张力恒定,故重物是匀加速下降. 由于重物的初速度 $v_0=0$,根据式(1-18a)和式(1-18b)可得

$$h=\frac{1}{2}vt \tag{2}$$

物体速度与轮轴转动角速度关系为

$$v=\omega R \tag{3}$$

由式(1)、式(2)和式(3)解得

$$J=mR^2\left(\frac{gt^2}{2h}-1\right)-J_0$$

式中的 m,R,J_0 为已知量,测出 h 和 t,可求出待测物体转动惯量 J.

3-5 刚体的角动量定理和角动量守恒定律

一、刚体对定轴的角动量

讨论质点运动时,可以用动量来描述其运动状态,也可以用角动量来描述其运动状态. 类似地在研究刚体绕定轴转动时,也可以引入角动量的概念. 如图 3-14 所

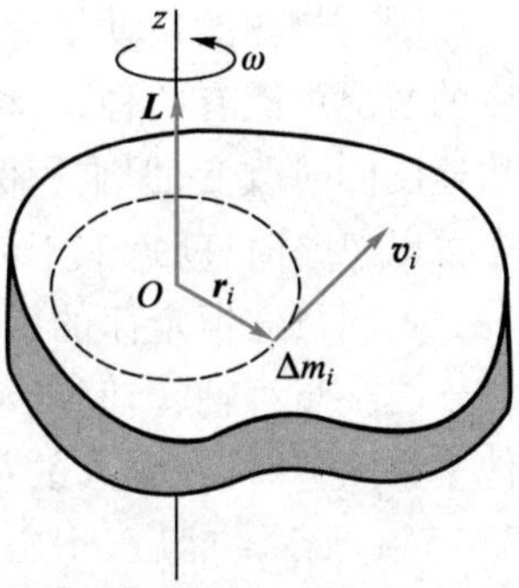

图 3-14

示，一刚体绕固定的 z 轴以角速度 ω 转动，刚体上各点都在各自的垂直于 z 轴的平面内做圆周运动. 设刚体上任一质点，质量为 Δm_i，其速度为 $\boldsymbol{v}_i$，质点相对点 O 的位置矢量为 $\boldsymbol{r}_i$，它对 z 轴的角动量为

$$\boldsymbol{L}_i=\boldsymbol{r}_i\times\Delta m_i\boldsymbol{v}_i$$

因 $\boldsymbol{r}_i$ 与 $\boldsymbol{v}_i$ 垂直，故质量为 Δm_i 的质点对转轴 z 的角动量大小为

$$L_i=\Delta m_i v_i r_i=\Delta m_i r_i^2\omega$$

考虑到刚体上任一质点对 z 轴的角动量都具有相同的方向，因此整个刚体对 z 轴的角动量大小为刚体上各个质点对该轴的角动量之和，即

$$L=\sum_{i=1}^{n}L_i=\sum_{i=1}^{n}\Delta m_i r_i^2\omega=\left(\sum_{i=1}^{n}\Delta m_i r_i^2\right)\omega=J\omega \tag{3-13}$$

上式表明，刚体绕定轴转动的角动量，等于刚体对该轴的转动惯量与角速度的乘积.

二、刚体定轴转动的角动量定理

由转动定律 $M=J\alpha$ 得

$$M=J\frac{\mathrm{d}\omega}{\mathrm{d}t}$$

$$M\mathrm{d}t=J\mathrm{d}\omega \tag{3-14a}$$

对式(3-14a)两边积分得

$$\int_{t_1}^{t_2}M\mathrm{d}t=J\int_{\omega_1}^{\omega_2}\mathrm{d}\omega$$

$$\int_{t_1}^{t_2}M\mathrm{d}t=J\omega_2-J\omega_1 \tag{3-14b}$$

式中 $\int_{t_1}^{t_2}M\mathrm{d}t$ 为 t_1 到 t_2 这段时间内作用在刚体上的合外力的冲量矩. 式(3-14b)表明：定轴转动刚体对轴的角动量的增量等于作用在刚体上的合外力矩的冲量矩，这一结论称为刚体定轴转动的角动量定理. 需要注意的是，式(3-14b)中的 M、l、ω 均是对同一轴而言的.

刚体定轴转动的角动量定理常用来研究刚体的碰撞问题.

三、刚体定轴转动的角动量守恒定律

在定轴转动中，当刚体所受的合外力矩 $M=0$ 时，由式(3-14b)，得

$$L=J\omega=\text{常量} \tag{3-15}$$

上式表明，若刚体所受的对某一固定轴的合外力矩等于零，则它对该轴的角动量保持不变，这一结论称为刚体定轴转动的角动量守恒定律. 这个定律不仅适用于定轴转动的刚体，还可以推广到所有的物理领域.

因为物体的角动量等于物体的转动惯量和角速度的乘积，所以角动量保持不变的情况可能有两种，一种是转动惯量和角速度均保持不变；另一种是转动惯量和角速度同时改变，但乘积保持不变. 例如，一个正在转动的飞轮，当所受的摩擦阻力矩可以忽略时，就近似于前一种情况.

角动量守恒定律的后一种情况可用下述方法进行演示：设有一人坐在凳子上，凳子能绕竖直轴转动（转动中的摩擦忽略不计）. 人的两手各握一个很重的哑铃，当他平举两臂时，在别人的帮助下，使人和凳子一起以一定的角速度转动起来，如图 3-15(a)所示. 然后，此人在转动中收拢两臂，由于这时没有外力矩作用，凳子和人的角动量保持不变，所以，在人收拢两臂后，转动惯量减少，结果角速度要增大，也就是说比平举两臂时要转得快一些，如图 3-15(b)所示.

演示实验：茹可夫斯基凳

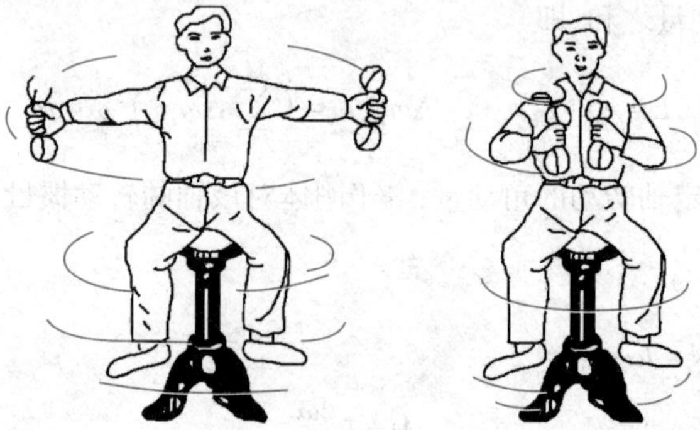

(a) (b)

图 3-15

在日常生活中，利用角动量守恒定律的例子也是很多的. 例如舞蹈演员、溜冰运动员等，在旋转的时候，往往先把两臂张开旋转，然后迅速把两臂收回靠拢身体，使相对身体中心轴的转动惯量迅速减少，因而旋转速度加快.

实际中常见由刚体和质点所组成的系统绕某一定轴转动，则当系统所受合外力矩为零时，整个系统对该轴的总角动量守恒. 这时，系统绕定轴转动的角动量守恒定律表达式为

$$\sum_{i=1}^{n} J_i\omega_i + \sum_{i=1}^{n} r_i m_i v_i \sin\theta = \text{常量} \tag{3-16}$$

这个式子在求解有关力学题时常常用到.

四、经典力学的适用范围

以上所讲的质点力学和刚体力学，都是以牛顿运动定律为基础建立起来的. 此外，在牛顿运动定律的基础上，还建立了流体力学和弹性力学等. 所有这些，都属于经典力学（或称为牛顿力学）. 经典力学是自然科学中发展较早，也是较早成为理论严密、体系完整的一门学科. 在物理学和其他自然科学以及技术科学中，经典力学的应用极为广泛，并且所取得的成就也非常大.

但是,在物理学的发展中,也发现了一些现象,对于这些现象,经典力学中的一些概念和定律不能适用. 这说明,经典力学有它一定的适用范围.

物理学的发展表明:经典力学只适用于解决物体的低速运动问题,而不能用于处理高速运动问题,处理物体高速运动问题时,则要用相对论力学. 经典力学只适用于宏观物体,而不适用于微观粒子,处理微观粒子的运动问题时,则要用量子力学.

必须指出,目前遇到的工程实际问题,绝大多数都属于宏观、低速的范围,因此,经典力学仍然是一般技术科学的理论基础和解决工程实际问题的重要工具.

例 3-7 一质量为 m_1,长为 l 的均质细杆,可绕垂直于杆端的水平轴 O 转动. 开始时,杆静止于竖直位置,如图 3-16 所示. 今有一质量为 m_2 的子弹沿水平方向飞来,射入杆的下端,并与杆一起摆到最大角度 θ 处. 求子弹射入细杆前的速度. 不计轴与杆之间的摩擦.

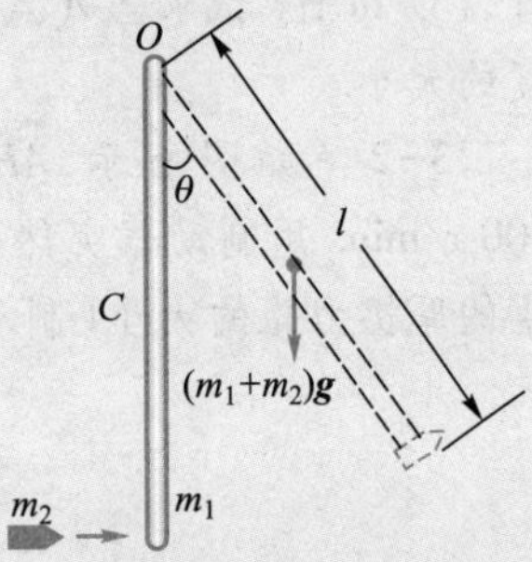

图 3-16

解 本题应分两个过程讨论:

(1) 子弹射入杆内,这是两者作完全非弹性碰撞的过程;

(2) 子弹与杆一起摆动到最大角度 θ 处,这是系统在外力作用下经历位移的过程.

在第一个过程中,选子弹与杆这一系统为研究对象,所受外力为重力 $\boldsymbol{W}=(m_1+m_2)\boldsymbol{g}$ 和轴对杆的支持力 $\boldsymbol{F}_{\mathrm{N}}$,$\boldsymbol{W}$ 和 $\boldsymbol{F}_{\mathrm{N}}$ 两个力对轴 O 的力矩为零,故系统的角动量守恒,设子弹射入木块前的速度为 v_0,则

$$m_2v_0l=\left(m_2l^2+\frac{1}{3}m_1l^2\right)\omega$$

得

$$\omega=\frac{3m_2v_0}{(3m_2+m_1)l} \tag{1}$$

再讨论第二个过程. 选子弹、杆与地球这一系统为研究对象,在摆动过程中,因 $A_{外}=0$,$A_{非保内}=0$,故系统的机械能守恒. 取杆在竖直位置时的质心 C 处为重力势能零点,则初、末位置的机械能分别为

$$E_0=\frac{1}{2}(J_{杆}+J_{弹})\omega^2$$

$$E=m_2gl(1-\cos\theta)+m_1g\frac{l}{2}(1-\cos\theta)$$

从而,可按机械能守恒定律列出下式,即

$$\frac{1}{2}(J_{杆}+J_{弹})\omega^2=m_2gl(1-\cos\theta)+m_1g\frac{l}{2}(1-\cos\theta) \tag{2}$$

以式(1)代入式(2),并因 $J_{杆}=m_1l^2/3$,$J_{弹}=m_2l^2$,便可解得

$$v_0=\left[\frac{gl(1-\cos\theta)(2m_2+m_1)(3m_2+m_1)}{3m_2^2}\right]^{1/2}$$

习题

3-1 半径 $r=0.6$ m 的飞轮边缘上一点 A 的运动方程为 $s=0.1t^3$,式中 t 以 s 计,s 以 m 计. 试求当 A 点的速度大小 $v=30$ m/s 时,A 点的切向加速度和法向加速度的大小.

第三章参考答案

3-2 如图所示,AB 轴上装着转动惯量 $J=500\ \text{kg}\cdot\text{m}^2$ 的飞轮,转速为 300 r/min. 用制动器突然刹车,在 5 s 内飞轮停下来,设减速是均匀的,求制动器产生的摩擦力矩的大小(制动器的转动惯量忽略不计).

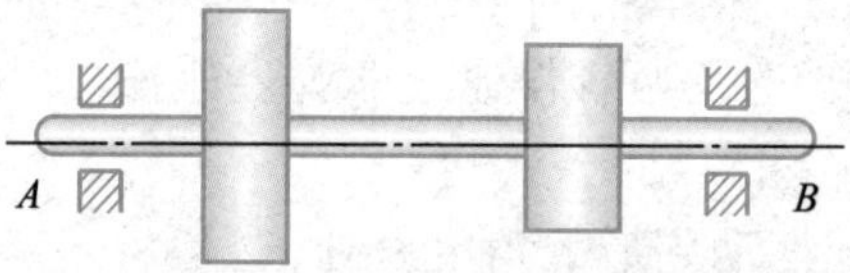

习题 3-2 图

3-3 以 20 N·m 的恒力矩作用在有固定轴的转轮上,在 10 s 内该轮的转速由零增大到 100 r/min. 此时移去该力矩,转轮因摩擦力矩的作用经 100 s 而停止. 试推算此转轮对其固定轴的转动惯量.

3-4 飞轮对自身轴的转动惯量为 J_0,初速度为 ω_0,作用在飞轮上的阻力矩为 M(常量). 试求飞轮的角速度减到 $\dfrac{\omega_0}{2}$ 时所需的时间 t 以及在这一段时间内飞轮转过的圈数 N.

3-5 如图所示,两个质量为 m_1 和 m_2 的物体分别系在两条绳上,这两条绳又分别绕在半径为 r_1 和 r_2 并装在同一轴的两鼓轮上. 设轴间摩擦不计,鼓轮和绳的质量均不计,求鼓轮的角加速度.

习题 3-5 图

3-6 如图所示,一轻绳绕于半径 $r=20$ cm 的飞轮边缘,在绳端施以 $F=98$ N 的拉力,飞轮的转动惯量 $J=0.5\ \text{kg}\cdot\text{m}^2$,飞轮和转轴间的摩擦不计,试求:(1) 飞轮的角加速度;(2) 当绳端下降 5 m 时飞轮所获得的动能;(3) 如以质量 $m=10$ kg 的物体挂在绳端,试计算飞轮的角加速度.

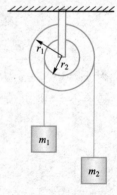

3-7 在倾角为 θ 的光滑斜面的顶端固定一定滑轮,用一根绳绕若干圈后引出,系一质量为 m_2 的物体,如图所示,已知滑轮的质量为 m_1,半

径为 R,它的转动惯量 $J=\frac{1}{2}mR^2$,滑轮的轴没有摩擦,试求物体 m_2 沿斜面下滑的加速度.

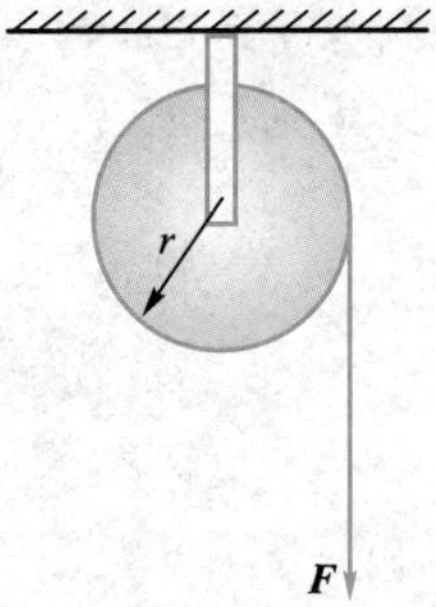

习题 3-6 图

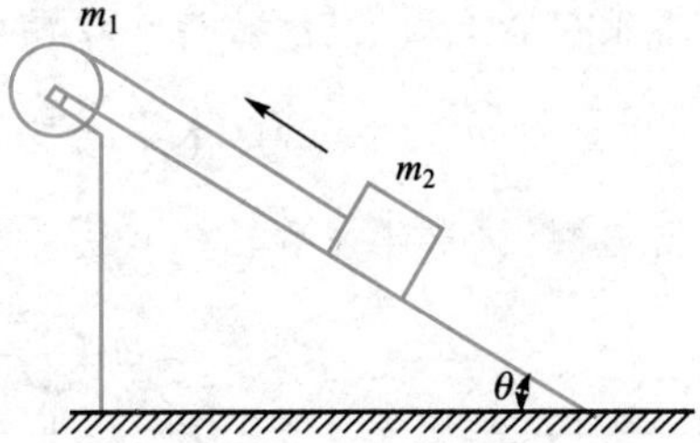

习题 3-7 图

***3-8** 某一冲床利用飞轮的转动动能通过曲柄连杆机构的传动,带动冲头在铁板上钻孔. 已知飞轮为均匀圆盘,其半径为 0.4 m,质量为 600 kg,飞轮的正常转速是 240 r/min,冲一次孔转速降低 20%,求冲一次孔冲头做的功.

3-9 如图所示. 一劲度系数为 $k=20$ N/m 的轻弹簧一端固定,另一端通过一轻绳绕过定滑轮与质量为 $m=1$ kg 的物体相连. 滑轮半径为0.1 m,转动惯量为 0.005 kg·m². 初始用手托住物体,使弹簧处于原长. 若忽略物体与平面、滑轮与轴承间的摩擦力. 试求:物体由静止释放后下落 0.5 m 时的速率.

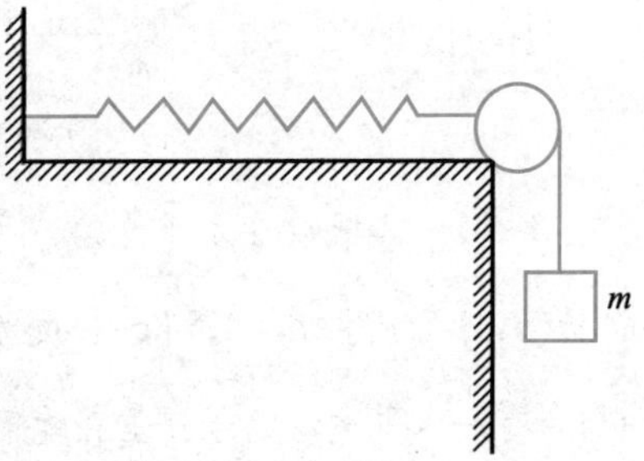

习题 3-9 图

3-10 有一圆板状水平转台,质量 $m_1=200$ kg,半径 $R=3$ m,台上有一人,质量 $m_2=50$ kg,当他站在离转轴 $r=1$ m 处时,转台和人一起以 $\omega_1=1.35$ rad/s 的角速度转动. 若轴处摩擦可忽略不计,当人走到台边时,转台和人一起转动的角速度 ω 为多少?

3-11 一质量为 0.25 kg 的小球,可在一细长匀质管中滑动,管长为 1 m,质量为 1 kg,可绕过管中点 C 且垂直于管的竖直轴转动. 设小球通过 C 点时,管的角速度为 10 rad/s,试求小球离开管口时管的角速度.

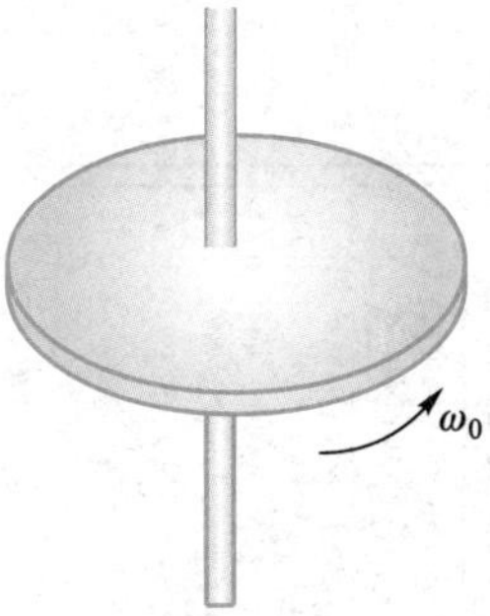

习题 3-10 图

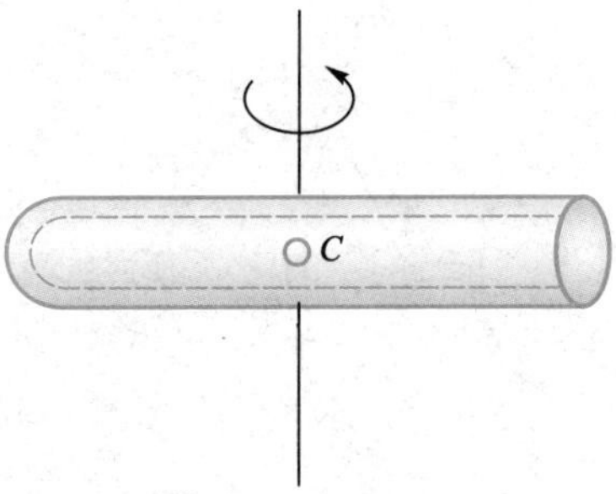

习题 3-11 图

3-12 长为 1 m、质量为 2.5 kg 的一匀质棒竖直悬挂在转轴 O 点上，用 $F=100\ \text{N}$ 的水平力撞击棒的下端，该力的作用时间为 0.02 s，如图所示. 试求：(1) 棒所获得的角动量；(2) 棒的端点上升的距离.

3-13 如图所示，长为 l 的轻杆，两端各固定质量分别为 m 和 $2m$ 的小球，杆可绕水平光滑轴在竖直面内转动，转轴 O 距两端分别为 $\frac{l}{3}$ 和 $\frac{2l}{3}$，最初杆静止在竖直位置. 今有一质量为 m 的小球，以水平速度 v_0 与杆下端小球 m 作对心碰撞，碰后以 $\frac{1}{2}v_0$ 的速度返回，试求碰撞后轻杆所获得的角速度.

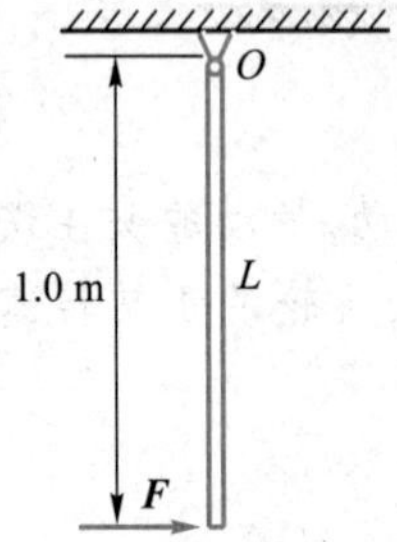

习题 3-12 图

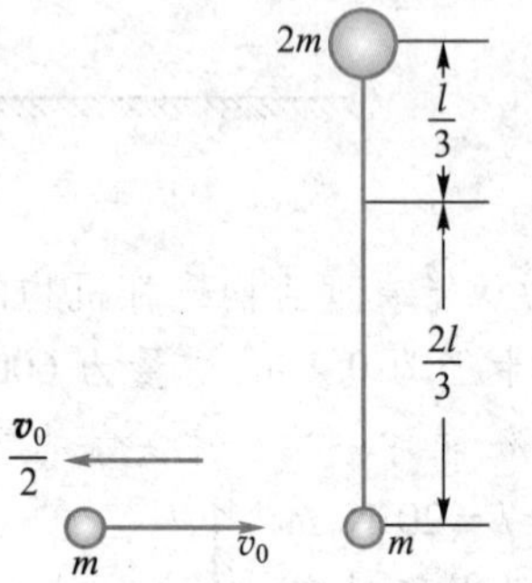

习题 3-13 图

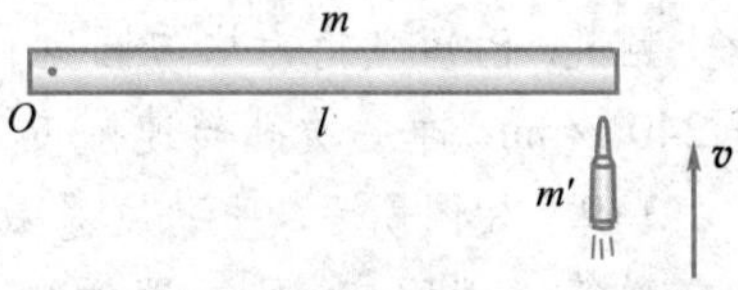

习题 3-14 图

3-14 一根放在水平光滑桌面上的匀质棒，可绕通过其一端的竖直固定光滑轴 O 转动，棒的质量 $m=1.5\ \text{kg}$，长度为 $l=1.0\ \text{m}$，对轴的转动惯量为 $J=\frac{1}{3}ml^2$. 初始时棒静止，今有一水平运动的子弹垂直地射入棒的另一端，并留在棒中，如图所示，子弹的质量为 $m'=0.020\ \text{kg}$，速率为 $v=400\ \text{m/s}$，试问棒开始和子弹一起转动时角速度 ω 有多大？

3-15 轮 A 的质量为 m，半径为 r，以角速度 ω_1 转动；轮 B 的质量为 $4m$，半径为 $2r$，套在轮 A 的轴上. 两轮都可视为匀质圆板. 将轮 B 移动使其与轮 A 接触，若轮轴间的摩擦力矩不计，试求两轮转动的角速度及结合过程中动能的损失.

3-16 如图所示，一长为 l，质量为 m_0 的匀质细杆，可绕水平光滑轴 O 在竖直面内转动. 初始时细杆竖直悬挂，现有一质量为 m 的子弹以某一水平速度射入杆的中点处，已知子弹穿出杆后的速度为 v，杆受子弹打击后恰好摆到水平位置，求子弹入射时速度 v_0 的大小.

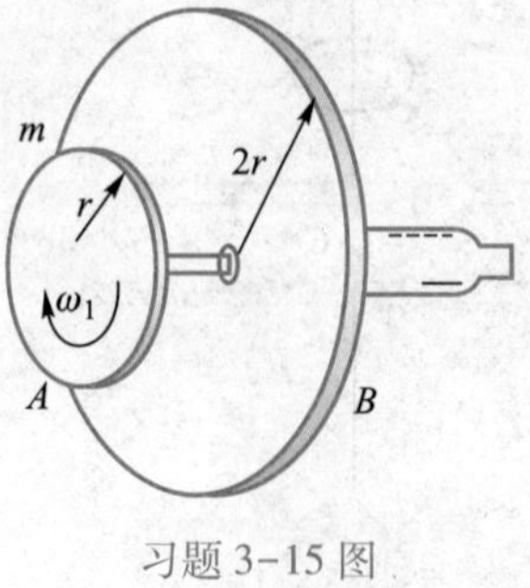

习题 3-15 图

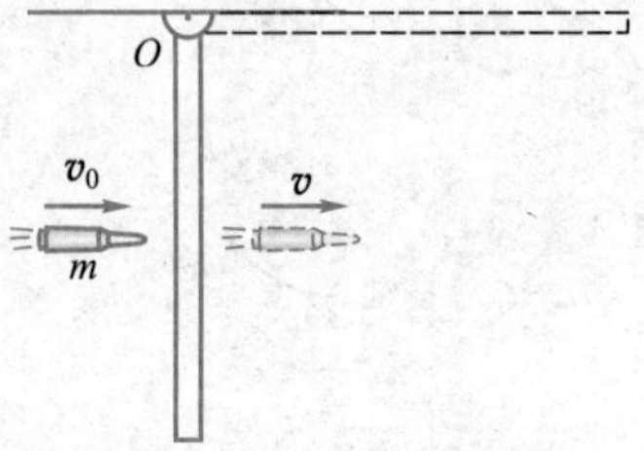

习题 3-16 图

第四章

相对论力学

以牛顿运动定律为基础的经典力学成功地解决了低速宏观物体在惯性参考系中的运动规律,对科学和技术的发展起了巨大的推动作用. 但是,当宏观物体做高速运动时,经典力学的规律就不再适用了,而必须由相对论力学所代替. 相对论是关于时间、空间与物质运动关系的理论,分为狭义相对论和广义相对论. 狭义相对论研究惯性系中的高速运动问题,提出了新的时空观,建立了高速运动物体的力学规律,揭示了质量和能量的内在联系;而广义相对论从非惯性参考系与引力场等效的原理出发,提出新的引力理论,进一步探索了引力场中的时空结构. 相对论是 20 世纪物理学最伟大的成就之一,已成为许多基础科学和现代工程技术的理论基础.

本章讨论狭义相对论的基本概念和由它得出的若干结论.

4-1 经典力学的伽利略变换和时空观

我们知道牛顿运动定律只适用于惯性系,惯性系不是唯一的,凡相对于某惯性系静止或做匀速直线运动的参考系也是惯性系. 下面将在经典力学范围内,研究同一质点在两个惯性系中的坐标、速度和加速度的对应关系.

一、伽利略变换

反映两个相互做匀速直线运动的参考系 S 和 S′之间的坐标、速度及加速度关系的变换称为伽利略变换.

若 S 为一已知的惯性系,S′为相对于 S 沿 x 轴方向以速度 $v(v\ll c)$ 做匀速直线运动的另一惯性系,假定 S 系坐标轴与 S′系坐标轴平行,S 系和 S′系原点 OO' 重合时开始计时($t=t'=0$).

S 系的观察者记录质点在 t 时刻的坐标为(x,y,z),S′系的观察者在同一时刻$t=t'$记录质点的坐标为(x',y',z'),如图 4-1 所示,则质点在两个惯性系中的时空坐标有下列关系:

$$\begin{cases}x'=x-vt\\ y'=y\\ z'=z\\ t'=t\end{cases}\quad 或 \quad \begin{cases}x=x'+vt'\\ y=y'\\ z=z'\\ t=t'\end{cases}\tag{4-1}$$

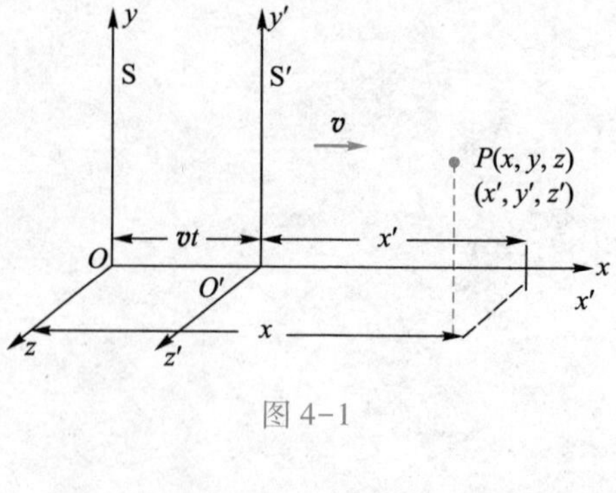

图 4-1

上式称为伽利略坐标变换，利用它们可以由质点在一个惯性系中时空坐标算出质点在另一个惯性系的时空坐标.

将式(4-1)中的前三式对时间求导可得到两坐标系间的速度变换关系，即

$$\begin{cases} u'_x = u_x - v \\ u'_y = u_y \\ u'_z = u_z \end{cases} \tag{4-2}$$

其中 u'_x, u'_y, u'_z 是 P 点对 S′系的速度分量，u_x, u_y, u_z 是 P 点对 S 系的速度分量. 式(4-2)称为伽利略速度变换，利用式(4-2)，可以由质点在一个惯性系中的速度来确定它在另一个惯性系中的速度. 该式合并写成矢量式为

$$\boldsymbol{u}' = \boldsymbol{u} - \boldsymbol{v} \tag{4-3}$$

把式(4-2)再对时间求导，可得到两惯性系间加速度的关系. 由于 v 与时间无关，故有

$$\begin{cases} a'_x = a_x \\ a'_y = a_y \\ a'_z = a_z \end{cases} \tag{4-4}$$

上式表明，在不同惯性系，质点的加速度总是相同的. 该式合并写成矢量式为

$$\boldsymbol{a}' = \boldsymbol{a} \tag{4-5}$$

二、绝对时空观

设有 A 和 B 两个事件(在空间上的某一点和时间上的某一时刻发生的某一现象，用四个坐标 x, y, z, t 来描述)，S 系中的观察者测得两事件发生的时刻分别为 t_1 和 t_2，S′系中的观察者测得两事件发生的时刻分别为 t'_1 和 t'_2，由式(4-1)中第 4 式可得

$$t'_1 = t_1, \quad t'_2 = t_2$$

因而

$$t'_2 - t'_1 = t_2 - t_1$$

上式表明，在两个不同惯性系中测量两个事件的时间间隔所得结果相同，即时间间隔是绝对的，与参考系无关.

设有一细棒，静止在 S′系中，沿 x'轴放置，在 S′系中测得它两端的坐标分别为 x'_1 和 x'_2，于是得棒长

$$l' = x'_2 - x'_1$$

对于 S 系来说，因为细棒是运动的，应在同一时刻测量细棒两端的坐标，设在同一时刻 t 测得其两端的坐标分别为 x_1 和 x_2，则棒长为

$$l = x_2 - x_1$$

由式(4-1)第一式得

$$l' = x'_2 - x'_1 = x_2 - x_1 = l$$

上式表明，在两个不同惯性系中测量同一物体的长度所得的结果相同，即空间间隔是绝对的，与参考系无关.

设 A 和 B 为在空间任意点发生的两个事件,若在 S′系中的观察者测得是同时发生的,由于 $t=t'$,则在 S 系中的观察者测得此两事件也必定是同时发生的,即同时性是绝对的,与参考系无关.

由上面的讨论可知,时间的量度和空间的量度与在什么惯性系里进行没有关系,时间与空间无关,时间、空间与物质的运动没有任何联系,这就是经典力学时空观,(或称为牛顿力学时空观). 用牛顿的话说:"绝对的、真正的和数学的时间自己流逝着.""绝对空间,就其本性而言,与外界任何事物无关,而永远是相同的和不动的."

这种经典力学时空观也称为绝对时空观. 而伽利略变换就是经典力学时空观的数学表述.

三、经典力学的相对性原理

在经典力学中,物体的质量 m 是与运动状态无关的常量,所以由式(4-5)可知,在两个相互做匀速直线运动的惯性系中,牛顿运动定律的数学形式也应是相同的,即有如下形式:

$$\boldsymbol{F}=m\boldsymbol{a}, \quad \boldsymbol{F}'=m\boldsymbol{a}'$$

上述结果表明,当由惯性系 S 变换到惯性系 S′时. 质点的动力学方程的数学形式不变. 即质点的动力学方程对伽利略变换式来讲是不变式.

由进一步的推断可知,牛顿第一定律和第三定律及由牛顿运动定律推导出来的其他力学规律(如动量定理、动量守恒定律、功能原理和机械能守恒定律等)在不同惯性系中也具有相同的数学形式. 因此得出:**在所有惯性系中力学定律具有相同的数学形式**,这一结论称为**经典力学的相对性原理**.

由经典力学的相对性原理可知,在研究力学规律时,所有惯性系都是等价的,任何一个惯性系都不会比另一个更优越. 在一切惯性系中,力学现象都按同样的方式进行着. 例如,在一列做匀速直线运动的火车中进行力学实验(求上抛小球的最大高度、测单摆的周期、求弹簧振子加速度等)所测得的结果必定与火车静止时的实验结果完全相同. 又如:在做匀速直线运动的火车上行走、饮水、写字都和在地面上的房间里没有什么两样,不会将杯子碰到牙齿上,也不会将水灌到鼻孔中去,这就是说,无法通过力学实验来判断乘坐的火车是静止的还是在做匀速直线运动.

牛顿运动定律、经典力学相对性原理、绝对时空观和伽利略变换等构成了经典力学的理论体系. 它是物质在低速运动情况下对客观世界的一种描述.

4-2 狭义相对论的基本原理

将力学相对性原理与伽利略变换用于低速运动的力学现象是成功的,但当把它们运用到力学以外的现象及高速运动的情况时却发生了混淆,遭受到挫折. 例如,麦克斯韦电磁场理论给出光在真空中的传播速度是

$$c=\frac{1}{\sqrt{\varepsilon_0\mu_0}}$$

式中 ε_0 和 μ_0 是两个电磁学常量，$\varepsilon_0=8.85\times10^{-12}\ \mathrm{C^2/(N\cdot m^2)}$，$\mu_0=4\pi\times10^{-7}\ \mathrm{N/A^2}$

但是，按照伽利略变换，若在某一参考系 S 测得光在真空中的速度为 c，而另一参考系 S′相对于 S 系沿光的传播方向以速度 v 运动，则从 S′系中测得光在真空中的速度就是 $c-v$. 可见光或者说电磁波的运动不服从伽利略变换.

伽利略变换与电磁规律的矛盾，促使人们思考一个问题：是电磁规律不符合相对性原理，还是伽利略变换（实际上是绝对时空观）不适用于电磁规律，应该怎么修正呢？爱因斯坦对这个问题进行了深入的研究，于 1905 年提出了对整个物理学具有根本意义的狭义相对论的两个基本原理.

（1）相对性原理：在所有惯性系中，物理定律的表达形式都是相同的.

（2）光速不变原理：在所有惯性系中，光在真空中的速度均为 c，与光源、观察者的运动无关.

爱因斯坦（Albert Einstein，1879—1955）

理论物理学家，20 世纪最伟大的自然科学的改革家. 他创立了狭义相对论和广义相对论，提出了固体热容的量子理论，用光量子理论解释了光电效应，也因此获得了 1921 年诺贝尔物理学奖. 他为核能开发奠定了理论基础，开创了现代科学技术新纪元，被公认为是继伽利略、牛顿以来最伟大的物理学家.

文档：爱因斯坦简介

相对性原理告诉我们，所有惯性系都是等价的. 物理定律在所有惯性系中都具有相同的数学表达形式，例如，力学定律在所有惯性系中是不变式，麦克斯韦方程组也是不变式. 因此，不能借助任何物理实验来判断一个惯性系是静止还是运动的.

文档：爱因斯坦创建狭义相对论的基本思路

光速不变原理与经典力学中的绝对时空观是不相容的. 这似乎与日常经验相违背，但事实确是如此. 例如，1964 年和 1965 年阿尔维格尔等人在欧洲原子核中心作了精密的实验测量，在质子同步加速器中产生的 π^0 介子以 $0.999\,75c$ 的高速度飞行，π^0 介子衰变中辐射出能量为 6×10^9 eV 的光子，实验测得光子对实验室的速率仍是 c，这一事实是对光速不变原理的一个直接验证. 因此，我们必须承认一些远远超出人们日常观察范围、似乎与日常经验相违背但却为实验所证实的结果.

在爱因斯坦建立狭义相对论时，上述两条基本原理称为“两条基本假设”，因为当时只被为数不多的几个实验事实所证明. 一百多年来的大量实验事实直接、间接验证了这两条基本假设和相对论的结论，因此改称为原理.

这两条基本原理构成了爱因斯坦狭义相对论的理论基础，由这两条原理出发，可以导出狭义相对论的全部内容.

4-3 洛伦兹变换

从光速不变原理可知,对涉及与光速可比拟的问题时,伽利略变换已不再适用,必须抛弃,在这些领域里,时空变换遵从新的变换式.下面从相对论的两条基本原理出发导出这一变换式——洛伦兹变换.

如图 4-1 所示,对于 O'点,由 S′系观测,不论什么时刻,总是 $x'=0$,但是由 S 系来观测,其在 t 时刻的坐标是 $x=vt$,亦即 $x-vt=0$. 可见,对同一空间 O'点,数值 x'和 $x-vt$ 同时为零. 因此,假设在任何时刻、任何点(包括 O'点),x'与 $x-vt$ 之间都有一个比例关系为

$$x'=k'(x-vt) \tag{4-6a}$$

式中 k'为常量.

文档:洛伦兹变换的提出

同理,考虑 S 系的原点 O,可得

$$x=k(x'+vt') \tag{4-6b}$$

根据相对性原理,S 系和 S′系是等价的,因此,式(4-6a)和式(4-6b)应有相同的形式,这就要求 $k'=k$,于是有

$$x'=k(x-vt) \tag{4-7}$$

文档:洛伦兹简介

由光速不变原理,对 S 系和 S′系有

$$x=ct \tag{4-8a}$$

$$x'=ct' \tag{4-8b}$$

将式(4-6b)与式(4-7)相乘,式(4-8a)与式(4-8b)相乘得

$$xx'=k^2(x-vt)(x'+vt')$$

$$xx'=c^2tt'$$

由以上两式得

$$k=\sqrt{\frac{c^2}{c^2-v^2}}=\frac{1}{\sqrt{1-v^2/c^2}} \tag{4-9}$$

将式(4-9)分别代入式(4-6b)和式(4-7)得

$$x=\frac{x'+vt'}{\sqrt{1-v^2/c^2}} \tag{4-10a}$$

$$x'=\frac{x-vt}{\sqrt{1-v^2/c^2}} \tag{4-10b}$$

由式(4-10a)和式(4-10b)消去 x 就得到

$$t=\frac{t'+\dfrac{v}{c^2}x'}{\sqrt{1-v^2/c^2}} \tag{4-11a}$$

由式(4-10a)和式(4-10b)消去 x'就得到

$$t'=\frac{t-\dfrac{v}{c^2}x}{\sqrt{1-v^2/c^2}} \tag{4-11b}$$

由于沿 y 轴和 z 轴的距离不变,故

$$y=y',\quad z=z' \tag{4-12}$$

$$\begin{cases}x'=\dfrac{x-vt}{\sqrt{1-v^2/c^2}}\\ y'=y\\ z'=z\\ t'=\dfrac{t-\dfrac{v}{c^2}x}{\sqrt{1-v^2/c^2}}\end{cases}\quad 或 \quad \begin{cases}x=\dfrac{x'+vt'}{\sqrt{1-v^2/c^2}}\\ y=y'\\ z=z'\\ t=\dfrac{t'+\dfrac{v}{c^2}x'}{\sqrt{1-v^2/c^2}}\end{cases} \tag{4-13}$$

上式称为洛伦兹变换. 它表达了同一事件在两个不同惯性系中的时空坐标的变换关系.

对于洛伦兹变换,作如下几点说明.

(1) 式(4-13)中,x'是 x 和 t 的函数,t'也是 x 和 t 的函数,而且均与两惯性系之间的相对速度 v 有关. 这表明时间、空间和物质运动三者是不可分割地联系在一起的.

(2) 任何新理论的成果,不会把旧理论完全抛弃,它总是把旧理论的正确部分包含其中. 当 $v\ll c$ 即物体的运动速度远小于光速时,上述变换式就变成伽利略变换式. 由此可见,伽利略变换只适用于物体运动速度远小于光速的情况,由于常见的宏观物体(包括人造地球卫星、火箭在内)的运动速度远小于光速,所以用伽利略变换即可;但当物体的运动速度接近光速时,必须采用洛伦兹变换.

(3) 当 $v>c$ 时,$\sqrt{1-v^2/c^2}$ 成了虚数,而虚数是不可以测量的,此时洛伦兹变换失去意义. 因此,相对论指出物体的速度不能超过真空中的光速,即真空中的光速是一切物体运动速度的极限,而在经典力学中,物体运动速度可以任意大.

例 4-1 在惯性系 S 中,两事件发生在同一时刻,不同地点,沿 x 轴相距 500 m,在沿 x 轴运动的另一惯性系 S′中测该两事件的空间间隔为 1 500 m,试求在 S′系中测得这两事件的时间间隔.

解 由题意可知,在 S 系中,$\Delta t=0$,$\Delta x=500$ m;在 S′系中,$\Delta x'=1\,500$ m,由洛伦兹变换式,可得

$$\Delta x'=\frac{\Delta x-v\Delta t}{\sqrt{1-\left(\dfrac{v}{c}\right)^2}}$$

代入数据,有

$$1\ 500=\frac{500}{\sqrt{1-\left(\frac{v}{c}\right)^2}}$$

解得

$$v=\frac{2\sqrt{2}}{3}c$$

再由洛伦兹变换式可得

$$t=\frac{t'+\frac{v}{c^2}x'}{\sqrt{1-\frac{v^2}{c^2}}}=-4.7\times10^{-6}\ \mathrm{s}$$

式中负号表示在S′系中观察到的结果是：事件2发生在事件1之前.

4-4 狭义相对论的时空观

从伽利略变换出发必然导致经典时空观念. 洛伦兹变换能同时满足狭义相对论的两条基本原理，从洛伦兹变换出发，讨论长度、时间、同时性等这些基本运动学概念，从中可以体会狭义相对论带给我们新的时空观.

一、长度收缩

在经典力学中，物体的长度是绝对的，它与物体或观察者的运动无关. 例如一把米尺，不论在运动的车厢里或者是在车站上去测量它，其长度均是1 m. 而在狭义相对论中，同一物体在不同参考系中测量的长度是不同的.

设一细棒在S′系中沿x'轴静止放置，如图4-2所示. 若在S′系中测得杆两端坐标为x_1'和x_2'，则相对细棒静止的S′系中测得细棒的长度为

$$l_0=x_2'-x_1'$$

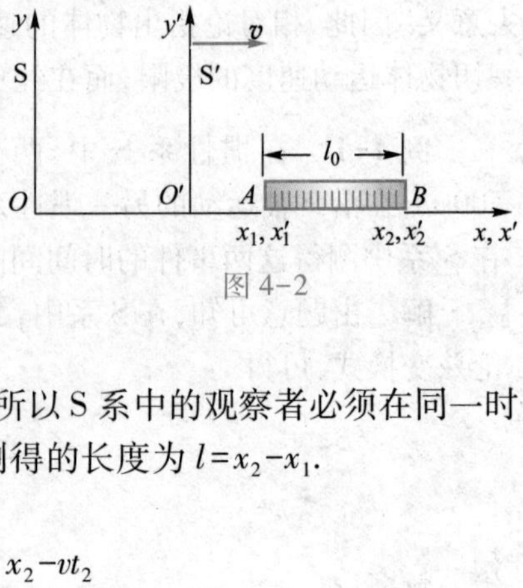

图4-2

式中l_0为在相对细棒静止的参考系S′中测得的长度，称为固有长度.

由于细棒随同S′系相对S系以速度$\boldsymbol{v}$运动，所以S系中的观察者必须在同一时刻测得细棒两端坐标x_1和x_2，才会使在S系中测得的长度为$l=x_2-x_1$.

根据洛伦兹变换式(4-13)可得

$$x_1'=\frac{x_1-vt_1}{\sqrt{1-v^2/c^2}},\quad x_2'=\frac{x_2-vt_2}{\sqrt{1-v^2/c^2}}$$

由于x_1,x_2必须在同一时刻进行测量，因此，$t_1=t_2$，所以有

$$x_2'-x_1'=\frac{x_2-x_1}{\sqrt{1-v^2/c^2}}$$

$$l=l_0\sqrt{1-v^2/c^2} \tag{4-14}$$

由于$\sqrt{1-v^2/c^2}<1$，故 $l<l_0$. 也就是说，相对于物体运动的观察者，测得的沿速度方向的物体长度，总比相对于物体静止的观察者测得的物体长度（固有长度）短. 这一结论称为运动物体的长度收缩效应.

由式（4-13）可知，$y'=y$，$z'=z$，所以物体在垂直运动方向上的长度不发生变化.

例 4-2 有一火箭飞船，其相对地球的速率为 $v=0.6c$，若以飞船为参考系测得飞船长为 10 m. 问以地球为参考系测得飞船有多长？

解 由式（4-14）有

$$l=l_0\sqrt{1-\left(\frac{v}{c}\right)^2}=10\sqrt{1-\left(\frac{0.6c}{c}\right)^2}\ \text{m}=8\ \text{m}$$

即在地球上测得火箭飞船的长度缩短了，只有 8 m.

例 4-3 一静止面积为 $S_0=100\ \text{m}^2$ 的正方形板，当观察者以 $v=0.6c$ 的速度沿其对角线运动，求所测得图形的形状与面积.

解 根据相对论长度收缩效应，测得沿运动方向的对角线收缩为

$$l=l_0\sqrt{1-\left(\frac{v}{c}\right)^2}=0.8\ l_0$$

而垂直于运动方向的对角线仍为 l_0，所以测得图形的形状为菱形，如图 4-3 所示. 其面积为

$$S=\frac{ll_0}{2}=\frac{0.8l_0^2}{2}=0.8S_0=80\ \text{m}^2$$

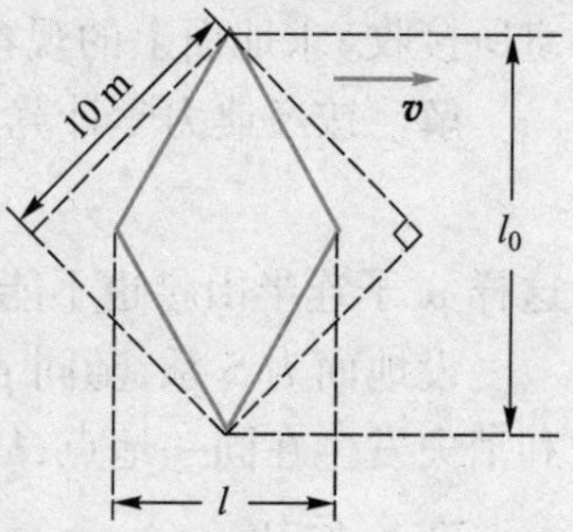

图 4-3

二、时间延缓

在经典力学中，发生两事件的时间间隔是绝对的，与参考系的选择无关，而在狭义相对论中，发生两事件的时间间隔是相对的，在不同参考系发生两事件的时间间隔是不同的.

设在 S′系中坐标 x'处有一只相对于 S′系静止的钟，有两个事件发生在同一地点 x'，即 $x_1'=x_2'=x'$. 此钟记录的两事件发生的时刻分别为 t_1' 和 t_2'，于是在 S′系中的钟所记录两事件的时间间隔

$$\Delta t_0=t_2'-t_1'$$

式中 Δt_0 为相对于钟静止的参考系 S′测得的时间间隔，称为固有时间.

而在 S 系中的钟所记录的两事件发生的时刻分别为 t_1 和 t_2，由于 S′系以速度沿 x 轴相对 S 系运动，且 $x_1'=x_2'=x'$，根据洛伦兹变换式（4-13）可得

$$t_2-t_1=\frac{t'_2+\frac{v}{c^2}x'}{\sqrt{1-v^2/c^2}}-\frac{t'_1+\frac{v}{c^2}x'}{\sqrt{1-v^2/c^2}}=\frac{t'_2-t'_1}{\sqrt{1-v^2/c^2}}$$

$$\Delta t=\frac{\Delta t_0}{\sqrt{1-v^2/c^2}} \tag{4-15}$$

由于$\sqrt{1-v^2/c^2}>1$，所以$\Delta t>\Delta t_0$，这一现象称为时间延缓效应. 这就是说，S 系的钟记录 S′系内某一地点发生的两个事件的时间间隔，比 S′系的钟所记录的这两个事件的时间间隔要长些. 如果用时钟走得快慢来说明，就是观察者发现相对他运动的时钟比相对他静止的时钟走得慢了.

我们在日常生活中所遇到的物体的速度远小于光速，即 $v\ll c$，由式(4-14)和式(4-15)有，$l\approx l_0$，$\Delta t=\Delta t_0$，这就是经典力学中绝对时空的结论，由此可知，日常经验的绝对时空的概念是狭义相对论的低速近似.

例 4-4 来自外层空间的宇宙射线使大气层上部产生许多高速 μ 子. μ 子是不稳定的，它的平均固有寿命 $\Delta t_0=2.2\times10^{-6}$ s. 在 1963 年的一次实验中，测得在高度约为 2 km 的山顶上，μ 子以速率 $v=0.995c$ 向下飞向地面，并为地面实验室所接收. 求地面上的观察者测得这种 μ 子的平均飞行距离.

解 按经典力学计算，μ 子向地面的飞行距离为

$$l_1=v\Delta t_0=6.6\times10^2\ \text{m}$$

这样 μ 子连半山腰也不能到达，与实验结果不符，必须用相对论计算.

设地面为 S 系，随同 μ 子一起运动的惯性系为 S′系. 在 S′系中，μ 子的产生和消失发生在同一地点，故 μ 子的平均固有寿命 Δt_0 为固有时间.

在 S 系中

$$\Delta t=\frac{\Delta t_0}{\sqrt{1-v^2/c^2}}=\frac{2.2\times10^{-6}\ \text{s}}{\sqrt{1-\left(\frac{0.995c}{c}\right)^2}}=2.2\times10^{-5}\ \text{s}$$

$$l_2=v\Delta t=6.6\times10^3\ \text{m}$$

这与实验结果一致.

三、同时的相对性

在经典力学中，同时性是绝对的，在一个惯性系中同时发生的两个事件，在另一惯性系中也认为是同时发生的，但在狭义相对论中，在一个惯性系中同时发生的两个事件，在另一惯性系中可能是不同时的.

设在 S 系中的两地点同一时刻发生了事件 A 和事件 B，S′系和 S 系观察者测得事件 A 和事件 B 的时空坐标分别为(x'_1,y'_1,z'_1,t'_1)、(x'_2,y'_2,z'_2,t'_2)和(x_1,y_1,z_1,t_1)、(x_2,y_2,z_2,t_2)，由洛伦兹坐标变换式(4-13)可得出两事件的时间间隔$t'_2-t'_1$ 和 t_2-t_1

的关系为

$$t_2'-t_1'=\frac{(t_2-t_1)-\frac{v}{c^2}(x_2-x_1)}{\sqrt{1-v^2/c^2}} \tag{4-16}$$

由于 $t_2=t_1, x_2\neq x_1$，则式(4-13)中 $t_2'-t_1'\neq 0$，即在 S 系中同时发生的两个事件，对于 S′系就不同时，这就是说同时性是相对的.

当 $v\ll c$ 时，$\frac{v}{c^2}\to 0$，则由式(4-13)可知 $t_2'-t_1'=0$，即在 S 系同时发生的两个事件，在 S′系中也是同时发生的，这就是经典力学的同时性概念.

例 4-5 北京和上海直线相距 1 000 km，在某一时刻从两地同时各开出一列火车. 现有一艘飞船沿从北京到上海的方向在高空掠过，速率恒为 9 km/s. 求航天员测得的两列火车开出时刻的间隔，哪一列先开出？

解 取地面为 S 系，坐标原点在北京，以北京到上海的方向为 x 轴正方向，北京和上海的位置坐标分别是 x_1 和 x_2. 取飞船为 S′系.

现已知两地距离是

$$\Delta x=x_2-x_1=10^6\ \mathrm{m}$$

而两列火车开出时刻的间隔是

$$\Delta t=t_2-t_1=0$$

以 t_1' 和 t_2' 分别表示在飞船上测得的从北京发车的时刻和从上海发车的时刻，则由洛伦兹变换可知

$$t_2'-t_1'=\frac{(t_2-t_1)-\frac{v}{c^2}(x_2-x_1)}{\sqrt{1-v^2/c^2}}=\frac{-\frac{v}{c^2}(x_2-x_1)}{\sqrt{1-v^2/c^2}}\approx -10^{-7}\ \mathrm{s}$$

式中负号表示：航天员发现从上海发车的时刻比从北京发车的时刻早 10^{-7} s.

四、同时性与因果律

由式(4-16)还可以看出，如果 $t_2>t_1$，即在 S 系中事件 B 迟于事件 A 发生，则对于不同的 x_2-x_1 值，$t_2'-t_1'$ 可以大于、等于或小于零. 这表明对于不同的惯性系，测得两事件发生的时序(时间顺序)具有相对性，也可能会发生时序颠倒的情况，即在 S 系看来事件 A 比事件 B 先发生，但在 S′系看来，可能事件 B 比事件 A 先发生. 但应该注意，这只限于两个没有因果关系的事件.

对于有因果关系的两个事件，例如，先有发射子弹(因)，后有子弹击中目标(果)；先有发光(因)，后有接收(果)；先有父母(因)，后有子女(果)；先有出生(因)，后有死亡(果)等. 它们发生的时序，无论在哪个惯性系中观察，都不可能颠倒. 因为事件 A 引起事件 B 发生，可看作由事件 A 的发生地向事件 B 的发生地传递了某种“信号”(如上例中的“子弹”就是所谓的“信号”). 这种“信号”传递速度

应为 $v_s=\dfrac{x_2-x_1}{t_2-t_1}$,总不能大于光速. 由此将式(4-16)改写成

$$t_2'-t_1'=\frac{t_2-t_1}{\sqrt{1-v^2/c^2}}\left(1-\frac{v}{c^2}\frac{x_2-x_1}{t_2-t_1}\right)=\frac{t_2-t_1}{\sqrt{1-v^2/c^2}}\left(1-\frac{vv_s}{c^2}\right)$$

相对论的结论之一是任何物质运动的速度都不可能大于光速,所以 $v<c$,$v_s<c$,所以$\dfrac{vv_s}{c^2}<1$. 这样($t_2'-t_1'$)就总跟(t_2-t_1)同号,所以时序不会发生颠倒. 就是说,在 S 系中观察,如果 A 先于 B 发生(即 $t_2>t_1$),则在任何其他惯性系 S′中观察,A 总是先于 B 发生(即 $t_2'>t_1'$). 这个结论在经典物理中是很自然的,在狭义相对论中也是成立的,因此,我们说狭义相对论是服从因果律的,那种试图用狭义相对论原理回到过去、起死回生的想法都是不能实现的.

如上所述,在狭义相对论中,同时性、时间和空间都是相对的,它们的量度与参考系的选择有关系. 时间和空间有着密切的联系,时间、空间与物体的运动不可分割,根本不存在离开运动的绝对时间和空间. 反映这种时空观的数学表示就是洛伦兹变换.

4-5 狭义相对论动力学

本章前面几节主要讨论洛伦兹变换及由此带来的狭义相对论时空观,这些内容都是描述运动现象的,属于狭义相对论运动学. 本节将研究这些运动现象的原因,属于狭义相对论动力学. 这种划分的方法与经典力学是一样的.

一个正确的力学规律必须满足两个要求:其一,它在洛伦兹变换下形式不变;其二,在非相对论条件下($v\ll c$)能还原为经典力学形式. 本节从上述两个前提出发. 建立相对论力学定律,给出质量、动量、能量等物理量在相对论中的表达式.

一、质量与速度的关系

在经典力学中,质点动力学方程 $\boldsymbol{F}=m\boldsymbol{a}$ 中的质量 m 被认为是常量. 按照这个方程,若质点受一个与其运动方向一致的力的持续作用,就可沿此力的方向做匀加速直线运动,按公式 $v=v_0+at$,质点的速度将随时间 t 无限的增加,经过足够长时间,其速率最终可超过光速 c,这与 c 是一切物体运动速率的极限这一论断相矛盾,因此必须加以修正.

相对论在确认系统总质量守恒和总动量守恒为物理学普遍定律的前提下,从物理定律在一切惯性系中具有相同的数学形式出发,导出了物体的质量与其运动速度的关系为

$$m=\frac{m_0}{\sqrt{1-\left(\dfrac{v}{c}\right)^2}} \tag{4-17}$$

式中 m_0 对应于 $v=0$ 时的质量,称为质点的静质量,m 为质点以速度 v 运动时的质量,称为相对论质量,式(4-17)叫做相对论的质速关系.

物体质量随速度而变这一事实,1901 年在考夫曼对 β 射线的研究中就观察到了. 考夫曼曾通过观察不同速度的电子在磁场作用下的偏转,测定了电子的质量. 实验证明电子的质量随速度不同而有不同的量值,实验结果与式(4-17)完全吻合. 例如,当 $v=0.98c$ 时,电子的质量变化是十分显著的,此时

$$m=\frac{m_0}{\sqrt{1-(0.98)^2}}=5m_0$$

但是,一般情况下,物体的速度不太大,质量的变化是很小的,很难观测出来. 例如火箭以第二宇宙速度 11.2 km/s 运动时,火箭质量的变化极其微小,此时

$$m=\frac{m_0}{\sqrt{1-\left(\frac{11.2}{3\times10^5}\right)^2}}=1.000\ 000\ 000\ 9m_0$$

由式(4-17)可以看出,在经典力学中认为不变的又一个基本量——质量,在相对论中,也与空间和时间一样,是随被测物体与观察者的相对运动而改变的量. 当 $v\ll c$ 时,$m=m_0$,又回到经典力学质量的概念上.

由质速关系可知,物体的质量与其相对于观察者的速度有关,说明物体的质量也同时间、空间一样,具有相对性. 物体的速度越大,其质量就越大. 当速率接近于光速时,即 $v\to c$ 时,若 $m_0\neq0$,可得

$$m=\frac{m_0}{\sqrt{1-\left(\frac{v}{c}\right)^2}}\to\infty$$

可见,对静质量不为零的粒子,以光速运动是不可能的. 所以光速是一切运动物体的速度上限. 但是当 $v\to c$ 时,若 $m_0=0$,则 m 为一个$\frac{0}{0}$型的不定型,m 可为有限值. 这说明只有静质量为零的粒子,才能以光速运动,光是由光子组成的,每个光子都以光速 c 运动,而实验证明光子的质量为有限,因而光子的静质量必为零.

对质量的概念作了上述修改后,那么在相对论中,动量定义为

$$\boldsymbol{p}=m\boldsymbol{v}=\frac{m_0}{\sqrt{1-v^2/c^2}}\boldsymbol{v} \tag{4-18}$$

这说明,相对论动量较同一速度下经典力学的动量公式算出的要大. 但是当 $v\ll c$ 时,$\boldsymbol{p}=m_0\boldsymbol{v}$,这就是经典力学中关于动量的定义.

二、动力学基本方程

因为质量随速度 $\boldsymbol{v}$ 而变化,因而在相对论中,动力学方程不能取 $\boldsymbol{F}=m\boldsymbol{a}$ 的形式,而必须根据式(4-18)的动量定义,把它写成如下形式

$$F=\frac{\mathrm{d}\boldsymbol{p}}{\mathrm{d}t}=\frac{\mathrm{d}}{\mathrm{d}t}\left(\frac{m_0}{\sqrt{1-v^2/c^2}}\boldsymbol{v}\right) \tag{4-19}$$

上式就是相对论力学的动力学基本方程.

当 $v \ll c$ 时,式(4-19)变成

$$\boldsymbol{F}=m_0\frac{\mathrm{d}\boldsymbol{v}}{\mathrm{d}t}=m_0\boldsymbol{a}$$

这正是经典力学中的牛顿第二定律. 可见,牛顿第二定律只是在物体速度比光速小得多时才成立.

三、质量和能量的关系

在相对论力学中,动能定理仍然适用. 为简单起见,设物体在外力 $\boldsymbol{F}$ 作用下沿 x 轴方向运动,根据动能定理,当合外力 $\boldsymbol{F}$ 对物体做功时,物体动能的增量等于合外力对它所做的功,物体动能增量为

$$\mathrm{d}E_{\mathrm{k}}=\boldsymbol{F}\cdot\mathrm{d}\boldsymbol{r}=F\mathrm{d}x\cos 0°=F\mathrm{d}x$$

将 $F=\frac{\mathrm{d}(mv)}{\mathrm{d}t}$ 和 $\mathrm{d}x=v\mathrm{d}t$ 代入上式,得

$$\mathrm{d}E_{\mathrm{k}}=\frac{\mathrm{d}(mv)}{\mathrm{d}t}v\mathrm{d}t=v\mathrm{d}(mv)=v^2\mathrm{d}m+mv\mathrm{d}v$$

由质速关系式(4-17)可得

$$m^2v^2=m^2c^2-m_0^2c^2$$

对上式两边微分得

$$v^2\mathrm{d}m+mv\mathrm{d}v=c^2\mathrm{d}m$$

因此,动能增量为

$$\mathrm{d}E_{\mathrm{k}}=c^2\mathrm{d}m$$

若物体最初速度为零,即初动能为零,此时物体质量为 m_0;在外力 $\boldsymbol{F}$ 作用下,速率增大到 v,动能为 E_{k},此时物体运动质量为 m,对上式积分,可求得物体动能

$$E_{\mathrm{k}}=\int_{m_0}^{m}c^2\mathrm{d}m=mc^2-m_0c^2 \tag{4-20}$$

在 $v \ll c$ 的低速情况下,有

$$E_{\mathrm{k}}=m_0c^2\left(\frac{m}{m_0}-1\right)=m_0c^2\left[\frac{1}{\sqrt{1-\left(\frac{v}{c}\right)^2}}-1\right]$$

$$\approx m_0c^2\left[1+\frac{1}{2}\left(\frac{v}{c}\right)^2-1\right]=\frac{1}{2}m_0v^2$$

这正是经典力学中的动能公式.

从物体动能为 mc^2 与 m_0c^2 两项之差,可知 mc^2 与 m_0c^2 也具有能量的含义.

而 m_0c^2 表示物体静止时具有的能量,称为物体的静止能量,简称静能,mc^2 表

示物体运动时所具有的能量,称为物体的总能量,分别用 E_0 和 E 表示,即

$$\begin{aligned} E_0 &= m_0c^2 \\ E &= mc^2 \end{aligned} \tag{4-21}$$

这就是相对论中著名的质能关系,它深刻地揭示了质量和能量这两个物质基本属性之间的内在联系,即一定的质量 m 相应地联系着一定的能量 E,即使物体处于静止状态也具有巨大的能量 $E_0=m_0c^2$. 如果一个物体的质量发生了变化,由式(4-21)可知,这时能量必然有相对应的变化,并且有

$$\Delta E=\Delta mc^2 \tag{4-22}$$

反之,如果物体的能量发生了变化,也必然伴随着相应的质量变化.

在日常现象中,物体的能量一般变化不大,其相应的质量变化也很小,不容易觉察得到. 例如,把 1 kg 水由 0 ℃加热到 100 ℃时所增加的能量为 4.18×10^5 J,相应的质量只增加了 4.6×10^{-12} kg. 但是在原子核反应过程中相对论质能关系得到了证实. 事实上,现在世界上的核武器(包含原子弹和氢弹)以及世界范围内的利用核能的核反应堆,在理论上都是以这一公式为基础的.

例 4-6 已知质子和中子的质量分别为 $m_p=1.007\ 28$ u(u 为原子质量单位,1 u=1.66×10^{-27} kg),$m_n=1.008\ 66$ u,两个质子和两个中子组成一个氦核$_2^4He$,实验测得它的质量为 $m_{He}=4.001\ 50$ u. 试计算形成一个氦核时所释放出来的能量.

解 两个质子和两个中子组成氦核之前总质量为

$$m=2m_p+2m_n=4.031\ 88\ \text{u}$$

而氦核质量 m_{He}小于 m 的质量,$\Delta m=m-m_{He}$为原子核的质量亏损,于是有

$$\Delta m=m-m_{He}=0.030\ 38\ \text{u}=0.030\ 38\times1.660\times10^{-27}\ \text{kg}$$

因此,由式(4-22)得质子和中子形成氦核时放出的能量为

$$\Delta E=0.030\ 38\times1.660\times10^{-27}\times(3\times10^8)^2\ \text{J}=0.453\ 9\times10^{-11}\ \text{J}$$

这就是氦核的结合能. 若结合成 1 mol 氦核,即 4.002 g 氦核时,所放出的能量为

$$\Delta E=6.02\times10^{23}\times0.453\ 9\times10^{-11}\ \text{J}=2.733\times10^{12}\ \text{J}$$

这相当于燃烧 100 t 标准煤所放出的热量.

*四、能量与动量的关系

在相对论力学中,由质速关系式(4-17),有

$$m^2\left(1-\frac{v^2}{c^2}\right)=m_0^2$$

两边同乘以光速的四次方,并移项,得

$$m^2c^4=m^2v^2c^2+m_0^2c^4$$

由于 $p=mv,E=mc^2,E_0=m_0c^2$,代入上式得

$$E^2=p^2c^2+E_0^2 \tag{4-23}$$

这就是相对论的能量与动量关系式.

将 $E=m_0c^2+E_k$ 代入式(4-23)可得

$$E_k^2+2E_km_0c^2=p^2c^2 \tag{4-24}$$

当 $v\ll c$ 时,$E_k\ll m_0c^2$,因而上式左边的第一项与第二项相比可以略去,于是得

$$E_k=\frac{p^2}{2m_0}$$

因此,又自然地“回到”了经典力学中的动能与动量关系式.

下面用相对论能量与动量关系式讨论光子情形. 对于光子,由于其静质量为零,因此,$E_0=0$,能量与动量的关系变为下面的形式:

$$E=pc$$

或者进一步化为

$$p=\frac{E}{c}=\frac{mc^2}{c}=mc \tag{4-25}$$

将式(4-25)与动量表示式 $p=mv$ 相比较可以得到

$$v=c$$

说明静质量为零的粒子必然以光速运动,这在粒子物理学中是一个重要的结论.

例 4-7 静止的电子经过 1 000 000 V 高压加速后,其质量、速率各为多少?

解 已知电子的静质量 $m_0=9.11\times10^{-31}$ kg,因此其静能为

$$E_0=m_0c^2=9.11\times10^{-31}\times(3\times10^8)^2\ \text{J}=8.2\times10^{-14}\ \text{J}$$

静止的电子经过 1 000 000 V 电压加速后,其动能为

$$E_k=eU=1.6\times10^{-19}\times1\ 000\ 000\ \text{J}=1.6\times10^{-13}\ \text{J}$$

由于 $E_k>E_0$,因此必须考虑相对论效应. 此时电子的质量为

$$m=\frac{E}{c^2}=\frac{E_0+E_k}{c^2}=\frac{8.2\times10^{-14}+1.6\times10^{-13}}{(3\times10^8)^2}\ \text{kg}=2.69\times10^{-30}\ \text{kg}$$

此时 $m\approx3m_0$,由相对论的质速关系得

$$v=c\sqrt{1-\left(\frac{m_0}{m}\right)^2}$$

$$=c\sqrt{1-\left(\frac{9.11\times10^{-31}}{2.69\times10^{-30}}\right)^2}=0.94c$$

可见,电子经过高电压加速后,速率与光速相比已经不可忽视.

狭义相对论的理论结果,都已为大量实验所证实,并且已在许多当代工程技术(包括核动力、宇航、激光、高能物理等)和有关科学研究(包括粒子物理、宇宙学等)中得到应用. 充分说明狭义相对论比经典力学更真实地反映了物质世界的客观规律. 是指导和探讨高速物质世界运动规律的理论基础,尽管如此,狭义相对论并不否定经典力学,经典力学作为狭义相对论在低速情况下的近似,仍然是一般科学技术的理论基础.

习题

第四章参考答案

4-1 在惯性系 S 中的某一地点发生了两事件 A 和 B,B 比 A 晚发生 $\Delta t=2.0\ \mathrm{s}$,在惯性系 S′中测得 B 比 A 晚发生 $\Delta t'=3.0\ \mathrm{s}$,试问在 S′中观测发生 A,B 的两地点之间的距离为多少?

4-2 一固有长度 90 m 的飞船,沿船长方向相对地球以 $0.80c$ 的速度在一观测站的上空飞过,该站测得飞船长度及船身通过观测站的时间间隔各是多少? 船中航天员测前述时间间隔又是多少?

4-3 一个立方体的静质量为 m_0,体积为 V_0,当它相对某惯性系 S 沿一边长方向以匀速 v 运动时,静止在 S 中的观察者测得其密度为多少?

4-4 坐标轴相互平行的两惯性系 S、S′,S′相对 S 沿 x 轴匀速运动,现有两事件发生,在 S 中测得其空间、时间间隔分别为 $\Delta x=5.0\times10^6\ \mathrm{m}$,$\Delta t=0.01\ \mathrm{s}$;而在 S′中观测两者却是同时发生,那么其空间间隔 $\Delta x'$是多少?

4-5 S 惯性系中观测者记录到两事件的空间和时间间隔分别是 $x_2-x_1=600\ \mathrm{m}$ 和 $t_2-t_1=8\times10^{-7}\ \mathrm{s}$,为了使两事件对相对于 S 系沿 x 正方向匀速运动的 S′系来说是同时发生的,S′系应相对于 S 系以多大的速度运动.

4-6 在北京的正负电子对撞机中,电子可以被加速到动能 $E_k=2.8\times10^9\ \mathrm{eV}$,这种电子的速率比光速差多少? 这样的一个电子的动量为多大? (电子的静能 $E_0=0.512\,4\times10^6\ \mathrm{eV}$,$c=3\times10^8\ \mathrm{m/s}$)

4-7 半人马星座 α 星是距离太阳系最近的恒星,它距离地球 $4.3\times10^{16}\ \mathrm{m}$. 设有一宇宙飞船自地球飞到半人马星座 α 星,若宇宙飞船相对于地球的速率为 $0.999c$,按地球上的时钟计算,要用多少年? 如以飞船上的时钟计算,所需时间又为多少年?

4-8 火箭相对于地面以 $0.6c$ 的速度匀速向上飞离地球. 在火箭发射 10 s 后(火箭上的钟),该火箭向地面发射一导弹,其速度相对地面为 $0.3c$(c 为真空中的光速). 问:火箭发射导弹后多长时间导弹到达地球(地球上的钟)? 计算中,假设地面不动.

4-9 设快速运动的介子的能量约为 3 000 MeV,而这种介子在静止时的能量为 100 MeV. 若这种介子的固有寿命是 $2\times10^{-6}\ \mathrm{s}$,求它运动的距离(真空中光速 $c=2.997\,9\times10^8\ \mathrm{m/s}$).

4-10 某一宇宙射线中的介子的动能为 $7m_0c^2$,其中 m_0 是介子的静止质量. 试求在实验室中观察到它的寿命是它固有寿命的多少倍?

4-11 一电子以 $0.99c$ 的速率运动,求(1) 电子的总能量是多少? (2) 电子的经典力学的动能与相对论动能之比是多少? (电子静止质量为 $9.1\times10^{-31}\ \mathrm{kg}$)

4-12 利用加速器将一质子加速到具有 8 倍静止能量的动能. 试求:(1) 具有现在动能的质子的速度;(2) 具有现在动能的质子的质量.

4-13 现给一静止质量为 m_0 的粒子加速,试问下列情况下外界对粒子做多少功?(1) 由静止加速到 $0.1c$ 的速度;(2) 由 $0.8c$ 加速到 $0.9c$ 的速度.

4-14 在什么速度下粒子的动量等于非相对论动量的两倍?又在什么速度下粒子的动能等于非相对论动能的两倍?

第五章

静电场

任何电荷周围都存在电场,相对于观察者为静止的电荷在其周围空间所激发的电场称为静电场. 静电场规律虽然简单但却是电磁学的基础.

本章讨论静电场的基本性质与规律以及静电场中的导体和电介质的基本特性.

5-1 电场强度

一、电荷是量子化的

两种不同材料的物体,如丝绸与玻璃棒(或毛皮与橡胶棒)相互摩擦后都能吸引小纸片等轻微物体,这时就说丝绸和玻璃棒带了电,或有了电荷. 处于带电状态的丝绸和玻璃棒称为带电体. 带电体所带电荷的多少称为电荷量,电荷量常用 Q 或 q 表示. 在国际单位制中,电荷量的单位为 C(库[仑]).

实验证明,物体所带的电荷只有两种,即正电荷和负电荷. 人们把被毛皮摩擦过的橡胶棒所带电荷称为负电荷,把被丝绸摩擦过的玻璃棒所带的电荷称为正电荷. 电荷之间有相互作用,带同种电荷(或称为同号电荷)的物体相互排斥,带异种电荷(或称为异号电荷)的物体相互吸引. 静电荷之间的相互作用力称为静电力(或称为库仑力).

根据原子结构理论,在每个原子内,电子绕由中子和质子组成的原子核运动,原子中的电子带负电,质子带正电,中子不带电. 而且,质子与电子所具有的电荷量的绝对值是相等的. 在正常情况下,每个原子中的电子数与质子数相等,故物体呈电中性,通常就说该物体不带电. 如果在一定的外因(如摩擦、光照等)作用下,物体得到或失去一定量的电子,物体就带电了,失去电子的物体带正电,获得电子的物体带负电.

1913 年,密立根通过著名的油滴实验,验证了所有电子都具有相同的电荷量,以符号 e 表示,其 2018 年推荐值为

$$e = 1.602\ 176\ 634\times10^{-19}\ \text{C}$$

在计算中,可取 $e=1.60\times10^{-19}$ C.

文档:密立根简介

精确的实验表明,自然界中任何带电体所带电荷量只能是电子电荷量的整数倍,而不能连续变化,即

$$Q=ne\quad(n=1,2,3,\cdots)\tag{5-1}$$

式中 e 为电荷的量子,n 为量子数. 电荷的这一特性称为电荷的量子化.

在近代物理学中,量子化是一个重要的基本概念,在微观领域里将看到能量、角动量等也是量子化的.

二、电荷守恒定律

大量实验事实表明,在一个与外界没有电荷交换的孤立系统内,无论进行怎样的物理过程,系统的正、负电荷的代数和总保持不变. 这一结论称为电荷守恒定律,

它是自然界的基本守恒定律之一，无论是在宏观过程中，还是在微观领域里，它都是成立的. 例如，丝绸、玻璃棒在摩擦前都不带电，总电荷量为零，但相互摩擦后分别带等量的异号电荷，总电荷量也为零. 这表明，在玻璃和丝绸所组成的系统中电荷守恒.

三、库仑定律

两个静止带电体之间的作用力，除了与带电体所带电荷量的多少及它们之间的距离有关外，还与带电体的形状、大小及带电体所在的电介质的性质有关. 但是，在一些具体问题中，往往可以忽略带电体的大小和形状. 例如，如图 5-1 所示，在讨论两个大小相同的带电球体 A，B 的相互作用时，当两带电球本身的直径 d 与它们间的距离 r 相比可以忽略，即当 $r \gg d$ 时，就可忽略它们的形状和大小，把带电体所带的电荷量看成是集中在一点上. 从而把带电体看成一个点电荷. 显然，点电荷和质点、刚体一样是一种理想模型. 在宏观意义上谈论电子、质子等带电粒子时，完全可以把它们视为点电荷.

文档：库仑定律的建立

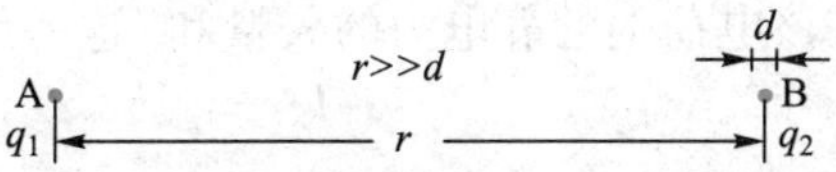

图 5-1

1785 年，库仑通过扭秤实验总结出一条规律：在真空中两个静止点电荷 q_1 和 q_2 之间的相互作用力的大小与其电荷量 q_1 和 q_2 的乘积成正比，与它们之间的距离 r 的二次方成反比；作用力的方向沿着它们的连线，同号电荷相互排斥，异号电荷相互吸引. 这一结论称为库仑定律，即

$$F=\frac{1}{4\pi\varepsilon_0}\frac{q_1q_2}{r^2} \tag{5-2}$$

库仑（C.A.Coulomb，1736—1806）

18 世纪法国伟大的物理学家、杰出的工程师. 他直接从事工程实践，并善于从中归纳出理论规律. 在力学、电学、磁学、摩擦和工程上都有重大贡献. 1774 年当选为法国科学院院士，1785 年他创立的“库仑定律”，是电磁学研究从定性走进定量阶段的重要里程碑.

文档：库仑简介

库仑定律对两个静止的点电荷间静电力的大小和方向都作了确切的描述，然而式（5-2）只反映静电力的大小所服从的规律，并未涉及静电力的方向，若要同时反映静电力的大小和方向，可以用矢量式表示为

$$\boldsymbol{F}=\frac{1}{4\pi\varepsilon_0}\frac{q_1q_2}{r^2}\boldsymbol{e}_r \tag{5-3}$$

式中 $\boldsymbol{e}_r$ 为施力电荷指向受力电荷的位置矢量的单位矢量，ε_0 称为真空电容率，$\varepsilon_0=8.85\times10^{-12}$ F/m.

下面以 q_1 对 q_2 的作用为例，分析式(5-3)中力的方向与单位矢量的方向之间的关系. 如图 5-2 所示，设从施力电荷 q_1 指向受力电荷 q_2 方向上的单位矢量为 $\boldsymbol{e}_r$，当 q_1 与 q_2 同号时，即 $q_1q_2>0$，表示 $\boldsymbol{F}$ 与 $\boldsymbol{e}_r$ 方向相同，也就是同号电荷相互排斥. 如图 5-2(a)所示，当 q_1 与 q_2 异号时，即 $q_1q_2<0$，表示 $\boldsymbol{F}$ 与 $\boldsymbol{e}_r$ 方向相反，也就是异号电荷相互吸引，如图 5-2(b)所示.

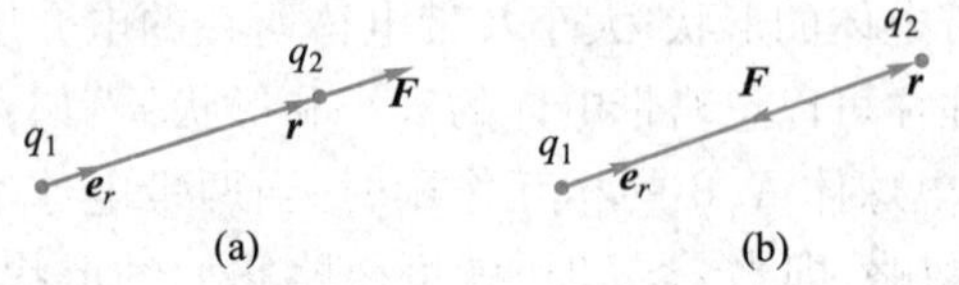

图 5-2

库仑定律只适用于两个点电荷的相互作用，但在许多情况下，常涉及两个以上点电荷的相互作用. 实验指出，作用在其中某一点电荷上的静电力等于其他点电荷分别单独存在时，作用在该电荷上的静电力的矢量和. 这一结论说明静电力服从力的叠加原理.

四、电场

库仑定律定量地确定了点电荷之间的相互作用力，但是，这种相互作用又是怎样进行的呢？人们通过反复的实践，终于弄清了在任何电荷的周围都存在着特殊形态的物质——电场，电荷间的相互作用就是通过电场进行的. 例如，甲、乙两电荷间的相互作用，是由于电荷甲周围存在的电场对电荷乙施加作用，同时电荷乙周围存在的电场也对电荷甲施加作用，即电荷之间的相互作用力是通过电场作用的. 这种相互作用可表示为

文档：法拉第“场”思想的提出

$$\text{电荷}\rightleftharpoons\text{电场}\rightleftharpoons\text{电荷}$$

电场虽然看不见、摸不着，但它和实物一样，也具有质量、能量、动量等一切物质所具有的重要属性，不过这种物质不同于通常由分子、原子所构成的物质. 例如，某一实物所占有的空间不能再被其他实物所占有，而几个电场却可以同时占有同一空间，所以，电场是一种特殊形式的物质.

相对于观察者静止的带电体周围存在的电场称为静电场，静电场的基本性质如下：

演示实验：点电荷电场

(1) 引入电场中的任何电荷都要受到电场力的作用；

(2) 当电荷在电场中移动时，电场力对运动电荷要做功，这表明电场具有能量.

(3) 导体在静电场中会产生静电感应，出现感应电荷，电介质在静电场中会被极化，出现极化电荷.

因此，可以根据上述电场的基本性质来研究电场.

五、电场强度

由于电场对置于其中的电荷有力的作用,因此,为了测定电场的分布,可将一电荷量为正的 q_0 的试验电荷引入电场中,若试验电荷 q_0 受到力的作用就表示存在电场. 所谓试验电荷是指这样一种电荷,它的线度要充分小,可以看做点电荷,同时,它所带的电荷量要充分小,不至于因它的引入而影响原来的电场分布.

实验发现,在给定的电场某点(称为场点)处,试验电荷 q_0 所受到的电场力 $\boldsymbol{F}$ 与 q_0 之比为一常矢量,与 q_0 的大小无关,不同的场点,比值不同. 因此,比值 $\boldsymbol{F}/q_0$ 反映了 q_0 所在点电场的性质,将它定义为该点的电场强度(或称为场强),用 $\boldsymbol{E}$ 表示,即

$$\boldsymbol{E}=\frac{\boldsymbol{F}}{q_0} \tag{5-4}$$

在上式中取 $q_0=+1\ \mathrm{C}$,则得 $\boldsymbol{E}=\boldsymbol{F}/(1\ \mathrm{C})$,可见,静电场中任意一点的电场强度的大小等于单位正电荷在该点所受到的电场力,其方向与正电荷在该点的受力方向相同.

一般情况下,电场中的不同点,其电场强度的大小和方向是各不相同的. 要完整地描述整个电场,必须知道空间各点的电场分布,即求出矢量场函数 $\boldsymbol{E}=\boldsymbol{E}(x,y,z)$.

在国际单位制中,电场强度的单位是 N/C,也可用 V/m. 可以证明,这两个单位是等价的,不过 V/m 使用得更普遍一些.

必须指出,只要有电荷存在,就有电场存在,电场的存在是客观的,与是否引入试验电荷无关,引入试验电荷只是为了检验电场的存在和讨论电场的强弱和方向而已.

由式(5-4)可知,当电场中任意点的场强 $\boldsymbol{E}(x,y,z)$ 已知时,则任一点电荷 q 在该点所受电场力为

$$\boldsymbol{F}=q\boldsymbol{E} \tag{5-5}$$

式中若 q 为正电荷,则电场力的方向与电场强度方向相同,若 q 为负电荷,则电场力的方向与电场强度方向相反.

六、电场叠加原理

实验表明,在 n 个点电荷产生的电场中,某点的电场强度等于各个点电荷单独存在时,在该点所产生的电场强度的矢量和,这一结论称为电场叠加原理. 如果用 $\boldsymbol{E}_1,\boldsymbol{E}_2,\cdots,\boldsymbol{E}_n$ 分别代表 $q_1,q_2,\cdots,q_n$ 单独存在时产生的电场强度,那么,总电场强度则为

$$\boldsymbol{E}=\boldsymbol{E}_1+\boldsymbol{E}_2+\cdots+\boldsymbol{E}_n=\sum_{i=1}^{n}\boldsymbol{E}_i \tag{5-6}$$

七、电场强度的计算

电场强度的计算是静电场的基本问题之一,下面根据电场强度的定义和电场

叠加原理讨论几种典型分布电荷在真空中激发的电场,所得结论和公式在今后解题时可直接引用.

1. 点电荷的电场强度

设有一个静止的点电荷 q,在它激发的电场中任意取一 P 点,由 q 指向 P 点的位置矢量为 $\boldsymbol{r}$. 由库仑定律知,试验电荷 q_0 在 P 点受到的电场力为

$$\boldsymbol{F}=\frac{1}{4\pi\varepsilon_0}\frac{qq_0}{r^2}\boldsymbol{e}_r$$

式中 $\boldsymbol{e}_r$ 是位置矢量 $\boldsymbol{r}$ 的单位矢量. 再由电场强度的定义式(5-3)可得 P 点的电场强度为

$$\boldsymbol{E}=\frac{1}{4\pi\varepsilon_0}\frac{q}{r^2}\boldsymbol{e}_r \tag{5-7}$$

式中若 $q>0$,则 $\boldsymbol{E}$ 与 $\boldsymbol{e}_r$ 同向;若 $q<0$,则 $\boldsymbol{E}$ 与 $\boldsymbol{e}_r$ 反向,如图 5-3 所示. 式(5-7)就是点电荷电场强度公式. 该式表明,点电荷在空间任一点所激发的电场强度的大小与试验电荷 q_0 的大小无关. 且在点电荷 q 的电场中,以点电荷 q 为中心,以 r 为半径的球面上各点的电场强度大小均相等,方向沿半径向外(若 $q>0$)或指向中心(若 $q<0$),通常称具有这样特点的电场为球对称电场.

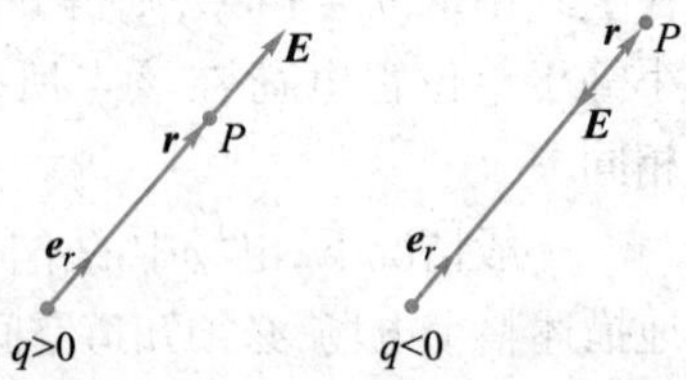

图 5-3

按式(5-7),在点电荷所在处 $r=0$,因此 E 变为无限大,这显然是不可能的,这是因为在此情况下,点电荷的理想模型已不再成立,所以按式(5-7)去求点电荷所在处的电场强度是没有意义的.

2. 点电荷系的电场强度

所谓点电荷系,就是由两个或两个以上点电荷组成的系统. 将点电荷电场强度公式(5-7)代入电场叠加原理的公式(5-6)可得点电荷系 $q_1,q_2,\cdots,q_n$ 的电场中任一点 P 的电场强度为

$$\boldsymbol{E}=\sum_{i=1}^{n}\frac{1}{4\pi\varepsilon_0}\frac{q_i}{r_i^2}\boldsymbol{e}_{ri} \tag{5-8}$$

式中 $\boldsymbol{e}_{ri}$ 为 q_i 指向 P 点的位置矢量 $\boldsymbol{r}_i$ 的单位矢量.

计算点电荷系的电场强度的步骤是,先分别计算各点电荷在给定点的电场强度(各个点电荷电场强度的计算就像只有该点电荷单独存在时一样). 然后求各点电荷在给定点处的电场强度的矢量和.

例 5-1 一对等量异号点电荷 $+q$ 和 $-q$,其间距为 l 且很小,这样的点电荷系称为电偶极子. 常把 $\boldsymbol{p}_e=q\boldsymbol{l}$ 称为电偶极矩,简称电矩,其大小为 ql,方向由 $-q$ 指向 $+q$,试求两点电荷连线的中垂线上任一点的电场强度.

解 选取如图 5-4 所示坐标系,令中垂线上 B 点到电偶极子的中心 O 的距离为 $r(r\gg l)$.

$+q$ 和 $-q$ 在 B 点所产生的电场强度 $\boldsymbol{E}_+$ 和 $\boldsymbol{E}_-$ 的大小分别为

$$E_+=\frac{1}{4\pi\varepsilon_0}\frac{q}{r^2+\frac{l^2}{4}},\quad E_-=\frac{1}{4\pi\varepsilon_0}\frac{q}{r^2+\frac{l^2}{4}}$$

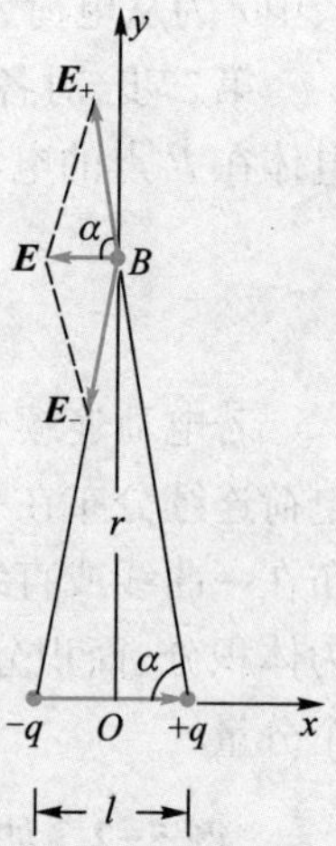

图 5-4

方向分别在 $+q$ 和 $-q$ 到 B 点的连线上，前者背向正电荷，后者指向负电荷. 根据对称性，$\boldsymbol{E}_+$ 和 $\boldsymbol{E}_-$ 在 y 方向上的分量大小相等、方向相反，相互抵消，而在 x 方向的分量大小相等、方向一致. 故点 B 的总电场强度大小为

$$E=E_+\cos\alpha+E_-\cos\alpha=2E_+\cos\alpha$$

因

$$\cos\alpha=\frac{l}{2\sqrt{r^2+\frac{l^2}{4}}}$$

所以

$$E=\frac{1}{4\pi\varepsilon_0}\frac{ql}{\left(r^2+\frac{l^2}{4}\right)^{\frac{3}{2}}}$$

由于 $r\gg l$，得

$$\left(r^2+\frac{l^2}{4}\right)^{\frac{3}{2}}\approx r^3$$

故

$$E=\frac{ql}{4\pi\varepsilon_0 r^3}=\frac{1}{4\pi\varepsilon_0}\frac{p_e}{r^3}$$

$\boldsymbol{E}$ 沿 x 轴负方向，与电矩 $\boldsymbol{p}_e$ 方向相反，写成矢量式为

$$\boldsymbol{E}=-\frac{\boldsymbol{p}_e}{4\pi\varepsilon_0 r^3}\tag{5-9}$$

由例 5-1 可见，电偶极子的中垂线上任一点的电场强度的大小与该点到电偶极子中点的距离的三次方成反比，而点电荷电场中任一点的电场强度大小与该点到点电荷的距离的二次方成反比.

在物理学中，电偶极子是一个重要的物理模型，在研究电介质的极化、电磁波的发射等问题时都要用到这个模型.

3. 电荷连续分布带电体的电场强度

电荷是量子化的，但由于电荷量子（元电荷）很小，致使电荷的量子性在研究宏观现象时表现不出来，因而在研究宏观电现象时，可以不考虑电荷的量子化，而将电荷看做是连续分布在带电体上的. 根据电场强度叠加原理，我们得到计算任意带电体电场强度的方法是：

第一步，把分布在空间的全部电荷分成无限多个点电荷（即电荷元）$\mathrm{d}q$，由式(5-7)可知，$\mathrm{d}q$ 在 P 点的电场强度为

$$\mathrm{d}\boldsymbol{E}=\frac{1}{4\pi\varepsilon_0}\frac{\mathrm{d}q}{r^2}\boldsymbol{e}_r$$

式中 r 为从电荷元 dq 到 P 点的距离；$\boldsymbol{e}_r$ 为这一方向上的单位矢量.

第二步，对各电荷元的场强求矢量和（即求积分），就可以求出电荷连续分布带电体在 P 点的电场强度为

$$\boldsymbol{E}=\int_V \mathrm{d}\boldsymbol{E}=\int_V \frac{1}{4\pi\varepsilon_0}\frac{\mathrm{d}q}{r^2}\boldsymbol{e}_r \tag{5-10}$$

若电荷连续分布在一体积内，用 ρ 表示电荷体密度，则式（5-10）中 $\mathrm{d}q=\rho\mathrm{d}V$；若电荷连续分布在一曲面或平面上，用 σ 表示电荷面密度，则 $\mathrm{d}q=\sigma\mathrm{d}s$；若电荷连续分布在一曲线或直线上，用 λ 表示电荷线密度，则 $\mathrm{d}q=\lambda\mathrm{d}l$. 相应地计算 $\boldsymbol{E}$ 的积分分别为体积分、面积分和线积分. 具体计算时，更多的是进行分量的积分而求出 $\boldsymbol{E}$ 的各个分量.

例 5-2 如图 5-5 所示，设一长为 L 的均匀带电细棒，电荷线密度为 $\lambda(\lambda>0)$，求棒的中垂线上一点 P 的电场强度.

解 取 P 点到直线的垂足 O 为原点，选取如图 5-5 所示坐标系. 在带电直线上离原点 x 处取线元 dx，dx 上的电荷量为 dq. 由于带电直线的电荷线密度为 λ，则 $\mathrm{d}q=\lambda\mathrm{d}x$，d$q$ 在 P 点产生的电场强度 d$\boldsymbol{E}$ 的大小为

$$\mathrm{d}E=\frac{1}{4\pi\varepsilon_0}\frac{\lambda\mathrm{d}x}{x^2+r^2}$$

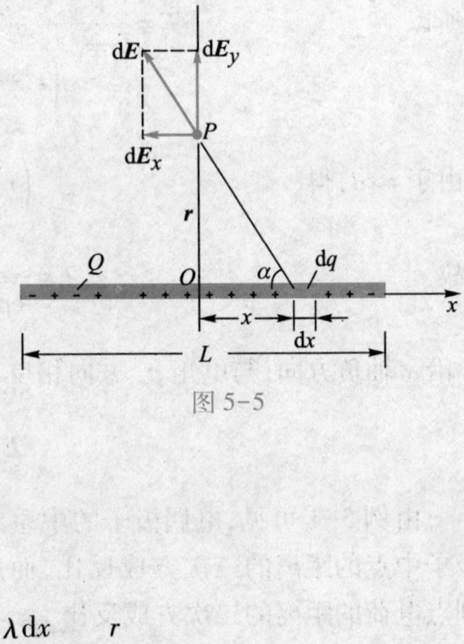

图 5-5

其方向如图所示. 上式中的 r 为中垂线上的场点 P 与棒的中点 O 的距离. 将 d$\boldsymbol{E}$ 分解成沿 x 轴的分量 d$\boldsymbol{E}_x$ 和沿 y 轴的分量 d$\boldsymbol{E}_y$，由于电荷对中垂线为对称分布，应有 $\int_L \mathrm{d}\boldsymbol{E}_x=0$

而 d$\boldsymbol{E}_y$ 的分量的大小为

$$\mathrm{d}E_y=\mathrm{d}E\sin\alpha=\frac{1}{4\pi\varepsilon_0}\frac{\lambda\mathrm{d}x}{x^2+r^2}\frac{r}{\sqrt{x^2+r^2}}$$

因而，P 点的总电场强度大小为

$$E=E_y=\int_L \mathrm{d}E_y=\int_{-\frac{L}{2}}^{\frac{L}{2}}\frac{\lambda r\mathrm{d}x}{4\pi\varepsilon_0\sqrt{(x^2+r^2)^3}}=\frac{\lambda r}{4\pi\varepsilon_0}\frac{x}{r^2\sqrt{x^2+r^2}}\Bigg|_{-\frac{L}{2}}^{\frac{L}{2}}$$

$$=\frac{\lambda L}{4\pi\varepsilon_0 r\sqrt{\frac{L^2}{4}+r^2}}$$

$\boldsymbol{E}$ 的方向沿 y 轴正方向.

当 $l\gg r$ 时，P 点靠近带电直线，这时带电直线如同无限长的均匀带电直线一样，则有

$$E=\frac{\lambda}{2\pi\varepsilon_0 r} \tag{5-11}$$

当然,无限长带电直线实际上是不存在的,这是在一定条件下的理想化情形,实际上,只要 $l\gg r$,则有限长直线即可作为无限长直线看待.

例 5-3 如图 5-6 所示,求垂直于均匀带电细圆环的轴线上任一场点 P 的电场强度,设圆环半径为 R,带电荷量为 $q(q>0)$. 环心 O 与场点 P 相距为 x.

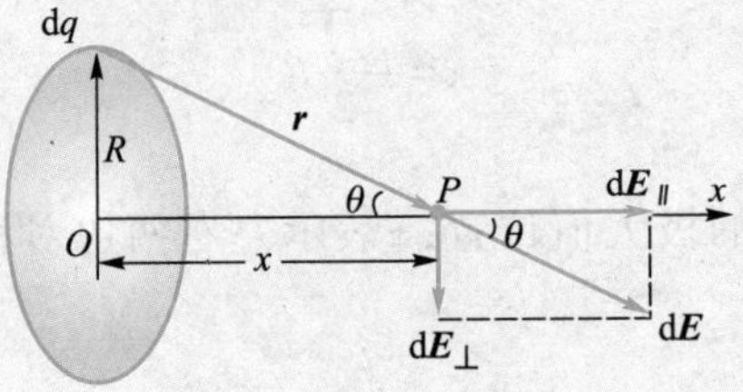

图 5-6

解 选取如图 5-6 所示的坐标系,在圆环上任取一线元 dl,dl 所带电荷量为 $\mathrm{d}q=\lambda\mathrm{d}l$. 电荷线密度 $\lambda=\frac{q}{2\pi R}$,电荷元 dq 在 P 点产生的电场强度的大小为

$$\mathrm{d}E=\frac{\mathrm{d}q}{4\pi\varepsilon_0 r^2}=\frac{\lambda\mathrm{d}l}{4\pi\varepsilon_0 r^2}$$

式中 r 为 dq 到 P 点的距离,$r=(x^2+R^2)^{\frac{1}{2}}$. 显然,圆环上各电荷元在 P 点激发的电场强度 d$\boldsymbol{E}$ 的方向各不相同,因此,把 d$\boldsymbol{E}$ 分解为沿 x 轴的分量 $\mathrm{d}\boldsymbol{E}_{/\!/}$ 和垂直于 x 轴的分量 $\mathrm{d}\boldsymbol{E}_{\perp}$. 但由于电荷分布具有轴对称性,故各电荷元的电场强度在垂直于 x 轴方向上的分量 $\mathrm{d}\boldsymbol{E}_{\perp}$ 相对于 P 点也是对称分布的,因此相互抵消,即

$$\int\mathrm{d}\boldsymbol{E}_{\perp}=0$$

所以,P 点的总电场强度只是沿 x 轴的分量 $\mathrm{d}\boldsymbol{E}_{/\!/}$ 的总和. 由图 5-6 可知 $\mathrm{d}\boldsymbol{E}_{/\!/}$ 的大小为

$$\mathrm{d}E_{/\!/}=\mathrm{d}E\cos\theta=\frac{\lambda\mathrm{d}l}{4\pi\varepsilon_0 r^2}\cos\theta=\frac{\lambda\mathrm{d}l}{4\pi\varepsilon_0 r^2}\frac{x}{r}=\frac{\lambda\mathrm{d}l}{4\pi\varepsilon_0}\frac{x}{(x^2+R^2)^{3/2}}$$

故 $\boldsymbol{E}$ 的大小为

$$E=\int\mathrm{d}E_{/\!/}=\frac{1}{4\pi\varepsilon_0}\frac{\lambda x}{(x^2+R^2)^{3/2}}\int_0^{2\pi R}\mathrm{d}l$$

$$=\frac{1}{4\pi\varepsilon_0}\frac{qx}{(x^2+R^2)^{3/2}} \tag{5-12}$$

$\boldsymbol{E}$ 的方向沿着 x 轴正方向.

下面讨论几种情况.

(1) 当 $x\gg R$ 时,$(x^2+R^2)^{3/2}\approx x^3$,这时电场强度大小为

$$E \approx \frac{1}{4\pi\varepsilon_0} \frac{q}{x^2}$$

即在圆环轴线上远离圆环的地方，可以把带电圆环看成点电荷.

（2）当 $x=0$ 时，$E=0$，这表明环心的电场强度为零.

（3）因 E 为 x 的函数，所以 E 在 x 轴上会有极大值. 由 $\frac{\mathrm{d}E}{\mathrm{d}x}=0$，得

$$x = \pm\frac{\sqrt{2}}{2}R$$

即距环心 $\frac{\sqrt{2}}{2}R$ 处为 E 的极大值位置，$\pm$ 表示左右两边对称，并可算出该处的 E 值为

$$E_{\max} = \frac{q}{6\sqrt{3}\,\pi\varepsilon_0 R^2}$$

由上面两个例题可见，利用电场强度叠加原理计算电场强度时，注意电荷分布和电场分布的对称性往往能使我们立即看出总电场强度 $\boldsymbol{E}$ 的某些分量等于零，从而容易判断出总电场强度 $\boldsymbol{E}$ 的方向，并简化计算.

5-2 静电场的高斯定理

一、电场线

电场中的每一点的电场强度 $\boldsymbol{E}$ 都有一定的大小和方向，为了形象地描绘电场在空间的分布，在电场中画出一系列的曲线，这些曲线称为电场线，图 5-7 所示即为某一电场中的一条电场线.

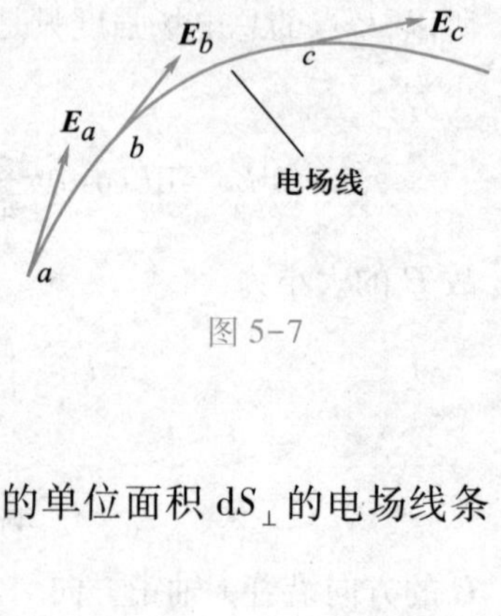

图 5-7

为了使电场线能反映电场的特征，对电场线作如下规定.

（1）电场线上任一点的切线方向就是该点电场强度 $\boldsymbol{E}$ 的方向，如图 5-7 所示. 这样，电场线的方向就反映了电场强度方向的分布情况.

（2）在电场中任一点处，通过垂直于电场强度 $\boldsymbol{E}$ 的单位面积 $\mathrm{d}S_\perp$ 的电场线条数 $\mathrm{d}N$ 等于该点电场强度 $\boldsymbol{E}$ 的大小，即

$$E = \frac{\mathrm{d}N}{\mathrm{d}S_\perp}$$

按照这种规定，在电场强度较大的区域电场线较密集，在电场强度较小的区域电场线较稀疏，这样，电场线的疏密情况就形象地反映了电场中电场强度大小的

分布.

电场线是为了形象描述电场而人为引入的,在实际中,电场线并不存在,但借助于实验手段可以将电场线模拟出来. 例如在油上浮一些草籽,放在静电场中,草籽就会排出电场线的形状. 图 5-8 所示给出了几种根据实验模拟结果及根据电场线规定作出的电场线.

演示实验:带电体周围电场

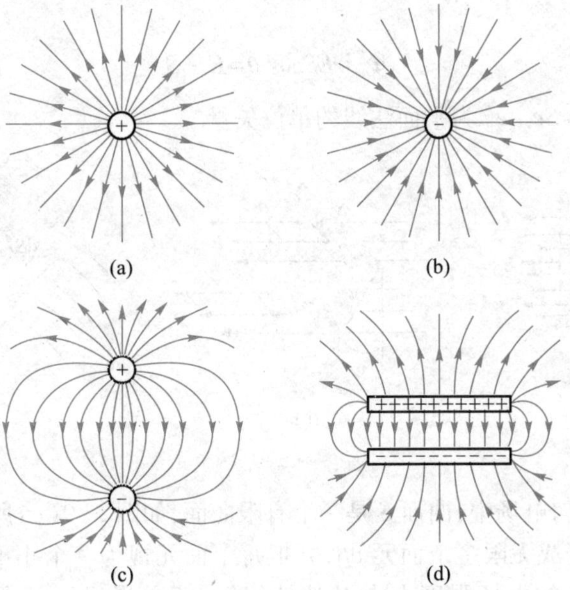

图 5-8

由图 5-8(d)可以看出,带等值异号电荷的两平行板中间部分电场的电场线密度处处相同,而且方向一致. 这表明电场中的电场强度处处相同(方向处处一致,大小处处相等),这种电场称为均匀电场(或称为匀强电场),而其他几种电场都是非均匀电场.

静电场的电场线有如下性质:

(1) 电场线总是起始于正电荷(或来自无限远处),终止于负电荷(或伸向无限远处),在电荷处不中断.

(2) 在没有电荷的空间,任何两条电场线不会相交.

(3) 静电场的电场线不形成闭合曲线.

二、电场强度通量

任何矢量都可以引进通量的概念,电场强度 $\boldsymbol{E}$ 是空间位置的矢量函数,电场是矢量场,可以引入相应的电场强度通量. 我们把通过电场中任一给定面的电场线的条数称为通过该面的电场强度通量,用符号 Φ_e 表示.

设在均匀电场中取一个平面 S,并使它和电场强度方向垂直,如图 5-9(a)所示. 由于均匀电场的电场强度大小处处相等,所以电场线是一些方向一致,距离相等的平行直线. 根据电场线的规定,通过面 S 的电场强度通量为

$$\Phi_e = ES \tag{5-13a}$$

在均匀电场中,若平面 S 与电场强度不垂直,即 $\boldsymbol{e}_n$ 与 $\boldsymbol{E}$ 不平行,如图 5-9(b)所示,因面积矢量 $\boldsymbol{S}$ 与电场强度 $\boldsymbol{E}$ 的夹角为 θ,这时可先求出平面 S 在垂直于 $\boldsymbol{E}$ 的平面上的投影面积 $S_\perp = S\cos\theta$,由图可见,通过面积 $S_\perp$ 的电场线必定全部通过面积 S,按式(5-13a),通过 $S_\perp$ 的电场线条数等于 $ES_\perp = ES\cos\theta$,所以穿过倾斜面积 S 的电场强度通量为

$$\Phi_e = ES\cos\theta = \boldsymbol{E}\cdot\boldsymbol{S} \tag{5-13b}$$

其中面积矢量 $\boldsymbol{S}=S\boldsymbol{e}_n$,$\boldsymbol{e}_n$ 为平面法线的单位矢量.

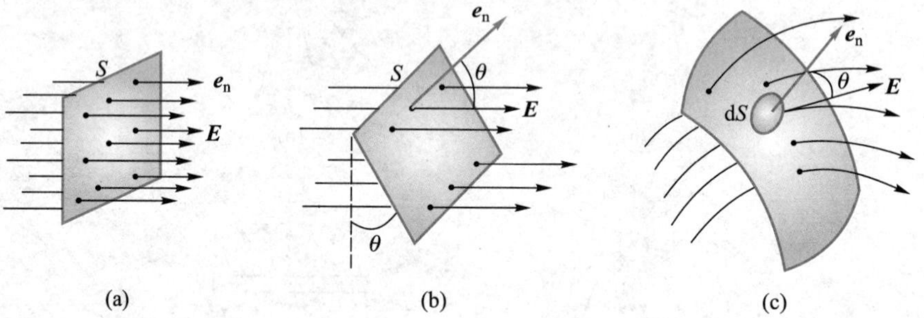

图 5-9

如果在非均匀电场中,曲面 S 是一个有限曲面,如图 5-9(c)所示. 对于这种情况,可以把曲面分成无限多个面元 dS,并把每个面元视为一个小平面,而且还可认为面元 dS 上各点的电场强度大小 E 处处相等. 于是通过面元 dS 的电场强度通量为

$$\mathrm{d}\Phi_e = \boldsymbol{E}\cdot\mathrm{d}\boldsymbol{S}$$

那么通过整个曲面 S 的电场强度通量,就等于通过曲面 S 上所有面元 dS 的电场强度通量的总和,即

$$\Phi_e = \int_S \mathrm{d}\Phi_e = \int_S E\cos\theta\,\mathrm{d}S = \int_S \boldsymbol{E}\cdot\mathrm{d}\boldsymbol{S} \tag{5-14a}$$

式中 $\int_S$ 表示对整个曲面 S 进行积分. 这样的积分在数学上称为面积分.

如果曲面是一个闭合曲面,那么通过闭合曲面的电场强度通量为

$$\Phi_e = \oint_S E\cos\theta\,\mathrm{d}S = \oint_S \boldsymbol{E}\cdot\mathrm{d}\boldsymbol{S} \tag{5-14b}$$

式中 $\oint_S$ 表示对闭合曲面 S 进行积分.

在国际单位制中,电场强度通量的单位为 $\mathrm{N\cdot m^2/C}$.

根据定义,电场强度通量是个标量,但却有正负之分,电场强度通量的正负取决于场强 $\boldsymbol{E}$ 与面积元 d$\boldsymbol{S}$ 的法线方向 $\boldsymbol{e}_n$ 之间的夹角 θ. 当 $\theta<\frac{\pi}{2}$时,电场强度通量为正;当 $\theta=\frac{\pi}{2}$时,电场强度通量为零;当 $\theta>\frac{\pi}{2}$时,电场强度通量为负. 对于非闭合曲

面，其法线方向可以选取指向曲面的任意一侧；对于闭合曲面，在物理学中规定法线 $\boldsymbol{e}_n$ 的方向为垂直于曲面向外，如图 5-10 所示. 依照这个规定，在电场线穿出曲面处，$\theta<\dfrac{\pi}{2}$，电场强度通量为正；在电场线穿入曲面处，$\theta>\dfrac{\pi}{2}$，电场强度通量为负.

顺便指出，在本教材中，所有的体积分、面积分和线积分都用一个积分符号，而以积分元 $\mathrm{d}V$、$\mathrm{d}S$ 和 $\mathrm{d}l$ 来区别.

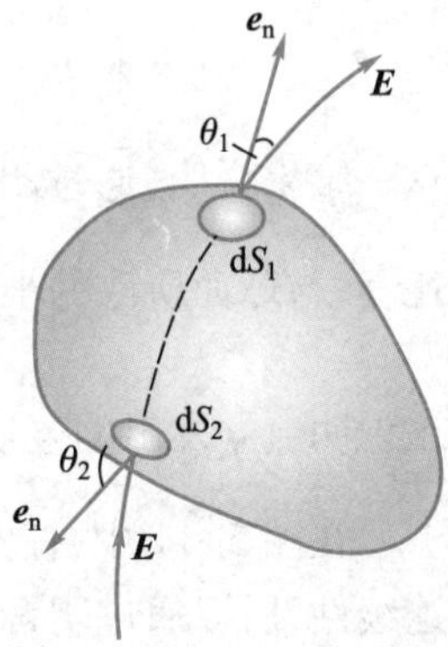

图 5-10

三、静电场的高斯定理

“通量”和“环路”是描述矢量场性质的两个重要特征量，要掌握一个矢量场 $\boldsymbol{A}$ 的性质，只要讨论 $\boldsymbol{A}$ 对任一闭合面的通量（即面积分）$\oint_S \boldsymbol{A}\cdot\mathrm{d}\boldsymbol{S}$ 和 $\boldsymbol{A}$ 沿任一闭合回路的环路（即线积分）$\oint_L \boldsymbol{A}\cdot\mathrm{d}\boldsymbol{l}$. 理论研究指出，若 $\oint_S \boldsymbol{A}\cdot\mathrm{d}\boldsymbol{S}=0$，则该矢量场 $\boldsymbol{A}$ 为无源场；若 $\oint_S \boldsymbol{A}\cdot\mathrm{d}\boldsymbol{S}\neq 0$，则该矢量场 $\boldsymbol{A}$ 为有源场；若 $\oint_L \boldsymbol{A}\cdot\mathrm{d}\boldsymbol{l}=0$，则该矢量场 $\boldsymbol{A}$ 为保守场；若 $\oint_L \boldsymbol{A}\cdot\mathrm{d}\boldsymbol{l}\neq 0$，则该矢量场 $\boldsymbol{A}$ 为非保守场.

高斯（C.F.Gauss，1777—1855）

德国大数学家、物理学家和天文学家，农民的儿子. 从小就显露非凡的数学天分，在数论和几何等方面作出了杰出的贡献. 他喜欢从事艰巨的复杂运算，有些运算现在被认为是除了使用计算机是不可能完成的. 他还提出天体力学中新的计算方法，后来他对电磁学理论发生兴趣，并作出重要贡献.

静电场的高斯定理给出了通过任一闭合面的电场强度通量与该闭合面内所包围的电荷之间的量值关系，下面利用电场强度通量的概念，根据库仑定律和电场叠加原理来导出这个定理.

文档：静电学的数学研究

设真空中有一点电荷 $q(q>0)$，在其周围激发电场，显然，电场线是沿径向对称分布的直线. 以 q 为中心取任意长度 r 为半径作闭合球面 S 包围点电荷，如图5-11所示. 球面上任一点的电场强度 $\boldsymbol{E}$ 的大小都是$\dfrac{q}{4\pi\varepsilon_0 r^2}$，方向沿着位置矢量 $\boldsymbol{r}$ 的方向，处处与球面 S 垂直，即任一处 $\boldsymbol{E}$ 与 $\mathrm{d}\boldsymbol{S}$ 方向相同. 由式 5-14(b) 可求得通过这个球面的电场强度通量为

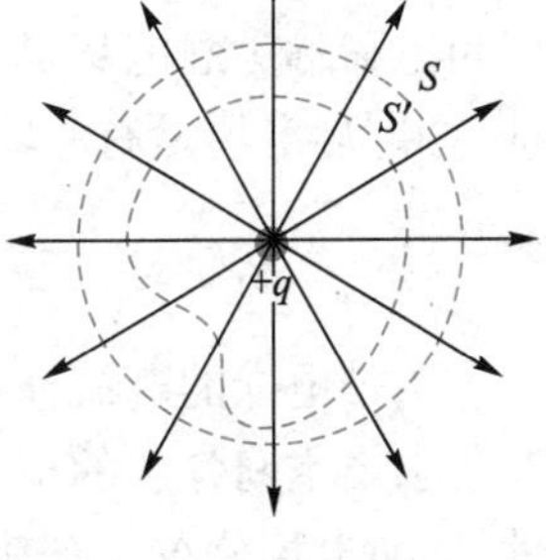

图 5-11

$$\Phi_e=\oint_S \boldsymbol{E}\cdot d\boldsymbol{S}=\oint_S \frac{q}{4\pi\varepsilon_0 r^2}dS=\frac{q}{4\pi\varepsilon_0 r^2}\oint_S dS=\frac{q}{4\pi\varepsilon_0 r^2}\cdot 4\pi r^2=\frac{q}{\varepsilon_0}$$

这一结果说明，通过闭合球面的电场强度通量 Φ_e 只与它所包围的电荷量 q 成正比，而与球面所取的半径无关，即穿过任何半径的球面的电场强度通量都等于$\frac{q}{\varepsilon_0}$. 这说明自 q 发出的电场线条数为$\frac{q}{\varepsilon_0}$，且不间断地向无限远处延伸.

在图 5-11 中，任意闭合面 S' 与球面 S 均包围同一个正点电荷 q. 由于电场线的连续性，所以通过闭合面 S 和 S' 的电场线条数是相等的. 因此，通过任意形状的包围点电荷 q 的闭合面的电场强度通量也等于$\frac{q}{\varepsilon_0}$.

以上只是讨论单个点电荷的电场中，通过任一封闭面的电场强度通量. 如果闭合面 S 内有 n 个电荷 $q_1,q_2,\cdots,q_n$，其中有正电荷也有负电荷，可推广上述结论，得出通过包围多个点电荷的任意封闭曲面的电场强度通量为

$$\Phi_e=\oint_S \boldsymbol{E}\cdot d\boldsymbol{S}=\frac{1}{\varepsilon_0}\sum_{i=1}^{n} q_i \tag{5-15}$$

式中 $\sum_{i=1}^{n} q_i$ 表示在闭合面 S 内的电荷量的代数和. 式(5-15)表明：**在真空中的任何静电场，穿过任一闭合面的电场强度通量都等于该闭合面所包围的正负电荷的代数和除以 ε_0**，这一结论称为**真空中静电场的高斯定理**.

对静电场的高斯定理，作如下几点说明.

(1) 静电场中通过任一闭合面的电场强度通量只取决于面内电荷的代数和，而与面外电荷无关，也与面内电荷如何分布无关.

(2) 高斯定理的数学表达式中，左方的电场强度 $\boldsymbol{E}$ 是闭合面上各点的电场强度，它是由电荷系中全部电荷共同产生的总电场强度，即由闭合面内外所有的电荷产生的总电场强度，不是只由闭合面内的电荷产生的.

(3) 静电场的高斯定理是反映静电场性质的基本定理之一. 由式(5-15)可知，当 $\sum_{i=1}^{n} q_i$ 为正时，$\Phi_e>0$，表示有电场线由正电荷发出并穿出闭合面，所以正电荷称为静电场的源头；当 $\sum_{i=1}^{n} q_i$ 为负时，$\Phi_e<0$，表明有电场线穿入闭合面而终止于它，所以负电荷称为静电场的尾闾. 高斯定理说明了电场线起始于正电荷，终止于负电荷，亦即静电场是有源场.

四、高斯定理的应用

当带电体的电荷分布已知时，原则上可由点电荷的电场强度公式和电场叠加原理求出空间各点的电场强度，但计算往往比较复杂. 在电荷分布具有某种对称性，因而电场分布也有某种对称性的情况下，利用高斯定理可以方便地求出电场强

度. 可用高斯定理求解电场强度的典型带电体有：

(1) 球对称带电体，如均匀带电球面、球体、球壳和多层同心球壳等. 此类带电体选择以球心为原点的球面作为高斯面.

(2) 轴对称带电体，如均匀带电的无限长直线、圆柱面、圆柱体等. 此类带电体选择同轴的圆柱面为高斯面.

(3) 面对称带电体，如均匀带电的无限大平面、带电平板等. 此类带电体选择上下底与带电面平行、轴与带电平面垂直的圆柱面为高斯面.

应用高斯定理计算电场强度的步骤是：首先，由电荷分布的对称性分析电场分布的对称性；其次，根据具体的对称性特点，通过拟求的场点，选取合适的闭合面（称为高斯面）；最后，计算穿过高斯面的电场强度通量和高斯面所包围电荷量的代数和，然后求出电场强度 $\boldsymbol{E}$.

下面举例说明应用高斯定理计算电场强度的方法.

例 5-4 求均匀带电球面的电场强度分布. 已知球面半径为 R，所带电荷量为 $q(q>0)$.

解 先求球面外任一点的电场强度. 设球面外任一点 P 距球心 O 为 r，以 O 为球心，r 为半径作球面 S 为高斯面. 由于电荷分布相对于 OP 是对称的，因而 P 点的电场强度 $\boldsymbol{E}$ 的方向必然沿 OP 的方向（即沿径向），如图 5-12(a) 所示. 由于电荷分布是对称的，所以同一球面上各点电场强度的大小相等，方向都沿径向. 穿过高斯面 S 的电场强度通量为

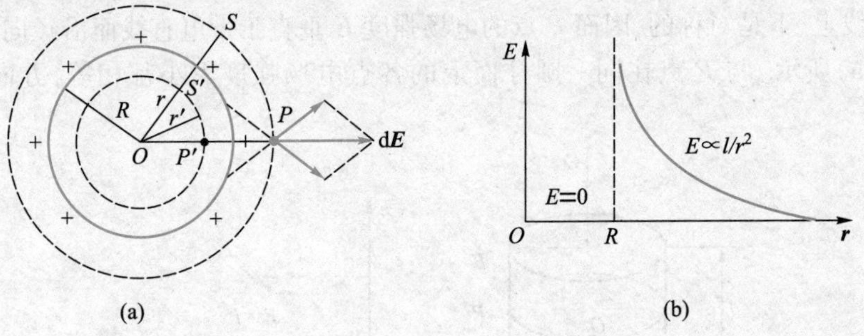

图 5-12

$$\Phi_e = \oint_S \boldsymbol{E} \cdot d\boldsymbol{S} = \oint_S E\cos\theta dS = E\oint_S dS = 4\pi r^2 E$$

高斯面 S 所包围的电荷为

$$\sum_{i=1}^{n} q_i = q$$

按高斯定理，有

$$4\pi r^2 E = \frac{q}{\varepsilon_0}$$

所以

$$E=\frac{q}{4\pi\varepsilon_0 r^2}(r>R) \tag{5-16}$$

由此可见，均匀带电球面外的电场强度与将电荷全部集中于球心的点电荷所产生的电场强度一样.

为确定均匀带电球面内任一点 P' 的电场强度 $\boldsymbol{E}$，过 P' 点作一个同心球面 S'，半径为 r，如图 5-12(a)所示，与前述同理，由于对称性，高斯面 S' 上各点电场强度 $\boldsymbol{E}$ 的值处处相等，且 $\cos\theta=1$，通过高斯面 S' 的电场强度通量为

$$\Phi_e=\oint_{S'}\boldsymbol{E}\cdot d\boldsymbol{S}=\oint_{S'}E\cos\theta dS=E\oint_{S'}dS=4\pi r^2 E$$

而高斯面 S' 所包围的电荷 $\sum_{i=1}^{n}q_i=0$，按高斯定理，有 $4\pi r^2E=0$，故

$$E=0\quad(r<R)$$

这表明，均匀带电球面内的电场强度处处为零，E 随 r 的分布曲线如图 5-12(b)所示.

例 5-5 求无限长均匀带电直线的电场强度分布. 已知带电直线的电荷线密度为 $\lambda(\lambda>0)$.

解 根据电荷分布的特点可以推知，这一无限长均匀带电直线产生的电场分布具有轴对称性. 因为带电直线为无限长，且均匀带电，所以电荷分布相对于 OP 直线上、下是对称的，因而 P 点的电场强度 $\boldsymbol{E}$ 垂直于带电直线而沿径向，如图 5-13(a)所示. 与 P 点在同一圆柱面上的各点电场强度大小都相等，方向都沿径向.

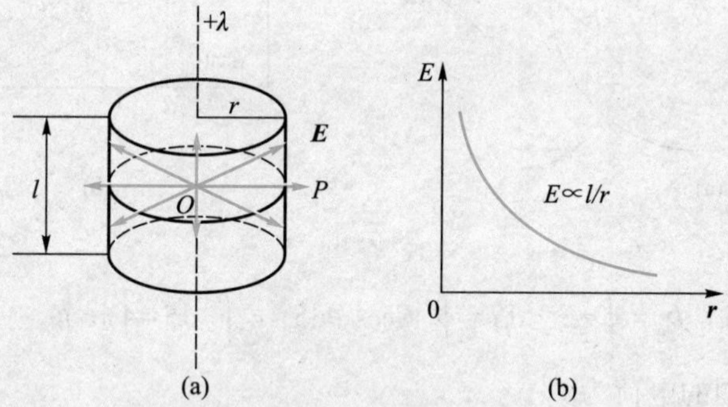

图 5-13

过 P 点作一个以带电直线为轴，以 l 为高的圆柱形闭合曲面 S 作为高斯面，则通过闭合曲面 S 的电场强度通量为

$$\Phi_e=\oint_S\boldsymbol{E}\cdot d\boldsymbol{S}=\int_{侧}\boldsymbol{E}\cdot d\boldsymbol{S}+\int_{上底}\boldsymbol{E}\cdot d\boldsymbol{S}+\int_{下底}\boldsymbol{E}\cdot d\boldsymbol{S}$$

由于在上下底面上电场强度方向与底面平行，因此，穿过上下底面的电场强度通量为零，而侧面上各点的电场强度方向与各点所在处面积元法线方向相同，

所以

$$\Phi_e=\oint_S \boldsymbol{E}\cdot \mathrm{d}\boldsymbol{S}=\int_{侧}\boldsymbol{E}\cdot \mathrm{d}\boldsymbol{S}=E\int_{侧}\mathrm{d}S=E\times 2\pi r\times l$$

此闭合曲面内包围的电荷量 $\sum\limits_{i=1}^{n}q_i=\lambda l$. 根据高斯定理得

$$E\times 2\pi r\times l=\frac{1}{\varepsilon_0}\lambda l$$

由此得

$$E=\frac{\lambda}{2\pi\varepsilon_0 r} \tag{5-17}$$

这一结果与式(5-9)是一致的,但利用高斯定理计算显然要简便得多. E 随 r 的分布曲线如图 5-13(b)所示.

例 5-6 求无限大均匀带电平面的电场强度分布,已知平面上电荷面密度为 $\sigma(\sigma>0)$.

解 由于电荷均匀分布在无限大平面上,可知空间各点的电场强度分布具有面对称性,即离带电平面等距离远处各点电场强度 $\boldsymbol{E}$ 的大小相等,方向都与带电平面垂直,如图 5-14(a)所示.

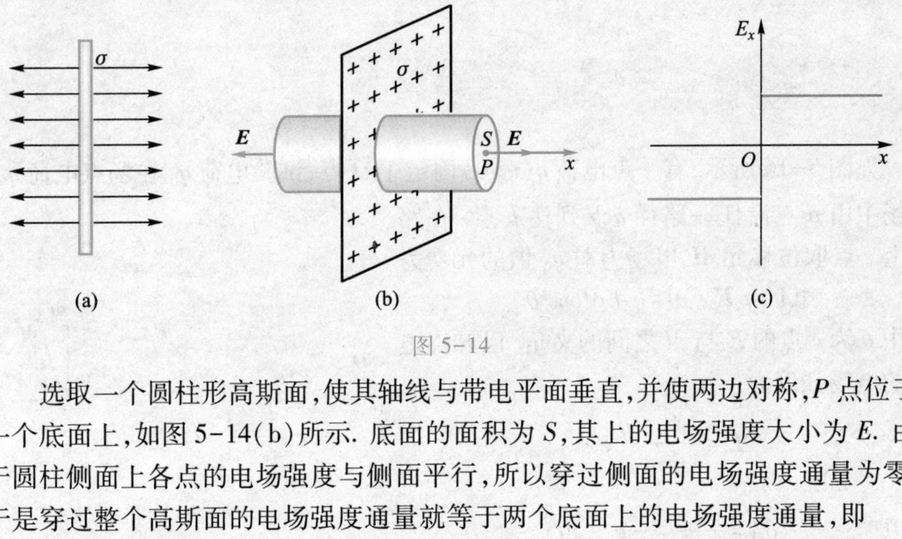

图 5-14

选取一个圆柱形高斯面,使其轴线与带电平面垂直,并使两边对称,P 点位于一个底面上,如图 5-14(b)所示. 底面的面积为 S,其上的电场强度大小为 E. 由于圆柱侧面上各点的电场强度与侧面平行,所以穿过侧面的电场强度通量为零. 于是穿过整个高斯面的电场强度通量就等于两个底面上的电场强度通量,即

$$\Phi_e=\oint_S \boldsymbol{E}\cdot \mathrm{d}\boldsymbol{S}=\int_{侧}\boldsymbol{E}\cdot \mathrm{d}\boldsymbol{S}+\int_{左底}\boldsymbol{E}\cdot \mathrm{d}\boldsymbol{S}+\int_{右底}\boldsymbol{E}\cdot \mathrm{d}\boldsymbol{S}=0+ES+ES=2ES$$

高斯面内包围的电荷量 $\sum\limits_{i=1}^{n}q_i=\sigma S$,根据高斯定理有

$$2ES=\frac{1}{\varepsilon_0}\sigma S$$

所以

$$E=\frac{\sigma}{2\varepsilon_0} \tag{5-18}$$

上式表明,无限大均匀带电平面两侧的电场是均匀电场,与场点到平面的距离无关,E 随 r 的分布曲线如图 5-14(c)所示.

应用本例结果及电场叠加原理,可以求出带等值异号电荷且均匀分布的两个无限大的平行平面的电场强度. 如图 5-15 所示,设两个平面的电荷面密度分别为 $+\sigma$ 和 $-\sigma$,每一点的电场强度等于这两个带电平面的电场强度的矢量和,在两平面之间有一点 P,两电场强度方向相同,故 P 点的总电场强度大小为

$$E_P=\frac{\sigma}{2\varepsilon_0}+\frac{\sigma}{2\varepsilon_0}=\frac{\sigma}{\varepsilon_0}$$

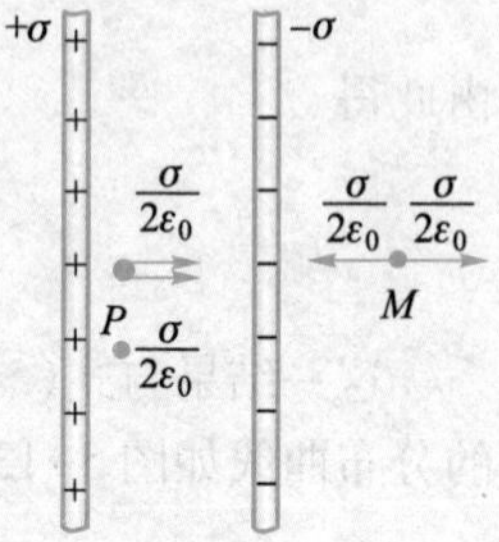

图 5-15

在两平面之外有一点 M,两电场强度方向相反,故 M 点的电场强度大小为

$$E_M=\frac{\sigma}{2\varepsilon_0}-\frac{\sigma}{2\varepsilon_0}=0$$

5-3 静电场的安培环路定理

如图 5-16 所示,有一点电荷 $q(q>0)$ 固定于 O 点,试验电荷 q_0 在场点电荷 q 的电场中由 a 点沿任一路径 acb 到达 b 点. 在路径上 c 点取位移元 $\mathrm{d}\boldsymbol{l}$,电场力对 q_0 做的元功为

$$\mathrm{d}A=q_0\boldsymbol{E}\cdot\mathrm{d}\boldsymbol{l}=q_0E\mathrm{d}l\cos\theta$$

式中 θ 为 c 点的 $\boldsymbol{E}$ 与 $\mathrm{d}\boldsymbol{l}$ 之间的夹角. 已知点电荷的电场强度为

$$\boldsymbol{E}=\frac{1}{4\pi\varepsilon_0}\frac{q}{r^2}\boldsymbol{e}_r$$

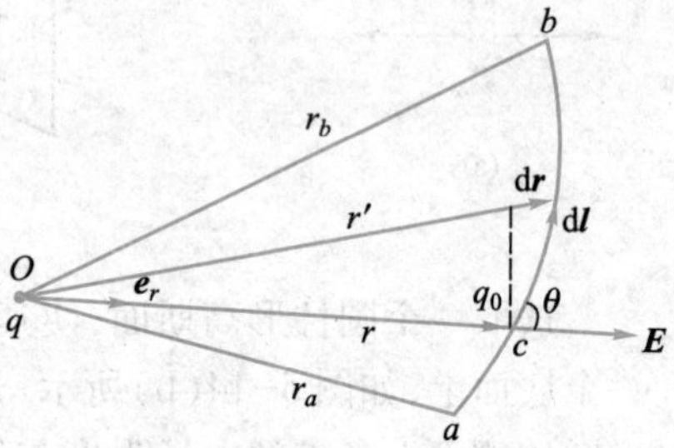

图 5-16

所以 $$\mathrm{d}A=\frac{1}{4\pi\varepsilon_0}\frac{qq_0}{r^2}\boldsymbol{e}_r\cdot\mathrm{d}\boldsymbol{l}$$

由图 5-16 可以看出

$$\boldsymbol{e}_r\cdot\mathrm{d}\boldsymbol{l}=\mathrm{d}l\cos\theta=\mathrm{d}r$$

故有 $$\mathrm{d}A=\frac{1}{4\pi\varepsilon_0}\frac{qq_0}{r^2}\mathrm{d}r$$

在试验电荷 q_0 从 a 点移至 b 点的过程中,电场力所做的总功为

$$A_{ab}=\int_a^b \mathrm{d}A=\int_a^b q_0\boldsymbol{E}\cdot \mathrm{d}\boldsymbol{l}=\frac{qq_0}{4\pi\varepsilon_0}\int_{r_a}^{r_b}\frac{\mathrm{d}r}{r^2}=\frac{qq_0}{4\pi\varepsilon_0}\left(\frac{1}{r_a}-\frac{1}{r_b}\right) \tag{5-19a}$$

式中 r_a 和 r_b 分别为试验电荷 q_0 在 a 点、b 点距场点电荷 q 的距离. 式(5-19a)表明,在静止的点电荷 q 的电场中,电场力对试验电荷 q_0 所做的功与路径无关,只与试验电荷电荷量的大小以及路径的初、末位置有关.

上述结论可以推广到任意带电体的电场. 任何一个带电体都可以看成是许多点电荷的集合,总电场强度 $\boldsymbol{E}$ 等于各点电荷电场强度的矢量和,即

$$\boldsymbol{E}=\boldsymbol{E}_1+\boldsymbol{E}_2+\cdots+\boldsymbol{E}_n=\sum_{i=1}^{n}\boldsymbol{E}_i$$

当试验电荷 q_0 在电场强度为 $\boldsymbol{E}$ 的电场中移动时,电场力对试验电荷所做的功为

$$\begin{aligned}A_{ab}&=\int_a^b q_0\boldsymbol{E}\cdot \mathrm{d}\boldsymbol{l}=\int_a^b q_0(\boldsymbol{E}_1+\boldsymbol{E}_2+\cdots+\boldsymbol{E}_n)\cdot \mathrm{d}\boldsymbol{l}\\&=\int_a^b q_0\boldsymbol{E}_1\cdot \mathrm{d}\boldsymbol{l}+\int_a^b q_0\boldsymbol{E}_2\cdot \mathrm{d}\boldsymbol{l}+\cdots+\int_a^b q_0\boldsymbol{E}_n\cdot \mathrm{d}\boldsymbol{l}\\&=\sum_{i=1}^{n}\frac{q_0q_i}{4\pi\varepsilon_0}\left(\frac{1}{r_{ia}}-\frac{1}{r_{ib}}\right)\end{aligned} \tag{5-19b}$$

式中 r_{ia} 和 r_{ib} 分别表示 q_i 在点 a 和点 b 的位置矢量的大小. 由于每个点电荷的电场力所做的功都与路径无关,所以相应的代数和也与路径无关. 因此得出结论:静电场中,电场力对试验电荷所做的功仅与试验电荷电荷量的大小及其移动路径的初、末位置有关,而与路径无关. 这是静电场的一个重要性质. 在力学中,凡是做功与路径无关的力称为保守力,故静电场力是保守力.

静电场力做功与路径无关的特性还可以用另外一种形式来表示. 设在静电场中,试验电荷 q_0 由 a 点出发沿任一闭合回路移动一周又回到 a 点,这时有 $r_a=r_b$,由式 5-19(a)可得

$$A=\oint_L q_0\boldsymbol{E}\cdot \mathrm{d}\boldsymbol{l}=q_0\oint_L \boldsymbol{E}\cdot \mathrm{d}\boldsymbol{l}=0$$

由于 $q_0\neq 0$,所以

$$\oint_L \boldsymbol{E}\cdot \mathrm{d}\boldsymbol{l}=0 \tag{5-20}$$

上式表明,在静电场中,电场强度 $\boldsymbol{E}$ 沿任一闭合回路的环路恒等于零. 这一结论称为静电场的安培环路定理. 静电场的安培环路定理是描述静电场性质的另一个基本定理,它表明静电场是保守场. 由于这一性质,才能引进电势能和电势的概念.

5-4 电势

一、电势能

力学中已经证明:对保守场可以引进势能的概念. 由于静电场是保守场,所以

在静电场中也可以引进势能的概念,称为电势能. 与物体在重力场中某一位置上具有一定的重力势能一样,电荷在静电场中的一定位置上也具有一定的电势能. 而静电场力对电荷所做的功就等于电荷电势能增量的负值. 如果以 E_{pa} 和 E_{pb} 分别表示试验电荷 q_0 在 a 点和 b 点的电势能,则试验电荷 q_0 从 a 点移动到 b 点的过程中,静电场力对 q_0 所做的功为

$$A_{ab}=\int_a^b q_0\boldsymbol{E}\cdot \mathrm{d}\boldsymbol{l}=-(E_{pb}-E_{pa}) \tag{5-21}$$

与其他形式的势能一样,电势能也是一个相对量. 要确定电荷在某一点的电势能的大小,必须先选定一个电势能零点,电势能零点的选择是任意的,处理问题时怎样方便就怎样选取,当电荷分布在有限空间时,通常选无限远处为电势能零点,即 $E_{p\infty}=0$,则电荷 q_0 在电场 a 点的电势能可写为

$$E_{pa}=A_{a\infty}=\int_a^\infty q_0\boldsymbol{E}\cdot \mathrm{d}\boldsymbol{l} \tag{5-22}$$

上式表明,电荷 q_0 在电场中 a 点的电势能,在数值上等于把它从 a 点移到电势能零点处(即无限远处)静电场力所做的功.

应该指出,与任何形式的势能相同,电势能是属于系统的,它属于试验电荷 q_0 和电场所组成的系统所共有,其实质是试验电荷 q_0 与电场之间的相互作用能量.

在国际单位制中,电势能的单位就是一般能量的单位 J(焦[耳]),还有一种常用的能量单位名称为 eV(电子伏)

$$1\ \mathrm{eV}=1.602\ 177\times10^{-19}\ \mathrm{J}$$

在计算中,可取 $1\ \mathrm{eV}=1.602\times10^{-19}\ \mathrm{J}$.

二、电势

由式(5-22)可以看出,电势能不仅和静电场本身的性质有关,还与引入电场的试验电荷 q_0 的大小和正负有关,所以电势能 E_p 不能作为描述电场性质的物理量. 但电荷 q_0 在电场中某一点 a 处的电势能 E_{pa} 与它的电荷量的比值 E_{pa}/q_0 和试验电荷无关,只取决于电场中给定点 a 处电场的性质,所以可用这一比值来作为表征静电场中给定点 a 处电场性质的物理量,称为 a 点的电势(或称为电位),用 V_a 表示,即

$$V_a=\frac{E_{pa}}{q_0}=\int_a^\infty \boldsymbol{E}\cdot \mathrm{d}\boldsymbol{l} \tag{5-23}$$

由上式可知,静电场中某点的电势,在数值上等于单位正电荷在该点处的电势能,也等于单位正电荷从该点经过任意路径移到电势能零点(即无限远处)时电场力所做的功. 电势是标量,可正可负.

在国际单位制中,电势的单位是 V(伏[特]).

由于电势能是相对的,因而电势也是相对的. 原则上电势零点可以随意选择,当电荷分布在有限区域时,通常选择无限远处为电势零点,但当电荷分布延伸到无

限远处时,不能再取无限远处为电势零点,否则会导致电场中任一点的电势值为无限大. 这时只能在电场内选一个适当位置作为电势零点. 在实际问题中,常选地球(或电气设备的外壳)作为电势零点.

三、电势差

在静电场中,任意两点 a 和 b 的电势差通常也称电压,用 U 表示,根据式(5-23)有

$$U=V_a-V_b=\int_a^{\infty}\boldsymbol{E}\cdot\mathrm{d}\boldsymbol{l}-\int_b^{\infty}\boldsymbol{E}\cdot\mathrm{d}\boldsymbol{l}=\int_a^b\boldsymbol{E}\cdot\mathrm{d}\boldsymbol{l} \tag{5-24}$$

上式表明,在静电场中,a、b 两点电势差等于单位正电荷由 a 点经任意路径移到 b 点时电场力所做的功.

利用式(5-24)可以方便地计算出电荷在电场中移动时电场力所做的功. 显然,当把电荷 q 从 a 点移动到 b 点时,电场力所做的功为

$$A_{ab}=q(V_a-V_b) \tag{5-25}$$

上式是个常用公式,在计算电场力做功和电势能增减变化时会经常用到.

在实际应用中,经常用到两点间的电势差,而不是某一点的电势. 以任一点作为量度电势的零点,都不会影响任意两点间的电势差值. 所以通常计算电势差时不需要选择电势零点.

四、电势的计算

1. 点电荷电场中的电势

设在点电荷 q 的电场中有一点 P,P 点到点电荷 q 的距离为 r,如图 5-17 所示. 由式(5-23)可得 P 点的电势为

$$V_P=\int_P^{\infty}\boldsymbol{E}\cdot\mathrm{d}\boldsymbol{l}=\int_{r_P}^{\infty}\frac{1}{4\pi\varepsilon_0}\frac{q}{r^2}\cdot\mathrm{d}r=\frac{q}{4\pi\varepsilon_0 r_P}$$

由于 P 点是任意的,r_P 的下标可以略去. 故点电荷 q 场中电势的分布为

$$V=\frac{q}{4\pi\varepsilon_0 r} \tag{5-26}$$

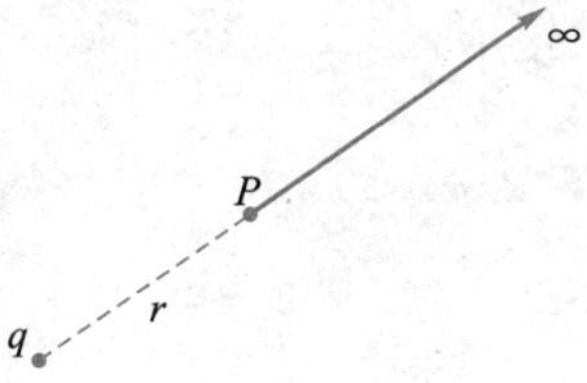

图 5-17

2. 点电荷系电场中的电势

设有一个由 $q_1,q_2,\cdots,q_n$ 组成的点电荷系,由电场叠加原理可知,在点电荷系的电场中某 P 点的电场强度为

$$\boldsymbol{E}=\boldsymbol{E}_1+\boldsymbol{E}_2+\cdots+\boldsymbol{E}_n$$

于是,根据电势的定义式(6-26)可得 P 点的电势为

$$\begin{aligned}V_P&=\int_P^{\infty}\boldsymbol{E}\cdot\mathrm{d}\boldsymbol{l}=\int_P^{\infty}\boldsymbol{E}_1\cdot\mathrm{d}\boldsymbol{l}+\int_P^{\infty}\boldsymbol{E}_2\cdot\mathrm{d}\boldsymbol{l}+\cdots+\int_P^{\infty}\boldsymbol{E}_n\cdot\mathrm{d}\boldsymbol{l}\\&=V_1+V_2+\cdots+V_n\end{aligned}$$

式中 $V_1, V_2, \cdots, V_n$ 分别为点电荷 $q_1, q_2, \cdots, q_n$ 单独存在时电场中 P 点的电势. 由式(5-26)可把上式写成

$$V=\frac{1}{4\pi\varepsilon_0}\frac{q_1}{r_1}+\frac{1}{4\pi\varepsilon_0}\frac{q_2}{r_2}+\cdots+\frac{1}{4\pi\varepsilon_0}\frac{q_n}{r_n}=\sum_{i=1}^{n}\frac{1}{4\pi\varepsilon_0}\frac{q_i}{r_i} \tag{5-27}$$

上式表明,点电荷系电场中某点的电势,等于各个点电荷单独存在时该点电势的代数和. 这一结论称为电势叠加原理.

3. 电荷连续分布带电体电场中的电势

对于电荷连续分布的带电体,可将带电体看成是由许多个电荷量为 $\mathrm{d}q$ 的电荷元组成的,每一个电荷元在空间某点产生的电势为

$$\mathrm{d}V=\frac{1}{4\pi\varepsilon_0}\frac{\mathrm{d}q}{r}$$

带电体在空间某点产生的电势则为这些电荷元在该点产生的电势的代数和,即

$$V=\int \mathrm{d}V=\int\frac{\mathrm{d}q}{4\pi\varepsilon_0 r} \tag{5-28}$$

式中 r 为电荷元 $\mathrm{d}q$ 到该点的距离.

从以上的讨论可知,计算电势有两种方法:一种是已知产生电场的电荷分布求电势,这时以点电荷的电势为基础,利用电势叠加原理来计算;另一种是已知电场强度 $\boldsymbol{E}$ 的空间分布(或者利用高斯定理可以简便求出电场强度 $\boldsymbol{E}$),可应用电场强度与电势的积分关系计算电势.

例 5-7 如图 5-18 所示,A 点有电荷 $+q$,B 点有电荷 $-q$. $AB=2l$,$\overset{\frown}{OCD}$ 是以 B 为中心,l 为半径的半圆. 求:(1) 将单位正电荷从 O 点沿 $\overset{\frown}{OCD}$ 移到 D 点,电场力做功多少?(2) 将单位负电荷从 D 点沿 AB 延长线移到无限远处,电场力做功多少?

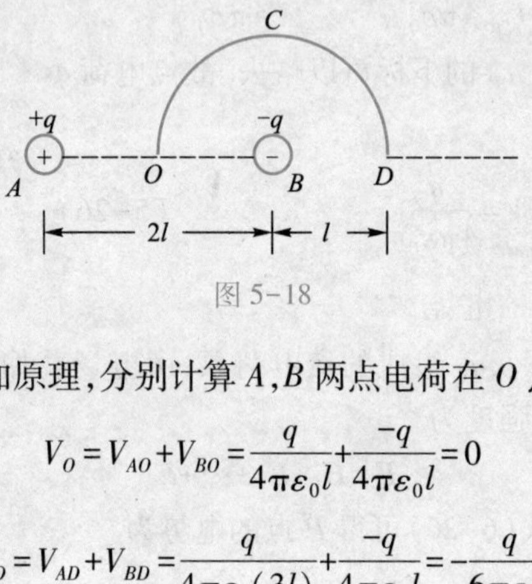

图 5-18

解 根据电势叠加原理,分别计算 A,B 两点电荷在 O 点和 D 点的电势

$$V_O=V_{AO}+V_{BO}=\frac{q}{4\pi\varepsilon_0 l}+\frac{-q}{4\pi\varepsilon_0 l}=0$$

$$V_D=V_{AD}+V_{BD}=\frac{q}{4\pi\varepsilon_0(3l)}+\frac{-q}{4\pi\varepsilon_0 l}=-\frac{q}{6\pi\varepsilon_0 l}$$

(1) 将单位正电荷从 O 点沿 $\overset{\frown}{OCD}$ 移到 D 点,电场力所做的功

$$A_{\widehat{OCD}}=q(V_O-V_D)=0-\left(-\frac{q}{6\pi\varepsilon_0 l}\right)=\frac{q}{6\pi\varepsilon_0 l}$$

（2）将单位负电荷从 D 点沿 AB 延长线移到无限远处电场力所做的功

$$A_{D\infty}=q(V_D-V_\infty)=0-\left(-\frac{q}{6\pi\varepsilon_0 l}\right)=\frac{q}{6\pi\varepsilon_0 l}$$

例 5-8 一半径为 R 的均匀带电细圆环，带电荷量为 q，计算圆环轴线上的电势.

解 在带电圆环上任取一线元 dl，所带电荷量为 $dq=\lambda dl=\frac{q}{2\pi R}dl$，则 dq 在 P 点产生的电势为

$$dV=\frac{dq}{4\pi\varepsilon_0 r}=\frac{1}{4\pi\varepsilon_0 r}\frac{q}{2\pi R}dl$$

式中 $r=\sqrt{R^2+x^2}$，如图 5-19 所示. 选无限远处为电势零点，根据电势叠加原理，整个圆环在 P 点产生的电势为

$$V_P=\frac{1}{4\pi\varepsilon_0 r}\frac{q}{2\pi R}\int_0^{2\pi R}dl=\frac{q}{4\pi\varepsilon_0 r}=\frac{q}{4\pi\varepsilon_0\sqrt{R^2+x^2}}$$

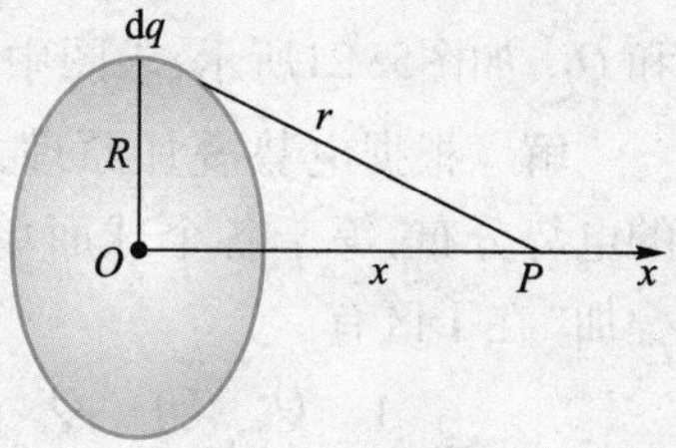

图 5-19

不难看出，在环心处（$x=0$），电势为 $V_0=\frac{q}{4\pi\varepsilon_0 R}$，并不等于零，这与电场强度 $\boldsymbol{E}$ 的情形不同.

在很远处（$x\gg R$），$V_P=\frac{q}{4\pi\varepsilon_0 x}$ 就与点电荷在空间任一点的电势表达式相同了.

例 5-9 求均匀带电球面内、外的电势分布，已知球面半径为 R，带电荷量为 q.

解 由于均匀带电球面具有球对称性，利用高斯定理容易求得均匀带电球面在空间激发的电场强度沿半径方向，大小分布为

$$E=\begin{cases}0 & (r<R)\\ \dfrac{q}{4\pi\varepsilon_0 r^2} & (r>R)\end{cases}$$

由于均匀带电球面电荷分布在有限区域，所以选无限远处为电势零点，利用电场强度与电势的积分关系式（5-23），并沿半径方向积分，得 P 点的电势为

$$V_P=\int_r^\infty \boldsymbol{E}\cdot d\boldsymbol{l}=\int_r^\infty E dr$$

当 $r>R$ 时有

$$V_P=\int_r^{\infty}\frac{q}{4\pi\varepsilon_0 r^2}\mathrm{d}r=\frac{q}{4\pi\varepsilon_0 r}$$

当 $r<R$ 时,由于球内、外电场强度的函数关系不同,积分必须分段进行,即

$$V_P=\int_r^R 0\cdot\mathrm{d}r+\int_R^{\infty}\frac{q}{4\pi\varepsilon_0 r^2}\mathrm{d}r=\frac{q}{4\pi\varepsilon_0 R}$$

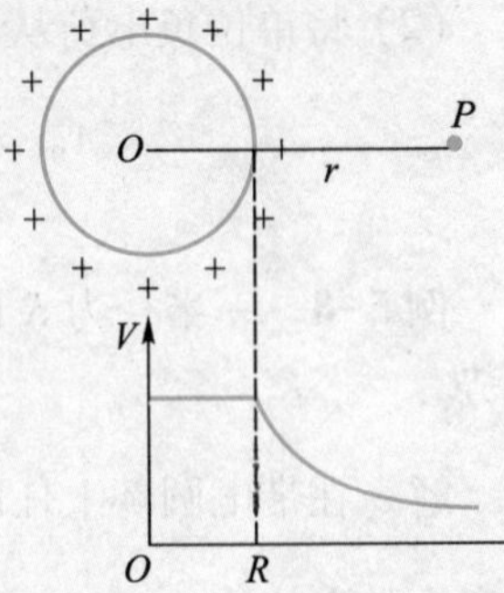

图 5-20

由此可见,一个均匀带电球面在球外任一点产生的电势,与全部电荷集中于球心的一个点电荷在该点产生的电势相同;在球面内任一点的电势与球面上的电势相等. 故均匀带电球面及其内部是一个等电势的区域. 电势 V 随距离 r 的变化关系如图 5-20 所示.

例 5-10 两个同心均匀带电球面,半径分别为 R_a 和 R_b,带电荷量分别为 Q_a 和 Q_b. 如图5-21所示,求图中Ⅰ、Ⅱ、Ⅲ个区域内的电势分布.

解 根据电势叠加原理,两个均匀带电球面的电势分布,等于各个球面单独存在时的电势的叠加. 在Ⅰ区有

$$V_{\mathrm{I}}=\frac{1}{4\pi\varepsilon_0}\frac{Q_a}{R_a}+\frac{1}{4\pi\varepsilon_0}\frac{Q_b}{R_b}=\frac{1}{4\pi\varepsilon_0}\left(\frac{Q_a}{R_a}+\frac{Q_b}{R_b}\right)$$

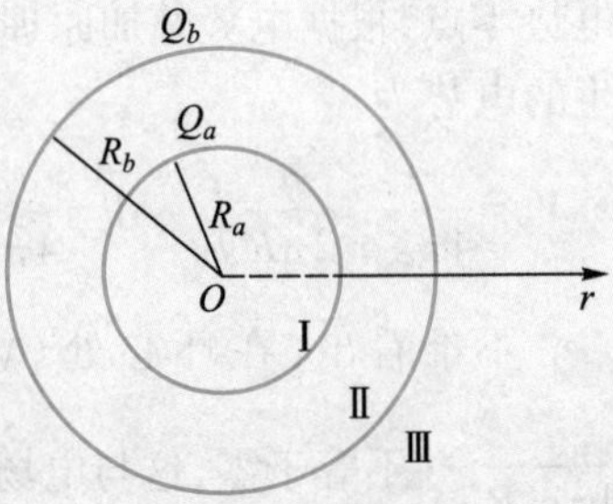

图 5-21

在Ⅱ区有

$$V_{\mathrm{II}}=\frac{1}{4\pi\varepsilon_0}\frac{Q_a}{r}+\frac{1}{4\pi\varepsilon_0}\frac{Q_b}{R_b}=\frac{1}{4\pi\varepsilon_0}\left(\frac{Q_a}{r}+\frac{Q_b}{R_b}\right)$$

在Ⅲ区有

$$V_{\mathrm{III}}=\frac{1}{4\pi\varepsilon_0}\frac{Q_a}{r}+\frac{1}{4\pi\varepsilon_0}\frac{Q_b}{r}=\frac{1}{4\pi\varepsilon_0}\frac{Q_a+Q_b}{r}$$

本题亦可利用电场强度与电势的积分关系式(5-23)计算;但将两个均匀带电球面看做两组点电荷,再利用电势叠加原理求解要简便得多.

五、等势面

前面曾用电场线来描绘电场中电场强度分布的情况,使我们对电场有了一个比较形象、直观的认识. 同样,也可以用图示的方法来描绘电场中电势的分布.

一般说来,静电场中各点有各点的电势值,但电场中总有许多电势相等的点,由这些电势相等的点所连成的曲面(或平面)称为等势面.

前面曾用电场线的疏密程度来表示电场的强弱,这里也可以用等势面的疏密程度来表示电场的强弱. 为此,对等势面的疏密作这样的规定:电场中任意两个相邻等势面之间的电势差都相等(如 $V_2-V_1=V_3-V_2$ 等). 根据这样的规定,画出了一些典型电场的等势面和电场线的图形,如图 5-22 所示,图中实线代表电场线,虚线

代表等势面. 从图 5-22 中可以看出,等势面越密的地方,电场强度越大.

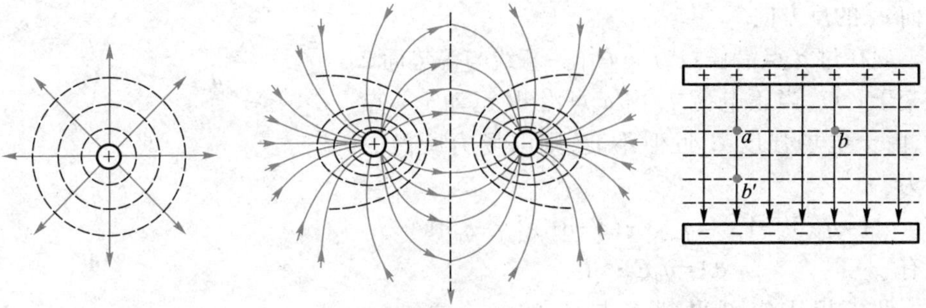

图 5-22

等势面有以下两点性质.

(1) 在静电场中,电场线总是和等势面互相垂直.

设在静电场中电荷 q_0 沿着等势面上的位移元 $\mathrm{d}\boldsymbol{l}$ 从 a 点移到 b 点,如图 5-22(c)所示. 电场力所做的功为

$$\mathrm{d}A=q_0\boldsymbol{E}\cdot\mathrm{d}\boldsymbol{l}=q_0E\cos\theta\mathrm{d}l=q_0(V_a-V_b)=0$$

因为上式中 $q_0, E, \mathrm{d}l$ 均不等于零,所以

$$\cos\theta=0,\theta=\frac{\pi}{2}$$

这说明 $\boldsymbol{E}$ 与 $\mathrm{d}\boldsymbol{l}$ 垂直,即电场线与等势面互相垂直.

(2) 在静电场中,电场线总是指向电势降落的方向.

正电荷 q_0 沿静电场的电场线上的位移元 $\mathrm{d}\boldsymbol{l}$ 从 a 点移到 b'点,如图 5-22(c)所示. 电场力所做的功为

$$\mathrm{d}A'=q_0\boldsymbol{E}\cdot\mathrm{d}\boldsymbol{l}=q_0E\mathrm{d}l\cos 0°=q_0E\mathrm{d}l>0$$

又有

$$\mathrm{d}A'=q_0(V_a-V_{b'})$$

所以 $V_a-V_{b'}>0$,即 $V_a>V_{b'}$,说明电场线总是指向电势降落的方向.

在实际测量中,可以比较容易地用仪表测量电势和电势差,而要测量电场强度就不那么容易了,所以常常是先测出电场中电势差为零的各点,并把这些点连起来,画出电场的等势面,再根据等势面与电场线垂直的关系画出电场线,从而对电场有一个定性的、直观的了解.

六、电场强度与电势的微分关系

电场强度和电势都是描写静电场性质的物理量,因此,它们之间必然有一定关系. 电势的定义式反映了电场强度与电势的积分关系. 电场强度和电势的关系也可以用微分形式来表示.

设在任意静电场中,取两个十分靠近的等势面 1 和 2,电势分别为 V 和 $V+\mathrm{d}V$,并设 $\mathrm{d}V>0$,如图5-23 所示. 过等势面 1 上 a 点作该面的单位法向矢量 $\boldsymbol{e}_\mathrm{n}$,规定其正方向沿电势增加的方向,该法线与等势面 2 正交于 b 点,考虑到电场线与等势面正

交且指向电势降落的方向，则 a 点的电场强度 $\boldsymbol{E}$ 指向 $\boldsymbol{e}_n$ 的反方向.

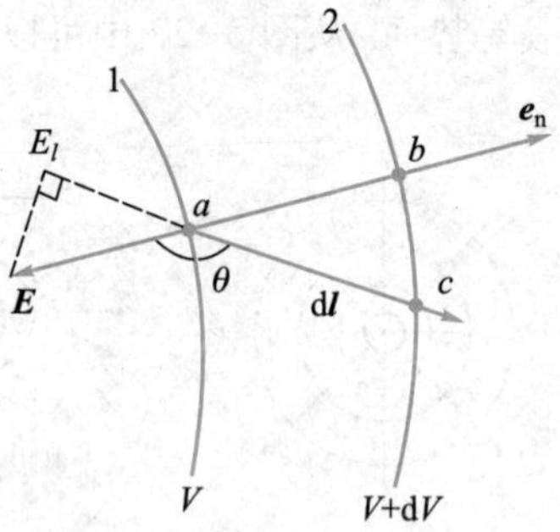

图 5-23

现在过 a 点沿任意方向 $\boldsymbol{l}$ 作一直线与等势面 2 相交于 c 点，当正电荷 q_0 由 a 点沿 $\mathrm{d}\boldsymbol{l}$ 运动至 c 点时，由于电场强度 $\boldsymbol{E}$ 近似不变，则电场力所做的功为

$$\mathrm{d}A=q_0(V_a-V_c)=q_0[V-(V+\mathrm{d}V)]=-q_0\mathrm{d}V$$

又有

$$\mathrm{d}A=q_0\boldsymbol{E}\cdot\mathrm{d}\boldsymbol{l}$$

两式相比较可得到 V 与 $\boldsymbol{E}$ 的一个重要关系式：

$$-\mathrm{d}V=\boldsymbol{E}\cdot\mathrm{d}\boldsymbol{l} \tag{5-29}$$

若用 θ 表示 E 与 $\mathrm{d}\boldsymbol{l}$ 之间的夹角，用 $E_l=E\cos\theta$ 表示 $\boldsymbol{E}$ 在 $\mathrm{d}\boldsymbol{l}$ 方向上的投影，如图 5-23 所示，则式(5-29)又可写为

$$-\mathrm{d}V=E\cos\theta\mathrm{d}l=E_l\mathrm{d}l$$

即

$$E_l=-\frac{\mathrm{d}V}{\mathrm{d}l} \tag{5-30}$$

上式表明，电场中某一点的电场强度 $\boldsymbol{E}$ 沿某一方向分量 $\boldsymbol{E}_l$ 的大小等于电势沿该方向变化率的负值.

例 5-11 点电荷的电势为 $V=\dfrac{Q}{4\pi\varepsilon_0 r}$. 求：(1) 径向电场强度分量；(2) x 向电场强度分量.

解 (1) 由式(5-30)得径向电场强度分布量为

$$E_l=-\frac{\mathrm{d}V}{\mathrm{d}r}=\frac{Q}{4\pi\varepsilon_0 r^2}$$

(2) Q 到场点的距离 r 可表示为 $r=(x^2+y^2+z^2)^{\frac{1}{2}}$. 这样电势 V 可表达为 $V=\dfrac{Q}{4\pi\varepsilon_0(x^2+y^2+z^2)^{\frac{1}{2}}}$ 在求电场强度的 x 分量时，将式中的 y 和 z 视为常量，这样

$$E_x=-\frac{\partial V}{\partial x}=\frac{Qx}{4\pi\varepsilon_0(x^2+y^2+z^2)^{\frac{3}{2}}}=\frac{Qx}{4\pi\varepsilon_0 r^3}$$

5-5 静电场中的导体

一、导体的静电平衡条件

本章讨论的导体均指金属导体，其特点是导体内部含有大量的自由电子. 当导

体不带电、也不受外电场作用时，自由电子做热运动并在导体内均匀分布，所以整个导体不显电性. 若将导体放入电场强度为 $\boldsymbol{E}_0$ 的外电场中，导体中自由电子将发生宏观的定向运动，结果使导体的一端带上正电，另一端带上负电，如图5-24所示. 这种现象称为静电感应现象. 由静电感应产生的电荷称为感应电荷. 感应电荷也会产生电场，称为附加电场，用 $\boldsymbol{E}'$ 表示，因此导体内部的电场强度应为上述两种电场强度的叠加，即

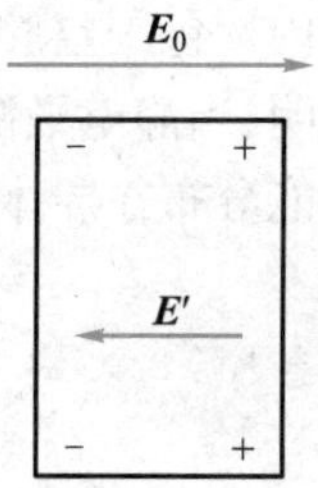

图 5-24

$$\boldsymbol{E}=\boldsymbol{E}_0+\boldsymbol{E}' \tag{5-31}$$

由于在导体内部，$\boldsymbol{E}'$ 的方向总是与外加电场 $\boldsymbol{E}_0$ 的方向相反的，当导体两端的正、负电荷积累到一定程度时，$\boldsymbol{E}'$ 的值就会大到足以把 $\boldsymbol{E}_0$ 完全抵消的程度，此时导体内部总的电场强度 $\boldsymbol{E}=\boldsymbol{E}_0+\boldsymbol{E}'$ 的值处处为零，自由电子便不再移动，导体两端正、负电荷也不再增加，这时我们就说导体达到了静电平衡. 显然，导体静电平衡的条件是导体内任一点的电场强度都等于零.

需要注意的是，这里所说的电场强度，指的是外加的静电场的电场强度 $\boldsymbol{E}_0$ 和感应电荷产生的附加电场的电场强度 $\boldsymbol{E}'$ 叠加后的总电场强度. 可以设想：如果导体内部有一点电场强度不为零，该点的自由电子就要在电场力作用下做定向运动，这就不是静电平衡了.

二、导体处于静电平衡时的性质

静电学中所讨论的导体都是处于静电平衡状态的导体. 根据静电平衡条件可推出导体具有以下性质.

1. 导体是等势体，导体表面是等势面

由于处于静电平衡状态下导体内部电场强度为零，那么导体内任意两点 a、b 之间的电势差为

$$V_a-V_b=\int_a^b \boldsymbol{E}\cdot \mathrm{d}\boldsymbol{l}=0$$

即

$$V_a=V_b$$

这就是说，处于静电平衡中的导体，其内部的电势相等，从而其表面为等势面.

2. 电荷只分布在导体表面上

利用高斯定理及电荷守恒定律很容易证明这一结论.

在处于静电平衡的导体内部围绕任意一点 P 作一高斯面 S，如图 5-25(a) 中虚线所示. 由于导体内任意一点的电场强度为零，所以通过闭合面 S 的电场强度通量也必定为零，即

$$\oint_S \boldsymbol{E}\cdot \mathrm{d}\boldsymbol{S}=0$$

根据高斯定理，高斯面内包围的电荷的代数和必然为零. 因为 P 点是在导体内任意取的，所以可得出，带电导体在静电平衡时，导体内没有净电荷(即没有未被抵消的正、负电荷)，导体所带的电荷只分布在导体表面上.

如果带电导体内部有空腔存在，而在空腔内没有其他带电体. 我们可以在导体

演示实验：法拉第圆筒

演示实验：导体带电对比

内一包围空腔的高斯面 S，如图 5-25(b)中虚线所示. 应用高斯定理，同样可以证明，当静电平衡时，不仅导体内部没有净电荷，空腔的内表面也没有净电荷，电荷只能分布在导体外表面.

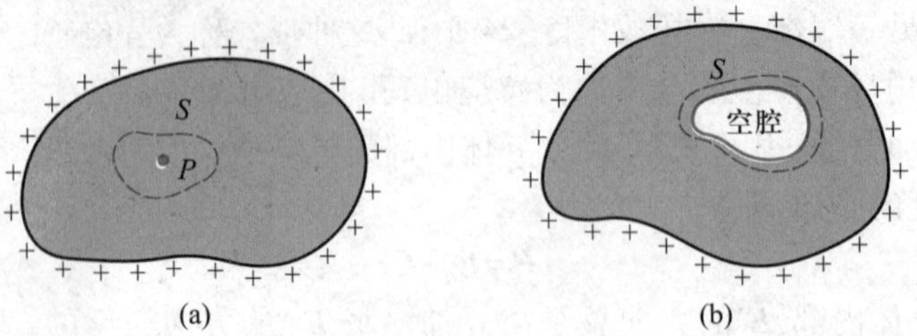

图 5-25

对于形状不规则的带电导体，即使没有外电场影响，在导体外表面上的电荷分布还是不均匀的. 实验指出：如果没有外电场的影响，导体表面上的电荷面密度与曲率半径有关，表面曲率半径越小处，电荷面密度越大. 只有对于孤立球形导体，因各部分的曲率相同，球面上的电荷分布才是均匀的.

3. 导体表面的电场强度与电荷面密度的关系

如图 5-26 所示，设在导体表面取一面元 ΔS，当面元很小时，可以认为 ΔS 上电荷的分布是均匀的. 以面元 ΔS 的大小为底面作一个如图 5-26 所示的扁圆柱形的高斯面，使两底面平行于 ΔS. 因导体内的电场强度为零，通过导体内的底面的电场强度通量为零；因侧面上的法线与电场强度垂直，所以通过侧面的电场强度通量也为零；通过扁圆柱形高斯面的电场强度通量只有通过导体外的底面的电场强度通量 $E\Delta S$. 根据高斯定理有

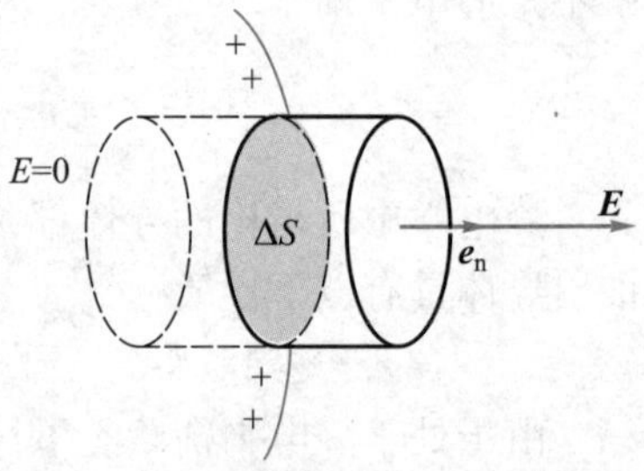

图 5-26

$$E\Delta S=\frac{\sigma\Delta S}{\varepsilon_0}$$

故

$$E=\frac{\sigma}{\varepsilon_0} \tag{5-32}$$

演示实验：尖端放电系列

演示实验：尖端使板带电

由于在导体表面曲率半径越小的地方，电荷面密度越大，由式(5-32)可知. 该处导体外表面的电场强度也越大，对于有尖端的带电导体，尖端处的电荷面密度特别大，尖端附近的电场强度非常大，足以使周围的空气发生电离而引起放电的程度，这就是尖端放电现象.

避雷针就是应用尖端放电的原理，防止雷击对建筑物的破坏. 雷雨天气时，当带电云层接近地面时，地面上的物体因静电感应而带电，电荷主要集中在高层建筑、高大树木等凸起的物体上，且周围附近电场强度很大，就会使云层和物体之间产生强烈的火花放电，即发生雷击，所以在建筑物等物体上往往须安装避雷针. 避

雷针尖的一端伸出在建筑物的上空，另一端通过较粗的导线接到埋在地下的金属板. 避雷针尖端处的感应电荷会通过避雷针流入大地，从而防止了雷击对建筑物的破坏. 此外，为了防止因尖端放电而引起的危险和电能的消耗，应采用表面光滑的较粗的导线；高压设备中的电极也要做成直径较大的光滑球面.

三、静电屏蔽

由于导体内部电场强度为零，若把一空腔导体放在静电场中，电场线就将终止于导体的外面，而不能穿过导体进入空腔，如图 5-27 所示，这时，导体内部的空腔中的电场强度处处为零. 这表明，可以用空腔导体来屏蔽外电场，使腔内的物体不受外电场的影响，这种现象称为静电屏蔽.

但是，有时也需要防止放在空腔中的带电体对空腔外其他物体的影响. 例如，一空心球壳内有一带正电的小球，则球壳的内表面上将产生感应负电荷，外表面上产生感应正电荷，如图 5-28(a)所示. 如果将球壳接地，则外表面上正电荷将和从地上来的负电荷中和，使球壳外面的电场消失，如图 5-28(b)所示. 这样，空腔内的带电体对空腔外的物体就不会产生任何影响了，这种现象也称静电屏蔽.

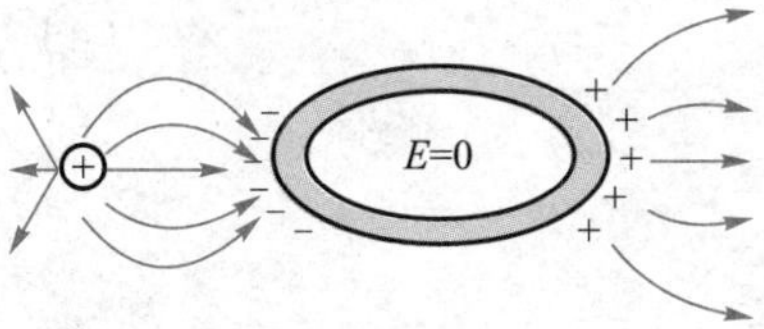

图 5-27

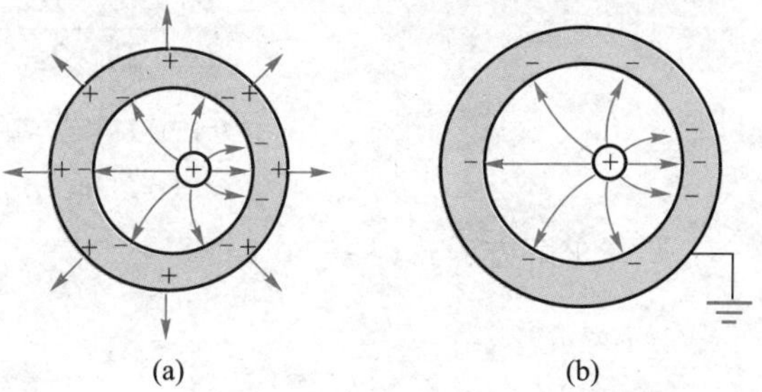

图 5-28

静电屏蔽原理的实际应用非常广泛，例如，为了避免外界电场对某些精密电磁测量仪器的干扰，以及为避免高压设备的电场对外界的影响，一般都在这些设备的外面安装接地的金属外壳(网、罩)；场效应管、集成电路常放置在屏蔽盒内；对传送弱信号的电缆线，为了避免外界的干扰，也往往在导线外面包一层用金属丝编织的屏蔽线层.

演示实验：法拉第笼

四、有导体存在时静电场的分析与计算

导体放入静电场中，电场会影响导体上电荷的分布，同时，导体上的电荷分布也会影响电场的分布. 这种相互影响将一直持续到静电平衡时为止，这时导体上的电荷分布及周围的电场分布就不再改变了. 因此，在计算有导体存在时的静电场的电场分布和电势分布时，首先要根据静电平衡条件和电荷守恒定律确定导体上新的电荷分布，然后由新的电荷分布来计算电场强度 $\boldsymbol{E}$ 和电势 V 的分布.

例 5-12 两块导体平板平行并相对放置,所带电荷量分别为 Q_A 和 Q_B,如图 5-29 所示. 如果两块导体平板的四个平行表面的面积都是 S,且都可视为无限大平板,试求这四个面上的电荷面密度.

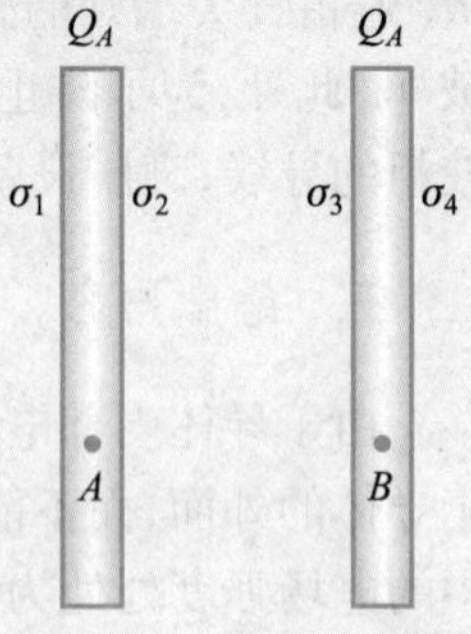

图 5-29

解 由于静电平衡时,导体上的电荷都分布在表面上,设四个面的电荷面密度分别为 $\sigma_1,\sigma_2,\sigma_3$ 和 σ_4,如图5-29所示. 根据电荷守恒定律,有

$$\sigma_1 S+\sigma_2 S=Q_A \tag{1}$$

$$\sigma_3 S+\sigma_4 S=Q_B \tag{2}$$

由电场叠加原理可知,空间任一点的电场都是由四个面上的电荷产生的电场叠加而成的,每一个面上的电荷在空间任一点产生的电场的电场强度的大小都是 $\sigma_i/2\varepsilon_0$.

根据导体的静电平衡条件,导体平板上 A 点和 B 点的电场强度为零,若取向右为坐标轴的正方向,则有

$$E_A=\frac{\sigma_1}{2\varepsilon_0}-\frac{\sigma_2}{2\varepsilon_0}-\frac{\sigma_3}{2\varepsilon_0}-\frac{\sigma_4}{2\varepsilon_0}=0$$

$$E_B=\frac{\sigma_1}{2\varepsilon_0}+\frac{\sigma_2}{2\varepsilon_0}+\frac{\sigma_3}{2\varepsilon_0}-\frac{\sigma_4}{2\varepsilon_0}=0$$

即

$$\sigma_1-\sigma_2-\sigma_3-\sigma_4=0 \tag{3}$$

$$\sigma_1+\sigma_2+\sigma_3-\sigma_4=0 \tag{4}$$

联立求解方程式(1)—式(4)得

$$\sigma_1=\sigma_4=\frac{Q_A+Q_B}{2S}$$

$$\sigma_2=-\sigma_3=\frac{Q_A-Q_B}{2S}$$

由此可见,对于两块无限大的导体平板,相对的内侧表面上电荷面密度大小相等、符号相反,相背的外侧表面上电荷面密度大小相等、符号相同.

下面讨论几种特殊情况.

(1) 若 $Q_A=-Q_B=Q$,则

$$\sigma_1=\sigma_4=0$$

$$\sigma_2=-\sigma_3=\frac{Q}{S}$$

这时,两导体平板的外侧均无电荷,电荷只分布在相对的内侧两面上,且等量异号,因此电场只集中在两导体平板之间的区域,电场强度大小处处相等. 平行板电容器正属于这种情况.

(2) 若 $Q_A=Q_B=Q$,则

$$\sigma_1=\sigma_4=\frac{Q}{S}$$

$$\sigma_2=-\sigma_3=0$$

这时,两导体平板之间电场强度为 0,导体平板外侧有电场分布.

例 5-13 一半径为 R_1 的导体小球,放在内、外半径分别为 R_2 与 R_3 的导体球壳内. 球壳与小球同心,设小球与球壳分别带有电荷 q 与 Q,试求:(1) 小球的电势 V_1,球壳内表面及外表面的电势 V_2 与 V_3;(2) 小球与球壳的电势差;(3) 若球壳接地,再求电势差.

解 (1) 根据导体静电感应现象可知,当小球表面有电荷 q 且均匀分布时,这电荷 q 将在球壳内表面感应出 $-q$,在外表面出现 $+q$;所以球壳内表面均匀分布的电荷量为 $-q$,外表均匀分布的电荷量为 $q+Q$,如图 5-30 所示,则小球电势为

$$V_1=\frac{1}{4\pi\varepsilon_0}\left(\frac{q}{R_1}-\frac{q}{R_2}+\frac{Q+q}{R_3}\right)$$

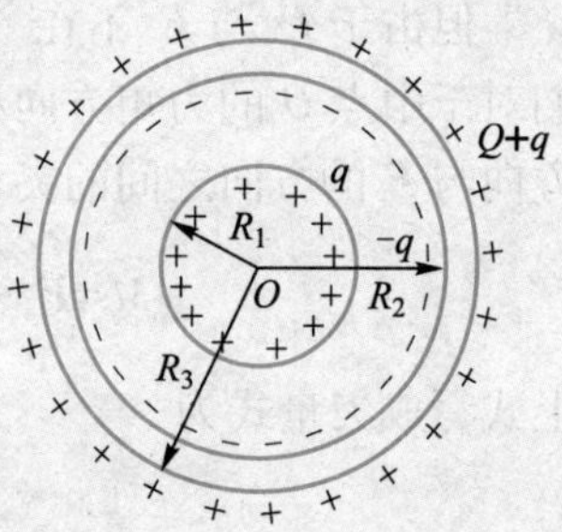

图 5-30

球壳电势计算如下:

内表面

$$V_2=\frac{1}{4\pi\varepsilon_0}\left(\frac{q}{R_2}-\frac{q}{R_2}+\frac{Q+q}{R_3}\right)=\frac{1}{4\pi\varepsilon_0}\frac{Q+q}{R_3}$$

外表面

$$V_3=\frac{1}{4\pi\varepsilon_0}\left(\frac{q}{R_3}-\frac{q}{R_3}+\frac{Q+q}{R_3}\right)=\frac{1}{4\pi\varepsilon_0}\frac{Q+q}{R_3}$$

从这个结果可以看出,球壳内、外表面的电势是相等的.

(2) 两球电势差为

$$V_1-V_2=\frac{1}{4\pi\varepsilon_0}\left(\frac{q}{R_1}-\frac{q}{R_2}\right)$$

(3) 若外球接地,则球壳外表面上的电荷消失,两球的电势分别为

$$V_1=\frac{1}{4\pi\varepsilon_0}\left(\frac{q}{R_1}-\frac{q}{R_2}\right)$$

$$V_2=V_3=0$$

两球电势差为

$$V_1-V_2=\frac{1}{4\pi\varepsilon_0}\left(\frac{q}{R_1}-\frac{q}{R_2}\right)$$

由上面的结果可以看出,不论外球壳接地与否,两球体的电势差保持不变.

5-6 静电场中的电介质

一、静电场中的电偶极子

将电矩为 $\boldsymbol{p}_e=q\boldsymbol{l}$ 的电偶极子放到均匀电场 $\boldsymbol{E}$ 中，那么，正负电荷所受的电场力分别为 $\boldsymbol{F}_+=q\boldsymbol{E}$ 和 $\boldsymbol{F}_-=-q\boldsymbol{E}$，如图 5-31 所示. 这两个力大小相等，方向相反，故合力为零，因此，电偶极子不产生平动.

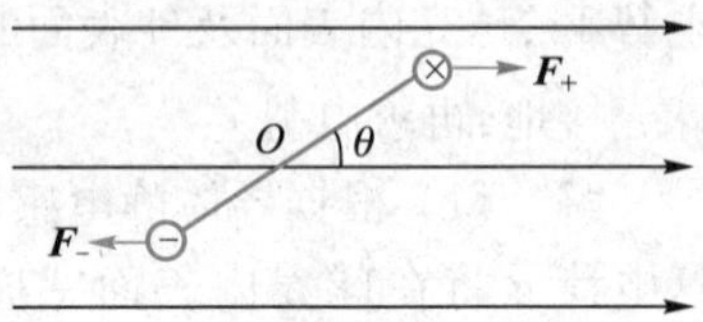

图 5-31

但由于 $\boldsymbol{F}_+$ 与 $\boldsymbol{F}_-$ 不在一直线上，形成力偶，它们对于中点 O 的力矩方向相同，设 θ 为电矩 $\boldsymbol{p}_e$ 的方向与 $\boldsymbol{E}$ 的方向之间的夹角，则合力矩大小为

$$M=F_+\frac{l}{2}\sin\theta+F_-\frac{l}{2}\sin\theta=qEl\sin\theta=p_eE\sin\theta$$

上式写成矢量式为

$$\boldsymbol{M}=\boldsymbol{p}_e\times\boldsymbol{E} \tag{5-33}$$

由上式可知，当 $\theta=0$ 时，$\boldsymbol{M}=0$，电偶极子处于稳定平衡状态，当 $\theta=\dfrac{\pi}{2}$ 时，电偶极子受到的合力矩最大，即 $M_{max}=qlE$. 当 $\theta=\pi$ 时，$\boldsymbol{M}=0$，但这时电偶极子处于非稳定平衡状态. 稍有扰动，电偶极子在电场的作用下使 $\boldsymbol{p}_e$ 转到与 $\boldsymbol{E}$ 方向一致的稳定平衡状态.

*二、电介质的极化

电介质通常是指不导电的物质，故又称绝缘体，如云母、变压器油等都是电介质，在电介质内没有可以自由移动的电荷(自由电子). 电介质可分为两类，若分子的正、负电荷的中心重合，这种分子没有电矩($\boldsymbol{p}_e=0$)，称为无极分子，例如：氦气(He). 氢气(H_2)和甲烷(CH_4)等分子都是无极分子，甲烷分子的结构示意图如图 5-32(a)所示.

图 5-32

另一类电介质，其分子的正、负电荷的中心不重合，等效为一电偶极子，具有电矩($\boldsymbol{p}_e \neq 0$)，称为有极分子. 例如：水(H_2O)、一氧化碳(CO)和二氧化硫(SO_2)等分子都是有极分子. 水分子的结构示意图如图 5-32(b)所示. 在讨论电场中电介质的行为时，可以认为电介质是由大量的有极分子(或无极分子)所组成的.

无极分子电介质处在外电场中，分子的正负电荷的中心将发生相对位移，形成电偶极子. 这些电偶极子的电矩 $\boldsymbol{p}_e$ 的方向都与外电场 $\boldsymbol{E}_0$ 的方向一致. 这样，在垂直 $\boldsymbol{E}_0$ 方向的介质两端表面就会分别出现正负电荷，如图 5-33(a)所示. 有极分子电介质处在外电场中时，介质中的电偶极子将受到外电场的力矩作用，从而使其电矩 $\boldsymbol{p}_e$ 的趋向与外电场 $\boldsymbol{E}_0$ 的方向趋于一致. 这样，在垂直 $\boldsymbol{E}_0$ 方向的介质两端表面也会出现正负电荷，如图 5-33(b)所示，通常将介质两端表面出现的正负电荷称为极化电荷(或称为束缚电荷)，而把在外电场作用下电介质出现束缚电荷的现象称为电介质的极化.

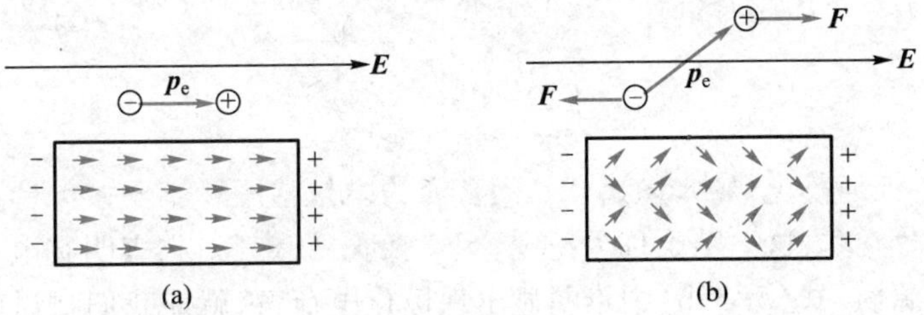

图 5-33

虽然两种电介质极化现象中的微观机制不同，但其宏观效应是相同的. 对于均匀电介质来说，在其内部的任何宏观微小区域，正负电荷的电荷量相等，仍是电中性，只在电介质表面出现极化电荷，以下的讨论中将不再区分两类电介质.

电介质极化后，电介质内的电场强度 $\boldsymbol{E}$ 应该是外电场强度 $\boldsymbol{E}_0$ 与极化电荷产生的电场强度 $\boldsymbol{E}'$ 的矢量和，即

$$\boldsymbol{E}=\boldsymbol{E}_0+\boldsymbol{E}'$$

从图 5-33 可以知道，$\boldsymbol{E}'$ 的方向总是与 $\boldsymbol{E}_0$ 的方向相反，所以电介质内的 $\boldsymbol{E}$ 的数值总是小于外电场 $\boldsymbol{E}_0$ 的数值. 实验证明，当各向同性的电介质充满电场时，电介质内的电场强度

$$E=\frac{E_0}{\varepsilon_r} \tag{5-34}$$

E_0 是电场中没有填充电介质时的电场强度，也就是真空中的电场强度，ε_r 是与电介质有关的常量，叫做电介质的相对电容率. 真空的相对电容率是 1，其他电介质的相对电容率都比 1 大.

应该注意，电介质在一般情况下是不导电的. 但是，当电介质内的电场强度超过某一极限值时，其绝缘性就被破坏，变成了导体. 这种现象称为电介质的击穿. 这个电场强度极限值(即电介质所能承受的最大电场强度)称为电介质的击穿电场强度. 例如，空气的击穿电场强度为 3 kV/mm，云母的击穿电场强度为 80 ~

200 kV/mm.

三、有电介质时的高斯定理

由式(5-34)可知,当电场中充以不同的电介质时,电介质中的电场强度 $\boldsymbol{E}$ 也就不同,为便于讨论不同电介质中的电场强度,我们引进电位移矢量 $\boldsymbol{D}$ 这一物理量,并定义电位移矢量 $\boldsymbol{D}$ 为

$$\boldsymbol{D}=\varepsilon\boldsymbol{E}=\varepsilon_0\varepsilon_r\boldsymbol{E} \tag{5-35a}$$

式中 $\varepsilon=\varepsilon_0\varepsilon_r$ 称为电介质的电容率. 式(5-35a)是一个点点对应的关系,在各向同性的电介质中,某点的电位移矢量 $\boldsymbol{D}$ 等于该点的电场强度 $\boldsymbol{E}$ 乘以该点的电容率,两者方向相同.

若用电位移矢量代替电场强度来表达静电场的高斯定理,则有

$$\oint_S \boldsymbol{D}\cdot \mathrm{d}\boldsymbol{S}=\oint_S \varepsilon\boldsymbol{E}\cdot \mathrm{d}\boldsymbol{S}=\varepsilon_0\varepsilon_r\oint_S \boldsymbol{E}\cdot \mathrm{d}\boldsymbol{S}=\varepsilon_0\sum_{i=1}^{n} q_i/\varepsilon_0=\sum_{i=1}^{n} q_i$$

即

$$\oint_S \boldsymbol{D}\cdot \mathrm{d}\boldsymbol{S}=\sum_{i=1}^{n} q_i \tag{5-35b}$$

上式表明,在任何静电场中,通过任一闭合面的电位移通量等于该闭合面所包围的自由电荷的代数和,这一结论称为有电介质时的高斯定理. 它表明有电介质时的电场仍然是有源场. 式(5-35b)中不明显出现极化电荷,这就使我们在讨论电介质中的电场问题时可以避开极化电荷未知的困难. 对于自由电荷分布具有对称性的问题,利用式(5-35b)求 $\boldsymbol{D}$ 是十分方便的,而且由实验可以测得 ε_r,从而可以容易得出 $\boldsymbol{E}$ 的分布.

需要指出的是,电位移矢量 $\boldsymbol{D}$ 是一个辅助矢量,描述电场性质的物理量仍是电场强度 $\boldsymbol{E}$ 和电势 V. 亦像电场强度矢量 $\boldsymbol{E}$ 一样,用一簇曲线形象地描绘电位移矢量 $\boldsymbol{D}$,这些曲线叫做电位移线,电位移线起始于正的自由电荷而终止于负的自由电荷. 这与电场线不同,电场线起始于一切正电荷,终止于一切负电荷,包括自由电荷和极化电荷.

例 5-14 一个相对电容率为 ε_r 的各向同性均匀介质球壳. 其内外半径分别为 R_1 和 R_2. 壳内有一半径为 R 的同心导体球,球上所带电荷量为 Q. 这一带电系统如图 5-34 所示,试求空间各区域的电场分布.

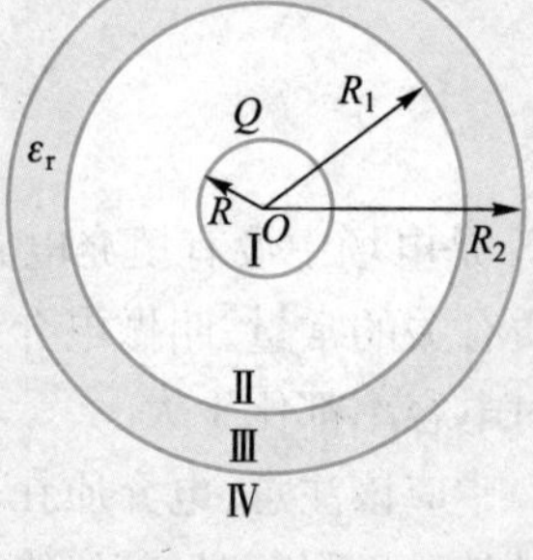

图 5-34

解 由导体的静电平衡条件可知, Ⅰ 区的电场强度为

$$E_1=0,\quad (r<R)$$

由于该带电体系的电荷分布和电介质分布具有球对称性,所以电位移矢量 $\boldsymbol{D}$ 的分布也就具有球对称性,在以球心为中心的同一球面上,$\boldsymbol{D}$ 的大小相等,方向沿球径向.

取半径为 r 的同心球面为高斯面，在Ⅱ、Ⅲ、Ⅳ三个区域内的高斯面内所包围的自由电荷均为 Q，所以对这三个区域均有

$$\oint_S \boldsymbol{D}\cdot \mathrm{d}\boldsymbol{S}=Q$$

$$4\pi r^2 D=Q$$

$$D=\frac{Q}{4\pi r^2}$$

对Ⅱ区，$\varepsilon_r=1$

$$D_2=\frac{Q}{4\pi r^2}$$

$$E_2=\frac{D_2}{\varepsilon_0\varepsilon_r}=\frac{1}{4\pi\varepsilon_0}\frac{Q}{r^2}\quad (R<r<R_1)$$

对Ⅲ区，相对电容率为 ε_r

$$D_3=\frac{Q}{4\pi r^2}$$

$$E_3=\frac{D_3}{\varepsilon_0\varepsilon_r}=\frac{1}{4\pi\varepsilon_0\varepsilon_r}\frac{Q}{r^2}\quad (R_1<r<R_2)$$

对Ⅳ区，$\varepsilon_r=1$

$$D_4=\frac{Q}{4\pi r^2}$$

$$E_4=\frac{D_4}{\varepsilon_0\varepsilon_r}=\frac{1}{4\pi\varepsilon_0}\frac{Q}{r^2}\quad (r>R_2)$$

四、有电介质时的安培环路定理

当电场中放入导体时，由于导体上只出现自由电荷的重新分布，此时空间的电场仍是自由电荷激发的，因此真空中静电场的两个基本定理仍然适用，形式不变. 但当电场中存在电介质时，此时空间的电场将由自由电荷和极化电荷共同激发. 而极化电荷所激发的电场，其性质应和自由电荷的电场一样，仍应是保守场. 因此，在有电介质时，安培环路定理仍取以下的形式，即

$$\oint_L \boldsymbol{E}\cdot \mathrm{d}\boldsymbol{l}=0 \tag{5-36}$$

上式中的 $\boldsymbol{E}$ 应理解为空间所有自由电荷、极化电荷共同产生的电场强度. 式(5-36)表明：在有电介质时，电场强度 $\boldsymbol{E}$ 沿任一闭合回路的环路恒等于零，这一结论称为有电介质时的安培环路定理. 它表明有电介质时的电场仍然是保守场，可引进电势能和电势的概念.

5-7 电场的能量

一、孤立导体的电容

孤立导体是指其他导体与带电体都离它足够远时的导体.

考虑一个半径为 R 的孤立导体球,如果给此球带电荷量 q,则此导体球的电势为

$$V=\frac{1}{4\pi\varepsilon_0}\frac{Q}{R}$$

上式说明孤立导体球的电势与其所带电荷量成正比,比值$\frac{Q}{V}=4\pi\varepsilon_0 R$ 是一个只与导体球半径 R 有关,而与导体球的 Q、V 无关的常量,将 Q 与 V 的比值定义为孤立导体的电容,用 C 表示,即

$$C=\frac{Q}{V} \tag{5-37}$$

C 是描写导体容纳电荷能力大小的物理量,由式(5-37)可知,C 在数值上等于导体电势 V 为一个单位时导体所带电荷量 Q 的大小.

在国际单位制中,电容的单位为 F(法[拉]),即

$$1\ \mathrm{F}=1\ \mathrm{C/V}$$

在实际使用时,F 这个单位太大,常用 μF(微法)、pF(皮法)作为电容的单位,它们之间的关系为

$$1\ \mathrm{F}=10^{6}\ \mu\mathrm{F}=10^{12}\ \mathrm{pF}$$

二、电容器及其电容

前面所提到的孤立导体是一个理想模型,实际上是不存在的. 一个导体的周围总会有别的导体,它们一起构成了一个导体系统. 通常把两个靠得很近的导体系统称为电容器,两个导体称为电容器的极板,如图 5-35 所示.

设两个导体 A、B 放在真空中,它们所带的电荷量分别为$+Q$ 和$-Q$,如果它们的电势分别为 V_A 和 V_B,则将两导体中任意一个导体所带的电荷量 Q 与两导体间的电势差的比值定义为电容器的电容,即

$$C=\frac{Q}{V_A-V_B}=\frac{Q}{U} \tag{5-38}$$

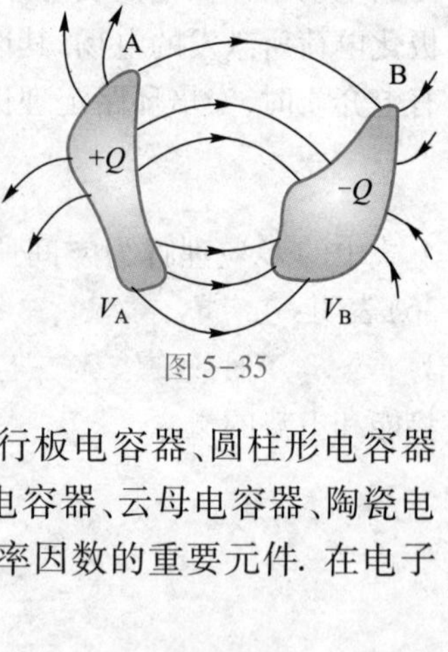

图 5-35

电容器是一个重要的电气元件,按形状来分,有平行板电容器、圆柱形电容器和球形电容器等;按极板间所充的电介质来分,有空气电容器、云母电容器、陶瓷电容器和电解电容器等. 在电力系统中,电容器是提高功率因数的重要元件. 在电子

线路中,电容器是获得振荡、滤波、相移、旁路、耦合等作用的重要元件.

简单电容器的电容是比较容易计算的. 计算电容器电容的步骤是:先设电容器两极板分别带电荷+Q 和-Q,求出两极板间的电场分布,计算两极板间的电势差,然后利用电容器电容的定义式 $C=\dfrac{Q}{V_A-V_B}$ 求出电容器的电容. 下面讨论几种典型电容器的电容.

1. 平行板电容器

如图 5-36 所示,平行板电容器是由两块彼此靠得很近,相互平行的导体板组成,每板面积为 S,两极板内表面之间的距离为 d,两极板间充满相对电容率为 ε_r 的电介质.

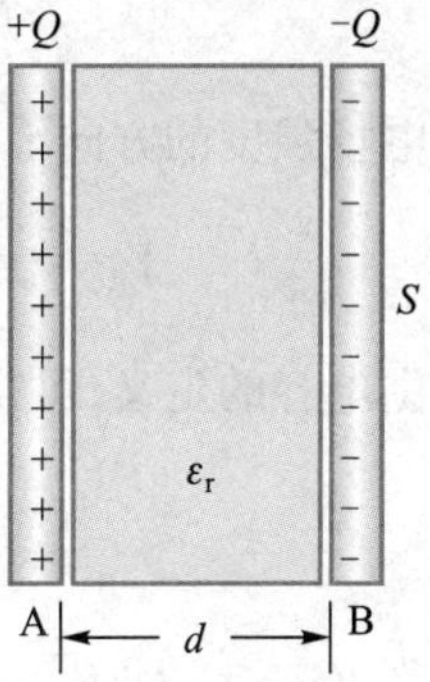

图 5-36

设 A 板带电荷量为+Q,B 板带电荷量为-Q,则平行板电容器内的电场强度大小为

$$E=\frac{\sigma}{\varepsilon_0\varepsilon_r}=\frac{Q}{\varepsilon_0\varepsilon_r S}$$

方向由 A 指向 B,则两极板的电势差为

$$V_A-V_B=\int_0^d \boldsymbol{E}\cdot \mathrm{d}\boldsymbol{l}=Ed=\frac{Qd}{\varepsilon_0\varepsilon_r S}$$

因此,平行板电容器的电容为

$$C=\frac{Q}{V_A-V_B}=\frac{\varepsilon_0\varepsilon_r S}{d} \tag{5-39}$$

2. 圆柱形电容器

如图 5-37 所示,圆柱形电容器是由两个同轴的半径分别为 R_A 和 R_B 的导体薄圆筒 A、B 所组成. 内、外筒间充满相对电容率为 ε_r 的电介质. 由于薄圆筒的长度 $L\gg R_B$. 故圆筒可视为无限长的圆柱面. 设内圆筒带电荷量为+Q,外圆筒带电荷量为-Q,则柱面单位长度上的电荷 $\lambda=Q/l$. 忽略边缘效应,由高斯定理可得,在两柱面之间,距轴线为 r 处的电场强度大小为

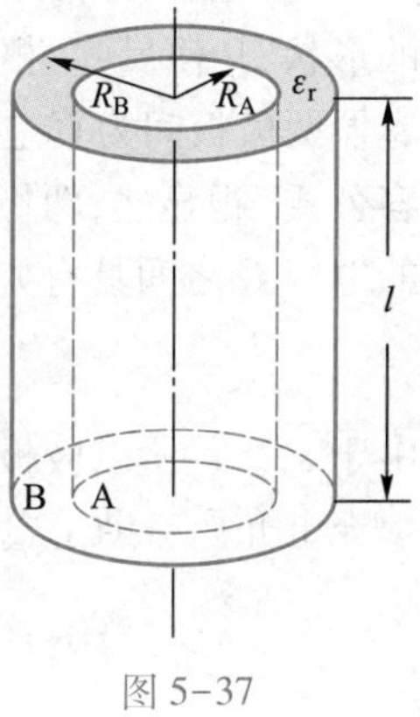

图 5-37

$$E=\frac{\lambda}{2\pi\varepsilon_0\varepsilon_r r}$$

方向垂直于轴线而沿径向,所以两圆柱面间的电势差为

$$\begin{aligned}V_A-V_B&=\int_{R_A}^{R_B}\boldsymbol{E}\cdot \mathrm{d}\boldsymbol{l}=\int_{R_A}^{R_B}E\mathrm{d}r\\&=\int_{R_A}^{R_B}\frac{\lambda}{2\pi\varepsilon_0\varepsilon_r}\frac{\mathrm{d}r}{r}=\frac{\lambda}{2\pi\varepsilon_0\varepsilon_r}\ln\frac{R_B}{R_A}\end{aligned}$$

由电容的定义,圆柱形电容器的电容为

$$C=\frac{Q}{V_A-V_B}=\frac{\lambda l}{\dfrac{\lambda}{2\pi\varepsilon_0\varepsilon_r}\ln\dfrac{R_B}{R_A}}=\frac{2\pi\varepsilon_0\varepsilon_r l}{\ln\dfrac{R_B}{R_A}} \tag{5-40}$$

3. 球形电容器

如图 5-38 所示,球形电容器由半径分别为 R_A 和 R_B 的两个同心导体球壳所组成,其间充满相对电容率为 ε_r 的电介质.

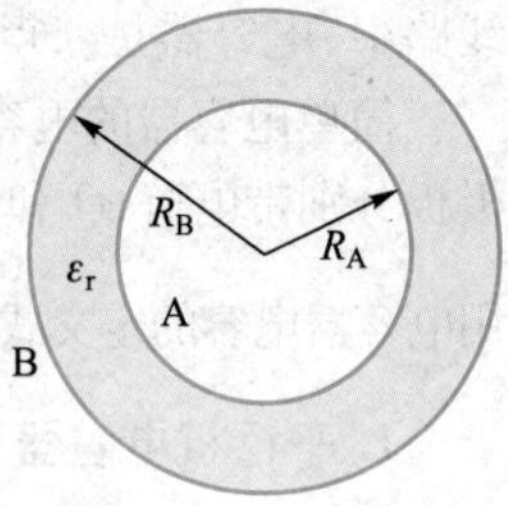

图 5-38

设内球壳带电荷+Q,外球壳带电荷-Q,由高斯定理可求得两导体球壳之间的电场强度大小为

$$E=\frac{Q}{4\pi\varepsilon_0 r^2}\quad (R_1<r<R_2)$$

电场强度的方向沿径向,则两球壳之间的电势差为

$$V_A-V_B=\int_{R_A}^{R_B}\boldsymbol{E}\cdot \mathrm{d}\boldsymbol{l}=\int_{R_A}^{R_B}\boldsymbol{E}\cdot \mathrm{d}\boldsymbol{r}=\frac{Q}{4\pi\varepsilon_0}\int_{R_A}^{R_B}\frac{\mathrm{d}r}{r^2}=\frac{Q}{4\pi\varepsilon_0}\left(\frac{1}{R_1}-\frac{1}{R_2}\right)$$

由电容的定义,可得球形电容器的电容为

$$C=\frac{Q}{V_A-V_B}=\frac{4\pi\varepsilon_0\varepsilon_r R_A R_B}{R_B-R_A}\tag{5-41}$$

当 $R_B\to\infty$,即 $R_B\gg R_A$ 时,上式可写为

$$C=4\pi\varepsilon_0\varepsilon_r R_A$$

此式即为处于无限大均匀电介质内的孤立导体球的电容公式. 由此可以看出,孤立导体球的电容器是球形电容器在外球面半径趋于无限大时的特殊情况.

由以上几种常用电容器的电容公式可见,电容器的电容只由组成电容器导体的形状、几何尺寸、相对位置、所填充的电介质决定,而与极板上电荷量无关. 当电容器两极板间为真空或空气时,$\varepsilon_r=1$,由上述结果即可得到真空中常见电容器的电容公式. 很显然,两极板间为真空时的电容 C_0 与两极板间充满某种均匀电介质时的电容 C 之间具有如下关系:

$$C=\varepsilon_r C_0\tag{5-42}$$

由于 $\varepsilon_r\geqslant 1$,所以极板间填充电介质的电容总是大于不填充电介质时的电容. 因此填充电介质有助于电容器的小型化.

三、电容器的连接

衡量一个实际的电容器的性能有两个主要的指标,一个是电容的大小,另一个是耐压能力. 使用电容器时,所加的电压不能超过规定的耐压值,否则在电介质中就会产生过大的电场强度,而使它有被击穿的危险. 在实际电路中当遇到单独一个电容器的电容或耐压能力不能满足需要时,可把几个电容器连接起来使用. 电容器的基本连接方式有并联和串联两种.

并联电容器组如图 5-39 所示. 这种连接方式中,每个电容器的电压相等,总电压等于分电压 U,而总电荷量为各电容器所带的电荷量之和,即 $q=q_1+q_2+\cdots+q_n$. 设每个电容器的电容分别为 $C_1,C_2,\cdots,C_n$,以 C 表示电容器组的等效电容,则并联电容器组的等效电容为

$$C=\frac{q}{U}=\frac{q_1+q_2+\cdots+q_n}{U}=\frac{C_1U+C_2U+\cdots+C_nU}{U}$$

即

$$C=C_1+C_2+\cdots+C_n \tag{5-43}$$

上式表明,并联电容器组的等效电容等于每个电容器电容之和.

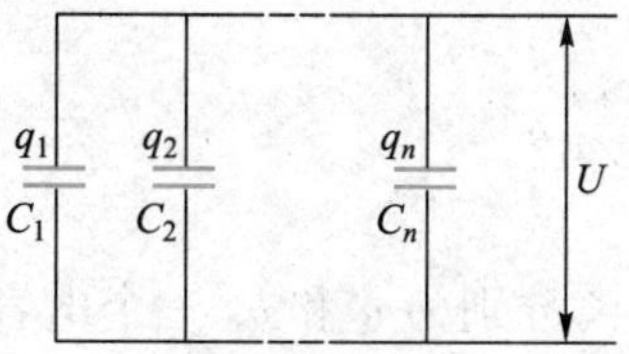

图 5-39

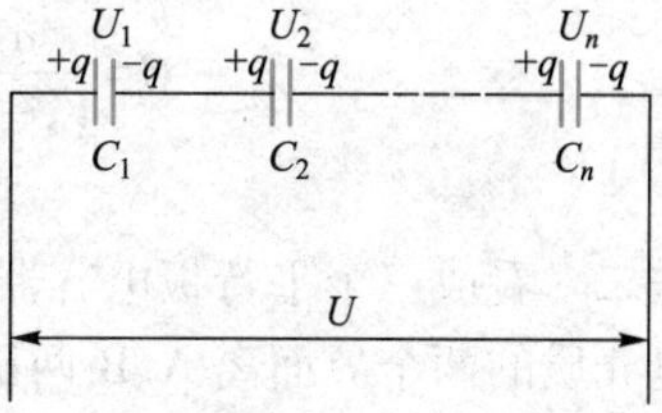

图 5-40

串联电容器组如图 5-40 所示. 电容器组中每个电容器 $C_1, C_2, \cdots, C_n$ 所带电荷量都等于 q,电容器组总电荷量也为 q,而总电压 U 等于每个电容器的电压之和,即 $U=U_1+U_2+\cdots+U_n$. 串联电容器组的等效电容仍以 $C=\frac{Q}{U}$表示,等效电容倒数$\frac{1}{C}=\frac{U}{q}$,可通过如下方法求得:

$$\frac{1}{C}=\frac{U}{q}=\frac{U_1+U_2+\cdots+U_n}{q}=\frac{U_1}{q}+\frac{U_2}{q}+\cdots+\frac{U_n}{q}$$

即

$$\frac{1}{C}=\frac{1}{C_1}+\frac{1}{C_2}+\cdots+\frac{1}{C_n} \tag{5-44}$$

上式表明,串联电容器组等效电容的倒数等于每个电容器电容的倒数之和.

由以上计算结果表明,电容器并联时可获得较大的等效电容,但因每个电容器都直接连到电源上,所以电容器组的耐压能力受到耐压能力最低的那个电容器的限制. 串联时,电容器组的等效电容比每个电容器的电容都小,但由于总电压分配到每个电容器上,所以电容器组的耐压能力比每个电容器都提高了.

例 5-15 一平行板电容器,极板面积为 S,两极板之间距离为 d,现将一厚度为 $t(t<d)$、相对电容率为 ε_r 的电介质放入此电容器中,如图 5-41 所示. 试求其电容.

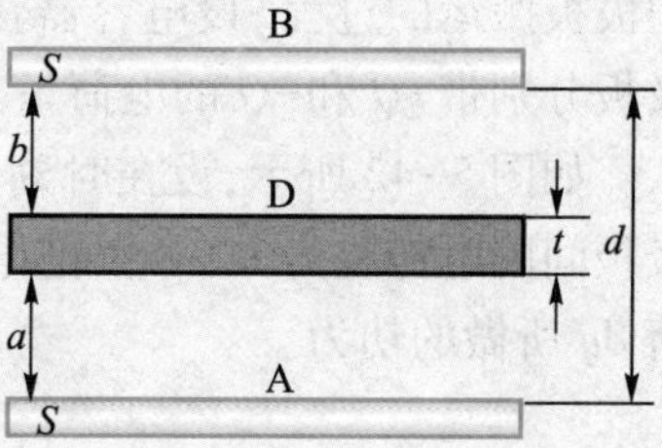

图 5-41

解法一 按电容的定义求解.

设没有电介质的那部分空间的电场强度为 E_0,有

$$E_0=\frac{q}{\varepsilon_0 S}$$

电介质中的电场强度为 E,有

$$E=\frac{E_0}{\varepsilon_r}=\frac{q}{\varepsilon_0\varepsilon_r S}$$

$$V_A-V_B=E_0(d-t)+Et=E_0\left[(d-t)+\frac{t}{\varepsilon_r}\right]=\frac{q}{\varepsilon_0 S}\left[(d-t)+\frac{t}{\varepsilon_r}\right]$$

电容器的电容为

$$C=\frac{q}{V_A-V_B}=\frac{\varepsilon_0 S}{(d-t)+\dfrac{t}{\varepsilon_r}}$$

解法二 看成三个平行板电容器的串联.

设电介质的两个界面离 A、B 两极板的距离分别为 a 和 b. 三个电容器的电容分别为 C_1,C_2,C_3. 则

$$C_1=\frac{\varepsilon_0 S}{a},\quad C_2=\frac{\varepsilon_0\varepsilon_r S}{t},\quad C_3=\frac{\varepsilon_0 S}{b}$$

串联后总电容的倒数为

$$\frac{1}{C}=\frac{1}{C_1}+\frac{1}{C_2}+\frac{1}{C_3}=\frac{a}{\varepsilon_0 S}+\frac{t}{\varepsilon_0\varepsilon_r S}+\frac{b}{\varepsilon_0 S}$$

$$=\frac{d-t}{\varepsilon_0 S}+\frac{t}{\varepsilon_0\varepsilon_r S}=\frac{1}{\varepsilon_0 S}\left[(d-t)+\frac{t}{\varepsilon_r}\right]$$

电容为

$$C=\frac{\varepsilon_0 S}{(d-t)+\dfrac{t}{\varepsilon_r}}$$

四、电场的能量

一个电中性的物体周围没有电场，当把电中性的物体中的正、负电荷分开时，外力做了功，这时在该物体周围建立了静电场. 所以通过外力做功，可以把其他形式的能量转化为电能储存在电场中. 今以带电电容器为例来进行讨论.

电容器的充电过程实际上是不断地将正电荷由电容器带负电的极板向带正电的极板搬运的过程. 设电容器在充电前两极板上不带电，当充电过程结束时，两个极板分别带 $+Q$ 和 $-Q$ 的电荷量.

如图 5-42 所示，设在时刻 t 两极板上已带电荷量分别为 $+q$ 和 $-q$，极板间的电势差为 U. 今再把电荷 $\mathrm{d}q$ 由负极板移到正极板，外力对电荷 $\mathrm{d}q$ 所做的功为

$$\mathrm{d}A=U\mathrm{d}q=\frac{q}{C}\mathrm{d}q$$

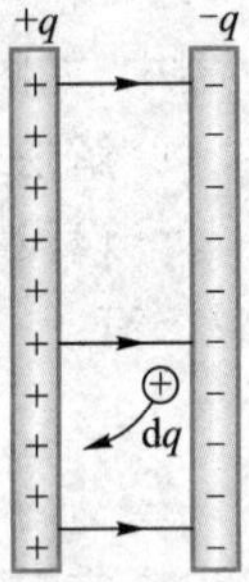

图 5-42

在电容器充电的整个过程中，外力所做的总功为

$$A=\int \mathrm{d}A=\int_0^Q \frac{q}{C}\mathrm{d}q=\frac{1}{2}\frac{Q^2}{C}$$

根据功能关系，外力所做的功等于电容器的能量增量，此能量增量亦即充电过程中储存于电容器中的能量，称为电容器的电能，即

$$W_e=A=\frac{1}{2}\frac{Q^2}{C}$$

根据 $Q=CU$，有

$$W_e=\frac{1}{2}\frac{Q^2}{C}=\frac{1}{2}CU^2=\frac{1}{2}QU \tag{5-45}$$

上式说明，电容器的电容越大，充电电压越高，电容器储存的能量就越多.

从式(5-45)看，很容易认为电容器储存的能量是由电荷携带的，但随着电磁波的发现，人们认识到，电容器的能量是由电场携带的，它分布在两极板的电场中，因此，用描述电场的物理量来表征电场的能量更具有普遍意义. 对于极板面积为 S，极板间距离为 d 的平行板电容器，若不考虑边缘效应，则电场所占的空间体积为 Sd，此电容器储存的能量为

$$W_e=\frac{1}{2}CU^2=\frac{1}{2}\frac{\varepsilon S}{d}(Ed)^2=\frac{1}{2}\varepsilon E^2Sd=\frac{1}{2}\varepsilon E^2V \tag{5-46}$$

上式说明，电容器储存的能量与电介质、电场强度的大小、电场占据的空间有关. 由于平行板电容器中电场是均匀分布的，所储存的静电场能量也应该是均匀分布的. 因此电场中单位体积内储存的能量，即电场能量密度为

$$w_e=\frac{W_e}{V}=\frac{1}{2}\varepsilon E^2=\frac{1}{2}DE \tag{5-47}$$

上式说明，能量与电场有不可分割的联系. 电场强度不为零的地方必定储存着能量.

应该指出，式(5-47)虽然是从平行板电容器这个特例中推导出来的，但是可以证明这是一个普遍适用的公式，对任意电场都是正确的.

在国际单位制中，电场能量密度的单位为 $\mathrm{J/m^3}$.

若要计算非均匀电场的能量，可以在非均匀电场中任取一体积元 $\mathrm{d}V$，$\mathrm{d}V$ 内电场可以看做是均匀的，于是，体积元 $\mathrm{d}V$ 内的电场能量为

$$\mathrm{d}W_e=w_e\mathrm{d}V=\frac{1}{2}\varepsilon E^2\mathrm{d}V=\frac{1}{2}DE\mathrm{d}V$$

则整个电场中的能量为

$$W_e=\int_V w_e\mathrm{d}V=\int_V \frac{1}{2}\varepsilon E^2\mathrm{d}V=\int_V \frac{1}{2}DE\mathrm{d}V \tag{5-48}$$

式中 $\int_V$ 表示积分遍及整个电场空间.

例 5-16 如图 5-43 所示,已知球形电容器内、外半径分别为 R_1 和 R_2,它们之间填充电容率为 ε 的均匀电介质,两极板带电荷量分别为 Q 和 $-Q$,求电容器储存的能量.

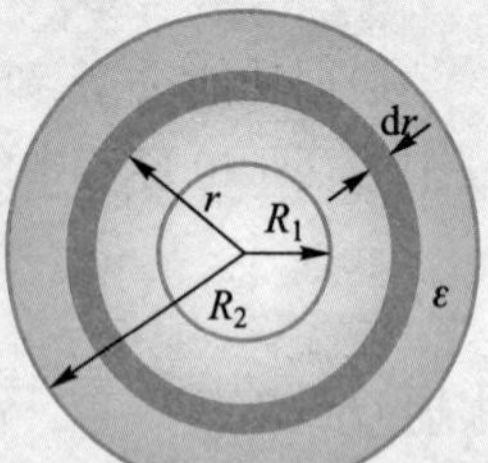

图 5-43

解法一 按电场能量公式.

显然电场分布是球对称的,由高斯定理得两板间的电场强度为

$$E=\frac{Q}{4\pi\varepsilon r^2}\quad (R_1<r<R_2)$$

电场的能量密度为

$$w_e=\frac{1}{2}\varepsilon E^2=\frac{1}{2}\varepsilon\left(\frac{Q}{4\pi\varepsilon r^2}\right)^2=\frac{Q^2}{32\pi^2\varepsilon r^4}$$

取体积元 dV 为以 r 为半径、dr 为厚度的薄球壳,$dV=4\pi r^2 dr$,两极板间电场的总能量为

$$W_e=\int_V w_e dV=\int_{R_1}^{R_2}\frac{Q^2}{32\pi^2\varepsilon r^4}4\pi r^2 dr=\int_{R_1}^{R_2}\frac{Q^2}{8\pi\varepsilon r^2}dr=\frac{Q^2}{8\pi\varepsilon}\left(\frac{1}{R_1}-\frac{1}{R_2}\right)$$

即球形电容器储存的能量.

解法二 由电容器的储能公式.

$$W_e=\frac{1}{2}\frac{Q^2}{C}=\frac{1}{2}\frac{Q^2}{4\pi\varepsilon\frac{R_1R_2}{R_2-R_1}}=\frac{Q^2}{8\pi\varepsilon}\left(\frac{1}{R_1}-\frac{1}{R_2}\right)$$

以上两种解法可以看出,解法二比解法一更简单,但解法一更具有普遍性.

习题

5-1 在正方形的两个相对的角上各放置一点电荷 Q,在其他两个相对角上各置一点电荷 q. 如果作用在 Q 上的力为零,求 Q 与 q 的关系.

5-2 一个正 p 介子由一个 u 夸克和一个反 d 夸克组成. u 夸克带电荷量为 $\frac{2}{3}e$,反 d 夸克带电荷量为 $\frac{1}{3}e$. 将夸克作为经典粒子处理,试计算正 p 介子中夸克间的电场力(设它们之间的距离为 1.0×10^{-15} m).

第五章参考答案

5-3 一长为 l 的均匀带电直线,其电荷线密度为 $+\lambda$. 试求直线延长线上距离近端为 a 处一点的电场强度.

5-4 一绝缘细棒弯成半径为 R 的半圆形,其上半段均匀带电荷量$+q$,下半段均匀带电荷量$-q$,如图所示. 求半圆中心处电场强度.

5-5 一质量 $m=1.6\times10^{-6}$ kg 的小球,$q=2.0\times10^{-11}$ C,悬挂于一丝线下端,丝线与一块很大的带电平面成 30°角,如图所示. 若带电平面上电荷分布均匀,q 很小不影响带电平面上电荷分布. 求带电平面上电荷面密度.

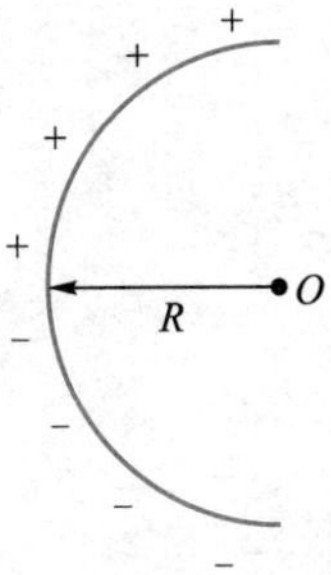

习题 5-4 图

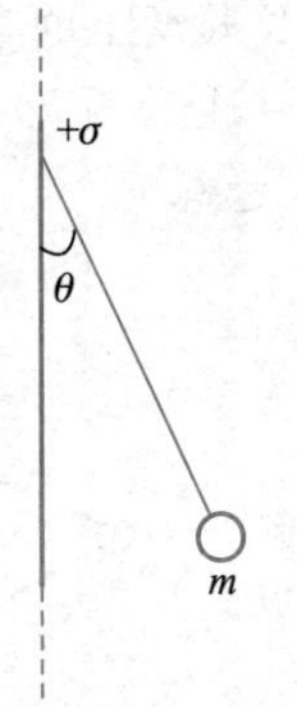

习题 5-5 图

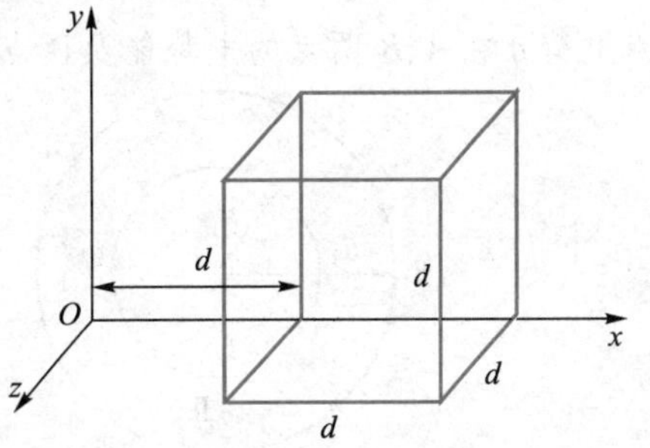

习题 5-6 图

5-6 在如图所示的空间内电场强度分量为 $E_x=bx^{\frac{1}{2}}$,$E_y=E_z=0$,其中 $b=800\ \mathrm{N\cdot m^{-\frac{1}{2}}/C}$,设 $d=10$ cm. 试求:(1) 通过正立方体的电场强度通量;(2) 正立方体内的总电荷量.

5-7 两个无限长的同轴圆柱面,半径分别为 R_1 和 $R_2(R_1<R_2)$,圆柱面上都均匀带电,沿轴单位长度的电荷量分别为 λ_1 和 λ_2,试求空间电场分布.

5-8 如图所示,已知 $r=6$ cm,$d=8$ cm,$q_1=3\times10^{-8}$ C,$q_2=-3\times10^{-8}$ C. 求:(1) 将电荷量为 2×10^{-9} C 的点电荷从 A 点移到 B 点,电场力做功多少?(2) 将此点电荷从 C 点移到 D 点,电场力做功多少?

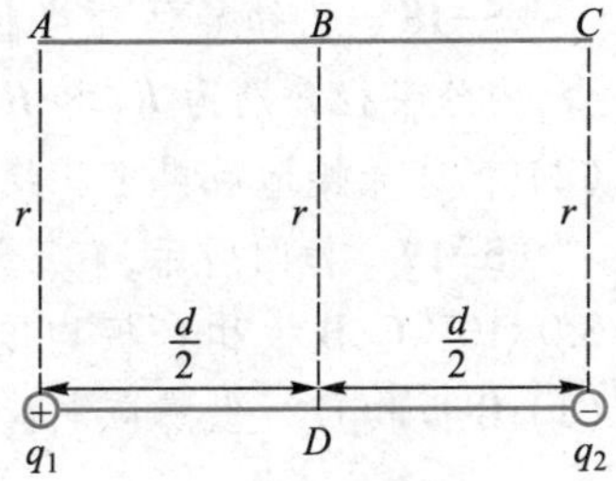

习题 5-8 图

5-9 点电荷 q_1、q_2、q_3、q_4 的电荷量均为 4×10^{-9} C,放置在一正方形的四个顶点上,各顶点距正方形 O 点的距离均为 5 cm. 求:(1) O 点处的电场强度和电势.(2) 将一试验电荷 $q_0=10^{-9}$ C 从无限远处移到 O 点,电场力做功多少? q_0 的电势能变为多少?(3) 将 q_0 由无限远移到 O 点,电势能的改变为多少?

5-10 一质量为 m,电量为 q 的粒子,在电场力的作用下从电势为 V_A 的 A 点运动到电势为 V_B 的 B 点,若粒子到达 B 点时的速率为 v_B,试求粒子在 A 点时的速率.

5-11 真空中一均匀线状带电体,其中 $\overparen{BCD}$ 为半圆,A,B,O,D,E 在同一直线上,O 点为圆心,如图所示. 设 $AB=DE=R$,电荷线密度为 λ,求圆心 O 点处的电势.

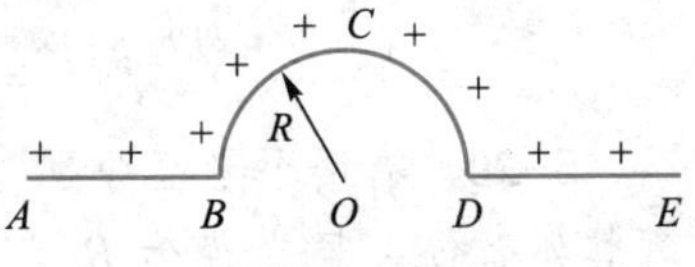

习题 5-11 图

5-12 金元素的原子核可看作均匀带电球体,其半径为 $R=7.0\times10^{-15}$ m,电荷量为 $q=79\times1.6\times10^{-19}$ C. 求它表面上的电势,它的中心电势又是多少?

5-13 半径分别为 R_1 和 R_2 的同心球面,均匀带电 q_1 和 q_2,如图所示. 求电势的空间分布.

5-14 两个共轴圆柱面,半径分别为 $R_1=3\times10^{-2}$ m,$R_2=0.10$ m,带有等量异号电荷,两者之间电势差为 450 V. 求圆柱面单位长度上的带电荷量为多少?

5-15 在点电荷 Q 产生的电电场中,有一电荷量为 q 的点电荷,如图所示,求点电荷 q 在 A、B 两点的电势能及两点电势能之差.

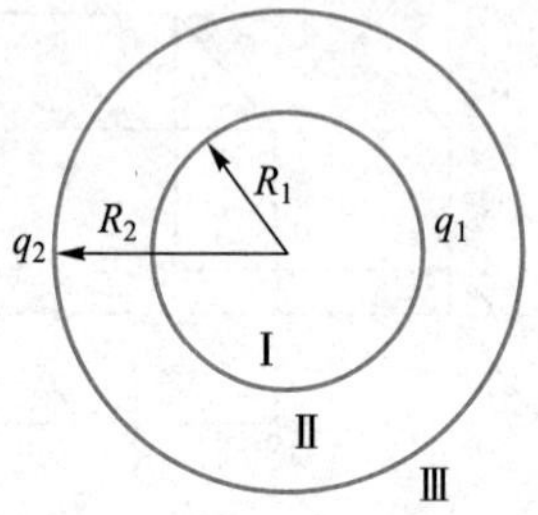

习题 5-13 图

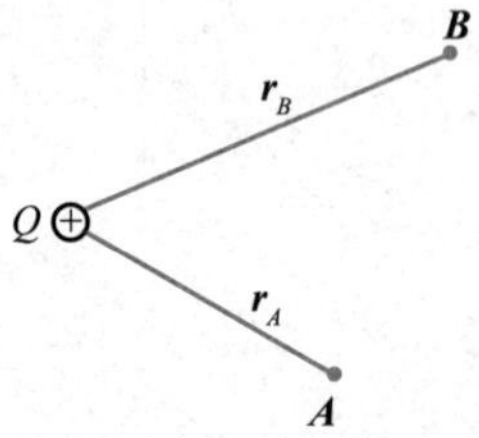

习题 5-15 图

5-16 长为 l 的均匀带电直线,电荷线密度为 λ. 试求:(1) 在直线延长线上到直线近端点距离为 r 的 P 点电势.(2) 由电场强度和电势的微分关系求 P 点电场强度.

5-17 一半径为 R 的均匀带电球体,其电荷的体密度为 ρ. 求:(1) 球外任一点的电势;(2) 球表面上的电势;(3) 球内任一点的电势.

5-18 已知导体球半径为 R_1,带电荷量为 q. 有一中性导体球壳与导体球同心,内外半径分别为 R_2 和 R_3,如图所示. 求:(1) 球壳上所带的电荷量和球壳电势;(2) 把球壳接地后再重新绝缘,求球壳上所带的电荷量及球壳的电势;

5-19 如图所示,有三块相互平行的金属板面积均为200 cm². A 板带正电 $Q=3.0\times10^{-7}$ C,B 板和 C 板均接地,A 板和 B 板相距 4 mm,A 板和 C 板相距 2 mm. 求:(1) B 板和 C 板上感应电荷;(2) A 板电势.

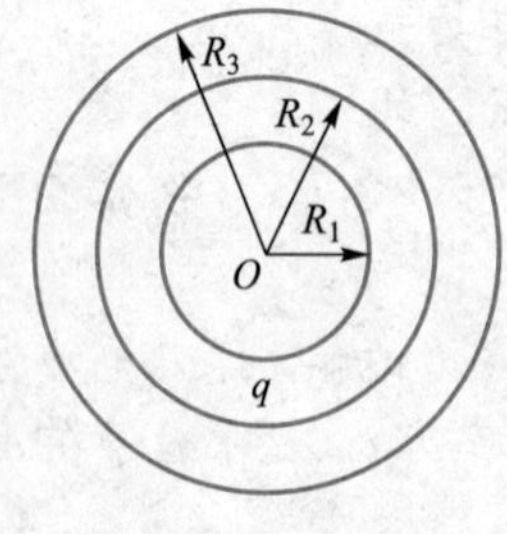

习题 5-18 图

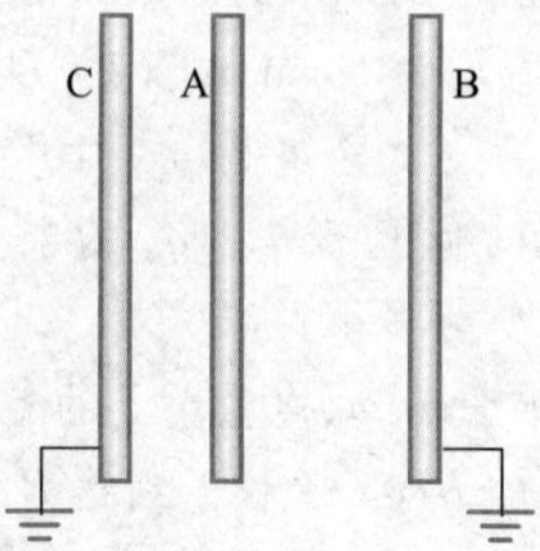

习题 5-19 图

5-20 有两个半径分别为 R_1 和 R_2 的同心金属球壳,内球壳带电荷量为 Q_0,紧靠其外面包一层半径为 R、相对电容率为 ε_r 的介质. 外球壳接地,如图所示. 求:(1) 两球壳间的电场强度分布;(2) 两球壳的电势差;(3) 两球壳构成的电容器的电容.

5-21 如图所示,两同轴无限长圆柱面,半径分别为 R_1 和 R_2,内外圆柱面分别均匀带等量异号电荷,内柱面单位长度上带电荷量 $+\lambda$,外柱面单位长度上带电荷量 $-\lambda$,两柱面间充满相对电容率为 ε_r 的均匀电介质. 求:(1) 离轴线距离为 $r(R_1<r<R_2)$ 处电场强度;(2) 内外柱面电势差.

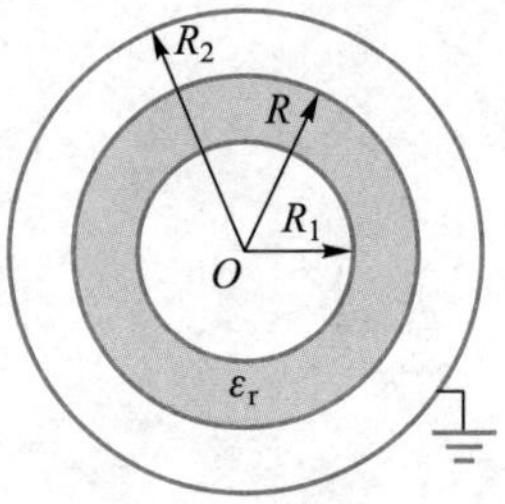

习题 5-20 图

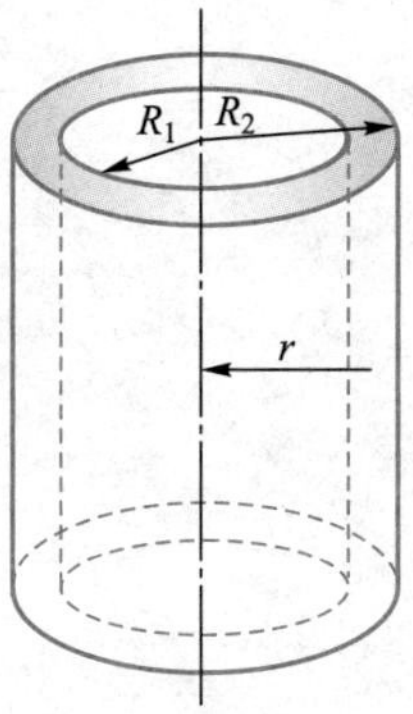

习题 5-21 图

5-22 两个半径相同的金属球,其中一个是实心的,另一个是空心的,电容是否相同? 如果把地球看作半径为 6 400 km 的球形导体,试计算其电容.

5-23 如图所示,$C_1 = 10\ \mu F$, $C_2 = 5.0\ \mu F$, $C_3 = 5.0\ \mu F$. 求:(1) A、B 间的电容.(2) 在 A、B 间加上 100 V 的电压,计算 C_2 上的电荷量和电压.(3) 如果 C_1 被击穿,问 C_3 上的电荷量和电压各是多少?

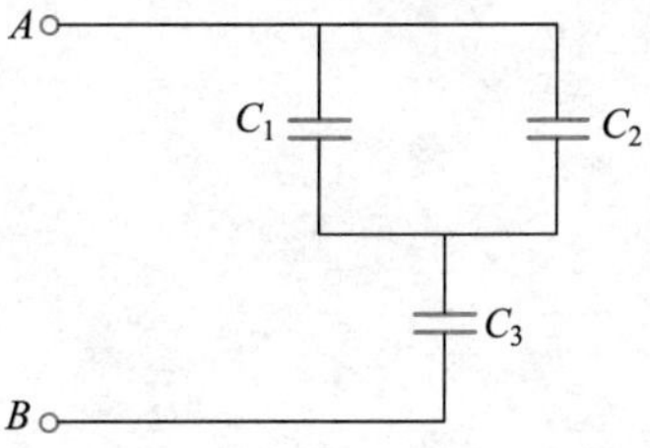

习题 5-23 图

5-24 某电介质的相对电容率为 2.8,击穿电场强度为 18×10^6 V/m,如果用它来作平行板电容器的电介质,要制作电容为 0.047 μF,而耐压为 4.0 kV 的电容器,它的极板面积至少要多大.

5-25 地球表面上空晴天时的电场强度约为 100 V/m. 求:(1) 此电场的能量密度多大? (2) 假设地球表面以上 10 km 范围内的电场强度大小相同,求此范围内所储存的电场能量.

5-26 两个相同的空气电容器,电容都是 9.0×10^{-10} F,都充电到 900 V,然后断开电源,把其中一个浸入煤油(相对电容率为 $\varepsilon_r=2$)中,再把这两个电容器并联. 求:(1) 浸入煤油过程中能量损失;(2) 并联过程中能量损失.

5-27 在电容率为 ε 的无限大的均匀电介质中,有一半径为 R 的导体球带电荷 Q,求电场的能量.

第六章

恒定磁场

静止电荷周围存在着静电场,运动电荷周围不仅有电场,而且还有磁场,当电荷运动形成恒定电流时,在它的周围产生不随时间改变的恒定磁场,虽然恒定磁场与静电场的性质、规律不同,但在研究方法上却有很多相同之处.

本章讨论恒定磁场的性质与规律,以及磁场中磁介质的性质.

6-1 磁感应强度

一、磁场

文档:奥斯特简介

人类很早就发现无论是天然磁石,还是人工磁铁都能吸引铁、镍、钴等物质,这一性质称为磁性. 条形磁铁两端的磁性最强,称为磁极. 磁铁都有两个磁极. 若用细线系住条形磁铁的中部,将它水平悬挂起来,使其在水平面内自由转动,则磁铁的两极将会分别指向地球的南极和北极. 指向南极的磁极称为磁南极,简称南极,用 S 表示,指向北极的磁极称为磁北极,简称北极,用 N 表示. 实验表明,同号磁极相互排斥,异号磁极相互吸引.

文档:电流磁效应的发现

1820 年丹麦科学家奥斯特发现电流对磁针的作用之后,人们才逐步认识到一切磁现象都源于运动的电荷. 运动电荷不仅在其周围空间产生电场,而且还同时能产生磁场. 运动电荷与运动电荷之间的作用是通过磁场传递的. 即运动电荷(包括电流、磁铁)在其周围空间激发磁场,磁场再作用于运动电荷(或电流、磁铁),这种相互作用可表示为

$$\text{运动电荷(电流、磁铁)} \rightleftharpoons \text{磁场} \rightleftharpoons \text{运动电荷(电流、磁铁)}$$

磁场也是物质存在的一种特殊形式,磁场的基本性质如下:

(1) 磁场对处于磁场中的磁铁、运动电荷和载流导线有磁场力的作用;

(2) 当电荷、载流导线在磁场中运动时,磁场力对它们要做功,这表明磁场具有能量;

(3) 处于磁场中的磁介质会被磁化,产生磁化电流.

因此,可以根据上述磁场的基本性质来研究磁场.

二、磁感应强度

为了定量地描述电场的分布,我们引入了电场强度 $\boldsymbol{E}$,同样,为了定量地描述磁场的分布,也需要引入一个与电场中电场强度 $\boldsymbol{E}$ 地位相当的物理量,这个物理量称为磁感应强度,用 $\boldsymbol{B}$ 表示. 磁场中的 $\boldsymbol{B}$ 与电场中的 $\boldsymbol{E}$ 相对应,为什么不把 $\boldsymbol{B}$ 称为磁场强度,这纯粹是由于历史的原因所造成的. 因为当时已有了另一个描述磁场的矢量 $\boldsymbol{H}$ 称为磁场强度,$\boldsymbol{H}$ 占用了本该属于 $\boldsymbol{B}$ 的"名分". 既然张冠李戴已久,人们也就没有再为 $\boldsymbol{B}$ 正名.

在电场中,我们曾用电场对试验电荷的作用来定义电场强度 $\boldsymbol{E}$. 与此类似,我们也用磁场对运动电荷的作用来定义磁感应强度 $\boldsymbol{B}$.

将一个速度为 $\boldsymbol{v}$,电荷量为 q 的运动试验电荷引入磁场,实验发现,磁场对运动试验电荷的作用力有如下规律.

(1) 磁场中任一点 P 都有一确定的方向,当电荷 q 沿此方向运动时,其受力为零. 这个方向就是磁场中可转动的小磁针静止时 N 极所指的方向,将这一方向定义为 P 点的磁感应强度 $\boldsymbol{B}$ 的方向.

(2) 当 q 在 P 点的速度 $\boldsymbol{v}$ 与 $\boldsymbol{B}$ 的夹角为 θ 时,作用于 q 的磁场力 $\boldsymbol{F}$ 的大小与 $qv\sin\theta$ 成正比,而且比值 $\dfrac{F}{qv\sin\theta}$ 不变,与运动电荷 q 和速率 v 无关,仅由磁场的性质决定,而对磁场中的不同点,这一比值一般不同. 把这个比值定义为该点的磁感应强度的大小,即

$$B=\frac{F}{qv\sin\theta} \tag{6-1}$$

(3) 当 q 以同一速率 v 沿不同方向通过场点 P 时,所受磁场力 $\boldsymbol{F}$ 的大小不同,但其方向总与 $\boldsymbol{v}$ 和 $\boldsymbol{B}$ 所构成的平面垂直;改变电荷 q 的符号,则磁场力 $\boldsymbol{F}$ 的方向相反.

由于磁场作用于运动电荷 q 的磁场力大小:$F=qvB\sin\theta$,又因 $\boldsymbol{F}$ 总垂直于 $\boldsymbol{v}$ 和 $\boldsymbol{B}$,故可写成矢量式:

$$\boldsymbol{F}=q\boldsymbol{v}\times\boldsymbol{B} \tag{6-2}$$

此力又称为洛伦兹力. 洛伦兹力 $\boldsymbol{F}$ 的方向垂直于 $\boldsymbol{v}$ 与 $\boldsymbol{B}$ 所组成的平面,指向由 $\boldsymbol{v}$ 经小于 180°的角转向 $\boldsymbol{B}$,并由右手螺旋定则决定,如图 6-1 所示. 而对于带负电的运动电荷,洛伦兹力的方向与正电荷的受力方向相反.

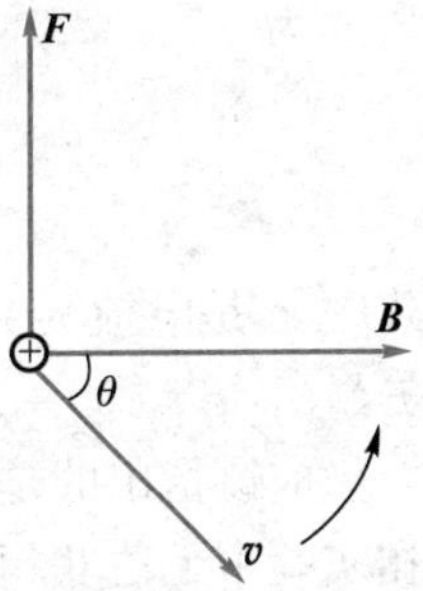

图 6-1

在国际单位制中,$\boldsymbol{B}$ 的单位为 T(特[斯拉]),1 T = 1 N/(A · m).

顺便指出,如果磁场中某一区域内各点的磁感应强度 $\boldsymbol{B}$ 都相同,即该区域内各点 $\boldsymbol{B}$ 的方向一致,大小相等,那么该区域内的磁场叫做均匀磁场(或称为匀强磁场);如果磁场中各点的 $\boldsymbol{B}$ 都不随时间变化,这种磁场叫恒定磁场,恒定电流激发的磁场是恒定磁场.

三、磁场叠加原理

能够产生磁场的电流、运动电荷等统称为磁场源. 实验表明,在 n 个磁场源产生的磁场中,某点的磁感应强度等于各个磁场源单独存在时在该点产生磁感应强度的矢量和,这一结论称为磁场叠加原理. 如果 $\boldsymbol{B}_1,\boldsymbol{B}_2,\cdots,\boldsymbol{B}_n$ 分别代表磁场源 1,磁场源 2……磁场源 n 单独存在时产生的磁感应强度,那么,总磁感应强度为

$$\boldsymbol{B}=\boldsymbol{B}_1+\boldsymbol{B}_2+\cdots+\boldsymbol{B}_n=\sum_{i=1}^{n}\boldsymbol{B}_i \tag{6-3}$$

四、毕奥-萨伐尔定律

文档：毕奥简介

在静电场中，计算带电体在某点产生的电场强度 $\boldsymbol{E}$ 时，先把带电体分割成许多电荷元 $\mathrm{d}q$，求出每个电荷元在该点产生的电场强度 $\mathrm{d}\boldsymbol{E}$，然后根据电场叠加原理把带电体上所有电荷元在同一点的 $\mathrm{d}\boldsymbol{E}$ 叠加(即求定积分)，从而得到带电体在该点产生的电场强度 $\boldsymbol{E}$. 与此类似，磁场也满足叠加原理，要计算任意载流导线在某点产生的磁感应强度 $\boldsymbol{B}$，可先把载流导线分割成许多电流元 $I\mathrm{d}\boldsymbol{l}$(电流元是矢量，它的方向是该电流元的电流方向)，求出每个电流元在该点产生的磁感应强度 $\mathrm{d}\boldsymbol{B}$，然后根据磁场叠加原理把该载流导线的所有电流元在同一点产生的 $\mathrm{d}\boldsymbol{B}$ 叠加，从而得到载流导线在该点的磁感应强度 $\boldsymbol{B}$.

电流元 $I\mathrm{d}\boldsymbol{l}$ 在真空中任一点所产生的磁感应强度，遵从毕奥-萨伐尔定律. 这个定律可表述为：电流元 $I\mathrm{d}l$ 在真空中 P 点产生的磁感应强度 $\mathrm{d}B$ 的大小与电流元的大小成正比，与电流元和由电流元到 P 点的位置矢量 $\boldsymbol{r}$ 之间的夹角的正弦成正比，与电流元到 P 点的距离的平方成反比，即

$$\mathrm{d}B=\frac{\mu_0}{4\pi}\frac{I\mathrm{d}l\sin\theta}{r^2}$$

式中 $\mu_0=4\pi\times10^{-7}$ H/m 称为真空磁导率. $\mathrm{d}\boldsymbol{B}$ 的方向既垂直于 $I\mathrm{d}\boldsymbol{l}$，又垂直于 $\boldsymbol{r}$，即垂直于 $I\mathrm{d}\boldsymbol{l}$ 与 $\boldsymbol{r}$ 组成的平面，指向由右手螺旋定则确定，即右手四指由 $I\mathrm{d}\boldsymbol{l}$ 经小于 $180°$ 角转向位置矢量 $\boldsymbol{r}$ 时，大拇指的指向即为 $\mathrm{d}\boldsymbol{B}$ 的方向，如图 6-2 所示. 写成矢量式为

$$\mathrm{d}\boldsymbol{B}=\frac{\mu_0}{4\pi}\frac{I\mathrm{d}\boldsymbol{l}\times\boldsymbol{e}_r}{r^2} \tag{6-4}$$

式中 $\boldsymbol{e}_r$ 是电流元到 P 点的位置矢量 $\boldsymbol{r}$ 方向的单位矢量.

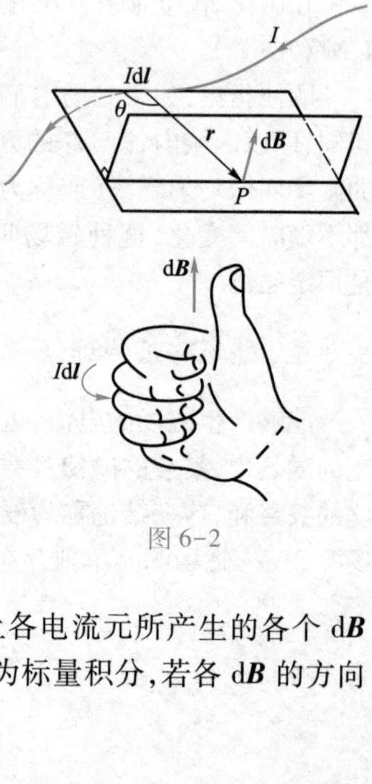

图 6-2

应该指出的是，由于恒定电流电路总是闭合的，在实验中无法获得独立的电流元，因此，毕奥-萨伐尔定律的正确性无法直接通过实验验证. 毕奥-萨伐尔定律是在大量实验结果上进行归纳，经过科学抽象提炼出来的基本定律，将该定律应用于任意形状的载流导线，得出的结果都很好地和实验相符合，从而间接地证明了式(6-4)的正确性.

利用毕奥-萨伐尔定律和磁场叠加原理，可求出任意形状的载流导线所激发的总磁感应强度为

$$\boldsymbol{B}=\int_L\mathrm{d}\boldsymbol{B}=\frac{\mu_0}{4\pi}\int_L\frac{I\mathrm{d}\boldsymbol{l}\times\boldsymbol{e}_r}{r^2} \tag{6-5}$$

上式为矢量积分，具体计算时，首先要分析载流导线上各电流元所产生的各个 $\mathrm{d}\boldsymbol{B}$ 的方向是否一致，若各 $\mathrm{d}\boldsymbol{B}$ 方向相同，则上述积分即化为标量积分，若各 $\mathrm{d}\boldsymbol{B}$ 的方向

不同,则应先将 d$\boldsymbol{B}$ 沿选定的坐标轴投影,再对 d$\boldsymbol{B}$ 的各坐标分量进行积分,积分应遍及整个载流导线.

下面举例说明应用毕奥-萨伐尔定律求解磁感应强度的方法,所得结论解题时可直接应用.

例 6-1 试求真空中载流直导线附近一点 P 处的磁感应强度. 设导线中通有电流 I,P 点到直导线的垂直距离为 a,如图 6-3 所示.

解 在载流直导线上任取电流元 $I\mathrm{d}\boldsymbol{l}$,根据毕奥-萨伐尔定律可知电流元 $I\mathrm{d}\boldsymbol{l}$ 在 P 点产生的磁感应强度 d$\boldsymbol{B}$ 的大小为

$$\mathrm{d}B=\frac{\mu_0}{4\pi}\frac{I\mathrm{d}l\sin\theta}{r^2}$$

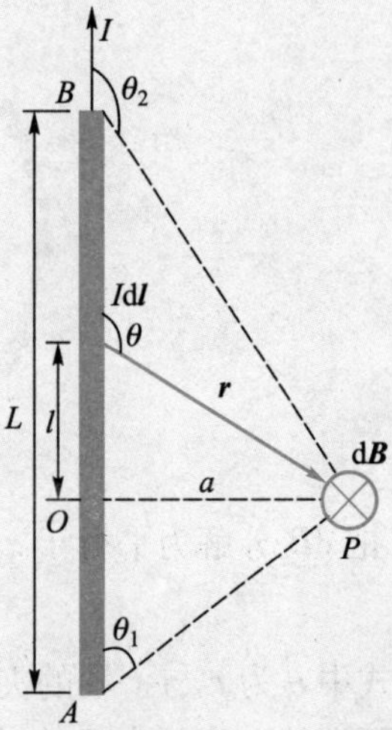

图 6-3

d$\boldsymbol{B}$ 的方向按 $I\mathrm{d}\boldsymbol{l}\times\boldsymbol{e}_r$ 确定,即垂直纸面向里,从图 6-3 中可以看出,各个电流元产生的 d$\boldsymbol{B}$ 的方向都一致(在 P 点垂直纸面向内). 因此在求总磁感应强度 $\boldsymbol{B}$ 的大小时,只需求 dB 的代数和,即

$$B=\int_L \mathrm{d}B=\frac{\mu_0}{4\pi}\int_L \frac{I\mathrm{d}l\sin\theta}{r^2}$$

式中 l,θ 和 r 都是变量,但它们不是独立的,由图可知,它们之间有如下关系

$$r=a\csc\theta,\quad l=a\cot(\pi-\theta)=-a\cot\theta,\quad \mathrm{d}l=a\csc^2\theta\mathrm{d}\theta$$

代入上式可得

$$B=\frac{\mu_0 I}{4\pi a}\int_{\theta_1}^{\theta_2}\sin\theta\mathrm{d}\theta=\frac{\mu_0 I}{4\pi a}(\cos\theta_1-\cos\theta_2)\tag{6-6}$$

上式中 θ_1 和 θ_2 分别是直导线两端的电流元和它们到 P 点的位置矢量之间的夹角.

讨论:

(1) 如果 $L\gg a$ 时,有限长载流直导线可视为无限长载流直导线(或称为长直载流导线),因而 $\theta_1=0$,$\theta_2=\pi$,由式(6-6)可得

$$B=\frac{\mu_0 I}{2\pi a}\tag{6-7}$$

(2) 如果 P 点位于载流导线的延长线上,因而 $\theta_1=0$,$\theta_2=\pi$,由式(6-6)可得

$$B=0\tag{6-8}$$

例 6-2 试求真空中载流圆线圈(或称为圆电流)轴线上距环心为 x 一点 P 处磁感应强度. 设载流圆线圈的半径为 R,通有电流 I.

解 如图 6-4 所示,把载流圆线圈轴线作为 x 轴,并令原点在圆心上. 在载流圆线圈上任取一电流元 $I\mathrm{d}\boldsymbol{l}$,它在轴上任一点 P 处产生的磁场 $\mathrm{d}\boldsymbol{B}$ 的方向垂直于 $\mathrm{d}\boldsymbol{l}$ 与 $\boldsymbol{r}$ 组成的平面. 由于 $\mathrm{d}\boldsymbol{l}$ 总与 $\boldsymbol{r}$ 垂直,所以由毕奥-萨伐尔定律,电流元在 P 点产生的磁感应强度 $\mathrm{d}\boldsymbol{B}$ 的大小为:

$$\mathrm{d}B=\frac{\mu_0}{4\pi}\frac{I\mathrm{d}l\sin 90^\circ}{r^2}=\frac{\mu_0}{4\pi}\frac{I\mathrm{d}l}{r^2}$$

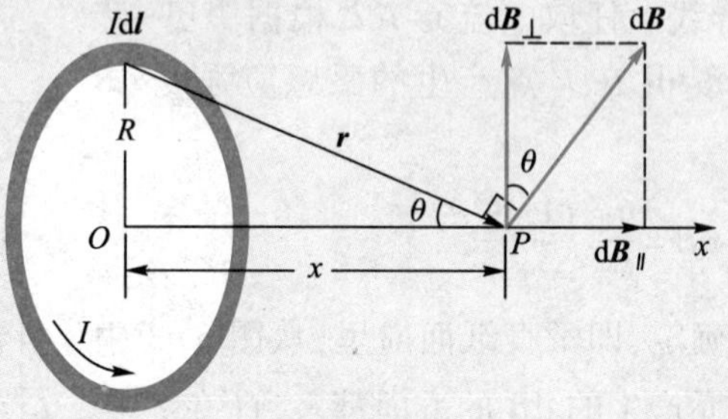

图 6-4

把 $\mathrm{d}\boldsymbol{B}$ 分解为平行于 x 轴的分量 $\mathrm{d}\boldsymbol{B}_{/\!/}$ 和垂直于 x 轴的分量 $\mathrm{d}\boldsymbol{B}_{\perp}$,其大小为

$$\mathrm{d}B_{/\!/}=\mathrm{d}B\sin\theta \quad \mathrm{d}B_{\perp}=\mathrm{d}B\cos\theta$$

式中 θ 为 $\boldsymbol{r}$ 与 x 轴的夹角,由于电流分布对 x 轴是对称的,载流圆线圈任一直径两端的电流元在 P 点产生的磁感应强度在垂直于 x 轴的分量 $\mathrm{d}\boldsymbol{B}_{\perp}$ 相互抵消. 所以整个圆电流垂直于 x 轴的磁感应强度分量 $\int\mathrm{d}\boldsymbol{B}_{\perp}=0$,因而 P 点的总磁感应强度方向沿 x 轴正方向,其大小为

$$\begin{aligned}B&=\int_L\mathrm{d}B_{/\!/}=\int_L\mathrm{d}B\sin\theta\\&=\int_L\frac{\mu_0 I\mathrm{d}l}{4\pi r^2}\sin\theta=\frac{\mu_0 I\sin\theta}{4\pi r^2}\int_0^{2\pi R}\mathrm{d}l\\&=\frac{\mu_0 I\sin\theta}{4\pi r^2}2\pi R=\frac{\mu_0 IR}{2r^2}\sin\theta\end{aligned}$$

由图 6-4 可知

$$r^2=R^2+x^2,\quad \sin\theta=\frac{R}{r}=\frac{R}{(R^2+x^2)^{1/2}}$$

所以

$$B=\frac{\mu_0 IR^2}{2(R^2+x^2)^{3/2}} \tag{6-9}$$

讨论:在 $x=0$ 处,即在圆心处的磁感应强度为

$$B=\frac{\mu_0 I}{2R} \tag{6-10}$$

如果载流导线为一段圆弧,它对圆心的张角为 θ,由式(6-10)可知,圆心处

$$B=\frac{\mu_0 I\theta}{4\pi R} \tag{6-11}$$

例 6-3 通有电流 I 的无限长导线 $abcde$ 被弯曲成如图 6-5 所示的形状.图中,R 为圆弧半径,$\theta_1=45°$,$\theta_2=135°$,求该载流导线在 O 点处产生的磁感应强度.

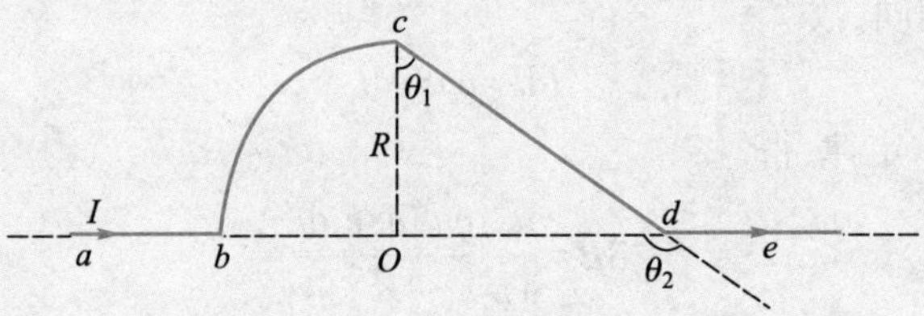

图 6-5

解 将载流导线分为 ab,bc,cd 及 de 四段,它们各自在圆心 O 点处产生的磁感应强度的矢量和即为整个载流导线在圆心 O 点产生的磁感应强度.

由于 O 点在 ab 及 de 的延长线上,由式(6-8)知

$$B_{ab}=B_{de}=0$$

由图知,弧$\widehat{bc}$对 O 点的张角为$\frac{\pi}{2}$. 由式(6-11)得

$$B_{bc}=\frac{\mu_0 I\theta}{4\pi R}=\frac{\mu_0 I}{4\pi R}\times\frac{\pi}{2}=\frac{\mu_0 I}{8R}$$

其方向垂直于纸面向里.

由式(6-6)得

$$B_{cd}=\frac{\mu_0 I}{4\pi a}(\cos\theta_1-\cos\theta_2)=\frac{\mu_0 I}{4\pi R\sin\frac{\pi}{4}}\left(\cos\frac{\pi}{4}-\cos\frac{3\pi}{4}\right)$$

$$=\frac{\mu_0 I}{2\pi R}$$

其方向垂直于纸面向里. 故 O 点处的磁感应强度的大小为

$$B=B_{bc}+B_{cd}=0+\frac{\mu_0 I}{8R}+\frac{\mu_0 I}{2\pi R}=\frac{\mu_0 I}{8R}\left(1+\frac{4}{\pi}\right)$$

方向垂直于纸面向里.

五、运动电荷的磁场

电流是由大量的电荷定向运动形成的,因此从本质上来说,电流的磁场也是由大量运动电荷的磁场叠加而得的. 如图 6-6 所示,设载流导体中有一电流元,其横截面积为 S,单位体积内的运动电荷(正电荷)为 n 个,每个电荷的带电荷量均为 q,

且定向速度均为 $\boldsymbol{v}$. 则通过导体的电流为

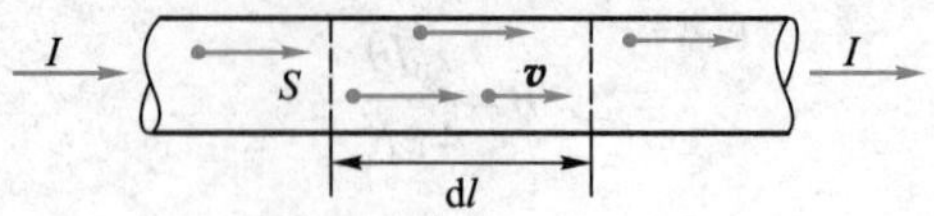

图 6-6

$$I=\frac{\mathrm{d}q}{\mathrm{d}t}=\frac{qnvS\mathrm{d}t}{\mathrm{d}t}=qnvS$$

$I\mathrm{d}\boldsymbol{l}$ 的方向和 $\boldsymbol{v}$ 相同,故

$$I\mathrm{d}\boldsymbol{l}=qnS\boldsymbol{v}\mathrm{d}l$$

代入毕奥-萨伐尔定律,得

$$\mathrm{d}\boldsymbol{B}=\frac{\mu_0}{4\pi}\frac{qnS\boldsymbol{v}\times\boldsymbol{e}_r\mathrm{d}l}{r^2}$$

式中 $S\mathrm{d}l=\mathrm{d}V$ 为电流元的体积,$\mathrm{d}N=n\mathrm{d}V=nS\mathrm{d}l$ 为电流元中作定向运动的电荷数. 故上式中电流元 $I\mathrm{d}\boldsymbol{l}$ 在 $\boldsymbol{r}$ 处产生的磁感应强度,可理解为 $\mathrm{d}N$ 个运动电荷产生的. 因此,一个以速度 $\boldsymbol{v}$ 运动,带电荷量为 q 的电荷,在距它为 $\boldsymbol{r}$ 处一点产生的磁感应强度为

$$\boldsymbol{B}=\frac{\mathrm{d}\boldsymbol{B}}{\mathrm{d}N}=\frac{\mu_0}{4\pi}\frac{q\boldsymbol{v}\times\boldsymbol{e}_r}{r^2}\tag{6-12}$$

$\boldsymbol{B}$ 的方向垂直于 $\boldsymbol{v}$ 和 $\boldsymbol{r}$ 所组成的平面,当 q 为正电荷时,$\boldsymbol{B}$ 的方向为矢积 $\boldsymbol{v}\times\boldsymbol{r}$ 的方向;当 q 为负电荷时,$\boldsymbol{B}$ 的方向与矢积 $\boldsymbol{v}\times\boldsymbol{r}$ 的方向相反,如图 6-7 所示.

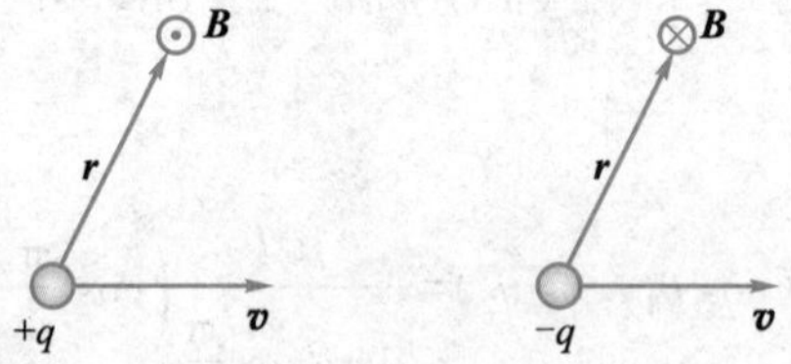

图 6-7

例 6-4 氢原子中的电子以速度 $v=2.2\times10^6$ m/s,在半径 $r=0.53\times10^{-10}$ m 的圆周上做匀速圆周运动. 试求这电子在轨道中心所产生的磁感应强度.

解 电子在轨道中心所产生的磁感应强度 $\boldsymbol{B}$ 的大小,可根据式(6-12)

$$B=\frac{\mu_0}{4\pi}\frac{ev\sin\theta}{r^2}$$

求得,如图 6-8 所示,因 $\boldsymbol{v}\perp\boldsymbol{r}$,所以 $\sin\theta=1$,因此有

$$B=\frac{\mu_0}{4\pi}\frac{ev}{r^2}=\frac{4\pi\times10^{-7}}{4\pi}\times\frac{1.6\times10^{-19}\times2.2\times10^6}{(0.53\times10^{-10})^2}\ \mathrm{T}=13.0\ \mathrm{T}$$

$\boldsymbol{B}$ 的方向垂直于纸面向里(因电子带负电).

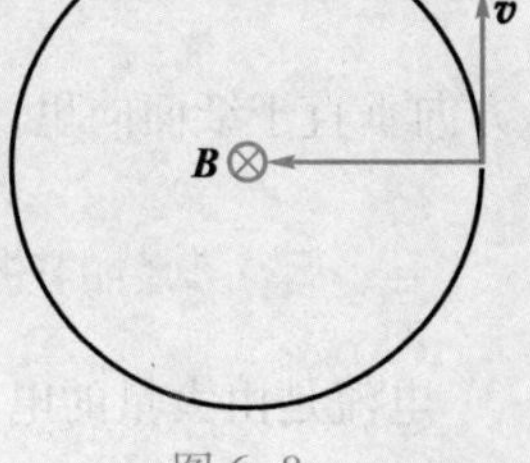

图 6-8

6-2 磁场的高斯定理

一、磁感应线

为了形象地描述磁场的分布,我们可以仿照电场线引入磁感应线. 磁感应线是有向曲线,为了能用磁感应线反映磁场的特征,规定:

(1) 磁感应线上任一点的切线方向为该点的磁感应强度 $\boldsymbol{B}$ 的方向;

(2) 在某点处,通过垂直于磁感应强度 $\boldsymbol{B}$ 的单位面积的磁感应线的条数等于该点处磁感应强度 $\boldsymbol{B}$ 的大小.

显然,用磁感应线不仅能反映磁场中各点的磁感应强度方向,而且能反映各点磁场的强弱. 在磁场中 $\boldsymbol{B}$ 大的地方,磁感应线的密度大,磁场就强;$\boldsymbol{B}$ 小的地方,磁感应线的密度小,磁场就弱. 对于均匀磁场,磁感应线处处相互平行.

磁感应线的分布可用实验方法显示出来,例如,把一块玻璃板(或硬纸)水平放置在磁场中,上面撒一层铁屑,则铁屑被磁化而成为小磁针,当用力轻轻敲击玻璃板时,铁屑就会在板面上按磁感应线的形状排列起来. 图 6-9 所示为长直电流、圆电流和螺线管的磁感应线的分布示意图.

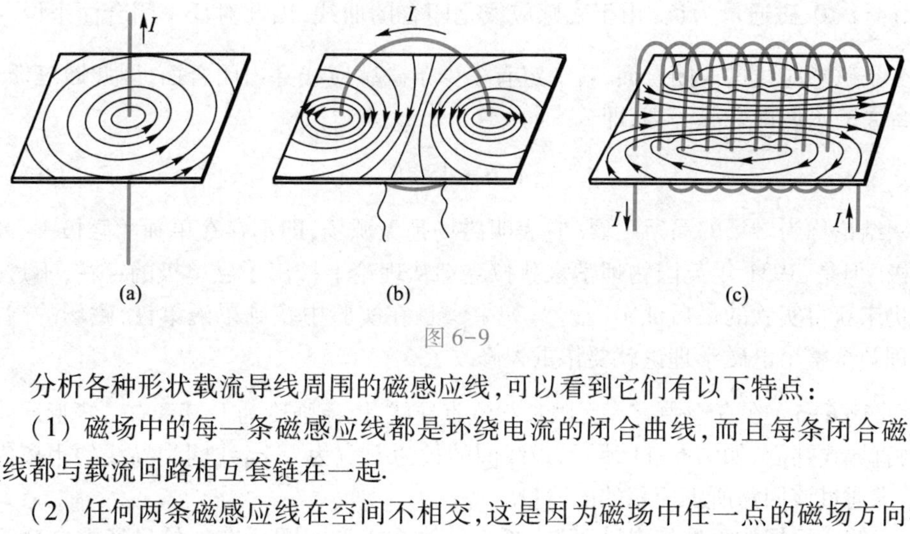

图 6-9

分析各种形状载流导线周围的磁感应线,可以看到它们有以下特点:

(1) 磁场中的每一条磁感应线都是环绕电流的闭合曲线,而且每条闭合磁感应线都与载流回路相互套链在一起.

(2) 任何两条磁感应线在空间不相交,这是因为磁场中任一点的磁场方向都是唯一确定的.

(3) 磁感应线的环绕方向和电流方向服从右手螺旋定则,若大拇指指向电流方向,则四指方向即为磁感应线方向,如图 6-9(a)所示;若四指方向为电流方向,则大拇指方向为磁感应线方向,如图 6-9(b)、(c)所示. 利用这种关系可以确定电流或磁场的方向.

二、磁通量

通过磁场中某一曲面的磁感应线条数叫做通过此曲面的磁通量,用符号 Φ 表示. 其计算方法与电场强度通量的计算方法相似.

如图 6-10 所示,设 d$\boldsymbol{S}$ 为磁感应强度为 $\boldsymbol{B}$ 的磁场中的某一面积元,根据定义,穿过此面积元的磁通量为

$$\mathrm{d}\Phi = B\cos\theta \mathrm{d}S = \boldsymbol{B} \cdot \mathrm{d}\boldsymbol{S}$$

式中 θ 为面积元的法线方向 $\boldsymbol{e}_n$ 与该点处磁感应强度方向之间的夹角. 于是通过整个曲面 S 的磁通量为

$$\Phi = \int_S B\cos\theta \mathrm{d}S = \int_S \boldsymbol{B} \cdot \mathrm{d}\boldsymbol{S} \qquad (6-13)$$

在国际单位制中,磁通量的单位是 Wb(韦[伯])

$$1\ \mathrm{Wb} = 1\ \mathrm{T} \cdot \mathrm{m}^2$$

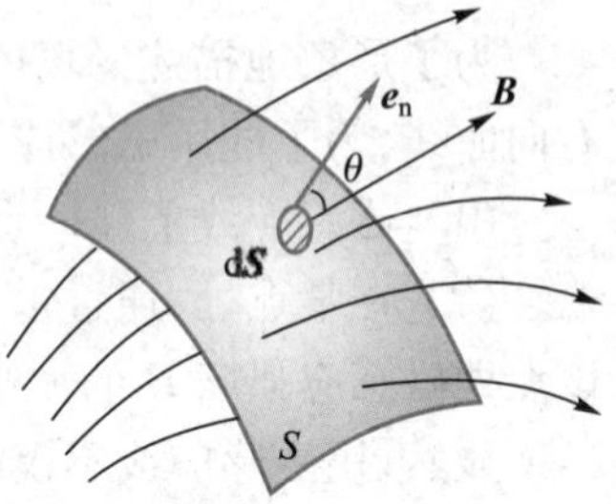

图 6-10

三、磁场的高斯定理

对于闭合面来说,取垂直于闭合面向外的指向为法线的正方向,当磁感应线从闭合面内穿出时,$\theta < \dfrac{\pi}{2}$,$\cos\theta > 0$,磁通量为正,而当磁感应线从闭合面外穿入时,$\theta > \dfrac{\pi}{2}$,$\cos\theta < 0$,磁通量为负. 由于磁感应线是闭合的曲线,因此对任一闭合面来说,有多少条磁感应线进入闭合面,就一定有多少条磁感应线穿出闭合面,因此**通过任一闭合面的磁通量必等于零**,即

$$\oint_S \boldsymbol{B} \cdot \mathrm{d}\boldsymbol{S} = 0 \qquad (6-14)$$

这一结论称为**磁场的高斯定理**. 它表明磁场是无源场,即不存在单独的磁极——磁单极. 但是,1931 年英国物理学家狄拉克却从理论上推出了磁单极的存在,不过至今仍未获得实验的最后证实. 显然,如果一旦在实验中找到了磁单极,磁场的高斯定理乃至整个电磁学理论就要作重大修改了.

例 6-5 在真空中有一无限长载流直导线,电流强度为 I,其旁有一矩形回路与直导线共面,如图 6-11 所示,设线圈的长为 l,宽为 $b-a$,线圈到导线的距离为 a,求通过该回路所围面积的磁通量.

解 根据右手螺旋定则可知,长直导线在矩形线圈所在处的磁场方向是垂直于图面向里的,即垂直于线圈平面. 由于长直导线所激发的磁场是不均匀的,因而计算通过该回路所围面积的磁通量应使用积分.

我们在矩形线圈上截取一个小面积元 dS,其宽度为 dx,面积为 d$S=l$dx,设其到长直导线的距离为 x,如图 6-12 所示. 无限长载流直导线在面元 dS 所在处的磁感应强度大小为 $B=\dfrac{\mu_0 I}{2\pi x}$,方向垂直纸面向里. 若规定 d$\boldsymbol{S}$ 的法向方向也垂直纸

面向里则通过面元 dS 的磁通量为

$$\mathrm{d}\Phi=\boldsymbol{B}\cdot\mathrm{d}\boldsymbol{S}=B\mathrm{d}S=\frac{\mu_0 I}{2\pi x}l\mathrm{d}x$$

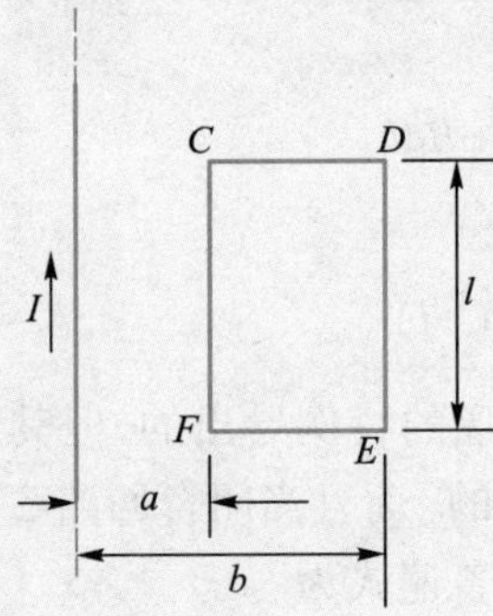

图 6-11

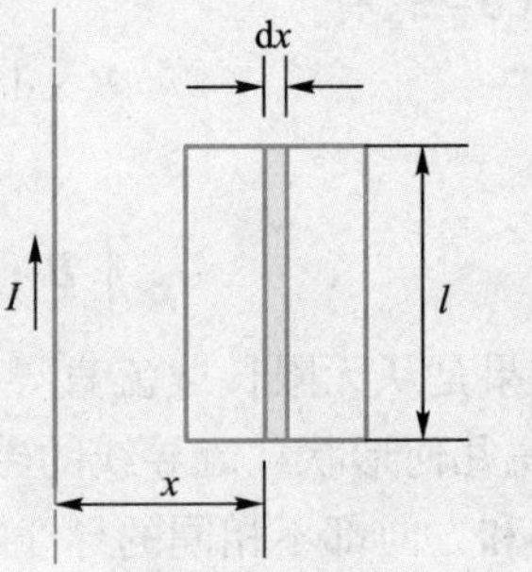

图 6-12

通过整个线圈平面的磁通量为

$$\Phi=\int\mathrm{d}\Phi=\int_a^b\frac{\mu_0 Il}{2\pi x}\mathrm{d}x=\frac{\mu_0 Il}{2\pi}\ln\frac{b}{a}$$

6-3 磁场的安培环路定理

一、磁场的安培环路定理

在静电场中，电场强度 $\boldsymbol{E}$ 沿任意闭合路径 L 的环路积分等于零，即 $\oint_L\boldsymbol{E}\cdot\mathrm{d}\boldsymbol{l}=0$，说明静电场是保守场，可以引入电势来描述静电场，那么，恒定磁场中的磁感应强度 $\boldsymbol{B}$ 沿任意闭合路径的环路积分 $\oint_L\boldsymbol{B}\cdot\mathrm{d}\boldsymbol{l}$ 又如何呢？下面以无限长载流直导线所激发的磁场为例计算 $\oint_L\boldsymbol{B}\cdot\mathrm{d}\boldsymbol{l}$ 的值.

设真空中有一无限长载流直导线，它所形成的磁场的磁感应线是一组以导线为轴线的同心圆，如图 6-13 所示，即圆心在导线上，圆所在平面与导线垂直. 任取半径为 R 的磁感应线作为积分的闭合路径. 路径上的磁感应强度的大小 $B=\dfrac{\mu_0 I}{2\pi R}$，方向沿圆周的切线，指向与电流方向满足右手螺旋定则. 如果积分路径的绕行方向与该条磁感应线方向相同，则 $\boldsymbol{B}$ 与 $\mathrm{d}\boldsymbol{l}$ 间的夹角 θ 处处为零，于是

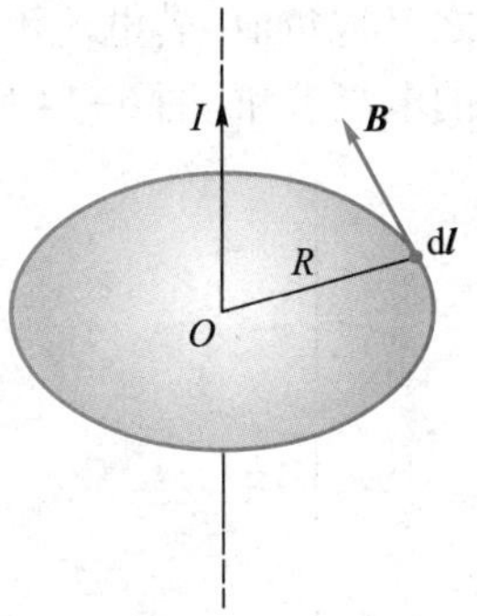

图 6-13

$$\oint_l\boldsymbol{B}\cdot\mathrm{d}\boldsymbol{l}=\oint_l\frac{\mu_0 I}{2\pi R}\cos 0\mathrm{d}l=\oint_l\frac{\mu_0 I}{2\pi R}\mathrm{d}l=\frac{\mu_0 I}{2\pi R}\times 2\pi R$$

所以

$$\oint_l \boldsymbol{B} \cdot \mathrm{d}\boldsymbol{l} = \mu_0 I$$

如果保持积分路径的绕行方向不变而改变上述电流的方向，由于每个线元 d$\boldsymbol{l}$ 与 $\boldsymbol{B}$ 的夹角 $\theta=\pi$，有

$$\boldsymbol{B} \cdot \mathrm{d}\boldsymbol{l} = B\cos\ \pi \mathrm{d}l = -B\mathrm{d}l$$

所以

$$\oint_l \boldsymbol{B} \cdot \mathrm{d}\boldsymbol{l} = -\mu_0 I = \mu_0(-I)$$

上面结果是从无限长载流直导线产生的磁场的特例导出的，但其结论具有普遍性，对任意几何形状载流导线的磁场都是适用的. 而且当闭合回路 L 包围多根载有电流大小和方向都不相同的导线时也适用，故普遍式为

$$\oint_L \boldsymbol{B} \cdot \mathrm{d}\boldsymbol{l} = \mu_0 \sum_{i=1}^{n} I_i \tag{6-15}$$

上式表明，在真空中的恒定磁场中，磁感应强度 $\boldsymbol{B}$ 沿任一闭合回路的环路等于 μ_0 乘以该闭合回路所包围的电流的代数和，这一结论称为磁场的安培环路定理.

文档：安培简介

安培(A.M.Ampere，1775—1836)

法国著名的物理学家，在电磁理论的建立和发展方面建树颇丰. 他率先提出了磁性的分子电流假设，特别是他提出的电流元相互作用的安培定律和一些基本公式，奠定了电动力学基础. 为了纪念他在电磁学上的杰出贡献，电流的国际单位制单位安培即以其姓氏命名.

对于磁场的安培环路定理，作如下几点说明.

(1) 式(6-15)中的电流为闭合恒定电流，无限长载流导线可视为在无限远处闭合的恒定电流. 对于一段恒定电流的磁场，磁场的安培环路定理不成立.

(2) 当电流的方向与闭合回路的绕行方向满足右手螺旋定则时，I 取正值；反之，I 取负值. 若电流没有穿过回路 L，则它对积分无贡献，不能计入式(6-15)右端的电流求和. 图 6-14 所示中(a) $I>0$；(b) $I<0$；(c) $\sum I=I-I=0$；(d) $\sum I=NI$.

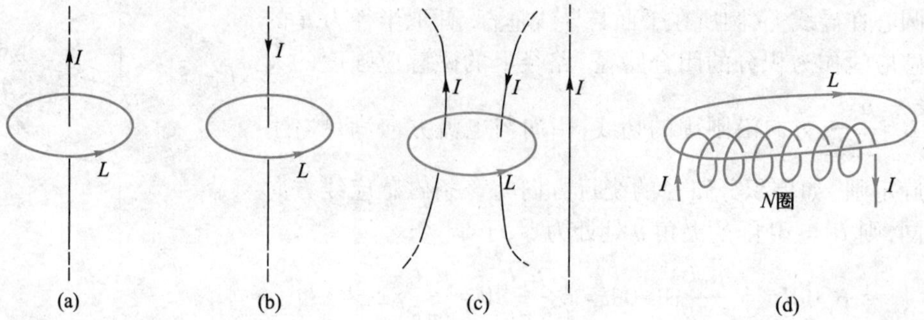

图 6-14

(3) 式(6-15)中的 $\boldsymbol{B}$ 是由闭合回路 L 内外所有电流共同产生的,如果 $\oint_L \boldsymbol{B}\cdot \mathrm{d}\boldsymbol{l}=0$,它只说明闭合回路 L 所包围的电流代数和为零,而闭合回路上的 $\boldsymbol{B}$ 却不一定为零.

(4) $\boldsymbol{B}$ 的环路 $\oint_L \boldsymbol{B}\cdot \mathrm{d}\boldsymbol{l}$ 不一定等于零,它表明恒定磁场是非保守场,因此,不能引入磁势来描述磁场.

二、磁场的安培环路定理的应用

在电流分布以及它所激发的磁场分布具有某种空间对称性时,利用磁场的安培环路定理可以十分简便地求出磁感应强度 $\boldsymbol{B}$,利用磁场的安培环路定理求解磁感应强度的典型问题有:

(1) 轴对称性磁场,如无限长载流直导线的磁场,无限长均匀载流圆柱面或圆柱体的磁场,无限长载流螺线管或螺绕环的磁场等;

(2) 面对称性磁场,如无限大均匀载流平面或平板等.

应用磁场的安培环路定理计算磁感应强度分布的步骤是:首先,分析磁场分布是否具有对称性;其次,根据磁场分布对称性特点,通过拟求的场点选取适当的积分回路 L,并规定回路的绕行方向,所取积分回路 L 必须满足使整个回路或部分回路上各点 $\boldsymbol{B}$ 的大小相等,而 $\boldsymbol{B}$ 的方向与 $\mathrm{d}\boldsymbol{l}$ 平行或垂直;最后,根据磁场的安培环路定理列方程求解.

下面举例说明应用磁场的安培环路定理计算磁感应强度的方法,所得结论解题时可直接应用.

例 6-6 试求一均匀载流的无限长圆柱导体内外的磁场分布. 设圆柱导体的半径为 R,通以电流 I.

解 如图 6-15(a)所示. 由于磁场对圆柱形轴线具有对称性,磁感应线是在一组分布在垂直于轴线的平面上并以轴线为中心的同心圆,与圆柱轴线等距离处的磁感应强度 $\boldsymbol{B}$ 的大小相等,方向沿圆周的切线,与电流方向满足右手螺旋定则.

先计算圆柱体外任一点 P 的磁感应强度. 设 P 点与轴线的距离为 r,过 P 点沿磁感应线方向作圆形回路 L,在回路上任一点的 $\boldsymbol{B}$ 的大小处处相等,$\boldsymbol{B}$ 的方向与该点的 $\mathrm{d}\boldsymbol{l}$ 方向一致,于是,由磁场的安培环路定理可得

$$\oint_L \boldsymbol{B}\cdot \mathrm{d}\boldsymbol{l}=\oint_L B\cos\theta \mathrm{d}l=B\oint_L \mathrm{d}l=B2\pi r=\mu_0 I$$

$$B=\frac{\mu_0}{2\pi}\frac{I}{r} \tag{6-16a}$$

由此可见,长直圆柱形载流导线外的磁场与长直载流导线产生的磁场相同.

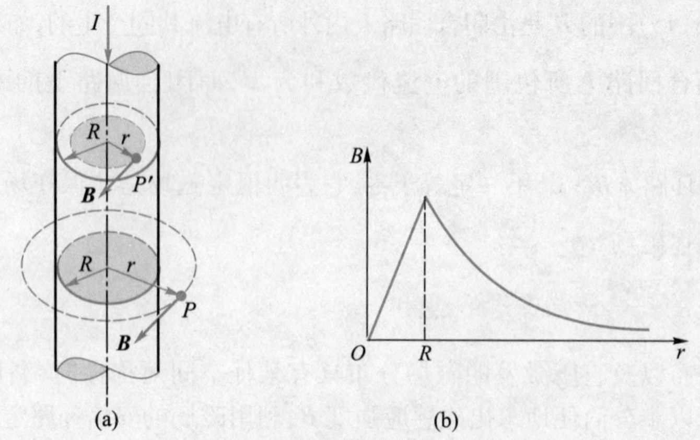

图 6-15

再计算圆柱体内任一点 P' 的磁感应强度. 设 P' 点与轴线的距离为 r,取过 P' 点的磁感应线为积分回路,包围在这一回路之内的电流应是 $\frac{I}{\pi R^2}\pi r^2$,所以应用磁场的安培环路定理得

$$\oint_L \boldsymbol{B}\cdot \mathrm{d}\boldsymbol{l}=B\cdot 2\pi r=\mu_0\frac{I}{\pi R^2}\pi r^2$$

$$B=\frac{\mu_0}{2\pi}\frac{Ir}{R^2} \tag{6-16b}$$

上式表明,在导体内部磁感应强度的大小与 r 成正比,而在圆柱体外,磁感应强度的大小与 r 成反比. 由式(6-16)可作出 B 随 r 的分布曲线,如图 6-15(b)所示.

例 6-7 试求一无限长直螺线管内的磁场分布. 设螺线管单位长度上绕有 n 匝线圈,通有电流 I.

解 由于螺线管是由一根很长的导线一圈一圈地绕制起来的,螺线管足够长且缠绕紧密,如图 6-16 所示.

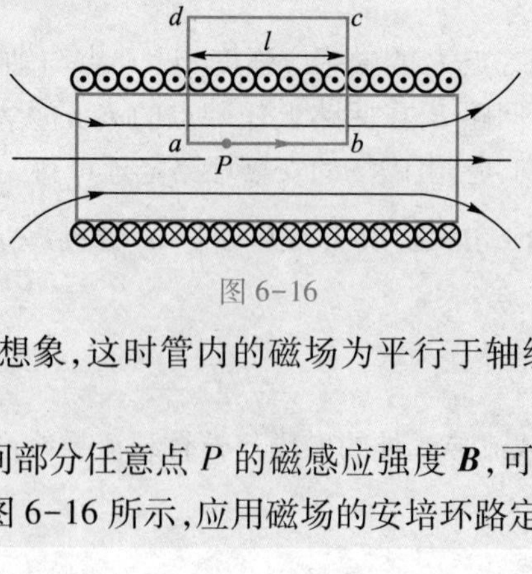

图 6-16

根据对称性,可以想象,这时管内的磁场为平行于轴线方向的均匀磁场,而管外磁场则为零.

为了计算管内中间部分任意点 P 的磁感应强度 $\boldsymbol{B}$,可以通过 P 点作一矩形的闭合回路 $abcda$,如图 6-16 所示,应用磁场的安培环路定理有

$$\int_L \boldsymbol{B}\cdot \mathrm{d}\boldsymbol{l}=\int_a^b \boldsymbol{B}\cdot \mathrm{d}\boldsymbol{l}+\int_b^c \boldsymbol{B}\cdot \mathrm{d}\boldsymbol{l}+\int_c^d \boldsymbol{B}\cdot \mathrm{d}\boldsymbol{l}+\int_d^a \boldsymbol{B}\cdot \mathrm{d}\boldsymbol{l}=\mu_0 \sum_{i=1}^{n} I_i$$

式中 $\sum_{i=1}^{n} I_i$ 为回路所包围的总电流，$\sum_{i=1}^{n} I_i=nlI$. 由于 cd 边在螺线管外部,$B=0$,所以$\int_c^d \boldsymbol{B}\cdot \mathrm{d}\boldsymbol{l}=0$,$bc$,$da$ 两边的一部分在管外,另一部分虽在管内,但 $\mathrm{d}\boldsymbol{l}$ 与 $\boldsymbol{B}$ 相互垂直,故

$$\int_b^c \boldsymbol{B}\cdot \mathrm{d}\boldsymbol{l}=\int_d^a \boldsymbol{B}\cdot \mathrm{d}\boldsymbol{l}=0$$

又由于螺线管内的磁场是均匀的,方向由 a 指向 b,所以

$$\int_a^b \boldsymbol{B}\cdot \mathrm{d}\boldsymbol{l}=Bl$$

这样上式变为

$$\oint_L \boldsymbol{B}\cdot \mathrm{d}\boldsymbol{l}=Bl=\mu_0 nlI$$

由此得

$$B=\mu_0 nI \tag{6-17}$$

例 6-8 有一同轴电缆,其尺寸如图 6-17 所示,两导体中的电流均为 I,但电流的流向相反,试计算以下各处的磁感应强度:(1) $r<R_1$;(2) $R_1<r<R_2$;(3) $R_2<r<R_3$;(4) $r>R_3$.

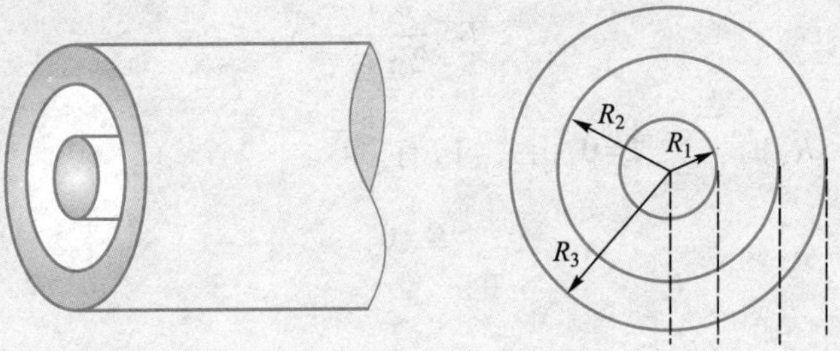

图 6-17

解 从题意知,电缆中电流沿轴线对称分布,因此,磁场分布亦具有对称性.我们可以用磁场的安培环路定理来求解. 以截面中心为圆心,以 r 为半径作圆形回路 L,则安培环路定理为

$$\oint_L \boldsymbol{B}\cdot \mathrm{d}\boldsymbol{l}=B\times 2\pi r=\mu_0 \sum_{i=1}^{n} I_i$$

即

$$B=\frac{\mu_0 \sum_{i=1}^{n} I_i}{2\pi r} \tag{1}$$

(1) 当 $r<R_1$ 时，$\sum\limits_{i=1}^{n} I_i=\dfrac{I}{\pi R_1^2}\pi r^2=\dfrac{Ir^2}{R_1^2}$，把它代入式(1)，得

$$B=\frac{\mu_0 Ir}{2\pi R_1^2} \tag{2}$$

当 $r=R_1$ 时，可得内圆柱面上的磁感应强度为

$$B_1=\frac{\mu_0 I}{2\pi R_1} \tag{3}$$

这与无限长载流直导线的磁感应强度相同.

(2) 当 $R_1<r<R_2$ 时，$\sum\limits_{i=1}^{n} I=I$，由式(1)有

$$B=\frac{\mu_0 I}{2\pi r} \tag{4}$$

(3) 当 $R_2<r<R_3$ 时

$$\sum_{i=1}^{n} I=\left[I-\frac{I}{\pi(R_3^2-R_2^2)}\pi(r^2-R_2^2)\right]=\frac{R_3^2-r^2}{R_3^2-R_2^2}I$$

代入式(1)，有

$$B=\frac{\mu_0 I}{2\pi r}\frac{R_3^2-r^2}{R_3^2-R_2^2} \tag{5}$$

当 $r=R_2$ 时

$$B=\frac{\mu_0 I}{2\pi R_2}$$

(4) 当 $r>R_3$ 时，$\sum\limits_{i=1}^{n} I=0$，由式(1)有

$$B=0 \tag{6}$$

6-4 磁场对载流导线的作用

一、安培定律

载流导线在磁场中所受的磁场力称为安培力. 安培力的基本规律是 1820 年安培在实验的基础上总结得到的，其表述如下：电流元 $I\mathrm{d}\boldsymbol{l}$ 在磁场中某点处所受的磁场力 $\mathrm{d}\boldsymbol{F}$ 的大小，与该点磁感应强度 $\boldsymbol{B}$ 的大小、电流元 $I\mathrm{d}\boldsymbol{l}$ 的大小及 $I\mathrm{d}\boldsymbol{l}$ 和 $\boldsymbol{B}$ 之间夹角的正弦 $\sin\theta$ 成正比. 即

$$\mathrm{d}F=I\mathrm{d}lB\sin\theta \tag{6-18}$$

$\mathrm{d}\boldsymbol{F}$ 的方向垂直于 $I\mathrm{d}\boldsymbol{l}$ 与 $\boldsymbol{B}$ 组成的平面，指向由右手螺旋定则确定，写成矢量式为

$$dF=Idl\times B \tag{6-19}$$

上式称为**安培定律**. 显然,有限长载流导线所受的安培力等于各电流元 $I\mathrm{d}\boldsymbol{l}$ 所受的安培力 $\mathrm{d}\boldsymbol{F}$ 的矢量和,即

$$\boldsymbol{F}=\int_L \mathrm{d}\boldsymbol{F}=\int_L I\mathrm{d}\boldsymbol{l}\times\boldsymbol{B} \tag{6-20}$$

由于单独的电流元不能获取,因此安培定律无法用实验直接验证. 但是,对于一些具体的载流导线,理论计算的结果和实验测量的结果是相符的,这就间接证明了安培定律的正确性.

式(6-20)是一个矢量积分式. 一般须先对电流元的受力进行具体分析:若各电流元的受力都沿同一方向,则合力的大小

$$F=\int_0^l IB\sin\theta\mathrm{d}l \tag{6-21}$$

如果各电流元的受力方向不同,这时应将电流元的受力沿各坐标轴方向进行分解(投影),然后积分,求出分力,最后进行矢量合成,便可求得整段导线受到的安培力.

例 6-9 在磁感应强度为 $\boldsymbol{B}$ 的均匀磁场中有一长为 l,电流为 I 的直导线,如图 6-18 所示. 求此导线受到的安培力.

解 在载流直导线上任取一电流元 $I\mathrm{d}\boldsymbol{l}$,据安培定律知,其受力大小

$$\mathrm{d}F=BI\mathrm{d}l\sin\theta$$

方向垂直纸面向内. 因此,载流导线受力的大小

$$F=\int_L \mathrm{d}F=\int_0^l BI\mathrm{d}l\sin\theta=BI\sin\theta\int_0^l \mathrm{d}l$$

$$=BIl\sin\theta$$

方向亦垂直纸面向内.

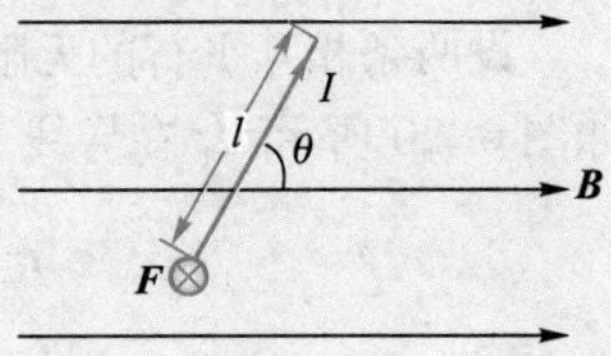

图 6-18

由上式结果可知,当 $\theta=0$ 或 $\theta=\pi$,即电流方向与 $\boldsymbol{B}$ 的方向相同或相反时,载流导线的受力为零;当 $\theta=\dfrac{\pi}{2}$,即电流方向与 $\boldsymbol{B}$ 的方向垂直时,载流导线的受力最大,$F_{\max}=BIl$.

例 6-10 一半径为 R,电流为 I 的载流半圆形导线置于磁感应强度为 $\boldsymbol{B}$ 的均匀磁场中,$\boldsymbol{B}$ 和 I 的方向如图 6-19 所示. 求半圆环载流导线受到的安培力.

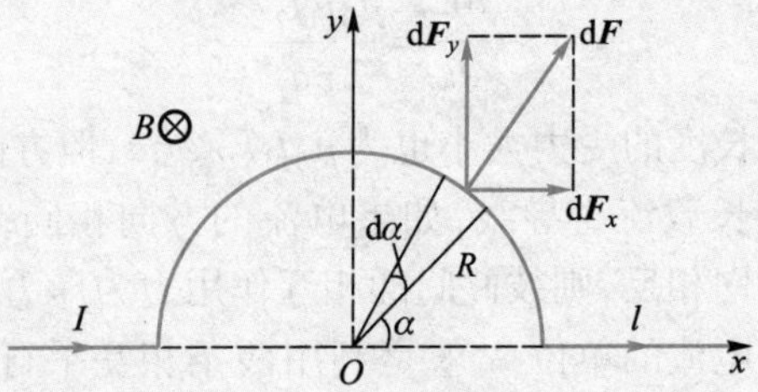

图 6-19

解 建立如图所示的平面直角坐标系. 在半圆环上任取一电流元 $I\mathrm{d}\boldsymbol{l}$,它与 $\boldsymbol{B}$ 的夹角 $\theta=\pi/2$,所受到的安培力 $\mathrm{d}\boldsymbol{F}$ 的大小

$$\mathrm{d}F=BI\mathrm{d}l\sin\frac{\pi}{2}=BI\mathrm{d}l$$

方向如图所示. 由图可知,$\mathrm{d}\boldsymbol{F}$ 在 x 轴上的投影为

$$\mathrm{d}F_x=\mathrm{d}F\cos\alpha=BI\mathrm{d}l\cos\alpha$$

在 y 轴上的投影

$$\mathrm{d}F_y=\mathrm{d}F\sin\alpha=BI\mathrm{d}l\sin\alpha$$

且 $\mathrm{d}l=R\mathrm{d}\alpha$,故

$$F_x=\int\mathrm{d}F_x=\int_0^l BI\mathrm{d}l\cos\alpha=\int_0^\pi BIR\cos\alpha\mathrm{d}\alpha=0$$

$$F_y=\int\mathrm{d}F_y=\int_0^l BI\mathrm{d}l\sin\alpha=\int_0^\pi BIR\sin\alpha\mathrm{d}\alpha=2BIR$$

方向沿 y 轴正方向.

二、电流单位"安培"的定义

电流能够产生磁场,反过来,磁场又会对电流产生力的作用. 因此,两平行无限长载流导线间的作用,实质上是磁场对电流的作用.

设两条相互平行的无限长载流直导线 1,2 相距为 a,分别载有同向电流 I_1、I_2,如图 6-20 所示. I_1 在导线 2 中各点所产生的磁感应强度的大小为

$$B_1=\frac{\mu_0 I_1}{2\pi a}$$

方向垂直于导线 2,且垂直于纸面向里. 因此,$\boldsymbol{B}_1$ 与导线 2 中任一电流元的夹角均为 $\theta=\pi/2$. 根据安培定律,作用于导线 2 上任一电流元 $I_2\mathrm{d}\boldsymbol{l}_2$ 的力 $\mathrm{d}\boldsymbol{F}_2$ 的大小

$$\mathrm{d}F_2=B_1I_2\mathrm{d}l_2\sin\theta=B_1I_2\mathrm{d}l_2=\frac{\mu_0I_1I_2\mathrm{d}l_2}{2\pi a}$$

方向在两平行导线所决定的平面内,垂直地指向导线 1. 显然,导线 2 中各电流元的受力大小和方向均与上述电流元相同. 因此,导线 2 中每单位长度的受力大小为

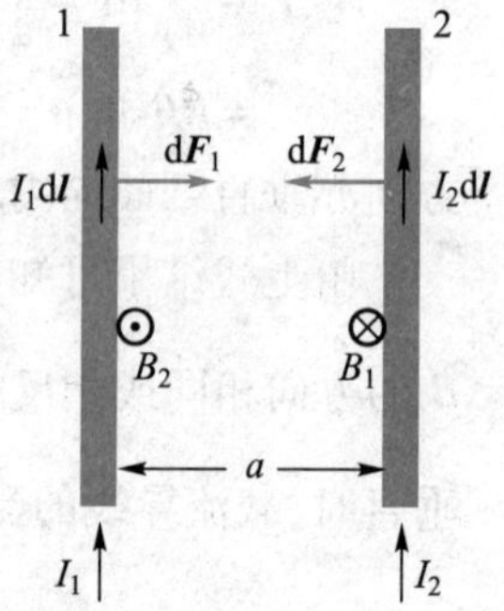

图 6-20

$$\frac{\mathrm{d}F_2}{\mathrm{d}l_2}=\frac{\mu_0I_1I_2}{2\pi a} \tag{6-22}$$

同理,导线 1 中每单位长度的受力大小也为 $\mu_0I_1I_2/2\pi a$,但方向与 $\mathrm{d}\boldsymbol{F}_2$ 相反. 由此可见,两相互平行的无限长载流直导线,如果电流的方向相同,则彼此间的相互作用力为引力;如果电流方向相反,则彼此间的相互作用力为斥力.

在国际单位制中,电流的单位 A 就是利用两条相互平行的无限长载流直导线间的相互作用力来定义的:真空中两条载有等量电流,且相距为 1 m 的无限长直导

线,当每米长度上的相互作用力为 2×10^{-7} N 时,导线中的电流大小定义为 1 A. ①

根据这个定义及式(6-22)可得

$$\frac{2\times10^{-7}}{1}\ \mathrm{N/m}=\frac{\mu_0}{2\pi}\cdot\frac{1\times1}{1}\ \mathrm{A^2/m}$$

即
$$\mu_0=4\pi\times10^{-7}\ \mathrm{N/A^2}$$

可见,真空磁导率 μ_0 是一个具有单位的导出量.

三、磁场对载流线圈的作用

磁场对载流线圈的作用规律在工程技术和科学研究中均有重要的应用. 各种电动机、磁电式仪表等都是依据这种规律工作的. 因此研究载流线圈在磁场中的受力情况很有意义,现在以平面载流线圈在均匀磁场中为例进行讨论.

为了讨论方便,我们先规定平面载流线圈的法线方向,如图 6-21 所示,使右手四指弯曲的方向代表线圈中的电流方向,则伸直的大拇指即代表该线圈的正法线方向,用单位正法矢 $\boldsymbol{e}_n$ 来表示. 这样,$\boldsymbol{e}_n$ 的方向不仅表示了平面载流线圈在空间的取向,同时也表明了其中电流的方向.

如图 6-22 所示,在磁感应强度为 $\boldsymbol{B}$ 的均匀磁场中,有一刚性矩形载流线圈 $abcd$,边长分别为 l_1 和 l_2,电流为 I,设线圈平面与磁感应强度 $\boldsymbol{B}$ 方向之间夹角为 θ,并且 ab 边及 cd 边均与 $\boldsymbol{B}$ 垂直.

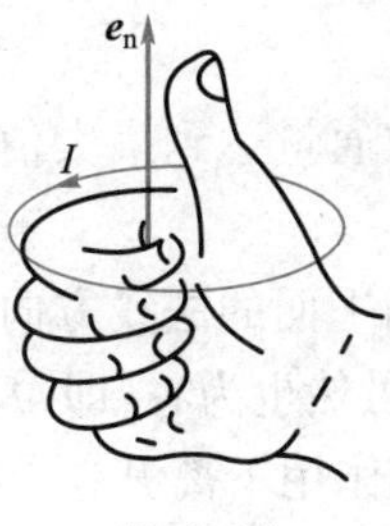

图 6-21

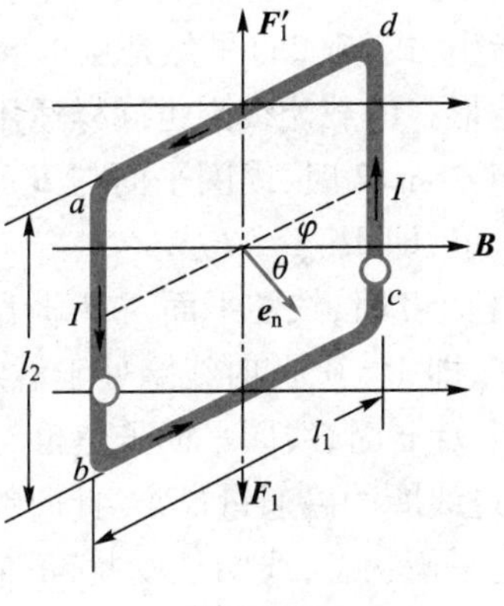

图 6-22

导线 bc 与 ad 所受的磁场作用力 $\boldsymbol{F}_1$ 和 $\boldsymbol{F}_1'$ 分别为

$$F_1=BIl_1\sin\varphi$$
$$F_1'=BIl_1\sin(\pi-\varphi)=BIl_1\sin\varphi$$

这两个力在同一直线上,大小相等而指向相反,相互抵消.

导线 ab 和 cd 与磁感应强度 $\boldsymbol{B}$ 垂直,故它们所受的磁场作用力 $\boldsymbol{F}_2$ 和 $\boldsymbol{F}_2'$ 大小为

$$F_2=F_2'=BIl_2$$

---

① 2018 年国际计量大会上规定了安培的最新定义,当元电荷 e 以单位 C 表示时,将其固定数值取为 $1.602\ 176\ 634\times10^{-19}$ 来定义安培.

方向如俯视(从上往下看)图 6-23 所示. 这两个力大小相等,方向相反,但不在同一直线上,因此形成一对力偶,力偶臂为 $l_1\cos\theta$. 线圈所受的磁力矩(或称为磁力偶矩)大小为

$$M=F_2 l_1\cos\varphi=BIl_1 l_2\cos\varphi=BIS\cos\varphi$$

其中 $S=l_1 l_2$ 是平面矩形线圈的面积.

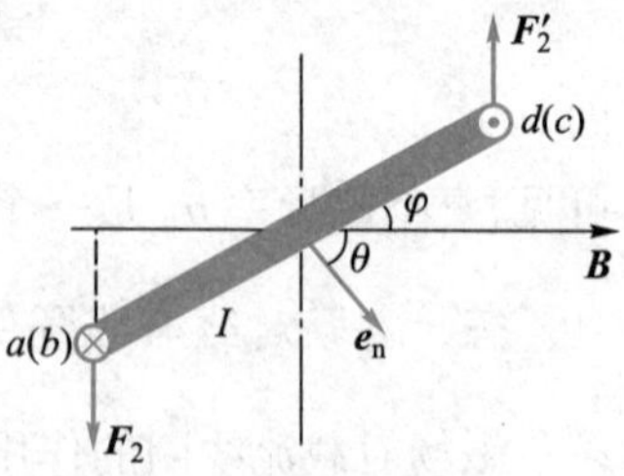

图 6-23

设线圈平面的单位正法线方向 $\boldsymbol{e}_n$ 与磁感应强度 $\boldsymbol{B}$ 的夹角为 θ,则 $\theta=\dfrac{\pi}{2}-\varphi$,故上式写成

$$M=BIS\sin\theta$$

如果线圈有 N 匝,则线圈所受磁力矩为

$$M=NBIS\sin\theta=mB\sin\theta \qquad (6-23)$$

式中 $m=NIS$ 是线圈的磁矩,磁矩是矢量,其方向就是载流线圈的正法线方向,表达式为

$$\boldsymbol{m}=NIS\boldsymbol{e}_n \qquad (6-24)$$

因为 θ 是线圈平面的正法线 $\boldsymbol{e}_n$ 的方向与磁感应强度 $\boldsymbol{B}$ 之间的夹角,且 $\boldsymbol{m}$ 的方向就是 $\boldsymbol{e}_n$ 的方向,所以式(6-23)用矢量表示为

$$\boldsymbol{M}=\boldsymbol{m}\times\boldsymbol{B} \qquad (6-25)$$

从上面的讨论可知,载流线圈在均匀磁场中受到的磁场作用的合力为零,但所受的合力矩不为零,因此,载流线圈不会发生平动,只会发生转动.

应当指出,式(6-25)虽然是从矩形线圈推导出来的,但是,可以证明,对在均匀磁场中任意形状的载流线圈也同样适用,下面讨论三种特殊情况.

(1) 当 $\theta=\pi/2$ 时,线圈平面与 $\boldsymbol{B}$ 平行,通过线圈的磁通量为零,线圈所受磁力矩达到最大值,即 $M_{max}=NBIS$.

(2) 当 $\theta=0$ 时,线圈平面与 $\boldsymbol{B}$ 垂直,通过线圈的磁通量达到最大值,线圈所受磁力矩为零,即 $M=0$,此时线圈处于稳定平衡状态.

(3) 当 $\theta=\pi$ 时,线圈平面虽然也与 $\boldsymbol{B}$ 垂直,但线圈平面的法线方向 $\boldsymbol{e}_n$ 与 $\boldsymbol{B}$ 正好相反,通过线圈的磁通量最小. 此时线圈所受磁力矩虽然也为零,即 $M=0$,但线圈处于非稳定平衡状态,线圈稍受扰动,它就会在磁力矩作用下离开这一位置,而转到 $\theta=0$ 处的稳定平衡位置上.

四、磁场力的功

设有一闭合回路 $abcda$ 置于磁感应强度为 $\boldsymbol{B}$ 的均匀磁场中,如图 6-24(a)所示,其中 ab 边是可以沿着 ad 和 cb 滑动的,设电流 I 不变,$ab=l$,则 ab 边所受的安培力大小为

$$F=BIl$$

方向向右,在恒力 $\boldsymbol{F}$ 作用下,ab 边将移动到 $a'b'$ 处,磁场力 $\boldsymbol{F}$ 所做的功为

$$A=F\,\overline{aa'}=BIl\,\overline{aa'}=BI\Delta S$$

式中 ΔS 为导线运动过程中回路包围面积的变化量,相应地,乘积 $B\Delta S$ 为导线运动

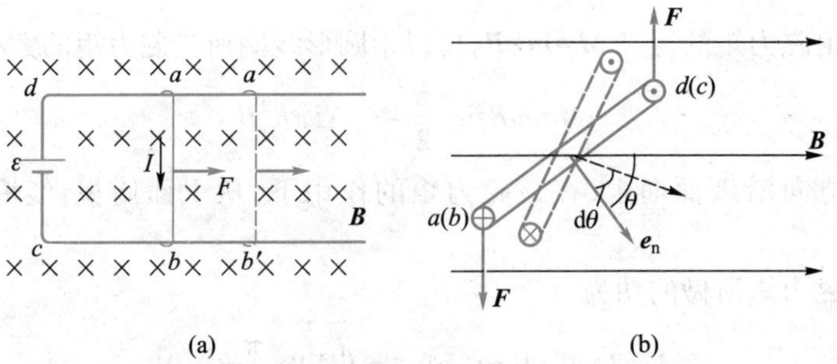

图 6-24

过程中,回路中磁通量的增量,用 $\Delta\Phi$ 表示. 则上式可写为

$$A=I\Delta\Phi \tag{6-26}$$

上式说明,当载流导线在磁场中运动时,如果电流保持不变,则安培力的功等于电流乘以通过回路所环绕的面积内磁通量的增量.

下面计算载流线圈在磁场中转动时磁场力所做的功. 如图 6-24(b)所示,设有一载流线圈在均匀磁场中转动,若保持线圈内电流 I 不变,则所受磁力矩的大小为

$$M=mB\sin\theta=ISB\sin\theta$$

当线圈从 θ 转至 $\theta-\mathrm{d}\theta$ 时,磁力矩所做的功为

$$\begin{aligned}\mathrm{d}A&=M[(\theta-\mathrm{d}\theta)-\theta]=-M\mathrm{d}\theta=-ISB\sin\theta\mathrm{d}\theta\\&=I\mathrm{d}(BS\cos\theta)=I\mathrm{d}\Phi\end{aligned}$$

当线圈在磁力矩作用下从 θ_1 转到 θ_2 时,相应穿过线圈的磁通量由 Φ_1 变为 Φ_2,磁力矩所做的总功为

$$A=\int\mathrm{d}A=\int_{\Phi_1}^{\Phi_2}I\mathrm{d}\Phi=I\Delta\Phi \tag{6-27}$$

式(6-26)在形式上与式(6-27)相同,可以证明,对任意形状的平面闭合电流回路,只要回路电流不变,安培力或磁力矩做功都可按 $A=I\Delta\Phi$ 来计算.

例 6-11 半径为 R 的半圆形闭合线圈共有 N 匝,通有电流 I,线圈放在磁感应强度为 $\boldsymbol{B}$ 的均匀磁场中,$\boldsymbol{B}$ 的方向与线圈平面平行,如图 6-25 所示,求:

(1) 线圈的磁矩;

(2) 此时线圈所受的磁力矩;

(3) 从该位置转到与磁感应强度 $\boldsymbol{B}$ 垂直的位置时,磁力矩所做的功.

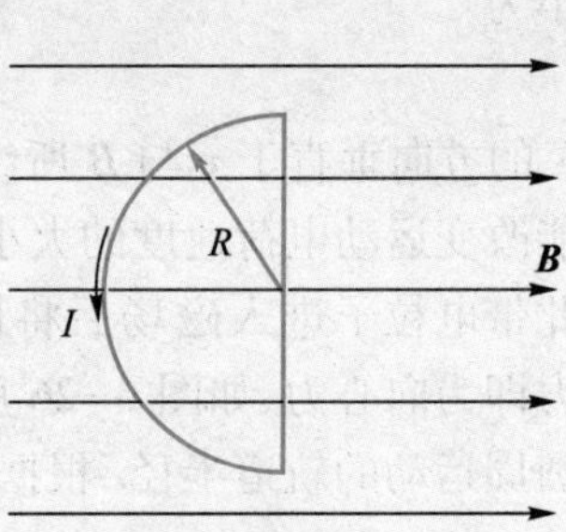

图 6-25

解 (1) 根据线圈磁矩的定义有

$$\boldsymbol{m}=NIS\boldsymbol{e}_n$$

则得该半圆形线圈的磁矩大小为

$$m=NIS=NI\frac{1}{2}\pi R^2=\frac{1}{2}NI\pi R^2$$

磁矩的方向垂直纸面向外.

（2）由磁力矩的定义 $\boldsymbol{M}=\boldsymbol{m}\times\boldsymbol{B}$，可得半圆形线圈所受磁力矩的大小为

$$M=mB\sin\frac{\pi}{2}=\frac{1}{2}NI\pi R^2B$$

磁力矩的方向沿纸面向上，在该磁力矩的作用下，从上面俯视，线圈将逆时针旋转.

（3）磁力矩所做的功为

$$\begin{aligned}A&=I\Delta\Phi=I(\Phi_2-\Phi_1)=I\left(NB\times\frac{\pi}{2}R^2-0\right)\\&=\frac{1}{2}NIB\pi R^2\end{aligned}$$

6-5 磁场对运动电荷的作用

一、带电粒子在均匀磁场中的运动

设有一均匀磁场，磁感应强度为 $\boldsymbol{B}$，一电荷量为 q，质量为 m 的粒子以速度 $\boldsymbol{v}$ 进入磁场. 在磁场中粒子受到洛伦兹力，其运动方程为

$$\boldsymbol{F}=q\boldsymbol{v}\times\boldsymbol{B}=m\frac{\mathrm{d}\boldsymbol{v}}{\mathrm{d}t}\tag{6-28}$$

下面分三种情况进行讨论.

（1）初速 $\boldsymbol{v}$ 与 $\boldsymbol{B}$ 在同一直线上，即夹角为 0 或 π 时，$\boldsymbol{v}\times\boldsymbol{B}=0$，由式(6-28)可得 $\boldsymbol{F}=0$，则带电粒子在磁场中做匀速直线运动.

（2）初速 $\boldsymbol{v}$ 与 $\boldsymbol{B}$ 垂直，即夹角为 $\theta=\dfrac{\pi}{2}$ 时，作用在粒子上的洛伦兹力 $\boldsymbol{F}$ 的大小为

$$F=qvB$$

$\boldsymbol{F}$ 的方向垂直于 $\boldsymbol{v}$ 与 $\boldsymbol{B}$ 所组成的平面. 由于 $\boldsymbol{F}$ 与 $\boldsymbol{v}$ 垂直，即有 $\boldsymbol{F}\cdot\boldsymbol{v}=0$，因此，$\boldsymbol{F}$ 不能改变运动电荷速度的大小只能改变速度的方向，使带电粒子的运动路径弯曲. 因此带电粒子进入磁场后将做匀速圆周运动，洛伦兹力即为向心力，如图 6-26 所示. 设 R 为带电粒子做圆周运动的轨道半径. 根据牛顿第二定律，有

$$qvB=m\frac{v^2}{R}$$

可求得轨道半径（又称回旋半径）

$$R=\frac{mv}{qB}\tag{6-29}$$

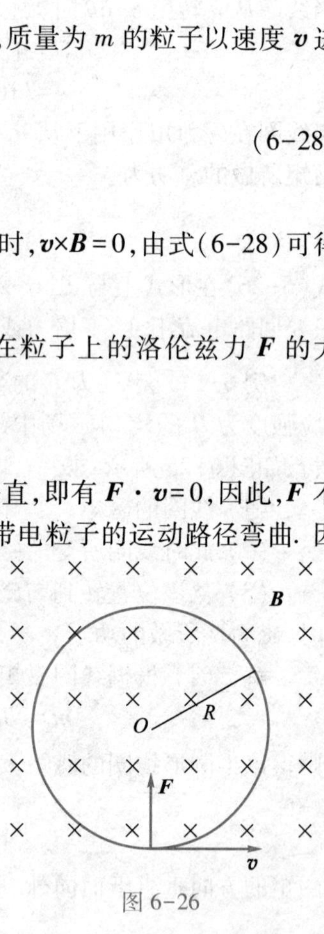

图 6-26

由上式可知，对于一定的带电粒子$\left(\text{即}\dfrac{q}{m}\text{一定}\right)$，当它在均匀磁场中运动时，其轨道半径 R 与带电粒子的速度大小成正比.

带电粒子在圆周轨道上绕行一周所需的时间（即周期）为

$$T=\frac{2\pi R}{v}=\frac{2\pi m}{qB} \tag{6-30}$$

上式表明，带电粒子在垂直于磁场方向的平面内做圆周运动时，其周期 T 只与磁感应强度 $\boldsymbol{B}$ 及粒子本身的电荷量 q 和质量 m 有关，而与粒子的速度大小 v、回旋半径 R 无关，也就是说，同种粒子在同样的磁场中运动时，快速粒子在半径大的圆周上运动，慢速粒子在半径小的圆周上运动，但它们绕行一周所需的时间都相同. 近代研究原子核结构的实验设备——回旋加速器，其原理就是带电粒子在磁场中做圆周运动并用电场持续加速，从而使粒子获得较大的动能.

(3) 初速 $\boldsymbol{v}$ 与 $\boldsymbol{B}$ 成任意夹角 θ. 此时，可将 $\boldsymbol{v}$ 分解为与 $\boldsymbol{B}$ 垂直的速度分量 $\boldsymbol{v}_\perp$ 和与 $\boldsymbol{B}$ 平行的速度分量 $\boldsymbol{v}_{/\!/}$，它们的大小分别为 $v_\perp=v\sin\theta$ 和 $v_{/\!/}=v\cos\theta$.

根据上面的讨论可知，在垂直于磁场的方向，由于具有分速度 $\boldsymbol{v}_\perp$，洛伦兹力将使粒子在垂直于 $\boldsymbol{B}$ 的平面内做匀速圆周运动. 在平行于磁场的方向上，磁场对粒子没有作用力，粒子以速度分量 $\boldsymbol{v}_{/\!/}$ 做匀速直线运动. 这两种运动合成的结果，使带电粒子在均匀磁场中做等螺距（粒子回转一周所前进的距离叫做螺距）的螺旋运动，如图 6-27 所示. 此时螺旋线的半径为

$$R=\frac{mv_\perp}{qB}=\frac{mv\sin\theta}{qB} \tag{6-31}$$

螺旋周期为
$$T=\frac{2\pi R}{v_\perp}=\frac{2\pi m}{qB}$$

螺距为

$$h=v_{/\!/}T=v\cos\theta\,\frac{2\pi m}{qB}=\frac{2\pi mv\cos\theta}{qB} \tag{6-32}$$

上述结果就是磁聚焦的基本原理.

如图 6-28 所示，在均匀磁场中的 A 点发射一束带电粒子，由于各个带电粒子偏离原运动方向（$\boldsymbol{B}$ 方向）的角度 θ 很小，故平行于 $\boldsymbol{B}$ 的速度分量 $\boldsymbol{v}_{/\!/}$ 的大小和垂直于 $\boldsymbol{B}$ 的速度分量 $\boldsymbol{v}_\perp$ 的大小分别是

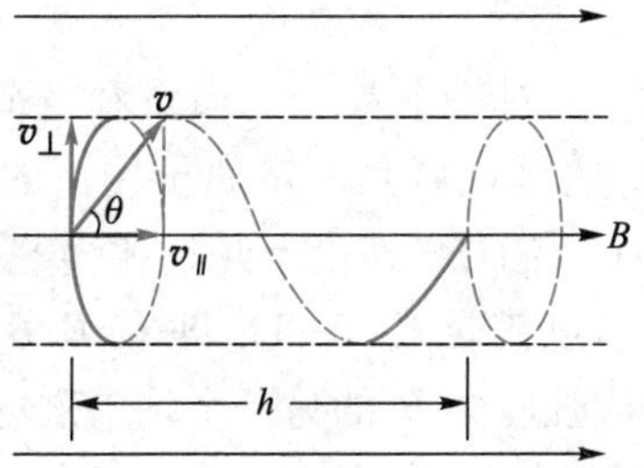

图 6-27

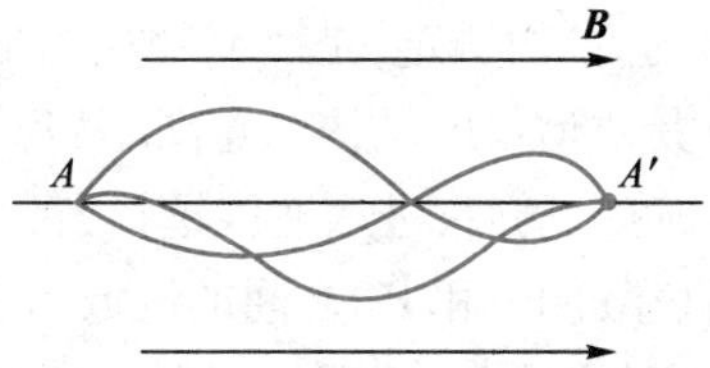

图 6-28

$$v_{/\!/}=v_0\cos\theta\approx v_0$$
$$v_{\perp}=v_0\sin\theta\approx v_0\theta$$

可见,不同 θ 角的带电粒子,其 $v_{/\!/}\approx v_0$ 相同,而 $v_{\perp}$ 不同,故各带电粒子在均匀磁场中做半径不同、螺距相同的螺旋运动. 当绕一周后,这些散开的带电粒子又将重新会聚于同一点 A'. 这个现象与一束发散的光线,通过透镜后可以会聚在一点的光聚焦类似. 由于这里是磁场将带电粒子束聚焦,所以称为磁聚焦. 磁聚焦技术在真空技术(如电子显微镜、显像管等)中有着非常广泛的应用.

二、带电粒子在均匀电场和均匀磁场中的运动

设质量为 m,电荷量为 q 的粒子,在电场强度为 $\boldsymbol{E}$ 的均匀电场和磁感应强度为 $\boldsymbol{B}$ 的均匀磁场共存的区域中以速度 $\boldsymbol{v}$ 运动. 这时,粒子将会受到电场力 $\boldsymbol{F}_e=q\boldsymbol{E}$ 和磁场力 $\boldsymbol{F}_m=q\boldsymbol{v}\times\boldsymbol{B}$ 的共同作用,其运动方程为

$$q\boldsymbol{E}+q\boldsymbol{v}\times\boldsymbol{B}=m\frac{\mathrm{d}\boldsymbol{v}}{\mathrm{d}t} \tag{6-33}$$

据此,我们可以利用外加的电场或磁场(或同时加上电场和磁场)来控制带电粒子流(电子射线或离子射线)的运动. 这在近代科学技术中已被广泛应用,下面介绍几个应用的例子.

1. 速度选择器

能够选择具有确定速度的带电粒子的装置,称为速度选择器,如图 6-29 所示. 设带电粒子的质量为 m,电荷量为 q,以速度 $\boldsymbol{v}$ 沿图示方向进入均匀电场和均匀磁场的共存区域. 图示的电场方向朝下,磁场方向垂直纸面朝里,$\boldsymbol{v},\boldsymbol{E},\boldsymbol{B}$ 三者互相垂直. 粒子在速度选择区受到的电场力为 $F_e=qE$,洛伦兹力为 $F_m=qvB$,两者方向恰好相反. 调整 $\boldsymbol{E}$ 或 $\boldsymbol{B}$ 的大小,可以使具有某一速度的粒子受到的电场力和磁场力大小相等,即 $eE=evB$,因此这个粒子的速度是

$$v=\frac{E}{B} \tag{6-34}$$

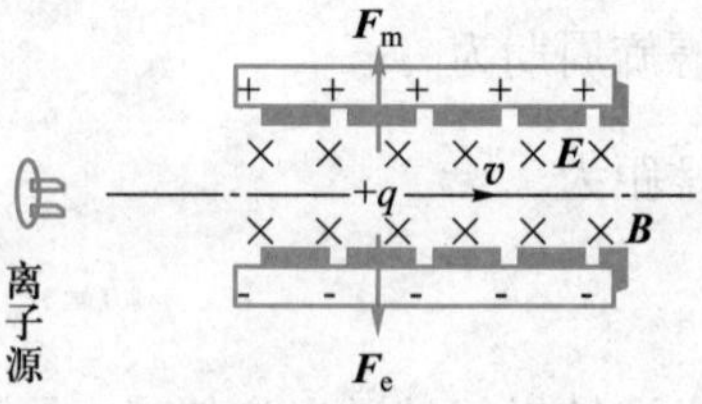

图 6-29

显然,当带电粒子的速度等于 E/B 时,将做匀速直线运动,能够顺利地通过速度选择器,而具有其他速度的粒子,由于受到的合力不为零将发生偏离,无法通过速度选择区域.

2. 质谱仪

带电粒子的电荷量和质量是粒子的基本属性. 对带电粒子的质量和电荷量之比(称为比荷)的测定,是研究物质组成的基础. 质谱仪就是测定离子比荷的仪器. 图 6-30 是质谱仪的结构示意图. 从离子源产生的离子,以速度 $\boldsymbol{v}$ 经过狭缝 S_1 和 S_2 之间的加速电场后,进入速度选择器,当离子的速度满足式(6-34)即 $v=E/B$时,它们将径直穿过 P_1 和 P_2 之间的区域而进入磁感应强度为 $\boldsymbol{B}'$的另一个均匀磁场.

在只有磁场 $\boldsymbol{B}'$存在的区域中,离子受到磁场力的作用,做半径为 R 的匀速率圆周运动,洛伦兹力提供向心力,因此有

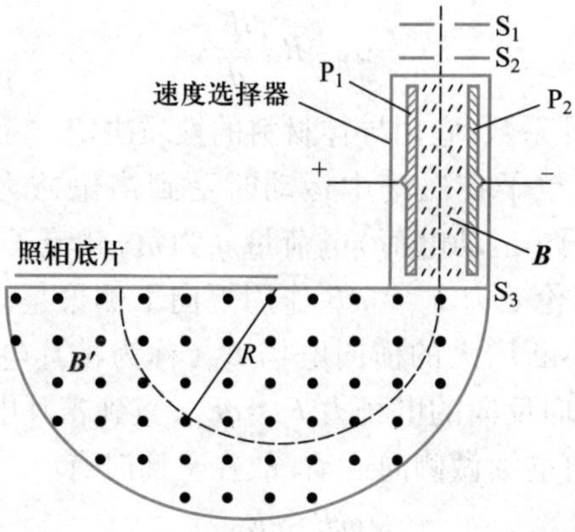

图 6-30

$$qvB'=m\frac{v^2}{R}$$

将 $v=E/B$ 代入上式,则得

$$m=\frac{qB'R}{v}=\frac{qBB'R}{E} \tag{6-35}$$

由于 B' 和离子的速度 $\boldsymbol{v}$ 是已知的,且假定每个离子的电荷都是相等的,从式(6-35)可以看出,离子的质量和它的轨道半径成正比.

如果这些离子中有不同质量的同位素,它们的轨道半径就不一样,将分别射到照相底片上不同的位置,形成若干线状谱的细条纹,每一条纹相当于一定质量的离子. 从条纹的位置可以推算出轨道半径 R,从而算出它们的相应质量,这就是质谱仪的原理. 图 6-31 是用质谱仪测得的锗(Ge)元素的质谱,其中数字表示各同位素的质量数.

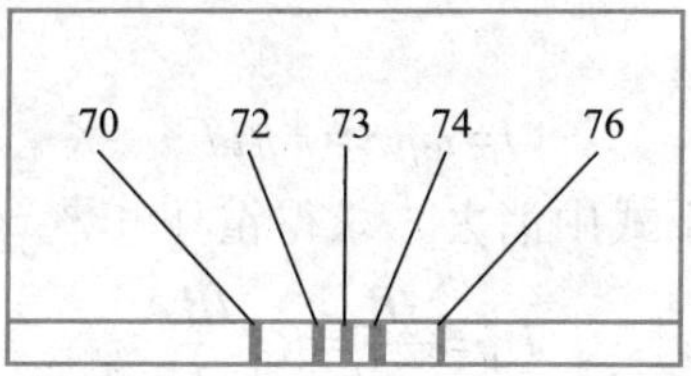

图 6-31

利用质谱仪还可以测定岩石中铅同位素的成分,用来确定岩石的年龄,据此可对地球、月球甚至银河系的年龄进行估算.

三、霍耳效应

1879 年霍耳发现,把一载流导体放在磁场中,如果磁场方向和电流方向垂直,则在与磁场和电流两者垂直的方向上出现横向电势差. 这一现象叫做霍耳效应,出现的电势差叫霍耳电势差. 实验表明,霍耳电势差的大小与电流 I 成正比,与磁感应强度 B 成正比,与导体板的厚度 d 成反比,即

$$U_H = R_H \frac{IB}{d} \tag{6-36}$$

式中比例系数 R_H 为霍耳系数,它由导体材料的性质决定.

霍耳效应可用带电粒子在磁场中运动时受到洛伦兹力的作用来解释. 如图 6-32 所示,设导体载流子(运动电荷)电荷量 q 为负,载流子密度为 n,载流子平均漂移速度为 $\boldsymbol{v}$,它们在洛伦兹力 $F_m = qvB$ 作用下向下侧聚集,结果 a 面带负电,b 面带正电,并在板内形成不断增大的横向电场 $\boldsymbol{E}_H$(称为霍耳电场),从而使载流子又受到一个与洛伦兹力方向反向的电场力 $F_e = qE_H$,直到霍耳电场力与洛伦兹力相等时,后续的载流子才不再继续做侧向运动. 故在平衡时有

$$qvB = qE_H$$

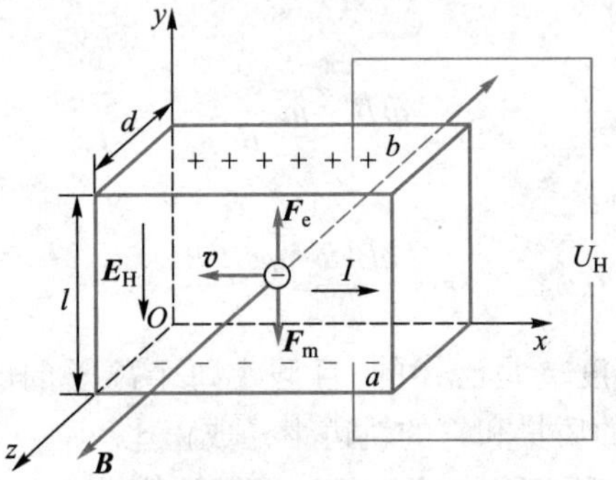

图 6-32

即霍耳电场的大小为

$$E_H = vB$$

故霍耳电压为

$$U_H = E_H l = vBl$$

根据电流强度定义可求得

$$I = nqvS = nqvld$$

式中 $S = ld$ 为横截面积. 从上式中消去 v,求得霍耳电势差

$$U_H = \frac{IB}{nqd} = R_H \frac{IB}{d}$$

由此得霍耳系数

$$R_H = \frac{1}{nq} \tag{6-37}$$

由上式可知,如果载流子带正电,则霍耳系数为正,如果载流子带负电,则霍耳系数为负. 因此根据霍耳系数的正负,可以判断载流子的正负. 而通过测定霍耳系数的大小,还可以计算载流子的浓度,即单位体积中的载流子数 n.

利用霍耳效应制成的半导体器件被广泛应用于工业生产和科学研究. 如测量磁场的磁通计(或称为高斯计),用它作为传感器,可对各种物理量(位移、位置、速度、转速等)进行测量 . 目前,霍耳效应在自动化技术和计算机技术等方面的应用越来越广泛.

6-6 磁场中的磁介质

一、磁介质的分类

前面所讨论的磁场是电流在真空中所激发的. 在实际磁场中,一般都存在着各种各样的物质,这些物质的存在对磁场的空间分布有一定影响,因而被称为磁介质. 电场中存在电介质时,电介质会因极化而产生附加电场,并对电场的分布产生影响. 同样,磁场中若放有磁介质,由于磁场对磁介质的作用,磁介质会处于一种称为磁化的特殊状态. 磁化了的磁介质会产生附加磁场,从而对磁场产生影响.

实验表明,不同磁介质对磁场的影响是不同的,如果没有磁介质(即真空)时某点的磁感应强度为 $\boldsymbol{B}_0$,放入磁介质后因磁介质被磁化而产生的附加磁感应强度为 $\boldsymbol{B}'$,那么该点的磁感应强度 $\boldsymbol{B}$ 应为这两个磁感应强度的矢量和,即

$$\boldsymbol{B}=\boldsymbol{B}_0+\boldsymbol{B}'$$

对不同的磁介质,$\boldsymbol{B}'$的大小和方向可能有很大差别,为了便于从实验上研究磁介质的磁学特性,定义 B 与 B_0 的比值

$$\mu_r=\frac{B}{B_0} \tag{6-38}$$

为磁介质的相对磁导率. 显然,它是一个量纲为 1 的量,其大小随磁介质的种类或状态的不同而不同,根据 μ_r 的大小不同,磁介质可分为以下三类.

(1) 顺磁质. $\mu_r>1$,且与 1 相差不大的磁介质称为顺磁质,如氧、镁、铝等均为顺磁质. 其特点是磁化后产生的附加磁场与原磁场方向一致,因而使磁介质中的磁场增强.

(2) 抗磁质. $\mu_r<1$,且与 1 相差不大的磁介质称为抗磁质,如氢、钠、铜等都是抗磁质. 其特点是磁化后所产生的附加磁场与原磁场方向相反,因而使磁介质中的磁场减弱.

(3) 铁磁质. $\mu_r\gg1$ 的磁介质称为铁磁质,如铁、钴、镍及其合金等都是铁磁质. 其特点是磁化后所产生的磁场与原磁场同向,且比原磁场大得多.

二、磁介质的磁化

根据分子的电结构,分子或原子中的每个电子都同时参与了两种运动,一种是电子绕原子核的轨道运动;另一种是电子本身的自旋,这两种运动都能产生磁效应. 把分子看成一个整体,分子中各个电子对外界所产生的磁效应的总和可用一个等效的圆电流表示,称为分子电流. 这种分子电流具有的磁矩称为分子磁矩,用 $\boldsymbol{m}$ 表示,如图 6-33 所示. 在讨论磁场中的磁介质行为时,可以认为磁介质是由大量的这种分子电流所组成的.

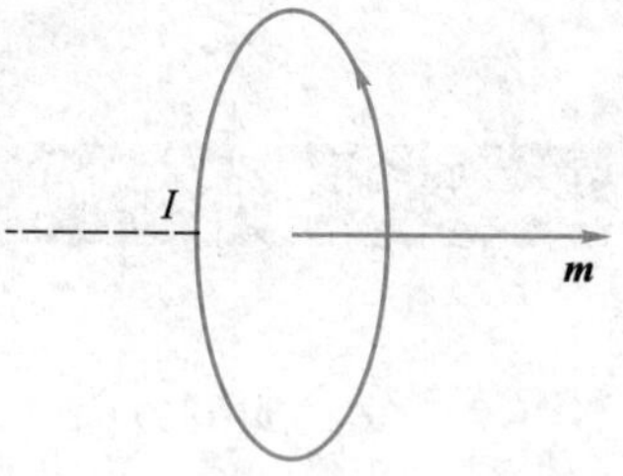

图 6-33

顺磁质和抗磁质的区别就在于它们的分子电结构的不同. 研究表明,抗磁质分子在没有外磁场作用时,分子磁矩为零;而顺磁质分子在没有外磁场作用时,分子磁矩却不为零,但由于分子的热运动,各分子磁矩的取向是杂乱无章的. 因此,在没有外磁场时,不管是顺磁质还是抗磁质,宏观上对外都不呈现磁性.

外磁场中的顺磁质,其分子磁矩会沿外磁场方向取向,而抗磁质则要产生与外磁场方向相反的附加磁矩. 在磁介质体内,它们总是成对反向的,因而互相抵消;而在磁介质表面上,这些分子电流没有被抵消,它们沿外侧面的流向一致,形成了沿外表面流动的电流,称为磁化电流(或称为束缚电流),图 6-34 所示是顺磁质的情况. 不难看出,顺磁质的磁化电流方向与磁介质中外磁场的方向满足右手螺旋定则,它激发的磁场与外磁场方向相同,因而使磁介质中的磁场加强. 如果是抗磁质,则磁化电流激发的磁场与外磁场方向相反,而使磁介质中的磁场减弱.

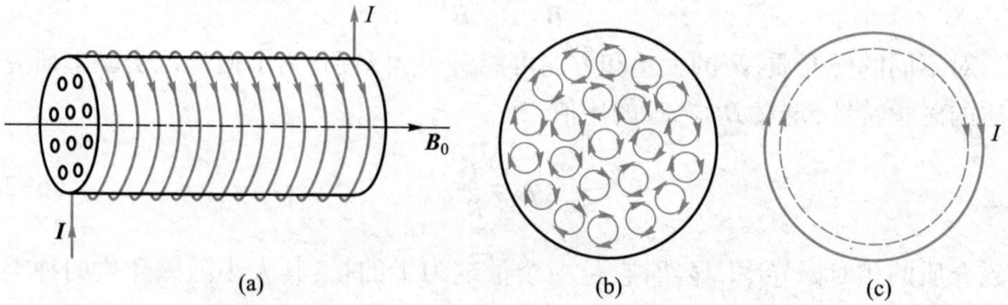

图 6-34

三、有磁介质时的高斯定理

无论是传导电流还是磁化电流,都是由电荷的定向运动产生的,因此,两种电流的实质是一样的,它们所产生磁场的磁感应线都是无头无尾的闭合曲线,这样,对于任意闭合面有

$$\oint_S \boldsymbol{B}\cdot \mathrm{d}\boldsymbol{S}=0 \tag{6-39}$$

式中 $\boldsymbol{B}$ 为磁介质中的磁感应强度. 式(6-39)说明,在有磁介质的磁场中,通过任一闭合面的磁通量恒等于零,这一结论称为有磁介质时的高斯定理,它表明有磁介质时的磁场仍然是无源场.

四、有磁介质时的安培环路定理

在电场中,为了便于讨论不同电介质中的电场情况,我们引入了电位移矢量 $\boldsymbol{D}$,同样,在磁场中,为了便于讨论不同磁介质中的磁场情况,我们引入磁场强度这一物理量,并定义磁场强度 $\boldsymbol{H}$ 为

$$\boldsymbol{H}=\frac{\boldsymbol{B}}{\mu}=\frac{\boldsymbol{B}}{\mu_0\mu_r} \tag{6-40}$$

式中 $\mu=\mu_0\mu_r$，称为磁介质的磁导率. 式(6-40)是一个点点对应的关系，在各向同性的磁介质中，某点的磁场强度等于该点的磁感应强度除以该点磁介质的磁导率，两者的方向相同.

在国际单位制中，磁场强度的单位为 A/m(安培每米).

如果用磁场强度表示磁场的安培环路定理，则为

$$\oint_L \boldsymbol{H}\cdot \mathrm{d}\boldsymbol{l}=\oint_L \frac{\boldsymbol{B}}{\mu_0\mu_r}\cdot \mathrm{d}\boldsymbol{l}=\frac{1}{\mu_0}\oint_L \boldsymbol{B}_0\cdot \mathrm{d}\boldsymbol{l}=\frac{1}{\mu_0}\cdot \mu_0\sum_{i=1}^{n} I_i$$

$$\oint_L \boldsymbol{H}\cdot \mathrm{d}\boldsymbol{l}=\sum_{i=1}^{n} I_i \tag{6-41}$$

上式表明，有磁介质时，磁场强度 $\boldsymbol{H}$ 沿任一闭合回路的环路等于闭合回路所包围的传导电流的代数和，这一结论称为有磁介质时的安培环路定理.

类似于在静电场中引入电位移矢量 $\boldsymbol{D}$ 后，能够很方便地应用高斯定理求解具有对称性分布的带电体的电场问题一样，当我们引入辅助量 $\boldsymbol{H}$ 后，可以比较方便地应用有磁介质时的安培环路定理来处理磁场问题. 首先，根据电流的对称性分布，利用式(6-41)求出 $\boldsymbol{H}$ 的分布，然后利用式(6-40)中 $\boldsymbol{H}$ 与 $\boldsymbol{B}$ 的关系求出 $\boldsymbol{B}$ 的分布.

例 6-12 如图 6-35 所示，两个半径分别为 r 和 R 的无限长直同轴圆筒导体，在它们之间充以相对磁导率为 μ_r 的磁介质，当两圆筒均匀通过大小相等方向相反的电流时. 试求：(1) 磁介质中任意一点 P 处的 $\boldsymbol{B}$ 的大小；(2) 圆柱体外面任意一点 Q 处的 $\boldsymbol{B}$ 的大小.

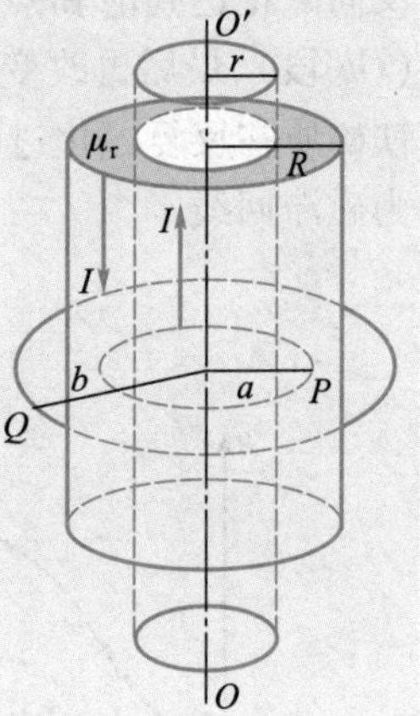

图 6-35

解 由于同轴无限长直圆柱面电流的磁场具有轴对称分布，可以用有磁介质时安培环路定理求磁场.

(1) 介质中 P 点到对称轴的距离为 a，以垂足为圆心作垂直于轴的圆，圆周上各点 $\boldsymbol{H}$ 的大小相同，方向在切线方向并服从右手螺旋定则. 根据有磁介质时安培环路定理，有

$$\oint_L \boldsymbol{H}\cdot \mathrm{d}\boldsymbol{l}=H\int_0^{2\pi a}\mathrm{d}l=H2\pi a=I$$

即

$$H=\frac{I}{2\pi a},\text{故 } B=\mu H=\frac{\mu_0\mu_r}{2\pi a}I \quad (r<a<R)$$

(2) 当以 Q 点到轴的距离 b 为半径作同样的圆，根据有磁介质时安培环路定理，有

$$\oint_L \boldsymbol{H}\cdot \mathrm{d}\boldsymbol{l}=H\int_0^{2\pi b}\mathrm{d}l=H2\pi b=\sum I_i=0$$

即

$$H=0, 故 B=0 \quad (r>R)$$

* 五、铁磁质

还有一类磁性较之顺磁质或抗磁质要复杂的磁介质，如铁、钴、镍等，这类磁介质称为铁磁质（或称为强磁性）.

1. 铁磁质的特性

（1）**B** 和 **H** 具有非线性关系. 通过实验来观察铁磁质的 B 和 H 之间的关系如图 6-36 所示，B-H 曲线称为磁化曲线，在铁磁质磁化过程中，最初阶段，B 随 H 的增大而增长较慢，以后就急剧增大. 当 H 增大到 H_0 后，B 的增长就变得极为缓慢，这时介质达到磁性饱和，称为磁饱和现象.

（2）存在磁滞现象. 如图 6-37 所示，在磁场强度由零逐渐增大到 H 时，若磁性材料工作在交变磁场中，则 H 就要减小. 在 H 减小过程中，B 并不沿着起始曲线 Oa 减小，而是沿着图中另一曲线 ab 比较缓慢地减小，这表明 B 的变化落后于 H 的变化，铁磁质的这种现象称为磁滞. 由于磁滞的缘故，当 H 减小到零时，B 并不等于零，即铁磁质仍保留部分磁性，称为剩磁，Ob 段称为剩余磁感应强度. 要消去剩磁，就必须改变磁场的方向，如图可见，在反向磁场强度由零增加到 $-H_C$ 时，B 等于零，即铁磁质磁性消失. 通常称 H_C 为矫顽力. 继续增加反向磁场强度到 $-H$ 时，铁磁质反向磁化达到饱和点 a'. 此后，如反向磁场强度再减小到零，就得到反向的剩磁（Ob' 段），最后再改变 H 的方向，并逐渐增加它的值，而沿 $b'c'a$ 曲线回到 a 点. 这样铁磁质在反复磁化过程中，B-H 关系形成了闭合曲线 $abca'b'c'a$，这一闭合曲线称为磁滞回线.

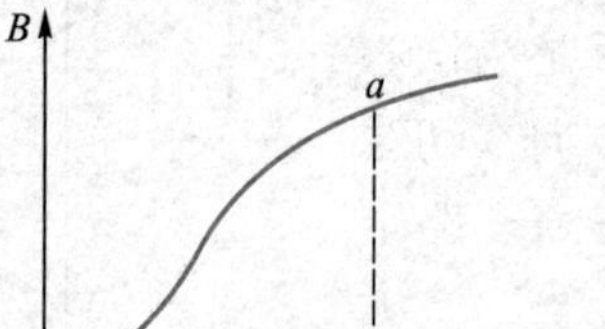

图 6-36

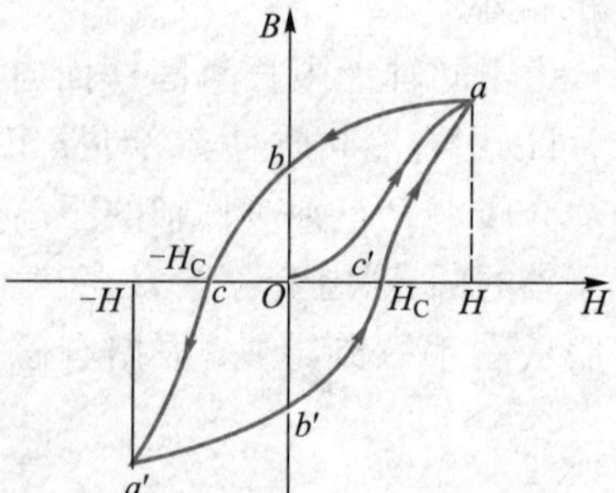

图 6-37

（3）都有一个临界温度. 实验发现，铁磁质的磁化和温度有关. 随着温度的升高，磁化能力逐渐降低，当温度升高到一定值时，铁磁质就转化为顺磁质，这个温度称为居里温度，例如铁的居里温度为 1 043 K，钴的居里温度为 1 390 K.

2. 铁磁质磁化的机理

近代科学实验证明，铁磁质的磁性主要来源于电子自旋磁矩，在没有外磁场的条件下，铁磁质中电子自旋磁矩可以在小范围内“自发地”排列起来，形成一个个小的“自发磁化区”，称作磁畴，图 6-38 中示意地画出了 5 个体积相同的磁畴. 每个磁畴中的磁化强度非常大，但在未磁化的磁介质中，各磁畴的自发磁化方向不同，因而整个铁磁质并不呈现磁性，如图 6-38(a)所示.

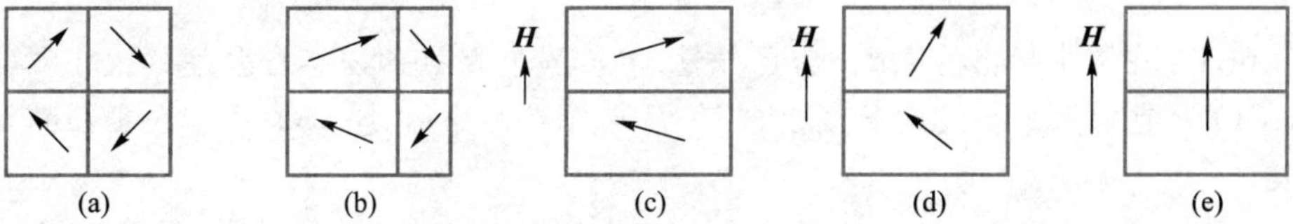

图 6-38

在外磁场作用下，磁畴将发生变化，随着外加磁场逐渐增大，那些自发磁化方向与外磁场方向接近的磁畴开始扩大自己的体积，此现象叫畴壁运动，如图 6-38(b)、(c)所示，当继续增大外磁场时，磁畴的磁矩方向将发生沿外磁场方向的转动，外磁场越强，这种取向作用也越强，如图 6-38(d)所示，直到磁介质中所有磁畴都沿着外磁场方向排列起来，如图 6-38(e)所示，此时磁介质的磁化就达到饱和，产生一个很大的附加磁场. 这就是铁磁质比顺磁质、抗磁质的磁性大得多的原因.

3. 铁磁质的分类

从铁磁质的性能和使用来说，它主要按矫顽力的大小分为软磁材料、硬磁材料和矩磁材料三大类.

软磁材料(如硅钢、纯铁等)的矫顽力小，磁滞回线细长，如图 6-39(a)所示，磁滞损耗低，容易磁化，也容易去磁. 这种材料适用于交变磁场，可以做电子设备中的电感元件、变压器、镇流器、电动机和发电机中的铁芯等.

硬磁材料(如碳铁、钨钢等)的矫顽力大，磁滞回线粗宽，如图 6-39(b)所示，剩磁大，磁滞也大. 这种材料在外磁场去掉以后能保留很强的剩磁，适用于制成永久磁体，可以用于各种电表、扬声器、微音器、扩音器、耳机、电话机、录音机等.

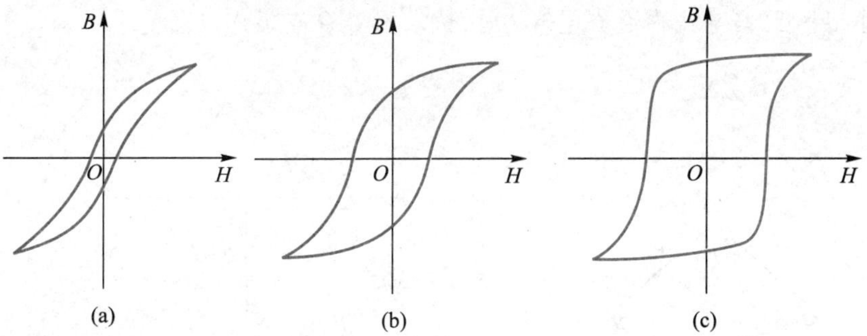

图 6-39

矩磁材料(如锰锌铁氧体、镁锰铁氧体等)的矫顽力比硬磁材料更大，磁滞回线接近于矩形，如图 6-39(c)所示，剩磁比硬磁材料更大，这种磁性材料在信息存储领域内的作用越来越重要，适合于制作磁带、计算机软盘和硬盘等.

习题

第六章参考答案

6-1 在图中标出的 I,a,r 为已知量，求各图中 P 点的磁感应强度的大小和方向. (1) P 点在水平导线延长线上；(2) P 点在半圆中心处；(3) P 点在正三角形中心.

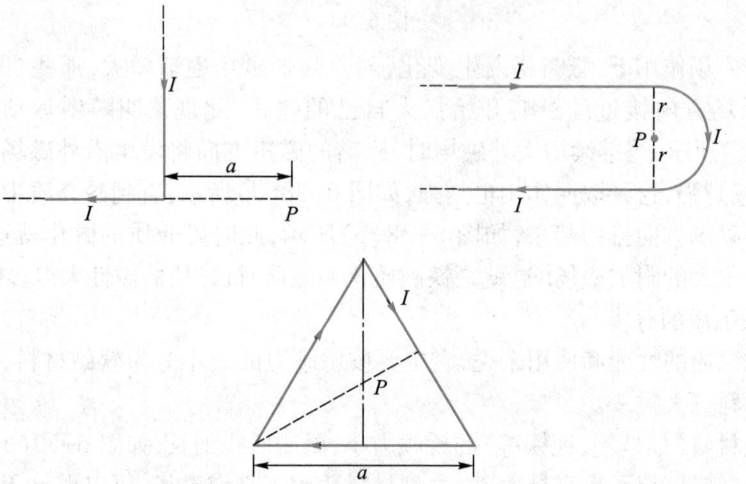

习题 6-1 图

6-2 如图所示，在由圆弧形导线 ACB 和直导线 BA 组成的回路中通电流 I，计算 O 点的磁感应强度(图中标出的 R,φ 为已知量).

6-3 如图所示的纸平面内，一无限长载流直导线弯成两个半径分别为 R_1 和 R_2 的同心半圆，当导线内通有电流 I 时，试求圆心 O 点磁感应强度.

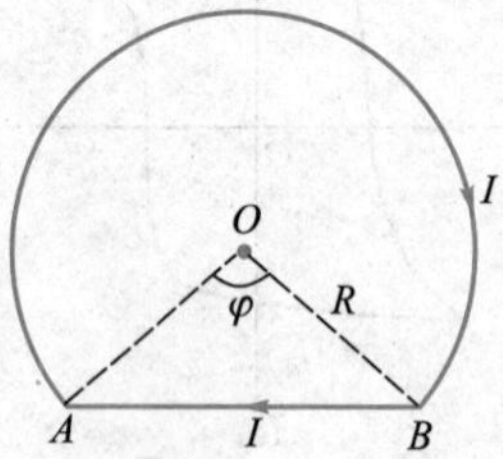

习题 6-2 图

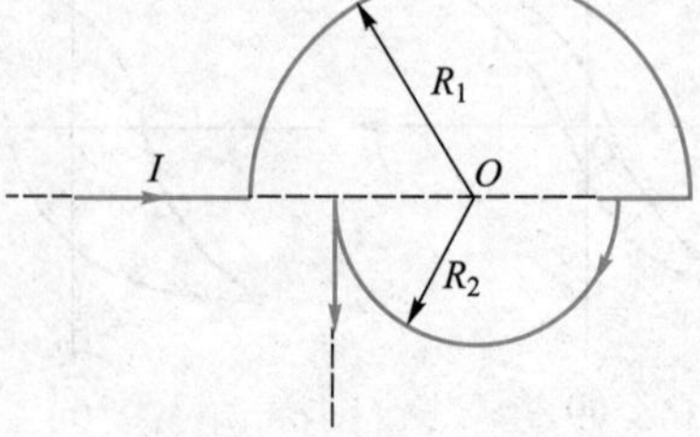

习题 6-3 图

6-4 一宽为 a 的无限长金属薄片，均匀地通有电流 I，P 点与薄片在同一平面内，同薄片近边的距离为 b，如图所示，试求 P 点处的磁感应强度.

6-5 两根通有电流为 I 的导线沿半径方向引到半径为 r 的金属圆环上的 a、b 两点，电流方向如图所示. 求环心 O 处的磁感应强度.

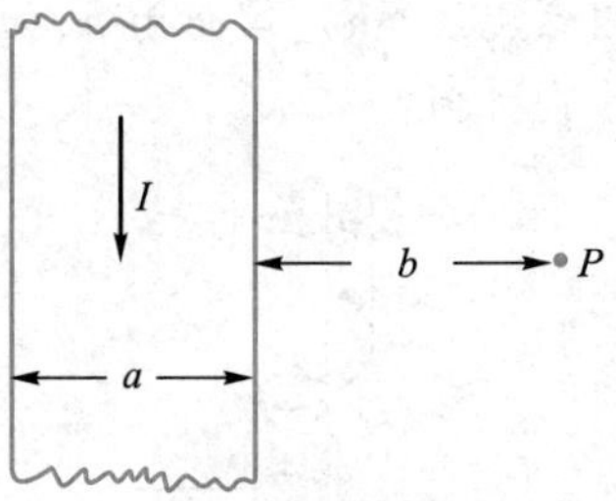

习题 6-4 图

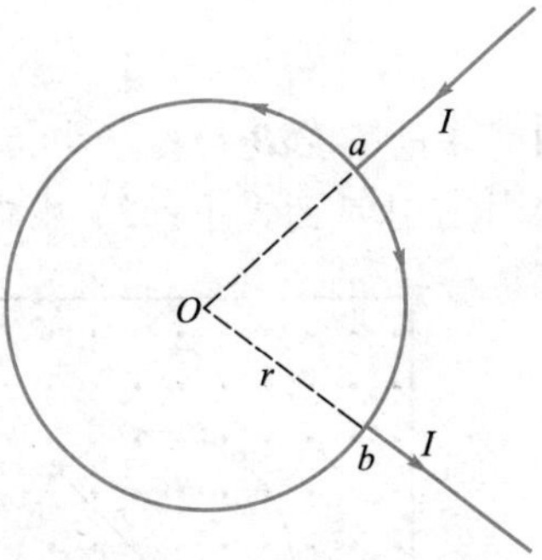

习题 6-5 图

6-6 在氢原子中,设电子以轨道角动量 $L=\frac{h}{2\pi}$ 绕质子做圆周运动,其半径为 a_0. 求质子所在处的磁感应强度.(h 为普朗克常量.)

6-7 半径为 R 的均匀带电细圆环,电荷线密度为 λ. 现以每秒 n 圈绕通过环心且与环面垂直的轴做等速转动. 试求:在环中心的磁感应强度.

6-8 如图所示,有一无限长同轴电缆,由一圆柱导体和一与其同轴的导体圆筒构成. 使用时电流 I 从一导体流出,从另一导体流回,电流都是均匀分布在横截面上. 设圆柱体半径为 r_1,圆筒的内外半径分别为 r_2 和 r_3,求:(1) 空间磁场的分布;(2) 通过两柱面间长度为 L 的径向纵截面的磁通量.

6-9 如图所示,一根半径为 R 的无限长载流直导体,其中电流 I 沿轴向流过,并均匀分布在横截面上. 现在导体上有一半径为 a 的圆柱形空腔,其轴与直导体的轴平行,两轴相距为 b. 求圆柱形导体轴线上任一点的磁感应强度.

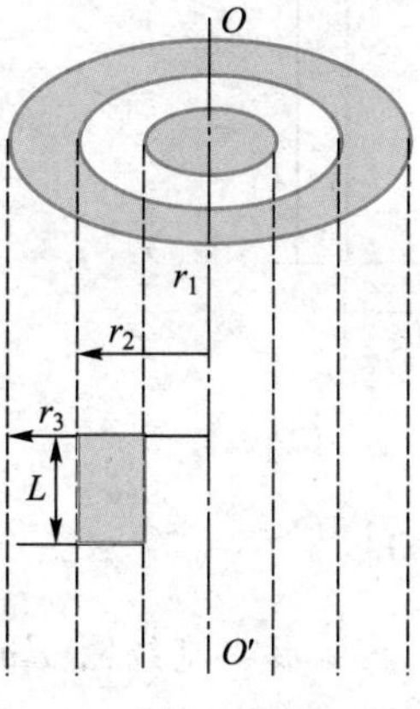

习题 6-8 图

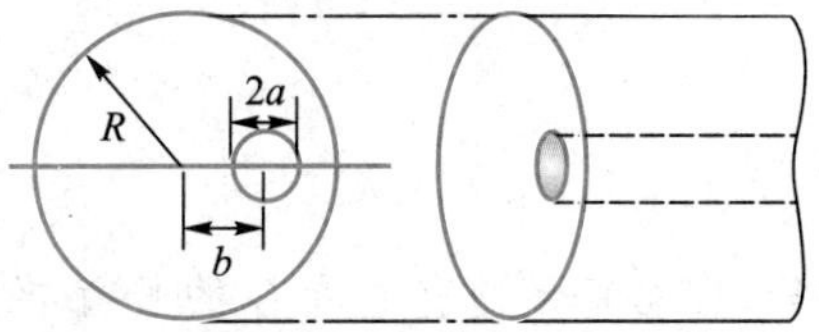

习题 6-9 图

6-10 图示为一测定粒子质量所用的装置,粒子源 S 为发生气体放电的气室. 一质量为 m、电荷为 q 的正离子在此处释放出来时可认为是静止的. 离子经电势差 U 加速后进入磁感应强度为 B 的均匀磁场中,离子沿一半圆周运动而射到离入口缝隙为 x 的感光底片上,并予以记录,试证明离子的质量为:

$$m=\frac{B^2q}{8U}x^2$$

6-11　一电子在 $\boldsymbol{B}$ 的磁场中沿半径为 R 的螺旋线运动，螺距为 h，如图所示. 试求：(1) 电子速度的大小；(2) 磁感应强度的方向如何？

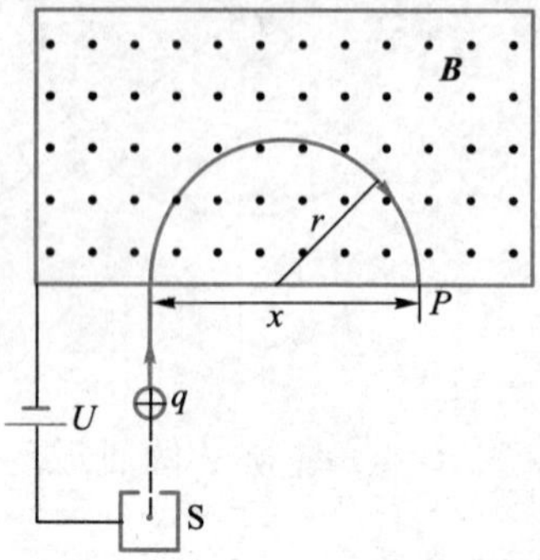

习题 6-10 图

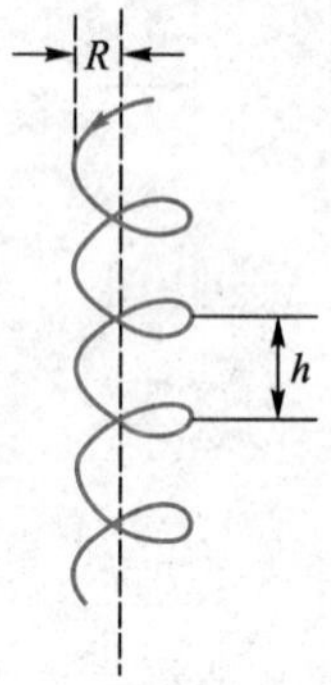

习题 6-11 图

6-12　试证明载电流为 I 的任意形状的平面导线在均匀磁场 $\boldsymbol{B}$ 中所受的磁场力都为 $F=IB|ab|$，$|ab|$是导线两端的直线距离.

6-13　如图所示，在长直电流近旁放一矩形线圈与其共面，线圈各边分别平行和垂直于长直导线. 线圈长度为 l，宽为 b，近边距长直导线距离为 a，长直导线中通有电流 I. 当矩形线圈中通有电流 I_1 时，它所受磁场力的大小和方向各如何？

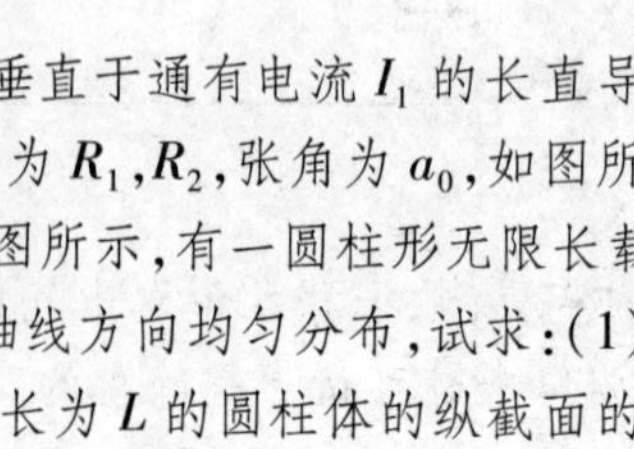

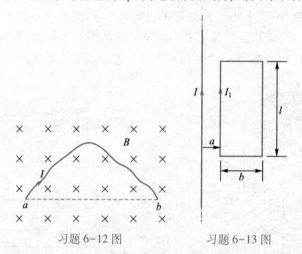

习题 6-12 图

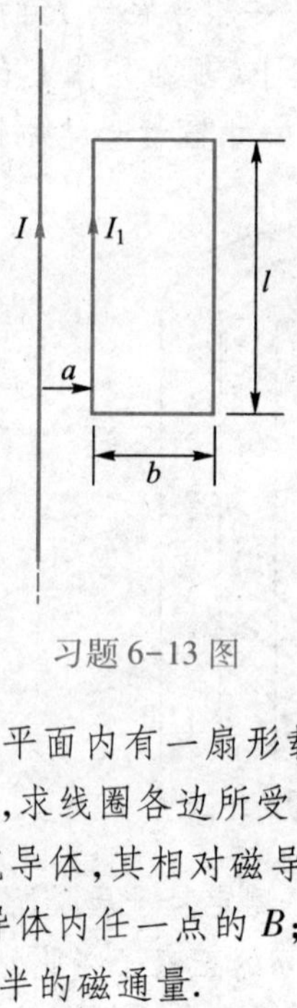

习题 6-13 图

6-14　在垂直于通有电流 I_1 的长直导线平面内有一扇形载流线圈 $abcd$，电流为 I_2，半径分别为 R_1，R_2，张角为 a_0，如图所示，求线圈各边所受的力.

6-15　如图所示，有一圆柱形无限长载流导体，其相对磁导率为 μ_r，半径为 R，今有电流 I 沿轴线方向均匀分布，试求：(1) 导体内任一点的 B；(2) 导体外任一点的 B；(3) 通过长为 L 的圆柱体的纵截面的一半的磁通量.

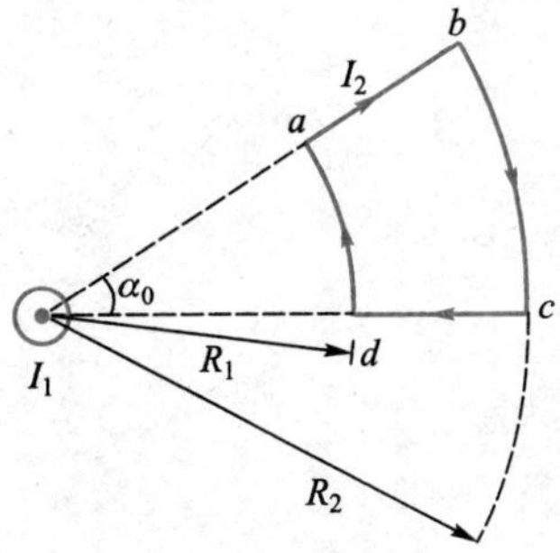

习题 6-14 图

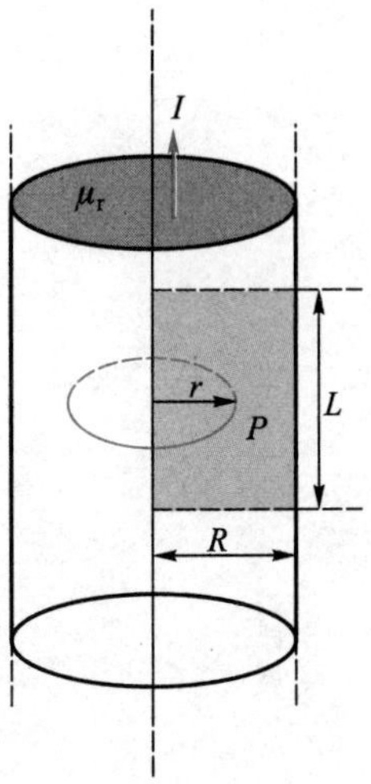

习题 6-15 图

6-16 一铁环中心线周长为 0.6 m,横截面积为 6×10^{-4} m^2,在环上均匀密绕线圈 200 匝. (1) 当导线内通入 0.6 A 电流时,铁环中的磁通量为 3.0×10^{-4} Wb;(2) 当电流增大为 4.5 A 时,磁通量为 6.0×10^{-4} Wb,试求两种情况下铁环的相对磁导率.

第七章

变化的电磁场

前面分别讨论了静电场和恒定磁场的基本属性,以及它们和物质相互作用的基本规律. 如果磁场和电场随时间变化,那么将会产生什么现象并服从什么规律呢?

本章将以实验为基础,通过对有关内容的讨论建立起统一的电磁场理论,以加深对磁场和电场的认识.

7-1 电磁感应的基本定律

一、电源的电动势

要在导体中维持恒定电流,必须在其两端维持恒定不变的电势差. 下面以带电电容器放电时产生的电流为例来讨论.

如图 7-1(a)所示,当用导线把充电的电容器两极板 A 和 B 连接起来时,就有电流从极板 A 通过导线流向极板 B,但这个电流是不稳定的,会由于两个极板上的正负电荷逐渐中和而减少,极板间的电势差也逐渐减小直至零,电流就停止了. 因此,单纯依靠静电力的作用,在导体两端不可能维持恒定的电势差,也就不可能获得恒定电流.

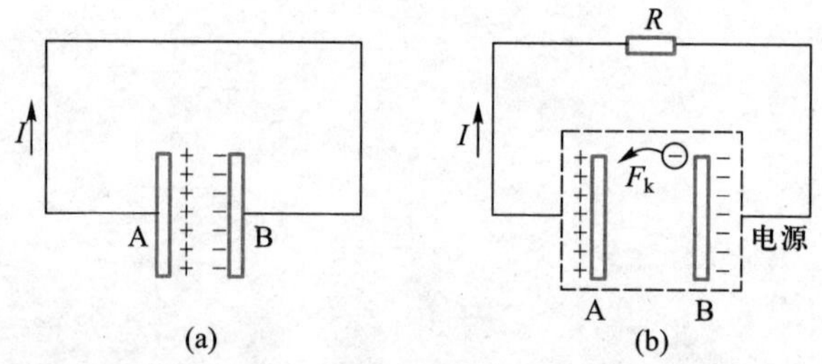

图 7-1

为了获得恒定电流,必须有一种本质上完全不同于静电性质的力,把图 7-1(a)中由极板 A 经导线流向极板 B 的正电荷再送回到极板 A,从而使两极板间保持恒定的电势差来维持由 A 到 B 的恒定电流. 能把正电荷从电势较低的点送到电势较高的点的作用力称为非静电力,记为 $\boldsymbol{F}_k$. 提供非静电力的装置叫做电源.

电源有正负两个电极,两电极间可以维持一个恒定的电势差,电势高的为正极,电势低的为负极. 非静电力方向由负极指向正极,用导体连接两极就形成了一个闭合回路,如图 7-1(b)所示. 在外电路上(电源外部导体),正电荷在恒定电场力作用下,从正极流向负极;在内电路上(电源内部),正电荷在非静电力的作用下,从负极流向正极. 电荷在内、外电路组成的闭合电路中不断流动,形成恒定电流. 从能量角度看,电源是实现能量转化的一种装置,不同类型的电源形成非静电力的过程不同,实现能量转化的形式也不同. 常见的化学电池、普通发电机、温差电池、光电池等,就是分别把化学能、机械能、热能、光能等转化为电能的装置.

作用在单位正电荷上的非静电力称为非静电场的电场强度，即

$$\boldsymbol{E}_{\mathrm{k}}=\frac{\boldsymbol{F}_{\mathrm{k}}}{q} \tag{7-1}$$

非静电力只存在于电源内部，我们就将电动势定义为：把单位正电荷从电源负极（低电势）经过电源内部移到电源正极（高电势）时非静电力所做的功，用 $\mathscr{E}$ 表示，即

$$\mathscr{E}=\int_{(内)-}^{+}\boldsymbol{E}_{\mathrm{k}}\cdot\mathrm{d}\boldsymbol{l} \tag{7-2}$$

电源的电动势 $\mathscr{E}$ 标志着单位正电荷在电源内通过时有多少其他形式的能量（如电池的化学能、发电机的机械能）转化为电能. 对于一定的电源，$\mathscr{E}$ 为一常量，与外电路的性质以及是否接通电路无关. 电势是标量，其单位与电势的单位相同，也是 V（伏[特]），规定自负极经电源内部到正极的方向为电动势的方向，如图 7-2 所示.

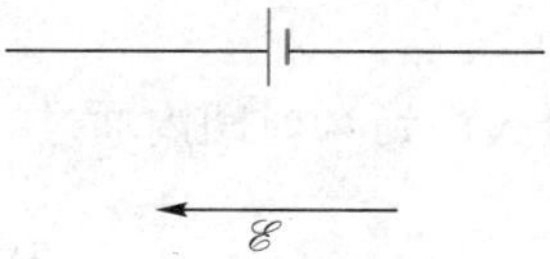

图 7-2

由于非静电场 $\boldsymbol{E}_{\mathrm{k}}$ 只存在于电源内部，故将式(7-2)改写成绕闭合回路一周的环路积分，积分值不变，即

$$\mathscr{E}=\oint\boldsymbol{E}_{\mathrm{k}}\cdot\mathrm{d}\boldsymbol{l} \tag{7-3}$$

上式表明，电源电动势的大小等于单位正电荷绕闭合回路移动一周时非静电力所做的功.

二、法拉第电磁感应定律

电流能激发磁场，反过来，变化的磁场是否也会引起电流呢？英国物理学家法拉第通过对大量实验事实的分析，总结出：**当穿过闭合回路所围面积的磁通量发生变化时，不论这种变化是什么原因引起的，回路中都有感应电动势产生，并且，感应电动势就等于磁通量对时间变化率的负值**，即

文档：电磁感应现象的发现

$$\mathscr{E}_{\mathrm{i}}=-\frac{\mathrm{d}\Phi}{\mathrm{d}t} \tag{7-4}$$

这一结论称为**法拉第电磁感应定律**. 式中的负号反映了感应电动势的方向，是楞次定律的数学表示.

> 法拉第（M.Faraday，1791—1867）
>
> 英国伟大的物理学家和化学家，出身于贫寒的铁匠家庭，当过学徒、报童，靠刻苦自学成才. 他很重视科学实验，在物理、化学方面都有重大贡献. 特别是电磁感应定律的发现和场思想的建立，奠定了电磁理论的基础. 爱因斯坦评价他在电学中的地位相当于伽利略在力学中的地位.
>
> 

文档：法拉第简介

应该指出,式(7-4)只适用于单匝导线所构成的回路,如果回路不是单匝而是 N 匝线圈,那么当磁通量变化时,每匝都将产生感应电动势,由于各匝之间是相互串联的,所以整个线圈中的感应电动势就等于各匝所产生的感应电动势之和. 如果穿过每匝线圈的磁通量都等于 Φ,那么通过 N 匝密绕线圈的磁通量则为 $\Psi=N\Phi$. Ψ 称为磁链(或称为磁通匝数). 为此,电磁感应定律也可写成

$$\mathscr{E}_{\mathrm{i}}=-\frac{\mathrm{d}\Psi}{\mathrm{d}t}=-N\frac{\mathrm{d}\Phi}{\mathrm{d}t} \tag{7-5}$$

如果闭合回路的电阻为 R,则回路的感应电流为

$$I_{\mathrm{i}}=\frac{\mathscr{E}_{\mathrm{i}}}{R}=-\frac{1}{R}\frac{\mathrm{d}\Phi}{\mathrm{d}t} \tag{7-6}$$

而从 t_1 到 t_2 时间内通过导线中任一截面的感应电荷量为

$$q=\int_{t_1}^{t_2}I\mathrm{d}t=-\frac{1}{R}\int_{\Phi_1}^{\Phi_2}\mathrm{d}\Phi=\frac{1}{R}(\Phi_1-\Phi_2) \tag{7-7}$$

式中 Φ_1 和 Φ_2 分别是 t_1 和 t_2 时刻通过回路的磁通量.

上式表明,在短时间内通过导线中任一截面的感应电荷量与这段时间内磁通量的增量成正比,而与磁通量变化的快慢无关. 如果测出感应电荷量,而回路中的电阻又为已知,就可以计算磁通量的增量,进而可知磁感应强度. 常用的磁通计就是按照这个原理制成的.

三、楞次定律

楞次在大量实验事实的基础上,总结出一个判别感应电动势方向的法则:**闭合回路中感应电流的方向,总是使得它所激发的磁场来反抗引起感应电流的原来磁通量的变化**,这一结论称为**楞次定律**.

应用楞次定律判断感应电流的方向时,具体可分三个步骤:首先,根据已知条件确定穿过闭合回路的磁通量的变化趋势(增大或减小);其次,根据楞次定律确定感应电流所激发的磁场的方向(当磁通量增加时,感应电流的磁场方向与原来的磁场方面相反,阻碍磁通量的增加;当磁通量减少时. 感应电流的磁场方向与原来的磁场方向相同,阻碍磁通量的减少). 最后,根据这个磁场方向用右手螺旋定则确定感应电流的方向,这也就是感应电动势的方向.

例如,在图 7-3(a)中,当磁铁的 N 极接近线圈时,穿过线圈的磁通量增加,由楞次定律可知,感应电流所激发的磁场方向(图中用虚线表示)与磁铁的原磁场方向(图中用实线表示)相反,去反抗线圈中磁通量的增加. 据右手螺旋定则,可判定感应电流方向如图 7-3(a)所示. 在图 7-3(b)中,当磁铁的 N 极离开线圈时,穿过线圈的磁通量减少,由楞次定律可知,感应电流所激发的磁场方向(图中用虚线表示),与磁铁的原磁场方向(图中用实线表示)相同,去补充线圈中磁通量的减少,由此可判定感应电流方向如图 7-3(b)所示.

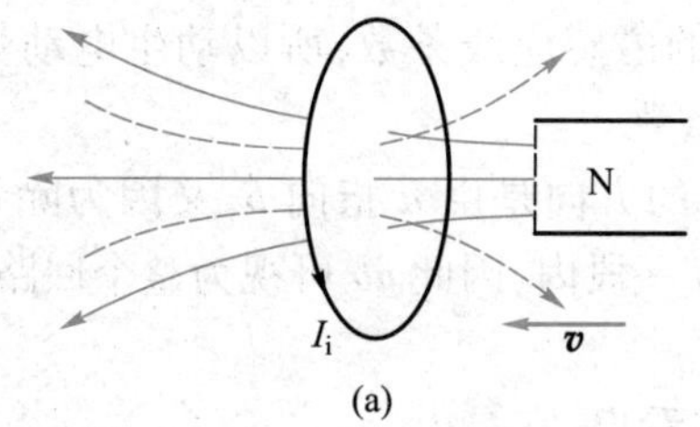

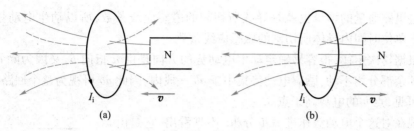

图 7-3

根据楞次定律确定感应电流的方向,实质上体现了电磁感应现象中的能量守恒和转化定律. 在图 7-3 中,我们看到,感应电流所激发的磁场的作用是反抗磁铁的运动. 因此,要继续移动磁铁,外力就必须做功. 与此同时,导体回路中产生了感应电流,这电流在回路上要消耗电能(如转变为热能等). 事实上,这个能量的来源就是外力所做的功.

7-2 动生电动势和感生电动势

一、动生电动势

法拉第电磁感应定律告诉我们,不管什么原因,只要回路中的磁通量发生变化,回路中就有感应电动势产生,实际上,使回路中磁通量发生变化的方式是多种多样的. 磁场不随时间变化,而回路中的某部分导体运动,使回路面积发生变化导致磁通量变化,从而在运动导体中产生感应电动势,这种感应电动势叫动生电动势.

如图 7-4 所示,一个由导线做成的回路 $abcda$,其中长度为 l 的导线段 ab 以速度 $\boldsymbol{v}$ 垂直于磁感应强度为 $\boldsymbol{B}$ 的均匀磁场向右做匀速直线运动. 假设在 $\mathrm{d}t$ 时间内,导线 ab 移动的距离为 $\mathrm{d}x$. 若取回路面积矢量的方向为垂直于纸面向外,则通过回路所围面积磁通量的增量为

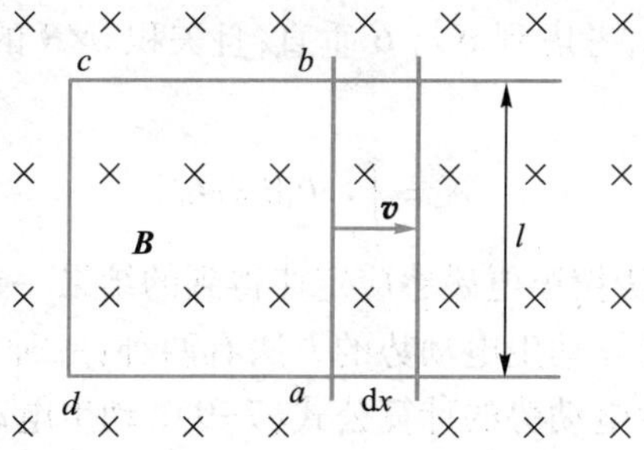

图 7-4

$$\mathrm{d}\Phi=\boldsymbol{B}\cdot\mathrm{d}\boldsymbol{S}=-Bl\mathrm{d}x$$

根据法拉第电磁感应定律,在运动导线 ab 段上产生的动生电动势为

$$\mathscr{E}_i=-\frac{\mathrm{d}\Phi}{\mathrm{d}t}=Bl\frac{\mathrm{d}x}{\mathrm{d}t}=Blv \tag{7-8}$$

这里磁通量的增量也就是导线所切割的磁感应线条数,所以动生电动势的大小等于单位时间内导体所切割的磁感应线条数.

根据楞次定律,很容易确定动生电动势的方向是由 a 指向 b,又因为除 ab 外,回路其余部分均不动,感应电动势集中于 ab 一段内,因此 ab 可视为整个回路的“电源”,可见,点 b 的电势高于点 a.

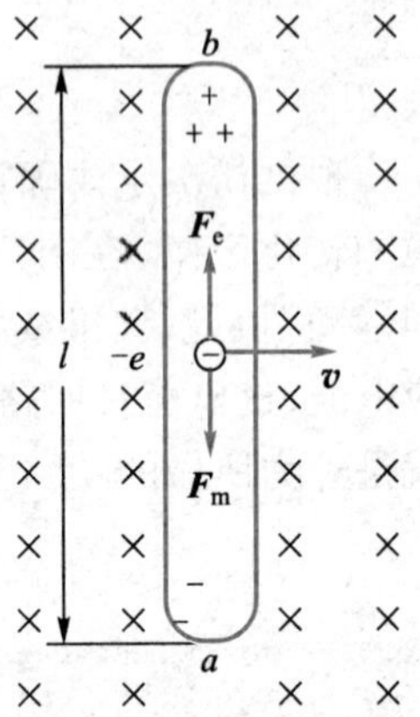

图 7-5

现在对这个电动势作进一步分析. 不难看出,它是由于 ab 的运动($\boldsymbol{B}$ 没有变化)而产生的感应电动势,故属于动生电动势. 有电动势,就有相应的非静电力,那么产生动生电动势的非静电力是什么呢?

由图 7-5 所示可以看出,当导线 ab 以速度 $\boldsymbol{v}$ 向右运动时,ab 中的自由电子被带着以同一速度向右运动,因而,每个自由电子都受到洛伦兹力的作用,即

$$\boldsymbol{F}_m=(-e)\boldsymbol{v}\times\boldsymbol{B}$$

式中$-e$ 为电子的电荷量. $\boldsymbol{F}_m$ 的方向由点 b 指向点 a. 这个力驱使电子沿导线由点 b 向点 a 移动,使点 a 端带负电,点 b 端带正电,在导体内产生静电场. 这使电子又受到静电力 $\boldsymbol{F}_e$ 的作用. 当静电力 $\boldsymbol{F}_e$ 与洛伦兹力 $\boldsymbol{F}_m$ 相平衡时(即 $\boldsymbol{F}_e+\boldsymbol{F}_m=0$),两端间有稳定的电势差,即感应电动势. 由此可知,洛伦兹力是使在磁场中运动的导线产生动生电动势的根本原因. 洛伦兹力是非静电力,如以 $\boldsymbol{E}_k$ 表示非静电场的电场强度,则有

$$\boldsymbol{E}_k=\frac{\boldsymbol{F}_m}{-e}=\boldsymbol{v}\times\boldsymbol{B}$$

$\boldsymbol{E}_k$ 的方向与 $\boldsymbol{v}\times\boldsymbol{B}$ 的方向相同.

由电动势的定义可知,在磁场中运动的导线 ab 所产生的动生电动势为

$$\mathscr{E}_v=\int_a^b \boldsymbol{E}_k\cdot \mathrm{d}\boldsymbol{l}=\int_a^b(\boldsymbol{v}\times\boldsymbol{B})\cdot \mathrm{d}\boldsymbol{l} \tag{7-9}$$

对于图 7-5 中的导线 ab,考虑到 $\boldsymbol{v}$ 与 $\boldsymbol{B}$ 垂直,且矢积 $\boldsymbol{v}\times\boldsymbol{B}$ 的方向与 $\mathrm{d}\boldsymbol{l}$ 的方向相同,式(7-9)可写为

$$\mathscr{E}_v=\int_0^l vB\mathrm{d}l=vBl$$

这一结果与前面直接用法拉第电磁感应定律得到的结果一致.

由上述讨论可知,计算动生电动势的方法有两种:一种是直接用法拉第电磁感应定律;另一种是用动生电动势的计算公式(7-9). 动生电动势的方向通常可用 $\boldsymbol{v}\times\boldsymbol{B}$ 的方向来判断.

需要指出的是,这两种计算动生电动势的方法对于一段导线和闭合导线回路两种情况均适用. 但当用法拉第电磁感应定律来计算一段导线中的动生电动势时,应该明确,对一段导线来说是没有磁通量的概念的,这时公式中的 Φ 是指这段导线在运动中所扫过面积上的磁通量.

例 7-1 如图 7-6 所示，一长为 L 的铜棒，在磁感应强度为 $\boldsymbol{B}$ 的均匀磁场中绕其一端 O 以角速度 ω 转动. 设转轴与 $\boldsymbol{B}$ 平行，求铜棒上的动生电动势.

解法一 用动生电动势计算公式.

如图 7-6 所示，设 t 时刻铜棒转到 Ob 位置，由于铜棒上各点的速度不同，故在铜棒上距 O 为 l 处取一线元 $\mathrm{d}\boldsymbol{l}$，其速度大小为 ωl，方向与铜棒及 $\boldsymbol{B}$ 均垂直，且 $\boldsymbol{v}\times\boldsymbol{B}$ 与 $\mathrm{d}\boldsymbol{l}$ 同向. 于是，$\mathrm{d}\boldsymbol{l}$ 产生的元电动势

$$\mathrm{d}\mathscr{E}_{\mathrm{v}}=(\boldsymbol{v}\times\boldsymbol{B})\cdot\mathrm{d}\boldsymbol{l}=vB\mathrm{d}l=\omega lB\mathrm{d}l$$

由于 Ob 上各线元的 $\boldsymbol{v}\times\boldsymbol{B}$ 方向均相同，故得

$$\mathscr{E}_{Ob}=\mathscr{E}_{\mathrm{v}}=\int_{O}^{b}(\boldsymbol{v}\times\boldsymbol{B})\cdot\mathrm{d}\boldsymbol{l}=B\omega\int_{0}^{L}l\mathrm{d}l=\frac{1}{2}BL^{2}\omega$$

$\mathscr{E}_{Ob}$ 的方向由 $\boldsymbol{v}\times\boldsymbol{B}$ 判定为从 O 点指向 b 点，即 b 点的电势高于 O 点的电势.

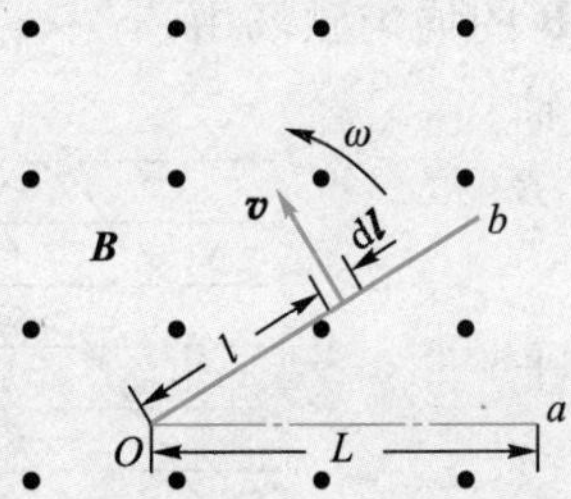

图 7-6

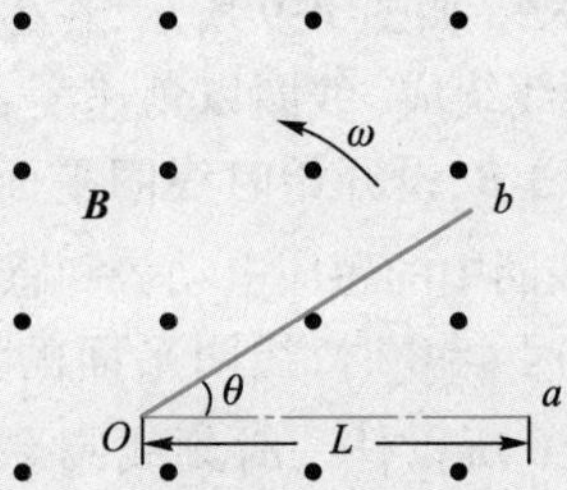

图 7-7

解法二 用法拉第电磁感应定律.

如图 7-7 所示，设经过一段时间后，铜棒由位置 Oa 转至位置 Ob，转过的角度为 θ，扫过的扇形面积 $S=\frac{1}{2}L^{2}\theta$；穿过此面积的磁通量

$$\Phi=BS=\frac{1}{2}BL^{2}\theta$$

由法拉第电磁感应定律得 Ob 上感应电动势大小为

$$\mathscr{E}_{Ob}=-\frac{\mathrm{d}\Phi}{\mathrm{d}t}=-\frac{1}{2}BL^{2}\frac{\mathrm{d}\theta}{\mathrm{d}t}=-\frac{1}{2}BL^{2}\omega$$

$\mathscr{E}_{Ob}$ 的方向，由 $\boldsymbol{v}\times\boldsymbol{B}$ 判断为从 O 点指向 b 点，即 b 点的电势高于 O 点的电势.

例 7-2 如图 7-8 所示，长直导线通有电流 $I=10$ A，另一长为 $l=0.20$ m 的金属棒 ab 以速度 $v=2.0$ m/s 平行长直导线做匀速运动，如棒与长直导线共面正交，且靠近导线的一端距导线 $d=0.1$ m，求棒中的动生电动势.

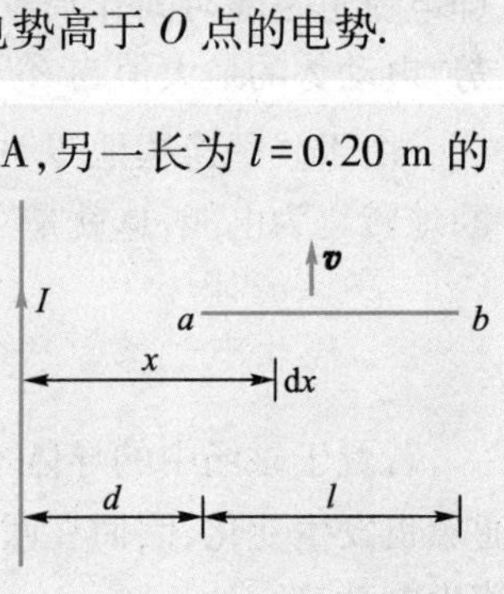

图 7-8

解 棒 ab、$\boldsymbol{v}$、$\boldsymbol{B}$ 三者相互垂直，但长直导线在棒上产生的磁感应强度逐点不同，所以要把金属棒分成许多线元 $\mathrm{d}x$，这样在每一段 $\mathrm{d}x$ 处的磁场可看做是均匀的，磁感应强度的大小为

$$B=\frac{\mu_0 I}{2\pi x}$$

方向是垂直于纸面向外，于是线元 dx 上动生电动势的大小为

$$\mathrm{d}\mathscr{E}_{\mathrm{i}}=(\boldsymbol{v}\times\boldsymbol{B})\cdot\mathrm{d}\boldsymbol{x}=vB\mathrm{d}x=\frac{\mu_0 Iv}{2\pi x}\mathrm{d}x$$

整个杆 ab 上的总动生电动势为

$$\mathscr{E}_{\mathrm{i}}=\int\mathrm{d}\mathscr{E}_{\mathrm{i}}=\int_d^{d+l}\frac{\mu_0 Iv}{2\pi x}\mathrm{d}x=\frac{\mu_0 I}{2\pi}v\ln\left(\frac{d+l}{d}\right)=4.4\times10^{-6}\ \mathrm{V}$$

动生电动势的方向是 $\boldsymbol{v}\times\boldsymbol{B}$ 的方向，所以在导线 ab 中，动生电动势的方向是从金属棒的 b 端指向 a 端.

例 7-3 如图 7-9 所示，在磁感应强度为 $\boldsymbol{B}$ 的均匀磁场中，有一平面线圈，由 N 匝导线绕成. 线圈以角速度 ω 绕图示 OO' 轴转动，$OO'\perp\boldsymbol{B}$，设开始时线圈平面的法线 $\boldsymbol{e}_{\mathrm{n}}$ 与 $\boldsymbol{B}$ 平行，求线圈中的感应电动势和感应电流.

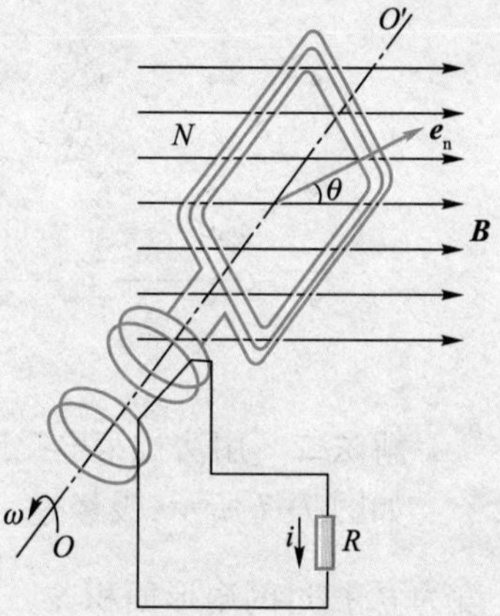

图 7-9

解 因 $t=0$ 时，线圈平面的法线 $\boldsymbol{e}_{\mathrm{n}}$ 与 $\boldsymbol{B}$ 平行，故，$\theta=0$ 所以任一时刻线圈平面的法线 $\boldsymbol{e}_{\mathrm{n}}$ 与 $\boldsymbol{B}$ 的夹角为 $\theta=\omega t$. 因此任一时刻穿过该线圈的磁通链 $\Psi=N\Phi=NBS\cos\theta=NBS\cos\omega t$

根据法拉第电磁感应定律，这时线圈中的感应电动势为

$$\mathscr{E}_{\mathrm{i}}=-\frac{\mathrm{d}\Phi}{\mathrm{d}t}=-\frac{\mathrm{d}}{\mathrm{d}t}(NBS\cos\omega t)=NBS\omega\sin\omega t$$

可见，在均匀磁场中，转动的线圈所产生的感应电动势是随时间作周期性变化的. 感应电流为

$$I_{\mathrm{i}}=\frac{\mathscr{E}_{\mathrm{i}}}{R}=\frac{NBS\omega}{R}\sin\omega t$$

即电流也是随时间作周期性变化的. 因此，线圈中将出现交变电流和交变电动势，电动势的最大值为 $\mathscr{E}_{\mathrm{v}}=NBS\omega$、电流的最大值为 $NBS\omega/R$.

由于线圈连续地转动. 线圈中持续产生感应电动势和感应电流，使机械能不断地转化为电能，这就是交流发电机的工作原理.

二、感生电动势

若置于磁场中的导体不动，而磁场随时间变化，这时，通过导体回路面积的磁通量也发生变化，因而在回路中也将产生感应电动势，这样产生的感应电动势称为感生电动势.

产生感生电动势的非静电力是什么力呢？由于产生感生电动势时导体或导体

回路不动，因此，产生感生电动势的非静电力不可能是洛伦兹力. 为了探索产生感生电动势的非静电力的本质，麦克斯韦在实验的基础上提出了感生电场假设：变化的磁场在其周围空间激发一种具有闭合电场线的电场. 这种电场称为感生电场（或称为涡旋电场），用 $\boldsymbol{E}_{\mathrm{r}}$ 表示. 感生电场对电荷有力的作用，正是这种感生电场所产生的非静电力，驱动电荷在导体中做定向运动.

感生电场假设的正确性早已被实验所证实，电磁波的产生和传播，电子感应加速器的成功应用都证明了感生电场的存在.

三、感生电场的高斯定理与安培环路定理

由于感生电场的电场线是无头无尾的闭合曲线，很显然，在感生电场中，通过任一闭合面的电场强度通量恒为零，即

$$\oint_S \boldsymbol{E}_{\mathrm{r}} \cdot \mathrm{d}\boldsymbol{S}=0 \tag{7-10}$$

这就是感生电场的高斯定理，它表明感生电场是无源场.

由电动势的定义和法拉第电磁感应定律可得

$$\mathscr{E}_{\mathrm{i}}=\oint_L \boldsymbol{E}_{\mathrm{r}} \cdot \mathrm{d}\boldsymbol{l}=-\frac{\mathrm{d}\Phi}{\mathrm{d}t} \tag{7-11}$$

式中 Φ 为通过以回路 L 为边界的曲面的磁通量.

由于磁通量
$$\Phi=\int_S \boldsymbol{B} \cdot \mathrm{d}\boldsymbol{S}$$

所以式(7-11)可以写成

$$\oint_L \boldsymbol{E}_{\mathrm{r}} \cdot \mathrm{d}\boldsymbol{l}=-\frac{\mathrm{d}\Phi}{\mathrm{d}t}=-\frac{\mathrm{d}}{\mathrm{d}t}\int_S \boldsymbol{B} \cdot \mathrm{d}\boldsymbol{S}$$

式中 S 为以回路 L 为边界的曲面. 当回路不变动时，可以将对时间的导数和对曲面的积分两个运算的顺序颠倒，故

$$\oint_L \boldsymbol{E}_{\mathrm{r}} \cdot \mathrm{d}\boldsymbol{l}=-\int_S \frac{\mathrm{d}\boldsymbol{B}}{\mathrm{d}t} \cdot \mathrm{d}\boldsymbol{S}$$

考虑到 $\boldsymbol{B}$ 不仅是时间的函数，而且也是空间坐标的函数，故应改为偏微分，所以有

$$\oint_L \boldsymbol{E}_{\mathrm{r}} \cdot \mathrm{d}\boldsymbol{l}=-\int_S \frac{\partial \boldsymbol{B}}{\partial t} \cdot \mathrm{d}\boldsymbol{S} \tag{7-12}$$

这就是感生电场的安培环路定理，它表明感生电场是非保守场，因此不能引进电势的概念.

应当指出：根据麦克斯韦关于感生电场的假设，不管有无导体构成闭合回路，也不管回路是在真空中还是在介质中，式(7-12)都是适用的. 也就是说，在变化的磁场周围空间里，到处充满感生电场，如果有闭合的导体回路放入该感生电场中，感生电场就迫使导体中自由电荷做宏观运动，从而显示出感生电流；如果导体回路不存在，只不过没有感生电流而已，但感生电场还是存在的.

感生电动势可用两种方法来计算：一种是直接应用法拉第电磁感应定律，先求穿过回路所围面积的磁通量，后对时间求导；另一种是先求导体内的感生电场，后

沿回路积分.

感生电场与感生电动势的方向是一致的,通常均由楞次定律来判定.

例 7-4 如图 7-10 所示,半径为 R 的圆柱形空间内分布有沿圆柱轴线方向的均匀磁场,磁场方向垂直纸面向里,其变化率 $\frac{dB}{dt}$ 为常量. 有一长度为 L 的直金属棒 ab 放在磁场中,与螺线管轴线的距离为 h,a 端和 b 端正好在圆上,求:(1) 圆柱形空间内、外感生电场 $\boldsymbol{E}_r$ 的分布;(2) 若 $\frac{dB}{dt}>0$,直金属棒 ab 上的感生电动势的大小.

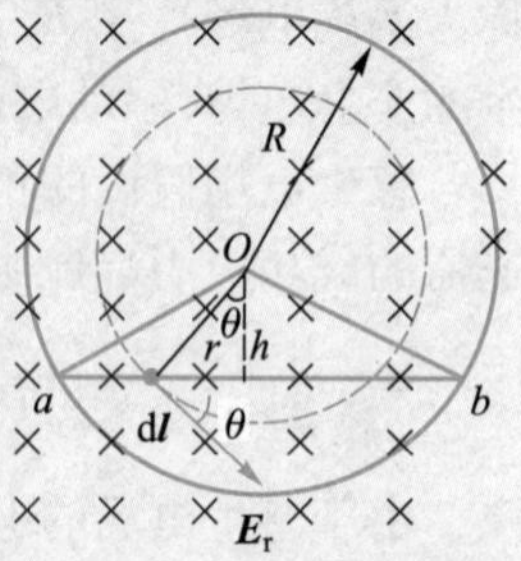

图 7-10

解 (1) 由于磁场分布具有对称性,感生电场具有涡旋性,因此,感生电场线的分布为一系列以管中心轴为圆心,圆面垂直于中心轴的同心圆. 在同一圆周上,各点的感生电场大小相等,方向沿各点的切线方向.

在圆柱形空间内,以 O 点为圆心,r 为半径作一圆形积分回路,取顺时针方向为回路绕向,则其回路面积 S 的法线方向 $\boldsymbol{e}_n$ 垂直纸面向里,则有

$$\oint_L \boldsymbol{E}_r \cdot d\boldsymbol{l} = -\int_S \frac{d\boldsymbol{B}}{dt} \cdot d\boldsymbol{S}$$

即

$$E_r \times 2\pi r = -\pi r^2 \frac{dB}{dt}$$

$$E_r = -\frac{r}{2}\frac{dB}{dt} \quad (r<R)$$

根据楞次定律,当 $\frac{dB}{dt}>0$ 时,$E_r<0$,即感生电场沿逆时针方向;反之当 $\frac{dB}{dt}<0$ 时,$E_r>0$,即感生电场沿顺时针方向.

对于无限长载流直螺线管外部空间来说,虽然没有磁场存在,但却有感生电场.

当 $r>R$ 时,变化磁场只存在于半径为 R 的螺线管内,即有

$$E_r \cdot 2\pi r = -\int_S \frac{\partial B}{\partial t} dS = -\frac{dB}{dt}\pi R^2$$

故

$$E_r = -\frac{R^2}{2r}\frac{dB}{dt} \quad (r>R)$$

(2) **解法一** 用电动势的定义.

由(1)的结论知,在 $r<R$ 的区域内,E_r 的大小为 $\frac{r}{2}\frac{dB}{dt}$. 当 $\frac{dB}{dt}>0$ 时,$\boldsymbol{E}_r$ 沿逆时针方向. 在直导线 ab 上任取一线元 $d\boldsymbol{l}$,方向从 a 指向 b,由图 7-10 可知 $r\cos\theta=h$,

所以

$$\mathscr{E}=\int_a^b \boldsymbol{E}_{\mathrm{r}}\cdot \mathrm{d}\boldsymbol{l}=\int_a^b \frac{r}{2}\frac{\mathrm{d}B}{\mathrm{d}t}\mathrm{d}l\cos\theta=\int_0^L \frac{h}{2}\frac{\mathrm{d}B}{\mathrm{d}t}\mathrm{d}l=\frac{hL}{2}\frac{\mathrm{d}B}{\mathrm{d}t}$$

其方向由楞次定律判断为由 a 端指向 b 端.

解法二 用法拉第电磁感应定律.

作闭合回路 $OabO$，回路的感应电动势为

$$\mathscr{E}=-\frac{\mathrm{d}\Phi}{\mathrm{d}t}=-\int_S \frac{\mathrm{d}B}{\mathrm{d}t}\mathrm{d}S\cos\pi=\frac{hL}{2}\frac{\mathrm{d}B}{\mathrm{d}t}$$

因为 Oa 与 Ob 都与 $\boldsymbol{E}_{\mathrm{r}}$ 垂直，所以 $\mathscr{E}_{Oa}=\mathscr{E}_{Ob}=0$，则

$$\mathscr{E}_{ab}=\mathscr{E}-\mathscr{E}_{Oa}-\mathscr{E}_{Ob}=\frac{hL}{2}\frac{\mathrm{d}B}{\mathrm{d}t}$$

其方向由楞次定律判断为由 a 端指向 b 端.

以上只讨论了某一回路中产生的动生电动势和感生电动势. 事实上，当大块导体在磁场中运动或处于变化磁场中时，在大块导体中也要产生动生电动势或感生电动势，因而要产生涡流状感应电流，叫做涡电流，简称涡流. 在变化的磁场中，大块导体中的涡流与磁场的变化频率有关，频率越高，涡流越大，由于大块导体的电阻一般都很小，所以涡电流通常是很强大的，从而产生剧烈的热效应. 涡流热效应具有广泛的应用. 例如，利用这一效应所制成的感应电炉可以用于真空冶炼等. 反之，在某些情况下，涡电流的热效应是有害的，例如，在电机中为尽量减少涡电流的损耗，常采用彼此绝缘的硅钢片叠成一定形状，用来代替整块铁芯.

7-3 自感电动势和互感电动势

按法拉第电磁感应定律，当穿过回路的磁通量发生变化时，回路中就有感应电动势产生. 而电流的变化也会引起磁通量的变化，在通常情况下，这有两个可能：磁通量的变化来源于回路自身中的电流，或者是来源于其他回路中的电流. 在前一种情况下产生的感应电动势称为自感电动势，后一种情况下产生的感应电动势称为互感电动势.

一、自感电动势

如图 7-11 所示，当载流线圈中的电流发生变化时，该线圈中的磁通量也会随之变化，因而线圈中就有感应电动势产生. 这种因线圈中电流变化而在线圈自身引起的感应电动势的现象称为自感现象. 由自感所产生的电动势称为自感电动势.

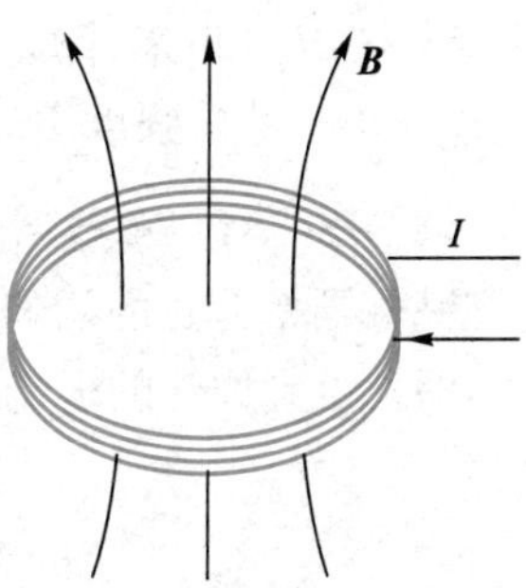

图 7-11

设某线圈由 N 匝相同的线圈组成，线圈所载电流

为 I. 根据毕奥-萨伐尔定律,此电流产生的磁场在空间任一点的磁感应强度与电流成正比. 因此,通过此线圈的磁链亦与电流成正比,即

$$\Psi=LI$$

式中 L 为自感系数,简称自感,其数值与线圈的大小、几何形状、匝数及磁介质的性质有关. 将上式改写为

$$L=\frac{\Psi}{I} \tag{7-13}$$

上式表明,自感在数值上等于电流为 1 A 时通过线圈自身的磁链.

用法拉第电磁感应定律可以求得自感电动势为

$$\mathscr{E}_L=-\frac{\mathrm{d}\Psi}{\mathrm{d}t}=-\left(L\frac{\mathrm{d}I}{\mathrm{d}t}+I\frac{\mathrm{d}L}{\mathrm{d}t}\right)$$

如果线圈的形状、大小和周围磁介质的磁导率都不随时间变化,则 L 为一常量,故 $\frac{\mathrm{d}L}{\mathrm{d}t}=0$. 于是,上式又可写为

$$\mathscr{E}_L=-L\frac{\mathrm{d}I}{\mathrm{d}t} \tag{7-14}$$

式中负号是楞次定律的数学表示,它表明自感电动势总是反抗回路中电流的变化的. 当电流增加时,自感电动势的方向与电流方向相反;当电流减少时,自感电动势的方向与电流方向相同.

文档:亨利简介

在国际单位制中,自感的单位是 H(亨[利]),由于 H 这个单位较大,经常采用 mH(毫亨)或 μH(微亨).

$$1\ \mathrm{mH}=10^{-3}\ \mathrm{H}$$
$$1\ \mu\mathrm{H}=10^{-6}\ \mathrm{H}$$

在工程技术和日常生活中,自感现象的应用是很广泛的,如无线电技术和电工中常用的扼流圈,日光灯上用的镇流器等都利用了自感现象. 但在有些情况下,自感现象会带来危害. 例如,在大自感和强电流的电路中,接通和断开电路时会产生很大的自感电动势,击穿空气,形成电弧,造成事故(烧坏设备或危及工作人员的生命安全).

L 的计算一般比较复杂. 常采用实验方法测定,只有在少数简单的情况下可用 L 的定义式(7-13)来计算. 计算的步骤:先假设线圈中通有电流 I,根据毕奥-萨伐尔定律求出磁感应强度 $\boldsymbol{B}$,进而求出磁链 Ψ,最后由 L 的定义式求出自感.

例 7-5 有一单层密绕无限长直螺线管,长为 l,横截面积为 S,匝数为 N,管内充满磁导率为 μ 的均匀磁介质,求螺线管的自感.

解 设螺线管的电流为 I,则其内的磁感应强度大小为

$$B=\mu_r B_0=\mu_r\mu_0 nI=\mu\frac{N}{l}I$$

通过每匝线圈的磁通量为

$$\Phi = BS = \mu \frac{N}{l} IS$$

通过整个线圈的磁链为

$$\Psi = N\Phi = \mu \frac{N^2}{l} SI \tag{1}$$

将式(1)代入式(7-13),得

$$L = \frac{\Psi}{I} = \mu \frac{N^2}{l} S = \mu n^2 V \tag{2}$$

式中 n 为单位长度的匝数,V 为螺线管的体积,$V = lS$.

由式(2)可知,螺线管的自感 L 与 I 无关,仅与线圈单位长度的匝数 n、体积 V、磁导率 μ 有关,即 L 只由线圈本身特性决定.

二、互感电动势

两个邻近的载流线圈,当电流发生变化时,相互在对方线圈中引起感应电动势的现象称为互感现象. 由此产生的电动势称为互感电动势.

如图 7-12 所示,设有两个相邻近的线圈 1、线圈 2,分别通有电流 I_1, I_2. 当线圈 1 中的电流发生变化时,定会在线圈 2 中产生互感电动势;反之,当线圈 2 中的电流发生变化时,也会在线圈 1 中产生互感电动势. 若两个线圈的形状、大小、相对位置及周围磁介质的磁导率均保持不变,则根据毕奥-萨伐尔定律可知,线圈 1 中的电流 I_1 所产生并通过线圈 2 的磁链应与 I_1 成正比,即

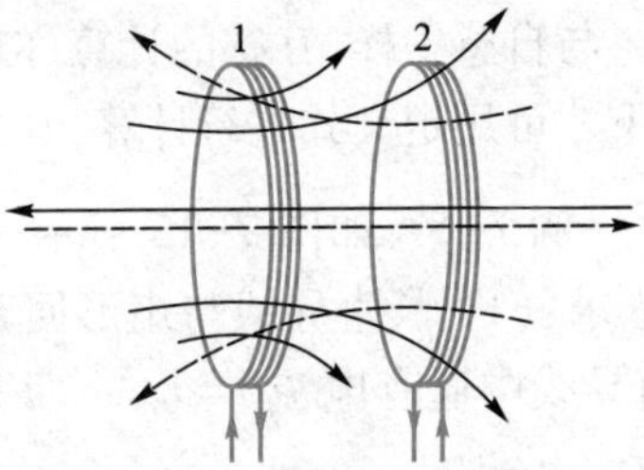

图 7-12

$$\Psi_{21} = M_{21} I_1 \tag{7-15a}$$

同理,线圈 2 中的电流 I_2 所产生并通过线圈 1 的磁链也应与 I_2 成正比,即

$$\Psi_{12} = M_{12} I_2 \tag{7-15b}$$

式(7-15)中的 M_{21}, M_{12} 为比例系数,称为互感系数,简称互感. 实验和理论都可以证明,两个线圈之间的互感 M_{21} 和 M_{12} 是相等的,可用 M 表示,即

$$M = M_{21} = M_{12}$$

这就是说,以后不必再区别是哪个线圈对哪个线圈的互感,而只要说互感 M 就可以了. 于是,式(7-15)又可简化为

$$\Psi_{21} = MI_1, \Psi_{12} = MI_2$$

由此可得

$$M = \frac{\Psi_{21}}{I_1} = \frac{\Psi_{12}}{I_2} \tag{7-16}$$

上式表明,两线圈的互感在数值上等于其中任一线圈的电流为 1 A 时所产生并通过另一线圈的磁链.

根据法拉第电磁感应定律,当线圈 1 中的电流 I_1 发生变化时,在线圈 2 中产生的互感电动势为

$$\mathscr{E}_{21}=-\frac{\mathrm{d}\Psi_{21}}{\mathrm{d}t}=-M\frac{\mathrm{d}I_1}{\mathrm{d}t} \tag{7-17a}$$

同理,线圈 2 中的电流 I_2 发生变化时,在线圈 1 中产生的互感电动势为

$$\mathscr{E}_{12}=-\frac{\mathrm{d}\Psi_{12}}{\mathrm{d}t}=-M\frac{\mathrm{d}I_2}{\mathrm{d}t} \tag{7-17b}$$

从以上的讨论可以看出,当线圈中的电流变化率一定时,M 越大,在另一线圈中所产生的互感电动势也越大;M 越小,在另一线圈中所产生的互感电动势也越小.可见,互感是反映线圈间互感强弱的物理量.

在国际单位制中,互感的单位亦为 H(亨[利]).

演示实验:互感通信

互感在电工和电子技术中应用很广泛. 例如,通过互感线圈可以传递能量或信号,利用互感现象的原理可制成变压器、感应圈. 但在某些情况下,互感也有害处. 例如,有线电话往往由于两路电话线之间的互感而有可能造成串音,收录机、电视机及电子设备中也会由于导线或部件间的互感而妨碍正常工作,这些互感的干扰都要设法尽量避免.

与自感一样,互感的计算亦较复杂,一般由实验方法确定. 只有在少数简单情况下才可用定义式进行计算,其方法与自感的计算相似.

例 7-6 如图 7-13 所示,一长 $2a$、宽 a 的矩形导线回路与长直导线共面放置.求:(1) 长直导线与矩形回路的互感;(2) 长直导线中通有电流 $i=I_0\sin\omega t$ 时矩形回路中的感应电动势.

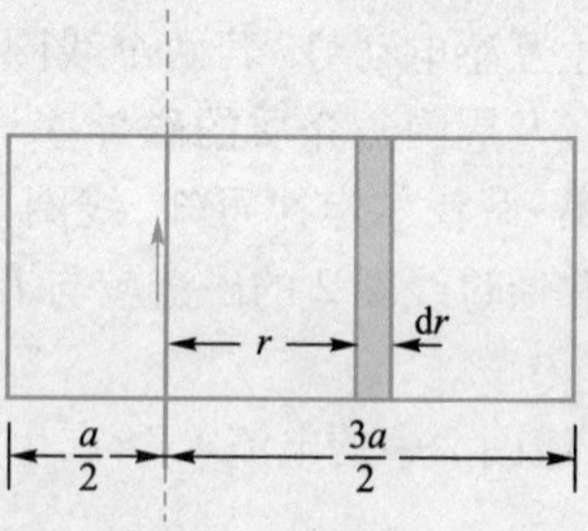

图 7-13

解 (1) 假设长直导线中通有电流 I_1,这个电流产生的磁场通过矩形回路的磁通量为 Φ,它由两部分组成,一部分是直导线以右的部分 Φ_1,一部分是直导线以左的部分 Φ_2,Φ_1 与 Φ_2 的符号相反.

$$\Phi_1=\int_S \boldsymbol{B}\cdot\mathrm{d}\boldsymbol{S}=\int_{r_0}^{3a/2}\frac{\mu_0 I_1}{2\pi r}a\mathrm{d}r=\frac{\mu_0 I_1 a}{2\pi}\left(\ln\frac{3a}{2}-\ln r_0\right)$$

r_0 是长直导线的半径.

$$\Phi_2=\int_S \boldsymbol{B}\cdot\mathrm{d}\boldsymbol{S}=-\int_{r_0}^{a/2}\frac{\mu_0 I_1}{2\pi r}a\mathrm{d}r=-\frac{\mu_0 I_1 a}{2\pi}\left(\ln\frac{a}{2}-\ln r_0\right)$$

通过矩形回路的总磁通量为

$$\Phi=\Phi_1+\Phi_2=\frac{\mu_0 I_1 a}{2\pi}\left(\ln\frac{3a}{2}-\ln\frac{a}{2}\right)=\frac{\mu I_1 a}{2\pi}\ln 3$$

由互感的定义可得 $$M=\frac{\Phi}{I_1}=\frac{\mu_0 a}{2\pi}\ln 3$$

(2) 若长直导线中通电流 $i=I_0\sin\omega t$ 时，矩形回路中将产生互感电动势

$$\mathscr{E}=-M\frac{\mathrm{d}i}{\mathrm{d}t}=-M\frac{\mathrm{d}}{\mathrm{d}t}(I_0\sin\omega t)=-MI_0\omega\cos\omega t=-\frac{\mu_0 aI_0\omega\ln 3}{2\pi}\cos\omega t$$

7-4 磁场的能量

与电场一样，磁场也有能量. 下面用一自感线圈通以电流的例子来说明.

如图 7-14 所示，有一自感为 L 的线圈，开始无电流，然后通有变化电流. 设 t 时刻的电流为 i，则线圈上的自感电动势为

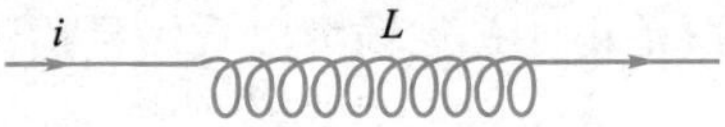

图 7-14

$$\varepsilon=-L\frac{\mathrm{d}i}{\mathrm{d}t}$$

那么线圈中自感电动势在从 0~t 这段时间，电流由 0 变到 i，对外做功为

$$A=\int_0^t \varepsilon i\mathrm{d}t=\int_0^t -L\frac{\mathrm{d}i}{\mathrm{d}t}i\mathrm{d}t$$
$$=\int_0^i -Li\mathrm{d}i=-\frac{1}{2}Li^2$$

从上式可知，线圈中感应电动势对外做负功，实际上是电流对线圈做正功. 由能量守恒定律可知，线圈获得的能量为$(1/2)Li^2$，它以磁场能的形式储存在线圈中，其大小应为

$$W_{\mathrm{m}}=\frac{1}{2}Li^2 \tag{7-18}$$

W_{m} 称为自感磁能. 与电容 C 的储能作用一样，自感线圈 L 也是一个储能元件. 例如一个自感 $L=10$ H 的长直螺线管，当通有 2 A 的恒定电流时，线圈中储存的磁能，$W_{\mathrm{m}}=LI^2/2=20$ J.

和电场一样，磁场能量也是定域在磁场中的，所以磁场能量可以用描述磁场的物理量 $\boldsymbol{B}$ 或 $\boldsymbol{H}$ 表示. 对无限长直螺线管而言，假设管内充满着磁导率为 μ 的均匀磁介质. 当无限长直螺线管中通有电流 I 时，螺线管中的磁感应强度为 $B=\mu nI$，螺线管的自感为

$$L=\mu n^2 V$$

式中 n 为螺线管单位长度上的匝数，V 为螺线管内磁场空间的体积. 把 L 及$I=\dfrac{B}{\mu n}$代入式(7-18)中，可得磁场能量的另一表示式为

$$W_{\mathrm{m}}=\frac{1}{2}\frac{B^2}{\mu}V \tag{7-19}$$

由此可得出单位体积的磁场能量——磁场能量密度,即

$$w_m = \frac{W_m}{V} = \frac{1}{2}\frac{B^2}{\mu} \tag{7-20}$$

上式表明,磁场能量密度与磁感应强度的平方成正比. 对于各向同性磁介质,由于 $B=\mu H$,式(7-20)又可以写成

$$w_m = \frac{1}{2}\mu H^2 = \frac{1}{2}BH \tag{7-21}$$

式中 B 和 H 分别为该点的磁感应强度和磁场强度的大小. 必须指出,式(7-21)虽然是从无限长载流直螺线管这一特例导出的,但是可以证明,对于任意的磁场,其中某一点的磁场能量密度都可以用式(7-20)或式(7-21)表示.

若要计算非均匀磁场的磁场能量,可以在非均匀磁场中任取一体积元 dV,在体积元 dV 中,磁场可以看做是均匀的. 于是体积元 dV 内的磁场能量为

$$dW_m = w_m dV = \frac{1}{2}\mu H^2 = \frac{1}{2}BH dV \tag{7-22}$$

则整个磁场中的磁场能量为

$$W_m = \int_V w_m dV = \int_V \frac{1}{2}\mu H^2 dV = \int_V \frac{1}{2}BH dV \tag{7-23}$$

式中 $\int_V$ 表示积分遍及整个磁场空间.

例 7-7 设有一无限长的同轴电缆,如图 7-15 所示. 其金属芯线的半径为 R_1,同轴金属圆筒的半径为 R_2,其间充满磁导率为 μ 的介质. 芯线和外圆筒上的电流流向相反而强度 I 相等,试计算长为 l 的一段电缆上的磁场能量和自感.

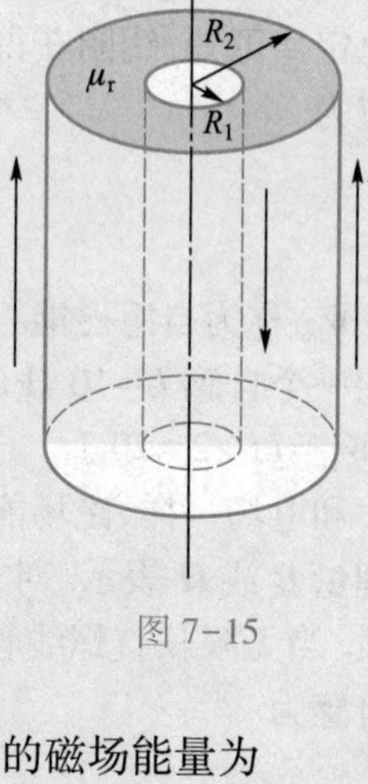

图 7-15

解 根据题意,由安培环路定理可得同轴电缆的芯线内部以及圆筒外部的磁感强度均为零,故磁场能量只存在于芯线与圆筒之间. 在芯线与圆筒之间的区域内,距轴线为 r 处的磁感强度大小为

$$B = \frac{\mu I}{2\pi r}$$

该处的磁场能量密度为

$$w_m = \frac{1}{2}\frac{B^2}{\mu} = \frac{1}{2\mu}\left(\frac{\mu I}{2\pi r}\right)^2 = \frac{\mu I^2}{8\pi^2 r^2}$$

在 r 处,取长为 l 的薄层圆筒形体积元 dV,$dV = 2\pi r l dr$,其中的磁场能量为

$$dW_m = w_m dV = \frac{\mu I^2}{8\pi^2 r^2} 2\pi r l dr = \frac{\mu I^2 l}{4\pi}\frac{dr}{r}$$

磁场的总能量为

$$W_m = \int_V w_m \mathrm{d}V = \frac{\mu I^2 l}{4\pi}\int_{R_1}^{R_2}\frac{\mathrm{d}r}{r} = \frac{\mu I^2 l}{4\pi}\ln\frac{R_2}{R_1}$$

由公式(7-18) $W_m = \frac{1}{2}LI^2$,可得长度为 l 的同轴电缆的自感为

$$L = \frac{\mu l}{2\pi}\ln\frac{R_2}{R_1}$$

7-5 麦克斯韦电磁场理论

一、位移电流

我们知道,在一个无分支的电路中,在任何时刻通过导体上任何截面的电流强度总是相等的,即传导电流是连续的. 但在接有电容器的电路中,情况就不同了.

设有一电路,其中接有平行板电容器 AB,如图 7-16 所示. 图 7-16(a)和图 7-16(b)两图分别表示电容器充电和放电时的情况. 不论在充电或放电时,通过电路中导体上任何截面的电流强度在同一时刻都相等. 但是这种在导体中的传导电流不能在电容器的两极之间流动,因而对整个电路而言,传导电流是不连续的.

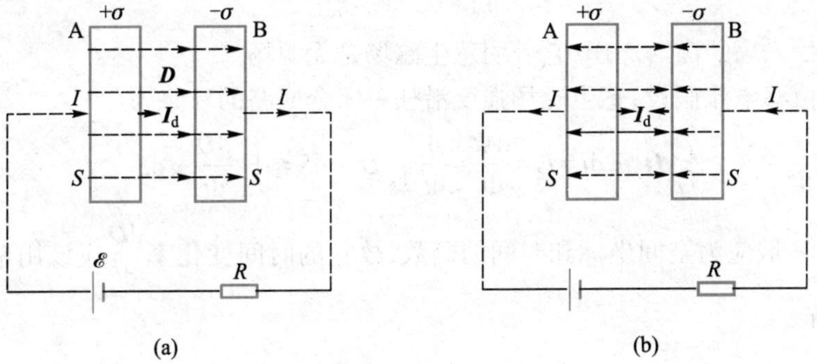

图 7-16

麦克斯韦分析了上述现象. 为了解决电流的不连续问题,提出了位移电流假设,介绍如下:

在上述电路中,当电容器充电或放电时,电容器两板上的电荷 q 和电荷面密度 σ 都随时间而变化,充电时增加,放电时减少,极板上传导电流强度 $I=\frac{\mathrm{d}q}{\mathrm{d}t}$. 而在两极板之间,虽然没有传导电流,但有随时间变化的电位移 $\boldsymbol{D}$ 和电位移通量 Ψ,设电容器极板的面积为 S,则

$$q=\sigma S, \quad D=\sigma, \quad \Psi=DS=\sigma S=q$$

所以

$$I=\frac{\mathrm{d}q}{\mathrm{d}t}=\frac{\mathrm{d}\Psi}{\mathrm{d}t} \tag{7-24}$$

在方向上，当充电时，极板间 $\boldsymbol{D}$ 增加，$\frac{\mathrm{d}\boldsymbol{D}}{\mathrm{d}t}$的方向与电位移 $\boldsymbol{D}$ 方向一致，也与导体中传导电流一致，如图 7-9(a)所示. 当放电时，极板间 $\boldsymbol{D}$ 减少，$\frac{\mathrm{d}\boldsymbol{D}}{\mathrm{d}t}$的方向与电位移 $\boldsymbol{D}$ 方向相反，但仍与导体中传导电流方向一致，如图 7-9(b)所示.

于是，麦克斯韦继感生电场假设之后，又一次大胆地提出了位移电流的假设：通过电场中某截面的位移电流 I_{d} 等于通过该截面的电位移通量对时间的变化率，即

$$I_{\mathrm{d}}=\frac{\mathrm{d}\Psi}{\mathrm{d}t} \tag{7-25}$$

二、感生磁场的高斯定理与安培环路定理

麦克斯韦认为：位移电流和传导电流一样，都能激发磁场. 该磁场和与它等值的传导电流所激发的磁场完全相同，这种由位移电流激发的磁场称为感生磁场（或称为涡旋磁场）. 显然，感生磁场的磁感应线为闭合曲线. 因此，在感生磁场中，通过任一闭合曲面的磁通量为零，即

$$\oint_S \boldsymbol{B}_{\mathrm{r}}\cdot\mathrm{d}\boldsymbol{S}=0$$

这就是感生磁场的高斯定理，它表明感生磁场是无源场.

根据位移电流假设，感生磁场强度沿任一闭合回路的环路为

$$\oint_L \boldsymbol{H}_{\mathrm{r}}\cdot\mathrm{d}\boldsymbol{l}=I_{\mathrm{d}}=\frac{\mathrm{d}\Psi}{\mathrm{d}t}=\frac{\mathrm{d}}{\mathrm{d}t}\int_S \boldsymbol{D}\cdot\mathrm{d}\boldsymbol{S}=\int_S \frac{\mathrm{d}\boldsymbol{D}}{\mathrm{d}t}\cdot\mathrm{d}\boldsymbol{S}$$

考虑到 $\boldsymbol{D}$ 一般应为空间坐标和时间的函数，故它的时间变化率$\frac{\mathrm{d}\boldsymbol{D}}{\mathrm{d}t}$应该用偏导数表示，于是有

$$\int_L \boldsymbol{H}_{\mathrm{r}}\cdot\mathrm{d}\boldsymbol{l}=\int_S \frac{\partial\boldsymbol{D}}{\partial t}\cdot\mathrm{d}\boldsymbol{S} \tag{7-26}$$

这就是感生磁场的安培环路定理，它表明感生磁场是非保守场，因此不能引进磁势的概念

式(7-26)中的 $\boldsymbol{H}_{\mathrm{r}}$ 与$\frac{\partial\boldsymbol{D}}{\partial t}$在方向上符合右手螺旋定则，即如果右手四指弯曲的方向沿着磁场线的绕向，则伸直的大拇指的指向就是 $\partial\boldsymbol{D}/\partial t$ 的方向. 由式(7-26)可以看出，位移电流的实质是变化的电场，之所以称它为位移电流，仅仅是由于它和传导电流一样也能产生磁效应，即变化的电场在其周围激发磁场. 这正是麦克斯韦位移电流假设的核心思想，这一假设早已为实验事实所证明.

应该指出，位移电流和传导电流是两个不同的概念，它们仅在激发磁场方面是

等效的，而在其他方面两者不能相提并论. 例如，传导电流意味着电荷的流动，而位移电流却是电场的变化；传导电流通过导体时放出焦耳热，而位移电流不产生焦耳热. 在通常情况下，电介质中的电流主要是位移电流，传导电流可忽略不计；而在导体中的电流主要是传导电流，位移电流可以忽略不计. 但是在高频电流的情况下，导体内的位移电流和传导电流同样起作用，不可忽略.

引入位移电流的概念后，在电容器极板间中断的传导电流 I 将被位移电流 $I_d=\frac{\mathrm{d}\Psi}{\mathrm{d}t}$所代替，因此，可以形象地理解为传导电流中断了，位移电流接下去，整个电路中的电流总是连续的.

例 7-8 图 7-17 所示为一平行板电容器，两极板都是半径为 $R=0.10$ m 的导体圆板. 在充电时，极板间的电场强度以 $\mathrm{d}E/\mathrm{d}t=10^{12}$ V/(m · s)的变化率增加.

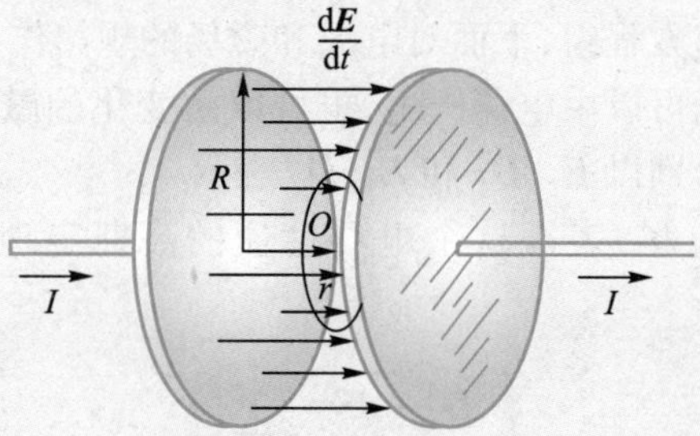

图 7-17

设两极板间为真空，略去边缘效应. 求：(1) 两极板间的位移电流 I_d；(2) 距两极板中心连线为 $r(r<R)$处的磁感强度 B. 并估算 $r=R$ 处的磁感应强度的大小.

解 在忽略边缘效应时，平行板间电场可看成均匀分布.

(1) 根据式(7-25)，有

$$I_d=\frac{\mathrm{d}\Psi}{\mathrm{d}t}=\frac{\mathrm{d}D}{\mathrm{d}t}S=\varepsilon_0\frac{\mathrm{d}E}{\mathrm{d}t}\pi R^2=8.85\times10^{-12}\times10^{12}\times\pi\times(0.10)^2\ \mathrm{A}=0.28\ \mathrm{A}$$

(2) 两极板间的位移电流相当于均匀分布的圆柱电流，它产生具有轴对称的感生磁场. 磁感应线是以两极板中心连线为对称轴的圆形曲线，方向与$\frac{\mathrm{d}\boldsymbol{D}}{\mathrm{d}t}$的方向符合右手螺旋定则. 取如图 7-17 所示的半径为 r 的圆形积分回路，并选取逆时针方向为回路绕行的方向. 显然，所取回路上各点的磁场强度 $\boldsymbol{H}$ 的大小相等. 由于极板间的传导电流 $I=0$，则根据式(7-26)，有

$$\oint_L \boldsymbol{H}\cdot\mathrm{d}\boldsymbol{l}=\int_S\frac{\mathrm{d}\boldsymbol{D}}{\mathrm{d}t}\cdot\mathrm{d}\boldsymbol{S}$$

$$\oint_L \boldsymbol{H}\cdot\mathrm{d}\boldsymbol{l}=\frac{B}{\mu_0}\cdot2\pi r=I_d=\varepsilon_0\frac{\mathrm{d}E}{\mathrm{d}t}\pi r^2$$

所以

$$B=\frac{\varepsilon_0\mu_0}{2}r\frac{\mathrm{d}E}{\mathrm{d}t}$$

当 $r=R$ 时，有

$$B=\frac{\varepsilon_0\mu_0}{2}R\frac{\mathrm{d}E}{\mathrm{d}t}=\frac{1}{2}\times 8.85\times10^{-12}\times4\pi\times10^{-7}\times0.10\times10^{12}\ \mathrm{T}$$

$$=5.56\times10^{-7}\ \mathrm{T}$$

三、麦克斯韦方程组

麦克斯韦在引入感生电场和位移电流的两个假设之后，使电场和磁场之间的联系进一步明确，除了静止电荷产生电场外，变化的磁场也会产生感生电场；除了传导电流产生磁场外，变化的电场也会产生感生磁场. 1863 年，麦克斯韦把前人所总结的静电场和恒定磁场的规律加以修正和推广，得到了一组全面反映客观电磁场普遍规律的方程，称为麦克斯韦方程组.

为了得到麦克斯韦方程组，下面对电场和磁场的规律作一归纳.

电场的性质 电场可以由电荷产生，也可以由变化的磁场产生，两种电场的电场强度和电位移矢量分别以 $\boldsymbol{E}_1,\boldsymbol{D}_1$ 和 $\boldsymbol{E}_2,\boldsymbol{D}_2$ 表示.

对于电荷产生的电场，表征这个电场性质的高斯定理和安培环路定理的形式是

$$\oint_S \boldsymbol{D}_1\cdot\mathrm{d}\boldsymbol{S}=\sum_{i=1}^{n}q_i \tag{7-27a}$$

$$\oint_L \boldsymbol{E}_1\cdot\mathrm{d}\boldsymbol{l}=0 \tag{7-27b}$$

它表明电荷产生的电场是有源保守场.

对于变化的磁场产生的电场，表征这个电场性质的高斯定理和安培环路定理的形式是

$$\oint_S \boldsymbol{D}_2\cdot\mathrm{d}\boldsymbol{S}=0 \tag{7-28a}$$

$$\oint_L \boldsymbol{E}_2\cdot\mathrm{d}\boldsymbol{l}=-\frac{\mathrm{d}\Phi}{\mathrm{d}t}=-\int_S\frac{\partial\boldsymbol{B}}{\partial t}\cdot\mathrm{d}\boldsymbol{S} \tag{7-28b}$$

它表明变化磁场产生的电场是无源非保守场.

如果在空间某一区域同时存在着电荷产生的电场和变化的磁场产生的电场，那么，该区域中任一点的电场强度应当是这两种电场强度的矢量和，即

$$\boldsymbol{E}=\boldsymbol{E}_1+\boldsymbol{E}_2$$

同理可得

$$\boldsymbol{D}=\boldsymbol{D}_1+\boldsymbol{D}_2$$

于是这个总电场的高斯定理和安培环路定理的形式是

$$\oint_S \boldsymbol{D}\cdot\mathrm{d}\boldsymbol{S}=\oint_S(\boldsymbol{D}_1+\boldsymbol{D}_2)\cdot\mathrm{d}\boldsymbol{S}=\sum_{i=1}^{n}q_i \tag{7-29a}$$

$$\oint_L \boldsymbol{E}\cdot\mathrm{d}\boldsymbol{l}=\oint_L(\boldsymbol{E}_1+\boldsymbol{E}_2)\cdot\mathrm{d}\boldsymbol{l}=-\int_S\frac{\partial\boldsymbol{B}}{\partial t}\cdot\mathrm{d}\boldsymbol{S} \tag{7-29b}$$

如果空间某区域只存在着电荷产生的电场，则有 $\boldsymbol{B}=0,\frac{\partial\boldsymbol{B}}{\partial t}=0$. 因而 $\boldsymbol{E}_2=0,\boldsymbol{D}_2=0$,

则式(7-29a)和式(7-29b)可分别简化为式(7-27a)和式(7-27b). 如果这个区域只存在着感生电场,则有 $\sum_{i=1}^{n} q_i=0$,因而 $\boldsymbol{E}_1=0, \boldsymbol{D}_1=0$,则式(7-29a)和式(7-29b)可分别简化为式(7-28a)和式(7-28b),所以,式(7-29a)和式(7-29b)是反映电场性质的更具普遍意义的数学方程.

磁场的性质 磁场可以由电流产生,也可以由变化的电场产生,分别将两种磁场的磁感应强度和磁场强度以 $\boldsymbol{B}_1$、$\boldsymbol{H}_1$ 和 $\boldsymbol{B}_2$、$\boldsymbol{H}_2$ 表示.

对于电流产生的磁场,表征这个磁场性质的高斯定理和安培环路定理的形式是

$$\oint_S \boldsymbol{B}_1 \cdot \mathrm{d}\boldsymbol{S}=0 \tag{7-30a}$$

$$\oint_L \boldsymbol{H}_1 \cdot \mathrm{d}\boldsymbol{l}=\sum_{i=1}^{n} I_i \tag{7-30b}$$

它表明电流产生的磁场是无源非保守场.

对于变化的电场产生的磁场,表征这个磁场性质的高斯定理和安培环路定理的形式是

$$\oint_S \boldsymbol{B}_2 \cdot \mathrm{d}\boldsymbol{S}=0 \tag{7-31a}$$

$$\oint_L \boldsymbol{H}_2 \cdot \mathrm{d}\boldsymbol{l}=\frac{\mathrm{d}\Psi}{\mathrm{d}t}=\int_S \frac{\partial \boldsymbol{D}}{\partial t} \cdot \mathrm{d}\boldsymbol{S} \tag{7-31b}$$

它表明变化电场产生的磁场是无源非保守场.

如果在空间某一区域同时存在着电流产生的磁场和变化的电场产生的磁场,那么该区域任一点的磁感应强度应当是这两种磁感应强度的矢量和,即

$$\boldsymbol{B}=\boldsymbol{B}_1+\boldsymbol{B}_2$$

同理可得

$$\boldsymbol{H}=\boldsymbol{H}_1+\boldsymbol{H}_2$$

于是这个总磁场的高斯定理和安培环路定理的形式是

$$\oint_S \boldsymbol{B} \cdot \mathrm{d}\boldsymbol{S}=\oint_S (\boldsymbol{B}_1+\boldsymbol{B}_2) \cdot \mathrm{d}\boldsymbol{S}=0 \tag{7-32a}$$

$$\oint_L \boldsymbol{H} \cdot \mathrm{d}\boldsymbol{l}=\oint_L (\boldsymbol{H}_1+\boldsymbol{H}_2) \cdot \mathrm{d}\boldsymbol{l}=\sum_{i=1}^{n} I_i+\int_S \frac{\partial \boldsymbol{D}}{\partial t} \cdot \mathrm{d}\boldsymbol{S} \tag{7-32b}$$

式(7-32b)中等号右边是传导电流和位移电流之和,称为全电流. 式(7-32b)也称为全电流定理. 全电流总是闭合的,亦即全电流永远是连续的.

可以看出,如果空间某区域只存在着传导电流产生的磁场,则有 $\boldsymbol{D}=0, \frac{\partial \boldsymbol{D}}{\partial t}=0$,因而 $\boldsymbol{H}_2=0, \boldsymbol{B}_2=0$,则式(7-32a)和式(7-32b)可简化为式(7-30a)和式(7-30b). 如果这个区域只存在着变化电场产生的磁场,则有 $\sum_{i=1}^{n} I_i=0$,因而 $\boldsymbol{H}_1=0, \boldsymbol{B}_1=0$,则式(7-32a)和式(7-32b)可简化为式(7-31a)和式(7-31b). 所以,式(7-32a)和式(7-32b)是反映磁场性质的更具普遍意义的数学方程.

麦克斯韦方程组积分形式 综上所述，电场和磁场的规律可简洁而完美地用下列四个方程式表达：

文档：麦克斯韦电磁场理论的提出

$$\begin{cases}\oint_S \boldsymbol{D}\cdot \mathrm{d}\boldsymbol{S}=\sum\limits_{i=1}^{n} q_i \\ \oint_L \boldsymbol{E}\cdot \mathrm{d}\boldsymbol{l}=-\int_S \dfrac{\partial \boldsymbol{B}}{\partial t}\cdot \mathrm{d}\boldsymbol{S} \\ \oint_S \boldsymbol{B}\cdot \mathrm{d}\boldsymbol{S}=0 \\ \oint_L \boldsymbol{H}\cdot \mathrm{d}\boldsymbol{l}=\sum\limits_{i=1}^{n} I_i+\int_S \dfrac{\partial \boldsymbol{D}}{\partial t}\cdot \mathrm{d}\boldsymbol{S}\end{cases} \tag{7-33}$$

这四个方程称为麦克斯韦方程组的积分形式. 涵盖了库仑定律、高斯定理、安培环路定理、毕奥-萨伐尔定律、法拉第电磁感应定律的全部内容，成为整个经典电磁理论的基础. 根据这组方程组，我们可解释和推导所有的宏观电磁现象. 因此，麦克斯韦方程组在宏观电磁场理论中的地位，犹如牛顿运动定律在力学中的地位一样.

文档：麦克斯韦简介

麦克斯韦（J.C.Maxwell，1831—1879）

麦克斯韦是继牛顿之后 19 世纪最伟大的物理学家和数学家. 他运用高超的数学才能建立了麦克斯韦方程组，预言了电磁波的存在，创立了完整的电磁场理论，提出了光的电磁说. 此外，在天文学、气体动理论等方面都有重大贡献.

习题

第七章参考答案

7-1 如图所示，一半径为 $a=0.10$ m，电阻 $R=1.0\times10^{-3}\ \Omega$ 的圆形导体回路置于均匀磁场中，磁感应强度 $\boldsymbol{B}$ 与回路面积的法线 $\boldsymbol{e}_n$ 之间夹角为 $\pi/3$. 若磁场变化的规律为

$$B(t)=(3t^2+8t+5)\times10^{-4}$$

式中 $B(t)$ 以 T 计，t 以 s 计. 求：(1) $t=2$ s 时回路的感应电动势和感应电流. (2) 在最初 2 s 内通过回路截面的电荷量.

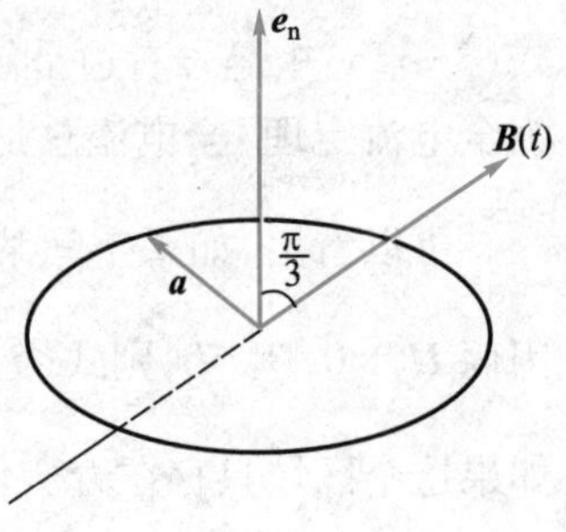

习题 7-1 图

7-2 两相互平行无限长的直导线载有大小相等方向相反的电流，长度为 b 的金属杆 CD 与两导线共面且垂直，相对位置如图所示，CD 杆以速度 $\boldsymbol{v}$ 平行直线

电流运动,求 CD 杆中的感应电动势,并判断 CD 两端哪端电势较高?

7-3 如图所示,一通有交变电流 $i=I_0\sin \omega t$ 的长直导线旁有一共面的矩形线圈 $ABCD$,试求:(1) 穿过线圈回路的磁通量;(2) 回路中感应电动势大小.

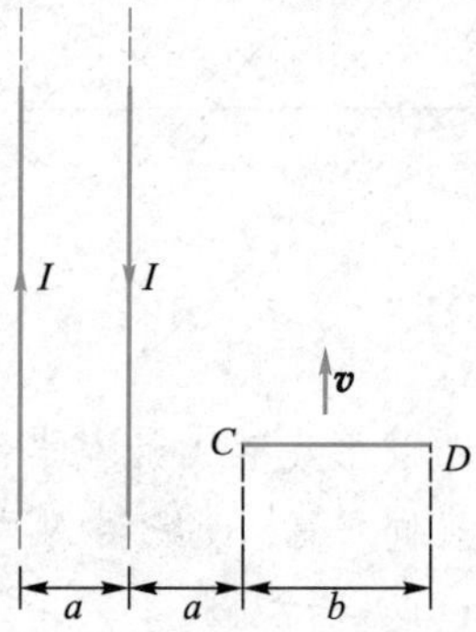

习题 7-2 图

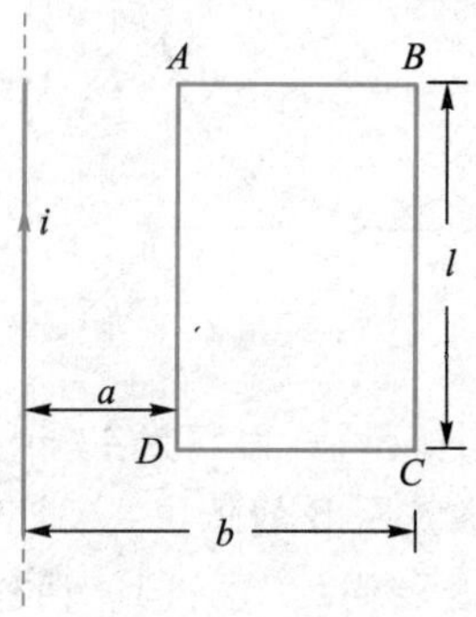

习题 7-3 图

7-4 一个半径为 a 的小圆线圈,其电阻为 R,开始时与另一个半径为 $b(b\gg a)$ 的大圆线圈共面并同心. 固定大线圈,在其中维持稳定电流 I,使小线圈绕其直径以匀角速度 ω 转动(小线圈的自感可以忽略),如图所示,求小线圈中的电流;

7-5 如图所示,AB 和 CD 为两根金属棒,各长 1 m,电阻都是 $R=4\ \Omega$,放置在均匀磁场中,已知 $B=2$ T,方向垂直纸面向里. 当两根金属棒在导轨上分别以 $v_1=4$ m/s 和 $v_2=2$ m/s 的速度向左运动时,忽略导轨的电阻. 试求:(1) 在两棒中动生电动势的大小和方向;(2) 金属棒两端的电势差 U_{AB} 和 U_{CD};(3) 两金属棒中点 O_1 和 O_2 之间的电势差.

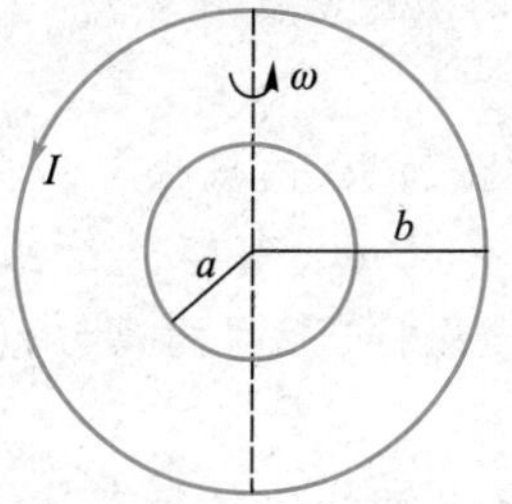

习题 7-4 图

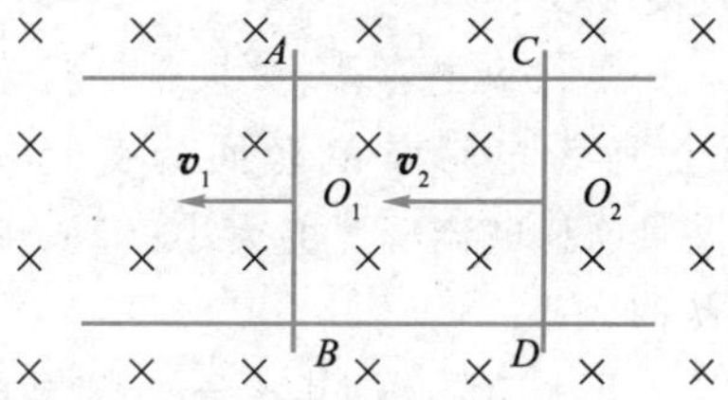

习题 7-5 图

7-6 在半径为 R 的圆柱形空间中存在着均匀磁场,$\boldsymbol{B}$ 的方向与柱的轴线平行. 如图所示,有一金属棒 AB 放在磁场外,AB 两端与圆中心的连线的夹角为 θ_0,设 $\boldsymbol{B}$ 的变化率为 $\dfrac{\mathrm{d}B}{\mathrm{d}t}>0$,求棒上感应电动势的大小和方向.

7-7 AB 和 BC 两段导线,其长均为 10 cm,在 B 处相接成 30°角,若使导线在均匀磁场中以速度 $v=1.5$ m/s 运动,方向如图,磁场方向垂直纸面向内,磁感应强度为 $B=2.5\times10^{-2}$ T. 问 A,C 两端之间的电势差为多少? 哪一端电势高?

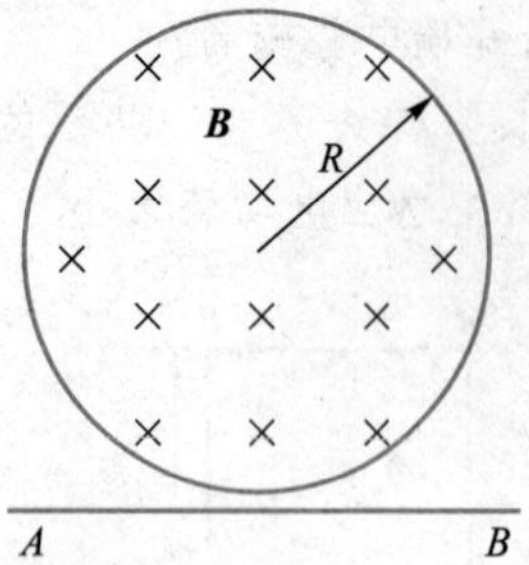

习题 7-6 图

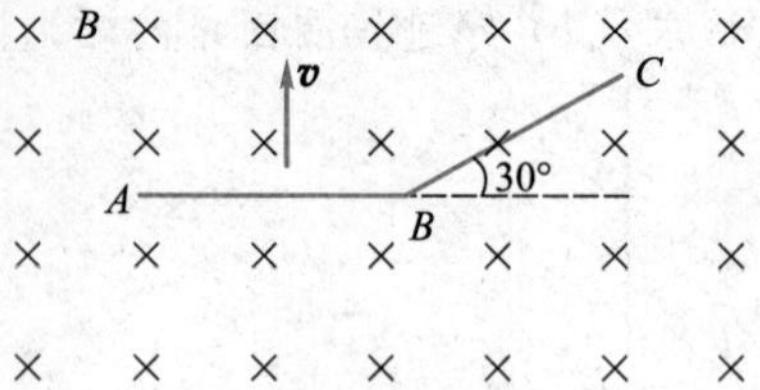

习题 7-7 图

7-8 如图所示,一面积为 4 cm^2 共 50 匝的小圆形线圈 A 放在半径为 20 cm 共 100 匝的大圆形线圈 B 的正中央,此两线圈同心且同平面. 设线圈 A 内各点的磁感应强度可看作是相同的. 求:(1) 两线圈的互感;(2) 当线圈 B 中电流的变化率为 −50 A/s时,线圈 A 中感应电动势的大小和方向.

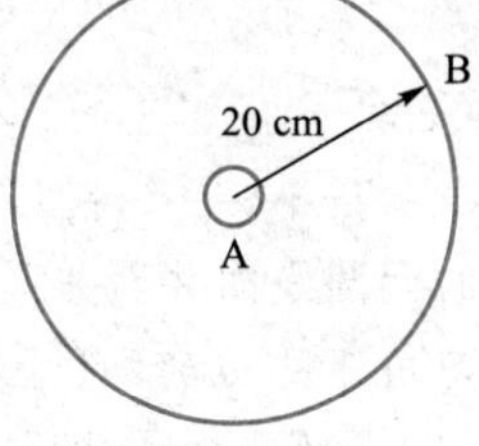

习题 7-8 图

7-9 已知一个空心密绕的螺绕环,其平均半径为 0.10 m,横截面积为 6 cm^2,环上共有线圈 250 匝,求螺绕环的自感. 又若线圈中通有电流 3 A 时,再求线圈中的磁通量及磁链数.

7-10 一截面积为 8 cm^2,长为 0.5 m,总匝数为 $N=$ 1 000 匝的空心螺线管,线圈中的电流均匀地增大,每隔 1 s 增加 0.10 A. 现把一个铜丝做的环套在螺线管上,求互感和环内感应电动势的大小.

7-11 有一段 10 号铜线,直径为 2.54 mm,单位长度的电阻为 3.28×10^{-3} Ω/m,在这铜线上载有 10 A 的电流,试问:(1) 铜线表面处的磁能密度有多大? (2) 该处的电能密度是多少?

7-12 一平行板电容器,极板是半径为 R 的圆形金属板,两极板与一交变电源相接,极板上所带电荷量随时间的变化规律为 $q=q_0\sin\omega t$,忽略边缘效应. 求:(1) 两极板间位移电流密度的大小;(2) 在两极板间,离中心轴线距离为 $r(r<R)$ 处磁场强度 H 的大小.

7-13 一根长直导线,其 $\mu\approx\mu_0$,载有电流 I,已知电流均匀分布在导线的横截面上. 试证:单位长度导线内所储存的磁场能量为$\dfrac{\mu_0 I^2}{16\pi}$.

7-14 试证明平行板电容器中的位移电流可写为

$$I_{\mathrm{d}}=C\frac{\mathrm{d}U}{\mathrm{d}t}$$

式中 C 是电容器的电容,U 是两极板间的电势差.

第八章

气体动理论

气体动理论是统计物理学的基础，是统计物理学中最简单最基本的内容，它深入物质的内部，研究比机械运动更深入一级的热运动.

本章以理想气体为研究对象，从气体分子热运动观点出发，运用力学规律和统计的方法研究大量分子做无规则运动所表现出来的热现象和热运动规律.

8-1 气体动理论的基本观点

人们对宏观物体的物质组成和内部的物质运动的长期实验和研究，建立了气体动理论，它是以下述三个基本观点为基础的.

一、宏观物体由大量的、不连续的、彼此之间有一定距离的分子所组成

虽然人们无法直接观察到物质的内部结构，但是借助于近代的实验仪器和实验方法，还是可以间接觉察到物质由大量的分子组成. 实验表明，任何一种物质 1 mol 所含分子数相同，这个数称为阿伏伽德罗常量，用符号 N_A 表示，且

$$N_A = 6.022\ 140\ 857\times10^{23}\ \mathrm{mol}^{-1}$$

计算时取 $N_A = 6.02\times10^{23}\ \mathrm{mol}^{-1}$，可见 N_A 是一个巨大的数字. 将 1 mol 物质的质量称为摩尔质量，用 M 表示. 在国际单位制中，摩尔质量的单位为 kg/mol，表 8-1 给出了几种常见气体的摩尔质量.

表 8-1 几种常见气体和碳的摩尔质量

气体	氧(O_2)	氮(N_2)	氦(He)	碳(C)	氩(Ar)	氢(H_2)	氖(Ne)	空气
$M/(\mathrm{kg\cdot mol^{-1}})$	32×10^{-3}	28×10^{-3}	4×10^{-3}	12×10^{-3}	40×10^{-3}	2×10^{-3}	20×10^{-3}	29×10^{-3}

若已知某气体的摩尔质量，就能求出该气体的分子质量. 例如，已知氧的摩尔质量 $M = 32\times10^{-3}$ kg/mol，所以一个氧分子的质量为

$$m_0 = \frac{M}{N_A} = \frac{32\times10^{-3}}{6.02\times10^{23}}\ \mathrm{kg} = 5.31\times10^{-26}\ \mathrm{kg}$$

由此可见，一个分子的质量实在是太小了，所以，组成物质的分子数目大得惊人. 有人计算过，喝 180 g 的水，意味着喝了 6×10^{24} 个水分子.

分子又是很小的，若将分子看做小球，可估算出分子直径的数量级为 10^{-10} m，如氢气分子的有效直径为 2.3×10^{-10} m，水分子的有效直径为 2.6×10^{-10} m.

物质虽然含有大量分子，但分子之间仍存在空隙，保持着一定距离，即物质结构是不连续的. 例如，向自行车内胎打气时，可以将外界空气大量压缩到车胎里去，说明在通常条件下的气体，其内部的分子之间存在很大的空隙. 并且实验证明，在液体和固体的分子间也存在间隙.

实验表明，在标准状态下，气体分子间的平均距离约为分子有效直径的 10 倍，气体越稀薄，分子间距离与其有效直径相比越大，所以一般情况下，气体分子可以

看做大小忽略不计的质点.

二、一切宏观物体内的大量分子都在做永不停息的无规则运动

例如,人们在抽香烟时,周围空间就会弥漫着烟味,这是由于尼古丁、焦油等分子的无规则运动而与周围空气均匀混合、相互渗透的结果,这种现象称为气体的扩散. 红墨水滴入水中也会扩散开来,这些现象都表明,一切物体中的分子都在永不停息地运动着.

1827 年,英国植物学家布朗用显微镜观察到悬浮在水中的植物小颗粒(例如花粉),尽管外界的干扰极轻微,但它们还是永远在做不规则的运动. 颗粒的这种运动叫做布朗运动. 在不同的温度下,观察悬浮在同一液体中的同一种的布朗颗粒时,可以发现液体温度越高,颗粒的布朗运动越激烈,这也充分说明了大量分子的无规则运动,其剧烈程度与温度有关. 正是由于大量分子的无规则运动与温度有关,所以把这种运动叫做分子的热运动.

三、分子之间存在相互作用力

将一铁丝拉断需用较大的力,这表明铁丝的分子间存在着相互吸引力,简称引力. 正是由于这种作用力,固体和液体的分子能聚集在一起而不分散开来. 分子间不仅存在吸引力,而且存在排斥力,简称斥力,固体和液体都很难压缩这一现象就说明分子之间存在排斥力. 分子间的引力和斥力统称为分子力.

实验发现,物体内分子之间的分子力有一定的规律. 当分子之间的距离 $r<r_0$(约 10^{-10} m)时,分子力主要表现为斥力,而且力的大小随着 r 的减小而迅速增大;当 $r=r_0$ 时,分子力为零;当 $r>r_0$ 时,分子力主要表现为引力,而且力的大小随着 r 的增大而减小;当 $r>10^{-9}$ m 时,分子间的作用力就可以忽略不计了,这就是说,分子力的作用范围较小,属于短程力. 分子力 F 与分子之间的距离 r 的关系曲线如图 8-1 所示.

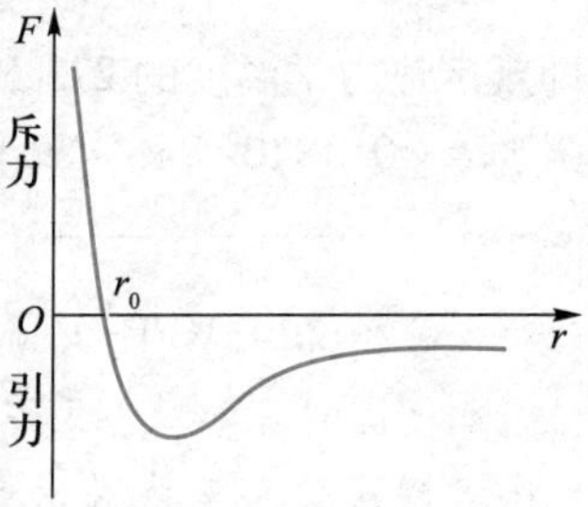

图 8-1

8-2 理想气体的物态方程

一、气体的状态参量

在质点力学中,用位置矢量、速度来描述质点的运动状态,称为质点运动的状态参量. 位置矢量和速度只能描述系统内单个分子的运动状态,不能描述大量分子的集体状态,对一定质量的气体,常用气体的体积 V、压强 p 和温度 T 来描述,这三个物理量称为气体的状态参量.

气体的体积是指系统中气体分子运动所能到达的空间体积,不是系统中气体

分子体积的总和. 对于处在容器中的气体,气体的体积就是容器的容积.

在国际单位制中,体积的单位是 m^3. 实际使用时也常用 dm^3(立方分米),即 L(升).

$$1\ L = 1\ dm^3 = 10^{-3}\ m^3$$

气体的压强是指气体作用于容器壁单位面积上的垂直压力. 若以 F 表示压力, S 表示器壁的面积,则气体的压强为

$$p = \frac{F}{S}$$

在国际单位制中,压强的单位为 Pa(帕[斯卡]),有

$$1\ Pa = 1\ N/m^2$$

另外还有 atm(标准大气压)和 cmHg(厘米汞高),现已不推荐使用,其变换关系为

$$1\ atm = 1.013 \times 10^5\ Pa = 76\ cmHg$$

文档:温度计的发明

气体的温度在宏观上表示系统的冷热程度,较热的物体有较高的温度. 对温度的分度方法所作的规定称为温标. 在物理学中常用的温标有热力学温标和摄氏温标,国际上规定热力学温标为基本温标,由这种温标所确定的温度称热力学温度,用 T 表示,其单位为 K(开尔文),是国际单位制中七个基本单位之一. 由摄氏温标所确定的温度称为摄氏温度,用 t 表示,其单位为℃. 摄氏温度与热力学温度之间关系为

$$T = (t/℃ + 273.15)\ K$$

即规定热力学温度的 273.15 K 为摄氏温度的 0 ℃. 在标准状态下,1 mol 气体的压强 $p_0 = 1.013 \times 10^5$ Pa,体积 $V_0 = 22.4 \times 10^{-3}\ m^3$,温度 $T_0 = 273$ K.

文档:开尔文简介

开尔文(L.W.Thomson,1824—1907)

英国物理学家,15 岁入剑桥大学学习,毕业后(22 岁)在格拉斯哥大学执教达 50 余年. 在电磁学、水力学及热力学方面作出了重要贡献. 他从宏观概念出发,建立了热力学第二定律. 阐述了熵函数基本性质,提出了热力学温度的概念,并创立了后来以他名字命名的热力学温标.

应该指出的是,每一个运动着的分子都具有大小、质量、速度、能量等. 这些不能够用实验直接测定的描述个别分子特征的物理量称为微观量,而在实验中容易测定的气体体积、压强、温度等这些量称为宏观量. 由于宏观物体所发生的各种现象都是它所包含的大量分子或原子(统称为微观粒子)运动的集体表现,因此,宏观量总是一些微观量的统计平均值. 气体动理论的任务之一就是建立宏观量与微观量的统计平均值之间的关系,从而揭示气体宏观量的微观本质.

二、热力学系统的平衡态

力学中，人们经常将所讨论的单个物体或多个物体整体同周围的其他物体隔离开来进行分析、研究，并把这个研究对象称为“系统”. 同样，在热学领域，通常把研究对象（由大量分子组成的宏观物体）称为热力学系统，简称系统，系统以外的物体统称为外界. 例如，研究汽缸内气体的体积、温度等变化时，气体是系统，而汽缸、活塞等为外界. 若系统与外界既无能量交换，又无物质交换，则此系统称为孤立系统.

热力学系统的宏观状态可分为平衡态和非平衡态. 一个不受外界条件影响的系统，无论其初始状态如何，经过足够长的时间后，必将达到一个宏观性质不再随时间变化的稳定状态，这样的状态称为平衡态，反之则称为非平衡态.

如图 8-2 所示，有一个封闭容器，用隔板分成 A、B 两室. 初始情况是，A 室充满某种气体，B 室为真空. 如图 8-2(a) 所示，如果把隔板抽走.则 A 室中气体逐渐向 B 室运动. 开始时，A、B 两室中气体各处的压强、密度等并不相同. 而且随时间不断变化，这样的状态即为非平衡态. 经过一段足够长的时间后，整个容器中气体的压强、密度等必定会达到处处一致. 如果再没有外界的影响，则容器中气体将保持此状态不变，这时容器内气体所处的状态即为平衡态，如图 8-2(b) 所示.

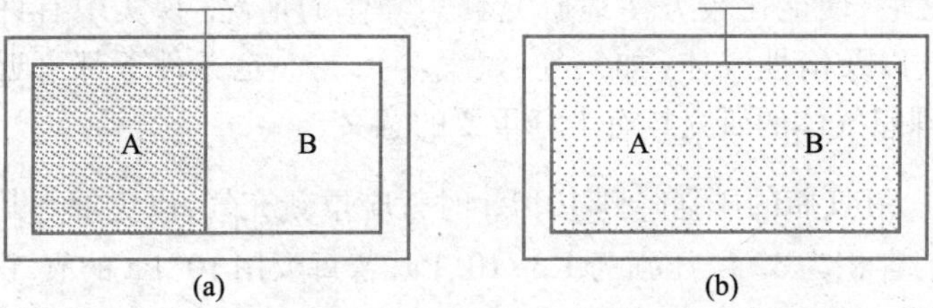

图 8-2

需要指出的是，平衡态仅指系统的宏观性质不随时间变化，但从微观上看，系统内大量分子仍在不停地做无规则热运动. 因此，这种平衡态实质上是一种热动平衡态.

对于每一个平衡态，都有一组确定的状态参量值与之对应. 在以 p 为纵轴、V 为横轴的 $p-V$ 图上，系统的每一个平衡态，都可以用一个确定的点表示，不同的平衡态对应于不同的点，如图 8-3 中的点 Ⅰ(p_1, V_1, T_1) 或 Ⅱ(p_2, V_2, T_2). 对于非平衡态，由于它不能用表征系统整体宏观性质的物态参量来表示，因此也就无法在 $p-V$ 图上表示出来.

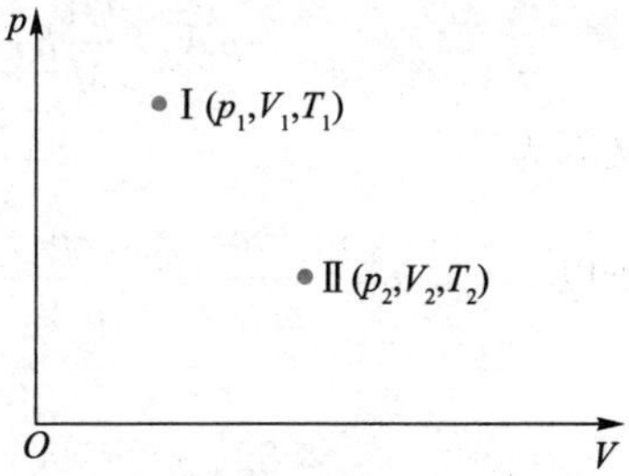

图 8-3

文档：远离平衡态的自组织现象研究

三、理想气体的物态方程

实验表明，当气体处于平衡态时，描写该状态的各个状态参量 (p, V, T) 之间存在一定的函数关系，这种关系式称为气体物态方程.物态方程的具体形式是由实验来确定的.实验告诉我们，在压强不太大（与大气压相比）、温度不太低（与室温相比）的条件下，各种气体都遵守三大实验定律（玻意耳定律、盖吕萨克定律、查理定律），我们把在任何情况下都能严格遵守上述三个实验定律的气体称为理想气体.

由气体的三个实验定律可以得到质量为 m，摩尔质量为 M 的理想气体的物态方程为

$$pV=\frac{m}{M}RT \tag{8-1}$$

式中$\frac{m}{M}$为气体的物质的量，R 称为摩尔气体常量.

在国际单位制中，物质的量$\frac{m}{M}$的单位为 mol，压强 p 的单位为 Pa，体积 V 的单位为 m^3，温度 T 的单位为 K，则

$$R=8.31\ \mathrm{J/(mol\cdot K)}$$

由式(8-1)可知，对于物质的量一定的理想气体，只要知道状态参量 p、V、T 中的任何两个量，便可求出第三个量.

应该指出的是，理想气体是一种理想模型，它是真实气体的抽象.掌握了理想气体的规律之后，便能比较方便地研究真实气体的情况.现实中有许多气体如氮气、氨气、空气以及惰性气体（如氦气、氖气等），在一定条件下都可近似为理想气体.因此，对理想气体的研究具有十分重要的意义.

例 8-1 氧气瓶的压强降到 10^6 Pa 时就应重新充气，以免混入其他气体.今有一瓶氧气，容积为 32 L，压强为 1.3×10^7 Pa，若每天用 10^5 Pa 的氧气 400 L，问此瓶氧气可供多少天使用？设使用时温度不变.

解 根据题意，可确定研究对象为原来气体、用去气体和剩余气体，设这三部分气体的状态参量和质量分别为 p_1、V_1、m_1、p_2、V_2、m_2、p_3、V_3、m_3，设使用时的温度为 T，可供使用的天数为 x，分别对它们列出物态方程，有

$$p_1V_1=\frac{m_1}{M}RT,\quad p_2V_2=\frac{m_2}{M}RT,\quad p_3V_3=\frac{m_3}{M}RT$$

又因为

$$V_1=V_3,\quad m_1=xm_2+m_3$$

所以

$$x=\frac{m_1-m_3}{m_2}=\frac{(p_1-p_3)V_1}{p_2V_2}=\frac{(1.3\times10^7-10^6)\times32\times10^{-3}}{10^5\times400\times10^{-3}}\ \mathrm{d}=9.6\ \mathrm{d}$$

*四、实际气体的物态方程

当理想气体处于平衡态时，可用温度、压强和体积来描述，三者之间满足一定的关系式，即理想气体的物态方程.当实际气体处于平衡态时，仍然可用温度、压强和体积来描述，但这时三者的关系就不严格遵循理想气体的物态方程了.这是因为理想气体与实际气体不同.理想气体的分子没有大小，而实际气体的分子有大小；

理想气体的分子之间没有作用力，而实际气体的分子之间有作用力. 所以，实际气体就不完全遵循理想气体的物态方程了. 为了适应实际气体的情况，就必须考虑由分子的体积和分子间的引力引起的修正. 1873 年荷兰物理学家范德瓦耳斯就从这两方面对理想气体物态方程进行修正，得到了实际气体近似遵守的物态方程，即

$$\left(p+\frac{m^2}{M^2}\frac{a}{V^2}\right)\left(V-\frac{m}{M}b\right)=\frac{m}{M}RT \tag{8-2}$$

上式称为范德瓦耳斯方程. 式中 a 是考虑到分子间的引力而引入的修正量，b 是考虑到分子本身的大小而引入的修正量. 修正量 a 和 b 可由实验测定. 表 8-2 给出了几种气体 a 和 b 的实验值.

表 8-2 气体修正量 a 和 b 的实验值

气体	分子式	$a/(0.1\ \mathrm{Pa\cdot m^6\cdot mol^{-2}})$	$b/(10^{-6}\ \mathrm{m^3\cdot mol^{-1}})$
氢	H_2	0.244	27
氦	He	0.034	24
氮	N_2	1.39	39
氧	O_2	1.36	32
水蒸气	H_2O	5.46	30
二氧化碳	CO_2	3.59	43

8-3 理想气体的压强和温度公式

一、统计规律

热现象是物质中大量分子无规则热运动的集体表现. 组成物质的分子数是巨大的，分子都在永不停息地做无规则的热运动，而且每个分子的运动状态也不断地变化着. 对于这样大量的分子，要想跟踪每个分子的运动，根据力学规律列出它们的运动方程并求出最终的结果，这不仅非常困难，实际上也无必要. 因为虽然个别分子的运动是无规则的，但是，就大量分子的集体表现来看，却存在着一定的规律，物理量在大量偶然事件的集合包含着一种规律性称之为统计规律. 例如：设骰子为密度均匀的正六面体，每个面分别标有 1 至 6 点，我们投掷骰子时，骰子出现哪一点纯属偶然，但是在相同条件下多次重复投掷时，骰子出现 1 点至 6 点中任意一点的次数几乎相等，这表明在一定条件下，大量的偶然事件具有确定的统计规律. 气体处在标准状态下，1 $\mathrm{cm^3}$ 内的分子数量是 10^{19} 数量级，是大量事件，所以统计规律完全适用于气体.

在研究统计规律时，需要使用统计力学的方法，这就是先对单个分子运动运用力学规律，然后再对大量分子求统计平均值.

根据统计规律可知,在平衡态时,气体中各部分每单位体积内的分子个数是相同的. 此外,当气体处于平衡状态时,就大量分子统计平均来说,沿着空间各个方向运动的分子数目应该相等,分子速度在 x、y、z 方向上的分量平方的平均值也必然相等,即

$$\overline{v_x^2}=\overline{v_y^2}=\overline{v_z^2}$$

由于

$$v^2=v_x^2+v_y^2+v_z^2$$

上式等号两侧均取平均值,得

$$\overline{v^2}=\overline{v_x^2}+\overline{v_y^2}+\overline{v_z^2}$$

所以

$$\overline{v_x^2}=\overline{v_y^2}=\overline{v_z^2}=\frac{1}{3}\overline{v^2} \tag{8-3}$$

二、理想气体的微观模型

按照气体动理论的观点建立起来的理想气体的微观模型有如下三个特征.

(1) 气体分子的大小与气体分子间的距离相比较,可以忽略不计,气体分子可视为质点.

(2) 除碰撞的瞬间外,分子之间以及分子与器壁之间的相互作用可忽略不计. 因此,在两次碰撞之间,分子做匀速直线运动.

(3) 分子之间或分子与器壁之间的碰撞是完全弹性碰撞,遵守能量和动量守恒定律.

于是,理想气体的微观模型是:分子没有大小,分子间没有相互作用力,遵守经典力学规律的弹性质点.

三、理想气体压强公式

从宏观上看,气体的压强是指器壁单位面积上受到的压力;从微观上看,气体的压强则是指大量分子不断对器壁碰撞的平均效果. 虽然单个分子对器壁的碰撞是间隔的、偶然的,但对大量分子而言,由于每时每刻都有许许多多的分子与器壁碰撞,因而在整体上便表现为一持续的压力,犹如许许多多的小雨点密密麻麻地打在雨伞上使人们感觉雨伞上有持续的压力一样. 因此,可以通过大量分子对器壁的碰撞来探讨气体压强的微观本质.

如图 8-4 所示,设有一边长分别为 l_1、l_2、l_3 的长方形密封容器,容器的体积为 $V=l_1l_2l_3$,容器内有 N 个理想气体分子,每个分子的质量为 m_0,气体处于平衡态. 分子做无规则热运动,它们要与长方形容器的六个面相碰撞,由于平衡态下器壁各处所受的压强相等,所以只要计算与 x 轴垂直的面 A_1 所受的压强就可以了.

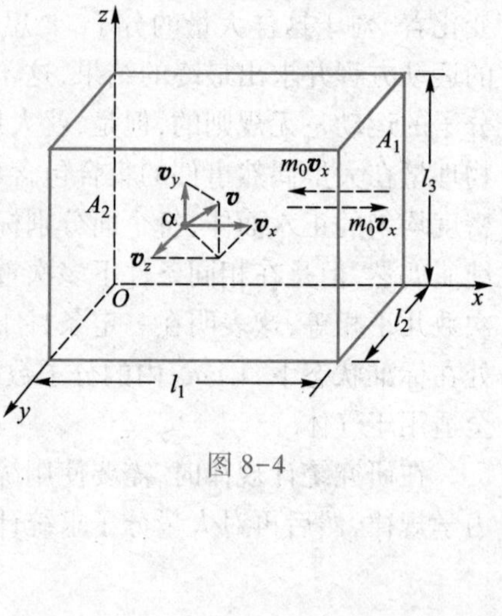

图 8-4

容器内分子很多,选分子 α 作为研究对象,它的速度为 $\boldsymbol{v}$,在 x、y、z 三个方向上的速度分量分别为 v_x、v_y、v_z. 当它以速率 v_x 与器壁面 A_1 发生碰撞时,因碰撞是完全弹性的,所以分子 α 以速率 $-v_x$ 被弹回. 由于单个分子运动服从力学规律,根据动量定理,分子受到器壁给予的冲量 $I=-m_0v_x-m_0v_x=-2m_0v_x$. 又根据牛顿第三定律,分子 α 与器壁碰撞一次给器壁的冲量为 $2m_0v_x$,方向指向器壁 A_1.

分子 α 从面 A_1 弹向面 A_2,经面 A_2 碰撞后再回到面 A_1. 在此连续两次碰撞之间,其分速度 v_x 的大小保持不变,通过的距离为 $2l_1$,连续两次碰撞所需时间为 $\frac{2l_1}{v_x}$. 单位时间内分子 α 与面 A_1 的碰撞次数为 $\frac{v_x}{2l_1}$. 由于碰撞一次分子给器壁的冲量为 $2m_0v_x$,所以一个分子单位时间内给器壁的冲量为

$$2m_0v_x\frac{v_x}{2l_1}=\frac{m_0v_x^2}{l_1}$$

单位时间内全部分子与面 A_1 碰撞时产生的冲量的总和,即平均力 $\overline{F}$ 的大小为

$$\overline{F}=\sum_{i=1}^{N}\frac{m_0v_{ix}^2}{l_1}=\frac{m_0}{l_1}\sum_{i=1}^{N}v_{ix}^2$$

式中 v_{ix} 为第 i 个分子在 x 方向上的速度分量. 按压强定义得

$$p=\frac{\overline{F}}{l_2l_3}=\frac{m_0}{l_1l_2l_3}\sum_{i=1}^{N}v_{ix}^2=\frac{Nm_0}{l_1l_2l_3}\left(\frac{v_{1x}^2+v_{2x}^2+\cdots+v_{Nx}^2}{N}\right)=nm_0\overline{v_x^2}$$

式中 n 为单位体积内的分子数,$n=\frac{N}{V}=\frac{N}{l_1l_2l_3}$.

根据式(8-3)

$$\overline{v_x^2}=\overline{v_y^2}=\overline{v_z^2}=\frac{1}{3}\overline{v^2}$$

代入前一式得

$$p=\frac{1}{3}nm_0\overline{v^2}$$

或

$$p=\frac{2}{3}n\left(\frac{1}{2}m_0\overline{v^2}\right)=\frac{2}{3}n\,\overline{\varepsilon}_{\mathrm{k}} \tag{8-4}$$

式中 $\overline{\varepsilon}_{\mathrm{k}}$ 为气体分子的平均平动动能,$\overline{\varepsilon}_{\mathrm{k}}=\frac{1}{2}m_0\overline{v^2}$. 式(8-4)称为理想气体的压强公式,是气体动理论的基本公式之一.

对于式(8-4),作如下几点说明.

(1) 由式(8-4)可见,气体作用于器壁的压强正比于单位体积内的分子数 n 和分子的平均平动动能 $\overline{\varepsilon}_{\mathrm{k}}$,单位体积内的分子数越多、压强越大;分子平均平动动能越大,压强越大. 因此,压强的微观本质是大量气体分子在单位时间施以器壁单位面积的平均冲量. 压强是一个统计平均值,离开了"大量",离开了"平均",对少数分

子或个别分子而言,压强是没有意义的.

(2) 在理想气体压强公式推导过程中,不仅用了力学规律,而且用了统计平均的概念和方法. 压强 p 是描述气体状态的宏观量,而分子平均平动动能$\bar{\varepsilon}_k$ 却是描述分子运动的微观量的统计平均值,单位体积内的分子数 n 也是个统计平均值. 所以理想气体压强公式反映了宏观量与微观量统计平均值之间的关系.

(3) 由于压强 p 可由实验测定,但分子平均平动动能 $\bar{\varepsilon}_k$ 不能由实验直接测定,所以,式(8-4)无法直接用实验验证. 但是,从此公式出发,可以合理地解释和推证许多实验定律,这就间接地证明了该公式的正确性.

四、理想气体的温度公式

由理想气体的压强公式和理想气体的物态方程,可以推导出理想气体温度与气体分子平均平动动能之间的关系,从而揭示温度这一宏观量的微观本质.

设理想气体的一个分子的质量为 m_0,气体分子的个数为 N,气体质量为 m,则有 $m=Nm_0$. 设气体的摩尔质量为 M,阿伏伽德罗常量为 N_A,则有 $M=N_Am_0$. 将 $m=Nm_0$,$M=N_Am_0$ 代入理想气体的物态方程 $pV=\frac{m}{M}RT$,得

$$p=\frac{Nm_0}{N_Am_0}\frac{RT}{V}=\frac{N}{V}\frac{R}{N_A}T=n\frac{R}{N_A}T$$

式中 n 为分子数密度,R 和 N_A 都是常量,两者的比值用 k 表示,称为玻耳兹曼常量.

$$k=\frac{R}{N_A}=\frac{8.31}{6.02\times10^{23}}\ \text{J/K}=1.38\times10^{-23}\ \text{J/K}$$

于是,理想气体物态方程可改写成

$$p=nkT \tag{8-5}$$

将上式与理想气体的压强公式

$$p=\frac{2}{3}n\left(\frac{1}{2}m_0\overline{v^2}\right)=\frac{2}{3}n\,\bar{\varepsilon}_k$$

相比较,得到分子的平均平动动能为

$$\bar{\varepsilon}_k=\frac{1}{2}m_0\overline{v^2}=\frac{3}{2}kT \tag{8-6}$$

上式是温度这个宏观量与微观量 $\bar{\varepsilon}_k$ 的关系式,称为理想气体的温度公式,也是气体动理论的基本公式之一.

对于式(8-6),作如下几点说明.

(1) 由式(8-6)可见,分子的平均平动动能 $\bar{\varepsilon}_k$ 仅与热力学温度 T 成正比,气体的温度越高,分子的平均平动动能越大,分子无规则热运动的程度越剧烈,即气体的温度是气体分子平均平动动能的量度,这就是温度的微观本质. 和压强一样,温度也是一个统计平均值,离开了大量,离开了平均,对少数分子或个别分子而言,温度是没有意义的.

(2) 若有两种处于平衡态的气体,它们的温度相等. 根据式(8-6),它们的分子平均平动动能一定也相等. 这时将这两种气体相接触,两种气体之间没有宏观的能量传递,它们各自处于热平衡态. 因此,也可以说温度是表征气体处于热平衡态的物理量.

(3) 当 $T=0$ 时,应有$\overline{\varepsilon}_k=0$,即当热力学温度为零时,理想气体的分子热运动应当停止,然而,实际上分子运动是永远不会停息的,热力学温度为零也是永远不可能的. 对于气体,则在温度未达到 0 K 以前已变成液体或固体,式(8-6)也就不再适用了.

8-4 能量按自由度均分定理

一、分子运动的自由度

前面研究大量气体分子热运动问题时,把分子视为质点,只考虑分子的平动. 实际上,一般气体分子都具有比较复杂的结构,不能简单当做质点来讨论. 气体分子的运动不仅有平动,还有转动和分子内各原子间的振动,分子的热运动能量应把这些运动形式的能量都包括在内. 为了确定分子各种形式的能量,需要借助于力学中自由度的概念.

确定一个物体在空间的位置所需要的独立坐标数称为该物体的自由度.

对空间自由运动的质点,其位置需要三个独立坐标(如 x、y、z)来确定,因此,自由质点的自由度为 3. 若质点被限制在一个平面或曲面上运动,自由度将减少,此时只需两个独立坐标就能确定它的位置,故自由度为 2. 若质点被限制在一直线或曲线上运动,显然只需一个坐标就能确定它的位置,故自由度为 1. 将天空中的飞机、大海中的轮船和铁道上的火车看作质点时,它们的自由度分别是 3、2 和 1.

按气体分子的结构,分子可分为单原子分子(由一个原子组成的分子,如 He、Ne 等)、双原子分子(由两个原子组成的分子,如 H_2、O_2 等)和多原子分子(由三个或三个以上的原子组成的分子,如 H_2O、NH_3 等),其结构如图 8-5 所示. 如果分子内原子间距离保持不变,此时分子称为刚性分子,否则称为非刚性分子. 下面只讨论刚性分子的自由度.

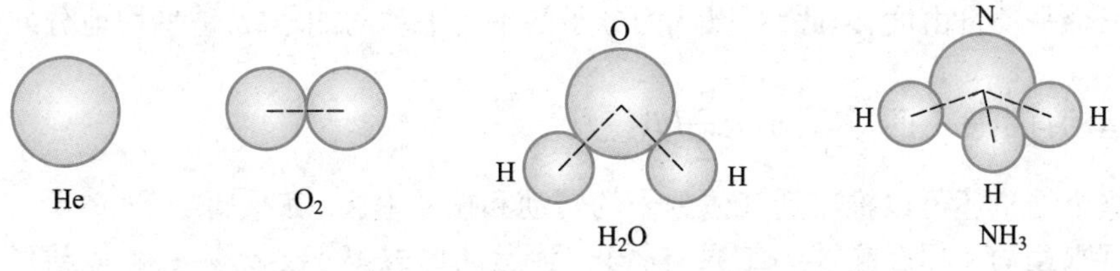

图 8-5

如图 8-6(a)所示,单原子分子,可视为质点,确定质点在空间的位置,只需 x、y、z 三个独立坐标, 由于质点只能做平动,所以单原子分子有三个平动自由度.

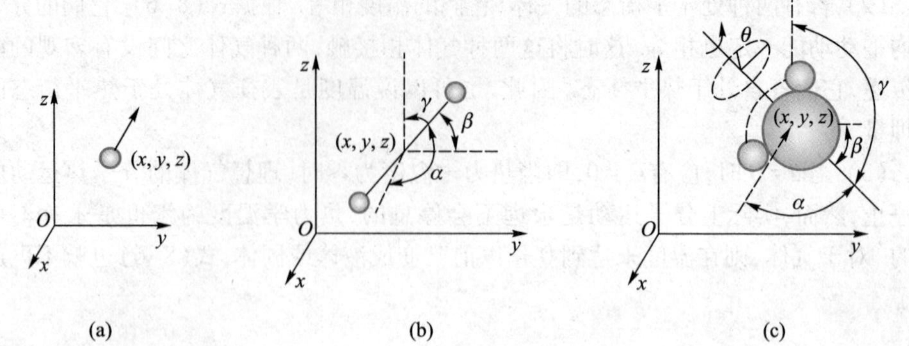

图 8-6

刚性双原子分子可视为两个质点通过一根质量不计的刚性细杆相连,确定其质心在空间的位置要由 3 个坐标(x,y,z)来表示,故有 3 个平动自由度,另外还要两个方位角β和γ来决定其连线的方位(3 个方位角α、β和γ因有$\cos^2\alpha+\cos^2\beta+\cos^2\gamma=1$,故只有两个是独立的). 由于两个原子均视为质点,故绕轴的转动不存在,如图 8-6(b)所示. 因此,刚性双原子分子有 3 个平动自由度和 2 个转动自由度,共有 5 个自由度.

刚性多原子分子除了具有双原子的 3 个质心平动自由度和 2 个转动自由度外,还需要一个说明分子绕任意轴转动的角坐标θ,如图 8-6(c)所示. 因此刚性多原子分子有 3 个平动自由度和 3 个转动自由度,共有 6 个自由度.

二、能量按自由度均分定理

我们知道,一个分子的平均平动动能为

$$\varepsilon_k=\frac{1}{2}m_0\overline{v^2}=\frac{3}{2}kT$$

且有

$$\overline{v_x^2}=\overline{v_y^2}=\overline{v_z^2}=\frac{1}{3}\overline{v^2}$$

于是我们得到分子在x、y、z三个方向运动的平均平动动能为

$$\frac{1}{2}m_0\overline{v_x^2}=\frac{1}{2}m_0\overline{v_y^2}=\frac{1}{2}m_0\overline{v_z^2}=\frac{1}{3}\left(\frac{1}{2}m_0\overline{v^2}\right)=\frac{1}{2}kT \tag{8-7}$$

上式表明,气体分子在x、y、z三个方向运动的平均平动动能完全相等,而x、y、z对应着三个平动自由度,因此,可以认为分子的平均平动动能$\frac{3}{2}kT$是平均地分配在每一个运动自由度上的,其大小为$\frac{1}{2}kT$.

这个结论还可以推广到气体分子的转动和振动上去. 在平衡态下,由于气体分子无规则运动和相互碰撞的结果,任何一种运动形式都不会比另一种运动形式占优势,机会是完全均等的. 而且平均说来,不论平动、转动或振动,相应于每一个自由度分子的平均能量都等于$\frac{1}{2}kT$. 这一结论称为能量按自由度均分定理. 在经典物

理中,它不仅适用于气体分子,也适用于液体和固体分子.

按照能量按自由度均分定理,如果气体分子有 i 个自由度,则分子的平均动能是$\frac{i}{2}kT$. 于是,单原子分子的平均动能为$\frac{3}{2}kT$,双原子分子的平均动能为$\frac{5}{2}kT$,多原子分子的平均动能为 $3kT$.

应该指出,能量按自由度均分定理是对大量分子的无规则运动动能进行统计平均的结果,也是一个统计规律. 对气体中的个别分子来说,任一瞬时它与能量按自由度均分定理给出的平均值有很大的差别,每个自由度的动能也不一定相等,但对大量分子组成的系统来说,由于分子做无规则运动,分子间频繁碰撞,动能不仅可以在分子之间传递,而且会从一个自由度转移到另一个自由度. 因此,在达到平衡态后,能量就被平均地分配到各个自由度上.

三、理想气体的内能

由于气体分子不停地运动,所以分子具有动能;又由于一般分子间还存在一定的相互作用力,所以分子间还具有一定的势能. 气体内部分子的动能和势能的总和,称为气体的内能. 对于理想气体,由于分子之间的相互作用力可以忽略不计,所以分子与分子间相互作用的势能也可忽略不计. 这样,理想气体的内能仅是气体中各个分子动能的总和.

应该注意,气体的内能与力学中的机械能不同,机械能是与机械运动相对应的动能和势能之和. 静止于地面上的物体,其机械能可以等于零,而内能则是指分子热运动所具有的动能和势能之和,由于物体内部的分子在不停息地做无规则热运动,所以气体的内能永远不会等于零.

设理想气体有 i 个自由度,由能量按自由度均分定理,分子的平均动能为$\frac{i}{2}kT$.

1 mol 理想气体有 N_A 个分子,所以 1 mol 理想气体的内能 E 是分子平均动能的 N_A 倍,即

$$E=N_A\left(\frac{i}{2}kT\right)=\frac{i}{2}RT$$

因此,质量为 m、摩尔质量为 M 的理想气体的内能为

$$E=\frac{m}{M}\frac{i}{2}RT \tag{8-8}$$

上式表明,对于一定量的某种理想气体(m、M、i 一定),内能仅与温度有关,与体积和压强无关. 所以理想气体的内能是温度的单值函数. 当温度改变 ΔT 时,内能的改变量为

$$\Delta E=\frac{m}{M}\frac{i}{2}R\Delta T \tag{8-9}$$

上式表明,理想气体系统内能的变化只与初态和末态的温度有关,与过程无关.

例 8-2 一容器内储有理想气体氧气,压强 $p=1.013\times10^5$ Pa,温度 $t=27$ ℃,体积 $V=2.0\ \mathrm{m}^3$. 求:(1) 氧分子的平均平动动能;(2) 氧分子的平均转动动能;(3) 氧气的内能.

解 氧分子为双原子分子,共有 5 个自由度,其中 3 个平动自由度,2 个转动自由度,由能量按自由度均分定理和理想气体的内能公式,可得

(1) $\overline{\varepsilon}_{\mathrm{t}}=\dfrac{3}{2}kT=\dfrac{3}{2}\times1.38\times10^{-23}\times(273+27)\ \mathrm{J}=6.21\times10^{-21}\ \mathrm{J}$

(2) $\overline{\varepsilon}_{\mathrm{r}}=\dfrac{2}{2}kT=\dfrac{2}{3}\ \overline{\varepsilon}_{\mathrm{t}}=4.14\times10^{-21}\ \mathrm{J}$

(3) $E=\dfrac{m}{M}\ \dfrac{i}{2}RT=\dfrac{i}{2}pV=\dfrac{5}{2}\times1.013\times10^5\times2.0\ \mathrm{J}=5.07\times10^5\ \mathrm{J}$

8-5 麦克斯韦分子速率分布律

在气体内部,由于热运动和相互碰撞,每个分子速率都在不断地变化,因而在某一时刻,某一分子的速率为多大就完全是偶然的. 然而,在平衡态下,就大量分子的整体来看,它们的速率分布却遵从一定的统计规律. 研究这个规律,对进一步理解分子运动的性质具有重要意义.

一、速率分布函数

研究气体分子速率分布情况,与研究一般的分布问题相似,需要把速率分成若干相等的区间. 例如从 0~100 m/s 为一个区间,100~200 m/s 为另一区间,200~300 m/s为又一区间等. 所谓研究分子速率的分布情况,就是要知道,气体在平衡状态下,分布在各个速率区间 Δv 之内的分子数 ΔN,各占气体分子总数 N 的百分比为多少(即分子速率位于该速率区间的概率为多少?)以及大部分分子分布在哪一个区间之内等问题. 为了便于比较,特地把各速率区间取得相等,从而突出分布的意义,所取区间越小,有关分布的知识就越详细,对分布情况的描述也越精确.

表 8-3 所列数据为实验测定值,它表示在 273 K 时空气分子速率的分布情况. 从表中可以看出低速或高速运动的分子数目较少(如速率在 100 m/s 以下的分子数只占总数的 1.4%,800 m/s 以上的分子数只占总数的 2.9%),中等速率运动的分子较多(如速率在 300~400 m/s 之间的分子数占总数的 21.4%). 在大量分子的热运动中,像上述这样的低速或高速运动的分子较少,而多数分子以中等速率运动的分布情况,对于任何温度下的任一种气体来说,大体上都是如此.

表 8-3 空气分子速率在 273 K 时的统计分布

速率间隔 (m/s)	分子数的百分比 $\Delta N/N$	速率间隔 (m/s)	分子数的百分比 $\Delta N/N$
0~100	1.4	400~500	20.5
100~200	8.1	500~600	15.1
200~300	16.7	600~700	9.2
300~400	21.5	700 以上	7.7

显然,在不同的速率 v 附近的速率间隔内,百分比 $\Delta N/N$ 一般不同,即 $\Delta N/N$ 与 v 值有关,是速率 v 的函数. 当 Δv 足够小时,用 $\mathrm{d}v$ 表示,相应的 ΔN 则用 $\mathrm{d}N$ 表示. 实验还表明,百分比 $\mathrm{d}N/N$ 的大小与间隔 $\mathrm{d}v$ 的大小也成正比,因此,应该有

$$\frac{\mathrm{d}N}{N}=f(v)\,\mathrm{d}v \tag{8-10}$$

或

$$f(v)=\frac{\mathrm{d}N}{N\mathrm{d}v} \tag{8-11}$$

式中函数 $f(v)$ 称为速率分布函数,它的物理意义是速率在 v 附近的单位速率区间的分子数占分子总数的百分比.

如果确定了速率分布函数 $f(v)$,就可以用积分的方法求出分布在任一有限速率区间 $v_1 \sim v_2$ 内的分子数占总分子数的百分比

$$\frac{\Delta N}{N}=\int_{v_1}^{v_2} f(v)\,\mathrm{d}v$$

由于全部分子百分之百地分布在由 $[0,\infty)$ 整个速率范围内,所以

$$\int_0^{\infty} f(v)\,\mathrm{d}v=1 \tag{8-12}$$

这个关系式是由速率分布函数 $f(v)$ 本身的物理意义决定的,它是 $f(v)$ 必须满足的条件,称为速率分布函数的归一化条件. 积分上限选为"∞"是因为经典力学对气体分子的速率没有限制.

二、麦克斯韦分子速率分布律

麦克斯韦依据经典统计理论推导出,在平衡态下,当气体分子速率在 $v \sim v+\mathrm{d}v$ 区间内的分子数占总分子数的百分比为

$$\frac{\mathrm{d}N}{N}=4\pi\left(\frac{m_0}{2\pi kT}\right)^{\frac{3}{2}}\mathrm{e}^{\frac{-m_0v^2}{2}kT}v^2\,\mathrm{d}v \tag{8-13}$$

上式称为麦克斯韦分子速率分布律. 与式(8-10)比较,可得速率分布函数为

$$f(v)=4\pi\left(\frac{m_0}{2\pi kT}\right)^{\frac{3}{2}}\mathrm{e}^{\frac{-m_0v^2}{2kT}}v^2 \tag{8-14}$$

式中 T 为气体的热力学温度,m_0 为每个分子的质量,k 为玻耳兹曼常量.

图 8-7 所示的曲线就是根据式(8-14)画出的,表示 $f(v)$ 与 v 之间的函数关系,

文档：麦克斯韦速度分布的建立

称为麦克斯韦速率分布曲线. 从曲线的趋势看，速率分布曲线从坐标原点出发，经过一极大值后，随速率的增大而渐近于横坐标轴. 这说明，气体分子的速率可以取$[0,\infty)$之间的一切数值，速率很大和很小的分子所占的百分比实际都很小，而具有中等速率的分子所占的百分比很大.

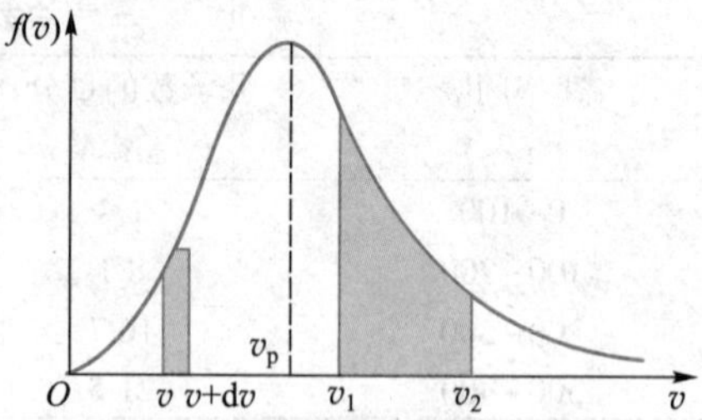

图 8-7

图中任一速率间隔 $v\sim v+\mathrm{d}v$ 内曲线下的小矩形面积（图中小竖条面积）$f(v)\,\mathrm{d}v=\dfrac{\mathrm{d}N}{N}$，表示在速率 v 附近速率区间 $\mathrm{d}v$ 内的分子数占总分子数的百分比（在统计规律中，某一单位区间的分子数占总分子数的百分比，就是一个分子处于该单位速率区间的“概率”）；而任一有限范围 $v_1\sim v_2$ 区间内曲线下的面积（图中阴影面积）为 $\int_{v_1}^{v_2} f(v)\,\mathrm{d}v=\dfrac{\Delta N}{N}$，则表示在该速率区间内的分子数占总分子数的百分比. 显然，整个曲线下的面积就等于 100%，即 $\int_0^{\infty} f(v)\,\mathrm{d}v=1$.

在图 8-7 中，$f(v)$ 有一极大值，与之对应的速率称为最概然速率，通常用 v_p 表示. v_p 的物理意义是：如果把气体分子的速率分成许多相等的速率区间，则在含有速率 v_p 的那个区间内分子数占总分子数的百分比为最大.

与压强、温度、内能一样，麦克斯韦速率分布也是一统计平均值. 因此，麦克斯韦速率分布律只对大量分子组成的体系才成立. 说具有某一确定速率的分子有多少，是根本没有意义的.

1920 年，斯特恩曾用银分子做实验，定性地验证了麦克斯韦速率分布律. 1933 年，葛正权对斯特恩实验进行了改进，使实验结果较好地符合了麦克斯韦速率分布律的理论，从而定量地验证了麦克斯韦速率分布律.

三、三种统计速率

麦克斯韦速率分布对研究与气体的热运动有关的热现象具有重要意义，作为麦克斯韦速率分布的应用，下面来确定在气体动理论中常用到的气体分子运动的最概然速率、平均速率和方均根速率三种统计速率.

1. 最概然速率 v_p

与分布函数极大值相对应的速率. 要确定 v_p，可以取速率分布函数 $f(v)$ 对速率 v 的一阶导数，并令它等于零，即令

$$\frac{\mathrm{d}f(v)}{\mathrm{d}v}=0$$

解得

$$v_\mathrm{p}=\sqrt{\frac{2kT}{m_0}}=\sqrt{\frac{2RT}{M}}\approx 1.41\sqrt{\frac{RT}{M}} \tag{8-15}$$

2. **平均速率** $\bar{v}$

大量分子速率的算术平均值. 根据统计平均的定义,应有

$$\bar{v}=\frac{\Delta N_1 v_1+\Delta N_2 v_2+\cdots+\Delta N_n v_n}{N}=\frac{\sum_{i=1}^{n}\Delta N_i v_i}{N}$$

式中 $\Delta N_1,\Delta N_2,\cdots$分别为具有速率 $v_1,v_2,\cdots$的分子数. 对大量气体分子来说,分子的速率是连续变化的. 于是,上式可改为积分运算

$$\bar{v}=\frac{\int_0^\infty v\mathrm{d}N}{N}$$

结合式(8-10),上式可表示为

$$\bar{v}=\int_0^\infty vf(v)\,\mathrm{d}v$$

将式(8-14)代入上式,可求得气体分子平均速率为

$$\bar{v}=\sqrt{\frac{8kT}{\pi m_0}}=\sqrt{\frac{8RT}{\pi M}}\approx 1.60\sqrt{\frac{RT}{M}} \tag{8-16}$$

3. **方均根速率** $\sqrt{\overline{v^2}}$

大量分子速率平方的平均值的平方根. 与求平均速率类似,速率平方的平均值为

$$\overline{v^2}=\int_0^\infty v^2 f(v)\,\mathrm{d}v$$

将式(8-14)代入上式,求得

$$\overline{v^2}=\frac{3kT}{m_0}$$

因此,方均根速率为

$$\sqrt{\overline{v^2}}=\sqrt{\frac{3kT}{m_0}}=\sqrt{\frac{3RT}{M}}\approx 1.73\sqrt{\frac{RT}{M}} \tag{8-17}$$

由上面的结果可以看出,气体的三种速率都与$\sqrt{T}$成正比,与$\sqrt{m_0}$(或$\sqrt{M}$)成反比. 在数值上$\sqrt{\overline{v^2}}$最大,$\bar{v}$ 次之,v_p 最小. 这三种速率对不同的问题,有各自的应用:在计算分子的平均平动动能时,要用到方均根速率;在讨论速率的分布时,要用到最概然速率;在讨论分子的碰撞时,要用到平均速率.

由式(8-15)可知,分子速率的分布和温度有关. 不同的温度有不同的分布曲线,温度升高,分布曲线如图 8-8 中虚线所示,这时曲线的最高点也向速率增大的方向迁移,这表明温度越高,速率大的分子数就相对地增多. 但由于气体分子总数不变,曲线下的总面积由归一化条件可知,恒等于1,所以,分布曲线高度降低,宽度增大,整个曲线变得较平坦.

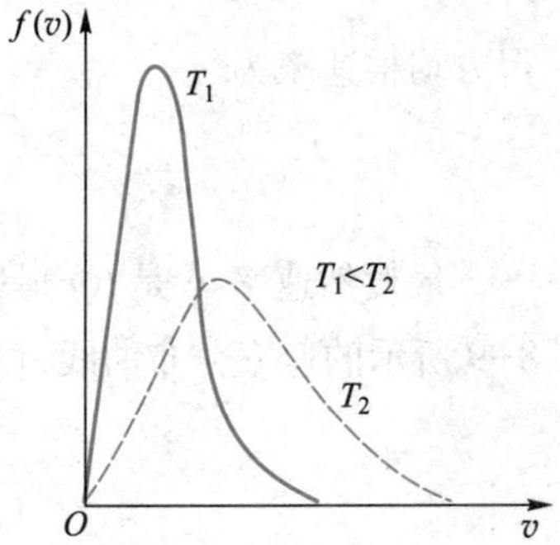

图 8-8

例 8-3 一个由 N 个微观粒子组成的热学系统,平衡态下微观粒子的速率分布曲线如图 8-9 所示. 试求:(1) 速率分布函数;(2) 速率在 $0\sim\frac{v_0}{2}$ 范围内的粒子数;(3) 粒子的平均速率、方均根速率和最概然速率.

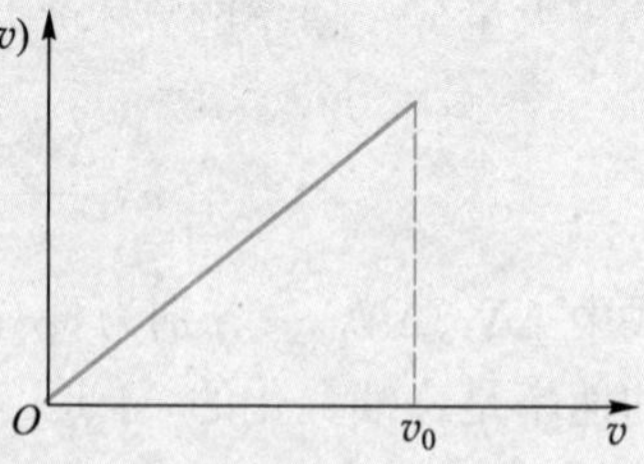

图 8-9

解 (1) 按图 8-9 所示的速率分布曲线,有

$$f(v)=\begin{cases}Cv & (v\leqslant v_0)\\ 0 & (v>v_0)\end{cases}$$

C 为 $0\sim v_0$ 之间线段的斜率. 由速率分布函数的归一化条件,可得

$$\int_0^{\infty} f(v)\,\mathrm{d}v=\int_0^{v_0} Cv\,\mathrm{d}v=\frac{1}{2}Cv_0^2=1$$

$$C=\frac{2}{v_0^2}$$

故速率分布函数为

$$f(v)=\begin{cases}\dfrac{2v}{v_0^2} & (v\leqslant v_0)\\ 0 & (v>v_0)\end{cases}$$

(2) 速率在 $0\sim\frac{v_0}{2}$ 范围内的分子数为

$$\Delta N=\int_0^{\frac{v_0}{2}} Nf(v)\,\mathrm{d}v=\int_0^{\frac{v_0}{2}} N\frac{2v}{v_0^2}\mathrm{d}v=\frac{N}{4}$$

(3) 由 $\bar{v}=\int_0^{\infty} vf(v)\,\mathrm{d}v$ 和 $\overline{v^2}=\int_0^{\infty} v^2f(v)\,\mathrm{d}v$,可得粒子的平均速率为

$$\bar{v}=\int_0^{v_0} v\frac{2v}{v_0^2}\mathrm{d}v=\frac{2}{3}v_0$$

方均速率为

$$\overline{v^2}=\int_0^{v_0} v^2\frac{2v}{v_0^2}\mathrm{d}v=\frac{v_0^2}{2}$$

得方均根速率为

$$\sqrt{\overline{v^2}}=\frac{\sqrt{2}}{2}v_0$$

最概然速率 v_p 是 $f(v)$ 具有最大值,即速率分布曲线峰值所对应的速率. 由图 8-9 所示的速率分布曲线,可得

$$v_p=v_0$$

8-6 分子的碰撞和平均自由程

由气体分子平均速率公式可算出室温下气体分子是以平均几百米每秒的速率运动着的. 依照这个速率,在房间内的一侧打开一瓶香水,在另一侧应该能立即闻到香味,但实际上需要几秒甚至几十秒的时间才能闻到香味. 这是因为在标准状态下,1 cm^3 中有 2.7×10^{19} 个空气分子,一个分子从一处运动到另一处,将要与其他分子多次碰撞,每碰撞一次,其运动方向改变一次,所以每一分子从一处到另一处所走的路线不是直线而是折线. 图 8-10 所示为一个香水分子(蓝色圆点)在与空气分子不断碰撞而迂回曲折前进所走的路径示意图. 因此,尽管从 A 到 B 的直线距离(图中用虚线表示)并不远,但香水分子从 A 到 B 却需要较长时间.

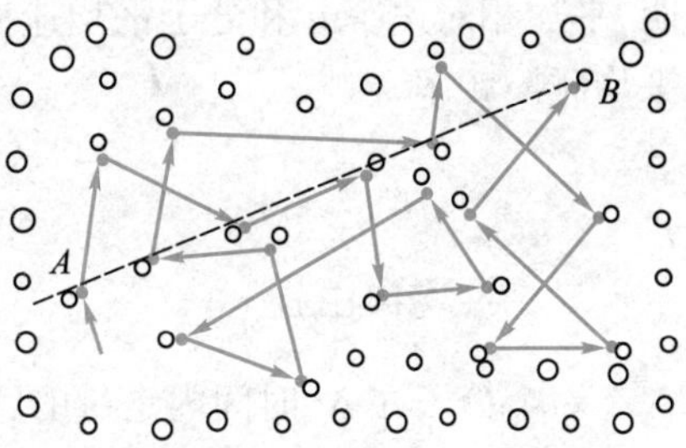

图 8-10

碰撞是气体分子运动的基本特征. 气体分子间的动量及能量的交换,气体由非平衡态向平衡态的过渡等,都是通过分子间的相互碰撞来实现的,因而对分子碰撞问题的研究具有重要意义.

为了描述分子间碰撞的频繁程度,引入平均自由程和平均碰撞频率两个统计概念. 每个分子在任意连续两次碰撞之间所走过的自由路程的长短和所经历的时间的多少,完全是偶然的,但在一定宏观条件下,对大量分子而言,分子在连续两次碰撞之间所通过的自由路程的平均值,以及每个分子在 1 s 内与其他分子相碰撞的平均次数却是一定的,遵从确定的统计规律. 前者称为平均自由程 $\overline{\lambda}$,后者称为平均碰撞频率 $\overline{Z}$.

一、平均碰撞频率

在研究分子碰撞时,视气体分子为有效直径为 d 的弹性小球. 为使问题简化,假设气体中分子 α 以平均相对速率 $\overline{u}$ 运动,其他分子看做不动,分子 α 与其他分子碰撞时都是完全弹性碰撞. 在分子的运动过程中,其轨道是一条折线,如图8-11 虚线所示. 从图中可以看出,凡是分子中心离开折线的距离小于或等于 d 的其他分子,都将和运动分子碰上. 设想以分子 α 的中心所经过的轨道为轴线,以分子的有效直径 d 为半径,作一个曲折的圆柱体. 这样,凡是球心在此圆柱体内的其他分子,都将与分子 α 碰撞. 在 Δt 时间内,分子 α 所走过的路程为$\overline{u}\Delta t$,对应圆柱体的体积为

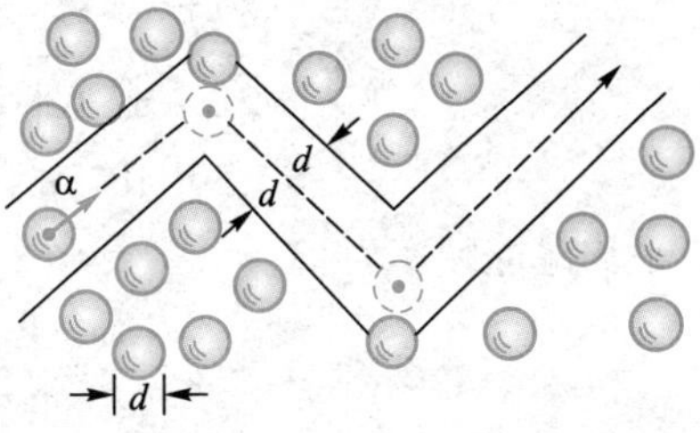

图 8-11

$\pi d^2\,\overline{u}\Delta t$. 若气体单位体积内的分子数为 n,则圆柱体内的分子总数为 $n\pi d^2\,\overline{u}\Delta t$,即分子 α 与其他分子在时间 Δt 内的碰撞次数. 因此,运动分子 α 在一秒内和其他分子碰撞的平均次数,即平均碰撞频率为

$$\overline{Z}=\frac{n\pi d^2\,\overline{u}\Delta t}{\Delta t}=n\pi d^2\,\overline{u}$$

上面是假定只有一个分子在运动,而其他分子都静止不动时所得的结果. 实际上,所有的分子都在运动着,因此上面的式子必须加以修正. 麦克斯韦从理论上证明,平均相对速率 $\overline{u}$ 和分子平均速率 $\overline{v}$ 之间的关系是 $\overline{u}=\sqrt{2}\,\overline{v}$,代入上式可得分子的平均碰撞频率

$$\overline{Z}=\sqrt{2}\,n\pi d^2\overline{v} \tag{8-18}$$

二、平均自由程

一个分子在 Δt 时间内走过的路程除以它在这段时间内的碰撞次数就是它的平均自由程. 则

$$\overline{\lambda}=\frac{\overline{v}\Delta t}{\overline{Z}\Delta t}=\frac{\overline{v}}{\overline{Z}}=\frac{1}{\sqrt{2}\,n\pi d^2} \tag{8-19}$$

上式表明,分子的平均自由程与分子的有效直径的平方和分子数密度成反比.

因为 $p=nkT$,所以上式又可写作

$$\overline{\lambda}=\frac{kT}{\sqrt{2}\,\pi d^2 p} \tag{8-20}$$

上式表明,当温度恒定时,平均自由程与压强成反比,压强越小,平均自由程就越长.

例 8-4 求氢气分子在压强为 1.013×10^5 Pa、温度为 273 K 时的平均速率、平均自由程及平均碰撞频率. 设分子的有效直径为 2.30×10^{-10} m.

解 由题意知 $M=2.00\times10^{-3}$ kg/mol, $T=273$ K, $p=1.013\times10^5$ Pa, $d=2.30\times10^{-10}$ m,则平均速率为

$$\overline{v}=1.60\sqrt{\frac{RT}{M}}=1.60\sqrt{\frac{8.314\times273}{2.00\times10^{-3}}}\ \text{m/s}=1.70\times10^3\ \text{m/s}$$

平均自由程为

$$\overline{\lambda}=\frac{kT}{\sqrt{2}\,\pi d^2 p}=\frac{1.38\times10^{-23}\times273}{1.41\times3.14\times2.30^2\times10^{-20}\times1.013\times10^5}\ \text{m}$$
$$=1.59\times10^{-7}\ \text{m}$$

平均碰撞频率为

$$\overline{Z}=\frac{\overline{v}}{\overline{\lambda}}=\frac{1.70\times10^3}{1.59\times10^{-7}}\ \text{s}^{-1}=1.07\times10^{10}\ \text{s}^{-1}$$

由例 8-5 可以看出,在标准状态下,各种气体的平均碰撞频率的数量级在

$10^{10}\ s^{-1}$左右，平均自由程的数量级在 10^{-7} m 左右. 由此可以得出一幅气体分子运动的图像：气体分子永不停息地运动着，每当分子行进 10^{-7} m 左右，就要同其他分子相碰. 在 1 s 内，一个分子与其他分子的平均碰撞次数竟达几十亿次之多. 这样频繁的碰撞是我们日常生活中难以想象的.

习题

第八章参考答案

8-1 有一打气筒，每一次可将原来压强为 $p_0=1.0\times1.01\times10^5$ Pa，温度为 $t_0=-3.0$ ℃，体积为 $V_0=4.0$ L 的空气压缩到容积为 $V=1.5\times10^3$ L，问需要打几次气，才能使容器内冷空气温度为 $t=45$ ℃，压强为 $p=2.0\times1.01\times10^5$ Pa.

8-2 求温度为 127 ℃时，1 mol 氧气具有的平均平动动能和平均转动动能.

8-3 一容积为 $V=1.0\ m^3$ 的容器内装有 $N_1=1.0\times10^{24}$ 个氧分子和 $N_2=3.0\times10^{24}$ 个氮分子的混合气体，混合气体的压强 $p=2.58\times10^4$ Pa. 试求：

(1) 分子的平均平动动能；

(2) 混合气体的温度.

8-4 两个容器中分别储有氦气和氧气，已知氦气的压强是氧气压强的$\frac{1}{2}$，氦气的容积是氧气的 2 倍. 则氦气的内能与氧气内能之比.

8-5 一容器内储有一定质量的一种双原子理想气体，设容器以速度 u 运动，今使容器突然停止，试求容器内气体分子速率平方平均值的增量.

8-6 20 个质点的速率如下：2 个具有速率 v_0，3 个具有速率 $2v_0$，5 个具有速率 $3v_0$，4 个具有速率 $4v_0$，3 个具有速率 $5v_0$，2 个具有速率 $6v_0$，1 个具有速率 $7v_0$，试计算：(1) 平均速率；(2) 方均根速率；(3) 最概然速率.

8-7 容器中储有氧气，$p=1.013\times10^5$ Pa，$t=27$ ℃，求(1)单位体积内的分子数 n；(2)分子的质量 m_0；(3)气体的密度 ρ.

8-8 计算气体分子热运动速率介于最概然速率 v_p 与 $v_p+\frac{1}{100}v_p$ 之间的分子数所占总分子数的百分比.

8-9 体积为 $10^{-3}\ m^3$ 的容器中，储有的气体可设为理想气体，其分子总数为 10^{23} 个，每个分子的质量为 5×10^{-26} kg，分子的方均根速率为 400 m/s，试求该理想气体的压强、温度以及气体分子的总平均平动动能.

8-10 设 N 个分子的速率分布如图所示. (1) 由 N 和 v_0 求 a 值；(2) 在速率$\frac{1}{2}v_0$ 到$\frac{3}{2}v_0$ 间隔内的分子数；(3) 分子的平均速率.

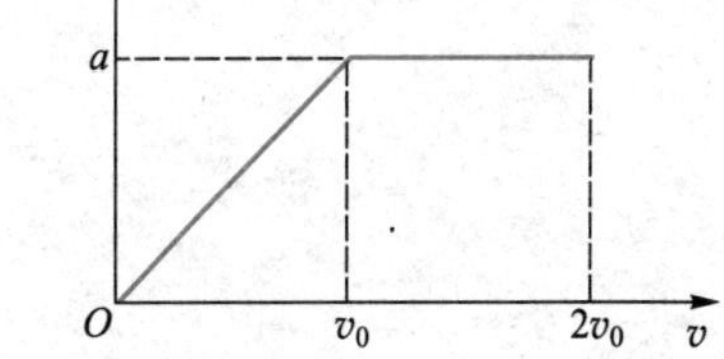

习题 8-10 图

8-11 对温度为 30 ℃的氧气分子,试求:

(1) 平均平动动能;

(2) 平均动能;

(3) 4.0×10^{-3} kg 氧气的内能.

8-12 在一容积为 V 的容器内,盛有质量分别为 m_1 和 m_2 的两种不同的单原子分子气体. 此混合气体处于平衡状态时,其中的两种成分气体的内能相等,求两种气体分子的平均速率之比 $\bar{v}_1/\bar{v}_2$.

8-13 今测得温度为 $t_1=15$ ℃,压强为 $p_1=1.013\times10^5$ Pa 时,氩分子和氖分子的平均自由程分别为:$\overline{\lambda}_{Ar}=6.7\times10^{-8}$ m 和 $\overline{\lambda}_{Ne}=13.2\times10^{-8}$ m,求:

(1) 氖分子和氩分子的有效直径之比 $d_{Ne}:d_{Ar}$.

(2) 温度为 $t_2=20$ ℃,压强为 $p_2=1.999\times10^4$ Pa 时,氩分子的平均自由程 $\overline{\lambda}_{Ar}$.

8-14 求氢分子在标准状态下的平均碰撞次数. 已知氢分子的有效直径为 2×10^{-10} m.

8-15 已知某理想气体分子的方均根速率为 400 m/s,当其压强为 1.01×10^5 Pa 时,求气体的密度 ρ.

第九章

热力学基础

热力学是热现象的宏观理论，它的研究对象与气体动理论相同，都是研究物质的热现象及其热运动规律的. 但是，它的研究方法与气体动理论截然不同，热力学不涉及物质的内部结构，而是以实验和观察为依据，从能量的观点出发，用严密的逻辑推理来研究分析热力学系统状态变化过程中有关热功转化的规律.

本章讨论热力学的主要理论基础——热力学第一定律和热力学第二定律的意义及其应用.

9-1 热力学第一定律

一、准静态过程

热力学系统处在平衡态时，如果不受外界影响，系统的状态参量将保持不变. 但是，当系统受到外界某种扰动时，平衡将被破坏，状态参量就将发生变化. 这种热力学系统的状态随时间变化的过程称为热力学过程. 按过程所经历的中间状态的性质，热力学过程又可分为准静态过程和非静态过程两类.

所谓准静态过程是指从初态到末态的每一中间态都可以近似地视为平衡态的过程. 由于每一平衡态的参量 p,V,T 可用 $p-V$ 图上一点表示，所以准静态过程可用 $p-V$ 图上一根曲线表示. 图 9-1 中的蓝色圆点代表平衡态，曲线表示由初态 Ⅰ 到末态 Ⅱ 的准静态过程，其中箭头方向为过程进行方向，这条曲线称为过程曲线，表示这条曲线的方程称为过程方程.

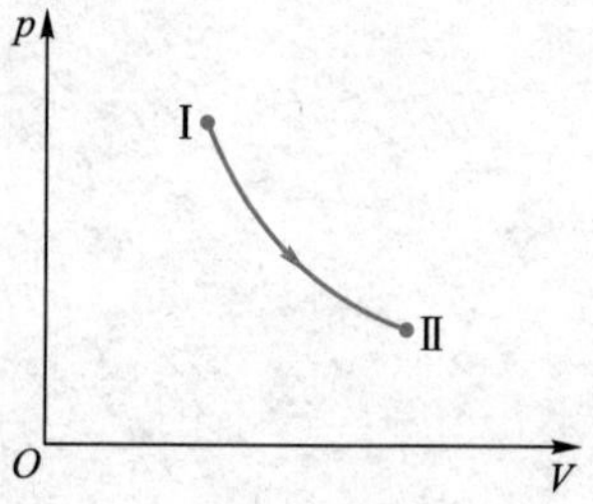

图 9-1

如果过程进行的中间态不能视为平衡态，则这个过程就称为非静态过程. 非静态过程无法在 $p-V$ 图上表示出来.

过程的发生，就意味着平衡态的破坏. 所以实际过程都是非静态过程. 例如，汽缸内气体被很快压缩时，如图 9-2(a) 所示，这时系统的温度、压强、体积、密度等都将发生变化，而且靠近活塞附近气体的密度、压强要大些，温度也要高些，系统处于不平衡状态，这种过程就是非静态过程. 如果过程进行得无限缓慢，例如，气体被缓慢地压缩，如图 9-2(b) 所示，每一时刻系统内各处的密度、压强、温度均相同，这个过程就是准静态

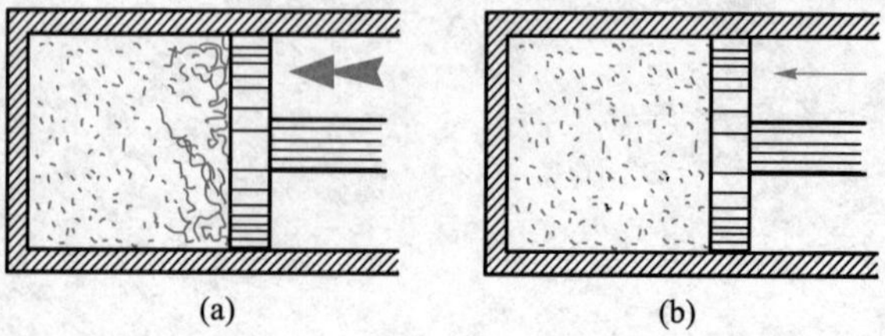

图 9-2

过程. 所以准静态过程是无限缓慢过程的极限,它是一个理想的过程,实际上并不存在,但它在热力学理论研究中和对实际应用的指导上均有重要意义.

二、功

在准静态过程中,系统对外界做功可进行定量计算,如图 9-3(a)所示,活塞的汽缸内盛有一定量气体,压强为 p,活塞的面积为 S,则气体作用在活塞上的力为 pS. 当活塞移动 dl 时,气体对活塞做功为

$$dA = pSdl = pdV \tag{9-1a}$$

式中 dV 为活塞移动 dl 时气体的体积变化量,$dV=Sdl$.

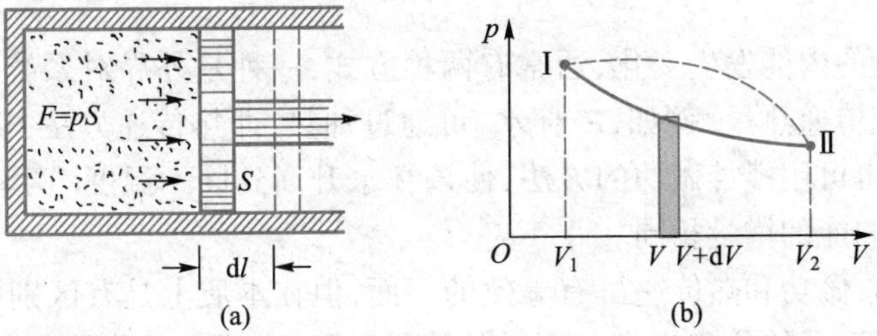

图 9-3

由式(9-1a)可以看出,当气体膨胀时,$dV>0$,则 $dA>0$,气体对外做正功;当气体被压缩时,$dV<0$,则 $dA<0$,气体对外做负功,或者说外界对系统做正功,显然,当体积由 V_1 变到 V_2 时,气体对活塞所做的功为

$$A = \int dA = \int_{V_1}^{V_2} pdV \tag{9-1b}$$

整个状态变化过程在 $p-V$ 图上可以用一条曲线来表示,如图 9-3(b)所示. 由式(9-1)不难看出,当系统体积由 V 变到 $V+dV$,系统对外所做的元功 dA 在数值上就等于 $p-V$ 图上过程曲线下小长方形的面积,而从状态 Ⅰ 到状态 Ⅱ 所做的总功在数值上就等于整个曲线下的面积.

从图 9-3(b)中还可以看出,如果系统的状态变化沿另一条虚线所示的过程进行,那么气体所做的功就等于虚线下面的面积. 由此可以得出一个重要结论:系统由一个状态变化到另一个状态时对外所做的功,不仅取决于系统的初、末两个状态,而且与系统所经历的过程有关,即功是一个过程量.

三、热量

当温度不同的两个物体相接触时,高温物体要降温,低温物体要升温,这时就说它们之间发生了热传递,或者说有热量自高温物体传到了低温物体. 可见,热量是由于系统与外界之间存在温差而传递的能量,热量与功一样也是过程量,在初、末状态相同的情况下,过程不同热量的数值也不相同. 因此,说一个系统有多少热量是没有意义的.

文档:焦耳简介

在国际单位制中,功和热量的单位均为 J(焦[耳]).

热量还有一个单位 cal(卡),现已不推荐使用. 根据焦耳热功当量实验得出

$$1\ \mathrm{cal}=4.18\ \mathrm{J}.$$

四、内能

我们知道,对给定的理想气体,它的内能仅是温度的单值函数,即 $E=E(T)$. 对实际气体而言,由于分子间的相互作用力不能忽略,除分子热运动的动能以外,还有分子间的势能,而势能与分子间的距离有关,也就是与气体的体积有关,所以实际气体的内能是气体的温度及体积的函数,即 $E=E(T,V)$,而 T、V 是气体的状态参量,T、V 一定,则气体的状态也随之确定. 所以从宏观角度看,实际气体的内能是状态量.

要使系统的内能发生变化,通常有两种方式,一种是外界对系统做功,另一种是外界向系统传递热量. 例如,一杯水,可通过加热,即热传递方法,从某一温度升到另一温度;也可用搅拌做功的方法,使该杯水升高到同一温度. 两者方式虽然不同,但带来的内能的增量相同.

应该指出,做功和热传递虽有等效的一面,但在本质上是有区别的. 做功是通过物体做宏观运动的位移来完成能量的传递过程,它所起的作用是使物体从有规则定向运动转化为系统内分子无规则的热运动. 而热传递则是通过分子之间相互碰撞来完成能量的传递过程,它所起的作用是实现系统内外分子无规则热运动之间的传递.

五、热力学第一定律

文档:热力学第一定律的建立

前面已指出,做功和传递热量都能使系统的内能发生变化,但在一般情况下,做功和传递热量往往同时存在. 如果系统在开始时的内能为 E_1,变化后的内能为 E_2,即内能的改变为 E_2-E_1. 在此过程中,系统由外界吸收的热量为 Q,它对外做的功为 A,根据能量守恒定律则有

$$Q=(E_2-E_1)+A \tag{9-2}$$

上式是热力学第一定律的数学表达式. 它表明:在任意过程中,系统从外界吸收的热量,一部分使系统的内能增加,另一部分用于系统对外做功.

对式(9-2),我们规定:系统吸热时 Q 为正值,放热时 Q 为负值;系统对外做功时 A 为正值,外界对系统做功时 A 为负值;系统内能增加时(E_2-E_1)为正值,内能减少时(E_2-E_1)为负值. 此外,还应注意,式中各物理量的单位要统一. 在国际单位制中,热量、内能和功都以 J 为单位.

对于状态的微小变化过程,热力学第一定律可以写为

$$\mathrm{d}Q=\mathrm{d}E+\mathrm{d}A \tag{9-3}$$

如果这一微小变化是准静态过程,系统对外做的元功可以表示为 $\mathrm{d}A=p\mathrm{d}V$,这时热力学第一定律表示为

$$\mathrm{d}Q=\mathrm{d}E+p\mathrm{d}V \tag{9-4}$$

热力学第一定律是在长期生产实践和科学实验基础上总结出来的,适用于自然界中在平衡态之间进行的一切过程. 历史上曾有不少人企图设计一种机器,使系统不断经历状态变化,最后仍回到初态($E_2-E_1=0$),在这个过程中无须外界供给能量($Q=0$),系统却不断对外做功($A\neq0$),这种机器称为第一类永动机. 显然,这种机器违背了热力学第一定律,是不可能实现的. 所以,热力学第一定律也可表述为**第一类永动机是不可能制成的**.

9-2 热力学第一定律的应用

热力学第一定律是能量守恒定律在涉及热现象的过程中的具体形式,它是自然界的一条普遍定律,广泛地应用于各个领域. 下面讨论它在理想气体的几个准静态过程中的应用.

一、等体过程

在气体状态变化时,气体的体积保持不变的过程叫做等体过程. 其过程方程为

$$\frac{p}{T}=\text{常量}$$

等体过程在 $p-V$ 图上是一条平行于 p 轴的直线,称为等体线,如图 9-4 中的 ab 线段就是等体增压线.

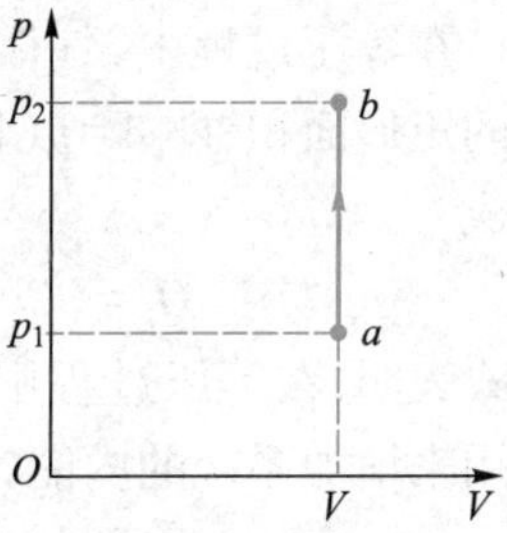

图 9-4

在等体过程中,气体的体积不变,所以气体不做功,即 $A=0$,这时热力学第一定律可写成

$$Q_V=E_2-E_1 \tag{9-5a}$$

上式表明,在等体过程中,理想气体吸收的热量全部用来增加系统的内能.

由于理想气体的内能为 $E=\frac{m}{M}\frac{i}{2}RT$,所以式(9-5a)又可以写成

$$Q_V=\frac{m}{M}\frac{i}{2}R(T_2-T_1)$$

令 $C_{V,\mathrm{m}}=\frac{i}{2}R$,则上式为

$$Q_V=\frac{m}{M}C_{V,\mathrm{m}}(T_2-T_1) \tag{9-5b}$$

$C_{V,\mathrm{m}}$ 叫做摩尔定容热容,它的物理意义是:1 mol 气体在体积保持不变时,温度升高 1 K 所吸收的热量,即

$$C_{V,\mathrm{m}}=\left(\frac{\mathrm{d}Q}{\mathrm{d}T}\right)_{V,\mathrm{m}}=\left(\frac{\mathrm{d}E+p\mathrm{d}V}{\mathrm{d}T}\right)_{V,\mathrm{m}}=\left(\frac{\mathrm{d}E}{\mathrm{d}T}\right)_{V,\mathrm{m}}$$

对于 1 mol 理想气体,将 $\mathrm{d}E=\frac{i}{2}R\mathrm{d}T$ 代入上式得

$$C_{V,\mathrm{m}}=\frac{i}{2}R \tag{9-6}$$

式中 R 为摩尔气体常量,i 为分子自由度. 对单原子气体 $i=3$,则 $C_{V,\mathrm{m}}=12.5\ \mathrm{J/(mol\cdot K)}$;对刚性双原子气体 $i=5$,则 $C_{V,\mathrm{m}}=20.8\ \mathrm{J/(mol\cdot K)}$;对刚性多原子气体 $i=6$,则 $C_{V,\mathrm{m}}=24.9\ \mathrm{J/(mol\cdot K)}$.

需要强调的是,由于理想气体的内能仅是温度的函数,所以无论它经历什么样的状态变化过程,内能的增量都可以按下式进行计算,即

$$E_2-E_1=\frac{m}{M}C_{V,\mathrm{m}}(T_2-T_1) \tag{9-7}$$

二、等压过程

在气体状态变化时,气体的压力保持不变的过程叫做等压过程. 其过程方程为

$$\frac{V}{T}=\text{常量}$$

等压过程在 $p-V$ 图上是一条平行于 V 轴的直线,称为等压线,如图 9-5 中 ab 线段就是等压膨胀线.

在等压过程中,气体所做的功在数值上等于等压线下的矩形面积,即 $A=p(V_2-V_1)$,这时热力学第一定律可写成

$$Q_p=(E_2-E_1)+p(V_2-V_1) \tag{9-8a}$$

上式表明,在等压过程中,理想气体所吸收的热量,一部分用来增加系统的内能,另一部分用来对外做功.

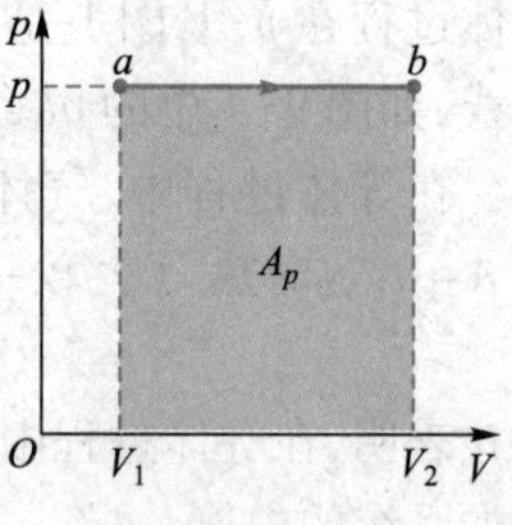

图 9-5

对于理想气体有 $pV=\frac{m}{M}RT$,式(9-8a)可写成

$$\begin{aligned}Q_p&=\frac{m}{M}\frac{i}{2}R(T_2-T_1)+\frac{m}{M}R(T_2-T_1)\\&=\frac{m}{M}\left(\frac{i}{2}+1\right)R(T_2-T_1)\end{aligned}$$

令 $C_{p,\mathrm{m}}=\left(\frac{i}{2}+1\right)R$,则上式为

$$Q_p=\frac{m}{M}C_{p,\mathrm{m}}(T_2-T_1) \tag{9-8b}$$

$C_{p,\mathrm{m}}$ 叫做摩尔定压热容,它的物理意义是:1 mol 气体在压强不变时,温度升高 1 K 所吸收的热量,即

$$C_{p,\mathrm{m}}=\left(\frac{\mathrm{d}Q}{\mathrm{d}T}\right)_{p,\mathrm{m}}=\left(\frac{\mathrm{d}E}{\mathrm{d}T}\right)_{p,\mathrm{m}}+\left(\frac{p\mathrm{d}V}{\mathrm{d}T}\right)_{p,\mathrm{m}}$$

对于 1 mol 理想气体，因 $dE=C_{V,m}dT$ 及等压过程 $pdV=RdT$，所以有

$$C_{p,m}=C_{V,m}+R \tag{9-9}$$

摩尔定压热容 $C_{p,m}$ 与摩尔定容热容 $C_{V,m}$ 的比值常用 γ 表示，称为摩尔热容比，表示为

$$\gamma=\frac{C_{p,m}}{C_{V,m}}=\frac{i+2}{i} \tag{9-10}$$

由于 $C_{p,m}>C_{V,m}$，故 $\gamma>1$，对单原子气体 $\gamma=\frac{5}{3}=1.67$；刚性双原子气体 $\gamma=\frac{7}{5}=1.4$；刚性多原子气体 $\gamma=\frac{8}{6}=1.33$.

三、等温过程

在气体状态变化时，气体的温度保持不变的过程叫做等温过程. 其过程方程为

$$pV=\text{常量}$$

等温过程在 $p-V$ 图上是一条双曲线，称为等温线. 图 9-6 中 ab 线段就是等温膨胀线.

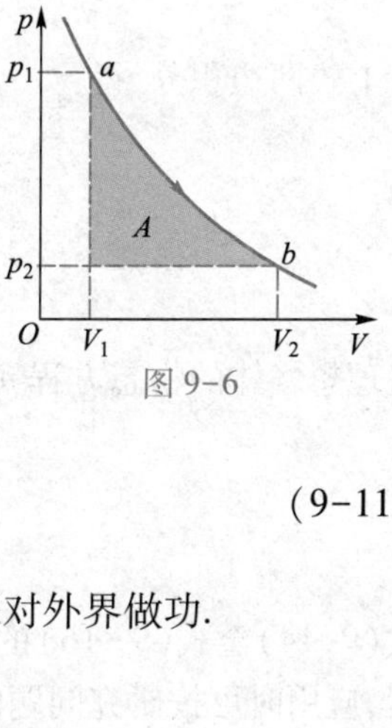

图 9-6

因为理想气体的内能是由温度决定的，所以在等温过程中，气体的内能不变，即 $E_2-E_1=0$，这时

$$Q_T=A=\int_{V_1}^{V_2}p\mathrm{d}V=\int_{V_1}^{V_2}\frac{m}{M}\frac{RT}{V}\mathrm{d}V=\frac{m}{M}RT\frac{V_2}{V_1}$$

由于在等温过程中 $p_1V_1=p_2V_2$，所以

$$Q_T=A=\frac{m}{M}RT\ln\frac{V_2}{V_1}=\frac{m}{M}RT\ln\frac{p_1}{p_2} \tag{9-11}$$

上式表明，在等温过程中，理想气体所吸收的热量全部用来对外界做功.

四、绝热过程

系统与外界没有热量交换的过程称为绝热过程. 自然界中并不存在严格的绝热过程，但有许多过程，例如，在保温瓶内或者用毛绒毡子、石棉等绝热材料包起来的容器内所经历的状态变化过程，可以近似地看成绝热过程. 又如内燃机汽缸里的气体被迅速压缩的过程或者爆炸后急速膨胀的过程，由于这些过程进行得很迅速，热量来不及和周围环境交换，也可以近似地看成绝热过程.

在绝热过程中，热量 Q 为零，所以热力学第一定律为

$$0=(E_2-E_1)+A$$

即

$$A=-(E_2-E_1)=-\frac{m}{M}C_{V,m}(T_2-T_1) \tag{9-12}$$

从上式可以看出，在绝热过程中，当气体绝热膨胀对外做功时，体积增大，温度降低，而压强必然减小，所以在绝热过程中，气体的体积、温度和压强三个状态参量

都同时改变.

下面研究理想气体在准静态绝热过程中状态参量的变化关系. 对于一微小的绝热过程,有

$$p\mathrm{d}V=-\frac{m}{M}C_{V,\mathrm{m}}\mathrm{d}T$$

作为理想气体要满足物态方程 $pV=\frac{m}{M}RT$,将物态方程两边微分,可得

$$p\mathrm{d}V+V\mathrm{d}p=\frac{m}{M}R\mathrm{d}T$$

将上述两个方程联立,并消去$\frac{m}{M}\mathrm{d}T$,得

$$(C_{V,\mathrm{m}}+R)p\mathrm{d}V=-C_{V,\mathrm{m}}V\mathrm{d}p \tag{9-13}$$

因 $C_{p,\mathrm{m}}=C_{V,\mathrm{m}}+R,\gamma=\frac{C_{p,\mathrm{m}}}{C_{V,\mathrm{m}}}$,则上式化为

$$\frac{\mathrm{d}p}{p}+\gamma\frac{\mathrm{d}V}{V}=0$$

将上式两边积分,得

$$\ln p+\gamma\ln V=常量$$

即

$$pV^{\gamma}=常量 \tag{9-14}$$

将理想气体的物态方程 $pV=\frac{m}{M}RT$ 代入上式,消去 p 或 V 可得

$$TV^{\gamma-1}=常量 \tag{9-15}$$

$$T^{-\gamma}p^{\gamma-1}=常量 \tag{9-16}$$

式(9-14)至式(9-16)的三个方程为理想气体绝热过程的过程方程,简称绝热方程,应用时可按研究问题的需要,选择较方便的一个方程.

根据式(9-14)可以在 $p-V$ 图上画出理想气体在绝热过程中所对应的曲线,称为绝热线,如图 9-7 所示. 图中除了绝热线外,还画出了与它相交于 A 点的一条等温线(用虚线表示). 由于 $\gamma>1$,所以绝热线要比等温线陡一些. 表明系统从相同的初态出发,作相同体积的膨胀(ΔV 相同)时,绝热过程中压强降低得快一些. 其原因可以从物理意义上去理解. 假设从 A 点开始分别经等温和绝热两个过程,使体积均膨胀到 V_2,根据 $p=nkT$,压强由单位体积的分子数 n(它由气体体积 V 决定)和温度 T 两个因素决定的. 在等温过程中,压强 Δp_T 的降低完全是由于 n 的减少引起的,而在绝热过程中,除了 n 减少相同数值外,还由于绝热膨胀过程温度也要降低,所以体

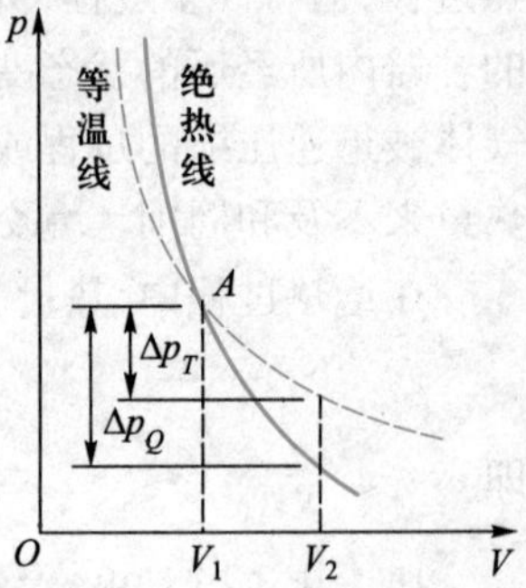

图 9-7

积膨胀相同数值时，绝热过程中压强降低 Δp_Q 比等温过程中压强的降低 Δp_T 要多，即绝热线比等温线陡.

例 9-1 1 mol 单原子理想气体，从同一状态 1 出发，经过等体、等压和绝热三个不同的过程，分别达到同一条等温线上，如图 9-8 所示. 设图中两条等温线的温度分别为 $T_1=300\ \mathrm{K}$ 和 $T_2=400\ \mathrm{K}$，试分别求出这三个过程的内能增量、功和热量.

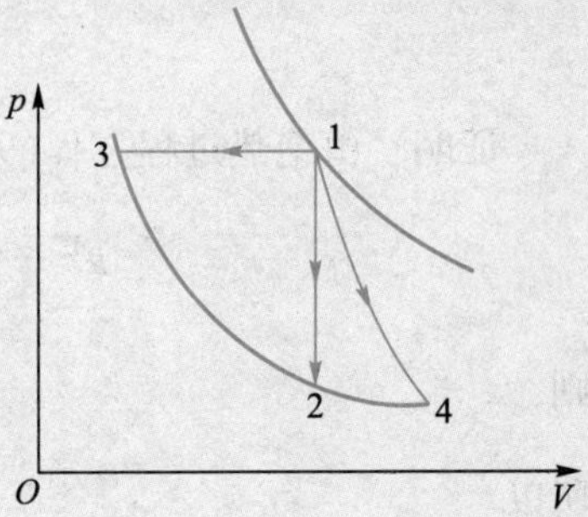

图 9-8

解 过程 1→2 是等体降压过程

$$\Delta E=\frac{m}{M}C_{V,\mathrm{m}}(T_1-T_2)=\frac{3}{2}R(T_1-T_2)$$

$$=\frac{3}{2}\times 8.31\times(400-300)\ \mathrm{J}$$

$$=-1.25\times 10^3\ \mathrm{J}$$

负号说明内能减少.

$$A=0$$

$$Q=\Delta E=-1.25\times 10^3\ \mathrm{J}$$

负号说明过程是放热的.

过程 1→3 是等压压缩过程，由于其初、末态温度与 1→2 过程的初、末态温度相同，所以内能增量与 1→2 过程内能的增量相同

$$\Delta E=-1.25\times 10^3\ \mathrm{J}$$

$$A=p(V_3-V_1)=R(T_1-T_2)=-8.31\times 10^2\ \mathrm{J}$$

负号说明是外界对气体做功.

热量可用两种方法来求：

根据等压过程热量的定义式

$$Q=C_{p,\mathrm{m}}(T_1-T_2)=\frac{5}{2}R(T_1-T_2)$$

$$=\frac{5}{2}\times 8.31\times(400-300)\ \mathrm{J}$$

$$=-2.08\times 10^3\ \mathrm{J}$$

负号说明过程是放热的.

也可根据热力学第一定律

$$Q=\Delta E+A=-2.08\times 10^3\ \mathrm{J}$$

过程 1→4 是绝热膨胀过程. 同理可知

$$\Delta E=-1.25\times 10^3\ \mathrm{J}$$

$$Q=0$$

根据热力学第一定律

$$A=-\Delta E=1.25\times 10^3\ \mathrm{J}$$

通过本题说明：这三个过程中，内能增量 ΔE 是相同的，说明内能是状态量，一定

理想气体的内能增量只与初、末态温度有关，与状态变化过程无关. 而功和热量都是过程量，三个不同过程的热量和功是不同的.

例 9-2 证明绝热过程中的功可用下式计算

$$A=\frac{p_1V_1-p_2V_2}{\gamma-1}.$$

证明 由绝热过程方程(9-14)有

$$pV^{\gamma}=C(C\ 为常量)\quad 或\quad p=\frac{C}{V^{\gamma}}$$

则

$$\mathrm{d}A=p\mathrm{d}V=C\frac{\mathrm{d}V}{V^{\gamma}}$$

所以

$$A=C\int_{V_1}^{V_2}\frac{\mathrm{d}V}{V^{\gamma}}=\frac{C(V_2^{1-\gamma}-V_1^{1-\gamma})}{1-\gamma}$$

因为 $C=p_1V_1^{\gamma}=p_2V_2^{\gamma}$，故

$$A=\frac{p_1V_1-p_2V_2}{\gamma-1}$$

9-3 循环过程

一、循环过程

热力学是在蒸汽机问世之后，为解决热机的理论问题而发展起来的. 任何一种热机，首先要有工作物质. 例如，蒸汽机中的蒸汽，柴油机中的混合气体等，都是工作物质. 为了讨论的方便，我们选用理想气体作为工作物质，即以理想气体系统作为研究对象. 其次，要使热机能连续地工作下去，必须使工作物质回复到最初的状态，以便能够不断地往复工作而实现持续的热功转化. 这种使工作物质系统经过一系列状态变化过程以后又回到原来的状态，则这整个变化过程叫做循环过程.

文档：蒸汽机的发明

如果过程为准静态过程，则在 $p-V$ 图上，循环过程用一条封闭的曲线表示，曲线上的箭头表示过程进行的方向.

如果循环过程在 $p-V$ 图上是沿顺时针方向进行的，称为正循环，如图9-9(a)所示；如果循环过程在 $p-V$ 图上是沿逆时针方向进行的，则称为逆循环，如图 9-9(b)所示.

由于内能是状态的单值函数，所以经过一个循环后工作物质回到原来状态时，内能变化 $\Delta E=0$，这是循环过程的重要特征.

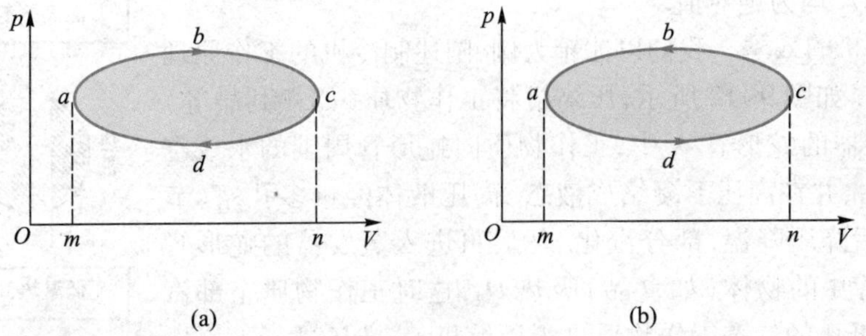

图 9-9

对于正循环，如图 9-9(a)所示，在膨胀过程 abc 中，工作物质吸收热量 Q_1，并对外做正功，其数值等于 $abcnma$ 所围面积；在压缩过程 cda 中，工作物质放出热量 Q_2，并对外界做负功，其数值等于 $cnmadc$ 所围面积. 因此，在一次正循环过程中，系统对外做的净功数值为循环过程中系统正负功的代数和，其大小等于循环曲线 $abcda$ 所包围的面积. 对于逆循环，如图 9-9(b)中沿 $adcba$ 进行，其最终结果是循环后工作物质对外做负功(即外界对工作物质做了净功)，其大小等于逆循环曲线 $adcba$ 所包围的面积. 由于在完成一个循环内能没变，即 $\Delta E=0$，因此，根据热力学第一定律，有

$$Q_1-Q_2=A$$

通常将工作物质作正循环的机器叫热机(蒸汽机、汽油机、柴油机等)，它是把热转化为功的机器. 工作物质做逆循环的机器叫做制冷机(空调、冰柜、冰箱)，它是利用外界做功获得低温的机器. 循环过程的理论是热机和制冷机工作的基本原理.

热机的效率 我们以蒸汽机为例，阐述热机的工作原理及其效率，如图 9-10所示，工作物质(水)在锅炉中吸收热量 Q_1，变成高温高压的蒸汽. 蒸汽进入汽缸推动活塞对外做功，因此内能减小，成为温度较低的低压蒸汽. 然后这些蒸汽被汽缸排出，进入冷凝器中，放出热量 Q_2 并凝结成水，再被水泵抽入锅炉，回到初始状态，完成一次循环.

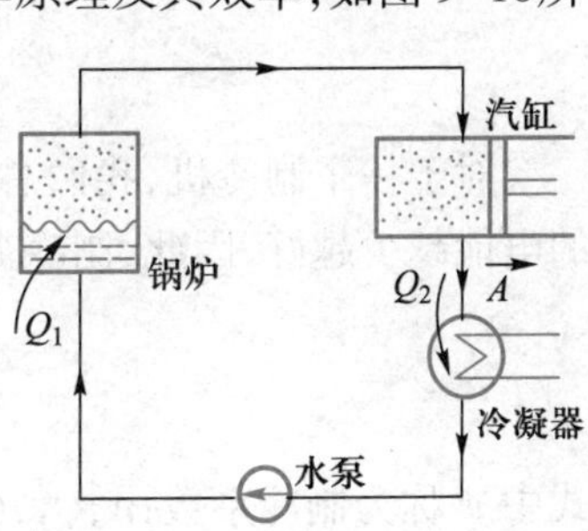

图 9-10

其他如汽油机、柴油机、汽轮机等，虽然它们的工作过程不尽相同，但热转化为功的工作原理与上述一致. 因此，我们可以不管这些热机的工作细节，皆可用示意图表示出来.

图 9-11 所示是一个热机工作原理的示意图. 热机经过一个正循环后，从高温热源吸收热量 Q_1，一部分用于对外做功 A，另一部分则向低温热源放热 Q_2.

对于热机，我们总是希望它吸热 Q_1(消耗燃料)越少越好，而对外做功 A 越多越好，因此热机的效率定义为

$$\eta=\frac{A}{Q_1}=\frac{Q_1-Q_2}{Q_1}=1-\frac{Q_2}{Q_1} \tag{9-17}$$

式中 Q_1, Q_2 均为绝对值.

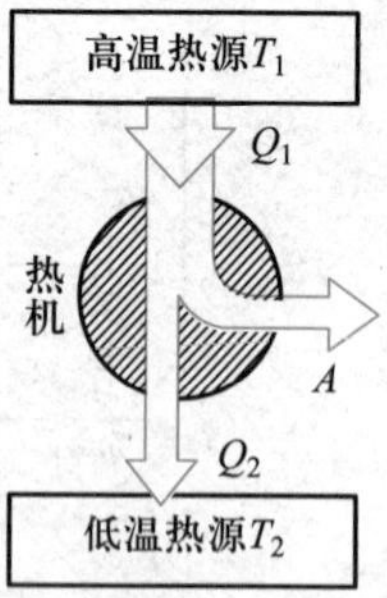

图 9-11

制冷机的效率 我们以冰箱为例,阐述制冷机的工作原理及其效率. 如图 9-12 所示,压缩机将工作物质(如氟利昂等)送入冷凝器的蛇形管 A 中,工作物质向蛇形管周围的水或空气放热 Q_1,并在高压下凝结成液态. 高压液体经过多孔塞(节流阀)B 后降压降温,部分汽化. 然后再进入蒸发器的蛇形管中,从冷库中的物体(如食品)吸热 Q_2,这时工作物质全部汽化. 低温低压的气态工作物质进入压缩机 D,准备进行下一次循环. 冷库中的物品在工作物质的多次循环中降至一定的温度.

如图 9-13 所示是一个制冷机工作原理的示意图,制冷机经过一个逆循环后,从低温热源吸收热量 Q_2,到高温热源处放热 Q_1,为实现这一目的,外界必须对制冷机做功 A.

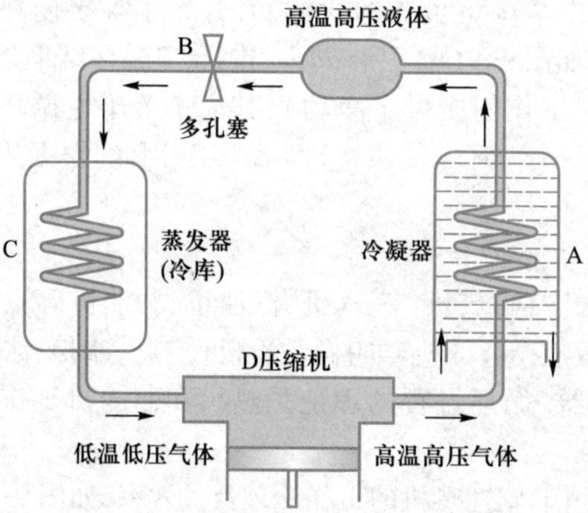

图 9-12

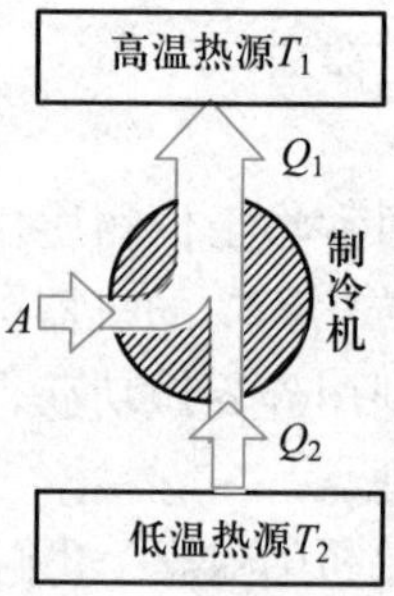

图 9-13

对于一个制冷机,我们总是希望它从低温物体吸收的热量 Q_2 越多越好,消耗的电能越少越好,因此,制冷循环的效率表示为

$$w=\frac{Q_2}{A}=\frac{Q_2}{Q_1-Q_2} \tag{9-18}$$

式中 w 称为制冷系数;A, Q_1, Q_2 均为绝对值.

文档:卡诺的热机理论

二、卡诺循环

文档:卡诺简介

卡诺循环是一个具有重要意义的循环,它给出了热机效率的理论极限值. 卡诺循环以理想气体为工作物质,由两个等温过程和两个绝热过程组成,在 $p-V$ 图上用两条等温线和两条绝热线表示. 如图 9-14 所示,曲线 ab 和 cd 是温度为 T_1 和 T_2 的两条等温线,曲线 bc 和 da 是两条绝热线. 若卡诺循环按顺时针方向进行,则构成卡诺热机,卡诺热机的工作物质可以是固体、液体或气体.

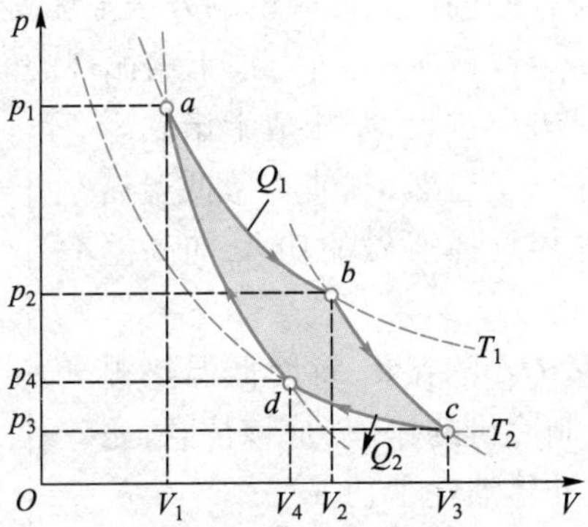

图 9-14

下面计算以理想气体为工作物质的卡诺循环的效率. 在 ab 的等温膨胀过程中,气体从高温热源吸热为

$$Q_1=\frac{m}{M}RT_1\ln\frac{V_2}{V_1}$$

在 cd 的等温压缩过程中,气体对低温热源放热

$$Q_2=\frac{m}{M}RT_2\ln\frac{V_3}{V_4}$$

由于绝热过程中无热量传递,因此卡诺循环的效率为

$$\eta_{卡}=\frac{A}{Q_1}=1-\frac{Q_2}{Q_1}=1-\frac{T_2\ln\frac{V_3}{V_4}}{T_1\ln\frac{V_2}{V_1}}$$

在绝热过程 bc 和 da 中,根据绝热方程 $T_1V_2^{\gamma-1}=T_2V_3^{\gamma-1}$, $T_1V_1^{\gamma-1}=T_2V_4^{\gamma-1}$ 两式等号左右分别相除就得到

$$\left(\frac{V_2}{V_1}\right)^{\gamma-1}=\left(\frac{V_3}{V_4}\right)^{\gamma-1}$$

$$\frac{V_2}{V_1}=\frac{V_3}{V_4}$$

于是得到卡诺热机的效率为

$$\eta_{卡诺}=1-\frac{T_2}{T_1} \tag{9-19}$$

从以上的讨论中可以看出:

(1) 要完成一次卡诺循环必须有高温和低温两个热源(有时分别称为热源与冷源).

(2) 卡诺循环的效率只与两个热源的温度有关,高温热源的温度愈高,低温热源的温度愈低,卡诺循环的效率愈大. 因此,从理论上说可以用提高高温热源温度,或降低低温热源温度的方法来提高热机的效率. 由于降低低温热源的温度既困难又不经济，所以，一般采用提高高温热源温度的方法来提高热机的效率.

(3) 由于不能实现 $T_1=\infty$ 或 $T_2=0$，因此，卡诺循环的效率总是小于 1.

若卡诺循环按逆时针方向进行，则构成卡诺制冷机. 其 $p-V$ 图如图 9-15 所示. 显然，气体将从低温热源吸取热量 Q_2，又接受外界气体所做的功 A，向高温热源传递热量 $Q_1=A+Q_2$.

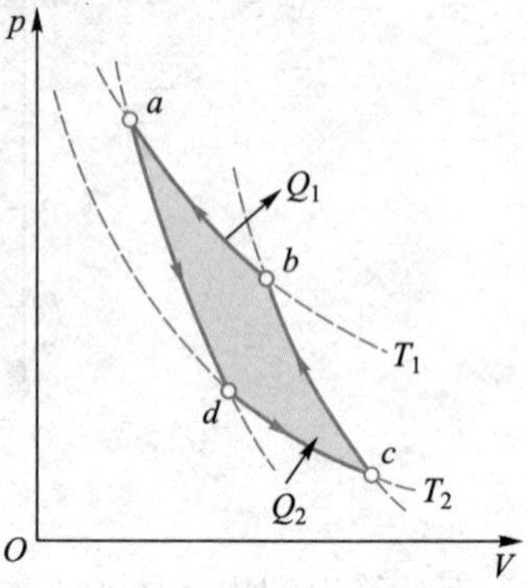

图 9-15

从低温热源吸取热量 Q_2 的结果，将使低温热源的温度降得更低，这就是制冷机的原理. 应该注意，完成这一循环是有代价的，外界消耗了功 A.

由制冷系数定义式(9-18)可得

$$\omega_{卡诺}=\frac{Q_2}{A}=\frac{Q_2}{Q_1-Q_2}$$

对比式(9-17)和式(9-19)可得$\frac{Q_2}{Q_1}=\frac{T_2}{T_1}$，将其代入上式，便得卡诺制冷机的制冷系数为

$$\omega_{卡诺}=\frac{T_2}{T_1-T_2} \tag{9-20}$$

在一般制冷机中，高温热源的温度通常就是周围大气的温度，由上式可知，卡诺逆循环的制冷系数只取决于冷库的温度 T_2，T_2 越低，则制冷系数越小. 这表明，从温度较低的低温热源中吸取热量，必须对气体做更多的功.

还需指出，制冷机向高温热源所放出的热量 Q_1（即 Q_2+A）是完全可以利用的，例如可把它当做提供热量的热源使用，这就是所谓的“热泵”，在近代工程上已广泛使用.

例 9-3 一定量的某单原子分子理想气体，经历如图 9-16 所示的循环，其中 AB 为等温线. 已知 $V_A=3.00$ L，$V_B=6.00$ L，求热机效率.

解 图 9-16 所示循环由 3 个分过程组成. $A\rightarrow B$ 为等温膨胀过程，$\Delta E=0$，$A>0$，故吸收热量为

$$Q_{AB}=\frac{m}{M}RT_A\ln\frac{V_B}{V_A}=\frac{m}{M}RT_A\ln 2$$

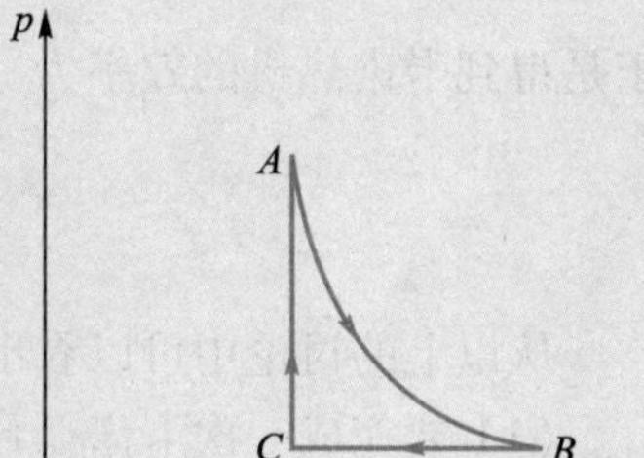

图 9-16

$B\rightarrow C$ 为等压压缩降温过程，$\Delta E<0$，$A<0$，且有$\frac{V_B}{T_B}=\frac{V_C}{T_C}$，即

$$T_C=T_B\frac{V_C}{V_B}=\frac{1}{2}T_B=\frac{1}{2}T_A$$

故放出热量为

$$Q_{BC}=\frac{m}{M}C_{p,\mathrm{m}}(T_B-T_C)=\frac{1}{2}\frac{m}{M}C_{p,\mathrm{m}}T_B=\frac{1}{2}\frac{m}{M}C_{p,\mathrm{m}}T_A$$

因单原子分子理想气体的摩尔定压热容 $C_{p,\mathrm{m}}=\frac{5}{2}R$,故

$$Q_{BC}=\frac{5}{4}\frac{m}{M}RT_A$$

$C\to A$ 为等体增压升温过程,$\Delta E>0, A=0$,故吸收热量为

$$Q_{CA}=\frac{m}{M}C_{V,\mathrm{m}}(T_A-T_C)=\frac{1}{2}\frac{m}{M}C_{V,\mathrm{m}}T_A$$

因单原子分子理想气体的摩尔定容热容 $C_{V,\mathrm{m}}=\frac{3}{2}R$,故

$$Q_{CA}=\frac{3}{4}\frac{m}{M}RT_A$$

在所讨论的热循环中,系统从高温热源吸热为

$$Q_1=Q_{AB}+Q_{CA}=\frac{m}{M}RT_A\left(\ln 2+\frac{3}{4}\right)$$

向低温热源放热为

$$Q_2=|Q_{BC}|=\frac{5}{4}\frac{m}{M}RT_A$$

故热机效率为

$$\eta=1-\frac{Q_2}{Q_1}=1-\frac{5}{4\ln 2+3}=13.4\%$$

例 9-4 一卡诺制冷机,从 0 ℃的水中吸取热量,向 27 ℃的房间放热. 假定将 50 kg 的 0 ℃的水变成了 0 ℃的冰,试问:(1) 放于房间的热量有多少?(2) 使制冷机运转所需的机械功是多少?如用此机从-10 ℃的冷藏库中吸取相等的一份热量,要多做多少机械功?

解 卡诺制冷机从 $T_2=273$ K(0 ℃)的低温热源吸取热量 Q_2,向 $T_1=300$ K(27 ℃)的高温热源(房间)放热,需对卡诺机输入机械功 A,此时对高温热源的实际放热量是 $Q_1=Q_2+A$. 冰的熔化热为 3.35×10^5 J/kg,使 50 kg 的水变成冰,卡诺制冷机需吸取的热量为

$$Q_2=\lambda m=3.35\times10^5\times50\ \mathrm{J}=1.675\times10^7\ \mathrm{J}$$

由式(9-20)算出卡诺制冷机的制冷系数为

$$\omega_{\text{卡诺}}=\frac{T_2}{T_1-T_2}=\frac{273}{300-273}=10.1$$

再由式(9-18)算得

$$A=\frac{Q_2}{\omega_{卡诺}}=\frac{1.675\times10^7}{10.1}\ \mathrm{J}=1.66\times10^6\ \mathrm{J}$$

而

$$Q_1=A+Q_2=1.83\times10^7\ \mathrm{J}$$

如从 $T_2=263\ \mathrm{K}(-10\ ℃)$ 的冷藏库吸取相等的一份热量 Q_2，则这时制冷系数为

$$\omega'_{卡诺}=\frac{T'_2}{T_1-T'_2}=\frac{263}{300-263}=7.11$$

所需的功 A' 为

$$A'=\frac{Q_2}{\omega'_{卡诺}}=\frac{1.675\times10^7}{7.11}\ \mathrm{J}=2.36\times10^6\ \mathrm{J}$$

由此可知，需要多做的功为

$$A'-A=7.0\times10^5\ \mathrm{J}$$

9-4 热力学第二定律

一、可逆过程和不可逆过程

大量的观察和实验事实都表明，自然界自动发生的过程(称为自发过程)都是具有确定的方向性的. 例如，在没有外界影响时，热量总是自动从高温物体传到低温物体，而不能自动从低温物体传到高温物体；两种不同气体放在一个容器里，它们能自发地混合，却不能自发地再度分开；真空中气体会自由膨胀，但却不能自动收缩；铁块在空气中会生锈，而不能自动地恢复成原来的铁块；生物会生老病死，却不会自行“返老还童”；高处的水会自动地向低处流动，却不会自动地从低向高处流动.

上面所举各例的共同特点是，一个系统可以从某一初态自动地过渡到某一末态，而逆向过渡都不能自动进行. 我们把热力学过程按其逆过程的性质分为可逆过程和不可逆过程两类.

一个系统由初态出发，经过某一过程达到末态，如果存在另一过程，它能使系统和外界完全复原(使系统回到初态，同时消除了原来过程中对外界引起的一切影响)，则原来的过程就是可逆过程. 反之，如果用任何方法都不可能使系统和外界完全复原，则原来的过程称为不可逆过程.

可逆过程只是一个理想模型，但是，有些实际过程可以近似地认为是可逆过程，例如，无摩擦的准静态过程就可以认为是可逆过程，但这一过程实际上是无法实现的. 实际上一切实际过程都是不可逆过程，既然实际过程都是不可逆过程，为什么还要研究可逆过程呢？因为研究了从实际中抽象出来的理想过程，可以使复杂问题简化，帮助人们探索实际过程的规律性. 也为许多重要的概念和理论的引入及定量表述打下基础，具有重要的理论和实际意义.

二、热力学第二定律

从上面的讨论可知,自然界自动发生的实际过程都是不可逆的,均是按确定的方向进行的. 为了表述一切自发过程的不可逆性,人们在大量实验事实的基础上,总结出热力学第二定律,阐明了热力学过程的方向性,这一定律有多种不同的表述方式. 其中最早提出而沿用至今的热力学第二定律的表述有两种.

文档:热力学第二定律的建立

开尔文表述 不可能制成一种循环动作的热机,只从单一热源吸取热量使之全部转化为有用功而不引起其他变化.

需要指出的是,开尔文表述并非完全否定从单一热源吸热使之全部转化为功的可能性,它所否定的只是那些在不引起其他变化的情况下发生从单一热源吸热全部转化为功的过程. 实际上,理想气体的等温膨胀就是一种从单一热源吸热使之全部转化为功的过程,但是,它却引起了其他的变化——气体的体积膨胀了. 可见,不是热量不能完全转化为功,只是在热量完全转化为功的过程中,一定伴随着其他的变化.

从单一热源吸热,将热全部转化为有用功的循环动作的热机叫做单热源热机,亦称第二类永动机. 第二类永动机并不违反热力学第一定律,即不违反能量守恒定律,因而更具有诱惑性. 有人曾做过计算,如果能制成第二类永动机,使它从海水中吸热而做功,只要海水温度降低 0.01 ℃,所做的功就可以使全世界的机器开动许多年. 然而长期的实践证明,这只是一种幻想. 因此,热力学第二定律的开尔文表述也可表述为:**第二类永动机是不可能制成的.**

克劳修斯表述 热量不能自动地从低温物体传向高温物体.

克劳修斯(R.Clausius,1822—1888)

德国理论物理学家、气体动理论的创始人之一. 他提出统计概念和自由程概念,并导出平均自由程公式;利用统计概念导出气体压强公式;提出比范德瓦耳斯方程更普遍的气体物态方程. 他还提出热力学第二定律的克劳修斯表述,为了说明不可逆过程,提出一个新的概念——熵,并得出孤立系统的熵增加原理.

文档:克劳修斯简介

两个温度不同的物体接触,热量总是自动地由高温物体传向低温物体,从而使两物体温度相同而达到热平衡. 从未发现过与此相反的过程,即热量自动地由低温物体传给高温物体,而使两物体的温差越来越大. 虽然这样的过程并不违反能量守恒定律.

这里要特别强调"自动地"这几个字,它是说在传热过程中不引起其他任何变化. 因为热量从低温物体传向高温物体的过程在实际中是存在的. 事实上,制冷机(如电冰箱)中所发生的现象就是热量从低温物体传到高温物体的过程. 但是,它却引起了其他变化——外界对制冷机做了功. 可见,不是热量不能从低温物体传到高温物体,而是不可能在不引起其他变化的条件下,将热量从低温物体传到高温物体.

热力学第二定律的两种表述,表面看来似乎彼此无关但却是等价的,其实质都在于说明自然界中一切与热现象有关的宏观过程都是不可逆的.

热力学第一定律表述了能量守恒与转化的数量关系,热力学第二定律则指出了过程进行的方向性.它们是两条彼此独立的自然规律,都是在长期实践的基础上总结出来的.在自然界中所发生的过程,都满足能量守恒定律;但是满足能量守恒定律的过程却不一定都能实现.也就是说,一种过程的发生不仅要符合热力学第一定律,而且要符合热力学第二定律.

三、热力学第二定律的统计意义

文档:玻耳兹曼关于热力学第二定律的微观解释

热力学第二定律指出,一切与热现象有关的实际宏观过程都是不可逆的.我们知道,热现象是大量分子无规则运动的宏观表现,而大量分子无规则运动遵循着统计规律.据此,我们就可从微观上来解释不可逆过程的统计意义,从而对热力学第二定律的本质获得进一步的认识.

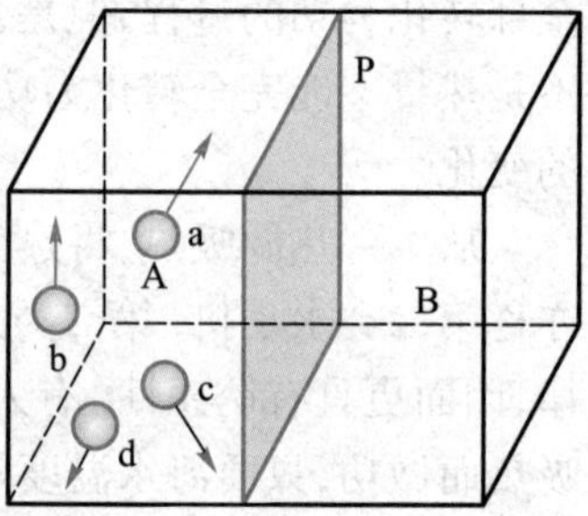

图 9-17

假想容器中有 4 个气体分子 a、b、c、d,如图 9-17 所示,用一活动的隔板 P 将容器分为两半.先假定分子都在隔板的 A 侧,今将隔板抽掉,气体分子将向另外的 B 侧飞去.此后分子在容器中的分配有 16 种方式,情况见表 9-1.

表 9-1 四个分子的系统在 A、B 中的分布

宏观态		微观态		热力学概率(微观态数)	概率
A	B	A	B		
4	0	a,b,c,d	—	1	1/16
0	4	—	a,b,c,d	1	1/16
1	3	a b c d	b,c,d a,c,d a,b,d a,b,c	4	4/16
3	1	b,c,d a,c,d a,b,d a,b,c	a b c d	4	4/16

续表

宏观态		微观态		热力学概率(微观态数)	概率
A	B	A	B		
2	2	a,b a,c a,d b,c b,d c,d	c,d b,d b,c a,d a,c a,b	6	6/16

在热力学中,通常将分子位置的分配方式称为微观态,分子数目的分布方式称为宏观态,而任一宏观态所对应的微观态数称为该宏观态的热力学概率,由表 9-1 可知,该系统共有 5 种宏观态,16 种微观态,4 个分子完全均匀分布(即 A、B 中各有两个分子)的宏观态有 6 个微观态,即热力学概率为 6,这种情形出现的概率最大$\left(\dfrac{6}{16}\right)$,而 4 个分子同时处在 A 中(自动收缩)的宏观态只有 1 个微观态,即热力学概率为 1,这种情形出现的概率最小$\left(\dfrac{1}{16}\right)$. 若分子数很大,如假定容器中有 1 mol 的气体,其分子数为 $N_A=6.02\times10^{23}$ 个,则总微观态数为 $2^{N_A}=2^{6.02\times10^{23}}$ 个,N_A 个分子均匀分布在 A、B 的微观态数最多,其出现的概率最大(接近 100%),而 N_A 个分子同时收缩回到 A 中的宏观态只有 1 个微观态,其出现的概率只有$\dfrac{1}{2^{6.02\times10^{23}}}$,这个概率极小,以致可以认为是零,即自动收缩实际上是不可能的. 这就从统计意义上说明了气体自由膨胀是一个不可逆的过程.

对于热传递来说,由于高温物体分子的平均动能比低温物体分子的大,在它们的相互作用中,显然,能量从高温物体传到低温物体的概率大,而热量自动地由低温物体传向高温物体的概率小,实际上不可能发生,这样便出现了热传递的不可逆性. 对热功转化来说,功转化为热的过程是表示在外力作用下宏观物体的有规则的定向运动转变为分子的无规则运动,这种转变的概率大. 而热转化为功则是表示分子的无规则运动转变为宏观物体有规则的运动,这种转变的概率很小,实际上不可能发生,这样便出现了功转化为热的不可逆性.

从以上分析可知,不可逆过程实质上是一个从概率较小的状态到概率较大的状态的转变过程,而与此相反的过程的概率是很小的,这相反的过程并非原则上不可能,但因概率很小,实际上是观察不到的. 热力学第二定律所描述的过程的方向性,从微观的角度可以这样来理解:一个不受外界影响的系统,其内部发生的过程,总是由概率小的状态向概率大的状态进行. 这就是热力学第二定律的统计意义. 因此,从本质上说,热力学第二定律是一条统计规律,它只适用于大量分子组成的系统,而不适用少数分子组成的系统.

文档:永动机的否定

*9-5 熵增加原理

一、熵

一切自发过程都有一定的方向性. 例如,热传导时,热量总是自动地由高温物体传向低温物体,直到两处温度相同为止,故判断热传导过程进行的方向和限度的标准是温度;扩散时,气体分子总是由密度大的地方向密度小的地方扩散,直到密度均匀一致为止,故判断扩散过程的方向和限度的标准是密度. 类似这些现象,自然界中有许许多多. 而每一个具体过程都有自己的判断标准,于是人们就期待着找到一个新的"态"函数来判断一切自发过程进行的方向,首先找到此函数的是克劳修斯,并将它命名为熵. 对于一微小的可逆过程,其定义为

$$\mathrm{d}S=\frac{\mathrm{d}Q}{T} \tag{9-21}$$

其中 S 表示系统的熵.

在国际单位制中,熵的单位是 J/K(焦每开). $\frac{\mathrm{d}Q}{T}$称为热温比.

如果系统进行一有限的可逆过程时,其熵变可以由上式积分求得,即

$$S_B-S_A=\int_A^B\frac{\mathrm{d}Q}{T} \tag{9-22}$$

其中 S_B 和 S_A 分别是末态和初态的熵.

由于熵是系统的状态函数,因此,熵的增量只决定于初态和末态,而与所经历的过程无关,利用这一特性,我们可以计算不可逆过程的熵的变化,只要在两态之间设计一个可逆过程,然后用式(9-22)进行计算.

对于不可逆过程,通过证明可知

$$S_B-S_A>\int_A^B\frac{\mathrm{d}Q}{T} \tag{9-23}$$

二、熵增加原理

如果系统是孤立系统(或绝热),则 $\mathrm{d}Q=0$,对于可逆过程由式(9-22)有

$$S_B-S_A=0$$

对于不可逆过程,由式(9-23)有

$$S_B-S_A>0$$

以上两式可合并为

$$S_B-S_A\geqslant 0 \tag{9-24}$$

文档:熵增加原理的提出

式中等号适用于可逆过程,不等号适用于不可逆过程. 式(9-24)表明,孤立系统(或绝热)中发生的任何不可逆过程都会导致熵的增加,熵只有对可逆过程才是

不变的,这一结论称为熵增加原理.

应当注意,熵增加原理中所说的熵增加是对整个系统来说的,至于系统中的个别物体,其熵既可增加,也可减少.

热力学第二定律是一条反映自然界过程进行方向的规律,而熵增加原理则是热力学第二定律的数学表示式,这个表示式更普遍、更深刻地反映了自然过程进行的方向性,我们可以通过对一系统的熵值变化的计算来判断其过程能否实现以及过程进行的方向.

三、玻耳兹曼熵公式

前面我们讲过,在孤立系统中自发过程进行的方向总是沿着熵增加的方向进行. 现在又说明了自发过程总是向概率大的宏观状态进行. 由此可以推论,熵 S 必然和微观态的分布概率 Ω 有着某种联系. 1877 年,玻耳兹曼从热力学第二定律的统计意义出发,给出熵与热力学概率之间的关系式

$$S=k\ln \Omega \tag{9-25}$$

式中 k 为玻耳兹曼常量,Ω 为系统宏观态的热力学概率,上式称为玻耳兹曼熵公式. 式(9-25)揭示了熵的统计意义,系统的状态概率越多,熵值就越大.

需要指出的是,玻耳兹曼熵公式不仅给热力学熵 S 以统计解释,使人们对熵的微观本质有了进一步理解,而且由于在社会生活、生产和科学实验中存在大量的概率事件以及由概率所描述的不确定性问题,因此,熵的应用已经远远超出热力学范围,被广泛应用于物理学、化学、生物学、工程技术乃至社会科学之中.

玻耳兹曼(L.Boltzmann,1844—1906)

奥地利物理学家,在统计物理学方面做了开创性的工作,是分子动理论和统计力学的奠基人. 以他的名字命名的玻耳兹曼常量、玻耳兹曼分布律等都是统计力学的重要概念和定律. 他给予热力学第二定律以统计解释,提出著名的玻耳兹曼关系式. 用热力学定律从理论上导出黑体辐射的斯特藩-玻耳兹曼定律.

文档:玻耳兹曼简介

例 9-5 已知冰的熔化热为 3.35×10^5 J/kg,今使 1 kg 0 ℃冰熔化成 0 ℃的水. 求此熔化过程的熵变.

解 冰的熔化过程是在等温情况下进行的不可逆过程,$T=273$ K. 假设冰是从 $T=273$ K 的恒温热源中吸热进行的可逆过程,则

$$S_{水}-S_{冰}=\int\frac{dQ}{T}=\frac{Q}{T}=\frac{\lambda m}{T}=\frac{3.35\times10^5\times1}{273}\ \text{J/K}=1.23\times10^3\ \text{J/K}$$

可见这是沿熵增加方向进行的过程.

例 9-6 物质的量为 ν 的理想气体由初态 (T_1, V_1) 经某一过程到达末态 (T_2, V_2)，求熵变. 设气体的 $C_{V,\mathrm{m}}$ 为常量.

解 此题中过程不明确，但初、末态已定，所以仍然可以通过设计可逆过程来求熵变.

解法一 设可逆过程 Ⅰ，分为两步.

第一步：等体升温，由初态 (T_1, V_1) 变化到 (T_2, V_1)，$\mathrm{d}Q = \nu C_{V,\mathrm{m}}\mathrm{d}T$，则

$$\Delta S_1 = \int \frac{\mathrm{d}Q}{T} = \int_{T_1}^{T_2} \nu \frac{C_{V,\mathrm{m}}\mathrm{d}T}{T} = \nu C_{V,\mathrm{m}} \ln \frac{T_2}{T_1}$$

第二步：等温膨胀，由 (T_2, V_1) 变化到末态 (T_2, V_2)

$$\Delta S_2 = \int \frac{\mathrm{d}Q}{T} = \frac{1}{T_2}\int \mathrm{d}Q = \frac{1}{T_2}\nu R T_2 \ln \frac{V_2}{V_1} = \nu R \ln \frac{V_2}{V_1}$$

$$\Delta S_{\mathrm{I}} = \Delta S_1 + \Delta S_2 = \nu C_{V,\mathrm{m}} \ln \frac{T_2}{T_1} + \nu R \ln \frac{V_2}{V_1}$$

解法二 设可逆过程 Ⅱ，分为两步.

第一步：等温膨胀，由初态 (T_1, V_1) 变化到 (T_1, V_2)

$$\Delta S_1 = \int \frac{\mathrm{d}Q}{T} = \frac{1}{T_1}\int \mathrm{d}Q = \frac{1}{T_1}\nu R T_1 \ln \frac{V_2}{V_1} = \nu R \ln \frac{V_2}{V_1}$$

第二步：等体升温，由 (T_1, V_2) 变化到末态 (T_2, V_2)

$$\Delta S_2 = \int \frac{\mathrm{d}Q}{T} = \int_{T_1}^{T_2} \nu \frac{C_{V,\mathrm{m}}\mathrm{d}T}{T} = \nu C_{V,\mathrm{m}} \ln \frac{T_2}{T_1}$$

$$\Delta S_{\mathrm{II}} = \nu R \ln \frac{V_2}{V_1} + \nu C_{V,\mathrm{m}} \ln \frac{T_2}{T_1}$$

文档：热寂说的提出

很明显 $\Delta S_{\mathrm{I}} = \Delta S_{\mathrm{II}}$，说明计算熵变时，可以选取任一可逆过程，得到的结果都是一样的.

习题

第九章参考答案

9-1 1 mol 单原子分子理想气体从 300 K 加热至 350 K，求下面两过程中吸收的热量、内能的增量以及气体对外做功. (1) 体积保持不变；(2) 压强保持不变.

9-2 4 mol 的理想气体在 300 K 时，从 4 L 等温压缩到 1 L，求气体做的功和吸收的热量.

9-3 2 kg 的氧气(视为理想气体)，其温度由 300 K 升高到 400 K. 若温度升高是在下列三种不同情况下发生的，求其内能的增量.

(1) 体积不变；(2) 压强不变；(3) 绝热.

9-4 1 mol 理想气体经历如图三个过程. 1→2 是等压过程，2→3 是等体过程，

3→1 是等温过程. 试分别讨论这三个过程中外界传给气体的热量 Q、气
的功 A、气体内能的增量 ΔE 是大于 0,等于 0 还是小于 0?

9-5 一定量的单原子分子理想气体,从初态 A 出发,沿图示直线过程变到另一状态 B,又经过等容、等压两过程回到状态 A. (1) 求 $A\to B$, $B\to C$, $C\to A$ 各过程中系统对外所做的功 A,内能的增量 ΔE 以及所吸收的热量 Q. (2) 整个循环过程中系统对外所做的总功以及从外界吸收的总热量(各过程吸热的代数和).

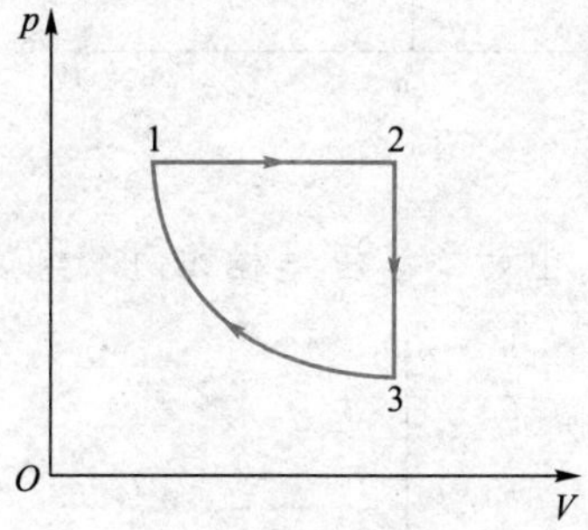

习题 9-4 图

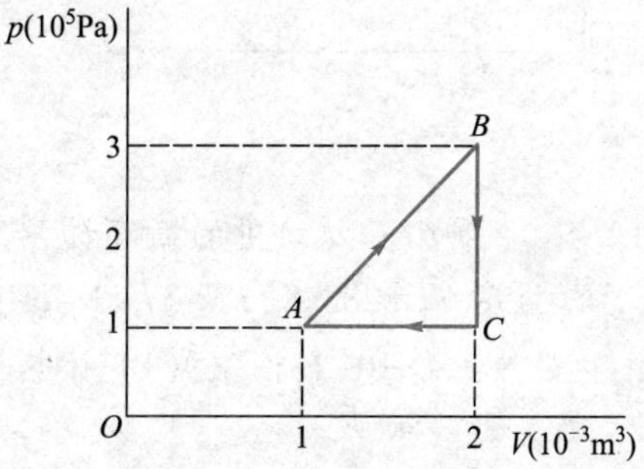

习题 9-5 图

9-6 一定质量的理想气体($\gamma=1.40$),在等压情况下加热使其体积增大为原体积的 n 倍. 试求气体对外做功与内能增量之比 $\dfrac{A}{\Delta E}$.

9-7 为了测定某种理想气体的摩尔热容比 γ,可用一根通有电流的铂丝分别对气体在等体条件和等压条件下加热,设每次通电的电流大小和时间均相同. 若气体初始温度、压强、体积分别为 T_0, p_0, V_0,第一次通电保持体积不变,压强和温度变为 p_1, T_1;第二次通电保持压强 p_0 不变,温度和体积变为 T_2, V_2. 试证明

$$\gamma=\frac{C_{p,\mathrm{m}}}{C_{V,\mathrm{m}}}=\frac{(p_1-p_0)V_0}{(V_2-V_0)p_0}$$

9-8 汽缸内有单原子分子理想气体,若绝热压缩使体积减半,试问气体分子的平均速率变为原来速率的几倍? 若为双原子理想气体,又为几倍?

9-9 一定量的双原子分子理想气体,其体积和压强按 $pV^2=a$ 的规律变化,其中 a 为已知常量. 当气体从体积 V_1 膨胀到 V_2,试求:(1) 在膨胀过程中气体所做的功;(2) 内能变化;(3) 吸收的热量.

9-10 设有一以理想气体为工作物质的热机循环,如图所示,试证明其效率为

$$\eta=1-\gamma\frac{\left(\dfrac{V_1}{V_2}\right)-1}{\left(\dfrac{p_1}{p_2}\right)-1}$$

9-11 1 mol 单原子分子理想气体经历如图所示的循环过程,其中 ab 为等温线,bc 为等压线,ca 为等体线,求循环效率.

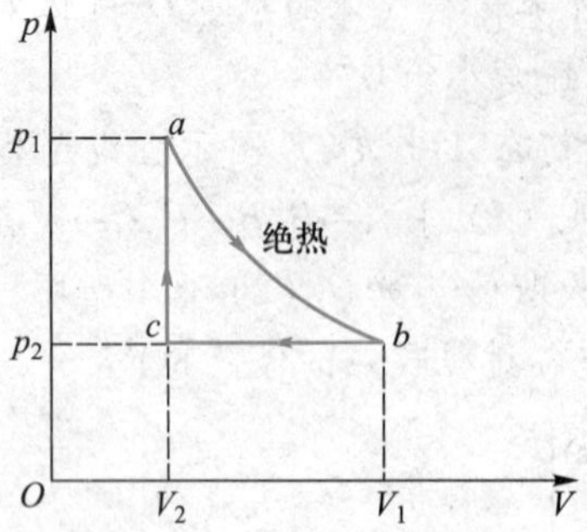

习题 9-10 图

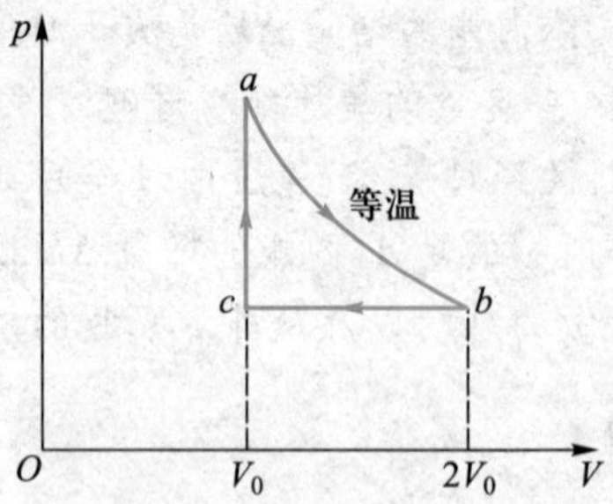

习题 9-11 图

9-12　有一种喷气发动机的循环如图所示，由两个等压过程和两个绝热过程组成，若已知温度 $T_1=283$ K，$T_2=373$ K，设系统从汽油燃烧中共吸热 1.4×10^9 J，试求：(1) 该热机的循环效率；(2) 对外做的总功.

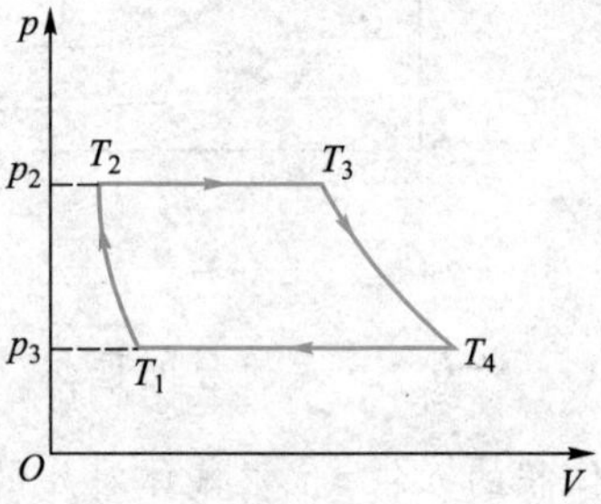

习题 9-12 图

9-13　一卡诺热机在温度为 27 ℃及 127 ℃两个热源之间工作.(1) 若在正循环中热机从高温热源吸收热量3 000 J，问该机向低温热源放出多少热量？对外做功多少？(2) 若使热机反向运转而进行制冷机工作，当从低温热源吸热 3 000 J 时，将向高温热源放出多少热量？外界做功多少？

***9-14**　用一块隔板把两个容器隔开，两个容器内分别盛有不同种类的理想气体，温度为室温 T，压强为 p，一容器的体积为 V_1，另一个容器的体积为 V_2，求当把隔板抽去，两种气体均匀混合后的熵变. 设两种气体混合不发生化学变化.

第十章

振动和波动

振动和波动是物质运动的极其普遍而且重要的形式. 广义地说,描述物体运动的物理量在某一数值附近往复变化,称为振动. 例如位置、电荷、电流、电场强度、磁感应强度、温度等,都可能在某个数值附近振动. 振动状态的传播过程称为波动,简称波. 机械振动在介质中的传播,称为机械波,如绳子上的波、空气中的声波和水面波等;变化电场和变化磁场在空间的传播,称为电磁波,如无线电波、光波及 X 射线等. 虽然各类波的本质不同,各有其特殊的性质和规律,但它们都具有波动的共同特征,如都具有一定的传播速度,都伴随着能量的传播,都能产生反射、折射和衍射等现象,而且有类似的数学表述形式.

本章在研究简谐振动的特征和规律的基础上,重点讨论机械波和电磁波的特性及规律.

10-1 简谐振动

简谐振动是最简单、最基本的振动,实际碰到的振动都是比较复杂的,但是,任何复杂的振动都可以看做是许多简谐振动的合成. 因此,研究简谐振动是研究一切复杂振动的基础.

一、简谐振动的特征

如图 10-1 所示,在一光滑的水平面上,放置一轻质弹簧,弹簧的一端固定,另一端连一质量为 m 的物体,这种系统称为弹簧振子. 由于弹簧的质量远小于物体的质量,因此,弹簧的质量可以忽略不计. 显然,弹簧振子是一理想模型. 当物体在位置 O 时,弹簧是原长,即未伸长也未缩短,如图 10-1(a)所示,此时物体在水平方向不受力,在竖直方向所受的重力和支持力互相平衡,即物体在位置 O 时,所受的合外力为零. 位置 O 称为平衡位置. 若将物体向右移至位置 B,弹簧被拉长. 若忽略空气阻力,这时物体受到方向指向平衡位置 O 的弹性力 $\boldsymbol{F}$ 的作用,如图 10-1(b)所示. 将物体释放后,物体就在弹性力 $\boldsymbol{F}$ 的作用下在位置 O 左右往复运动.

演示实验:弹簧振子的振动

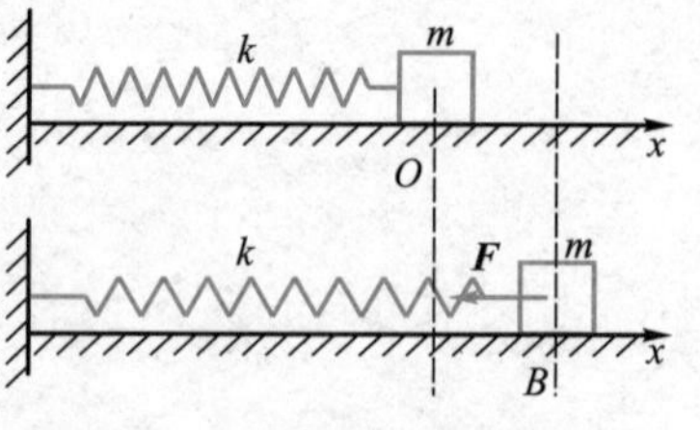

图 10-1

为了描述物体的这种运动,取物体的平衡位置 O 为坐标原点,水平向右为 Ox 轴正方向,当物体位移为 x 时,按照胡克定律,物体所受的弹性力为

$$F=-kx \tag{10-1}$$

式中比例常量 k 为弹簧的劲度系数,它由弹簧本身的性质所决定. 负号表示力与位

移方向相反,此力总是指向平衡位置,称为回复力. 根据牛顿第二定律,物体在弹性力的作用下获得的加速度

$$a=\frac{F}{m}=-\frac{k}{m}x \tag{10-2}$$

对于一个给定的弹簧振子 k 与 m 都是常量,而且都是正值,所以它们的比值可用另一个常量 ω 的平方表示,即

$$\frac{k}{m}=\omega^2 \tag{10-3}$$

把上式代入式(10-2),有

$$a=-\omega^2 x \tag{10-4}$$

上式说明,物体的加速度 a 与位移 x 成正比,与回复力方向相反,由于加速度$a=\frac{\mathrm{d}^2x}{\mathrm{d}t^2}$,故式(10-4)可改写成

$$\frac{\mathrm{d}^2x}{\mathrm{d}t^2}=-\omega^2 x \tag{10-5a}$$

或

$$\frac{\mathrm{d}^2x}{\mathrm{d}t^2}+\omega^2 x=0 \tag{10-5b}$$

它的解是

$$x=A\cos(\omega t+\varphi) \tag{10-6}$$

式中 A 和 φ 是积分常量,由式(10-6)可知,物体的位移是时间的余弦函数,通常将具有这种函数形式的运动称为简谐振动的运动学方程,简称振动方程.

由于

$$\cos(\omega t+\varphi)=\sin\left(\omega t+\varphi+\frac{\pi}{2}\right)$$

令

$$\varphi'=\varphi+\frac{\pi}{2}$$

则(10-6)式亦可写成

$$x=A\sin(\omega t+\varphi')$$

可见简谐振动的运动规律也可用正弦函数形式表示,本章统一用余弦函数形式表示.

以时间为横坐标,位移为纵坐标,可绘出 $x-t$ 曲线,如图 10-2 所示(曲线是假定 $\varphi=0$ 而绘出的). 通常把表示 $x-t$ 关系的曲线称为振动曲线.

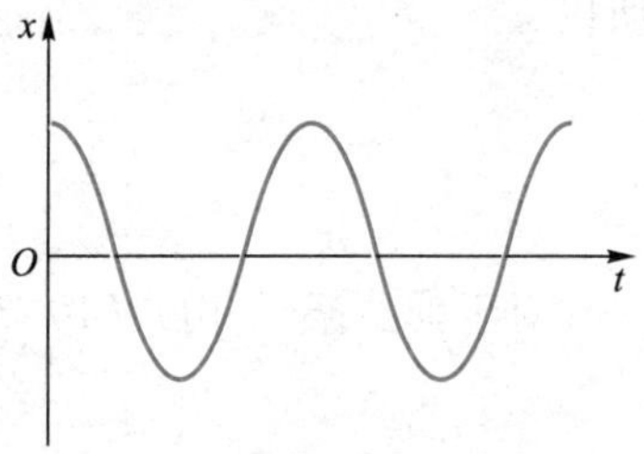

图 10-2

一般说来,只要某个物理量的变化满足式(10-4)至式(10-6)中任何一式,这个物理量就是在做简谐振动. 在实际问题中常常是根据式(10-1)来进行判断.

将式(10-6)对时间分别求一阶、二阶导数,可得简谐振动物体的速度和加速度

$$v=\frac{dx}{dt}=-\omega A\sin(\omega t+\varphi)=-v_m\sin(\omega t+\varphi) \tag{10-7}$$

$$a=\frac{d^2x}{dt^2}=-\omega^2A\cos(\omega t+\varphi)=-a_m\cos(\omega t+\varphi) \tag{10-8}$$

式中 v_m 为速度幅值,$v_m=A\omega$;a_m 为加速度幅值,$a_m=A\omega^2$.

由式(10-6)和式(10-7)可解出

$$v=\pm\omega\sqrt{A^2-x^2} \tag{10-9}$$

上式表明,物体位于平衡位置($x=0$)时,速度有极大值 $v_{max}=\pm\omega A$,物体位于平衡位置的位移最大($x=\pm A$)时,速度有极小值 $v_{min}=0$.

二、描述简谐运动的物理量

现在我们来说明简谐振动方程 $x=A\cos(\omega t+\varphi)$ 中各量的物理意义.

1. 坐标与振幅

式中 x 称为简谐振动物体的坐标,由于坐标原点选在平衡位置,所以,用它表示做简谐振动物体在任一时刻离开平衡位置的位移.

由于 $|\cos(\omega t+\varphi)|\leqslant1$,所以 $|x|\leqslant A$,即位移 x 的绝对值最大为 A,我们把做简谐振动的物体离开平衡位置的最大位移 A,叫做振幅. 它给出了物体的运动范围(在+A 和-A 之间).

在国际单位制中,坐标和振幅的单位均为 m(米).

2. 周期与频率

我们把物体做一次完全振动所需要的时间叫做振动的周期,用 T 表示,例如,物体从正的最大位移处出发,经过平衡位置达到负的最大位移处,然后再经过平衡位置回到正最大位移处,这一过程所需要的时间就是一个周期. 按照周期的定义,物体经过一个周期时将回到原来的状态,所以物体在任意时刻 t 的位置和速度应与物体在时刻 $t+T$ 的位置和速度完全相同. 所以有

$$x=A\cos(\omega t+\varphi)=A\cos[\omega(t+T)+\varphi]$$

而余弦函数是以 2π 为周期的,即

$$\cos(\omega t+\varphi)=\cos(\omega t+\varphi+2\pi)$$

对比以上两式可得

$$\omega T=2\pi$$

所以

$$T=\frac{2\pi}{\omega} \tag{10-10}$$

对于弹簧振子,由式(10-3)有 $\omega=\sqrt{\frac{k}{m}}$,所以弹簧振子的周期为

$$T=2\pi\sqrt{\frac{m}{k}} \tag{10-11}$$

与周期密切相关的另一个物理量是频率,即单位时间内物体所做的完全振动的次数,用 ν 表示. 显然,频率等于周期的倒数

$$\nu=\frac{1}{T}=\frac{\omega}{2\pi} \tag{10-12}$$

有

$$\omega=2\pi\nu$$

所以 ω 表示物体在 2π s 时间内所做的完全振动的次数,叫做角频率.

在国际单位制中,周期的单位为 s(秒),频率的单位为 Hz(赫[兹]),角频率的单位为 rad/s.

弹簧振子的频率为

$$\nu=\frac{1}{2\pi}\sqrt{\frac{k}{m}} \tag{10-13}$$

由式(10-11)和式(10-13)可知,弹簧振子的周期和频率是由表征弹簧振子性质的物理量——质量 m 和劲度系数 k 所决定的,所以周期和频率只与振动系统本身的性质有关. 这种由振动系统本身的性质所决定的周期和频率叫做固有周期和固有频率.

3. 相位与初相

由简谐振动的位移和速度公式(10-6)和式(10-7)可以看出,当振幅 A 与角频率 ω 一定时,振动的位移和速度都决定于物理量$(\omega t+\varphi)$,量$(\omega t+\varphi)$叫做振动的相位. 所以当物体以一定的振幅和角频率做简谐振动时,相位不仅决定振动物体在任意时刻的位移,也决定振动物体在该时刻的速度. 因此,相位是决定简谐振动物体运动状态的物理量. 例如,图 10-1 中的弹簧振子做简谐振动时,当相位 $\omega t+\varphi=\frac{\pi}{2}$ 时,$x=0, v=-\omega A$,即物体在平衡位置处,以速度 ωA 向左运动;当相位$\omega t+\varphi=3\pi/2$ 时,$x=0, v=\omega A$,物体也是在平衡位置,但以速度 ωA 向右运动. 可见,不同的相位反映了不同的运动状态.

常量 φ 是当 $t=0$ 时的相位,叫做初相,它确定了振动系统在初始时刻的运动状态,即当 $t=0$ 时,物体处于何处,下一步将向何处去.

相位的概念在比较两个同频率的简谐振动的"步调"时特别有用. 设有两个频率相同的简谐振动,它们的振动方程为

$$x_1=A_1\cos(\omega t+\varphi_1), \quad x_2=A_2\cos(\omega t+\varphi_2)$$

则它们的相位差为

$$\Delta\varphi=(\omega t+\varphi_2)-(\omega t+\varphi_1)=\varphi_2-\varphi_1$$

可见,它们在任意时刻的相位差都等于其初相之差,而与时间无关. 当 $\Delta\varphi=0$(或者 2π 的整数倍)时,则称两振动同相,表明此时它们的振动状态相同;当$\Delta\varphi=\pi$(或者 π 的奇数倍)时,则称两振动反相,表明此时它们的振动状态相反;当 $\Delta\varphi>0$ 时,则称 φ_2 超前于 φ_1 或者说 φ_1 滞后于 φ_2.

振幅 A 和初相 φ 都决定于初始时刻物体的运动状态,即 $t=0$ 时,振动物体的位

移 x_0 和速度 v_0. 把 $t=0$ 代入式(10-6)和式(10-7)则有

$$\begin{aligned} x_0 &= A\cos\varphi \\ v_0 &= -\omega A\sin\varphi \end{aligned} \tag{10-14}$$

初相 φ 可根据式(10-14)按如下决定:先由 $\cos\varphi=\dfrac{x_0}{A}$可决定 φ 的两个可能值,再由 $\sin\varphi=\dfrac{-v_0}{\omega A}$的正负号决定 φ 的值.

将式(10-14)两边平方后相加,即可得到振幅

$$A=\sqrt{x_0^2+(v_0/\omega)^2} \tag{10-15}$$

式中 x_0 和 v_0 叫做初始条件. 上述结果说明,简谐振动的振幅和初相是由初始条件决定的.

以上分析表明,在描述简谐振动的三个物理量 A、ω、φ 求出后,简谐振动方程就被完全确定. 所以,通常将 A、ω、φ 称为描述简谐振动的三要素.

例 10-1 如图 10-3 所示,弹簧上端固定,下端挂一物体后,弹簧伸长了 $b=0.01$ m,若手持物体使弹簧缩回原长,然后放手,则物体会上下振动. (1) 证明物体的振动是简谐振动;(2) 求出简谐振动方程.

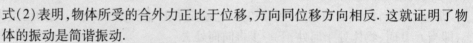

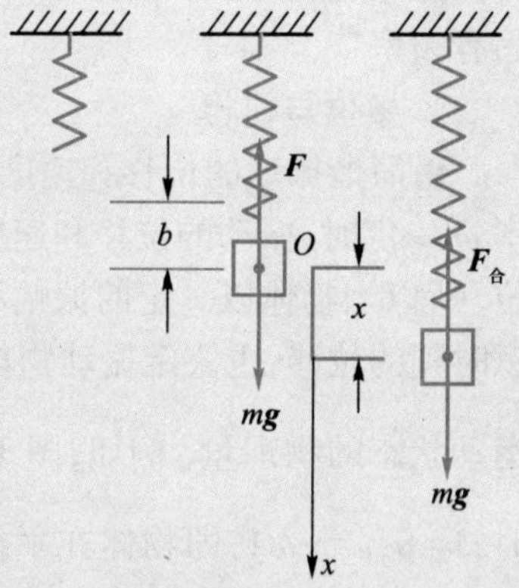

图 10-3

解 (1) 物体在任意位置所受的力有两个:重力 $m\boldsymbol{g}$ 和弹性力 $\boldsymbol{F}$. 若选取图中所示的 Ox 坐标,坐标原点选在平衡位置 O,则物体位移为 x 时所受的合外力为

$$F_{合}=mg-F=mg-k(b+x) \tag{1}$$

物体在平衡位置时的重力等于弹性力,即 $mg=kb$,将它代入式(1)得

$$F_{合}=-kx \tag{2}$$

式(2)表明,物体所受的合外力正比于位移,方向同位移方向相反. 这就证明了物体的振动是简谐振动.

(2) 设物体做简谐振动的振动方程为

$$x=A\cos(\omega t+\varphi)$$

只需要求出方程中的 ω, A, φ 即可,又因 $mg=kb$,即 $k=\dfrac{mg}{b}$,将它代入 $\omega=\sqrt{\dfrac{k}{m}}$,得

$$\omega=\sqrt{\frac{g}{b}}=\sqrt{\frac{9.8}{0.01}}\ \text{rad/s}=31.3\ \text{rad/s}$$

振幅和初相可由初始条件求出. 由题意,初始条件为 $x_0=-b=-0.01$ m,$v_0=0$,故

$$A=\sqrt{x_0^2+\frac{v_0^2}{\omega^2}}=\sqrt{(-0.01)^2}\ \text{m}=0.01\ \text{m}$$

$$\cos\varphi=\frac{x_0}{A}=\frac{-0.01}{0.01}=-1$$

则

$$\varphi=\pi$$

所以物体的振动方程为

$$x=0.01\cos(31.3t+\pi)$$

式中 x 以 m 计，t 以 s 计.

若本题选取 x 轴正方向向上，则 $x_0=b=0.01$ m，可求得 $\varphi=0$. 可见初相 φ 的确定还与坐标轴所选取的方向有关.

例 10-2 由一个电容器与一个自感线圈串联组成的电路称为 LC 振荡电路，如图 10-4 所示. 如果电路中没有任何能量损耗，则电路中电荷 q 和电流 i 的周期性变化，称为无阻尼自由振荡. 试证明：无阻尼自由振荡时，q 与 i 随时间的变化规律符合简谐振动规律.

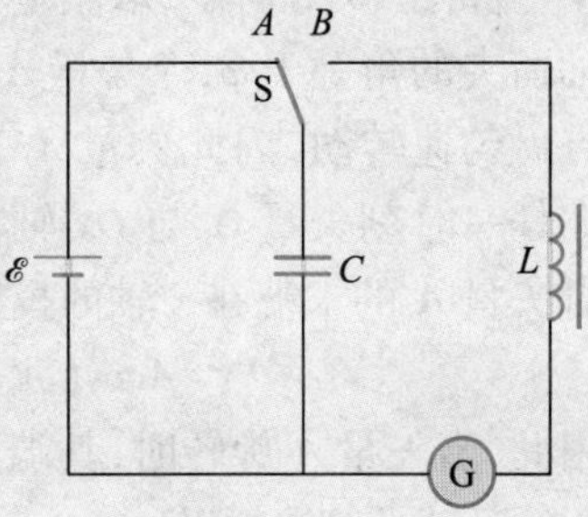

图 10-4

证明 理想的 LC 电路如图所示. 将开关 S 倒向 A 点，使电源给电容器充电，然后将 S 倒向 B 接通 LC 电路，此后电流计 G 将会指示电流 i 的大小，方向交替变化的情况.

在无阻尼情况下，任一时刻的自感电动势 $-L\frac{di}{dt}$ 应和电容器两极板之间的电势差 q/C 相等，即

$$-L\frac{di}{dt}=\frac{q}{C} \tag{1}$$

考虑到 $\frac{di}{dt}=\frac{d^2q}{dt^2}$，则式(1)为

$$-L\frac{d^2q}{dt^2}-\frac{q}{C}=0$$

$$\frac{d^2q}{dt^2}+\frac{1}{LC}q=0$$

令 $\omega^2=\frac{1}{LC}$，则有

$$\frac{d^2q}{dt^2}=-\omega^2q \tag{2}$$

其解为

$$q=Q\cos(\omega t+\varphi) \tag{3}$$

式中 Q 为电荷的最大值，则电流 i 的表达式为

$$i=\frac{\mathrm{d}q}{\mathrm{d}t}=-\omega Q\sin(\omega t+\varphi) \tag{4}$$

式(2)至式(4)表明:q 和 i 的变化规律符合简谐振动规律,且它们的振荡具有相同的角频率即

$$\omega=\frac{1}{\sqrt{LC}} \tag{5}$$

三、简谐振动的旋转矢量法

在研究简谐振动时,常采用旋转矢量法,这种方法不仅有助于形象地了解振幅、初相、角频率等物理量的意义,而且为研究振动的合成提供了最简便的方法.

如图 10-5 所示,取一坐标轴 Ox,由原点 O 作一矢量 $\boldsymbol{A}$,当 $t=0$ 时,矢量 $\boldsymbol{A}$ 与 Ox 轴所夹的角等于 φ,令矢量 $\boldsymbol{A}$ 以大小等于 ω 的角速度在平面上沿逆时针方向绕 O 点做匀速转动(因此矢量 $\boldsymbol{A}$ 又称为旋转矢量),则在任一时刻矢量 $\boldsymbol{A}$ 与 Ox 轴的夹角为$(\omega t+\varphi)$. 这时矢量 $\boldsymbol{A}$ 的末端在 x 轴的投影点

$$x=A\cos(\omega t+\varphi)$$

因此,当矢量 $\boldsymbol{A}$ 旋转时,其端点在 x 轴上的投影点 P 的运动是简谐振动.

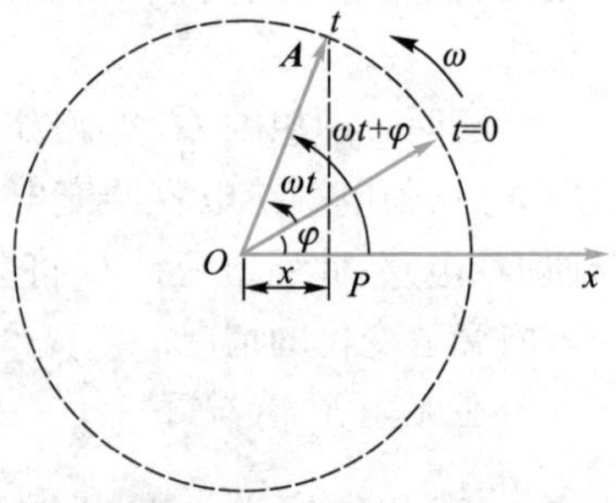

图 10-5

由此可见,用旋转矢量法表示简谐振动可把简谐振动的三个物理量振幅、初相、角频率非常直观地表示出来. 原点 O 对应于简谐振动平衡位置,矢量 $\boldsymbol{A}$ 的长度对应于简谐振动的振幅,矢量 $\boldsymbol{A}$ 的旋转角速度对应于简谐振动的角频率,矢量 $\boldsymbol{A}$ 与 x 轴的夹角对应于简谐振动的相位,而 $t=0$ 时刻的矢量 $\boldsymbol{A}$ 与 x 轴的夹角对应于简谐振动的初相.

必须注意,旋转矢量是研究简谐振动的一种手段,旋转矢量本身的运动并不是简谐振动,旋转矢量端点本身的运动也不是简谐振动(而是做逆时针的圆周运动). 旋转矢量端点在 Ox 轴上的投影 P 点的运动才是简谐振动.

利用旋转矢量法不仅可以模拟简谐振动,而且可以方便地确定振动物体的运动趋势,例如:若 $0<\varphi<\frac{\pi}{2}$,振动物体将趋于平衡位置沿 x 轴负方向运动;若$\frac{\pi}{2}<\varphi<\pi$,振动物体将离开平衡位置沿 x 轴负方向运动;若 $\pi<\varphi<\frac{3\pi}{2}$,振动物体将趋于平衡位置沿 x 轴正方向运动;若$\frac{3\pi}{2}<\varphi<2\pi$ 振动物体将离开平衡位置沿 x 轴正方向运动.

同理,根据相位$(\omega t+\varphi)$可确定振动物体在任意时刻 t 的运动趋势.

例 10-3 一物体沿 x 轴做简谐振动,振幅为 0.12 m,周期为 2 s. $t=0$ 时,位移为0.06 m,且向 x 轴正向运动. (1) 求物体的振动方程;(2) 设 t_1 时刻物体第

一次运动到 $x=-0.06$ m 处，试求物体从 t_1 时刻运动到平衡位置所用的最短时间.

解 (1) 设物体的振动方程为

$$x=A\cos(\omega t+\varphi)$$

由题意知 $A=0.12$ m，$\omega=\frac{2\pi}{T}=\frac{2\pi}{2}$ rad/s $=\pi$ rad/s，

解法一 用数学公式.

$$x_0=A\cos\varphi$$

因为 $$A=0.12\ \text{m},\quad x_0=0.06\ \text{m}$$

所以 $$\cos\varphi=\frac{1}{2}$$

即 $$\varphi=\pm\frac{\pi}{3}$$

又因为向 x 轴正向运动，有 $v_0=-A\omega\sin\varphi>0$

所以 $$\varphi=-\frac{\pi}{3}$$

故物体的振动方程为

$$x=0.12\cos\left(\pi t-\frac{\pi}{3}\right)$$

式中 x 以 m 计，t 以 s 计.

解法二 用旋转矢量法.

根据题意，选逆时针方向为正. 在 1/2 最大位移处，且沿 x 轴正向运动，如图 10-6(a)所示. 由图可知

$$\varphi=-\frac{\pi}{3}$$

故物体的振动方程为 $$x=0.12\cos\left(\pi t-\frac{\pi}{3}\right)$$

式中 x 以 m 计，t 以 s 计.

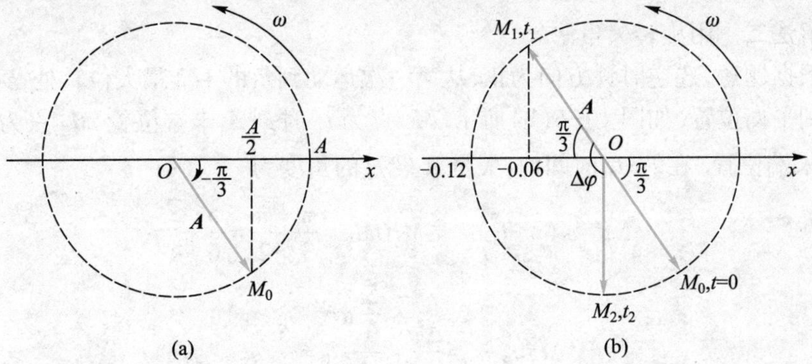

图 10-6

(2) 设所用的最短时间为 Δt.

解法一 用数学公式.

由题意有
$$-0.06=0.12\cos\left(\pi t_1-\frac{\pi}{3}\right)$$
求解上式得
$$\pi t_1-\frac{\pi}{3}=\frac{2}{3}\pi \quad 或 \quad \pi t_1-\frac{\pi}{3}=\frac{4}{3}\pi$$
第一次到达 $x=-0.06$ m 处时，其运动方向沿 x 轴负方向，故
$$v_1=-A\omega\sin\left(\pi t_1-\frac{\pi}{3}\right)<0$$
所以
$$\pi t_1-\frac{\pi}{3}=\frac{2}{3}\pi$$
即
$$t_1=1\ \text{s}$$
设 t_2 时刻物体从 t_1 时刻运动后首次到达平衡位置，有
$$0=0.12\cos\left(\pi t_2-\frac{\pi}{3}\right)$$
求解上式得
$$\pi t_2-\frac{\pi}{3}=\frac{\pi}{2} \quad 或 \quad \pi t_2-\frac{\pi}{3}=\frac{3}{2}\pi$$
从 $x=-0.06$ m 处到平衡位置时，其运动方向沿 x 轴正方向，故
$$v_2=-A\omega\sin\left(\pi t_2-\frac{\pi}{3}\right)>0$$
所以
$$\pi t_2-\frac{\pi}{3}=\frac{3\pi}{2}$$
即
$$t_2=\frac{11}{6}\ \text{s}$$
$$\Delta t=t_2-t_1=\left(\frac{11}{6}-1\right)\text{s}=\frac{5}{6}\ \text{s}$$

解法二 用旋转矢量法.

根据题意，选逆时针方向为正，从第一次运动到负的 1/2 最大位移处，到第一次回到平衡位置，如图 10-6(b)所示. M_1 点为 t_1 时刻 $\boldsymbol{A}$ 末端位置，M_2 点为 t_2 时刻 $\boldsymbol{A}$ 末端位置. 在 t_2-t_1 时间内，矢量 $\boldsymbol{A}$ 转过的角度为
$$\Delta\varphi=\omega(t_2-t_1)=\angle M_1OM_2=\frac{\pi}{3}+\frac{\pi}{2}=\frac{5}{6}\pi$$
$$\Delta t=t_2-t_1=\frac{\Delta\varphi}{\omega}=\frac{\frac{5}{6}\pi}{\pi}\ \text{s}=\frac{5}{6}\ \text{s}$$
从上述例题可见，用旋转矢量法分析简谐振动既直观又简便.

四、简谐振动的能量

现仍以弹簧振子为例讨论简谐振动的能量. 设某时刻 t,物体的振动速度为 v,则物体的动能为

$$E_k=\frac{1}{2}mv^2=\frac{1}{2}mA^2\omega^2\sin^2(\omega t+\varphi) \tag{10-16}$$

若此时物体位移为 x,则系统的弹性势能为

$$E_p=\frac{1}{2}kx^2=\frac{1}{2}kA^2\cos^2(\omega t+\varphi) \tag{10-17}$$

式(10-16)和式(10-17)表明,简谐振动物体势能和动能都随时间周期性变化. 图 10-7 表示初相 $\varphi=0$ 时动能和势能随时间变化的曲线,显然,动能最大时,势能最小,而动能最小时,势能最大. 简谐振动的过程正是动能和势能相互转化的过程.

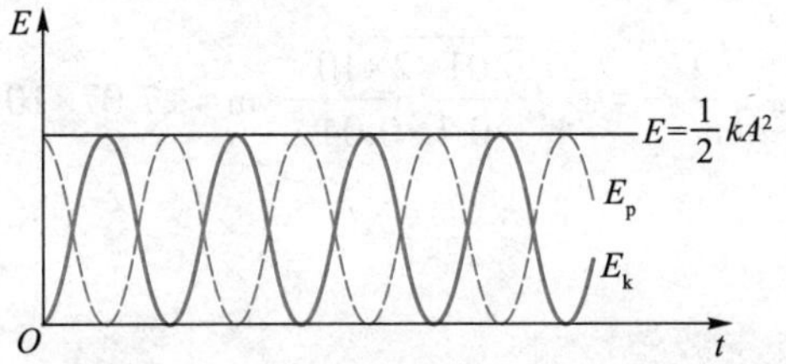

图 10-7

将式(10-16)和式(10-17)相加,即得简谐振动的总能量为

$$E=E_k+E_p=\frac{1}{2}mA^2\omega^2\sin^2(\omega t+\varphi)+\frac{1}{2}kA^2\cos^2(\omega t+\varphi)$$

因为 $\omega^2=\frac{k}{m}$,$v_m=\omega A$,所以

$$E=\frac{1}{2}kA^2=\frac{1}{2}m\omega^2A^2=\frac{1}{2}mv_m^2 \tag{10-18}$$

上式表明,尽管在简谐振动中弹簧振子的动能和势能都随时间作周期性变化,但总能量是恒定不变的. 这一结论与机械能守恒定律完全一致,这种能量保持不变的振动也称为无阻尼振动.

例 10-4 质量 0.1 kg 的物体以 0.01 m 的振幅做简谐振动,最大加速度为 0.04 m/s^2,求:(1) 振动的周期;(2) 总能量;(3) 物体在何处时,其动能和势能相等.

解 (1) 简谐振动时物体的加速度 $a=-\omega^2A\cos(\omega t+\varphi)$,所以有

$$a_m=\omega^2A,\quad \omega=\sqrt{\frac{a_m}{A}}$$

得

$$T=\frac{2\pi}{\omega}=2\pi\sqrt{\frac{A}{a_m}}=2\times3.14\times\sqrt{\frac{0.01}{0.04}}\ \text{s}=3.14\ \text{s}$$

（2）总能量

$$E=\frac{1}{2}m\omega^2A^2=\frac{1}{2}ma_mA=\frac{1}{2}\times0.1\times0.04\times0.01\ \text{J}=2\times10^{-5}\ \text{J}$$

（3）设物体在位移大小为 x 时动能和势能相等，则由 $E_p=\frac{1}{2}E$ 和 $E_p=\frac{1}{2}kx^2$ 可得

$$x=\pm\sqrt{\frac{E}{k}}$$

根据
$$k=m\omega^2=m\frac{a_m}{A}$$

可得
$$x=\pm\sqrt{\frac{AE}{ma_m}}=\pm\sqrt{\frac{0.01\times2\times10^{-5}}{0.1\times0.04}}\ \text{m}=\pm7.07\times10^{-3}\ \text{m}$$

10-2 简谐振动的合成

在实际问题中，常会遇到一个质点同时参与几个振动的情况. 例如，当两个声波同时传到某一点时，该点处的空气质点就同时参与两个振动，这时质点所做的运动实际上是这两个振动的合成. 振动合成的基本知识在声学、光学、交流电工学及无线电技术等方面有着广泛的应用. 一般的振动合成问题比较复杂，下面着重介绍同方向简谐振动的合成.

一、两个同方向同频率简谐振动的合成

设一质点同时参与沿 x 轴上的两个同频率（即角频率相同）的简谐振动，振动方程分别为

$$x_1=A_1\cos(\omega t+\varphi_1),\quad x_2=A_2\cos(\omega t+\varphi_2)$$

因两个振动在同方向上进行，故质点的合振动也必然在同一方向上，合位移等于分位移的代数和，即

$$x=x_1+x_2=A_1\cos(\omega t+\varphi_1)+A_2\cos(\omega t+\varphi_2)$$

对于同方向简谐振动的合成，利用旋转矢量法可以更直观更简洁地得出相关结论. 如图 10-8 所示，对应两个分振动的旋转矢量分别为 $\boldsymbol{A}_1$ 和 $\boldsymbol{A}_2$，开始时它们和 Ox 轴的夹角分别为 φ_1 和 φ_2. 由矢量合成的平行四边形定则，可作出合矢量 $\boldsymbol{A}=\boldsymbol{A}_1+\boldsymbol{A}_2$. 由于 $\boldsymbol{A}_1$，$\boldsymbol{A}_2$ 以相同的角速

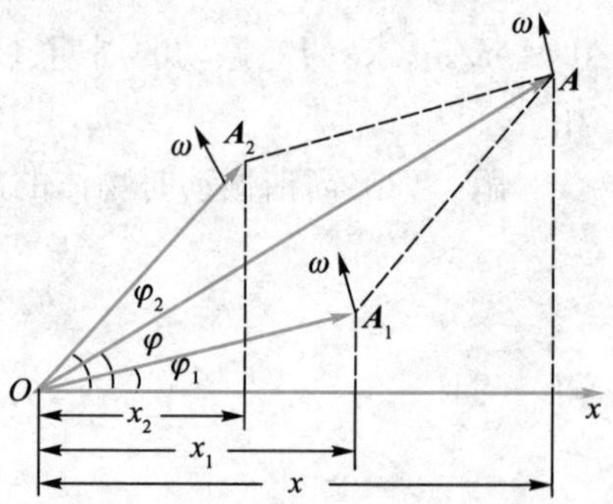

图 10-8

度 ω 绕 O 点做逆时针旋转，它们之间的夹角($\varphi_2-\varphi_1$)保持不变，所以合矢量 $\boldsymbol{A}$ 的大小也保持不变，并以相同的角速度 ω 绕 O 点做逆时针旋转. 从图 10-8 可以看出，任一时刻合矢量 $\boldsymbol{A}$ 在 Ox 轴上的投影 x，等于矢量 $\boldsymbol{A}_1$，$\boldsymbol{A}_2$ 在 Ox 轴上的投影 x_1 和 x_2 的代数和，即 $x=x_1+x_2$. 由图 10-8 可得合振动的位移

$$x=A\cos(\omega t+\varphi)$$

可见，合振动仍是一简谐振动，它的角频率与分振动的角频率相同，从图中由余弦定理和几何关系可求出合振动的振幅和初相分别为

$$A=\sqrt{A_1^2+A_2^2+2A_1A_2\cos(\varphi_2-\varphi_1)} \tag{10-19}$$

$$\varphi=\arctan\frac{A_1\sin\varphi_1+A_2\sin\varphi_2}{A_1\cos\varphi_1+A_2\cos\varphi_2} \tag{10-20}$$

从式(10-19)可以看出，合振动的振幅不仅与两分振动的振幅有关，而且还与它们的相位差($\varphi_2-\varphi_1$)有关. 下面我们讨论两种常见的特殊情况.

(1) 若相位差 $\varphi_2-\varphi_1=\pm 2k\pi$，($k=0,1,2,\cdots$)时

$$A=\sqrt{A_1^2+A_2^2+2A_1A_2}=A_1+A_2 \tag{10-21}$$

即当两分振动的相位相同或相位差为 π 的偶数倍时，合振动的振幅等于两分振动的振幅之和. 此时，合振幅最大，合成的结果使振动加强.

(2) 若位相差 $\varphi_2-\varphi_1=\pm(2k+1)\pi$，($k=0,1,2,\cdots$)时

$$A=\sqrt{A_1^2+A_2^2-2A_1A_2}=|A_1-A_2| \tag{10-22}$$

即当两分振动的相位相反或相位差为 π 的奇数倍时，合振动的振幅等于分振动的振幅之差的绝对值(振幅总是正的，故取绝对值)，此时，合振幅最小，合成的结果是使振动减弱. 特别地，当 $A_1=A_2$ 时，$A=0$，表明振动合成的结果使质点处于静止状态.

一般情况下，相位差($\varphi_2-\varphi_1$)可取任意值，此时合振动的振幅值就在 A_1+A_2 和 $|A_1-A_2|$之间.

二、两个同方向不同频率简谐振动的合成

如果两个简谐振动的振动方向相同而频率不同，那么它们的合振动虽然仍与原来的振动方向相同，但不再是简谐振动.

为了简化问题，设两简谐振动的振幅分别为 $A_1=A_2=A$，初相都为零，ω_1，ω_2 都较大(设$\omega_2>\omega_1$)，但相差很小，则在任意时刻，两个简谐振动的位移分别为

$$x_1=A\cos\omega_1 t$$

$$x_2=A\cos\omega_2 t$$

因为两个振动是同方向的，所以任意时刻合振动的位移等于上述两个分振动位移的代数和，即

$$x=x_1+x_2=A\cos\omega_1 t+A\cos\omega_2 t$$

下面我们利用旋转矢量来分析上述的合振动. 如图 10-9 所示，设两个简谐振动的旋转矢量分别为 $\boldsymbol{A}_1$ 和 $\boldsymbol{A}_2$，它们分别以不同的角速度 ω_1 和 ω_2 绕 O 点逆时针旋转，$\boldsymbol{A}_2$ 和 $\boldsymbol{A}_1$ 的夹角$\Delta\varphi=(\omega_2-\omega_1)t$ 随时间变化，这样以 $\boldsymbol{A}_1$ 和 $\boldsymbol{A}_2$ 为邻边构成的平行

四边形的形状随时间变化,合振动的旋转矢量 $\boldsymbol{A}$ 的大小也随时间变化. 在 $t=0$ 时,两分振动同相,$\boldsymbol{A}_1$ 和 $\boldsymbol{A}_2$ 重合,夹角 $\Delta\varphi=0$,合振动振幅 $A_{合}=2A$. 由于 $\boldsymbol{A}_2$ 转速大,$\boldsymbol{A}_1$ 转速小,$\boldsymbol{A}_2$ 逐渐超前 $\boldsymbol{A}_1$,它们的夹角 $\Delta\varphi$ 逐渐增大,设经历 Δt 时间,$\Delta\varphi$ 从 0 增大到 π,即 $(\omega_2-\omega_1)\Delta t=\pi$,此时两个分振动反相,合振动振幅为零. 再经历 Δt 时间,$\Delta\varphi$ 从 π 增大到 2π,此时两个分振动同相,合振动振幅 $A_{合}=2A$,以后上述过程将重复出现,图 10-10 画出了两个分振动和合振动的图形. 从图 10-10(c)中可以看出,合振动振幅随时间作周期性缓慢的变化. 这种两频率都较大而频率之差很小的同方向简谐振动合成时,产生合振动振幅时而加强,时而减弱的现象叫做拍.

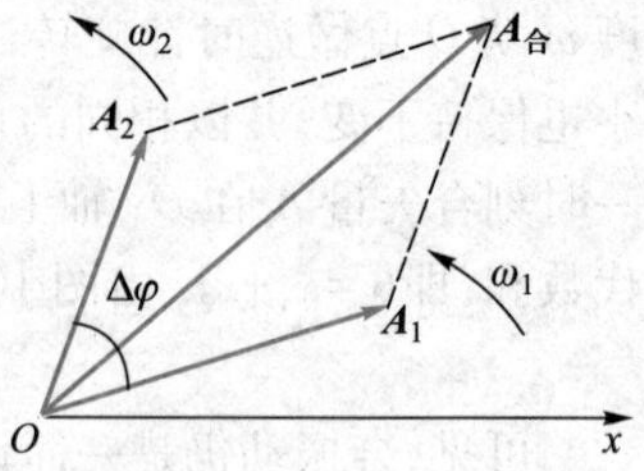

图 10-9

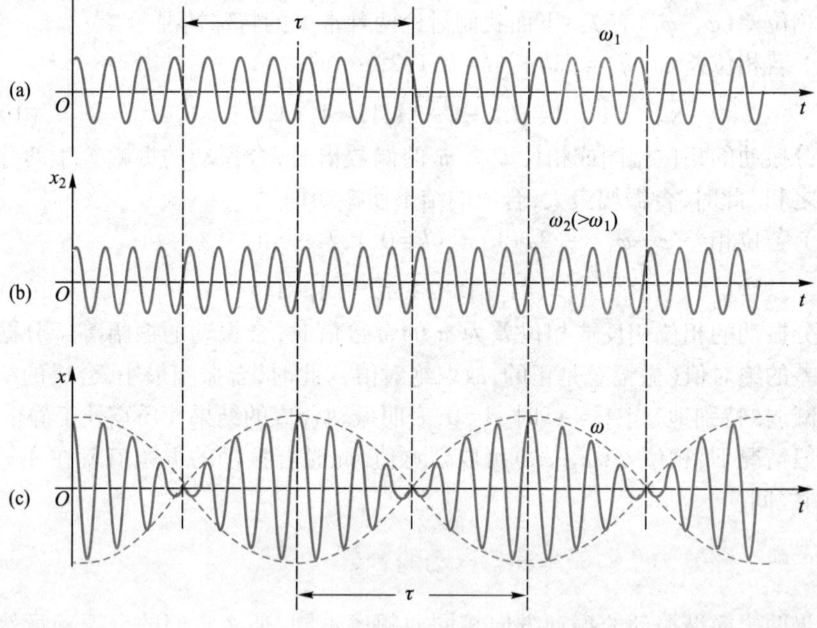

图 10-10

合振动振幅每变化一个周期(加强和减弱各一次)称为 1 拍,单位时间内出现的次数称为拍频. 由于合振动振幅变化的周期为 $\tau=2\Delta t=\dfrac{2\pi}{\omega_2-\omega_1}$,所以拍频为

$$\nu=\frac{1}{\tau}=\frac{\omega_2-\omega_1}{2\pi}=\nu_2-\nu_1 \tag{10-23}$$

上式表明,拍频等于两个分振动频率之差.

拍现象可以用下面的方法来显示:使两个频率相差很小的音叉同时振动,就会感觉到周期性的时强时弱的声音,这就是拍.

拍的现象在声学、光学以及无线电技术等领域中有广泛的应用. 例如,管乐器中的双簧管就是利用两个簧片振动频率的微小差别产生优美动听的拍音,超外差式无线电收音机就是利用收音机本身振荡系统的固有频率和所接收的电磁波频率产生拍频的原理. 此外,在汽车速度监视器、地面卫星跟踪、各种电子测量仪器中,也常常用到拍现象.

*三、阻尼振动与受迫振动

以上所讨论的简谐振动只是一种理想的无阻尼自由振动. 在实际振动中,例如由于摩擦阻力的存在,使得振动系统的能量不断减少,振动强度逐渐衰减,振幅越来越小,最终停止振动. 这种情况下的振动称为阻尼振动. 如果想维持阻尼振动的幅度不变,则外界需要不断对其补充能量,此时的振动称为受迫振动. 这时,当外界施加的周期性驱动力的频率与振动系统自身无阻尼振动的固有频率相同时,振动系统在振动时的振幅可达最大值,这种现象称为共振. 关于阻尼振动、受迫振动和共振的规律,此处不作讨论.

例 10-5 两个振动方向相同的简谐振动,其振动方程分别为

$$x_1 = 4\cos 3t$$

$$x_2 = 3\cos\left(3t+\frac{\pi}{2}\right)$$

式中 x 以 cm 计, t 以 s 计. (1) 求它们的合振动方程;(2) 另有一同方向的简谐振动 $x_3 = 2\cos(3t+\varphi_3)$, 问当初相 φ_3 为何值时, x_1+x_3 的振幅为最大值? 当 φ_3 为何值时, x_2+x_3 的振幅为最小值?

解 (1) 因 x_1 和 x_2 是两个振动方向相同,频率也相同的简谐振动,故其合振动也是简谐振动,合振动角频率与分振动的角频率相同,因此

$$x = x_1+x_2 = A\cos(3t+\varphi)$$

其中合振动的振幅为

$$A=\sqrt{A_1^2+A_2^2+2A_1A_2\cos(\varphi_2-\varphi_1)}=\sqrt{4^2+3^2+2\times4\times3\cos\frac{\pi}{2}}\ \text{cm}=5\ \text{cm}$$

合振动的初相为

$$\tan\varphi=\frac{A_1\sin\varphi_1+A_2\sin\varphi_2}{A_1\cos\varphi_1+A_2\cos\varphi_2}$$

$$\varphi=\arctan\frac{4\sin 0+3\sin\frac{\pi}{2}}{4\cos 0+3\cos\frac{\pi}{2}}=\arctan\frac{3}{4}=\frac{\pi}{5}$$

$$x=5\cos\left(3t+\frac{\pi}{5}\right)$$

(2) 当 $\varphi_3-\varphi_1=\pm 2k\pi\ (k=0,1,2,\cdots)$ 时, x_1 和 x_3 的合振动为最大. 由于 $\varphi_1=0$, 故 $\varphi_3=0$, 即 x_3 与 x_1 同向时,它们的合振动的振幅最大,为

$$A=A_1+A_3=(4+2)\ \text{cm}=6\ \text{cm}$$

同理,当 $\varphi_3-\varphi_2=\pm(2k+1)\pi,(k=0,1,2,\cdots)$ 时,x_2+x_3 的合振动振幅为最小.

由于 $\varphi_2=\frac{\pi}{2}$,故取 $\varphi_3=-\frac{\pi}{2}$.

合振动振幅最小值为 $A=|A_2-A_3|=|3-2|\text{cm}=1\text{ cm}$

10-3 机械波

一、机械波的产生

由无穷多个质点通过相互之间弹性力结合在一起的连续介质称为弹性介质. 弹性介质可以是固体、液体或气体. 当弹性介质中的一质点在其平衡位置附近振动时,由于介质间弹性力的作用而引起周围质点的振动,周围质点的振动又引起其邻近的外围质点的振动,这样,振动就以一定的速度由近及远地向各个方向传播出去形成机械波. 例如,将石子投入平静的水池中,投石处的水质点会发生振动,振动向四周水面传播出去就形成水面波;音叉振动时,引起周围空气的振动,该振动在空气中由近而远地传播出去形成声波. 由此可见,产生机械波必须具备两个条件:一是存在波源,即有做机械振动的物体;二是具有能够传播振动状态的弹性介质. 地上机器的振动、汽车的刹车、人们的谈话……都构成了波源,而空气则是传播声波的弹性介质. 因此,我们生活在充满音响的世界中. 由于月球上没有传播声波的弹性介质,因此,月球上是非常寂静的世界.

应当指出,波动只是振动状态的传播,介质中的各质点并不随波前进,各质点只在各自的平衡位置附近振动. 振动状态的传播速度称为波速,波速和质点的振动速度是两个不同的概念.

二、横波和纵波

波在传播时,如果质点的振动方向和波的传播方向垂直,这种波称为横波. 例如手握绳子一端上下振动可以看到绳子的这端先形成一个凸起(即波峰)的状态,然后又形成一个凹下(即波谷)的状态,凸凹起伏的状态沿着绳子传递出去,形成横波,如图 10-11(a)所示. 横波在传播时,一层介质相对另一层介质发生平移,即产生切变,只有固体发生切变时才出现弹性力,因此只有固体才能传播横波.

如果质点的振动方向与波的传播方向平行,这种波称为纵波. 例如,把一根相当长的轻弹簧用细线水平地悬挂起来,用手使弹簧的一端做沿弹簧长度方向的振动,可以看到弹簧上有的部分密集,有的部分稀疏,疏密相间,沿着弹簧向前传播,形成纵波,如图 10-11(b)所示. 纵波传播时,介质不断经受压缩和拉伸,即产生容变. 固体、液体、气体发生容变时都能出现弹性力. 因此纵波能在所有物质中传播. 尽管这两种波具有不同的特点,但它们波动过程的本质是一致的.

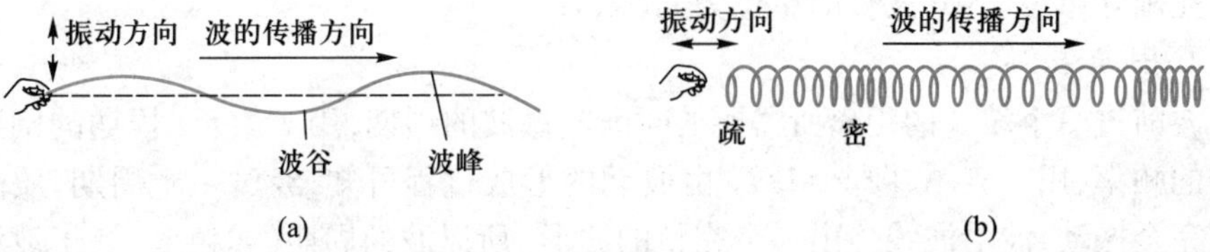

图 10-11

横波和纵波是波的两种基本类型,有些波既不是单纯的横波,也不是单纯的纵波,例如水面波、地震波等. 此时可按照横波和纵波两种类型分解,进而作进一步研究.

三、波的几何描述

波源在介质中振动时,振动将沿各个方向传播. 从波源沿各传播方向所画的带箭头的线,称为波线,如图 10-12 所示,它表示了波的传播路径和方向. 波在传播过程中,所有振动相位相同的点连成的面,称为波面(或称为波阵面),波在传播过程中,最前面的波面,称为波前,在任意时刻,波前只有一个,而波面有任意多个,如图 10-12 所示.

按照波面的形状,可将波分为平面波和球面波. 如果波面是平面,则称为平面波;如果波面是球面,则称为球面波. 在各向同性的介质中,波线总是与波面垂直的,平面波的波线是垂直于波的平行直线,如图 10-12(a)所示;球面波的波线是从波源向外的径向直线,如图 10-11(b)所示.

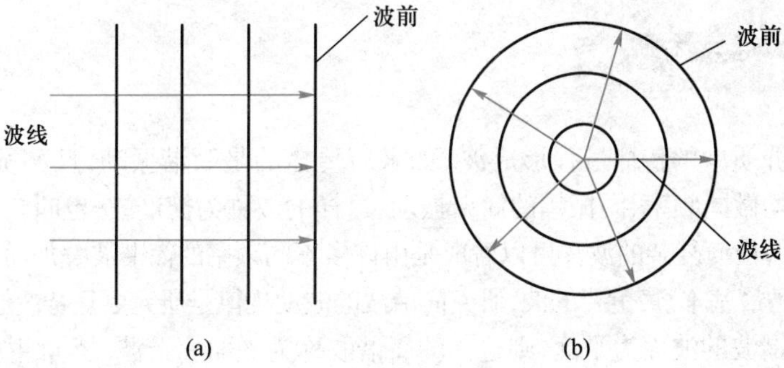

图 10-12

四、描述波的物理量

波长、波的周期(或频率)和波速是描述波动的重要物理量,它们之间存在一定的联系.

1. 波长

波在传播过程中,沿同一波线上相位差为 2π 的两个相邻质点之间的距离,称为波长,用 λ 表示. 在横波情况下,波长等于两相邻波峰(或波谷)之间的距离;在纵波情况下,波长等于两相邻密部(或疏部)中心之间的距离.

在国际单位制中,波长的单位为 m(米).

2. 周期

波前进一个波长的距离所需要的时间叫做波的周期,用 T 表示. 周期的倒数叫做波的频率,用 ν 表示,即 $\nu=1/T$. 由波动的形成过程可知,经过一个周期,质点做一次完全振动,波沿波线传出一个完整的波形. 所以波的周期(或频率)等于波源的周期(或频率),因此,当波在不同的介质中传播时,周期(或频率)不变.

3. 波速

在波动过程中,振动状态(即振动相位)在单位时间内所传播的距离称为波速. 用 u 表示,波速也称相速. 波速的大小取决于介质的性质,在不同的介质中,波速是不同的. 例如,在标准状态下,声波在空气中传播的速度为 331 m/s,而在氢气中传播的速度为 1 263 m/s.

在一个周期的时间内,某一确定的振动状态所传播的距离为一个波长,故波速表示为

$$u=\frac{\lambda}{T}=\nu\lambda \tag{10-24}$$

上式是波动中的一个重要的基本关系式,T(或 ν)表征了波动在时间上的周期性,λ 表征了波动在空间上的周期性,两个周期性通过波速而联系起来.

由于波在不同介质中传播时,波速不同,频率不变,由式(10-24)可知,其波长也不同.

10-4 平面简谐波

振动在介质中的传播过程形成波. 如果所传播的是简谐振动,且波所到之处,介质中各质点均做同频率、同振幅的简谐振动,这样的波称为简谐波,也叫余弦波或正弦波. 可以证明,任何复杂的波都可以看成是由许多不同频率的简谐波叠加而成的. 因此,简谐波是一种最基本、最重要的波,研究简谐波的波动规律是研究更复杂波的基础.

如果简谐波的波面为平面,则这样的简谐波称为平面简谐波. 本章主要讨论在无吸收(即不吸收所传播的振动能量)、各向同性、均匀无限大介质中传播的平面简谐波.

在平面简谐波中,波线是一组垂直于波面的平面射线,只要知道了某一条波线上各点的振动方程,就知道了波所到达的空间各点的振动方程. 因此,可选用其中一根波线为代表来研究平面波的传播规律.

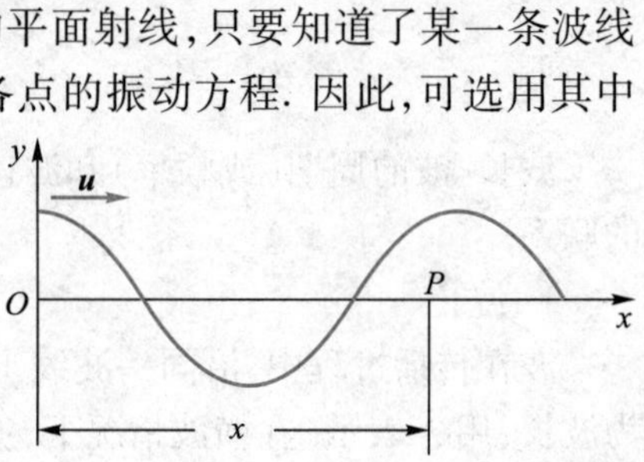

图 10-13

如图 10-13 所示,设有一平面简谐波沿 x 轴正方向传播,x 轴即为某一波线,在此波线上任取一点 O 为坐标原点,设波速为 u,O 点处质点时刻 t 的振动方程为

$$y_0=A\cos(\omega t+\varphi)$$

设 P 点为 x 轴上任一点,P 点距 O 点的距

离为 x,用 y 表示该处质点偏离平衡位置的位移. 因为振动状态从 O 点以波速 u 传到 P 点需要时间$\frac{x}{u}$,亦即 O 点振动了时间 t,P 点只振动了时间$t-\frac{x}{u}$,因此,P 点在时刻 t 的位移应等于 O 点在时刻 $t-\frac{x}{u}$的位移,故 P 点在任意时刻 t 的位移为

$$y=A\cos\left[\omega\left(t-\frac{x}{u}\right)+\varphi\right] \tag{10-25}$$

由于 P 点为波线上任一点,所以式(10-25)给出了波线上所有质点的振动方程,称为沿 Ox 轴正方向传播的平面简谐波的波动方程.

由式(10-25)可知,y 是空间坐标 x 和时间 t 的周期函数,这种描述质点振动位置随空间和时间变化的函数称为波函数.

利用关系式 $\omega=2\pi\nu$ 和 $u=\lambda\nu$,可以将平面简谐波的波动方程改写为常用的波动方程

$$y=A\cos\left(\omega t-\frac{2\pi}{\lambda}x+\varphi\right) \tag{10-26}$$

或

$$y=A\cos\left[2\pi\left(\frac{t}{T}-\frac{x}{\lambda}\right)+\varphi\right] \tag{10-27}$$

为了深刻理解平面简谐波波动方程的物理意义,下面分三种情况进行讨论.

(1) 如果 $x=x_0$ 为给定值,位移 y 随时间 t 而变,这时波动方程变为

$$y=A\cos\left(\omega t-\frac{2\pi}{\lambda}x_0+\varphi\right)$$

它表示波线上距原点 x_0 处的质点振动方程,式中$-\frac{2\pi}{\lambda}x_0+\varphi$ 为 x_0 处质点振动的初相. 如果以 y 为纵坐标,t 为横坐标,并设 $\varphi=0$,就得到 x_0 处质点的振动曲线,如图 10-14 所示. 显然,x_0 处质点的振动相位比原点 O 处质点的振动相位要落后一个值$\frac{2\pi}{\lambda}x_0$,x_0 越大,相位落后越多. 因此,沿着波的传播方向,各质点的振动相位依次落后,与 O 点相距分别是 x_1 和 x_2 的两点的相位差为

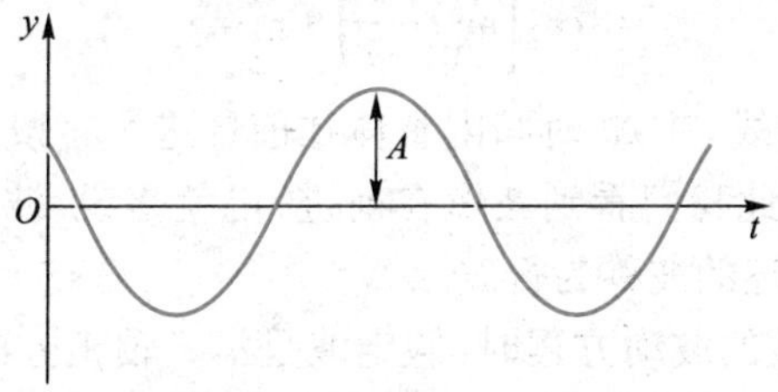

图 10-14

$$\Delta\varphi=\left(\omega t-\frac{2\pi}{\lambda}x_2+\varphi\right)-\left(\omega t-\frac{2\pi}{\lambda}x_1+\varphi\right)=-\frac{2\pi}{\lambda}(x_2-x_1)$$

(2) 如果 $t=t_0$ 为给定值,位移 y 随 x 而改变,这时波动方程变为

$$y=A\cos\left(\omega t_0-\frac{2\pi}{\lambda}x+\varphi\right)$$

它表示在给定时刻 t_0,波线上各振动质点离开各自平衡位置的位移分布情况,也就是 t_0 时刻波的形状. 这时作出的 $y-x$ 曲线如图 10-15 所示.

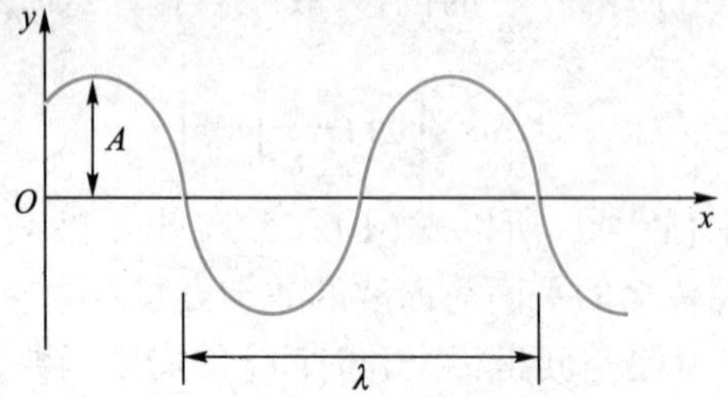

图 10-15

(3) 如果 x 和 t 都变化,即位移 y 是 x 和 t 的函数,这时波动方程就表示波线上各质点在不同时刻的位移. 它描述了波形不断向前推进的图景. 设某一时刻 t 的波形曲线如图 10-16 中的实线所示,波线上某点 A(坐标为 x)的位移为

$$y_A=A\cos\left[\omega\left(t-\frac{x}{u}\right)+\varphi\right]$$

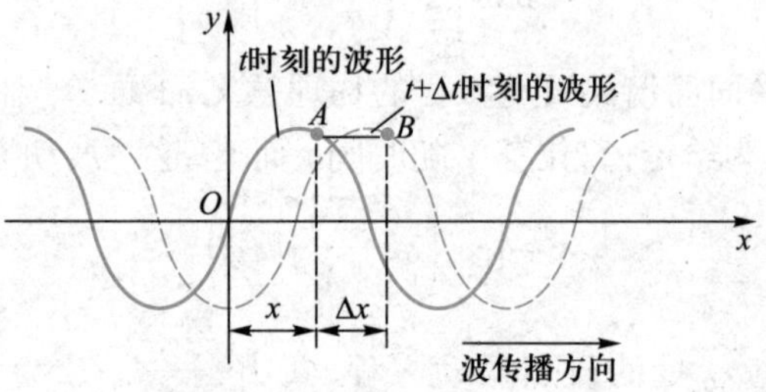

图 10-16

则经过一段时间 Δt 后,波传播的距离为 $\Delta x=u\Delta t$,此时波线上 $x+\Delta x=x+u\Delta t$ 处 B 点的位移为

$$\begin{aligned}y_B&=A\cos\left[\omega\left(t+\Delta t-\frac{x+u\Delta t}{u}\right)+\varphi\right]\\&=A\cos\left[\omega\left(t-\frac{x}{u}\right)+\varphi\right]=y_A\end{aligned}$$

这说明 t 时刻的波形曲线,在 Δt 时间内整体往前推进了一段距离 $\Delta x=u\Delta t$,到达图中虚线所示的位置. 因此我们看到波形在前进,也就是说,波动方程定量地表达了波的传播情况,它所描述的波称为行波.

在导出平面简谐波的波动方程时,假定波是沿 x 轴正方向传播的. 如果波沿 x 轴的负方向传播,则图 10-13 中 P 点的振动比 O 点早开始一段时间 x/u,即当 O 点振动了时间 t 时,P 点已振动了时间 $t+\frac{x}{u}$,所以 P 点的振动方程,即沿 x 轴负方向传播的平面简谐波的波动方程为

$$y=A\cos\left(\omega t+\frac{2\pi}{\lambda}x+\varphi\right) \tag{10-28}$$

例 10-6 一个余弦横波在弦上传播，其波动方程为

$$y=0.02\cos\ \pi(5x-200t)$$

式中 x,y 以 m 计，t 以 s 计. 试求：(1) 其振幅、波长、频率、周期和波速. (2) 画出对应 $t=0.002\ 5$ s 时弦上的波形图.

解 (1) $y=0.02\cos\ \pi(5x-200t)=0.02\cos(5\pi x-200\pi t)$

$=0.02\cos(200\pi t-5\pi x)$

上式说明此简谐波向 x 正方向传播，而将它与式(10-26)相比较，得 $A=0.02$ m，$\omega=200\pi$ rad/s，$\lambda=0.4$ m，且有 $T=\dfrac{2\pi}{\omega}=0.01$ s，$\nu=\dfrac{1}{T}=100$ Hz，$u=\nu\lambda=40$ m/s.

(2) 要画某时刻波形图，我们可以先画出 $t=0$ 时刻的波形图，再用平移法能得到另一给定时刻的波形图. $t=0$ 时刻的波形图由下式给出：

$$y=0.02\cos\ 5\pi x=0.02\cos\ 2\pi\frac{x}{0.4}$$

根据上式即可画出 $t=0$ 时刻的波形图，如图 10-17 实线所示. 在 $t=0.002\ 5$ s $\left(\text{即}=\dfrac{1}{4}T\right)$ 时，波形曲线应较 $t=0$ 时刻向 x 正向平移一段距离 $\Delta x=u\cdot\Delta t=\dfrac{1}{4}uT=\dfrac{1}{4}\lambda$，波形图如图 10-17 虚线所示.

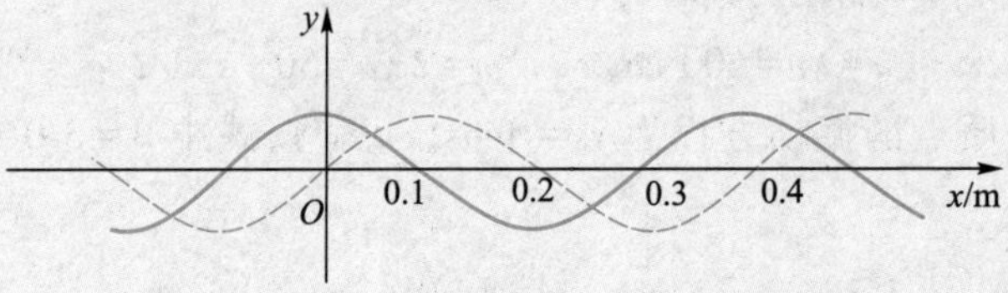

图 10-17

例 10-7 一平面简谐波以 6 m/s 的速度沿 x 轴正方向传播，已知 $t=3$ s 时波形如图 10-18(a)所示. 求：(1) 写出坐标原点的振动方程. (2) 写出波动方程.

解 由图可以看出，$A=0.05$ m，$\lambda=24$ m，则

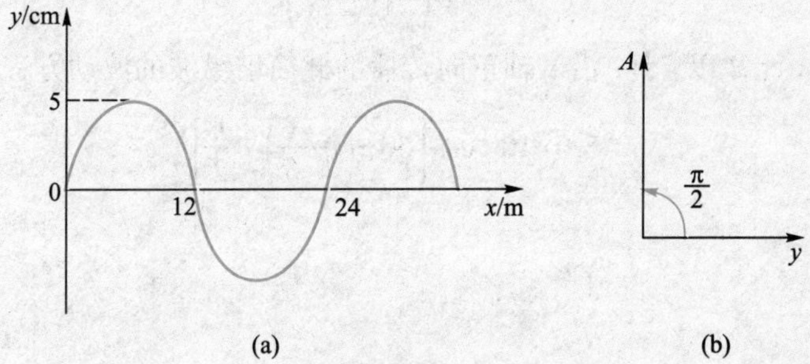

图 10-18

$$T=\frac{\lambda}{u}=4\ \text{s},\quad \omega=\frac{2\pi}{T}=\frac{\pi}{2}\ \text{rad/s}$$

在 $t=3$ s 时,坐标原点 $y=0, v<0$,由旋转矢量图图 10-18(b)知

$$\varphi_{t=3}=\frac{\pi}{2}$$

而 $\varphi_{t=3}=\omega t+\varphi$,即 $\frac{\pi}{2}=\frac{\pi}{2}\times 3+\varphi$. 所以有

$$\varphi=\frac{\pi}{2}-\frac{3}{2}\pi=-\pi$$

因此坐标原点的振动方程为

$$y=0.05\cos\left(\frac{\pi}{2}t-\pi\right)$$

式中 y 以 m 计,t 以 s 计. 波动方程为

$$y=0.05\cos\left[\frac{\pi}{2}\left(t-\frac{x}{6}\right)-\pi\right]$$

例 10-8 一平面简谐纵波沿着 x 轴正向传播,弹簧中某圈的最大位移为 3.0 cm,振动频率为 25 Hz,弹簧中相邻两疏部中心的距离为 24 cm. 当 $t=0$ 时,在 $x=0$ 处质点的位移为零并向 x 轴正向运动. 试写出该波的波动方程.

解 相邻两疏部中心(或相邻两密部中心)的距离即为简谐纵波的波长,故 $\lambda=24$ cm. 又已知 $\nu=25$ Hz,则有

$$u=\lambda\nu=600\ \text{cm/s},\quad \omega=2\pi\nu=50\pi\ \text{rad/s}$$

设 $x=0$ 处质点的振动方程为 $y_0=A\cos(\omega t+\varphi)$,式中 $A=3.0$ cm. 再由初始条件:

$$y_0\Big|_{t=0}=A\cos\varphi=0,\quad v\Big|_{t=0}=\frac{\partial y_0}{\partial t}\Big|_{t=0}=-A\omega\sin\varphi>0$$

可确定初相 $\varphi=-\frac{\pi}{2}$.

坐标原点处振动方程为

$$y_0=3\cos\left(50\pi t-\frac{\pi}{2}\right)$$

式中 y_0 以 cm 计,t 以 s 计. 沿 x 轴正向传播的此简谐纵波的波动方程为

$$y=3.0\times10^{-2}\cos\left[50\pi\left(t-\frac{x}{6}\right)-\frac{\pi}{2}\right]$$

10-5 波的能量

在波动过程中,波源的振动通过弹性介质传播出去,介质中各质点都在各自的平衡位置附近振动.因而介质中振动的质点具有动能,同时介质因形变具有势能.上述动能和势能之和称为波的能量.下面我们以平面简谐波为例,对波的能量作简单分析.

一、能量与能量密度

设有一平面简谐波在密度为 ρ 的弹性介质中沿 x 轴正向传播,其表达式为

$$y=A\cos\left(\omega t-\frac{2\pi}{\lambda}x_0+\varphi\right)$$

在介质中坐标 x 处取一体积元为 $\mathrm{d}V$,其质量为 $\mathrm{d}m=\rho\mathrm{d}V$.当波传到这个体积元时,其振动速度为

$$v=\frac{\partial y}{\partial t}=-A\omega\sin\left(\omega t-\frac{2\pi}{\lambda}x+\varphi\right)$$

体积元的振动动能

$$\mathrm{d}E_{\mathrm{k}}=\frac{1}{2}(\rho\mathrm{d}V)A^2\omega^2\sin^2\left(\omega t-\frac{2\pi}{\lambda}x+\varphi\right) \qquad (10-29)$$

同时,体积元因发生弹性形变而具有弹性势能.可以证明,此弹性势能为

$$\mathrm{d}E_{\mathrm{p}}=\frac{1}{2}(\rho\mathrm{d}V)A^2\omega^2\sin^2\left(\omega t-\frac{2\pi}{\lambda}x+\varphi\right) \qquad (10-30)$$

体积元的总能量为其动能和势能之和.即 $\mathrm{d}E=\mathrm{d}E_{\mathrm{k}}+\mathrm{d}E_{\mathrm{p}}$,所以

$$\mathrm{d}E=(\rho\mathrm{d}V)A^2\omega^2\sin^2\left(\omega t-\frac{2\pi}{\lambda}x+\varphi\right) \qquad (10-31)$$

式(10-29)至式(10-31)表明,波动的能量和简谐振动的能量有显著的不同.在单一的简谐振动系统中,动能和势能互相转化,动能达到最大时,势能为零,势能达到最大时,动能为零,系统的总机械能守恒.在波动的情况下,由上述公式可以看出,任意时刻体积元的动能和势能都相等,而且同时达到最大,同时为零,体积元的总能量随时间做周期性的变化.这说明,在波动中,随着振动在介质中的传播,能量也从介质中的一部分传到另一部分,所以波动是能量传播的一种方式.

为了确切地表示出波的能量的分布情况,引入波的能量密度的概念.介质中单位体积内波动能量称为波的能量密度,用 w 表示,即

$$w=\frac{\mathrm{d}E}{\mathrm{d}V}=\rho A^2\omega^2\sin^2\left(\omega t-\frac{2\pi}{\lambda}x+\varphi\right)$$

可见,波的能量密度是随时间作周期性变化的,在实际应用中取平均值.波的能量密度在一个周期内的平均值,称为波的平均能量密度,用 $\overline{w}$ 表示,则

$$\overline{w}=\frac{1}{T}\int_{0}^{T} w\mathrm{d}t=\frac{1}{T}\int_{0}^{T}\rho A^{2}\omega^{2}\sin^{2}\left(\omega t-\frac{2\pi}{\lambda}x+\varphi\right)\mathrm{d}t$$

式中 $T=\frac{\pi}{\omega}$ 为能量变化的周期，因为

$$\frac{1}{T}\int_{0}^{T}\sin^{2}\left(\omega t-\frac{2\pi}{\lambda}x+\varphi\right)\mathrm{d}t=\frac{1}{2}$$

所以

$$\overline{w}=\frac{1}{2}\rho A^{2}\omega^{2} \tag{10-32}$$

上式表明，波的平均能量密度与振幅的平方、角频率的平方和介质的密度都成正比.

在国际单位制中，波的能量密度的单位为 $\mathrm{J/m^3}$.

二、能流和能流密度

波的传播过程必然伴随着能量的传播或能量的流动. 为了表述波动能量的这一特性，人们又引入了平均能流的概念. 单位时间内垂直通过某一面积的平均能量称为平均能流，用 $\overline{P}$ 表示. 如图 10-19 所示，设想在介质内取垂直于波速 u 的面积 S，则 $\mathrm{d}t$ 时间内通过 S 的能量应等于体积 $Su\mathrm{d}t$ 中的能量. 因此，单位时间内通过面积 S 的平均能量，即平均能流为

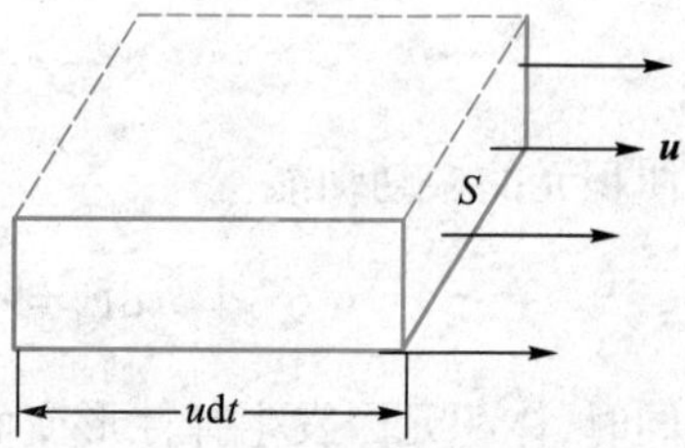

图 10-19

$$\overline{P}=\overline{w}uS \tag{10-33}$$

在国际单位制中，能流的单位为 W(瓦[特])，因此波的能流也称波的功率.

单位时间内垂直通过单位面积的平均能流，叫能流密度，用 I 表示.

$$I=\frac{1}{2}\rho A^{2}\omega^{2}u \tag{10-34}$$

显然能流密度越大，单位时间垂直通过单位面积的能量就越多，表示波动越强烈，所以能流密度 I 也称波的强度. 波的强度在声学中称为声强，在光学中称为光强.

在国际单位制中，能流密度的单位为 $\mathrm{W/m^2}$.

*三、波的吸收

平面简谐波在理想的介质中传播时，因为能量没有损耗，波的振幅将保持不变. 实际上，平面简谐波在均匀介质中传播时，介质总要吸收一部分能量并把它转化成其他形式的能量(如介质的内能)，因此波的振幅和平均能流密度将逐渐减小，这种现象叫做波的吸收.

*10-6 电磁波

一、电磁波的产生与传播

电磁波是自然界普遍存在的波动现象，在科学技术和当代人类生活中有着极其广泛的应用. 电磁波是随时间而交替变化的电场和磁场在空间以一定速度传播的过程. 电磁波无须依赖介质而可以在真空内传播. 产生电磁波的首要条件是要有一个激发交变电磁场的波源. 电磁波波源的机制多种多样. 下面仅以振荡电偶极子为例，说明电磁波的产生和传播.

文档：电磁波的实验检验

在例 10-2 的振荡电路中，电容器极板上的电荷和线圈里的电流都在作周期性变化. 因而极板间的电场和线圈里的磁场也在作周期性变化. 所以，振荡电路能够发射电磁波. 但在普通振荡电路中，振荡的频率很低，而且电场和磁场几乎分别集中于电容器和自感线圈内，不利于电磁波的发射，因此必须改变电路的形状，一方面使振荡的频率能够增高，另一方面使电场和磁场能量能够尽量地分散在周围的空间.

图 10-20(a)所示的振荡电路，电场和磁场是被局限着的. 现在我们把电容器 C 两个极板间的距离增大，同时把自感线圈 L 逐渐拉开，最后变成一条直线，如图 10-20(b)，(c)，(d)所示. 很明显，电路变成直线时，电场和磁场就向周围空间散开，而且电路中的电容和自感都很小，因而振荡频率很高. 图 10-20(d)所示的直线导线，电流在其中往复振荡，使电荷在其中涌来涌去，导线两端出现正负交替的等量异号电荷，形成了所谓的振荡偶极子，电视台或广播电台的天线就是这样的振荡偶极子. 以天线为波源，能够发出电磁波，向周围空间传播出去.

演示实验：电磁波

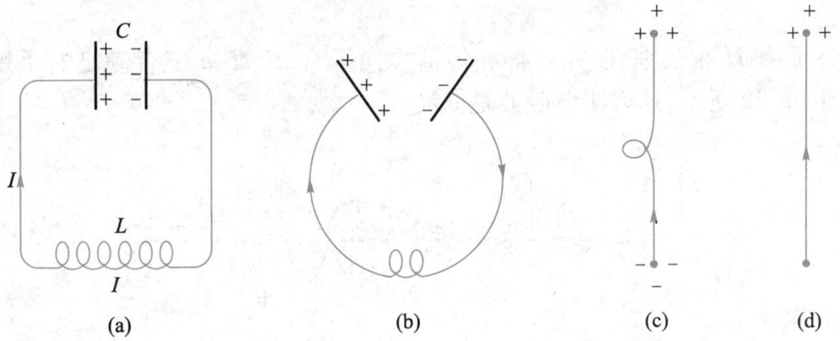

图 10-20

图 10-21 所示为发射无线电波的天线的示意图，LC 振荡电路产生高频率的电磁振荡，通过互感将这个振荡耦合到 L' 中，再由传输线馈入天线，在天线内形成高频率的振荡电流，这样，天线就相当于一个振荡偶极子. 由于电矩的高频变化，在振荡偶极子周围形成一个变化电场，则在它邻近的区域就会产生变化的磁场，这变化

的磁场又要引起较远的区域产生变化的电场,接着又要在更远的区域产生变化的磁场. 如此继续下去,变化的电场和变化的磁场不断相互交替,就由近及远地形成电磁波.

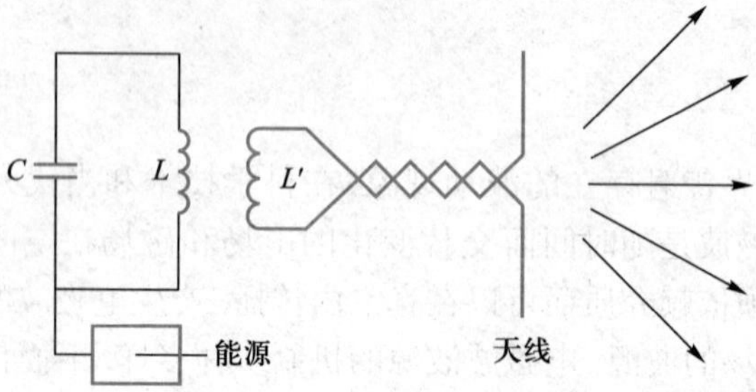

图 10-21

二、平面电磁波

振荡偶极子发射的电磁波是一个球面波. 有实际意义的是离波源很远的远区场,此时球面波可看做平面波,用麦克斯韦理论可以证明,此场内的电磁波可用下列方程来描述:

$$\begin{cases} E=E_0\cos\omega\left(t-\dfrac{x}{u}\right) \\ H=H_0\cos\omega\left(t-\dfrac{x}{u}\right) \end{cases} \tag{10-35}$$

上式是一组平面电磁波的波动方程,它和机械波的平面简谐波动方程形式类似. 平面电磁波是最简单的电磁波.

有关电磁波的性质可总结如下:

(1) 任一给定点上的 $\boldsymbol{E}$ 和 $\boldsymbol{H}$ 同时存在,具有相同的相位,都以相同的速度传播.

(2) $\boldsymbol{E}$ 和 $\boldsymbol{H}$ 相互垂直,并且都和传播方向垂直,$\boldsymbol{E}$、$\boldsymbol{H}$、$\boldsymbol{u}$ 三者满足右手螺旋定则,如图 10-22 所示,这表明电磁波是横波.

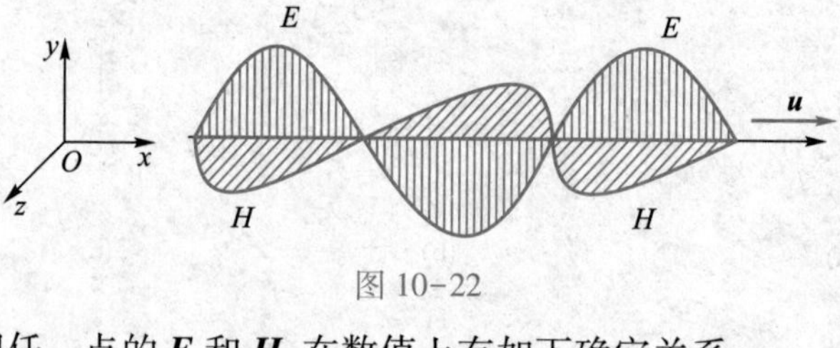

图 10-22

(3) 在空间任一点的 $\boldsymbol{E}$ 和 $\boldsymbol{H}$,在数值上有如下确定关系:

$$\sqrt{\varepsilon}E=\sqrt{\mu}H$$

式中 ε、μ 分别是电磁波所在介质的电容率和磁导率,$\varepsilon=\varepsilon_0\varepsilon_r$,$\mu=\mu_0\mu_r$.

(4) 电磁波传播速度的大小取决于介质的电容率 ε 和磁导率 μ,且为

$$u=\sqrt{\frac{1}{\varepsilon\mu}} \tag{10-36}$$

对于真空，$\varepsilon_r=1$，$\mu_r=1$，$\varepsilon_0=8.85\times10^{-12}\ \mathrm{C^2/(N\cdot m^2)}$，$\mu_0=4\pi\times10^{-7}\ \mathrm{N/A^2}$，

$$c=\frac{1}{\sqrt{\varepsilon_0\mu_0}}\approx3\times10^8\ \mathrm{m/s}$$

这一结果与目前用气体激光测定的真空中光速的最精确实验值 $c=2.997\ 924\ 58\times10^8\ \mathrm{m/s}$ 非常接近.

三、电磁波的能量

交变电磁场是以电磁波的形式传播的. 因为电磁场具有能量，所以随着电磁波的传播，就有能量的传播，这种以电磁波形式传播出去的能量叫做辐射能. 显然，辐射能的传播速度就是电磁波传播的速度，辐射能传播的方向就是电磁波的传播方向.

电磁波的能量包含电场能量和磁场能量，因此电磁波的能量密度为

$$w=w_e+w_m=\frac{1}{2}\varepsilon E^2+\frac{1}{2}\mu H^2 \tag{10-37}$$

电磁波的能流密度又称为坡印廷矢量，用 S 表示，它的方向沿电磁波的传播方向，其大小为

$$S=wu$$

将式（10-36）和式（10-37）代入上式，同时考虑到 $\sqrt{\varepsilon}E=\sqrt{\mu}H$，可得

$$S=EH \tag{10-38}$$

由于 $\boldsymbol{E}$、$\boldsymbol{H}$ 和电磁波的传播方向两两互相垂直，而辐射能的传播方向就是电磁波的传播方向，所以上式又可以用矢量表示如下

$$\boldsymbol{S}=\boldsymbol{E}\times\boldsymbol{H} \tag{10-39}$$

上式表明，$\boldsymbol{E}$、$\boldsymbol{H}$ 和 $\boldsymbol{S}$ 的方向符合右手螺旋定则. 如图 10-23 所示.

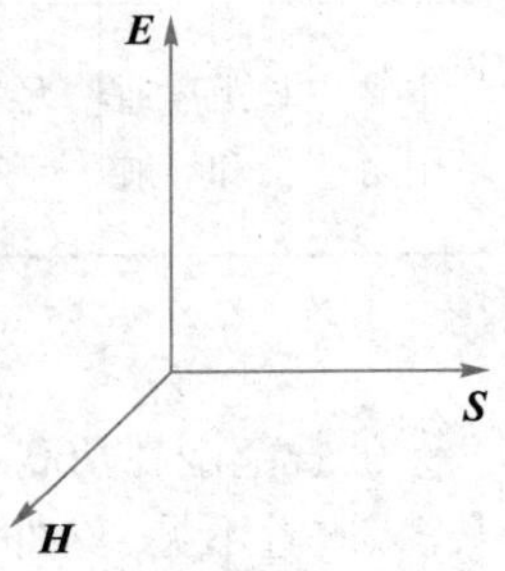

图 10-23

四、电磁波谱

电磁波的波长 λ、频率 ν 和传播速度 u 三者之间的关系和机械波相同，即 $u=\lambda\nu$. 由于各种频率的电磁波在真空中的传播速度相等，所以频率不同的电磁波，它们在真空中的波长也不同，频率高的波长短，频率低的波长长.

电磁波的波长范围是很广的，无线电波、红外线、可见光、紫外线、X 射线、γ 射线等都是电磁波. 为了对电磁波有全面的了解，我们可以按电磁波的波长或频率的大小，将各种电磁波依次排列成谱，称为电磁波谱，如图 10-24 所示.

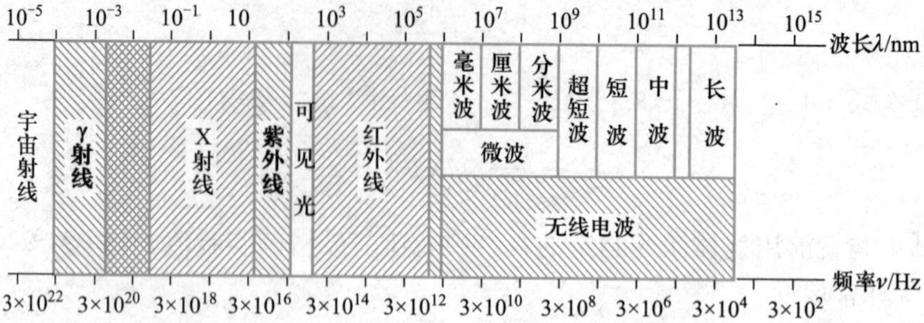

图 10-24

从图中可以看出,整个电磁波谱大致可划分为如下几个区域.

1. 无线电波

波长范围在 $1\times10^{-3}\sim3\times10^{4}$ m 之间的电磁波是无线电波. 通常无线电波是由电磁振荡电路通过天线发射出去的. 表 10-1 列出了各种无线电波的范围和主要用途.

表 10-1　各种无线电波的范围和用途

名称	长波	中波	短波	微波		
				分米波(特高频)	厘米波(超高频)	毫米波(极高频)
波长	30 000~3 000 m	3 000~200 m	50~10 m	1 m~10 cm	10~1 cm	1~0.1 cm
频率	10~100 kHz	100~1 500 kHz	6~30 MHz	300~3 000 MHz	3 000~30 000 MHz	30 000~300 000 MHz
主要用途	长距离通信和导航	无线电广播	电报通信,无线电广播	导航、雷达、无线电、电视、卫星通信等		

2. 红外线

波长范围在 $760\sim10^{6}$ nm 之间的电磁波称为红外线. 它的波长比红光的波长更长,人眼看不见. 红外线主要是由炽热物体辐射出来的. 红外线的重要性质是具有显著的热效应. 目前红外技术在遥感、烘干等工、农业生产中已有广泛应用.

3. 可见光

波长范围在 390~760 nm 的电磁波是可见光. 可见光是由组成物质的原子或分子发出的电磁波,它能被人眼察觉到,人眼所观察到的不同颜色的光就是不同波长的可见光. 波长最长的可见光是红光,波长最短的可见光是紫光.

4. 紫外线

波长范围在 300~400 nm 之间的电磁波称为紫外线. 它的波长比紫光的波长更短,人眼也看不见. 温度很高的炽热物体能辐射出紫外线,太阳光中就有紫外线. 紫外线有显著的生理作用,可用于杀菌,在食品工业和医疗上常利用紫外线消毒. 紫外线还能引起化学反应,例如使照相底片感光.

5. X 射线

波长范围在 $10\sim10^{-3}$ nm 之间的电磁波称为 X 射线(或称为伦琴射线). X 射线

一般由 X 射线管产生. 它是用高速电子流轰击原子中的芯电子而产生的电磁辐射. X 射线具有很强的穿透能力,能使照相底片感光,能使荧光屏发光,能杀伤生物细胞. 利用 X 射线可以透视人体内部的病变、分析材料的成分、晶体的结构等.

6. γ 射线

波长范围在 $3\times10^{-1}\sim10^{-5}$ nm 的电磁波称为 γ 射线. 它是放射性原子衰变时发出的电磁辐射,或是高能粒子与原子核碰撞所产生的电磁辐射. γ 射线的穿透能力比 X 射线更强,它对生物破坏力很大. 利用 γ 射线可以探测金属内部缺陷、测量物体厚度,还可用于了解原子核的结构.

10-7　波的叠加与干涉

一、惠更斯原理

波动的起源是波源的振动,波动的传播是由于介质中质点之间的相互作用. 如果介质是连续分布的,介质中任何一点的振动将直接引起邻近各点的振动,因而在波动中任何一点都可看做新的波源. 如图 10-25 所示,一水面波在传播中遇到一障碍物 AB,AB 上有一小孔,当孔径比波长小得多时,就可看到穿过小孔的波是以孔为中心的圆形波,与原来的波形无关. 就好像是以小孔为点波源发出的一样,这说明小孔可以看做新的波源,其发出的波称为子波(或称为次波). 惠更斯总结了这类现象,于 1690 年提出: **介质中波动传到的各点,都可以看做发射子波的波源. 其后的任一时刻,这些子波波面的公切面就是新的波前.** 这就是**惠更斯原理**.

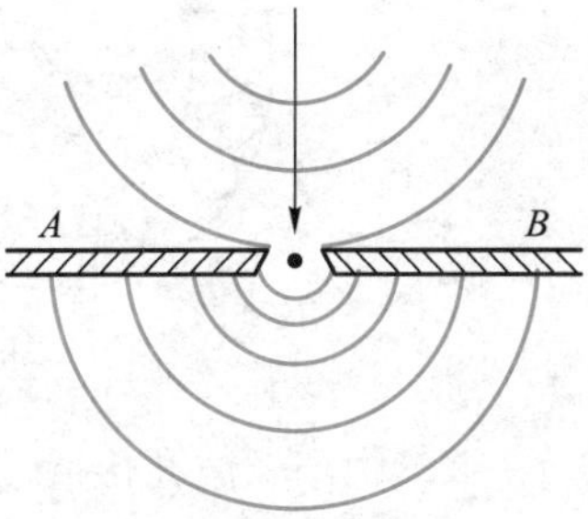

图 10-25

惠更斯(C.Huygens,1629—1695)

荷兰物理学家、天文学家、数学家,他是介于伽利略与牛顿之间的一位重要的物理学先驱,致力于力学、光学、天文学和数学的研究. 他在物理上最重要的贡献就是将光波和声波作类比,提出了著名的惠更斯原理,发展了波动光学.

文档:惠更斯简介

惠更斯原理对任何波动过程都是适用的,不论是机械波还是电磁波. 只要知道某一时刻波前的位置,用几何作图的方法,就可以确定下一时刻波前的位置. 因而,在很广泛的范围内,解决了波的传播问题.

下面举例说明惠更斯原理的应用.

球面波与平面波的传播 点波源 O 在均匀的各向同性介质中发出球面波，以波速 u 向各个方向传播. 在某一时刻 t，波前是半径为 R_1 的球面 S_1. 根据惠更斯原理，S_1 上各点都可看做发射子波的新波源. 这些子波源都发出球面波，以 S_1 上的各点为中心，以 $r=u\Delta t$ 为半径画出许多半球形的子波，再作出这些子波波面的公切面，得到的波前 S_2，就是时刻 $t+\Delta t$ 的波前. 显然，S_2 是以 O 为中心，以 $R_2=R_1+u\Delta t$ 为半径的球面，如图 10-26 所示.

半径很大的球面波上的一小部分，事实上可看做平面波的波面，例如从太阳射出的球面光波，到达地面时，就可看做平面波，如图 10-27 所示. 如果已知平面波在某时刻 t 的波前 S_1，根据惠更斯原理，用同样的方法，也可以求以后任一时刻 $t+\Delta t$ 的新的波前 S_2，它是一个与 S_1 相距 $u\Delta t$ 且与 S_1 平行的平面.

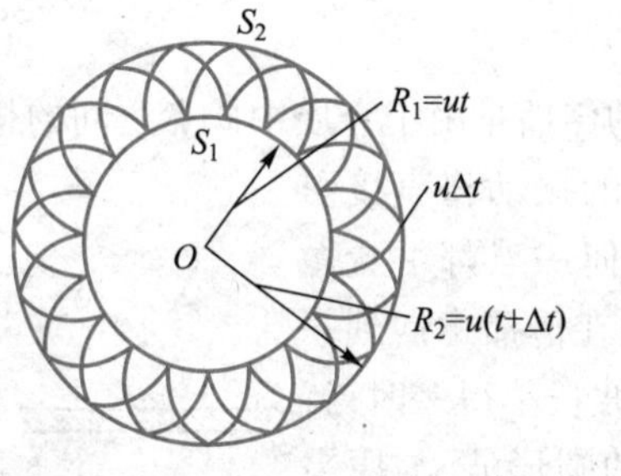

图 10-26

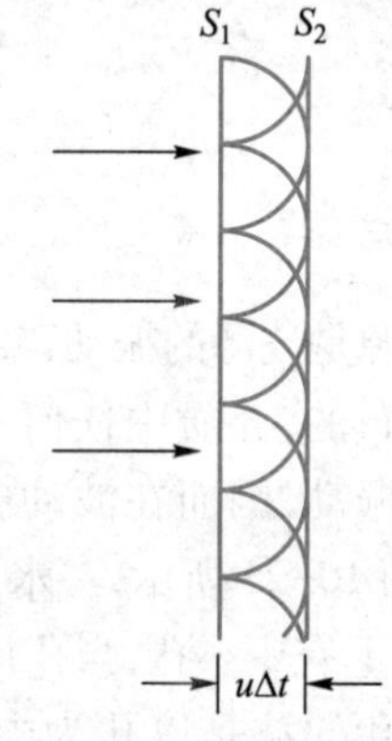

图 10-27

波的衍射 波在传播过程中遇到障碍物（或小孔、狭缝）时，其传播方向发生改变，能够绕过障碍物的边缘继续前进的这种现象称为波的衍射.

如图 10-28 所示，平面波到达一宽度与波长可比拟的缝时，根据惠更斯原理，缝上各点都可看做发射子波的波源. 以缝上各点为中心，以 $r=u\Delta t$ 为半径（认为介质是均匀的），画出半球面子波，再作出这些子波面的公切面，就得出新的波前. 显然，波前已不再是平面，在靠近边缘处，波前弯曲，波改变了传播方向，进入障碍物后面. 衍射现象是否显著，与障碍物（或小孔、狭缝）的尺寸 a 和波长 λ 有关. 当波长远小于障碍物（或小孔、狭缝等）的线度时，衍射现象不显著，仅当波长与障碍物（或小孔、狭缝等）的线度差不多或更大时，才会出现显著的衍射现象. 因此，波长较长的波（如声波）的衍射现象较显著. 例如，人在室内能够听到室外的声音，就是由于声波能够绕过关闭不紧的门隙或窗隙的缘故. 而波长较短的波（如超声波、光波等），衍射现象就不显著而呈现直线传播.

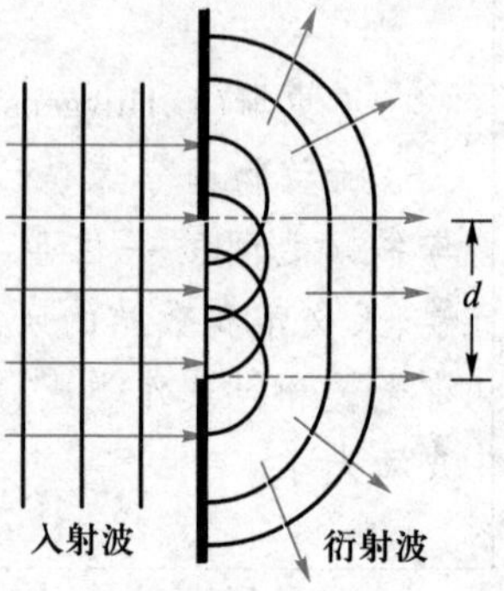

图 10-28

衍射现象是一切波动具有的共同特征之一. 无论是机械波还是电磁波，都会产生衍射现象，而且都服从相同的规律. 例如无线电波，它的中波波段的波长达几百米,故能绕过大山、大厦等障碍物,传到千家万户.

* **波的反射和折射** 如图 10-29 所示,一束入射角为 i 的平面波波前在时刻 t 到达位置 AB,根据惠更斯原理,波面 AB 上各点将发出子波,设由 B 点发出的子波到达分界面上 C 点所需时间为 Δt,即 $BC=u_1\Delta t$;与此同时,处于分界面上 A 点发出的子波,一部分返回在介质Ⅰ中传播,成为反射波;另一部分在介质Ⅱ中继续传播,成为折射波.

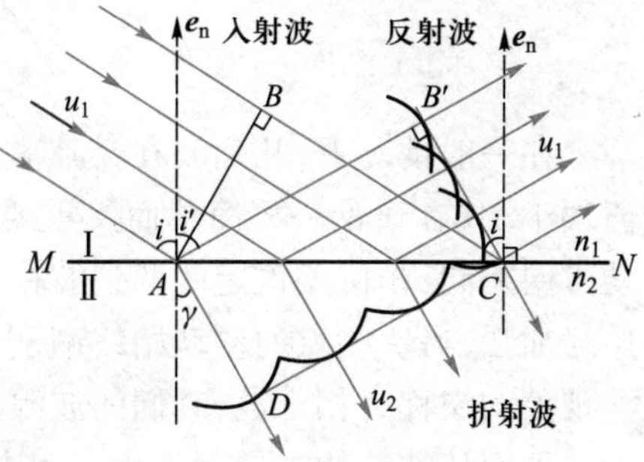

图 10-29

考虑到入射波与反射波在同一种介质Ⅰ中传播,其波速相同,因而在同一段时间 Δt 内,它们传播的距离相等,即 $AB'=BC=u_1\Delta t$. 过 C 点作 A,C 之间各点发出的子波波面(如图中一些圆弧线所示)的公切面 $B'C$,即为 $t+\Delta t$ 时刻反射波的波前,其反射线与法线 $\boldsymbol{e}_n$ 所成的反射角为 i'. 由于直角三角形 $\triangle ABC$ 与 $\triangle AB'C$ 全等,便得

$$i=i' \tag{10-40}$$

即**反射角等于入射角,且入射线、法线和反射线在同一平面内**. 这一结论称为**波的反射定律**.

对另一部分在介质Ⅱ中传播的子波而言,它在该介质中的波速为 u_2,在 Δt 时间内,A 点发出的子波传播的距离为 $AD=u_2\Delta t$,这时同一入射波波前上 B 点发出的子波传播了距离 $BC=u_1\Delta t$,过 C 点作 A,C 之间各点发出的子波波面(如图中一些圆弧线所示)的公切面 CD,即为 $t+\Delta t$ 时刻折射波的波前,其折射线与法线所成的折射角为 γ. 由图可知:$BC=AC\sin i$,$AD=AC\sin\gamma$,两式相除,又因 $BC=u_1\Delta t$,$AD=u_2\Delta t$,代入后,便得

$$\frac{\sin i}{\sin\gamma}=\frac{u_1}{u_2}=n_{21} \tag{10-41}$$

即**入射角的正弦与折射角的正弦之比等于第一介质与第二介质中的波速之比,即为一常量,此常量 n_{21} 称为第二介质对第一介质的相对折射率;入射线、折射线和分界面法线在同一平面内**. 这一结论称为**波的折射定律**.

由上式可知,若 $u_1>u_2$,则 $i>\gamma$,即当波从波速大的介质进入波速小的介质中时,折射线偏向法线;若 $u_1<u_2$,则 $i<\gamma$,即当波从波速小的介质进入波速大的介质中时,折射线偏离法线.

上述波的反射和折射定律对声波、光波等皆适用.

二、波的叠加原理

上面讨论的是一列波在介质中的传播情况,如果有几列波同时在介质中传播会出现什么情况呢?管弦乐队合奏时,我们能分辨出各种乐器的声音;两列水波相遇时,可以互相穿过各自传播. 通过对这些现象的观察和研究表明,**当几列波在空间某点相遇时,相遇处质点的振动为各列波单独存在时在该点引起振动的矢量和,**

相遇后各波仍保持它们各自原有的特性(如频率、波长、振动方向等),继续沿原方向传播,这一结论称为**波的叠加原理**.

三、波的干涉

在一般情况下,几列波在某点叠加的情形是很复杂的,很难解决,而且实用价值很小. 现在讨论一种简单而又重要且实用价值很大的情形. 这就是频率相同、振动方向相同、相位差恒定的两列波在空间相遇时,在叠加区域内出现某些点的振动始终加强,另一些点的振动始终减弱的稳定分布,这种现象称为波的干涉. 产生干涉现象的波称为相干波,它们的波源称为相干波源.

下面从波的叠加原理出发,应用同频率、同方向简谐振动合成的结论,求出干涉加强和减弱的条件.

设两相干波源 S_1、S_2,它们发出的波在同一介质中传播,分别经过 r_1,r_2 的距离在 P 点相遇,如图 10-30 所示. 若波源 S_1 和 S_2 的振动方程为

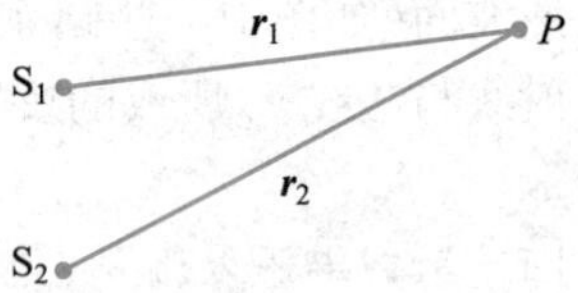

图 10-30

$$y_{10}=A_{10}\cos(\omega t+\varphi_1)$$
$$y_{20}=A_{20}\cos(\omega t+\varphi_2)$$

式中 ω 为角频率,A_{10} 和 A_{20} 分别为两波源的振幅,φ_1 和 φ_2 分别为两波源的振动初相.

这两列波各自单独传播到 P 点时,在 P 点引起的振动方程分别为

$$y_1=A_1\cos\left(\omega t-\frac{2\pi r_1}{\lambda}+\varphi_1\right),\quad y_2=A_2\cos\left(\omega t-\frac{2\pi r_2}{\lambda}+\varphi_2\right)$$

式中 A_1 和 A_2 分别是两列波到达 P 点时的振幅,r_1 和 r_2 分别为 S_1 和 S_2 到 P 点的距离,λ 是波长. P 点同时参与了这两个同频率、同方向的简谐振动. 从上式容易看出,这两个分振动的初相分别为 $\left(-\frac{2\pi r_1}{\lambda}+\varphi_1\right)$ 和 $\left(-\frac{2\pi r_2}{\lambda}+\varphi_2\right)$,根据两个同方向、同频率的简谐振动的合成结论,可知 P 点的合振动也是简谐振动,合振动方程为

$$y=y_1+y_2=A\cos(\omega t+\varphi)$$

式中

$$A=\sqrt{A_1^2+A_2^2+2A_1A_2\cos\left(\varphi_2-\varphi_1-2\pi\frac{r_2-r_1}{\lambda}\right)} \tag{10-42}$$

$$\varphi=\arctan\frac{A_1\sin\left(\varphi_1-\frac{2\pi r_1}{\lambda}\right)+A_2\sin\left(\varphi_2-\frac{2\pi r_2}{\lambda}\right)}{A_1\cos\left(\varphi_1-\frac{2\pi r_1}{\lambda}\right)+A_2\cos\left(\varphi_2-\frac{2\pi r_2}{\lambda}\right)} \tag{10-43}$$

两列相干波在空间任意点所引起的两个振动的相位差

$$\Delta\varphi=\varphi_2-\varphi_1-\frac{2\pi(r_2-r_1)}{\lambda}$$

式中 $(\varphi_2-\varphi_1)$ 是两个相干波源的相位差,为一常量;(r_2-r_1) 是两个波源发出的波传

到 P 点的几何路程之差，称为波程差，用 δ 表示；$2\pi\dfrac{r_2-r_1}{\lambda}$是两列波之间因波程差而产生的相位差，对于空间任一给定的 P 点，它也是常量. 因此，两列相干波在空间任一给定点所引起的两个分振动的相位差 $\Delta\varphi$ 也是恒定的，因而合振幅 A 也是一定的. 但对于空间中不同点处，波程差(r_2-r_1)不同，故相位差不同，因而不同点有不同的、恒定的合振幅. 所以，在两列相干波相遇的区域会呈现出振幅分布不均匀、而又相对稳定的干涉图样. 在

$$\Delta\varphi=\varphi_2-\varphi_1-\frac{2\pi(r_2-r_1)}{\lambda}=\pm2k\pi \quad (k=0,1,2,\cdots)$$

的空间各点，合振幅最大，其值为 A_1+A_2. 这些点振动加强. 在

$$\Delta\varphi=\varphi_2-\varphi_1-\frac{2\pi(r_2-r_1)}{\lambda}=\pm(2k+1)\pi \quad (k=0,1,2,\cdots)$$

的空间各点，合振动的振幅最小，其值为 $|A_1-A_2|$. 这些点振动减弱. 在 $\Delta\varphi$ 取其他值的空间各点，合振动的振幅取值在 A_2+A_1 与 $|A_1-A_2|$ 之间.

如果两相干波源的初相相同，即 $\varphi_2=\varphi_1$，则上述干涉加强和减弱的条件简化为

$$\delta=r_2-r_1=\begin{cases}\pm k\lambda & (k=0,1,2,\cdots)\text{干涉加强}\\ \pm(2k+1)\dfrac{\lambda}{2} & (k=0,1,2,\cdots)\text{干涉减弱}\end{cases} \tag{10-44}$$

相干波可用图 10-31 的装置获得. S 为波源，AB 为一障碍物，S_1、S_2 是 AB 上开的小孔，其位置对 S 来说是对称的. S_1、S_2 可看做两相干波源，在 AB 右边产生干涉现象. 图 10-31 中实线表示波峰，虚线表示波谷. 在两波的波峰（或波谷）相交处，合振动加强；在波峰与波谷相交处，合振动减弱.

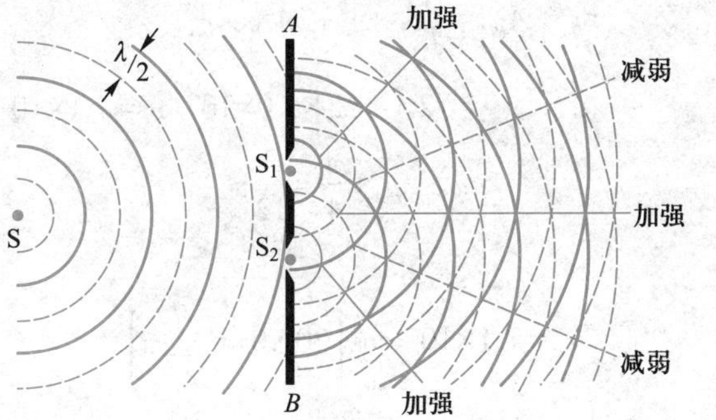

图 10-31

干涉是波动所独有的现象，在光学、声学中非常重要，并且有广泛的实际应用. 例如，影剧院、大礼堂等的设计就必须考虑声波的干涉，以避免有些地方的声音过强，而有些地方的声音又过弱.

例 10-9 位于 A，B 点的两相干波源，相位差为 π，振动频率都为 100 Hz，产生的波以 10.0 m/s 的速度传播. 波源 A 的振动初相为$\dfrac{\pi}{3}$，介质中的 P 点与 A、B

等距离，如图 10-32 所示. A、B 两波源在 P 点所引起的振动的振幅都为 5.0×10^{-2} m. 求 P 点的振动方程. 如果 A、B 的相位差为$\dfrac{\pi}{2}$，则又如何？

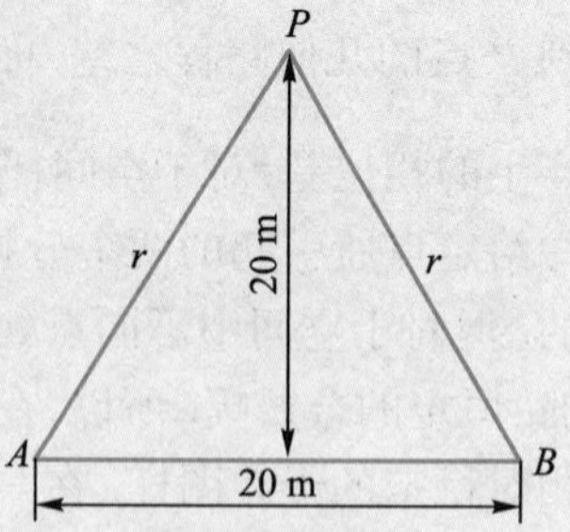

图 10-32

解 设波源 A 的振动方程为

$$y_A=A_1\cos(\omega t+\varphi_A)$$

波源 B 的振动方程为

$$y_B=A_2\cos(\omega t+\varphi_B)$$

据题意已知：$A_1=A_2=A=5.0\times10^{-2}$ m，$\nu=100$ Hz，$\varphi_A=\dfrac{\pi}{3}$，$\varphi_B=\varphi_A+\pi$；$u=10$ m/s. 由波动方程可知，波源 A、B 产生的波使 P 点处质点分别按下面的振动方程振动

$$y_{AP}=A\cos\left[\omega\left(t-\frac{r}{u}\right)+\varphi_A\right]$$

$$y_{BP}=A\cos\left[\omega\left(t-\frac{r}{u}\right)+\varphi_A+\pi\right]$$

所以，合振动方程为

$$y_P=y_{AP}+y_{BP}=A_P\cos(\omega t+\varphi)$$

其中

$$A_P=\sqrt{A^2+A^2+2A^2\cos\pi}=0$$

可见，P 点因干涉而处于静止状态.

若 A、B 的相位差为$\dfrac{\pi}{2}$，则

$$A_P=\sqrt{A^2+A^2+2A^2\cos\frac{\pi}{2}}$$

$$=\sqrt{2}A=\sqrt{2}\times5.0\times10^{-2}\ \text{m}=7.1\times10^{-2}\ \text{m}$$

$$\varphi_0=\varphi_A+\frac{\pi}{4}=\frac{7}{12}\pi$$

于是

$$y_P=7.1\times10^{-2}\cos\left[200.0\pi t+\frac{7}{12}\pi\right]$$

式中 y_P 以 m 计，t 以 s 计.

四、驻波

驻波是一种特殊的和重要的干涉现象，它是由两列振动方向相同和振幅相等的相干波在同一直线上沿相反方向传播叠加形成的.

下面观察一个演示实验. 如图 10-33 所示，在音叉一臂末端系一根水平弦线，弦线的另一端通过一滑轮系一砝码拉紧弦线，使音叉振动，并调节劈尖 B 的位置，

当 AB 为某些特定长度时，可看到 AB 之间的弦线上有些点始终静止不动，如 C_1，C_2，C_3，B 等，这些点称为波节，有些点则振动最强，如 D_1，D_2，D_3，D_4 等，这些点称为波腹.

演示实验：驻波演示（一）

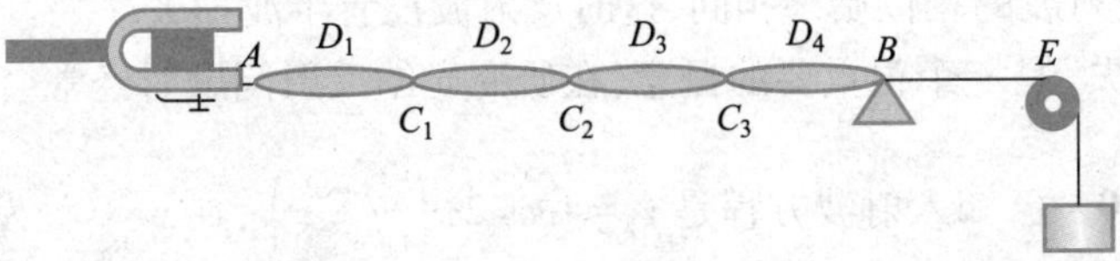

图 10-33

演示实验：驻波演示（二）

从外形上看，弦线被分成几段作分段振动. 每段两端点几乎固定不动. 虽然很像波，但它的波形却不向任何方向移动，因而也没有能量的传播，所以叫做驻波.

下面对驻波作进一步的分析. 设有两列相干波，分别沿 Ox 轴正向和负向传播，它们的波动方程为

$$y_1 = A\cos(\omega t - 2\pi x/\lambda)$$
$$y_2 = A\cos(\omega t + 2\pi x/\lambda)$$

在两波交叠区，质点在任意时刻的合位移为

$$y = y_1 + y_2 = A\cos(\omega t - 2\pi x/\lambda) + A\cos(\omega t + 2\pi x/\lambda)$$

应用三角函数和差化积公式，上式可化为

$$y = (2A\cos 2\pi x/\lambda)\cos \omega t \qquad (10-45)$$

上式称为驻波方程. 式中 $\cos \omega t$ 表示质点做简谐振动，$|2A\cos 2\pi x/\lambda|$ 就是简谐振动的振幅. 各点振动频率相同，但各点的振幅随位置的不同而异.

波节对应于 $|\cos 2\pi x/\lambda| = 0$，即 $2\pi x/\lambda = (2k+1)\pi/2$ 的各点. 因此波节的位置为

$$x = \pm(2k+1)\frac{\lambda}{4} \quad (k = 0, 1, 2, \cdots) \qquad (10-46)$$

波腹对应于 $|\cos 2\pi x/\lambda| = 1$，即 $2\pi x/\lambda = k\pi$ 的各点. 因此波腹的位置为

$$x = \pm k\frac{\lambda}{2} \quad (k = 0, 1, 2, \cdots) \qquad (10-47)$$

由以上两式可算出相邻两个波节和相邻两个波腹之间的距离都是 $\frac{\lambda}{2}$.

五、半波损失

实际上，驻波往往是由入射波与反射波相干涉形成的. 驻波在反射处既可能形成波腹，也可能形成波节，是形成波腹还是波节取决于两种介质的性质、波的种类以及入射角的大小.

通常以介质的密度 ρ 与波速 u 的乘积 ρu 的大小作为区分波密、波疏介质的依据：ρu 值大的称为波密介质，ρu 值小的称为波疏介质. 实验表明，波由波疏介质到波密介质，在分界面上反射处会形成波节. 这说明入射波与反射波相位相反，亦即

相位在反射点上发生了相位 π 突变，由于半个波长的波程差对应的相位差为 π，因此，反射时相位改变 π，就相当于反射波在反射点损失了半个波，这种现象称为半波损失. 如果波从波密介质到波疏介质，在分界面上反射处会形成波腹，这时在界面处入射波与反射波的相位始终相同，这时反射波没有半波损失.

"半波损失"是一个很重要的概念，在研究光的反射问题时经常会遇到.

例 10-10 已知入射波方程是 $y_1=A\cos 2\pi\left(\frac{t}{T}+\frac{x}{\lambda}\right)$，在 $x=0$ 处发生反射后形成波腹，设反射后波的强度不变，试求：(1) 反射波的波动方程；(2) 在 $x=\frac{2}{3}\lambda$ 处质点合振动的振幅.

解 (1) 从入射波方程

$$y_1=A\cos 2\pi\left(\frac{t}{T}+\frac{x}{\lambda}\right) \tag{1}$$

可知，入射波是沿 x 轴负向传播的. 它在 $x=0$ 处的振动方程为

$$y_{10}=A\cos 2\pi\frac{t}{T} \tag{2}$$

因为在 $x=0$ 处反射后形成合成波的波腹. 说明不发生半波损失，反射波与入射波在该点相位相同，从而写出反射波在 $x=0$ 处的振动方程为

$$y_{20}=A\cos 2\pi\frac{t}{T} \tag{3}$$

反射波是沿 x 轴正向传播的，故反射波方程（即任一点 x 处的振动方程）为

$$y_2=A\cos\left(2\pi\frac{t}{T}-2\pi\frac{x}{\lambda}\right)=A\cos 2\pi\left(\frac{t}{T}-\frac{x}{\lambda}\right) \tag{4}$$

(2) 求合振动的振幅，应先求出驻波方程. 从式(1)和式(4)得驻波方程为

$$\begin{aligned}y=y_1+y_2&=A\cos 2\pi\left(\frac{t}{T}+\frac{x}{\lambda}\right)+A\cos 2\pi\left(\frac{t}{T}-\frac{x}{\lambda}\right)\\&=2A\cos\frac{2\pi x}{\lambda}\cos 2\pi\frac{t}{T}\end{aligned} \tag{5}$$

把 $x=\frac{x}{3}\lambda$ 代入式(5)中的振幅表达式 $\left|2A\cos 2\pi\frac{x}{\lambda}\right|$ 之中便求得该点振幅为

$$\left|2A\cos\frac{2\pi}{\lambda}\times\frac{2}{3}\lambda\right|=\left|2A\cos\frac{4\pi}{3}\right|=A$$

*10-8 多普勒效应

演示实验：多普勒效应

在以上的讨论中，波源和观察者相对于介质都是静止的，这时观察者所接收到的波的频率与波源的频率相同. 如果波源或观察者，或两者同时相对于介质运动，

观察者所接收到的频率和波源的频率就不相同,这种现象叫做多普勒效应.

为简单起见,将介质选为参考系,并假定波源和观察者的运动发生在两者的连线上,用 v_S 表示波源相对于介质的运动速度,v_0 表示观察者相对于介质的运动速度,u 表示波在介质中的传播速度. 并规定:波源和观察者相互接近时 v_S 和 v_0 取正值;相互远离时 v_S 和 v_0 取负值. 以 u 表示的波在介质中的传播速度只决定于介质的性质,与波源或观察者的相对运动无关.

设波源频率为 ν,周期为 T,则波长为 $\lambda=\dfrac{u}{\nu}$. 下面分三种情况讨论.

一、波源静止,观察者相对于介质以速度 $\boldsymbol{v}_0$ 运动

如图 10-34 所示,观测者向着波源运动时,感到波是以速度 $u+v_0$ 向着他传来,于是观测者接收到的频率 ν' 为

$$\nu'=\frac{u+v_0}{\lambda}=\frac{u+v_0}{u/\nu}=\left(1+\frac{v_0}{u}\right)\nu \tag{10-48}$$

所以,当观测者向着波源运动时(即 v_0 为正值),ν' 大于 ν,观察者接收到的波频率大于波源频率. 反之,当观测者远离波源运动时(v_0 为负值),ν' 小于 ν,观察者接收到的波频率小于波源频率.

二、观察者静止,波源相对于介质以速度 $\boldsymbol{v}_S$ 运动

如图 10-35 所示,波源在 S 点发出一个波,经过一个周期 T 后,发出的波前恰好通过 uT 的距离,而到达图 10-35 中的 B 点,但是与此同时,波源也前进了一段距离 $v_S T$,而到达图 10-35 中的 S' 点. 于是,这时这个波被挤在 $S'B$ 之间,波长被压缩成为 λ',如图 10-35 中的实线所示.

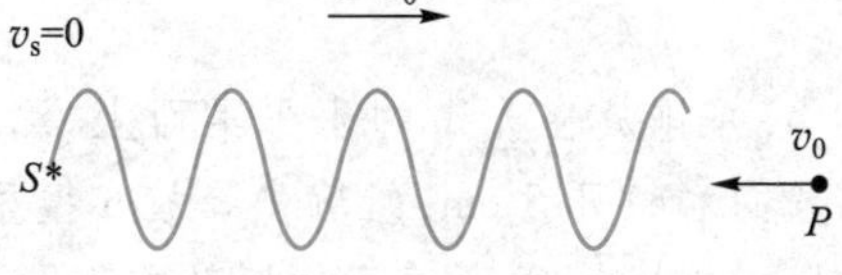

图 10-34

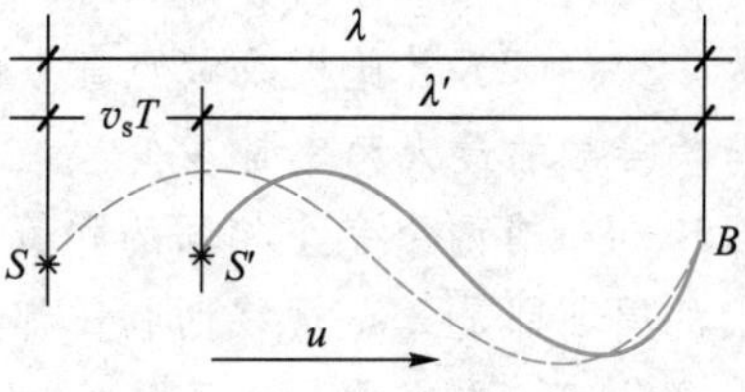

图 10-35

从图中可以看出

$$\lambda'=uT-v_S T=(u-v_S)T$$

故观测者接收到的频率 ν' 为

$$\nu'=\frac{u}{\lambda'}=\frac{u}{(u-v_S)T}=\frac{u}{u-v_S}\nu \tag{10-49}$$

所以,当波源向着观测者运动时($v_S>0$),ν' 大于 ν. 因此汽车向着观测者运动时,观测者听到的喇叭声频率变高;反之,当波源远离观测者运动时($v_S<0$),则 ν' 小于 ν. 因此汽车离去时,观测者听到的喇叭声频率变低. 火车鸣笛而来时,汽笛的声调变高;鸣笛而去时,汽笛的声调变低,也是这个道理.

三、波源与观察者都相对于介质运动

综合上述两种情况，则波源和观测者同时运动时，观测者接收到波的频率为

$$\nu'=\left(\frac{u+v_0}{u-v_S}\right)\nu \tag{10-50}$$

式中 v_S 和 v_0 的正负处理方法与前面规定的相同，即波源和观察者相互接近时，v_S 和 v_0 取正值，波源和观察者相互远离时，v_S 和 v_0 取负值.

多普勒效应是一切波动过程的共同特征，它在科学上有着广泛的应用. 例如，利用光的多普勒效应可以研究星体的运动，可以测定液体的流速. 利用超声波的多普勒效应可以对心脏跳动情况进行诊断.

习题

第十章参考答案

10-1 质量为 0.01 kg 的小球与轻质弹簧组成的系统，按照方程 $x=0.1\cos\left(8\pi t+\frac{2}{3}\pi\right)$ 的规律振动，式中 x 以 m 计，t 以 s 计，试求：(1) 振动的角频率、周期、振幅、初相；(2) 振动的速度、加速度的最大值；(3) 最大回复力、振动能量.

10-2 物体沿 x 轴做简谐振动，振幅为 20 cm，周期为 4 s，$t=0$ 时物体的位移为 10 cm，且向 x 轴正方向运动. (1) 求物体的振动方程；(2) 若物体在平衡位置且向 x 轴负方向运动的时刻开始计时，写出物体的振动方程.

10-3 一物体放在水平木板上，此板沿水平方向做简谐振动，频率为 2 Hz，物体与板面间的静摩擦因数为 0.50. 问：(1) 要使物体在板上不致滑动，振幅的最大值为多少？(2) 若此板改做竖直方向的简谐振动，振幅为 0.05 m，要使物体一直保持与板接触的最大频率是多少？

10-4 有两个完全相同的弹簧振子 a 和 b，并排放在光滑的水平桌面上，测得它们的周期都是 2 s. 现将两物体都从平衡位置向右拉开 5 cm，然后先释放 a 振子，经过 0.5 s 后，再释放 b 振子. 如果从 b 释放时开始计时，求两振子的振动方程.

10-5 一物体沿 x 轴做简谐振动. 其振幅 $A=10$ cm，周期 $T=2$ s，$t=0$ 时物体的位移为 $x_0=-5$ cm，且向 x 轴负方向运动. 试求：(1) $t=0.5$ s 时物体的位移；(2) 何时物体第一次运动到 $x=5$ cm 处；(3) 再经过多少时间物体第二次运动到 $x=5$ cm 处.

10-6 如图所示，一立方形木块浮于静水中，其浸入部分的高度为 a. 今用手指沿竖直方向将其慢慢压下，使其浸入部分的高度为 b，然后放手任其运动. 试证明，若不计水对木块的黏性阻力，木块的运动是简谐振动，并求出振动的周期和振幅.

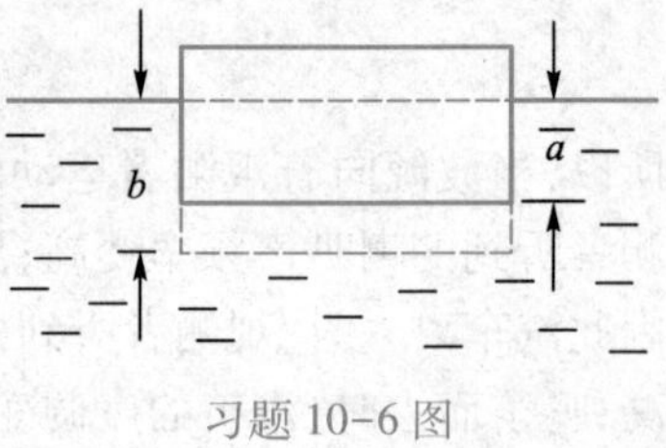

习题 10-6 图

10-7 如图所示,一劲度系数为 k 的轻弹簧,一端固定,另一端连结一质量为 m_1 的物体,放在光滑的水平面上,上面放一质量为 m_2 的物体,两物体间的最大静摩擦因数为 μ. 求两物体间无相对滑动时,系统振动的最大能量.

10-8 如图所示,质量为 10 g 的子弹以速度为 10^3 m/s 水平射入木块,并陷入木块中,使弹簧压缩而做简谐振动,设弹簧的劲度系数为 8×10^3 N/m,木块的质量为 4.99 kg,桌面摩擦不计,试求:(1) 振动的振幅;(2) 振动方程.

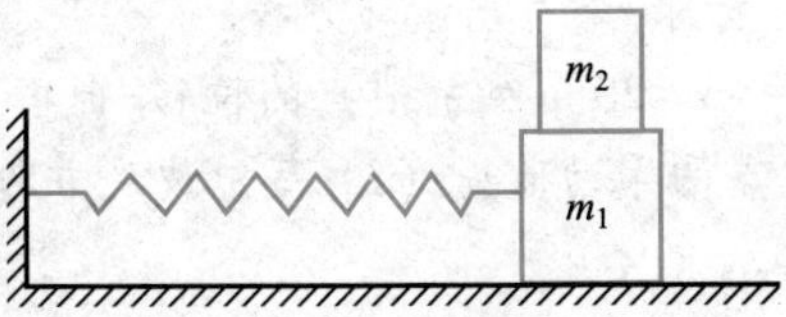

习题 10-7 图

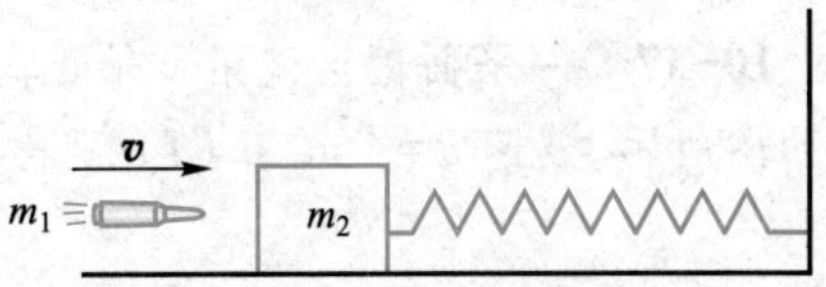

习题 10-8 图

10-9 一长为 l 的不可伸缩的细绳,上端固定,下端悬挂质量为 m 的小物体,当它在竖直平面内作小角度($\theta\leqslant5°$)摆动时,该系统称为单摆,如图所示,试证明单摆的小角度摆动是简谐振动,并求其振动周期.

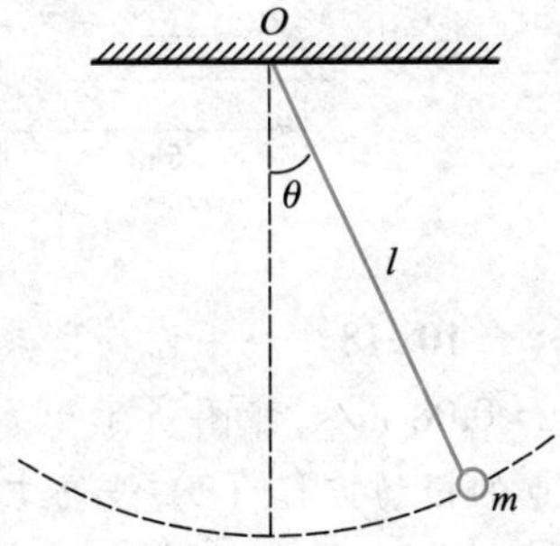

习题 10-9 图

10-10 当简谐振动的位移为振幅的一半时,其动能和势能各占总能量的多少?物体在什么位置其动能和势能各占简谐振动总能量的一半?

10-11 有一沿 x 轴做简谐振动的弹簧振子,假设振子在最大位移 $x_{\max}=0.4$ m 时最大回复力为 $F_{\max}=0.8$ N;最大速度为 $v_{\max}=0.8\pi$ m/s,又知 $t=0$ 时的初位移 $x_0=0.2$ m,且速度为负值.

求:(1) 振动的机械能;(2) 振动方程.

10-12 一质点同时参与两个在同一直线上的简谐振动:

$$x_1=0.04\cos\left(2t+\frac{\pi}{6}\right),\quad x_2=0.03\cos\left(2t-\frac{5}{6}\pi\right)$$

式中 x 以 m 计,t 以 s 计,试求其合振动的振幅和初相位.

10-13 设一弦上波的波动方程为

$$y=0.03\sin(x-2t)$$

式中 x,y 以 m 计,t 以 s 计. 求:(1) 波速、周期、波长;(2) 振动的最大速度;(3) $t=0$ 时,$x=0.1$ m 处的位移.

10-14 如图所示,一简谐波沿 x 轴正向传播,波速 $u=500$ m/s,P 点的振动方程为 $y=0.03\cos\left(500\pi t-\frac{\pi}{2}\right)$ 式中 y 以 m 计,t 以 s 计. $|OP|=x_0=1$ m. (1) 求波动方程;(2) 画出 $t=0$ 时刻的波形曲线.

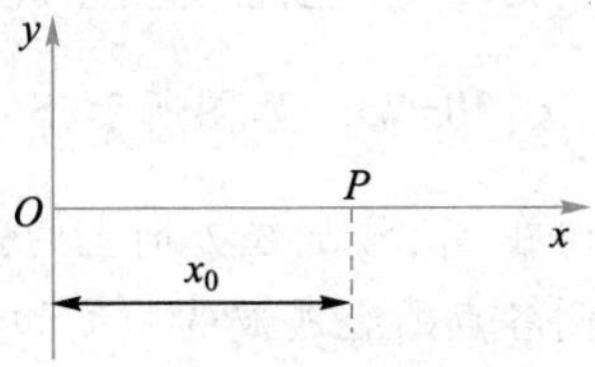

习题 10-14 图

10-15 一连续余弦纵波从振源出发,沿着一根很长的线圈弹簧传播，振源与弹簧相连，频率为 4 Hz，弹簧中相邻两疏部中心距离为 0.25 m，设弹簧中某一圈的最大纵向位移为 0.03 m，取 x 轴正向沿着波进行方向. 波源在 $x=0$ 处，并设 $t=0$ 时，波源的位移为 0.03 m. (1) 写出此波的波动方程；(2) 求出在 $t=1$ s 时，波峰的位置.

10-16 如图所示，一平面波在介质中以速度 $u=20$ m/s 沿 x 轴负方向传播，已知 a 点的振动方程为 $y_a=3\cos 2\pi t$，式中 y 以 m 计，t 以 s 计. (1) 以 a 点为坐标原点写出波动方程；(2) 以距 a 点 5 m 处的 b 点为坐标原点，写出波动方程.

10-17 一平面简谐波沿 x 轴正向传播，已知 $x=20$ m 处的质点的位移-时间曲线如图所示，波速 $u=4$ m/s. (1) 画出原点处质点的振动曲线；(2) 写出波动方程.

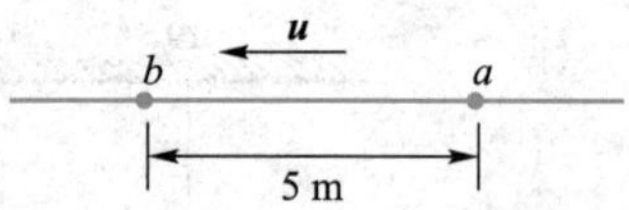

习题 10-16 图

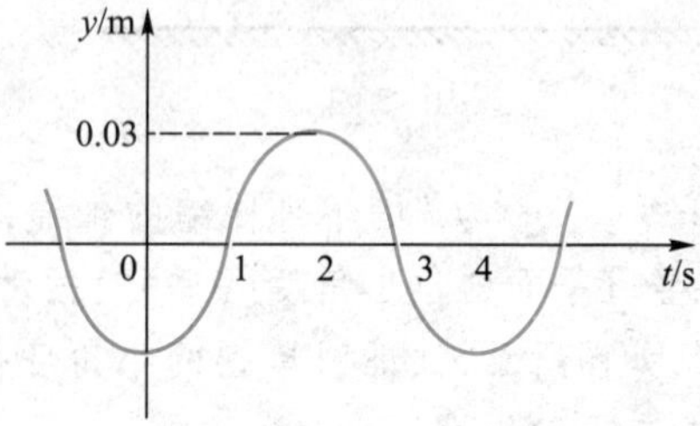

习题 10-17 图

10-18 一平面简谐波沿 x 轴正向传播，波速 $u=0.08$ m/s，如图所示为 $t=0$ 的波形. 求：(1) O 点的振动方程；(2) 波动方程；(3) P 点的振动方程；(4) a、b 两点的振动方向.

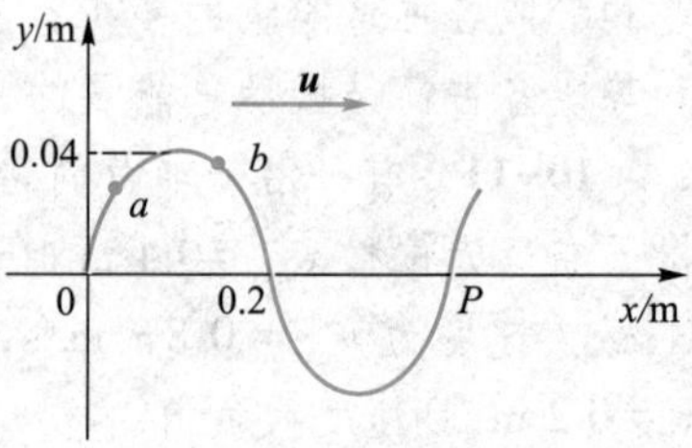

习题 10-18 图

10-19 为了保持波源的振动不变，需要消耗 4 W 的功率，若波源发出的是球面波（设介质不吸收波的能量），求距离 5 m 和 10 m 处的能流密度.

10-20 一正弦式声波，沿直径为 0.14 m 的圆柱形管行进，波的强度为 9.0×10^{-3} W/m^2，频率为 300 Hz，波速为 300 m/s. 问：(1) 波中的平均能量密度和最大能量密度是多少？(2) 每两个相邻的、相位差为 2π 的同相面间有多少能量？

10-21 一平面简谐声波的频率为 500 Hz，在空气中以速度 $u=340$ m/s 传播. 到达人耳时，振幅 $A=10^{-4}$ cm，试求人耳接收到声波的平均能量密度和声强（空气的密度 $\rho=1.29$ kg/m^3）.

***10-22** 在真空中，若一均匀电场中的电场能量密度与一个 0.5 T 的均匀磁场中的磁场能量密度相等，该电场的电场强度为多少？

10-23 如图所示，S_1 和 S_2 为相干波源，相距 $\frac{1}{4}\lambda$，S_1 的相位较 S_2 超前 $\frac{\pi}{2}$. 设两波在 S_1、S_2 连线方向上的强度相同且不随距离变化，问：(1) S_1、S_2 连线上在 S_1 外侧各点的合成波的强度如何？(2) 在 S_2 外侧各点的强度又如何？

10-24 如图所示，两列平面简谐波为相干波，在两种不同介质中传播，在两介

质分界面上 P 点相遇. 波的频率 $\nu=100$ Hz, 振幅 $A_1=A_2=1.00\times10^{-3}$ m, S_1 的相位比 S_2 的相位超前 $\pi/2$, 波在介质 1 中的波速 $u_1=400$ m/s, 在介质 2 中的波速为 $u_2=500$ m/s, $r_1=4.00$ m, $r_2=3.75$ m, 求 P 点的合振幅.

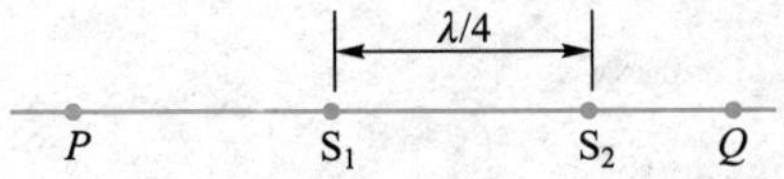

习题 10-23 图

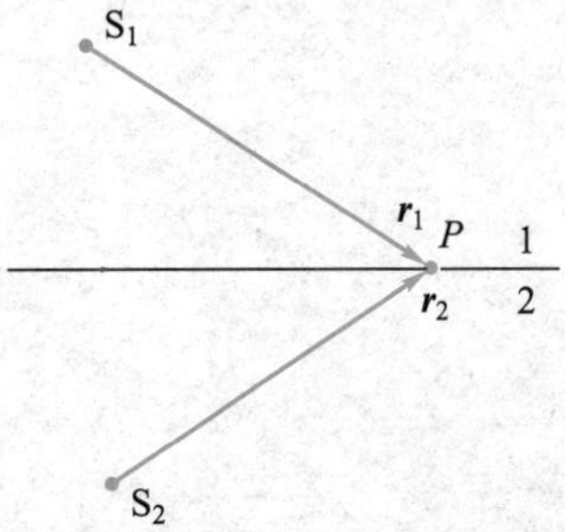

习题 10-24 图

10-25 如图所示, 沿 x 轴负向传播的入射波方程为 $y_1=A\cos\left(\omega t+\frac{2\pi}{\lambda}x-\frac{\pi}{2}\right)$. 入射波在 $x=0$ 处反射, 反射端固定. 设反射波不衰减, 求驻波方程及波节和波腹的位置.

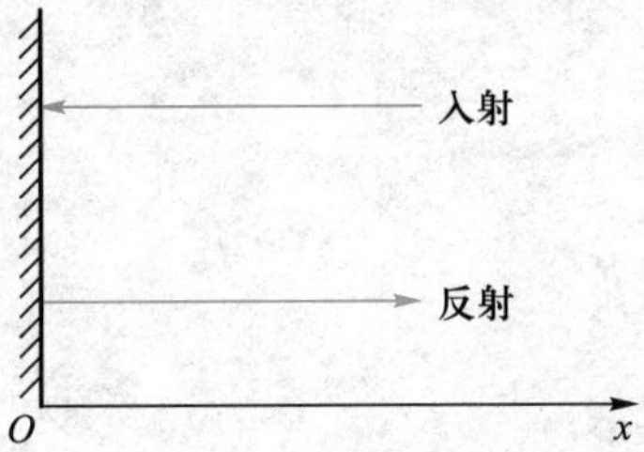

习题 10-25 图

10-26 当火车驶近时, 静止的观察者觉得它的汽笛的基音比驶去时高一个音 (即频率高到 9/8 倍), 已知空气中声速 $u=340$ m/s. 求火车速率.

10-27 一声源以 10^4 Hz 的频率振动, 若人耳可闻声的最高频率为 2×10^4 Hz. 试问该声源必须以多大速率向着静止的观察者(人)运动, 才能使观察者听不到声音. 已知空气中声速 $u=340$ m/s.

第十一章

波动光学

光学是研究光的本性，光的发射、传播和吸收以及光和其他物质相互作用规律的学科，以光的直线传播性质为基础，研究光在透明介质中传播的光学称为几何光学；以光的波动性质为基础，研究光的传播规律的光学称为波动光学；以光的粒子性为基础，研究光与物质相互作用规律的光学称为量子光学.

本章讨论波动光学，其主要内容包括光的干涉、衍射和偏振.

11-1 光的相干性

一、光是电磁波

实验指出，光与电磁波一样，都有表现波动特性的干涉、衍射现象，在两种不同介质分界面上都会发生反射和折射；光在真空中的传播速度等于电磁波在真空中的传播速度 c，这些结果说明了光是电磁波.

可见光是一种波长很短的电磁波，其波长范围为 390~760 nm，它是光学研究的对象. 可见光的一个重要特点就是引起人眼的视觉，人眼所看见的不同颜色，实际上是不同波长的可见光，在真空中，光的不同波长范围与人眼不同颜色感光之间的对应关系如表 11-1 所示.

表 11-1 光的颜色与波长对照表

颜色	波长范围/nm
红	760~622
橙	622~597
黄	597~577
绿	577~492
青	492~450
蓝	450~435
紫	435~390

波动是振动在空间的传播，光波是光振动的传播，但是在光学中，人们除了能够看到光的颜色以外，还能直接观测到光的强度. 例如，人眼或任何感光仪器，观察到的都是光的强度而不是光的振动. 不过，光的强度 I 取决于在一段时间内光的能流密度的平均值，其值与光振动的振幅 A 的平方成正比，即

$$I=kA^2 \tag{11-1}$$

二、光源

凡是能发光的物体都称为光源. 可见光的天然光源主要是太阳，太阳光（白光）是红、橙、黄、绿、青、蓝、紫，7 种色光的混合光. 可见光的人工光源主要是炽热物体

(如白炽灯等).

按照一般光源的发光机理,光是由光源中大量原子或分子(下面以原子为例)从较高的能量状态跃迁到较低的能量状态过程中对外辐射出来的,这种辐射有如下两个特点.

一是每个原子每次发光时间很短(约 10^{-8} s)且为一段长度有限、频率一定和振动方向一定的光波,这一段光波叫做一个波列. 光源中大量原子是各自相互独立地发出一个个波列,它们的发射是偶然的,彼此间没有联系,如图 11-1 所示。因此,同一时刻不同原子发射的波列,其频率、振动方向和初相不可能完全相同. 二是原子的发光是间歇的,当它们发出一个波列之后,要停留若干时间再发出第二个波列. 所以,同一个原子先后所发出的波列的频率即使相同,但其振动方向和初相也不一定相同.

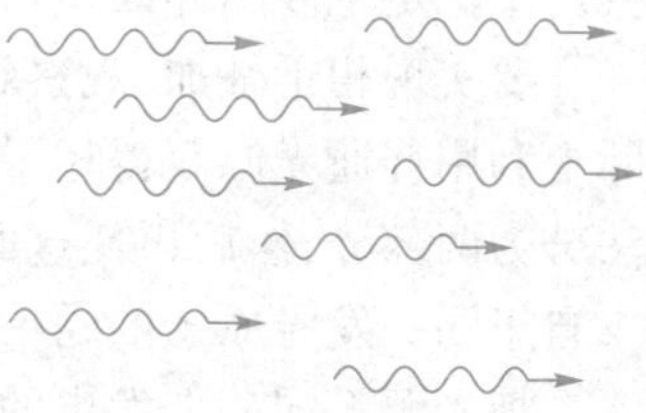

图 11-1

在光学中,称具有单一波长的光为单色光,具有很多不同波长的复合光为复色光. 复色光是由很多单色光组成的光波. 显然,普通光源发出的光是复色光. 在实验室中常用钠光灯和激光来获得近似的单色光. 例如,用钠灯可获得波长成分为 589.0 nm 的黄光.

三、光的相干性

我们知道,波动是具有叠加性的. 在讨论机械波动时,曾指出由两个频率相同、振动方向相同、相位相同或相位差恒定的波源所发出的两个波,在两波相遇的空间区域将呈现干涉现象. 即在某些点处,合振动始终加强;在另一些点处,合振动始终减弱甚至完全相消. 光是一种波动,满足下述相干条件时,光波也会产生干涉现象(明暗程度在空间的稳定分布),即频率相同、振动方向相同、相位差恒定的两束光相遇时,在光波重叠区,某些点合成光强大于分光强之和,在另一些点,合成光强小于分光强之和,合成光波的光强在空间形成明暗相间的稳定分布. 光波的这种叠加称相干叠加. 能产生相干叠加的两束光称相干光,相干叠加必须满足的条件称为相干条件. 如果两束光不满足相干叠加条件,则在光波的重叠区,没有干涉现象产生. 光波的这种叠加称非相干叠加,其合成光强等于分光强之和,即

$$I=I_1+I_2 \tag{11-2}$$

例如,两盏灯在共同照射的区域内,任意一点的照度总是等于两盏灯在该点照度之和,光强呈现均匀分布.

四、相干光的获得

对于机械波而言,相干条件比较容易满足,例如,两个频率完全相等的音叉在室内振动时可以觉察到空间有些点的声振动始终很强,而另一些点的声振动始终很弱. 这是因为机械波的波源可以连续地振动,发射出不中断的波,只要两个波源

的频率相同,相干波源的其他两个条件即振动方向相同和相位差恒定的条件就比较容易满足. 因此,观察机械波的干涉现象就比较容易.

但是对于光波而言,根据光源的发光机理可知,两个独立的普通光源或同一光源的不同部分发出的光不是相干光,因为它们的频率一般不同,光的振动方向及相位差随时间无规则地变化,不满足相干条件,这种非相干光源发出的光的叠加是不会产生稳定干涉图样的.

要实现相干叠加,观察到稳定的干涉图样,必须用满足相干条件的相干光. 实际上利用普通光源获得相干光的方法的基本原理是把由光源上同一点发出的光设法分为两部分,然后再使这两部分叠加起来. 由于这两部分光的相应部分实际上都来自于同一发光原子的同一次发光,所以它们满足相干条件而成为相干光.

把光源上同一点发出的光分成两部分的方法有两种:一种是分波前法,它是采用光学方法从点光源发出的光波的同一波前上分割出两部分次光源,如图 11-2 所示,单色平行光照射到狭缝 S 上,根据惠更斯原理,S 可以看做新的波源,对外发射子波. S_1 和 S_2 是处在同一波前上的两个狭缝,由于它们是从同一光源分离出来的,又处在同一波前上,所以必然满足相干条件;另一种方法是分振幅法,它是采用把面光源射到透明薄膜上的光束 a 分离为两部分的方法,一部分是在薄膜的上表面反射的光束 a',另一部分是在薄膜的下表面反射后再透射出来的光束 a'',如图 11-3 所示,由于光束 a'和光束 a''都是由光束 a 分离出来的,所以必然满足相干条件.

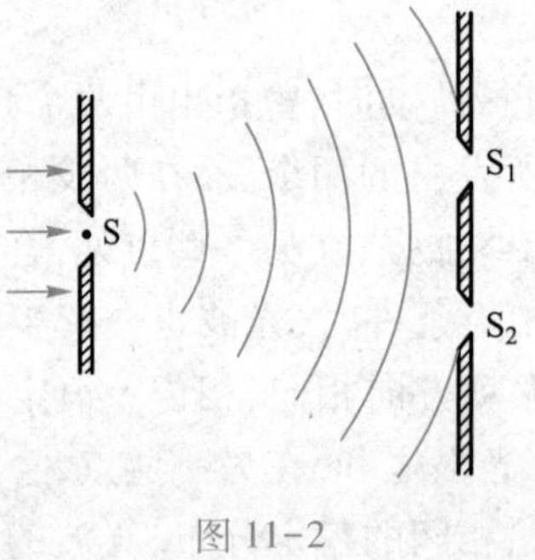

图 11-2

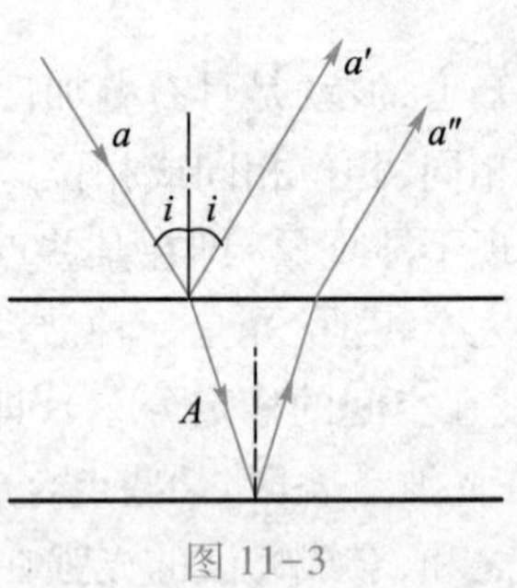

图 11-3

对于单一频率的激光光源,由于光的相位相同,它所发出的光几乎是完整的平面波,从激光束上任意两点引出的光都具有相干性,所以用激光光源很容易实现光的干涉.

11-2 光程和光程差

一、光程

光既然是一种波,那么,光在真空中的频率 ν、波长 λ 和光速 c(波速)三者之间也必然有如下关系:

$$c=\nu\lambda$$

如果光在折射率为 n 的介质中传播，我们知道，光的频率是不会变化的，但光速将随介质的性质而有所变化. 设介质中的光速为 u，则

$$u=\frac{c}{n} \tag{11-3}$$

于是，同一频率的光波在介质中的波长 λ_n 将变为

$$\lambda_n=\frac{u}{\nu}=\frac{c}{n\nu}=\frac{\lambda}{n} \tag{11-4}$$

由于 $n\geqslant 1$，所以介质中的波长比真空中的波长要短，当光在介质中以速度 u 传播，经过时间 t 后通过的距离 r 为

$$r=ut$$

由于在折射率为 n 的介质中，光速 $u=\frac{c}{n}$，代入上式得

$$nr=ct \tag{11-5}$$

式中 nr 称为与 r 相应的光程. 由式(11-5)可知，光程在数值上等于在相同时间内光在真空中所通过的几何路程. 光程的物理意义就是光在介质中通过的几何路程 r 可折算为在相同时间 t 内光在真空中通过的几何路程，折算的方法是光在介质中的几何路程 r 乘以该介质的折射率 n.

二、光程差

两束光的光程之差称为光程差. 设从同相位的相干光源 S_1 和 S_2 发出的两相干光，分别在折射率为 n_1 和 n_2 的介质中传播，相遇点 P 与光源 S_1 和 S_2 的距离分别为 r_1 和 r_2，如图 11-4 所示. 则两光束到达 P 点的相位变化之差为

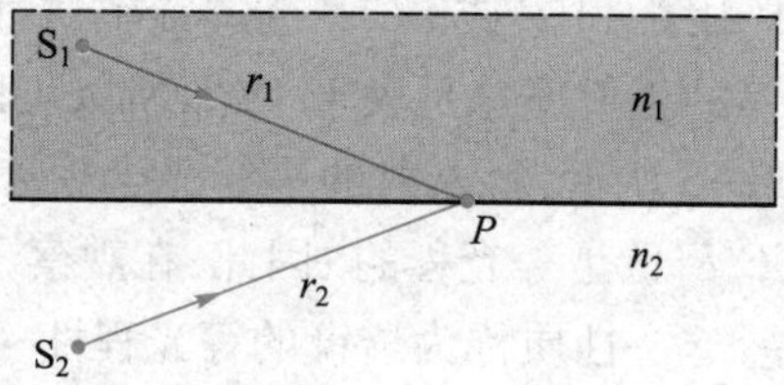

图 11-4

$$\Delta\varphi=\frac{2\pi r_2}{\lambda_{n_2}}-\frac{2\pi r_1}{\lambda_{n_1}}=\frac{2\pi}{\lambda}(n_2r_2-n_1r_1)$$

若用 $\Delta=(n_2r_2-n_1r_1)$ 表示两束光到达 P 点的光程差，则两光束在 P 点的相位差为

$$\Delta\varphi=\frac{2\pi}{\lambda}\Delta \tag{11-6}$$

上式说明，引入光程的概念后，不论光在什么介质中传播，对相位差都可以统一地用真空中的波长进行计算，为此，只需要把式(10-44)中的波程差换成光程差，就能得到光的干涉的明、暗条纹条件，即

$$\Delta=\begin{cases}\pm k\lambda & (k=0,1,2,\cdots)\text{明条纹}\\ \pm(2k+1)\dfrac{\lambda}{2} & (k=0,1,2,\cdots)\text{暗条纹}\end{cases} \tag{11-7}$$

显然,两束相干光在不同的介质中传播时,对干涉效果起决定作用的是两束光的光程差,而不是两束光的几何路程之差. 当光程差为$\frac{\lambda}{2}$的偶数倍时,出现明条纹,当光程差为$\frac{\lambda}{2}$的奇数倍时,出现暗条纹.

三、额外光程差

如果两束相干光在传播过程中,还相继地在不同介质的分界面上发生反射时,那么,在计算两束相干光的光程差时,对每一次光从光疏介质入射到光密介质并反射时都需计入一个相应的额外光程差$\frac{\lambda}{2}$——半波损失(即增加或减少半个波长)我们约定:一律采取增加$\frac{\lambda}{2}$的办法,这并不影响干涉条纹的结果.

四、等光程性

在观察干涉和衍射现象时,经常要使用透镜,一束平行光线通过透镜后会聚于焦点,会不会引起光程差呢?

一束平行光线通过透镜后会聚在焦点 F 处,相互加强成一亮点,如图 11-5 所示,这一实验事实说明垂直于入射光的任一平面上的各点 $A,B,C,\cdots$,到达 F 点都具有相同的光程. 关于这个事实可以这样来理解,虽然 $AA'F$ 或 $CC'F$ 的几何路程总大于 $BB'F$ 的几何路程,但由于 $AA'F$ 或 $CC'F$ 在透镜中通过的路径要小于 $BB'F$ 在透镜中通过的路径,而透镜的折射率总是大于 1 的,所以可以理解为 $AA'F$、$BB'F$ 和 $CC'F$ 是等光程的. 如图 11-6 所示,斜入射的平行光会聚于焦平面上 F'处,由类似讨论可知,$AA'F'$、$BB'F$、$CC'F'$也是等光程的. 因此,在观察干涉和衍射现象时,使用透镜不引起附加的光程差,这一性质称为透镜的等光程性.

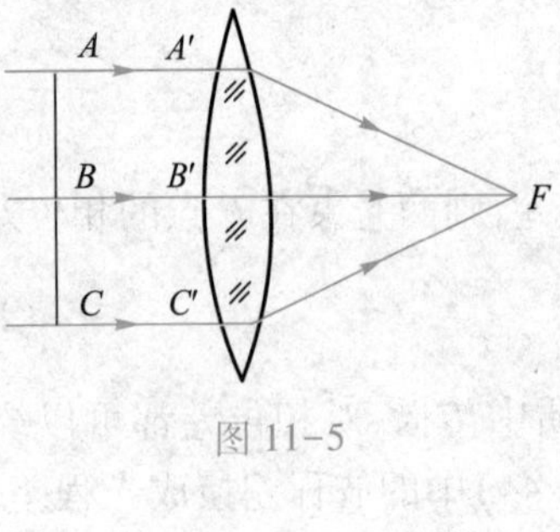

图 11-5

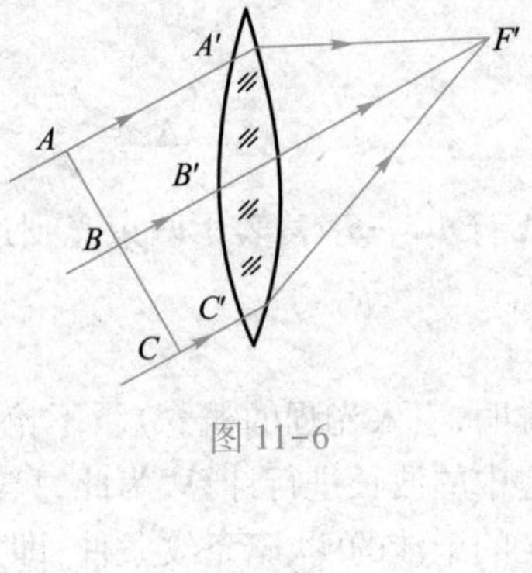

图 11-6

11-3 光的干涉

干涉现象是波动过程的基本特征之一,如果能够实现光的干涉,就能证实光的波动性.

一、杨氏双缝干涉

杨氏双缝实验是典型的分波前法干涉,其实验装置如图 11-7(a)所示,单色平行光垂直照射开有狭缝 S 的不透明的遮光板上,后面置有另一开有两个距离很小的平行狭缝 S_1 和 S_2 的光栅,S_1 和 S_2 到 S 距离相等. 由于 S_1 和 S_2 处在同一波面上,它们的相位差为零,所以 S_1 和 S_2 就成为两个同向相干光源,它们发出的光在空间叠加将产生干涉现象. 若在 S_1 和 S_2 后放一屏幕 E,在 E 上将出现一组稳定的明暗相间的干涉条纹,如图 11-7(b)所示.

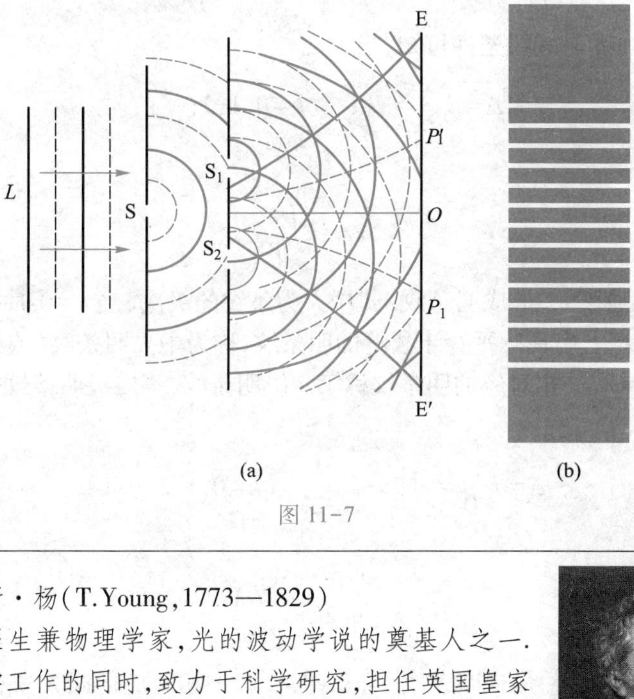

(a) (b)

图 11-7

托马斯 · 杨(T.Young,1773—1829)

英国医生兼物理学家,光的波动学说的奠基人之一. 在从事医学工作的同时,致力于科学研究,担任英国皇家学院自然哲学教授,在光学领域进行了大量实验,1801 年,进行了双缝干涉实验,证明了光是以波动形式存在的. 并以干涉原理为基础,建立了新的波动理论.

文档:托马斯 · 杨简介

下面对屏幕 E 上的干涉条纹分布进行定量分析. 如图 11-8 所示,设相干光源 S_1 和 S_2 之间的距离为 d,其中 M 点到屏幕 E 上的距离为 D,令 P 点为屏幕 E 上的任意一点,P 点距 S_1 和 S_2 的距离分别为 r_1 与 r_2,从 S_1 和 S_2 发出的光到达 P 点处的光程差为

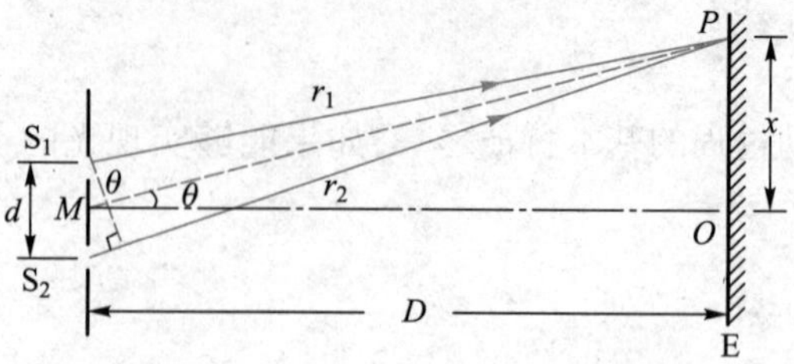

图 11-8

$$\Delta=r_2-r_1\approx d\sin\theta$$

此处 θ 是 PM 和 M 到屏幕 E 的中垂线之间的夹角,实验中使屏幕的距离足够远,满足 $D\gg d$ 和 $D\gg x$,此时 θ 角很小,则有 $\sin\theta\approx\tan\theta$. 由图可看到 $\tan\theta=\frac{x}{D}$,所以

$$\Delta\approx d\sin\theta\approx d\tan\theta=d\frac{x}{D}$$

根据光的干涉加强与减弱条件可知,当

$$\Delta=d\frac{x}{D}=\pm k\lambda\quad(k=0,1,2,\cdots)$$

或

$$x=\pm k\frac{D\lambda}{d}\tag{11-8a}$$

时,P 点处的光强极大,形成明条纹. 式中 k 为条纹的级次. 当 $k=0$ 时,有 $x=0$,因此在屏幕 E 的 O 点上出现一平行于狭缝的明条纹,称为中央明条纹(或称为零级明条纹),与 $k=1,k=2,\cdots$ 相对应的明条纹称第一级明条纹,第二级明条纹……

当

$$\Delta=d\frac{x}{D}=\pm(2k+1)\frac{\lambda}{2}\quad(k=0,1,2,\cdots)$$

或

$$x=\pm(2k+1)\frac{D\lambda}{2d}\tag{11-8b}$$

时,P 点处的光强极小,形成暗条纹,与 $k=0,1,2,\cdots$ 相对应的暗条纹称为第一级暗条纹,第二级暗条纹,第三级暗条纹……

如果光程差 Δ 既不满足式(11-8a),也不满足式(11-8b),则 P 点处的光强将介于最明和最暗之间.

由式(11-8a)或式(11-8b)可求得屏幕 E 上相邻明条纹或暗条纹中心的间距都是

$$\Delta x=x_{k+1}-x_k=\frac{D}{d}\lambda\tag{11-9}$$

可见,干涉条纹是一系列等距离分布的明暗相间的直条纹.

由式(11-9)可得出如下结论:

(1) 若单色光的波长一定,双缝之间的间距 d 增大或双缝至屏幕的距离 D 变小,则干涉条纹间距 Δx 变小,即条纹变密. 实验中总是使 d 较小而 D 足够大,以避免使条纹过密而不能分辨;

(2) 若 d 与 D 保持不变,Δx 正比于波长 λ,也就是短波长的紫光的条纹比长波长的红光条纹要密. 因此,在实验中如用白光作光源,则屏幕 E 上除中央明纹仍为白色外,其他各级条纹由于不同波长的光形成明、暗条纹的位置不同而呈现彩色条纹,彩色条纹的颜色由内向外的排列是从紫到红.

(3) 若由实验测出 Δx、d、D 的值,可利用式(11-9)计算出单色光的波长 λ 值.

例 11-1 在杨氏双缝实验装置中,光源波长 $\lambda=6.4\times10^{-5}$ cm,两狭缝间距 d 为 0.4 mm,光屏离狭缝距离 D 为 50 cm. 求:(1) 光屏上第一级明条纹中心和中央明条纹中心之间的距离. (2) P 点离中央明条纹的中心距离 x 为 0.1 mm 时,两束光在 P 点的相位差.

解 (1) 根据条纹间距公式(11-9),有

$$\Delta x=\frac{D}{d}\lambda=\frac{50}{0.04}\times6.4\times10^{-5}\ \text{cm}=8.0\times10^{-2}\ \text{cm}$$

(2) 两束光到达 P 点的光程差为

$$\Delta=\frac{x}{D}d=\frac{0.01}{50}\times0.04\ \text{cm}=8.0\times10^{-6}\ \text{cm}$$

根据相位差与光程差的关系得

$$\Delta\varphi=\frac{2\pi}{\lambda}\Delta=\frac{2\pi}{6.4\times10^{-5}}\times8.0\times10^{-6}=\frac{\pi}{4}$$

例 11-2 如图 11-9 所示,在杨氏双缝干涉装置中,在 S_1 缝覆盖厚度为 h 的介质片,设入射光的波长为 λ,则中央明条纹移至何处? 若移至原来的第 k 级明条纹处,求介质片的折射率 n.

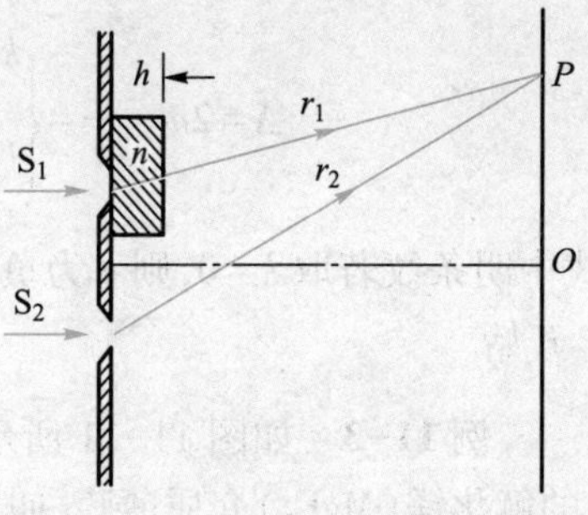

图 11-9

解 (1) 从 S_1 和 S_2 发出的相干光到达屏上 P 点所对应的光程差为

$$\Delta=r_2-[(r_1-h)+nh]$$

对于中央明条纹,有 $\Delta=0$

因此有 $r_2-r_1=(n-1)h>0$

故中央明条纹移至屏中央以上.

(2) 对于原来第 k 级明条纹,有

$$r_2-r_1=k\lambda$$

当插入介质片时,中央明条纹移到 k 级明条纹处,因此应当满足

$$r_2-r_1=(n-1)h=k\lambda$$

最后可得

$$n=1+\frac{k\lambda}{h}$$

二、薄膜干涉

薄膜干涉是分振幅法干涉的典型例子. 薄膜干涉现象在日常生活和生产中经常见到,如肥皂泡、马路上的油膜等薄膜表面上呈现的彩色条纹,就是阳光照射在薄膜上,经过薄膜的上、下表面反射后相互干涉的结果.

薄膜干涉的一般情况是相当复杂的,我们仅讨论两种具有较大实际意义的特殊情况.

平行薄膜的干涉　如图 11-10 所示,一折射率为 n,厚度为 e 的均匀薄膜,置于折射率为 n_1 的介质中(设 $n_1<n$),波长为 λ 的光垂直入射,在薄膜上表面一部分反射,形成光束 a,另一部分透射至薄膜的下表面后再有一部分被反射,形成光束 b(入射线、光束 a 和 b 均沿同一直线,为了区分它们,在图中将它们相互平移了一个距离.)光束 a 和 b 经透镜会聚在屏幕上的叠加结果取决于它们的光程差. 显然光束 b 比光束 a 多走 $2e$ 的路程,因而其相应的光程差为 $2ne$. 由于光束 a 是由光疏介质射向光密介质时产生的光束,具有 π 的相位突变,也即光程突变了半波长,这样光束 a 与 b 之间的光程差为

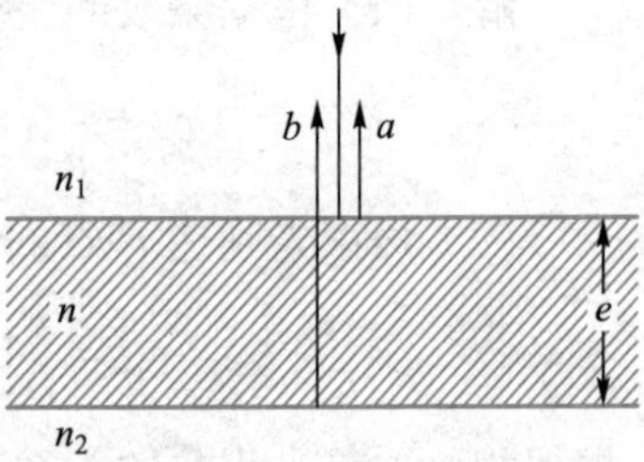

图 11-10

$$\Delta=2ne+\frac{\lambda}{2}$$

于是干涉条件是

$$\Delta=2ne+\frac{\lambda}{2}=\begin{cases}k\lambda & (k=1,2,\cdots) \quad 明条纹\\(2k+1)\dfrac{\lambda}{2} & (k=0,1,2,\cdots) \quad 暗条纹\end{cases} \tag{11-10}$$

式中明条纹若取 $k=0$,则 e 为负值,这是没有物理意义的. 因此,k 的取值只能从 $k=1$ 开始.

例 11-3　如图 11-11 所示,在照相机镜头(玻璃透镜)的表面涂有一层透明的氟化镁(MgF_2)介质薄膜,叫做增透膜. 为了使透镜对人眼和照相底片最敏感的黄绿光(波长为 550 nm)反射最小,试问此介质薄膜的最小厚度应为多少? 已知玻璃的折射率为 1.50,氟化镁的折射率为 1.38.

解　由于氟化镁上方为空气,因此 $n_2>n_1$,又 $n_3>n_2$,所以 Ⅰ 光和 Ⅱ 光分别在薄膜上、下表面反射时都有半波损失. 据波的干涉减弱条件,有

$$2n_2e=(2k+1)\frac{\lambda}{2}$$

得反射光最小时有 $e=\frac{(2k+1)}{4n_2}\lambda$

对应于最小厚度,取 $k=0$,有

$$e=\frac{\lambda}{4n_2}=\frac{550\times10^{-9}\ \text{m}}{4\times1.38}=0.1\ \mu\text{m}$$

即薄膜的最小厚度为 0.1 μm.

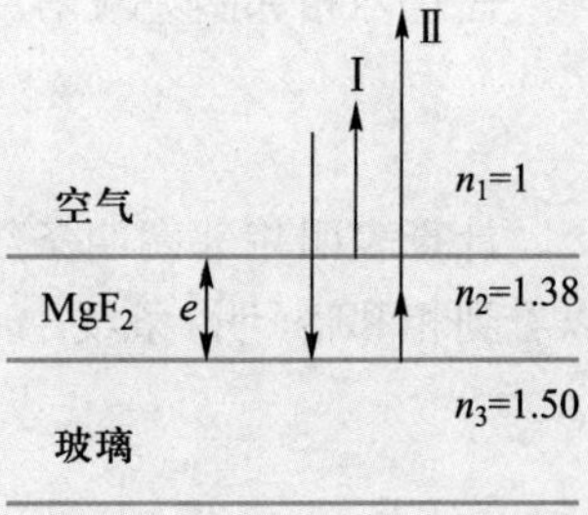

图 11-11

根据能量守恒定律,反射光干涉减弱,透射光必定干涉加强. 因此,这样的薄膜起了增强透射光的作用,所以称它为增透膜.

劈形薄膜的干涉 如图 11-12(a)所示,一个劈尖形状的介质薄片或膜(称为劈尖),它的两个表面是平面,两平面的交线称为棱边,在平行于棱边的线上,劈尖的厚度是相等的. 如果用平行光垂直照射,就可以看到一系列平行的明暗相间的等间距的干涉条纹,如图 11-12(b)所示.

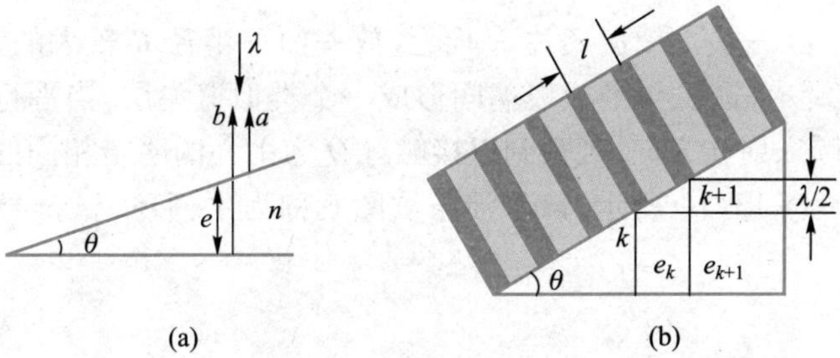

图 11-12

设劈尖的折射率为 n,劈尖顶角 θ 极小. 当平行光垂直入射时,在劈尖上、下表面反射的光线 a 与 b 将发生干涉. 设某光线入射处薄膜厚度为 e,则下表面的反射光线比上表面的反射光线多走 $2e$ 的路程,其相应的光程差为 $2ne$. 再考虑到只有上表面反射的光线有半波损失,所以这两条反射光线的光程差为

$$\Delta=2ne+\frac{\lambda}{2}$$

根据干涉条件,当光程差满足

$$\Delta=2ne+\frac{\lambda}{2}=k\lambda \qquad (k=1,2,3,\cdots) \tag{11-11}$$

时为明条纹;当光程差满足

$$\Delta=2ne+\frac{\lambda}{2}=(2k+1)\frac{\lambda}{2} \qquad (k=0,1,2,\cdots) \tag{11-12}$$

时为暗条纹. 由上式可知,劈尖棱边处($e=0$)是对应于 $k=0$ 的一条暗条纹. 第 k 级暗条纹所对应的厚度为

$$e_k=k\frac{\lambda}{2n} \tag{11-13}$$

任意两相邻暗条纹对应的薄膜厚度差为

$$\Delta e=e_{k+1}-e_k=\frac{\lambda}{2n} \tag{11-14}$$

计算表明相邻两明条纹对应的薄膜厚度差与上式相同. 从图 11-12(b)中还可以看到相邻暗(明)条纹中心间距 l 为

$$l=\frac{\Delta e}{\sin\theta}=\frac{\lambda}{2n\sin\theta}$$

由于 θ 很小,则 $\theta\approx\sin\theta$;上式可写成

$$l=\frac{\lambda}{2n\theta} \tag{11-15}$$

可见,劈尖夹角越小,条纹越疏;反之条纹密集. 当 θ 大到一定程度时,干涉条纹挤成一堆,便观察不到干涉现象了. 劈尖在工业生产中应用相当广泛. 如两块平板玻璃,一端相互接触,另一端用细丝隔开,其中就构成空气劈尖($n=1$). 可用它来测定细丝直径,或用它来检查工作表面的平整程度. 利用劈尖还可测定微小的位移或长度变化.

例 11-4 在一块平板玻璃片 A 面上,放一曲率半径 R 较大的平凸透镜,如图 11-13(a)所示,透镜与平板玻璃间形成一个类似劈夹层,当平行光垂直入射平凸透镜时,顺入射光方向,观察到以接触点 O 为中心的明暗相同的同心圆状干涉图案,如图 11-13(b)所示,该干涉条纹图案称为牛顿环. 试推导其条纹半径公式.

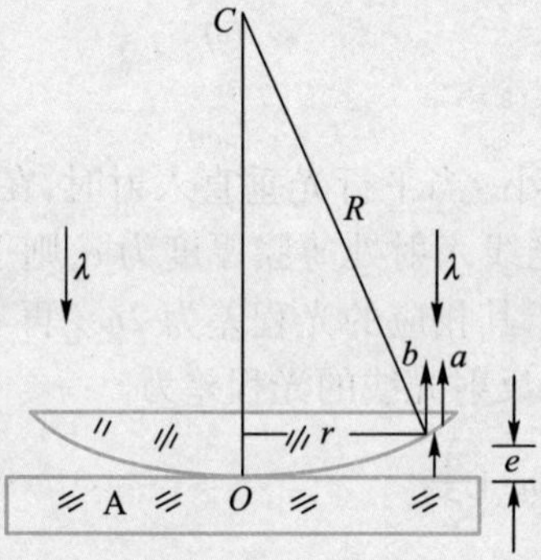

(a)

(b)

图 11-13

解 设第 k 级明条纹半径为 r,所对应的空气层厚度为 e,由图 11-13 可得

$$r^2=R^2-(R-e)^2=2R\mathrm{e}-e^2$$

由于 $R\gg e$,所以 e^2 可略去,故

$$e=\frac{r_k^2}{2R} \tag{1}$$

设玻璃的折射率为 n_1,空气的折射率为 n($n<n_1$),在厚度 e 处,空气薄膜上、

下表面反射的两束反射光的光程差为

$$\Delta = 2ne + \frac{\lambda}{2} \tag{2}$$

将式(1)和式(2)代入式(11-10)得

$$r=\begin{cases}\sqrt{\dfrac{(2k-1)R\lambda}{2n}} & (k=1,2,3,\cdots)\quad 明条纹\\ \sqrt{\dfrac{kR\lambda}{n}} & (k=0,1,2,\cdots)\quad 暗条纹\end{cases} \tag{11-16}$$

在环中心处,玻璃紧贴玻璃,空气层厚度为零,两反射光光程差为$\frac{\lambda}{2}$,所以牛顿环中央是暗条纹.

在实验室里,常用牛顿环测定光波波长或测量透镜的曲率半径. 在工业生产中,可利用牛顿环精确地检验透镜的质量等.

11-4 光的衍射

衍射是波动的另一个基本特征. 光的衍射现象进一步说明光具有波动性.

一、光的衍射现象

光在传播过程中遇到障碍物(或小孔、狭缝),传播路径就会发生弯曲而绕到障碍物背后继续传播,这种现象称为光的衍射. 但在日常生活中,光的衍射现象不常见,这是由于光的波长远小于一般障碍物(或小孔、狭缝)的线度. 当光的波长与障碍物(或小孔、狭缝)的线度同数量级时,同样能观察到明显的衍射现象. 在光的衍射现象中,光不仅在"绕弯"传播,还能产生明暗相间的条纹.

衍射系统由光源、衍射孔(或缝)和接收屏组成,通常根据三者相对位置的大小,将衍射分为两类. 一类是衍射孔(或缝)离光源和接收屏的距离为有限远时的衍射,称为菲涅耳衍射,如图 11-14(a)所示. 另一类是衍射孔(或缝)与光源和接收屏幕的距离都是无限远的衍射,也就是照射到孔(或缝)上的入射光和离开孔(或缝)

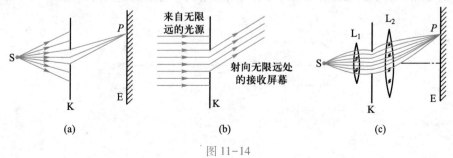

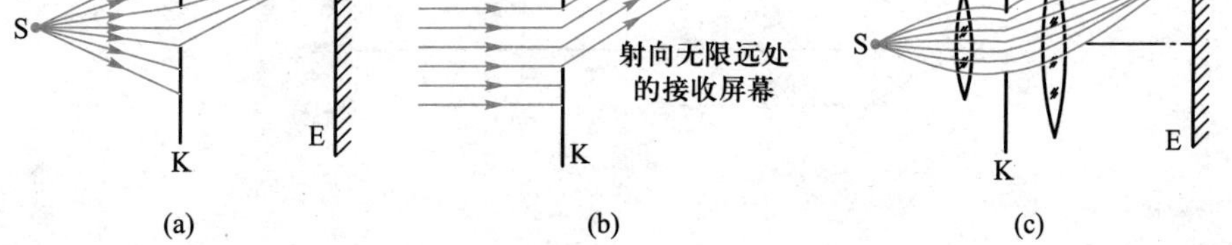

图 11-14

的衍射光都是平行光的衍射，称为夫琅禾费衍射，如图 11-14(b)所示. 在实验室中，常把光源放在透镜 L_1 的焦点上，并把屏幕 E 放在透镜 L_2 的焦平面上，如图 11-14(c)所示，则到达孔(或缝)的入射光和离开孔或缝的衍射光都能满足夫琅禾费衍射的条件.

由于夫琅禾费衍射在实际应用和理论上都十分重要，而且这类衍射的分析与计算都比菲涅耳衍射简单，因此我们只讨论夫琅禾费衍射.

二、惠更斯-菲涅耳原理

惠更斯原理指出：波前上的每一点都可看做是发射子波的新波源，任意时刻这些子波的波面的公切面即为新的波前. 惠更斯原理可以解释光通过衍射屏时为什么传播方向会发生改变，但不能解释为什么会出现衍射条纹，更不能计算条纹的位置和光强的分布，也无法解释波为什么不向后传播.

文档：惠更斯简介

菲涅耳根据波的叠加干涉原理，提出了“子波相干叠加”的概念，从而，对惠更斯原理加以补充. 他假定，从同一波前上各点发出的子波，在传播过程中相遇时也能相互叠加而产生干涉现象，空间各点波的强度，由各子波在该点的相干叠加所决定. 这个发展了的惠更斯原理称为惠更斯-菲涅耳原理.

文档：菲涅耳简介

菲涅耳(Augstin Jean Fresnel，1788—1827)

法国物理学家、波动光学的奠基人之一，一生为波动光学从实验到理论的建立起了不可磨灭的作用. 他以光的干涉原理补充了惠更斯原理，提出了惠更斯-菲涅耳原理，完美地解释了衍射现象，证明了光的横波特性等.

三、单缝衍射

图 11-15 所示是单缝夫琅禾费衍射实验装置. 在衍射屏 K 上开有一个细长狭缝，单色光源 S 发出的光经透镜 L_1 后变为平行光束，射向单缝后产生衍射，再经透镜 L_2 聚焦在焦平面处的屏幕 E 上，呈现出一系列平行于狭缝的衍射条纹.

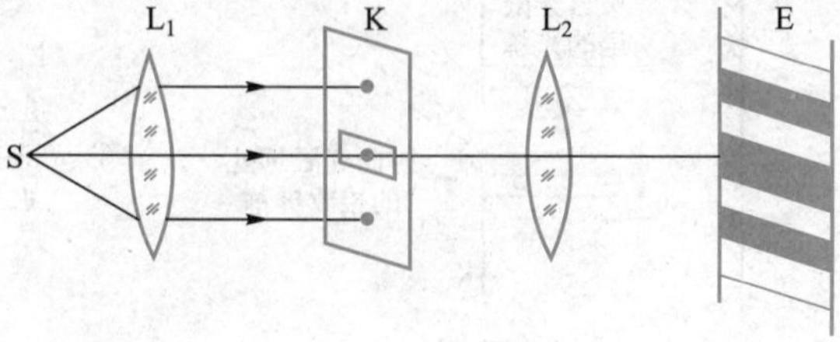

图 11-15

按照惠更斯-菲涅耳原理,可以把单缝平面上的各面元看成是发射子波的波源,并以球面波的形式向各方向传播. 显然每一子波源发出的光线有无穷多条,每个可能的方向都有,这些光线都称为衍射光线. 例如图 11-16 中点 A 上的 1,2,3 光线就代表该点发出的任意 3 个传播方向的光线. 而波前上各点发出的各条衍射光,则互相构成各方向的平行光束. 图 11-16 中,光线 $1,1',1'',1'''$,…构成一个平行光束,光线 $2,2',2'',2'''$,…构成另一个方向的平行光束……每一个方向的平行光与原入射光方向间的夹角用 θ 表示,θ 就称为衍射角. 按几何光学原理,各平行光束经过透镜 L_2 后,会聚于焦平面处的屏幕 E 上的不同位置处. 由于每一束平行光中所包含的光线均来自同一光源 S,根据惠更斯-菲涅耳原理,各平行光线间有干涉作用,因而在屏幕上形成明暗条纹.

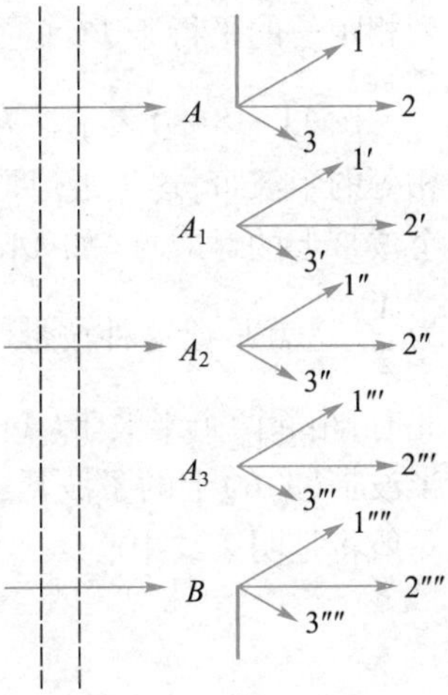

图 11-16

下面按照惠更斯-菲涅耳原理,应用菲涅耳半波带法讨论单缝衍射条纹形成原因.

如图 11-17 所示,一束波长为 λ 的平行光垂直入射单缝 AB,缝宽为 a. O 为单缝 AB 的垂直平分线与接收屏的交点. 首先,考虑沿入射光方向传播的衍射光 1,这些衍射光线从面 AB 发出时的相位是相同的,而经过透镜又不会引起附加光程差,它们经透镜会聚于焦点 O 时,相位仍然相同,因此它们在 O 点处的光振动是相互加强的,于是在 O 点处出现明条纹,为中央明条纹中心.

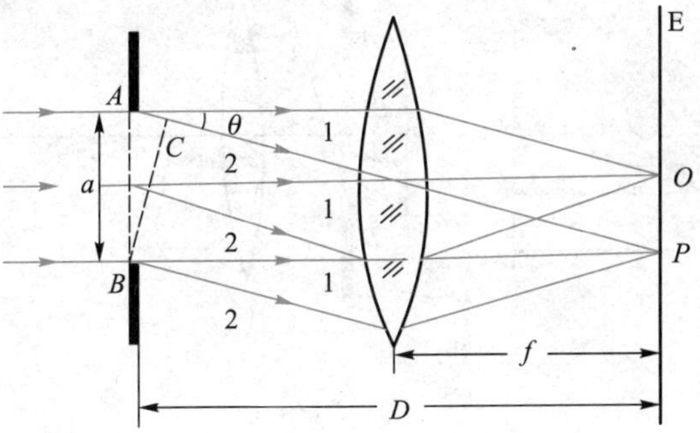

图 11-17

其次,考虑一束与原入射方向成 θ 角的衍射光线 2,它们经透镜后会聚于屏幕 E 上的 P 点. 显然,由单缝 AB 上各点发出的衍射光到达 P 点的光程各不相同,其光程差可作这样的分析:过 B 点作平面 BC 与衍射光线 2 垂直,由透镜的等光程性可知,面 BC 上各点到达 P 点的光程都相等,因此光程差产生在面 AB 和面 BC 之间,由于单缝边缘 A,B 两点衍射光间的光程差为 $AC=a\sin\theta$,显然,这是沿 θ 角方向各衍射光线之间的最大光程差,其他各衍射光间的光程差连续变化。衍射角 θ 不同,最大光程差 AC 也不同,P 点的位置也不同.

菲涅耳将波前 AB 分割成许多面积相等的波带来研究. 其方法是:将 AC 用一系列相距$\frac{\lambda}{2}$的平行于 BC 的平面来划分,这些平面把波面 AB 切割成了 k 个波带.

图 11-18(a)表示在 $k=4$ 时,波面 AB 被分成 AA_1、A_1A_2、A_2A_3 和 A_2B 四个面积相等的半波带,这里近似地认为所有波带发出的子波的强度都是相等的,且相邻两个波带上的对应点(如 AA_1 与 A_1A_2 的中点)所发出的子波射线到达 B 点的光程均为$\frac{\lambda}{2}$. 这就是把这种波带叫做半波带的缘由. 若 $k=3$,波面 AB 可分成三个半波带. 此时,相邻两个半波带(AA_1 与 A_1A_2)上各对应点的子波相互干涉抵消,只剩下一个半波带(A_2B)上的子波到达 P 点处时没有被抵消,如图 11-18(b)所示,因此,P 点一般将是明条纹中心.

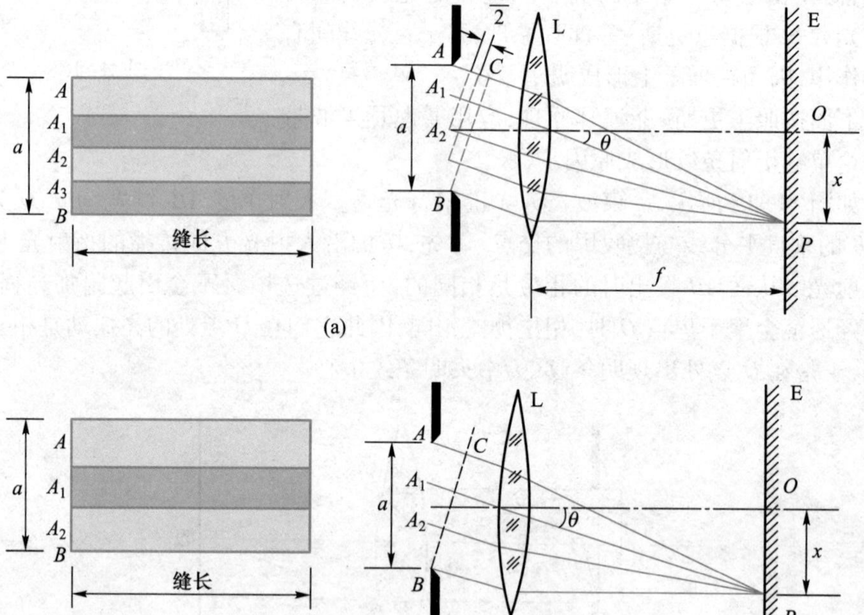

图 11-18

根据上述分析,可由数学公式表述如下.

当衍射角 θ 适合

$$a\sin\theta=\pm 2k\frac{\lambda}{2}=\pm k\lambda \quad (k=1,2,3,\cdots) \tag{11-17a}$$

时,P 点处为暗条纹中心位置,对应于 $k=1,2,\cdots$分别叫第一级暗条纹,第二级暗条纹……式中,正、负号表示条纹对称分布于中央明条纹的两侧.

当衍射角 θ 适合

$$a\sin\theta=\pm(2k+1)\frac{\lambda}{2}\quad(k=1,2,3,\cdots)\tag{11-17b}$$

时,P 点处为明条纹中心位置,对应于 $k=1,2,\cdots$ 分别叫第一级明条纹,第二级明条纹……

当衍射角 $\theta=0$ 时,有

$$a\sin\theta=0\tag{11-17c}$$

此时,P 点为中央明条纹中心位置. 该处的光强最大,所以式(11-17a)和式(11-17b)中的 k 值不取零值.

应当指出,对任意衍射角 θ 来说,AB 一般不能恰巧分成整数个半波带,亦即 AC 不一定等于$\frac{\lambda}{2}$的整数倍,此时衍射光束经透镜聚焦后,在屏幕上形成强度介于最亮和最暗之间的中间区域.

下面进一步讨论单缝衍射图像的分布特征.

(1) 设单缝宽度为 a,缝与屏幕间距为 D,透镜的焦距为 f,如图 11-17 所示,由于透镜是薄透镜,且离单缝很近,所以 $D\approx f$,当衍射角 θ 很小时,则有 $\sin\theta\approx\tan\theta$,于是 θ 和透镜焦距 f 以及条纹在屏幕上距中心 O 的距离 x 之间的关系为

$$x=f\tan\theta\approx f\sin\theta$$

应用公式 $a\sin\theta=k\lambda$,则第一级暗条纹距中心 O 的距离为

$$x_1=f\sin\theta_1=\frac{\lambda}{a}f$$

两个第一级暗条纹中心间的距离,就是中央明条纹的宽度,所以中央明条纹宽度为

$$\Delta x_0=2x_1=\frac{2\lambda f}{a}\tag{11-18}$$

其他任意两相邻暗条纹的距离(即明条纹的宽度)为

$$\Delta x=f\sin\theta_{k+1}-f\sin\theta_k=\left[\frac{(k+1)\lambda}{a}-\frac{k\lambda}{a}\right]f=\frac{\lambda f}{a}\tag{11-19}$$

(2) 图 11-19 为单缝衍射条纹的光强分布示意图,由图可看出,单缝衍射条纹是在中央明条纹两侧对称分布着明暗条纹的一组衍射图样. 所有其他明条纹均有

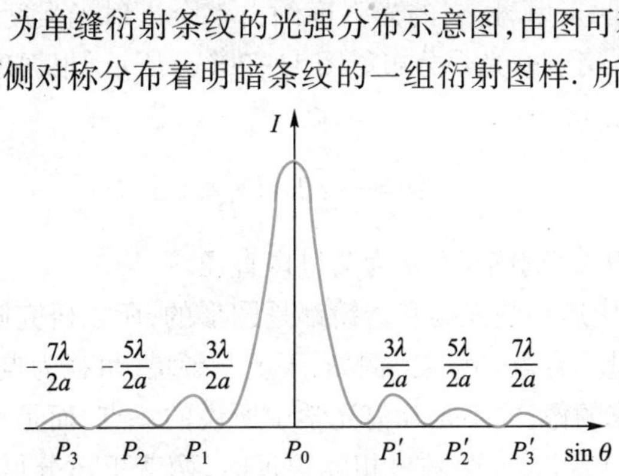

图 11-19

同样的宽度,而中央明条纹的宽度是其他明条纹宽度的两倍. 另外,中央明条纹的亮度也是最强的,其他明条纹的亮度随 k 的增大而下降,明暗条纹的分界越来越不明显,所以一般只能看到中央明条纹附近的若干条的明、暗条纹. 这是因为衍射角越大,分成的波带数越多,未被抵消的波带面积仅占单缝面积的很小一部分,所以强度越来越弱.

(3) 当缝宽 a 一定时,入射光的波长 λ 越大,衍射角也越大. 因此,若以白光照射,中央明条纹将是白色的,而其两侧则呈现出一系列由紫到红的彩色条纹,称为衍射光谱.

(4) 式(11-19)表明,当单缝宽度 a 很小时,条纹分布较宽,光的衍射作用明显. 当 a 变大时,条纹相应变得狭窄而密集;当单缝很宽($a \gg \lambda$)时,各级衍射条纹都密集于中央明条纹附近而分辨不清,只能观察到一条亮纹,它就是单缝的像,这时,光可看做是直线传播的,波动光学就转变为几何光学了.

例 11-5 用波长为 546 nm 的单色平行光垂直入射到宽为 0.437 nm 的单缝上,并用焦距为 40 cm 的透镜将衍射光会聚到屏幕上,求屏幕上中央明条纹的宽度及第二、第三级暗条纹的距离.

解 由式(11-18),中央明条纹的宽度为

$$\Delta x_0 = \frac{2\lambda f}{a} = \frac{2\times546\times10^{-9}\times40\times10^{-3}}{0.437\times10^{-9}}\ \text{m} = 1.0\times10^{-5}\ \text{m}$$

由式(11-19),第二、第三级暗条纹距离为

$$\Delta x = \frac{\lambda f}{a} = \frac{\Delta x_0}{2} = 5\times10^{-2}\ \text{m}$$

四、圆孔衍射

在单缝衍射中若用一小孔代替狭缝,也会产生衍射现象. 如图 11-20(a)所示,用波长为 λ 的平行单色光垂直照射直径为 D 的小孔,通过小孔后被透镜会聚于屏幕 P 上,在屏上可以看到中心是亮圆斑,而周围绕着明暗相同的环状衍射条纹. 其中心的亮圆斑最亮,叫艾里斑,它的光强度约占整个入射光强度的 84%左右,如图 11-20(b)所示. 圆孔衍射的光强分布如图 11-20(c)所示. 根据理论计算,图 11-21 中艾里斑角直径为

$$2\theta = \frac{d}{f} = 2.44\ \frac{\lambda}{D} \tag{11-20}$$

式中 f 为透镜焦距,D 为圆孔直径,d 为艾里斑直径.

通常,光学仪器中所用的光栅和透镜都是圆形的,所以研究圆孔夫琅禾费衍射对评价仪器成像质量具有重要意义. 例如,天上一颗星(可视为点光源)发出的光经望远镜的物镜后所成的像,并不是几何光学中所说的一点,而是有一定大小的衍射图样(主要是艾里斑),当天上两颗星相隔很远时,两艾里斑分得很开,我们可以方便地分辨出这是两颗星;若两颗星离得很近,两艾里斑大部分重叠,则这两颗星就

分不清了.

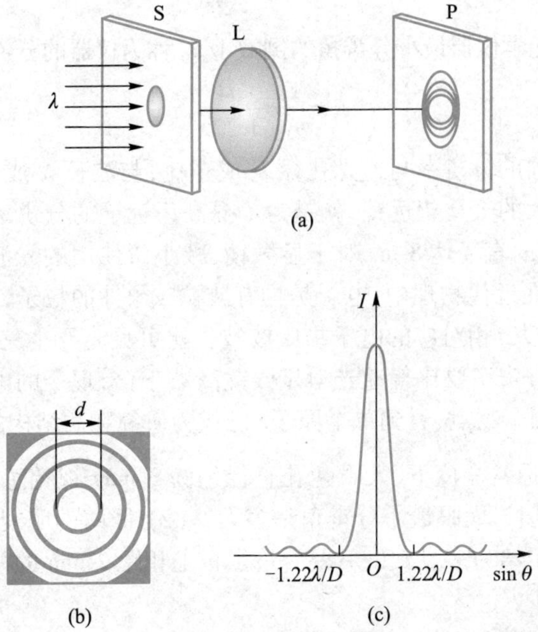

图 11-20

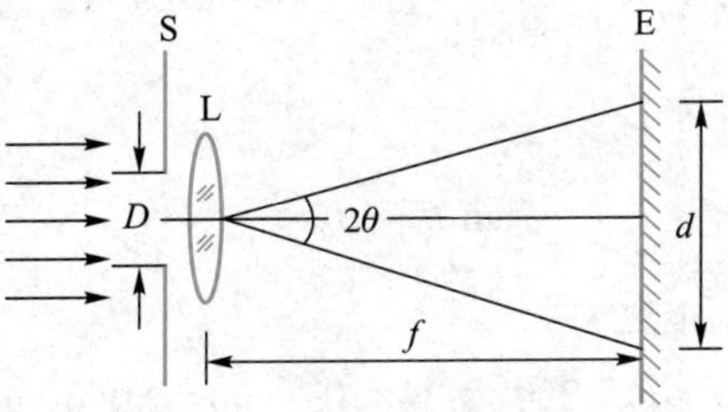

图 11-21

怎样才能分辨呢？瑞利提出了一个标准，称为瑞利判据. 对于两个强度相等的不相干的点光源，两点光源的距离恰好使两个艾里斑中心的距离等于每一个艾里斑的半径，恰为这一光学仪器所分辨. 若两点光源相距很近，两个艾里斑中心的距离小于艾里斑的半径，这时，两个衍射图样重叠而混为一体，两物点就不能被分辨出来.

而这一临界情况下两个物点 S_1 和 S_2 对透镜光心的张角 θ_0 叫做最小分辨角，如图 11-22 所示，由式(11-20)可知

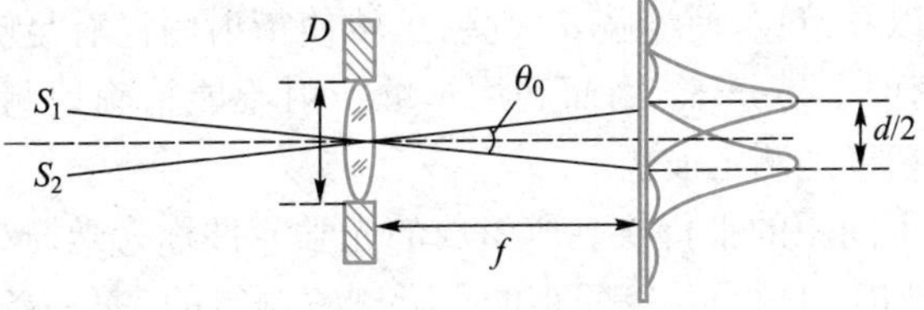

图 11-22

$$\theta_0 = 1.22\frac{\lambda}{D} \tag{11-21}$$

在光学中，把光学仪器最小分辨角的倒数 $1/\theta_0$ 称为仪器的分辨率，以 R 表示，即

$$R = \frac{1}{\theta_0} = \frac{D}{1.22\lambda} \tag{11-22}$$

上式表明，仪器的分辨率与透光孔径 D 成正比，与波长 λ 成反比. 在天文观测上，常采用直径很大的天文望远镜，就是为了提高望远镜的分辨率. 当前，世界上分辨率最高的望远镜的直径达 8 m. 对于显微镜，减小所使用的光波的波长是提高分辨率的有效途径. 在近代物理中，电子是具有波粒二象性的粒子，与运动电子（如电子显微镜中的电子束）相对应的电子物质波波长比可见光要小三到四个数量级，因此，电子显微镜的分辨率要比普通光学显微镜高数千倍，现今的电子显微镜已能分辨相距 0.1 nm 的两个物点，看到单个原子. 已成为研究物质结构的有力工具.

例 11-6 在通常亮度下，人眼瞳孔直径约为 3 mm，视觉感受最灵敏的波长为 550 nm，试问：(1) 人眼最小分辨角是多大？(2) 眼睛的明视距离为 250 mm，人眼能分辨最小距离为多少？(3) 要看清黑板上相距 2 mm 的两根线，人离黑板最大距离应为多少？

解 (1) 根据瑞利判据，人眼的最小分辨角为

$$\theta_0 = 1.22\frac{\lambda}{D} = \frac{1.22\times5.5\times10^{-7}}{3\times10^{-3}}\ \text{rad} = 2.24\times10^{-4}\ \text{rad} = 1'$$

(2) 当 θ_0 很小时，有

$$\tan\theta_0 \approx \theta_0 = \frac{\Delta x}{l}$$

所以人眼能分辨的最小距离为

$$\Delta x = l\theta_0 = 250\times2.24\times10^{-4}\ \text{mm} = 0.056\ \text{mm}$$

(3) 设人离黑板最大距离为 L，根据上面所得的结论可以求得

$$L = \frac{\Delta x'}{\theta_0} = \frac{2}{2.24\times10^{-4}}\ \text{mm} = 8.9\times10^{3}\ \text{mm} = 8.9\ \text{m}$$

五、光栅衍射

用单缝衍射虽可测量光波波长. 但要测得准确，就应使衍射角 θ 尽量大些，即缝宽 a 要小些. 可是，缝宽 a 越小，则通过它的光能量越小，各级衍射光的光强越小，以致微弱到难以看清；若使缝宽 a 大些，虽然使衍射图样有足够亮度，但各级衍射条纹又挤得太密而不易分辨. 因而利用单缝衍射不能精确地测定波长，为此，需用光栅衍射，才能精确地测定波长.

由许多等宽、等间距的平行狭缝所组成的光学元件称为光栅. 它是用金刚石在一块透明玻璃上刻上大量等宽、等间距的平行刻痕制得的. 每一条刻痕就相当于毛玻璃，不透光. 两刻痕之间的光滑部分可以透光，精制的光栅在 1 cm 内，刻痕可以

多达 10 000 条以上. 所以刻制光栅是种较难的技术. 缝的宽度 a 和刻痕的宽度 b 之和,即 $a+b$ 称为光栅常量. 例如,一块光栅在 1 cm 内刻了 250 条缝,则 $a+b=\frac{1\ \text{cm}}{250}=0.04\ \text{cm}$.

光栅衍射实验装置如图 11-23(a)所示,图中画出了光栅的一个垂直截面,整个光栅面垂直于纸面,把一束平行的单色相干光垂直地照射在光栅上,衍射光经过凸透镜 L 后,在放置于透镜焦平面的屏幕 E 上将呈现各级衍射条纹,如图 11-23(b)所示.

对于光栅中每一条透光缝,由于衍射都将在屏幕上呈现衍射图样. 而由于各缝发出的衍射光都是相干光,所以还会产生缝与缝间的干涉效应,因此,光栅的衍射条纹是衍射和干涉的总效果.

在图 11-23(a)中,设相邻两缝发出沿衍射角 θ 方向的光,被透镜会聚于 P 点,若它们的光程差 $(a+b)\sin\theta$ 恰好是入射光波长 λ 的整数倍,由双缝干涉可知,这两光线为干涉加强. 显然,其他任意相邻两缝沿 θ 方向的光程差也等于 λ 的整数倍,它们的干涉效果都是相互加强的. 所以总起来看,光栅衍射明条纹的条件是衍射角 θ 必须满足下列关系式

$$(a+b)\sin\theta=\pm k\lambda\quad(k=0,1,2,\cdots)\tag{11-23}$$

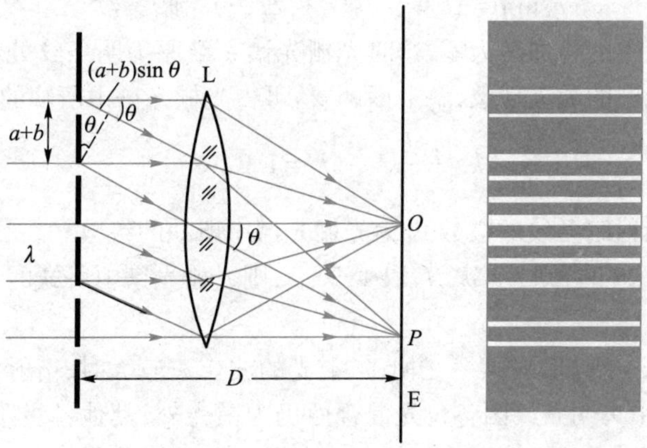

(a)　(b)

图 11-23

上式称为光栅方程. 式中 k 表示明条纹的级次. $k=0$ 时,$\theta=0$,为中央明条纹;$k=1$ 时,为第一级明条纹;$k=2$ 时,为第二级明条纹……式中正负号表示各级明条纹在中央明条纹两侧对称分布.

下面进一步讨论光栅衍射条纹的分布特征.

(1) 由光栅方程式(11-23)可得到

$$k=\frac{a+b}{\lambda}\sin\theta$$

当 $\sin\theta=1$ 时,k 的最大值为

$$k_{\max}=\frac{a+b}{\lambda} \tag{11-24}$$

这就是理论上能看到的最大级次.

（2）图 11-24 为光栅衍射条纹的光强分布示意图，由图可看出，各级明条纹之间还分布着一些暗条纹，这些暗条纹是由各缝射出的衍射光因干涉相消而形成的.

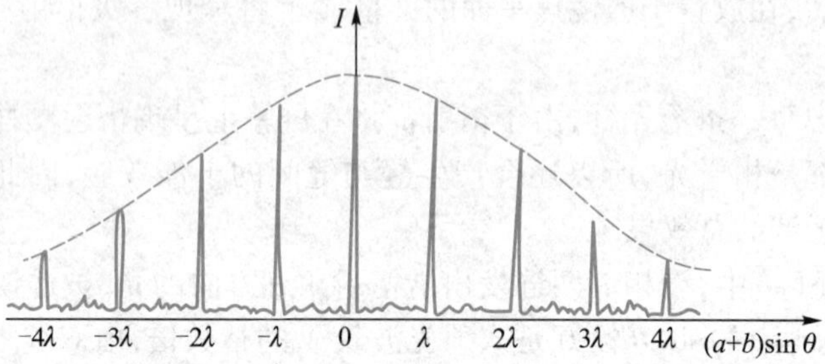

图 11-24

（3）实际上经常会遇到这种情况，在某一衍射角 θ 方向上，即满足光栅方程

$$(a+b)\sin\theta=\pm k\lambda \quad (k=0,1,2,\cdots) \quad \text{明条纹}$$

又符合单缝衍射暗条纹条件时

$$a\sin\theta=\pm k'\lambda \quad (k'=1,2,\cdots) \quad \text{暗条纹}$$

由于所有光强为零的叠加必为零，这时光栅光谱 k 级原为明条纹处出现了暗条纹，这种现象称为光栅的缺级现象，解上面两式，可得光栅光谱中所缺的级数为

$$k=\frac{a+b}{a}k' \quad (k'=1,2,\cdots) \tag{11-25}$$

式中 k' 为单缝衍射暗条纹的级数，k 为光栅光谱中所缺的级数.

例如，当 $b=2a$ 时，则 $k=3k'$，k' 取 1，2，…，则光栅光谱中所缺的级数为 $k=3,6,9\cdots\cdots$

由式(11-23)可知，对某一光栅，入射光的波长 λ 较大时，衍射角 θ 也较大. 当白光入射时，除中央明条纹因各色光混合而仍为白光外，其他各级明条纹都形成彩色的光谱. 紫光衍射角小，红光衍射角大，光栅起着分光作用，从而形成衍射光谱. 不同光源所发出的光，经过光栅后形成各种光谱. 这些光谱能够反映出物质微观结构的差异. 因此，光谱技术是研究物质结构、分析材料组成的重要手段. 此外，在天文学中，也将光谱作为测定天体成分、探索宇宙奥秘的常用方法.

例 11-7 波长为 600 nm 的单色平行光垂直入射到光栅面上，第一次缺级发生在第 4 级的谱线位置，且 $\sin\theta=0.40$. 试求：(1) 光栅狭缝的宽度 a 和相邻两狭缝的间距 b；(2) 光栅能呈现的谱线条数.

解 (1) 由光栅方程 $(a+b)\sin\theta=k\lambda$ 得

$$a+b=\frac{4\lambda}{\sin\theta}=\frac{600}{0.4}\ \text{nm}=6\times10^{3}\ \text{nm}$$

$$\frac{a+b}{a}=4$$

$$a=\frac{a+b}{4}=\frac{6\times10^3}{4}\ \text{nm}=1.5\times10^3\ \text{nm}$$

$$b=(a+b)-a=6\times10^3\ \text{nm}-1.5\times10^3\ \text{nm}=4.5\times10^3\ \text{nm}$$

（2）当 $\sin\theta=1$ 时是光栅能呈现的谱线的最高级次，即

$$k=\frac{a+b}{\lambda}=\frac{6\times10^3}{600}=10$$

对于第 10 级谱线正好出现在 $\theta=\frac{\pi}{2}$ 处. 该谱线实际上不存在. 因此，该光栅谱线的最高级次是第 9 级. 由缺级条件 $k=\frac{d}{a}k'=4k'$ 可知，第 4 级、第 8 级缺级. 所以，该光栅实际能呈现的谱线是 0，±1，±2，±3，±5，±6，±7，±9，共 15 条谱线.

11-5 光的偏振

光的干涉和衍射现象说明光具有波动性，但这些现象还不能说明光是横波还是纵波. 光的偏振现象则可以说明光是横波.

一、偏振现象

为了说明什么是偏振现象，我们先分析波的振动方向. 对于纵波，如图 11-25(a)所示，其振动方向和波的传播方向相同. 所以对应一个传播方向只有一个振动方向. 对于横波，如图 11-25(b)所示，其振动方向和波的传播方向互相垂直. 因此，对应一个传播方向可以有许多个振动方向. 如果横波的振动方向始终限制在一个方向，这种现象称为偏振现象. 这样的横波称为偏振波. 图 11-25(c)表示一列偏振波. 所以偏振现象是横波特有的一种现象.

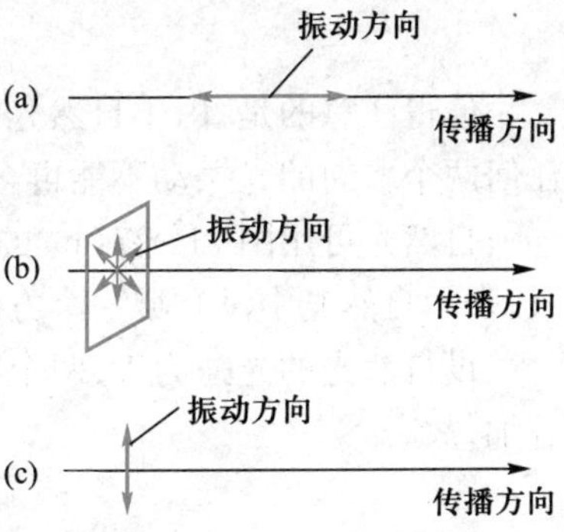

图 11-25

光是电磁波，它是横波. 光波中光振动的方向总是与光的传播方向垂直. 当光的传播方向确定以后，光在与光传播方向垂直的平面内的振动方向仍然是不确定的，光振动可能有各种不同的振动状态，这种振动状态通常称为光的偏振态. 按照光振动状态的不同，可以把光分为五类：自然光、线偏振光、部分偏振光、椭圆偏振光和圆偏振光. 我们只讨论前面三种.

二、线偏振光

如果光振动始终沿某一方向振动，这样的光称为线偏振光. 图 11-26 是线偏振光的表示法. 图 11-26(a) 表示光振动方向平行纸面的线偏振光，图 11-26(b) 表示光振动方向垂直纸面的线偏振光.

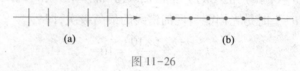

图 11-26

三、自然光

光是构成光源的大量原子发出的光波合成的. 由于这些原子是自发地、彼此独立地发光的，所以在一般发出的光中，包含着各个方向的光振动，没有哪一个方向比其他方向占优势. 也就是说，在所有可能的方向上，光振动的振幅都相等，这样的光叫做自然光. 图 11-27(a)表示沿垂直于 P 平面方向传播的一束自然光，它的光振动方向在 P 平面内，P 平面内各个方向的箭头长度相等表示各个方向光振动的振幅相同. 为研究问题方便起见，我们可以把各个方向的光振动都分解成两个互相垂直的光振动，叠加以后就成为如图 11-27(b)所示的两个振幅相等、互相垂直的光振动. 因此，自然光也可看成是两个振幅相等、互相垂直的线偏振光.

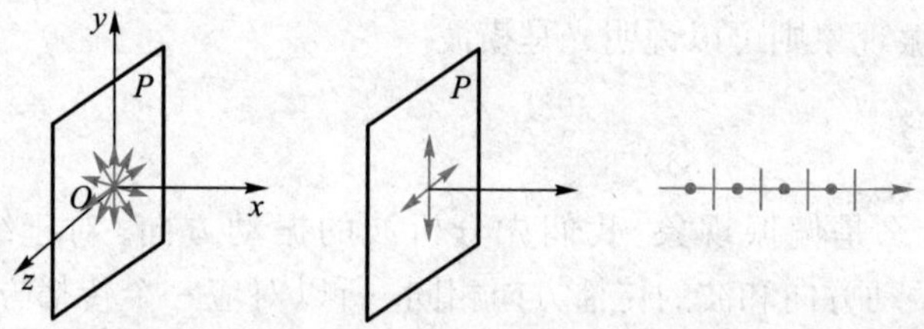

图 11-27

值得注意的是，由于自然光内各个光振动间没有固定的相位关系，因此在其中任何两个取向的光振动不能再合成为一个光振动.

自然光可用图 11-27(c)的符号来表示，图中点和短线一个隔一个地均匀配置，表示自然光中没有哪一个方向的光振动占优势.

设自然光的光强为 I_0，两个正交线偏振光的光强分别为 I_x 和 I_y，由于是非相干叠加，故

$$I_0 = I_x + I_y = 2I_x = 2I_y$$

因此

$$I_x = I_y = \frac{1}{2} I_0 \tag{11-26}$$

上式表明，两束线偏振光的光强等于自然光光强的一半.

四、部分偏振光

若光线中,某一方向的光振动比与其垂直方向上的光振动占优势,这种光叫做部分偏振光. 图 11-28 是部分偏振光的表示法,图 11-28(a)表示的是平行于纸面的光振动比垂直于纸面的光振动强,图 11-28(b)表示的是垂直于纸面的光振动比平行于纸面的光振动强.

图 11-28

五、起偏与检偏

将自然光变为线偏振光的过程称为起偏,所用的光学器件称为起偏器;检验某束光是否为线偏振光,称为检偏,所用的光学器件称为检偏器. 起偏器和检偏器种类很多,这里介绍常用的一种偏振片.

有些晶体(如硫酸碘奎宁)当光通过时,对互相垂直的两个分振动具有强烈的选择吸收,只允许某个方向的光振动通过,而与该方向垂直的光振动几乎完全被吸收,把这种晶体涂敷于透明薄片上就成为偏振片,所允许通过的光振动方向称为该偏振片的偏振化方向. 通常在偏振片上用“↕”表示.

图 11-29 表示自然光通过偏振片 A 后成为线偏振光. 现让线偏振光射到另一偏振片 B 上,如图 11-29(a)所示,若偏振片 B 的偏振化方向恰和线偏振光的振动方向相同,则线偏振光全部通过偏振片 B,在偏振片 B 后面能观察到光. 若把偏振片 B 旋转 90°,使它的偏振化方向和偏振光的振动方向相垂直,如图 11-29(b)所示,则偏振光全部被偏振片所吸收,在偏振片 B 后面就观察不到光. 如果让自然光射到偏振片 B 上,就不会出现上述现象. 所以,利用上述现象可以用偏振片检查一束光是否是线偏振光. 由此可见,偏振片既可用作起偏振器,也可用作检偏振器.

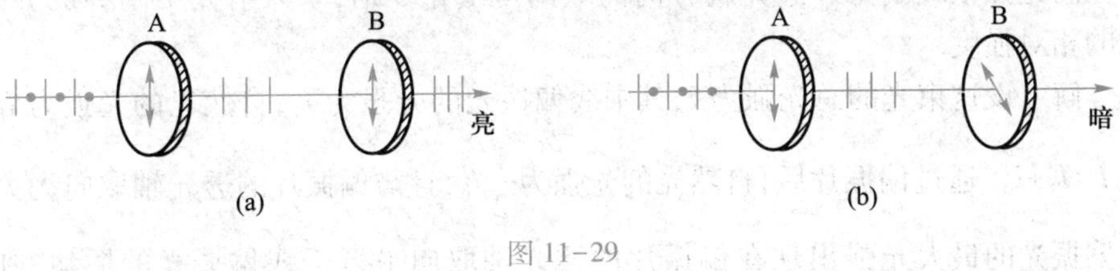

图 11-29

六、马吕斯定律

设有一线偏振光,其光强度为 I_1,光振动振幅为 A_1,使其垂直入射于一偏振片,其偏振化方向与光振动方向成 θ 角,如图 11-30(a)所示. 在图 11-30(b)中,我们将光振动沿偏振化方向及垂直于偏振化的方向分解,垂直于偏振化方向的光振动

文档:马吕斯简介

被吸收,不能通过偏振片;沿偏振化方向的光振动能透过偏振片,其振幅为

$$A_2=A_1\cos\theta$$

由于光强正比于光振动振幅的平方,所以

$$\frac{I_2}{I_1}=\frac{A_2^2}{A_1^2}=\frac{A_1^2\cos^2\theta}{A_1^2}=\cos^2\theta$$

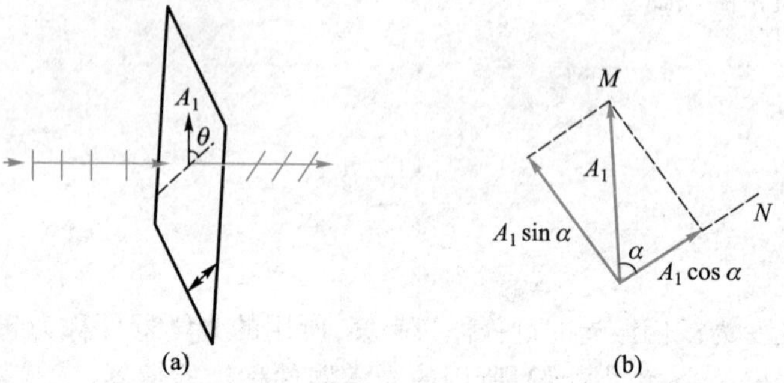

图 11-30

由此得

$$I_2=I_1\cos^2\theta \tag{11-27}$$

上式表明,透过偏振片的光强 I_2 与入射线偏振光光强 I_1 之比等于光振动方向与偏振片偏振化方向的夹角的余弦的平方,这一结论称为马吕斯定律.

由马吕斯定律可以看出,当 $\theta=0$ 时,$I=I_0$,从检偏振器射出的光强最大,即在检偏振器后面观察为最亮;当 $\theta=90°$时,$I=0$,没有光从检偏器中射出,即在检偏振器后面观察为最暗. 这和图 11-29 的实验现象是完全一致的.

光的偏振有着广泛的应用. 比如可利用偏振光的干涉分析机件内部应力分布情况,也可以利用偏振光测量溶液的浓度. 偏光干涉仪、偏光显微镜在生物学、医学、地质学等方面都有着重要的应用.

例 11-8 一束光由线偏振光和自然光混合而成,当它通过偏振片时,发现透射光的光强依赖偏振片透光轴方向的取向可变化 5 倍,求入射光中两种成分的光的相对强度.

解 设这束光的总光强为 I,其中线偏振光的光强为 I_1,自然光的光强为 I_0,则 $I=I_1+I_0$. 通过偏振片后,自然光的光强为$\frac{1}{2}I_0$,且与偏振片的透光轴取向无关,线偏振光的最大光强出现在偏振片的透光轴取向平行于线偏振光的振动方向时,大小为 I_1;线偏振光的最小光强出现在偏振片的透光轴取向垂直于线偏振光的振动方向时,大小为零. 故透过偏振片的混合光强最大为$\frac{1}{2}I_0+I_1$,最小为$\frac{1}{2}I_0$,所以有

$$\frac{\frac{1}{2}I_0+I_1}{\frac{1}{2}I_0}=5$$

由此得到

$$I_1 : I_0=2 : 1$$

即线偏振光 $I_1=\frac{2}{3}I$,自然光 $I_0=\frac{1}{3}I$.

七、布儒斯特定律

我们已经知道,自然光射到两种介质的分界面上时,一部分反射,另一部分折射,如图 11-31 所示,MN 是两种介质(例如空气和玻璃)的分界面. SI 是一束自然光的入射线,IR 和 IR'分别为反射线和折射线. 入射角、反射角用 i 表示,折射角用 γ 表示.

文档:布儒斯特简介

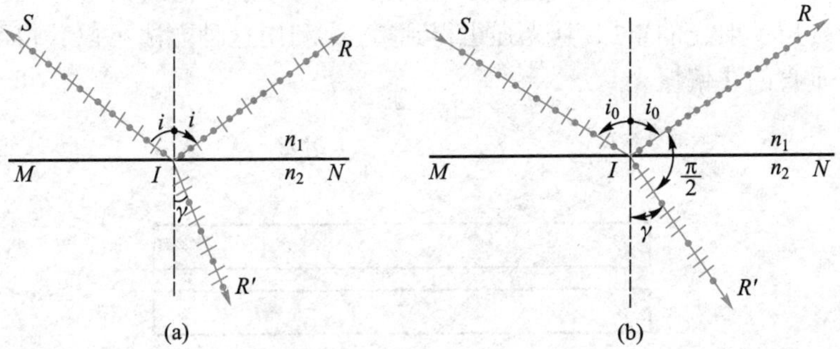

图 11-31

自然光的光振动,可分解为两个振幅相等的互相垂直的分振动. 在这里,我们采用这样的分解方法:其一和入射面垂直,称为垂直振动,如图 11-31 蓝点所示,另一和入射面平行,称为平行振动,如图 11-31 短线所示,蓝点和短线的多少形象地表示上述两个分振动所代表的光强的大小.

实验指出,在一般情况下,自然光入射到两种介质的分界面上时,反射光中垂直振动的光强比平行振动的光强大,折射光中平行振动的光强比垂直振动的光强大. 因此,反射光和折射光都是部分偏振光,如图 11-31(a)所示.

布儒斯特指出,改变入射角 i 时,反射光的偏振化程度也随着改变,当 $i=i_0$,i_0 满足

$$\tan i_0=\frac{n_2}{n_1}=n_{21} \qquad (11-28)$$

时,反射光变为全部是垂直振动的线偏振光,而折射光是平行振动多于垂直振动的部分偏振光,如图 11-31(b)所示. 式(11-28)称为布儒斯特定律,i_0 称为起偏振角(或称为布儒斯特角). 例如,光自空气入射到介质面上,有 $n_1=1$,对于一般玻璃

$n_2=1.5$，则 $i_0=57°$；对于石英，$n_2=1.46$，则 $i_0=55°38'$.

根据折射定律，$n_1\sin i_0=n_2\sin\gamma$，由布儒斯特定律有

$$\tan i_0=\frac{\sin i_0}{\cos i_0}=\frac{n_2}{n_1}$$

可得
$$\sin\gamma=\cos i_0$$

故
$$i_0+\gamma=90°$$

这说明自然光以起偏振角入射到两种介质的分界面上时，反射光和折射光相互垂直.

自然光以起偏振角 i_0 入射时，反射光虽然是线偏振光，但光强较弱（15%），而折射光的光强很强（85%），但却是部分偏振光，偏振化程度不高.

为了增强反射光的强度和折射光的偏振化程度，常常把许多相互平行的玻璃片重叠，形成玻璃片堆，如图 11-32 所示. 当自然光以起偏角 i_0 入射到玻璃片堆时，光在每层玻璃面上反射和折射，这样就可以使反射光的光强加强，同时，折射光中的垂直振动因多次反射而不断减小，因而其偏振化程度将会逐渐增强. 当玻璃片的数目足够多时（8~10 块），最后透射光就近似为平行入射面的线偏振光. 同时，由于玻璃片堆各层反射光的累加，其光强也得到增强. 利用这种方法可以获得两束振动方向相互垂直的线偏振光.

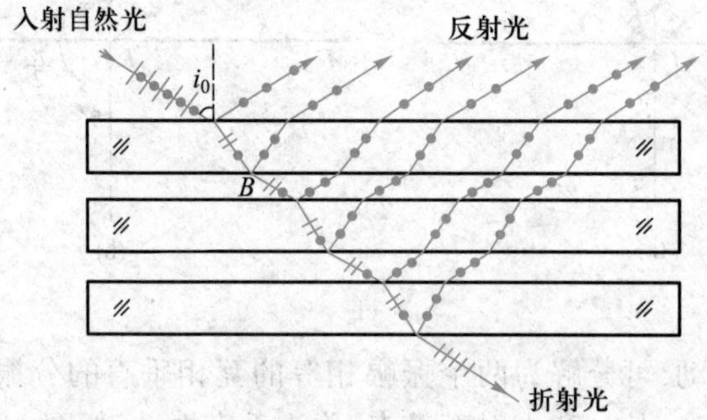

图 11-32

*八、光的双折射

按光学性质常把介质分为两大类：各向同性介质和各向异性介质.

所谓各向同性，是指光学性质（如传播速度）沿各个方向都是相同的. 因此，一束光线在两种各向同性介质的分界面上发生折射时，只有一束折射光，且位于入射面内，并服从折射定律，即 $\sin i/\sin\gamma=n_{21}$.

光学性质随方向而异的称为各向异性介质，方解石就是一种各向异性的光学晶体. 在光线进入晶体后一束入射光将分为两束折射光. 其中一束折射光的方向遵从折射定律，称为寻常光，也称为 o 光；而另一束折射光的方向，却不遵从折射定律，其传播速度随入射光的方向而变化，且一般不在入射面内，故称为非寻常光，也称为 e 光. 这种现象就称为双折射现象，如图 11-33 所示. 能产生双折射现象的晶体称为双折射晶体.

双折射晶体(如方解石)有一个特殊的性质,那就是它的棱边可以有任意长度,但界面总是特定的平行四边形,并有一个特定方向,光线沿此方向射入时,不产生双折射现象,这个方向称为该晶体的光轴. 表面的法线与光轴构成的平面称为主截面. 如图 11-33 中所示入射面就是主截面. 若用检偏振器检测,可发现 o 光与 e 光都是线偏振光,o 光的振动方向垂直于主截面,而 e 光的振动方向在主截面内.

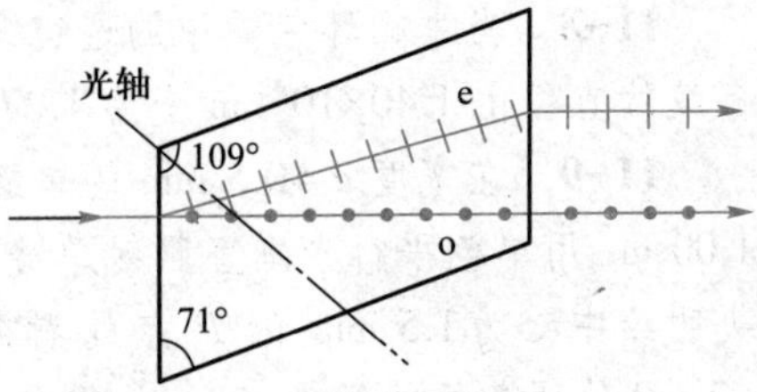

图 11-33

习题

11-1 用白光垂直入射到间距为 $d=0.25$ mm 的双缝上,距离缝 1.0 m 处放置屏幕. 求第二级干涉条纹中紫光和红光极大点的间距(白光的波长范围是 390~760 nm,已知 1 nm$=10^{-9}$ m).

第十一章参考答案

11-2 用很薄的云母片($n=1.58$)覆盖在双缝实验中的一条缝上,这时屏幕上的中央明条纹移到原来的第七级明条纹的位置上. 如果入射光波长为 550 nm,试问此云母片的厚度为多少?

11-3 白光垂直照射到空气中一厚度 $e=0.38$ μm 的肥皂膜上,肥皂膜折射率 $n=1.33$,在可见光范围内(390~760 nm),哪些波长的光在反射中增强最大?

11-4 在空气中垂直入射的白光从薄油膜上反射,油膜覆盖在玻璃板上,在可见光谱中观察到 500 nm 与 700 nm 这两个波长的光在反射中消失,油的折射率为 1.30,玻璃的折射率为 1.50,试求油膜的厚度.

11-5 有一劈尖,折射率 $n=1.4$,劈尖角 $\theta=10^{-4}$ rad,在某一单色光的垂直照射下,可测得两相邻明条纹之间的距离为 0.25 cm,试求此单色光在空气中的波长.

11-6 利用空气劈尖干涉测细丝直径. 如图所示,已知入射光波长 $\lambda=5.89\times10^{-4}$ mm,细丝与劈尖距离 $L=0.1$ m,现测得 10 条明条纹间距为 0.02 m. 求:(1) 细丝直径 D? (2) 若在劈尖中滴入折射率 $n=1.52$ 的油,那么在 L 上呈现几条明条纹?

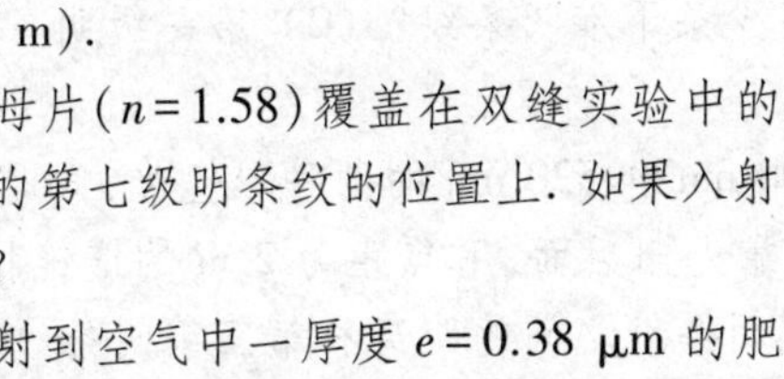

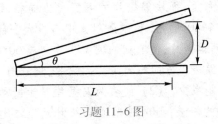

习题 11-6 图

11-7 在利用牛顿环测未知单色光波长的实验中,当用已知波长为 589.3 nm 的钠黄光垂直照射时,测得第一和第四暗环的距离为 $l_1=4\times10^{-3}$ m;当用未知的单色光垂直照射时,测得第一和第四暗环的距离为 $l_2=3.85\times10^{-3}$ m,求未知单色光的波长.

11-8 当牛顿环装置中的透镜与玻璃之间的空间充以某种液体时,第 10 个明条纹的直径由 1.40×10^{-2} m 变为 1.27×10^{-2} m,试求这种液体的折射率.

11-9 在宽度 $a=0.5$ mm 的单缝后面放一接收屏,单缝与接收屏的距离为 $D=1.00$ m. 用单色平行光垂直照射单缝,在屏上形成夫琅禾费衍射条纹. 若离屏上中央明纹中心为1.5 mm 的 P 点处看到的是一条明条纹. 求:(1) 入射光的波长;(2) P 处明条纹的级次;(3) 从 P 处看来,狭缝处的波面被分成几个半波带.

11-10 一单色平行光垂直入射一单缝,其衍射第三级明条纹位置恰与波长为 600 nm 的单色光垂直入射该缝时衍射的第二级明条纹位置重合,试求该单色光波长.

11-11 在迎面驶来的汽车上,两盏前灯相距 1.2 m. 试问汽车离人多远的地方,眼睛才可以分辨这两盏前灯? 假设夜间人眼瞳孔直径为 5.0 mm,而入射光波波长 $\lambda=550$ nm. 又假设这个距离只取决于眼睛的圆形瞳孔处的衍射效应.

11-12 有一光栅,每厘米有 1 000 条刻痕,缝宽 $a=4\times10^{-4}$ cm,光栅距屏幕为 1 m,用波长为 630 nm 的平行单色光垂直照射在光栅上. 试问:(1) 在单缝中央明条纹宽度内可以看见多少条干涉明条纹? (2) 第一级明条纹与第二级明条纹之间的距离为多少?

11-13 波长为 500 nm 和 520 nm 的两种单色光,同时垂直入射在光栅常量为 0.002 cm 的光栅上. 紧靠光栅后面,用焦距为 2 m 的透镜把光线汇聚在屏幕上. 求这两种单色光的第一级明条纹之间的距离和第三级明条纹之间的距离.

11-14 用一束具有两种波长的平行光垂直入射在光栅上,$\lambda_1=600$ nm,$\lambda_2=400$ nm,发现距中央明条纹 5 cm 处 λ_1 光的第 k 级明条纹和 λ_2 光的第 $k+1$ 级明条纹相重合,若所用透镜的焦距 $f=50$ cm,试问(1) 上述的 k 为多少? (2) 光栅常量 $a+b$ 为多少?

11-15 波长 $\lambda=500$ nm 的单色平行光垂直投射在平面光栅上,已知光栅常量 $a+b=3.0$ μm,缝宽 $a=1.0$ μm,光栅后汇聚透镜的焦距 $f=1$ m,试求:(1) 单缝衍射中央明条纹宽度;(2) 在该宽度内有几个光栅衍射明条纹;(3) 总共可看到多少条谱线.

11-16 一束自然光入射到一组偏振片上,这组偏振片由四块偏振片所构成,这四块偏振片的排列关系是,每块偏振片的偏振化方向相对于前面的一块偏振片沿顺时针方向转过了一个 30°的角. 试求入射光中有多大一部分透过这组偏振片?

11-17 平行放置两偏振片,使它们的偏振化方向成 60°的夹角. (1) 如果两偏振片对光振动平行于其偏振化方向的光线均无吸收,则让自然光垂直入射后,其透射光强与入射光强之比是多少? (2) 如果两偏振片对光振动平行于其偏振化方向的光线分别吸收了 10%的能量,则透射光强与入射光强之比是多少? (3) 今在这两偏振片之间再平行地插入另一偏振片,使它的偏振化方向与前两个偏振片均成 30°角,则透射光强与入射光强之比又是多少? 先按无吸收情况计算,再按有吸收 10%情况计算.

11-18 有一束自然光和线偏振光组成的混合光，当它通过偏振片时，改变偏振片的取向，发现透射光强最大值与最小值之比为 7∶1. 试求入射光中自然光和线偏振光的强度各占总入射光强的比例.

11-19 一束自然光从空气入射到一平板玻璃上，入射角为 56.5°，测得此时的反射光为线偏振光，求此玻璃的折射率以及折射光线的折射角.

11-20 水的折射率为 1.33，玻璃的折射率为 1.50. 当光由水中射向玻璃而反射时，起偏振角为多少？当光由玻璃射向水而反射时，起偏振角又为多少？

11-21 一束太阳光以某一入射角入射到平面玻璃上，这时反射光为线偏振光，透射光的折射角为 32°. (1) 求太阳光的入射角；(2) 玻璃的折射率是多少？

第十二章

量子物理

19 世纪末，经典物理已建立起完整的理论体系. 但是，当物理学的研究领域由宏观世界逐步过渡到微观世界时，经典物理理论无法解释如黑体辐射、光电效应、康普顿效应、原子的线状光谱以及原子的稳定性等一系列新的实验结果. 面对这一矛盾，普朗克、爱因斯坦、玻尔等一批物理学家奋力摆脱经典传统思想的束缚，在试图解释这些新的实验现象的过程中创立了量子论. 在此基础上，20 世纪以来，薛定谔、海森伯和玻恩等众多物理学家建立的量子力学理论在描述微观粒子运动规律的研究中把量子物理推到了一个崭新的发展阶段. 今天，量子物理已成为整个现代科学技术的重要理论基础.

本章按照历史发展的顺序，介绍早期量子论的形成，阐明波粒二象性的基本思想，探讨量子力学的基本概念和基本方程.

12-1 早期量子论

一、经典物理的特性

文档：两朵“乌云”与经典物理学理论的问题

所谓经典物理，是指 20 世纪以前所建立的一些物理学理论，例如由伽利略、牛顿等建立的力学；由克劳修斯、开尔文和玻耳兹曼等发展的热力学和统计物理；由安培、法拉第、麦克斯韦等建立的电磁学；由惠更斯、托马斯 · 扬、菲涅耳等建立的波动学. 经典物理学研究的对象是由大量分子、原子所组成的宏观物体，而且这些物体的运动速度远小于光速.

经典物理规律的主要特征是所谓“确定性”，对任何一力学或电学体系，如果某一时刻的状态已知，则任一时刻的状态就可精确地由基本规律加以确定（有时需要知道边界条件）. 因此，对物理系统，我们不仅可以解释已经经历的状态，而且还可以预言未来的状态. 例如，在经典力学中，一个宏观物体的运动状态是用它的位置和动量来描述的，如果知道它在初始时刻的位置和动量，利用牛顿运动定律就可以知道以后任一时刻的位置和动量，从而知道物体的运动轨道和其他一些力学量（如动能、势能、角动量等）的值. 这样物体在任何时刻都可同时具有确定的位置、动量和其他一些力学量.

在经典物理中，实物是粒子或粒子的集合，虽然大量粒子的集合可按连续分布加以处理，例如连续介质的运动或声波的传播，但是就其本质而言，它们是分立的粒子，而电磁场是连续地分布在空间中，于是形成了粒子和波动两种不同形式的物质的概念. 原子、分子或大颗粒均是粒子特征，并不是波，而作为电磁辐射的光波，X 射线均具波场特征，并不是粒子.

在经典物理中，物理量可以连续取值，并无禁区，虽然物质体系可以表现为粒子或波场形式，但任何物理量如动量、能量、角动量……都可以连续取值. 而且除了实验条件和仪器的精度的限制外，对物理量的测量结果的准确程度也并无限制.

在经典物理中，并非没有统计性，大量粒子组成的体系，不可能也不必要追随个别粒子的运动，而可由统计得出其具体行为，经典的统计理论以麦克斯韦-玻耳兹曼分布为代表，因而它也是经典物理的组成部分.

二、黑体辐射与能量子假设

黑体辐射规律 任何一个物体在任何温度下都要向外辐射电磁波，而这种辐射的总能量取决于物体的温度，所以称为热辐射. 太阳的热辐射除可见光外，还包含红外线、紫外线等各种波长的电磁波.

文档：黑体辐射规律的探索

任何物体同时具有辐射和吸收电磁波的本领. 例如，物体吸收了太阳的辐射能量，从而温度升高. 实际上，照射到物体上的电磁波并不能被物体全部吸收，一部分能量将从物体表面反射. 不同物体吸收电磁波的本领也不同，一般而言，深色的或黑色的物体吸收电磁波的能力要强些. 能够完全吸收而不反射照射到它表面的各种波长的电磁波的物体叫做黑体，在自然界中，真正的黑体是不存在的，即使最黑的烟煤也只能吸收 95%的电磁波. 因此，黑体是一种理想化物体，它和质点、刚体等概念一样也是一种理想模型. 我们可以把一个用不透明材料（如钢、铜、陶瓷等）做成的带有小孔的空腔近似看作黑体，如图 12-1 所示. 因为空腔的小孔很小，射入空腔的电磁波在腔内经腔壁多次的部分吸收和部分反射后，几乎被腔的内壁全部吸收，最后几乎没有电磁波再从小孔出来. 从辐射角度看，如果把空腔加热，使其保持在一定温度下，空腔将通过小孔向外发出辐射，所以小孔的辐射实际上就是黑体的辐射.

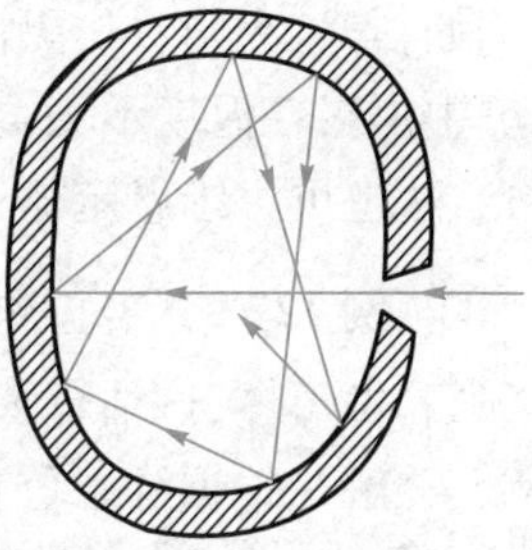
图 12-1

黑体辐射是热辐射的典型情况，对其热辐射规律的研究有着普遍意义.

在单位时间内，从黑体单位面积上辐射出来的、在波长 λ 附近的单位波长间隔内的电磁波能量称为黑体的单色辐出度，记作 $M_\lambda(T)$，它反映了黑体辐射某一波长电磁波能力的大小.

实验测得不同温度下，黑体单色辐出度和波长的关系曲线如图 12-2 所示. 从这些实验曲线可得到黑体辐射的两条规律.

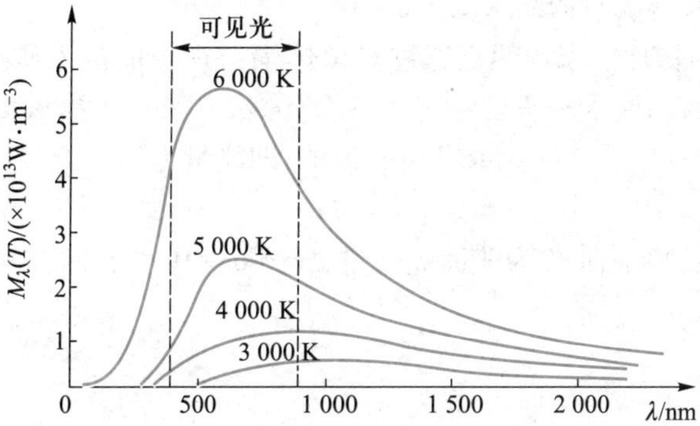

图 12-2

1. 维恩位移定律

由图 12-2 可见每一曲线都有一峰值，与该峰值对应的波长用 λ_m 表示，随着黑体温度 T 的升高，λ_m 减小. 实验发现，两者关系为

$$\lambda_m T=b \tag{12-1}$$

式中 $b=2.898\times10^{-3}$ m · K，称为维恩位移定律常量. 式(12-1)表明，当黑体的温度升高时，其单色辐出度的峰值所对应的波长 λ_m 向短波方向移动.

文档：维恩简介

2. 斯特藩-玻耳兹曼定律

在图 12-2 中，每一条曲线反映了在一定温度下，黑体的单色辐出度随波长 λ 分布的情况，每条曲线下的面积等于黑体在一定温度下在单位时间内从单位面积上辐射的能量 E(或称为单位面积的辐射功率)，实验表明，它与温度的 4 次方成正比，可表示为

$$E=\sigma T^4 \tag{12-2}$$

式中 $\sigma=5.670\times10^{-8}$ W/m^2 · K^4，σ 称为斯特藩-玻耳兹曼常量.

以上两定律将黑体辐射的主要性质简洁而定量地表示了出来，很有实用价值. 例如，若将太阳看作黑体，可由维恩位移定律算出太阳表面温度. 人们日常观测到炉中焦炭在温度不太高时发射红光，高温时发射黄光，在极高温下发射耀眼的白光，这也可由维恩定律得到定量的解释.

例 12-1 实验测得太阳光谱的峰值波长在绿光区域，$\lambda_m=0.49$ μm，若将太阳看做黑体，试估算太阳的表面温度和单位面积的辐射功率.

解 根据维恩位移定律，太阳的表面温度为

$$T_s=\frac{b}{\lambda_m}=\frac{2.898\times10^{-3}}{0.49\times10^{-6}}\ \mathrm{K}=5.91\times10^3\ \mathrm{K}$$

根据斯特藩-玻耳兹曼定律，太阳单位面积辐射的功率为

$$P=\sigma T_s^4=5.67\times10^{-8}\times(5.91\times10^3)^4\ \mathrm{W/m^2}=6.92\times10^7\ \mathrm{W/m^2}$$

这一能量非常巨大，但照射到地球上的只是其中的很小一部分，约为 1.4 W/m^2.

普朗克能量子假设 19 世纪末，许多物理学家在试图用经典理论解释上述实验曲线时均未能获得满意的结果.

1900 年，德国物理学家普朗克通过对黑体辐射现象的深入研究对黑体辐射中的能量提出了著名的能量子假设：黑体辐射或吸收电磁波的能量是不连续的，它是以能量子 $h\nu$ 为基本单元来吸收或发射能量的，即能量为

$$\varepsilon=nh\nu \tag{12-3}$$

式中 ν 是电磁波的频率，h 称为普朗克常量，$h=6.63\times10^{-34}$ J · s，n 可以取正整数 $n=1,2,3,\cdots$

普朗克(M.Planck,1858—1947)

德国物理学家,量子论的奠基人之一.他提出了能量的量子化假设,从而导出黑体辐射的能量分布公式,这是物理学史上的一次巨大变革,从此结束了经典物理学一统天下的局面,他本人因此获得 1918 年诺贝尔物理学奖.

文档:普朗克简介

根据上述假设,普朗克从理论上导出一个与黑体辐射实验结果符合得很好的公式

$$M_{\lambda}(T)=2\pi hc^{2}\lambda^{-5}\frac{1}{e^{h\lambda kT}-1} \qquad (12-4)$$

式中 c 是光速,k 是玻耳兹曼常量,式(12-4)称为普朗克公式.

按照式(12-4)得出的黑体单色辐出度 $M_{\lambda}(T)$ 和波长 λ 的关系曲线和实验结果(图 12-3 中黑点)十分吻合.

按照经典理论,黑体辐射或吸收的电磁波能量应是连续分布的,而普朗克的能量子假设为物理学带来了电磁波能量不连续分布的新概念,彻底解决了黑体辐射上存在的长期困惑,但是由于经典物理理论的长期束缚,普朗克提出的关于电磁波能量量子化的概念在很长一段时间并未被人们所接受,直到爱因斯坦在 1905 年提出光子概念,并正确解释了光电效应后,普朗克的能量子假设才冲破经典物理的束缚而被人们所接受.普朗克本人由于发现能量子,并提出能量量子化假设而获得 1918 年的诺贝尔物理学奖.

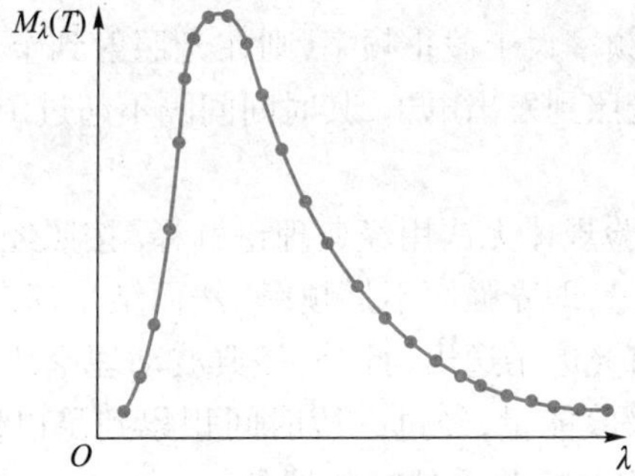

图 12-3

三、光电效应与光子假设

当紫外线照射在金属表面上时,有电子从金属表面逸出,这样的现象称为光电效应,所逸出的电子叫做光电子.

光电效应的实验规律 光电效应的实验装置图如图 12-4 所示.当光电管没有

受到外来光照射时，回路中没有电流通过，电流计 G 的指针偏转为零，当用某些频率的光照射时，电流计指针会发生偏转，说明光电管内有电流通过，这种电流称为光电流. 实验中，当调节电阻 R，减小 A、K 之间的电压时，光电流 I 也随之减小，但当 $U=0$ 时，I 不等于零. 这说明，从阴极 K 逸出的光电子具有一定的初动能，当将两极板接上反向电压达到某一数值 U_a 时，光电流 $I=0$，这个反向电压 U_a 称为遏止电压. 这时从阴极 K 逸出的光电子虽然具有最大初动能，但因受反向电场力作用而减速，因而不能到达阳极 A，即光电子的初动能全部用于克服电场力做功，即

文档：光电效应的研究

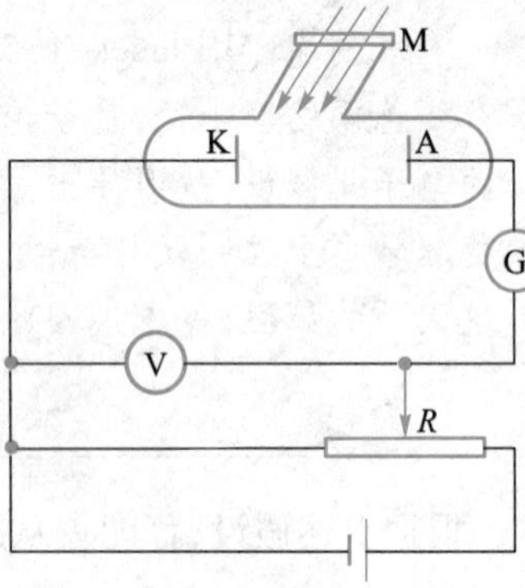

图 12-4

$$\frac{1}{2}mv_m^2=e|U_a| \tag{12-5}$$

式中 m 为光电子质量，v_m 为光电子最大初速度，e 为光电子的电荷量绝对值.

通过对光电效应的实验研究，人们发现这一现象中有如下四点规律.

(1) 单位时间内由金属逸出的光电子数 N 与入射光的强度成正比.

$$I=Ne \tag{12-6}$$

(2) 光电子的最大初动能随入射光的频率的增加而线性增加，与入射光的强度无关.

$$\frac{1}{2}mv_m^2=ek(\nu-\nu_0) \tag{12-7}$$

(3) 对每种金属，都存在一个相应的临界频率 ν_0，称为截止频率(或称为红限). 当入射光的频率 ν 小于截止频率时，无论光强多大，照射时间多长，都不会产生光电子.

(4) 只要入射光的频率大于截止频率，则在光照射到金属表面后，几乎立即就有光电子逸出，从接受光照到发出电子，其时间间隔不超过 10^{-9} s. 这就是光电效应的"瞬时性".

光电效应的这些实验规律无法用经典理论解释. 按照经典波动理论，产生光电效应取决于入射光的能量，即光强而不是频率. 然而结果却是只有大于截止频率的光照射金属表面，才能有光电子逸出. 此外，经典波动理论认为，当入射光的强度很微弱时，电子从光束中吸收能量，经过一段时间积累到足以使电子逸出金属表面，即有"滞后"现象. 但光电效应几乎是"瞬时"的.

文档：爱因斯坦光量子假说的提出

爱因斯坦光子假设 为了克服经典理论所遇到的困难，从理论上解释光电效应，爱因斯坦提出了光子假设：光束可以看成是由微粒构成的粒子流，这些粒子叫光量子简称光子. 在真空中，每个光子都以光速 $c=3\times10^8$ m/s 运动. 对于频率为 ν 的光速，光子的能量为 $h\nu$

光子假设比普朗克能量子假设又前进了一步. 光子假设指出了光不仅在发射和吸收时表现出粒子性，而且在传播过程中也具有粒子性，能量也是量子化的.

按照爱因斯坦的光子假设,频率为 ν 的光束可看成是由许多能量均等于 $h\nu$ 的光子所构成的;频率 ν 越高的光束,其光子能量越大;对给定频率的光束来说,光的强度越大,就表示光子的数目越多.

当光照射到金属表面时,金属中电子一次吸收一个光子的全部能量是 $h\nu$. 这个能量一部分用于克服金属对电子的束缚所做的功 A,称为逸出功;不同的金属材料,其逸出功不同,另一部分成为光电子逸出后具有的初动能,根据能量守恒定律,有

$$h\nu=\frac{1}{2}mv_{m}^{2}+A \tag{12-8}$$

上式称为爱因斯坦光电效应方程.

根据式(12-8)可以对光电效应给出圆满的解释.

(1) 入射光的强度决定于单位时间内通过垂直于光传播方向的单位面积的光子数. 光强越大,光子数就越多,逸出的光电子也越多,所以光电流就越大.

(2) 对某一给定的金属,其 A 一定,光电子的最大初动能 $\frac{1}{2}mv_{m}^{2}$ 与入射光的频率 ν 呈线性关系,而与光的强度无关.

(3) 光存在一个截止频率 ν_0. 当逸出的光电子的初动能为零时,有 $\frac{1}{2}mv_{m}^{2}=0$,因此

$$\nu_0=\frac{A}{h} \tag{12-9}$$

这就是说对每一种金属存在一个发生光电效应的截止频率 ν_0,只有当照射光的频率 $\nu\geqslant\nu_0=\frac{A}{h}$ 才会发生光电效应.

(4) 因为一个光子的能量是全部被一个电子所吸收,只要光子的能量大于金属内电子的逸出功,电子吸收后就脱离金属表面,不需要时间的积累. 这就解释了光电效应的瞬时性.

1916 年,美国物理学家密立根对光电效应作了精确的测量,证实了爱因斯坦的光子假设,并由此测得了普朗克常量,为此,爱因斯坦获得了 1921 年的诺贝尔物理学奖.

由于光电效应可方便地将光信号转换为电信号,所以在近代工程技术中得到了广泛的应用,自动控制、自动计数、电影、电视、天体信息的接收、黑夜中军事目标的探索等方面,均可应用光电效应.

例 12-2 用波长为 200 nm 的单色光照射在金属铝的表面上,已知铝的逸出功为 4.2 eV. 求:(1) 光电子的最大动能;(2) 截止电压;(3) 铝的截止波长.

解 (1) 根据爱因斯坦光电效应方程,光电子的最大动能为

$$E_{km}=h\nu-A=h\frac{c}{\lambda}-A$$

$$=\frac{6.63\times10^{-34}\times3\times10^{8}}{200\times10^{-9}}\ \text{J}-4.2\times1.6\times10^{-19}\ \text{J}=3.23\times10^{-19}\ \text{J}=2.0\ \text{eV}$$

(2) 由式(12-5),可得截止电压为

$$U_a=\frac{E_{km}}{e}=\frac{3.23\times10^{-19}}{1.6\times10^{-19}}\ \text{V}=2.0\ \text{V}$$

(3) 由式(12-9),可得截止波长为

$$\lambda_0=\frac{c}{\nu_0}=\frac{hc}{A}=\frac{6.63\times10^{-34}\times3\times10^{8}}{4.2\times1.6\times10^{-19}}\ \text{m}=2.96\times10^{-7}\ \text{m}=296\ \text{nm}$$

*四、康普顿效应

1923 年,美国物理学家康普顿在观察 X 射线(波长为 0.04~0.1 nm)被石墨等物质散射时,发现在散射 X 射线中除有与入射波长相同的射线外,还有波长比入射波长更长的射线,这种有波长改变的散射现象叫做康普顿效应.

文档:康普顿效应的发现

图 12-5 是康普顿实验装置的示意图. 图中波长为 λ_0 的入射 X 射线照射石墨,在散射角 θ(入射方向与散射方向之间的夹角)方向上用探测器收集到散射 X 射线的波长变为 λ. 实验结果如图 12-6 所示,图中横坐标代表波长,纵坐标代表光的强度. 实验结果表明,波长的改变量 $\Delta\lambda=\lambda-\lambda_0$ 只与散射角 θ 有关,如图 12-6 所示它们之间的关系是

$$\Delta\lambda=\lambda_C(1-\cos\theta) \tag{12-10}$$

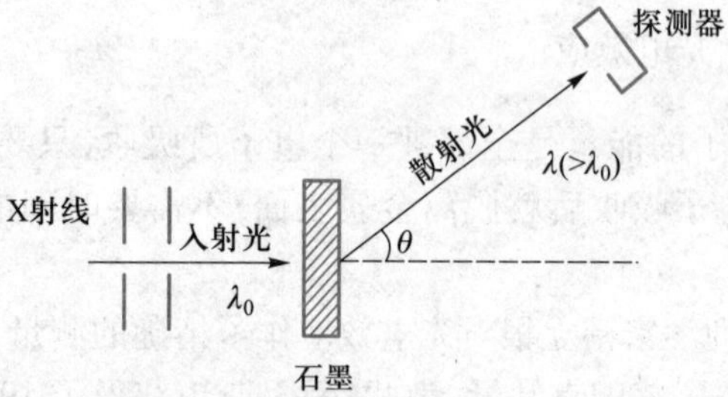

图 12-5

上式称为康普顿散射公式. 式中 λ_C 叫做电子的康普顿波长,其量值为

$$\lambda_C=\frac{h}{m_0c}=2.43\times10^{-3}\ \text{nm} \tag{12-11}$$

式中 m_0 是电子的静止质量,h 是普朗克常量,c 是真空中的光速.

康普顿效应无法用经典物理理论解释,按照经典电磁波理论,在 X 射线的照射下,物质中的带电粒子将从入射光中吸收能量做同频率的受迫振动,因而不会发生波长改变.

康普顿利用光子理论成功地解释了康普顿效应,X 射线的散射是单个光子和单

个电子发生弹性碰撞的结果. 根据光子假设 X 射线是由频率为 ν_0,能量为 $\varepsilon=h\nu$ 的光子组成,光子与静止的自由电子之间弹性碰撞,并假设在碰撞过程中能量和动量守恒. 在这种碰撞过程中,由于电子会获得一部分能量,所以散射光子的能量要比入射光子的能量小,因而散射的 X 射线的频率会变小,而波长会变长. 光子除了与上述自由电子发生碰撞外,与原子中束缚很紧的电子也会发生碰撞,这种碰撞可以看做是光子与整个原子的碰撞. 由于原子的质量很大,散射光子只改变方向,几乎不改变能量,因而散射光的频率几乎不变,即在散射光中还包含波长不变的光.

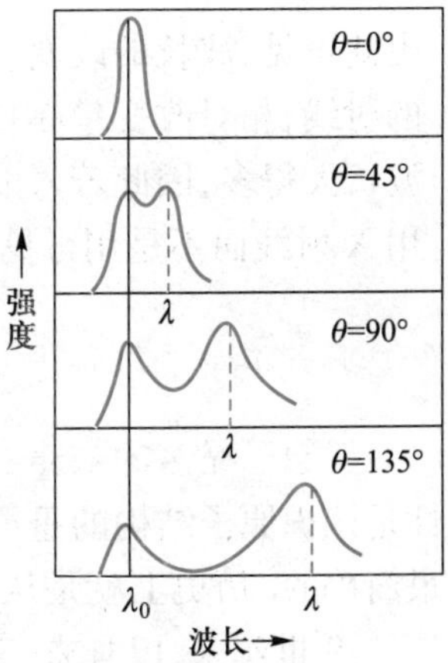

图 12-6

康普顿效应已成为光具有粒子性的重要实验依据. 康普顿散射的理论和实验完全一致,有力地证明了爱因斯坦光子理论的正确性,同时也验证了在微观粒子的相互作用过程中,能量和动量守恒定律也是严格成立的. 为此,康普顿获得 1927 年诺贝尔物理学奖.

康普顿(A.H.Compton,1892—1962)

美国实验物理学家,芝加哥大学教授,美国国立科学院院士,毕生从事科学研究工作,由于发现以他名字命名的证实光子理论的康普顿效应而获得 1927 年诺贝尔物理学奖.

康普顿效应在核物理、粒子物理、天体物理、X 射线晶体等许多学科都有重要应用,另外在医学中,康普顿效应还被用来诊断骨质疏松等.

例 12-3 用波长 $\lambda_1=400$ nm 的可见光和 $\lambda_2=0.1$ nm 的 X 射线分别进行康普顿散射实验,当在散射角 $\theta=90°$ 方向上观测时,测得波长的改变量 $\Delta\lambda$ 是多少? 波长的相对改变量是多少?

解 把 $\theta=90°$ 代入式(12-10),有

$$\Delta\lambda=\lambda_C=2.43\times10^{-3}\ \text{nm}$$

相对改变量分别为

$$\frac{\Delta\lambda}{\lambda_1}=\frac{2.43\times10^{-3}}{400}=6.1\times10^{-6}$$

$$\frac{\Delta\lambda}{\lambda_2}=\frac{2.43\times10^{-3}}{0.1}=2.4\times10^{-2}$$

由此可见，波长的改变量与入射光的波长无关，而由散射角决定，对于波长越短的射线，相对改变量亦越大，越易观察到康普顿效应. 由于可见光波长比康普顿波长大得多，因此若入射光为可见光，基本上观察不到康普顿效应. 这是康普顿用 X 射线而不是用可见光做实验的重要原因.

*五、玻尔的氢原子理论

氢原子光谱的规律　原子光谱是原子结构性质的反映，研究原子光谱的规律性是认识原子结构的重要手段，在所有的原子中，氢原子是最简单的，其光谱也是最简单的. 历史上就是从研究氢原子光谱规律开始研究原子结构的.

19 世纪末，巴耳末、莱曼、帕邢、布拉开、普丰德等人通过观察氢原子光谱在可见光以及紫外线、红外线区域的谱线，分析谱线之间的内在联系，得出如下的统一的公式，即所谓广义巴耳末公式：

$$\sigma=\frac{1}{\lambda}=R\left(\frac{1}{k^2}-\frac{1}{n^2}\right) \tag{12-12}$$

式中 σ 是波长的倒数，叫做波数，R 叫做里德伯常量，其实验值为 $R=1.097\times10^{7}\ \mathrm{m^{-1}}$. k 可取整数值，当 $k=1$ 时，是莱曼谱系；$k=2$ 时，是巴耳末系；$k=3$ 时，是帕邢系；$k=4$ 时，是布拉开系；$k=5$ 时，是普丰德系. 对应每一个谱系，n 可取整数值 $k+1, k+2, k+3, \cdots$，分别表示该谱系中的不同谱线. 图 12-7 是一组氢原子的巴耳末系谱线图. 显然，氢原子光谱是彼此分立的线状光谱，每一条谱线具有确定的波长.

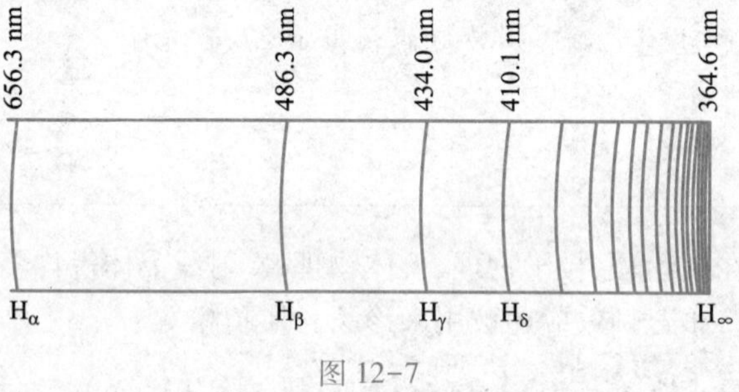

图 12-7

从式(12-12)得到的可见光以及紫外线、红外线的各组谱线的数值和实验结果十分相符，说明了式(12-12)反映了氢原子结构的内部规律.

文档：原子有核模型的建立

原子的核型结构　1911 年，卢瑟福提出了原子的核式结构模型，他认为原子由原子核和电子组成. 原子核集中了全部的正电荷和几乎全部的质量，位于原子中心，而电子则如行星绕太阳旋转似的绕核运动，构成了一个稳定的电结构系统. 原子的这种核型结构为一系列的实验所证实，所以很快为大家所接受.

原子系统的稳定性和原子线状光谱的实验规律无法用经典理论解释. 根据经典电磁理论，做加速运动的电子会不断地向外辐射电磁波，即辐射能量，其频率就等于电子绕原子核旋转的频率. 由于电子不断地向外辐射能量，所以电子 的能量会逐渐减少，电子绕原子核旋转的频率也要逐渐地改变，因而原子发射的光谱应该是连续光谱. 不但如此,随着电子能量逐渐减少,电子运动轨道也逐渐减小,电子最终将落到核上,因而原子应该是一个不稳定的系统.

玻尔的氢原子理论　为了解决经典理论所遇到的困难,玻尔于 1913 年在卢瑟福原子的有核模型基础上,把普朗克能量子的概念和爱因斯坦光子的概念运用到氢原子系统,提出了关于原子结构量子论的三个基本假设:

文档:玻尔原子结构理论的提出

(1) 定态假设. 原子系统存在一系列不连续的能量状态,处于这些状态的原子中的电子只能在一定的轨道上绕核做圆周运动,但不辐射能量. 这些状态为原子系统的稳定状态,简称定态,相应的能量只能是不连续的值 $E_1,E_2,E_3,\cdots,E_n$ 这种能量称为能级.

(2) 轨道角动量量子化假设. 原子中电子绕原子核做圆周运动的轨道角动量 $\boldsymbol{L}$ 的大小必须等于$\dfrac{h}{2\pi}$的整数倍,即

$$L=rmv=n\frac{h}{2\pi}\quad(n=1,2,3,\cdots)\tag{12-13}$$

式中 m 为电子的质量,v 为电子运动的速度,r 为轨道半径,n 为量子数,式(12-13)称为角动量量子化条件.

(3) 跃迁假设. 当原子从一个较大能量 E_n 的定态跃迁到另一个较低能量 E_k 的定态时,原子辐射出一个光子,其频率由下式决定

$$\nu=\frac{E_n-E_k}{h}\tag{12-14}$$

反之,当原子处于较低能量 E_k 的定态时,吸收一个能量为 $h\nu$ 的光子,则可跃迁到较高能量 E_n 的定态.

玻尔根据以上三个基本假设,推出了氢原子的能级公式,成功地解释了氢原子光谱的规律性,并因此获得了 1922 年诺贝尔物理学奖.

下面根据玻尔的三个基本假设分析氢原子的轨道和能量.

设氢原子中,质量为 m 的电子在半径为 r_n 的圆形轨道上以速率 v_n 绕核运动,原子核的电荷量为 e,则电子的电荷量为 $-e$,电子受到库仑力作用的向心力. 按牛顿第二定律,有

$$m\frac{v_n^2}{r_n}=\frac{1}{4\pi\varepsilon_0}\frac{e^2}{r_n^2}\tag{12-15}$$

将式中的 v 和 r 分别用 v_n 和 r_n 替代,与式(12-15)联立,可得

$$r_n=\frac{\varepsilon_0 n^2h^2}{\pi me^2}\quad(n=1,2,3,\cdots)\tag{12-16}$$

当 $n=1$ 时,$r_1=\dfrac{\varepsilon_0h^2}{\pi me^2}=5.29\times10^{-11}$ m,称为玻尔半径.

由于电子在第 n 个轨道上的总能量 E_n 应为动能与电势能之和,取无限远处为势能零点,则

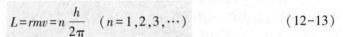

$$E_n=\frac{1}{2}mv_n^2-\frac{1}{4\pi\varepsilon_0}\frac{e^2}{r_n}$$

将式(12-15)和式(12-16)代入上式,可得相应轨道的总能量 E_n 为

$$E_n=-\frac{me^4}{8\varepsilon_0^2h^2n^2}\quad(n=1,2,3,\cdots)\tag{12-17}$$

可见能量是量子化的,当 $n=1$ 时,得

$$E_1=-\frac{me^4}{8\varepsilon_0^2h^2}=-13.6\ \text{eV}$$

这就是电子处在第一个轨道上时原子的能量,显然

$$E_n=-\frac{13.6}{n^2}\ \text{eV}\tag{12-18}$$

我们把 $n=1$ 的能量状态称为基态,把 $n=2,3,4,\cdots$ 的能量状态称为激发态. 例如 $n=2$ 的状态为第一激发态,$n=3$ 的状态为第二激发态,其余以此类推.

文档:玻尔简介

玻尔(N.Bohr,1885—1962)

丹麦理论物理学家,现代物理学创始人之一. 从1905年开始从事科学研究达57年之久. 28岁时提出了玻尔量子假设,建立了原子的量子理论. 1922年荣获诺贝尔物理学奖,他还是原子核液滴模型和核裂变理论的创立者之一. 丹麦政府为表彰玻尔的功绩,封他为"骑象勋爵".

原子处于基态时,能量最低,原子最稳定;处于激发态时一般不稳定,电子要向基态或较低能级跃迁,在跃迁时向外辐射能量. 原子如从外界吸收能量,电子就可以从较低能级跃迁到较高能级.

从式(12-16)和式(12-17)可知,当 $n\to\infty$ 时,$r_n\to\infty$,$E_n=0$. 这时电子已脱离原子核的吸引而成为自由电子,这种状态对应的原子称为电离态,这时能量趋于连续. 电子从基态跃迁到电离态需要的能量称为电离能,可见,氢原子的电离能为 $E_\infty-E_1=13.6$ eV.

根据玻尔假设,当电子从较高能级 E_n 跃迁到某较低能级 E_k 时,辐射出频率为 ν 的光子

$$\nu=\frac{E_n-E_k}{h}$$

用波数可表示为

$$\sigma=\frac{1}{\lambda}=\frac{\nu}{c}=\frac{1}{hc}(E_n-E_k)$$

将上式代入式(12-17)即可得氢原子光谱的波数公式

$$\sigma=\frac{me^4}{8\varepsilon_0^2h^3c}\left(\frac{1}{k^2}-\frac{1}{n^2}\right)\quad(n>k)\tag{12-19}$$

将式(12-19)与氢原子光谱实验规律式(12-12)相比较，可得里德伯常量的理论值为

$$R_{\text{理论}}=\frac{me^4}{8\varepsilon_0^2h^3c}=1.097\times10^7\ \text{m}^{-1}$$

这个值与实验值符合得很好.

由式(12-19)可得氢原子光谱的各谱线系. 与 $k=1,n=2,3,4,\cdots$对应的是莱曼系；与 $k=2,n=3,4,5,\cdots$对应的是巴耳末系；与 $k=3,n=4,5,6,\cdots$对应的是帕邢系；其余以此类推. 显然这些由玻尔理论推出的谱线系与实验得出的谱线系符合得很好. 图 12-8 为氢原子的能级图(图中每条横线代表一个能级)，根据式(12-19)便可以得到氢原子能级跃迁所产生的各谱线系. 例如，莱曼系是原子由各较高能级向 $k=1$ 的能级跃迁时发射出来的. 巴耳末系是原子由各较高能级向 $k=2$ 的能级跃迁时发射出来的，帕邢系是原子由各较高能级向 $k=3$ 的能级跃迁时发射出来的，其余以此类推.

需要指出的是，在某一时刻，一个原子只能辐射出一个光子，发出一条谱线，在实验中所观测到的是大量受激原子所发的光，因而可以观察到全部发射的谱线.

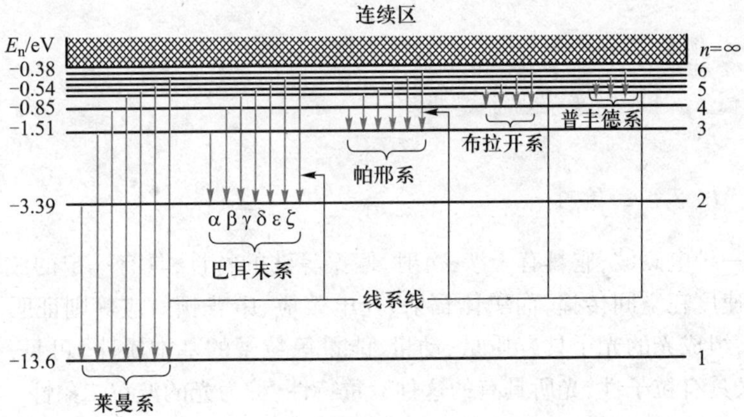

图 12-8

玻尔理论的局限性　虽然玻尔的氢原子理论对氢原子和类氢离子光谱的说明是成功的，但对多电子原子的光谱以及谱线强度、宽度等问题却无法处理. 究其原因是因为玻尔提出的理论既有经典理论不相容的量子化特征，又视微观粒子为经典力学的质点，借助于经典力学处理电子轨道问题. 因此，玻尔理论实际上是经典理论与量子理论的混合物，不是一个完善的理论. 此后，在波粒二象性基础上发展起来的量子力学圆满地解决了微观粒子的运动问题.

文档：核模型的建立

尽管玻尔理论存在缺陷，但它仍不愧是一个光辉的理论，在向原子结构的量子理论过渡的过程中，它犹如一座桥梁，一端架在经典物理的基础上，另一端引向量子世界，同时，玻尔关于定态能级和跃迁频率的概念，在量子力学中仍然是两个最

重要的基本概念. 为此,玻尔获得了 1922 年诺贝尔物理学奖.

从 19 世纪末到 20 世纪初,黑体辐射、光电效应、康普顿效应、原子的分立光谱线等一系列重要的物理现象暴露了经典物理学的局限性,突现了经典物理与微观领域规律性的矛盾,从而为发现微观领域规律打下了基础.

例 12-4 试计算氢原子光谱中巴耳末系的最短波长和最长波长各是多少.

解 根据巴耳末系的波长公式.

$$\sigma=\frac{1}{\lambda}=R\left(\frac{1}{2^2}-\frac{1}{n^2}\right)\quad(n=3,4,5,\cdots)$$

与最长波长对应的是 $n=3\to k=2$ 跃迁的光子,即

$$\sigma_{3\to2}=\frac{1}{\lambda_{\max}}=R\left(\frac{1}{2^2}-\frac{1}{3^2}\right)=1.097\times10^3\times\left(\frac{1}{2^2}-\frac{1}{3^2}\right)\ \mathrm{m}^{-1}$$

$$\lambda_{\max}=6.563\times10^{-7}\ \mathrm{m}=656.3\ \mathrm{nm}$$

与最短波长对应的是 $n=\infty\to k=2$ 跃迁的光子,即

$$\sigma_{\infty\to2}=\frac{1}{\lambda_{\min}}=R\left(\frac{1}{2^2}-\frac{1}{\infty^2}\right)=\frac{1.097\times10^7}{4}\ \mathrm{m}^{-1}$$

$$\lambda_{\min}=364.6\ \mathrm{nm}$$

12-2 物质的波粒二象性

一、光的波粒二象性

光是一种电磁波,它具有干涉、衍射、偏振等波的特性,具有一定的波长、频率,以一定的速度在空间传播,而黑体辐射、光电效应、康普顿效应等则证明了光还具有粒子性,组成光的光子具有质量、动量、能量等粒子的基本属性. 可见,光既具有波动性,又具有粒子性,光所具有的这种双重特性,称为光的波粒二象性.

那么,这两种结果是否矛盾呢? 其实这并不矛盾,光在有些情况下突出地表现其波动性,而在另一些情况下则突出地表现出其粒子性. 一般来讲,光在传播过程中主要表现出波动性,例如光的干涉、光的衍射等;当光与物质相互作用时主要表现出粒子性,例如光的辐射和吸收. 按照光子假设,光子的能量为

$$E=h\nu\tag{12-20}$$

根据相对论的质能关系

$$E=mc^2$$

所以光子的质量为

$$m=\frac{h\nu}{c^2}\tag{12-21}$$

对于速度为 v 的粒子，其质量为

$$m=\frac{m_0}{\sqrt{1-\left(\frac{v}{c}\right)^2}}$$

对于光子 $v=c$，而 m 是有限的，所以只能是 $m_0=0$，即光子是静质量为零的一种粒子. 但是，由于光速不变，光子对任何参考系都不会静止，所以静止的光子是不存在的.

光子的动量为 $p=mc$，代入式(12-21)得

$$p=\frac{h}{\lambda} \tag{12-22}$$

式(12-20)和式(12-22)是描述光的性质的基本关系式，在这两式的左侧，能量 E 和动量 p 描述了光的粒子性，右侧的频率 ν 和波长 λ 描述了光的波动性. 这样，便把光的粒子性和波动性在数量上通过普朗克常量 h 联系在一起了.

例 12-5 求波长为 7×10^{-7} m 的红光光子的能量、动量和质量，并与经 $U=100$ V 电压加速后的电子的动能、动量和质量相比较.

解 光子的能量、质量和动量可由式(12-20)、式(12-21)和式(12-22)求得

$$E=\frac{hc}{\lambda}=\frac{6.63\times10^{-34}\times3\times10^{8}}{7\times10^{-7}}\ \text{J}=2.84\times10^{-19}\ \text{J}=1.78\ \text{eV}$$

$$p=\frac{h}{\lambda}=\frac{6.63\times10^{-34}}{7\times10^{-7}}\ \text{kg}\cdot\text{m/s}=9.47\times10^{-28}\ \text{kg}\cdot\text{m/s}$$

$$m=\frac{E}{c^2}=\frac{2.84\times10^{-19}}{(3\times10^{8})^2}\ \text{kg}=3.16\times10^{-36}\ \text{kg}$$

由于经 100 V 电压加速后，电子的速度不大，所以电子的动能、动量和质量的计算可以不考虑相对论效应. 这样可得电子的动能为

$$E_e=eU=1.6\times10^{-19}\times100\ \text{J}=1.6\times10^{-17}\ \text{J}=100\ \text{eV}$$

电子的质量近似于其静质量，即为

$$m_e=9.11\times10^{-31}\ \text{kg}$$

电子的动量大小为

$$p_e=m_ev=\sqrt{2m_eE_e}=\sqrt{2\times9.11\times10^{-31}\times100\times1.6\times10^{-19}}\ \text{kg}\cdot\text{m/s}$$
$$=5.40\times10^{-24}\ \text{kg}\cdot\text{m/s}$$

经过计算可得本题所要求的结果如下：

$$\frac{E}{E_e}=\frac{1.78}{100}\approx2\times10^{-2}$$

$$\frac{p}{p_e}=\frac{9.47\times10^{-28}}{5.40\times10^{-24}}\approx2\times10^{-4}$$

$$\frac{m}{m_e}=\frac{3.16\times10^{-36}}{9.11\times10^{-31}}\approx3\times10^{-6}$$

二、实物粒子的波粒二象性

对于光的二象性认识，先是发现其波动性，然后发现其粒子性，那么，电子、质子、中子、原子等实物粒子（静止质量不为零的微观粒子）是否也具有波动性呢？1924 年，法国物理学家德布罗意提出大胆假设：**波粒二象性不是光学的特殊现象，一切实物粒子也具有波粒二象性**. 我们把这种和实物粒子相联系的波称为物质波（或称为德布罗意波）.

德布罗意认为，一个质量为 m，以速度 v 运动的粒子，具有确定的频率和波长，其能量 E 与频率 ν，动量 p 与波长 λ 之间的关系，与光子所遵从的式（12-20）和式（12-22）一样，即

$$E=h\nu,\quad p=\frac{h}{\lambda}$$

由于动量 $p=mv$，$m=\dfrac{m_0}{\sqrt{1-v^2/c^2}}$，上式可写为

$$\lambda=\frac{h}{mv}=\frac{h}{m_0v}\sqrt{1-v^2/c^2} \tag{12-23}$$

上式称为德布罗意公式. 德布罗意由于这一开创性工作而获得了 1929 年的诺贝尔物理学奖.

文档：德布罗意波的提出

德布罗意（L.de Broglie，1892—1987）

法国理论物理学家，巴黎大学教授. 1924 年他在博士论文中提出了物质波的理论，两年后，薛定谔在他的思想基础上创立了薛定谔方程，使德布罗意的贡献闻名于世，他为此而获得 1929 年的诺贝尔物理学奖.

文档：德布罗意简介

当 $v\ll c$ 时，有 $m\approx m_0$，并考虑到 $E_k=\dfrac{1}{2}m_0v^2$，则物质波波长为

$$\lambda=\frac{h}{p}=\frac{h}{m_0v}=\frac{h}{\sqrt{2m_0E_k}} \tag{12-24}$$

例 12-6 分别求出动能为 100 eV 的电子及质量为 0.01 kg、速度为 400 m/s 的子弹的物质波波长.

解 电子的静能 $m_0c^2=0.511\ \text{MeV}\gg E_\text{k}$,因此,不考虑相对论效应,电子的物质波波长为

$$\lambda=\frac{h}{p}=\frac{h}{m_0v}=\frac{h}{\sqrt{2m_0E_\text{k}}}$$
$$=1.23\times10^{-10}\ \text{m}$$

对于子弹,$v\ll c$,故不考虑相对论效应,子弹的物质波波长为

$$\lambda=\frac{h}{p}=\frac{h}{m_0v}=\frac{6.63\times10^{-34}}{0.01\times400}\ \text{m}=1.66\times10^{-34}\ \text{m}$$

由以上计算可得,对于动能为 100 eV 的电子,其物质波波长与 X 射线的波长相近,此时电子还可以表现出波动性;而对于子弹这样的宏观物体,因其物质波波长小到可以忽略,所以宏观物体仅表现出粒子性.

三、物质波的实验证实

德布罗意关于物质波的假设只不过是在形式上与光子理论的类比,并没有物理上的实质内容,是否符合实际,还需获得直接的实验验证才行.

物质波的概念提出以后,很快在实验上得到证实,1927 年戴维孙和革末在研究低能电子束在镍单晶体表面的散射时观察到了电子衍射现象,同年汤姆孙让电子射过金箔并在后面一段距离处用一张照相底片接收电子,获得了分布为同心圆的衍射图样,如图 12-9 所示. 他同戴维孙一起,因证实电子的波动性而共同获得了 1937 年的诺贝尔物理学奖.

文档:物质波假设的实验检验

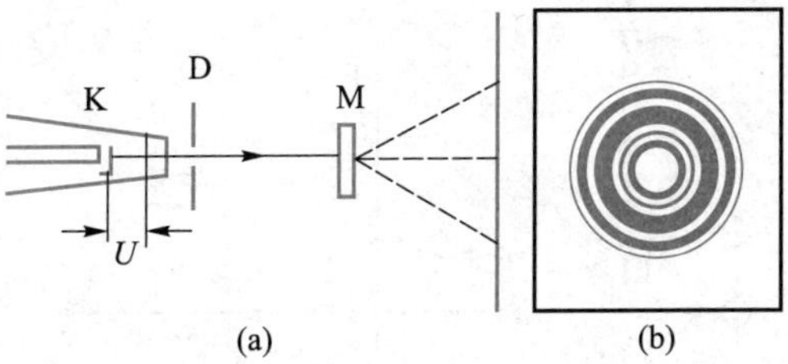

图 12-9

在实验证实了电子的波动性后,人们又用实验证实了分子、质子和原子等也具有波动性,这就说明,一切微观粒子都具有波粒二象性.

微观粒子的波动性在现代科学技术中已经得到广泛应用,利用电子的波动性,制成了高分辨率的电子显微镜,利用中子的波动性,制成了中子摄谱仪. 这些设备都是现代科学技术中进行物性分析不可缺少的.

例 12-7 试证明带电粒子在均匀磁场中做圆轨道运动时,其物质波波长与圆半径成反比.

证明 设粒子质量为 m,带电为 q,圆半径为 r,速率为 v,由于带电粒子在均匀磁场中受洛伦兹力作用做圆周运动,由牛顿第二定律,有

$$qvB=m\frac{v^2}{r}$$

则

$$r=\frac{mv}{qB}$$

可得

$$\lambda=\frac{h}{mv}=\frac{h}{qBr}.$$

12-3 不确定关系

在经典物理中,宏观物体的运动状态用位置和动量描述,宏观物体在任何时刻的位置和动量都可以同时被准确地测定,那么,微观粒子的运动状态是否可以像宏观物体那样用位置和动量来描述呢?下面以电子的单缝衍射实验结果进行讨论.

由于电子具有明显的波动性,因此,让一电子束沿 y 轴方向射向缝宽为 Δx 的单缝上,通过单缝衍射后在屏幕 E 上可以观测到如图 12-10 所示的衍射条纹. 对于一个电子来说,我们只能确定它从宽度为 Δx 的缝中通过,而无法确定它是从缝中的哪一点通过,即电子在 x 方向上的坐标不确定量为 Δx. 此外,由于电子衍射的缘故,电子的动量大小虽未变化,但电子偏离了原来的 y 轴方向,使得动量的方向发生改变,如果只考虑一级暗纹衍射角范围内的电子,则动量在 x 方向上的不确定量为

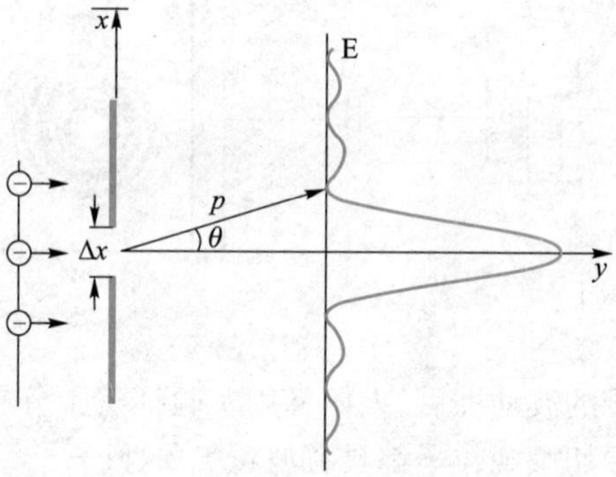

图 12-10

$$\Delta p_x=p\sin\theta \tag{12-25}$$

根据单缝衍射公式有

$$\Delta x\sin\theta=\lambda \tag{12-26}$$

再利用德布罗意公式 $\lambda=h/p$,有

$$\Delta x\Delta p_x=h$$

如果再把一级以上的衍射条纹考虑在内,则有

$$\Delta x \Delta p_x \geqslant h \tag{12-27}$$

从量子力学出发进行严格推导，上式应为

$$\Delta x \Delta p_x \geqslant \frac{\hbar}{2} \tag{12-28}$$

其中 $\hbar=\frac{h}{2\pi}=1.05\times10^{-34}$ J · s，称为约化普朗克常量.

式(12-28)称为不确定关系，它不仅适用于电子，也适用于其他微观粒子. 海森伯由于提出了不确定关系和在量子力学方面的重大贡献而获得了1932年的诺贝尔物理学奖.

文档：海森伯简介

海森伯(W.Heisenberg，1901—1976)

德国物理学家，大学毕业并获得哲学博士学位后，到哥廷根从师玻恩，到哥本哈根从师玻尔，是哥本哈根学派的主要成员之一. 与玻恩等合作，创立了矩阵力学. 26岁时(1927年)阐述了著名的不确定关系，1932年获诺贝尔物理学奖.

不确定关系表明，对于微观粒子不能同时用确定的位置和确定的动量来描述. 当我们欲精确地测定某微观粒子的位置时(即 Δx)，其动量的测定必然更不精确(即 Δp)；反之亦然. 微观粒子的这个特性，是由于它既具有粒子性，也同时具有波动性的缘故. 不是实验技术、测量仪器不精确所引起的. 无论将来实验技术进步到什么程度，测量仪器如何精确，人们永远不可能同时确定微观粒子的位置和动量，因此，对于具有波粒二象性的微观粒子，不可能用某一时刻的位置和动量描述其运动状态，轨道的概念已失去意义，经典力学的规律也不再适用.

在具体问题中，普朗克常量 h 与其他量相比是个极微小的量，可近似认为 $h\to0$，则有 $\Delta x\Delta p_x\geqslant0$，这意味着动量和位置都有可能有确定值，即其不确定量可能同时为零，此时用经典力学的方法就足够了. 若在具体问题中，h 不能忽略时就必须考虑物质的波粒二象性，应用量子力学的方法来处理. 所以普朗克常量实际上就是决定用量子力学还是用经典力学的一种判据. 正如光速 c 是决定用相对论力学还是用经典力学的判据一样，当物体的速度接近光速时，必须用相对论力学，否则可近似用经典力学来处理.

例 12-8 一颗质量为 10 g 的子弹与一个电子，均以 200 m/s 的速度运动，动量的不确定量为动量的 0.01%，试比较子弹与电子的位置的不确定量.

解 由不确定关系式 $\Delta x\Delta p_x\geqslant\frac{\hbar}{2}$，得

$$\Delta x \geqslant \frac{\hbar}{2\Delta p_x}$$

对于子弹

$$p_x = mv = 10\times10^{-3}\times200\ \text{kg}\cdot\text{m/s} = 2\ \text{kg}\cdot\text{m/s}$$

动量的不确定量为

$$\Delta p_x = 0.01\%\times p_x = 2\times10^{-2}\ \text{kg}\cdot\text{m/s}$$

$$\Delta x = \frac{\hbar}{2\Delta p_x} = \frac{1.055\times10^{-34}}{2\times2\times10^{-2}}\ \text{m} = 2.6\times10^{-31}\ \text{m}$$

这个不确定量是无法用测量仪器所能测量到的,因此对于宏观物体,不确定关系实际上不起“限制”作用,所以宏观物体可以用位置和动量来描述其运动状态,服从经典力学规律.

对于电子,有

$$p_x = mv = 9.1\times10^{-31}\times200\ \text{kg}\cdot\text{m/s} = 1.8\times10^{-2}\ \text{kg}\cdot\text{m/s}$$

动量的不确定量为

$$\Delta p_x = 0.01\%\times p_x = 1.8\times10^{-32}\ \text{kg}\cdot\text{m/s}$$

则

$$\Delta x \geqslant \frac{\hbar}{2\Delta p_x} = \frac{1.055\times10^{-34}}{2\times1.8\times10^{-32}}\ \text{m} = 2.9\times10^{-3}\ \text{m}$$

原子大小为 10^{-10} m 数量级,电子则更小,显然电子位置的不确定量超过了自身线度的百亿倍. 可见,电子的位置和动量不可能同时精确地确定,所以电子不能用经典力学方法处理.

12-4 量子力学简介

一、波函数

在经典力学中,物体在任一时刻均有确定的位置和动量,因此,物体的运动状态可用位置和动量来描述. 由于微观粒子具有波动性,所以其运动状态不能用位置和动量描述,而必须采用新的方法来描述,下面以自由粒子的运动为例来加以说明.

一个沿 x 轴正向传播的频率为 ν,波长为 λ 的单色平面波,其波动方程为

$$y(x,t) = A\cos\omega\left(t-\frac{x}{u}\right) = A\cos2\pi\left(\nu t-\frac{x}{\lambda}\right) \tag{12-29}$$

用复数形式表示为

$$y(x,t) = Ae^{-i2\pi(\nu t - x/\lambda)} \tag{12-30}$$

式(12-29)是式(12-30)的实数部分,即可观测的波动方程.

现在先讨论微观粒子处于自由运动状态下的情况. 所谓自由粒子,就是该粒子不受力的作用,在运动过程中其速度 v、动量 p、能量 E 均保持不变. 由于微观粒子具有波动性,根据德布罗意公式,与该自由粒子相联系的物质波的波长为

文档:庞加莱关于新力学的卓见

$$\lambda=\frac{h}{p}$$

频率为

$$\nu=\frac{E}{h}$$

由于自由粒子的 p 和 E 是常量,所以其相应的物质波的波长 λ,频率 ν 也是常量. 这样,与自由粒子相联系的物质波就是单色平面波. 如果此波是沿 x 轴方向传播的,则其波动表达式应采用式(12-30)的复数形式,而不采用式(12-29)的实数形式,这是物质波所要求的. 同时,对物质波来说,式(12-30)中的 $y(x,t)$ 既不代表介质中质点的振动位移,也不代表某个数量(如电场强度等)的大小,为此,我们改用 $\Psi(x,t)$ 来表示,用它来描述物质波在空间的传播,于是得

$$\Psi(x,t)=\Psi_0 \mathrm{e}^{-\mathrm{i}2\pi(\nu t-x/\lambda)}$$

把 $\lambda=h/p$ 和 $\nu=E/h$ 代入,即得沿 x 方向传播的动量大小为 p、能量为 E 的自由粒子的物质波的表达式为

$$\Psi(x,t)=\Psi_0 \mathrm{e}^{-\mathrm{i}\frac{2\pi}{\hbar}(Et-px)}=\Psi_0 \mathrm{e}^{-\frac{1}{\hbar}(Et-px)} \qquad (12-31)$$

式中 $\Psi(x,t)$ 为波函数,一般它是位置和时间的函数,Ψ_0 为波函数的振幅.

在外场中的非自由粒子(如氢原子中核外电子等)仍然可用波函数来描述. 显然,外场不同,粒子的运动状态及描述运动状态的波函数也不同. 因此,作为量子力学的一个基本原理,**微观粒子的运动状态可用一个波函数来描述,这种新的描述方法体现了微观粒子的波粒二象性**.

二、波函数的统计解释

物质波的波函数是复数,它本身并不代表任何可观测的物理量. 那么,波函数是怎样描述微观粒子运动状态的呢? 波函数的物理意义究竟是什么? 应该如何把粒子性和波动性这两个似乎完全对立的性质统一起来理解呢? 1926 年,玻恩利用类比的方法提出了新的解释,并因此获得了 1954 年的诺贝尔物理学奖.

文档:玻恩简介

玻恩(Max Born,1882—1970)

德国理论物理学家,量子力学的奠基人之一,先后任柏林大学教授,哥廷根大学物理系主任. 1937 年当选为英国伦敦皇家学会会员. 他创立了矩阵力学,对波函数作出统计解释,并因此荣获 1954 年的诺贝尔物理学奖.

为了理解波函数的意义,下面重新分析一下光的单缝衍射的光强分布图样. 根据波动的观点,光强与振幅的平方成正比,所以衍射图样中最亮的地方振幅最大;根据粒子的观点,最亮处是单位时间内射到该处的光子数目最多,或者说是光子在该处出现的概率最大的地方. 所以可以认为:光子在空间某处出现的概率与光振动振幅的平方成正比.

现在应用上述观点来分析电子的单缝衍射图样. 由于电子也具有波粒二象性,衍射图样中电子密集的地方,按统计的观点,表示该处出现电子的概率最大;按波动的观点,表示该处波函数的模的平方的值最大. 由此可以得出类似的结论:在某时刻,电子在空间某处出现的概率 $\mathrm{d}W$ 与该处波函数的模的平方成正比,即

$$\mathrm{d}W=|\boldsymbol{\Psi}(\boldsymbol{r},t)|^2\mathrm{d}V=\boldsymbol{\Psi}(\boldsymbol{r},t)\boldsymbol{\Psi}^*(\boldsymbol{r},t)\mathrm{d}V \tag{12-32}$$

式中 $\boldsymbol{\Psi}^*(\boldsymbol{r},t)$ 为 $\boldsymbol{\Psi}(\boldsymbol{r},t)$ 的共轭复数. 这就是玻恩对波函数所作的统计解释,它不仅成功地解释了电子的单缝衍射现象,而且在解释其他许多问题时所得的结果与实验也是完全吻合的. 因此,对波函数的这种正确解释已为大家所公认.

按照波函数的统计解释,我们不能根据描述粒子状态的波函数预言一个粒子某一时刻一定在什么地方出现,但是可以指出在空间各处找到该粒子的概率分别是多少. 所以,微观粒子的波动性与其统计性是密切联系着的,而波函数所表示的则是概率波. 式(12-32)表明,微观粒子出现的概率随时间、空间而变化,这正是微观粒子波动性的表现.

由于波函数模的平方 $|\boldsymbol{\Psi}(\boldsymbol{r},t)|^2$ 代表时刻 t 粒子在空间 $\boldsymbol{r}$ 处的单位体积中出现的概率,这就使得波函数具有一个独特的性质,即波函数 $\boldsymbol{\Psi}$ 与 $c\boldsymbol{\Psi}$(c 为任意常量)所描述的是同一个状态,这一点与经典的波动(如弹性波、电磁波等)有着本质的区别,经典波动的振幅如果增大了 c 倍,则其能量就增加了 c^2 倍,这是完全不同的另一种波动.

单位体积中出现的概率称为概率密度,用 w 表示,则

$$w=\frac{\mathrm{d}W}{\mathrm{d}V}=|\boldsymbol{\Psi}(\boldsymbol{r},t)|^2 \tag{12-33}$$

波函数 $\boldsymbol{\Psi}(\boldsymbol{r},t)$ 既然具有统计意义,就必须满足一些条件. 由于一定时刻在空间给定点微观粒子出现的概率应该是唯一的,不可能既是这个值,又是那个值,所以波函数一定是单值的,又由于概率不可能无限大,所以波函数必须是有限的,并且概率的分布不会逐点跃变或在任何点处发生突变,所以波函数必须处处连续. 因此,波函数必须满足单值、有限、连续三个条件,一般称这三个条件为波函数的标准化条件. 另外,粒子在全空间各点出现的概率总和必等于 1,故

$$\int_V |\boldsymbol{\Psi}(\boldsymbol{r},t)|^2\mathrm{d}V=1 \tag{12-34}$$

上式称为波函数的归一化条件. 只有满足标准化条件和归一化条件的波函数才能够描述微观粒子的运动状态.

三、薛定谔方程

微观粒子的状态是用波函数来描述的,那么怎样才能求出处于一定条件下的

粒子的波函数呢？在经典力学中，如果知道质点的受力情况，以及质点在初始时刻的位置和速度，根据牛顿运动定律可求得质点在任何时刻的运动状态. 描述微观粒子运动状态的波函数则遵循另外一个方程，求解这一方程，就可以知道粒子的运动状态. 这个方程称为薛定谔方程，是 1925 年薛定谔建立的. 为此，薛定谔获得了 1933 年的诺贝尔物理学奖.

薛定谔方程是量子力学的一个基本原理，它既不可能从已有的理论上推导出来，也不可能从实验事实总结出来（因为波函数本身是不可测量的）. 和物理学中的其他基本方程（如牛顿运动定律、麦克斯韦方程组等）一样，其正确性只能靠由它得出的一切结果与实验相符合来证实. 由于将此方程应用于分子、原子等微观粒子所得到的大量结果都和实验相符合，因而薛定谔方程是微观粒子运动规律的一个基本方程.

文档：波动力学的建立

在量子力学中，多数情况是讨论微观粒子在一个不随时间变化的势场中的运动情况，即势能函数 U 只是空间的函数，而不含时间，也就是 $U=U(x,y,z)$. 在这种情况中，系统的能量不随时间变化，系统的这种状态称为定态. 描写定态的波函数称为定态波函数，常用 $\psi(x,y,z)$ 表示. 定态波函数服从定态薛定谔方程，如果粒子在外势场中做一维运动，则该方程为

$$\frac{d^2\psi(x)}{dx^2}+\frac{2m}{\hbar^2}[E-U(x)]\psi(x)=0 \tag{12-35}$$

式中 m 是粒子的质量，$U(x)$ 是粒子在外势场中的势能函数，E 是粒子的总能量.

文档：薛定谔简介

薛定谔（E.Schrödinger，1887—1961）

奥地利理论物理学家，波动力学的创立者，提出了量子力学中的薛定谔方程，建立了微扰的量子理论——量子力学的近似方法，他是量子力学的创始人之一. 1933 年，获诺贝尔物理学奖. 曾和爱因斯坦一起从事发展相对论和建立统一场理论的工作，还将量子力学理论应用于生命现象中，发展了生物物理这一交叉学科.

薛定谔方程是量子力学的基本方程，像牛顿运动定律是经典力学的基本方程一样，量子力学对于微观粒子运动的研究都可以归纳为寻求并解答各种情况下的薛定谔方程. 而各种条件在方程中仅体现为势能函数 U 的具体形式不同. 详细求解与讨论微观粒子的运动特征是量子力学课程的任务.

四、薛定谔方程的应用

应用薛定谔方程求解微观粒子运动的一般步骤是：首先，写出薛定谔方程，其次，求出薛定谔方程的通解，再次，根据标准条件求出常量，最后，由归一化条件得出波函数.

作为定态薛定谔方程应用的一个简单例子,我们讨论粒子在一维势阱中运动的情形.

如图 12-11 所示,一粒子处在势能为 U 的势场中,沿 x 轴做一维运动,粒子的势能函数为

$$U(x)=\begin{cases}0 & (0<x<a)\\ \infty & (x\leqslant 0, x\geqslant a)\end{cases}$$

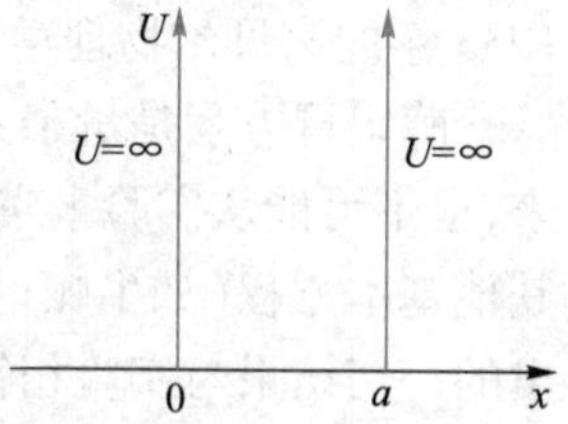

图 12-11

由于势能的分布像阱,而且阱深无限,所以形象地称为无限深方形势阱. 在阱内势能为零,所以粒子不受力. 在边界 $x=0$ 和 $x=a$ 处,由于势能突然增大到无限大,所以粒子受到无限大的指向阱内的力. 因此,粒子只能在 $0<x<a$ 的范围内运动.

粒子在一维无限深方形势阱中的运动. 其状态用波函数描述. 而波函数满足薛定谔方程,这就需要求解这种情况下的薛定谔方程. 由于粒子只能在 $0<x<a$ 的范围内运动,所以粒子的定态波函数 $\psi(x)$ 的值在 $x\leqslant 0$ 和 $x\geqslant a$ 的区域应该等于零. 下面求解势阱内的定态波函数. 在势阱内 $U=0$,由式(12-35)一维定态薛定谔方程可得

$$\frac{\mathrm{d}^2\psi(x)}{\mathrm{d}x^2}+\frac{2mE}{\hbar^2}\psi(x)=0 \tag{12-36}$$

式中 m 为粒子的质量,E 为粒子的总能量

令

$$k^2=\frac{2mE}{\hbar^2} \tag{12-37}$$

则式(12-36)可写为

$$\frac{\mathrm{d}^2\psi(x)}{\mathrm{d}x^2}+k^2\psi(x)=0$$

这是典型的简谐振动方程,其通解是

$$\psi(x)=A\sin(kx+\varphi') \quad (0<x<a) \tag{12-38}$$

式中 A 和 φ' 为两个常量,可由边界条件求出.

当 $x=0$ 时,$\psi(x)=0$,可得 $A\sin\varphi'=0$,即 $\varphi'=0$.

当 $x=a$ 时,$\psi(x)=0$,可得 $A\sin ka=0$,此时不能取 $A=0$,否则波函数只能得到零解,那么只有 $\sin ka=0$,从而得出 $ka=n\pi(n=1,2,3,\cdots)$,即

$$k=\frac{n\pi}{a} \quad (n=1,2,3,\cdots) \tag{12-39}$$

代入式(12-38),得波函数为

$$\psi(x)=A\sin\frac{n\pi}{a}x \quad (0<x<a) \tag{12-40}$$

据归一化条件式(15-34),有

$$\int_{-\infty}^{+\infty}|\psi(x)|^2\mathrm{d}x=1$$

得

$$\int_{-\infty}^{+\infty}|\psi(x)|^2\mathrm{d}x=\int_0^a A^2\sin^2\frac{n\pi}{a}x\mathrm{d}x=\frac{1}{2}aA^2=1$$

所以
$$A=\sqrt{\frac{2}{a}}$$
因此粒子在一维无限深方形势阱的波函数为

$$\psi(x)=\begin{cases}\sqrt{\dfrac{2}{a}}\sin\dfrac{n\pi}{a}x & (0<x<a)\\ 0 & (x\leqslant 0,x\geqslant a)\end{cases}\tag{12-41}$$

由式(12-37)和式(12-39)可得粒子的能量

$$E_n=n^2\frac{\pi^2\hbar^2}{2ma^2}\quad(n=1,2,3,\cdots)\tag{12-42}$$

式中 n 为量子数. 由式(12-41)可以得出以下三个结论.

(1) 势阱中自由粒子的能量是不连续的,是量子化的. 这个量子化条件是在解薛定谔方程中根据波函数的边界条件而得到的自然结果. 而玻尔能量量子化假设是在经典力学的基础上,人为地、生硬地加上的. 按照经典力学的观点,当粒子在一维无限深方形势阱中运动时,其能量是连续的. 但是按量子力学的观点,当粒子在一维无限深方形势阱中运动时,其能量是不连续的.

(2) 粒子的能级结构如图 12-12(a)所示. 当 $n=1$ 时,粒子能量最低,其值为

$$E_1=\frac{\pi\hbar^2}{2ma^2}\neq 0\quad(\text{称为零点能})$$

这是微观粒子波动性的表现,“静止的波”是没有意义的. 而经典粒子的最低能量可以为零.

(3) 相邻能级之差

$$\Delta E=E_{n+1}-E_n=[(n+1)^2-n^2]\frac{\pi^2\hbar^2}{2ma^2}=(2n+1)\frac{\pi^2\hbar^2}{2ma^2}\tag{12-43}$$

由上式可见,相邻能级间的差值随 n 的增大而增大. 而且 ΔE 还与粒子的质量 m 和势阱的宽度 a 的平方成反比. 当 ma^2 与 $\hbar^2$ 的数量级差不多时,能量量子化比较明显. 对于经典粒子,由于 ma^2 比 $\hbar^2$ 大得多,相邻能级差趋于零,因此可以近似地认为能量是连续的.

由式(12-33)可以求出粒子在 $0<x<a$ 某处出现的概率密度为

$$|\psi(x)|^2=\frac{2}{a}\sin^2\frac{n\pi x}{a}$$

图 12-12(a)、(b)、(c)分别给出了 $n=1,2,3$ 时 E_n、$\psi_n(x)$ 和 $|\psi_n(x)|^2$ 的分布情况. 由图 12-12(c)可以看出,在最低能级 E_1 时,在阱壁处找到粒子的概率为零,而在中间出现粒子的概率最大;当能量为 E_2 时,在中间找到粒子的概率为零,在 $\frac{a}{4}$ 和 $\frac{3}{4}a$ 处出现粒子的概率最大;随着 n 的增加,出现概率的最大值与最小值的间距逐渐变小;当趋于无穷大时,出现粒子的概率的最大值与最小值的距离无限接近,以至于可以认为各处出现粒子的概率相等,所以经典粒子运动状态也可以看做是微观粒

子当 $n\to\infty$ 时的状态.

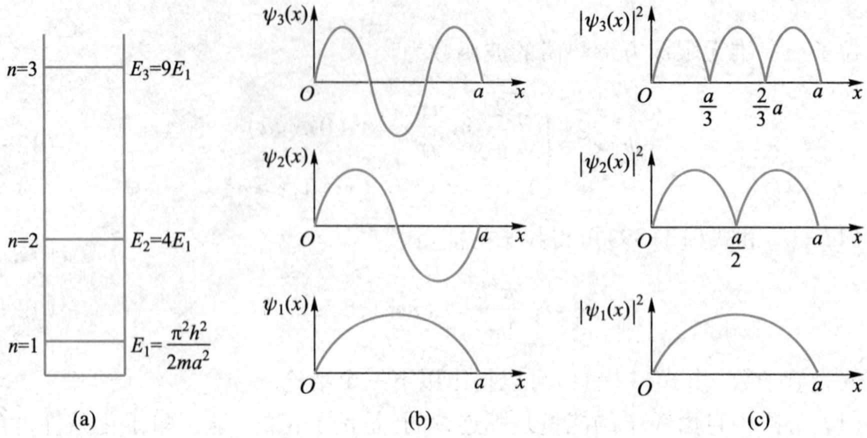

图 12-12

一维无限深方势阱是一种简单的理论模型. 这种模型是目前纳米材料中所涉及的量子点、量子线和量子阱的理论基础.

例 12-9 在一维无限深方形势阱中($0<x<a$),当粒子处于 $n=2$ 的能态时,试求:

(1) 发现粒子概率密度最大的位置;

(2) 在 $x=0$ 到 $x=\dfrac{a}{3}$之间找到粒子的概率.

解 (1) 一维无限深方形势阱中粒子的波函数为

$$\psi_n(x)=\sqrt{\frac{2}{a}}\sin\frac{n\pi}{a}x\quad(n=1,2,3,\cdots)$$

当粒子处于 $n=2$ 的能态时,定态波函数为

$$\psi_2(x)=\sqrt{\frac{2}{a}}\sin\frac{2\pi}{a}x$$

因此,概率密度为

$$|\psi_2(x)|^2=\frac{2}{a}\sin^2\frac{2\pi}{a}x$$

发现粒子概率最大的位置就在对上式概率密度求极值等于零的 x 处.

$$\frac{\mathrm{d}|\psi_2(x)|^2}{\mathrm{d}x}=0$$

$$\frac{2}{a}\times2\sin\left(\frac{2\pi}{a}x\right)\cos\left(\frac{2\pi}{a}x\right)\times\frac{2\pi}{a}=0$$

即
$$\sin\frac{4\pi}{a}x=0$$

$$\frac{4\pi}{a}x=k\pi \quad (k=1,2,3,\cdots)$$

$$x=k\frac{a}{4} \quad (k=1,2,3,\cdots)$$

选择 k 使 x 满足 $0<x<a$,则 $k=1,2,3$,即 x 在$\frac{a}{4},\frac{a}{2},\frac{3}{4}a$ 处有极值,其中 $x=\frac{a}{2}$时概率密度为零,故发现粒子概率密度最大的位置分别为 $x=\frac{a}{4}$和 $x=\frac{3a}{4}$处.

(2) 在 $x=0$ 到 $x=\frac{a}{3}$之间粒子出现的概率为

$$W=\int_0^{\frac{a}{3}}|\psi_2(x)|^2\mathrm{d}x=\int_0^{\frac{a}{3}}\frac{2}{a}\sin^2\frac{2\pi}{a}x\mathrm{d}x=0.4$$

文档:玻尔与爱因斯坦关于量子力学的争论

*12-5 原子中电子的分布

一、四个量子数

由于微观粒子的波粒二象性,任何时刻我们不能精确确定它的空间位置,而只能确定它出现的概率. 我们把量子力学理论应用于氢原子及其他原子可知,原子中电子的运动状态要由四个量子数来描述.

1. 主量子数 n

由能级公式

$$E_n=-\frac{me^4}{8\varepsilon_0 h^2}\left(\frac{1}{n^2}\right) \quad n=1,2,3,\cdots \tag{12-44}$$

原子能级主要由主量子数 n 决定,n 取值为 $1,2,3,\cdots$(正整数),n 越大,能量越大.

2. 角量子数 l

电子绕核运动的角动量 L 与角量子数 l 的关系是

$$L=\sqrt{l(l+1)}\,\hbar,\quad l=0,1,2,\cdots,n-1 \tag{12-45}$$

电子的能量除主要和主量子数 n 有关外,一般也与角量子数 l 有关. 对于一定的主量子数 n,l 共有 n 个可能的取值. 如 $n=3$ 时,$l=0,1,2$,角动量 $L=0,\sqrt{2}\hbar,\sqrt{6}\hbar$.

3. 磁量子数 m_l

在外磁场中,角动量在外磁场方向上的分量 L_z 满足以下量子化条件

$$L_z=m_l\hbar,\quad m_l=0,\pm1,\pm2,\cdots,\pm l \tag{12-46}$$

式中 m 可取 $2l+1$ 个值，即角动量在空间的取向有 $2l+1$ 个，称为空间量子化.

例如，$l=1$，$m_l=-1,0,1$ 共 3 种可能的取值. 这时 $L=\sqrt{1(1+1)}\,\hbar=\sqrt{2}\,\hbar$，而 $L_z=-\hbar,0,\hbar$ 三种可能取值. 图 12-13 给出 $l=1,2,3$ 时电子角动量空间量子化的情形.

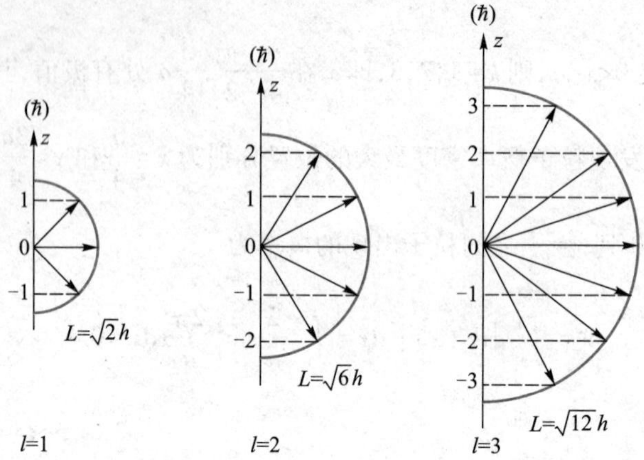

图 12-13

4. 自旋量子数 m_s

电子自身旋转运动还具有自旋角动量. 在外磁场中，自旋角动量在外磁场方向上的分量 S_z 和自旋量子数 m_s 之间满足以下量子化条件

$$S_z=m_s\hbar,\quad m_s=\pm\frac{1}{2} \tag{12-47}$$

m_s 只能取值$\frac{1}{2}$或$-\frac{1}{2}$，说明电子自旋只有两种取向.

总之，描述原子中电子的运动状态，要有四个量子数：主量子数 n 决定电子的能量；角量子数 l 决定电子绕核运动的角动量；磁量子数 m_l 决定角动量在外磁场方向上的分量；自旋量子数 m_s 决定自旋角动量在外磁场方向上的分量.

二、原子的壳层结构

除氢原子外，其他原子都有两个以上的电子，是多电子体系. 对多电子体系，原子中的电子是如何分布的呢？

1916 年，柯塞尔提出了多电子体系中原子核外电子按壳层分布的形象化模型. 他认为主量子数 n 相同的电子，组成一个壳层. 对应于 $n=1,2,3,4,\cdots$ 状态的壳层分别用大写字母 K，L，M，N，…表示. 在一个壳层内，又按角量子数 l 分成若干个支壳层. 对应于 $l=0,1,2,3,\cdots$ 状态的支壳层分别用小写字母 s，p，d，f，…表示. 由量子数(n,l)确定的支壳层通常这样表示：把 n 的数值写在前面，并排写出代表 l 值的字母，如 1s，2s，2p，3s，3p，3d，4s 等.

文档：泡利不相容原理和电子自旋的提出

核外电子在这些壳层和支壳层上的具体分布情况遵循下面两条原理.

泡利不相容原理 **原子中不可能同时有两个或两个以上电子处于完全相同的状态，这个原理称为泡利不相容原理.** 由于原子中一个电子的运动状态可用四个量子数来表示,因而泡利不相容原理还可以表述为:**原子中不可能同时有两个或两个以上的电子具有相同的量子数**.

泡利(W.E.Pauli,1900—1958)

奥地利理论物理学家,在现代物理学的许多领域都有杰出的贡献,特别是泡利不相容原理的建立和β衰变中的中微子假设等为原子物理的发展奠定了重要基础.他在25岁时提出的泡利不相容原理获得1945年的诺贝尔物理学奖.

文档:泡利简介

根据泡利不相容原理可以计算出各 l 支壳层上和各 n 壳层上最多可容纳的电子数.当 n 给定时,l 的可能取值为 $0,1,2,\cdots,(n-1)$ 共 n 个;当 l 给定时,m_l 的可能取值为 $0,\pm1,\pm2,\cdots,\pm l$,共 $2l+1$ 个;当 n,l,m_l 都给定时,m_s 只有 $+\frac{1}{2}$ 和 $-\frac{1}{2}$ 两个取值.由于给定 l 后,m_l 有 $2l+1$ 个值,每个 m_l 值又可配上 m_s 的两个取值,因此可以有 $2(2l+1)$ 组不完全相同数值,即 l 支壳层中最多可容纳的电子数为

$$Z_l=2(2l+1) \tag{12-48}$$

给定主量子数 n 后,角量子数 l 有 n 个不同的取值.即一个主量子数为 n 的主壳层中有 n 个支壳层,$l=0,1,2,\cdots,(n-1)$,所以主量子数为 n 的主壳层中最多可容纳的电子数 Z_n 为

$$Z_n=\sum_{l=0}^{n-1}2(2l+1)=\frac{2[1+(2n-1)]}{2}n=2n^2 \tag{12-49}$$

表12-1列出了原子各壳层和各支壳层中最多可容纳的电子数.

表12-1 壳层、支壳层最多能容纳的电子数

l / n	0 s	1 p	2 d	3 f	4 g	5 h	6 i	总数 ($2n^2$)
1 K	2	—	—	—	—	—	—	2
2 L	2	6	—	—	—	—	—	8
3 M	2	6	10	—	—	—	—	18
4 N	2	6	10	14	—	—	—	32
5 O	2	6	10	14	18	—	—	50
6 P	2	6	10	14	18	22	—	72
7 Q	2	6	10	14	18	22	26	98

例如,当 $n=2, l=0$ 时,对应 L 壳层 s 支壳层,最多可能有 2 个电子,简记为 $2s^2$;当 $n=2, l=1$ 时,对应 L 壳层 p 支壳层,最多可能有 6 个电子,简记为 $2p^6$,故 L 壳层最多可能有 8 个电子.

能量最小原理 原子处于正常状态时,其中每个电子都趋向占据最低的能级,这个原理称为能量最小原理. 能级高低基本上决定于主量子数 n,n 越小,能级越低,离核越近. 所以电子一般按 n 从小到大的顺序填入各能级,但能级还和角量子数 l 有关,因而在某些情况下,n 较小的壳层还未填满时,n 较大的壳层上已有电子填入了. 原子壳层中电子能量的高低与 n、l 究竟有什么关系呢? 我国科学家徐光宪总结出一条规律:对原子外层的电子,能级高低由 $n+0.7l$ 的大小确定,其值越大,能级越高. 这一结论称为徐光宪定则. 例如,4s($n=4, l=0$)的 $n+0.7l=4$,而 3d($n=3, l=2$)的 $n+0.7l=4.4$,所以 4s 态应比 3d 态先填入电子. 例如,元素周期表中第 19 号元素钾(K),它的核外共有 19 个电子,前 18 个电子在核外的排布为 $1s^2 2s^2 2p^6 3s^2 3p^6$,第 19 个电子不是按顺序占据 3d 态,而是占据 4s 态. 钾原子核外电子的最终排布为 $1s^2 2s^2 2p^6 3s^2 3p^6 4s^1$.

1869 年,俄国化学家门捷列夫发现了元素的周期性,即如果将元素按原子核电荷数的顺序排列,则元素的化学性质和物理性质就会出现有规律、周期性的重复,从而列出了元素周期表. 利用泡利不相容原理、能量最小原理等量子物理学理论可知,原子中的电子从低能级逐级填充,一个壳层填满后再填充下一壳层,当核外电子向一个新的壳层填入时,就是一个新的周期的开始,由此可见,根据泡利不相容原理和能量最小原理,由原子的壳层结构可以解释元素周期表和多电子原子的化学性质. 泡利由于发现了泡利不相容原理而获得了 1945 年的诺贝尔物理学奖.

习题

第十二章参考答案

12-1 氢弹爆炸时火球的瞬时温度达到 10^7 K,试求其辐射的峰值波长和辐射光子的能量.

12-2 测得从某炉壁小孔辐射的功率密度为 20 W/cm,求炉内温度及单色辐出度极大值所对应的波长.

12-3 钾的光电效应的截止波长是 550 nm,求:(1) 钾电子的逸出功;(2) 当用波长为 300 nm 的紫外线照射时,钾的遏止电压.

12-4 波长为 450 nm 的单色光入射到逸出功为 3.7×10^{-19} J 的洁净钠表面,求:(1) 入射光子的能量;(2) 逸出电子的最大动能;(3) 钠的截止频率;(4) 入射光子的动量.

12-5 求和一个静止的电子能量相等的光子的频率、波长和动量.

12-6 波长 $\lambda_0=0.070\ 8$ nm 的 X 射线在石蜡上受到康普顿散射,在 $\pi/2$ 和 π 方向上所散射的 X 射线的波长各是多少?

12-7 在 $\theta=90^\circ$ 的方向上观测康普顿散射,为使 $\Delta\lambda/\lambda=1\%$,入射光子的波长应为多少?

12-8 在气体放电管中,用动能为 12.2 eV 的电子轰击处于基态的氢原子,试求氢原子被激发后所能发射的光谱线的波长.

12-9 设氢原子光谱的巴耳末系中第一条谱线(H_α)的波长为 λ_α,第二条谱线(H_β)的波长为 λ_β,试证明:帕邢系(由各高能态跃迁到主量子数为 3 的定态所发射的各谱线组成的谱线系)中的第一条谱线的波长为

$$\lambda=\frac{\lambda_\alpha\lambda_\beta}{\lambda_\alpha-\lambda_\beta}$$

12-10 将氢原子中的电子从 $n=2$ 的轨道上电离出去,试求电离能是多少?

12-11 被 200 V 电压加速后的带电粒子的物质波波长为 0.002 nm,若其带电荷量为一个电子的电荷量,求带电粒子的静止质量.

12-12 设电子和光子的波长均为 0.2 nm. 它们的动量和动能各是多少?

12-13 试求下列各粒子的物质波波长.(1) 动能为 100 eV 的自由电子;(2) 动能为 0.1 eV 的自由电子;(3) 温度 $T=1.0$ K,具有动能 $\frac{3}{2}kT$ 的氦原子.

12-14 当电子的物质波波长等于其康普顿波长时,求:(1) 电子的动量;(2) 电子速率与光速的比值.

12-15 某电子枪的加速电压 $U=5.00\times10^5$ V,求电子的物质波波长.(不考虑相对论效应.)

12-16 室温(300 K)下的中子称为热中子,求热中子的物质波波长.

12-17 设粒子沿 x 轴运动时,速率的不确定量为 $\Delta v=1$ cm/s,试估算下列情况下粒子坐标的不确定量 Δx:(1) 电子;(2) 质量为 10^{-13} kg 的布朗粒子;(3) 质量为 10^{-4} kg 的小弹丸.

12-18 用干涉仪确定一个宏观物体的位置不确定度为 10^{-12} m. 若我们以此精度测得一质量为 0.50 kg 的物体的位置,由不确定关系,它的速度的不确定量多大?

12-19 铀核的线度为 7.2×10^{-15} m. 求其中一个质子的动量和速度的不确定量.

12-20 一个光子的波长为 3.0×10^{-7} m. 如果测定此波长的精确度为 $\frac{\Delta\lambda}{\lambda}=10^{-6}$,试求同时测定此光子位置的不确定量.

12-21 (1) $n=5$ 时,l 的可能值是多少?(2) $l=5$ 时,m_l 的可能值为多少?(3) $l=4$ 时,n 的最小可能值是多少?(4) $n=3$ 时,电子可能状态数为多少?

12-22 氢原子中的电子处于 $n=4$、$l=3$ 的状态. 问(1) 该电子角动量 $\boldsymbol{L}$ 的值为多少?(2) 这角动量 $\boldsymbol{L}$ 在 z 轴的分量有哪些可能的值?

12-23 设粒子的波函数为 $\psi(x)=Ae^{-\frac{1}{2}a^2x^2}$,$a$ 为常量. 求归一化常量 A.

12-24 粒子在一维无限深方势阱中运动,其波函数为

$$\psi_n(x)=\sqrt{\frac{2}{a}}\sin\frac{n\pi x}{a}\quad(0<x<a)$$

若粒子处于 $n=1$ 的状态，在 $x=0$ 到 $x=\frac{a}{4}$ 区间内发现该粒子的概率是多少？

$$\left[提示:\int\sin^2 x\mathrm{d}x=\frac{1}{2}x-\left(\frac{1}{4}\right)\sin 2x+C\right]$$

附录一

希腊字母表

大写	小写	英语读音	国际音标	汉语读音
Α	α	alpha	[ˈælfə]	阿尔法
Β	β	beta	[ˈbeɪtə]	贝塔
Γ	γ	gamma	[ˈgæmə]	伽马
Δ	δ	delta	[ˈdeltə]	德耳塔
Ε	ε	epsilon	[ˈepsɪlən]	厄普西隆
Ζ	ζ	zeta	[ˈziːtə]	仄塔
Η	η	eta	[ˈeɪtə]	以塔
Θ	θ	theta	[ˈθiːtə]	忒塔
Ι	ι	iota	[aɪˈoʊtə]	爱俄塔
Κ	κ	kappa	[ˈkæpə]	卡帕
Λ	λ	lambda	[ˈlæmde]	兰达
Μ	μ	mu	[mjuː]	缪
Ν	ν	nu	[njuː]	纽
Ξ	ξ	xi	[ksaɪ]	克塞
Ο	ο	omicron	[oʊˈmaɪkrən]	俄密克戎
Π	π	pi	[paɪ]	珀
Ρ	ρ	rho	[rou]	洛
Σ	σ	sigma	[ˈsɪgmə]	西格马
Τ	τ	tau	[tɔː]	陶
Υ	υ	upsilon	[ˈjuːpsɪlən]	宇普西隆
Φ	φ	phi	[faɪ]	斐
Χ	χ	chi	[kaɪ]	克黑
Ψ	ψ	psi	[psaɪ]	普塞
Ω	ω	omega	[ˈoʊmɪgə]	俄墨伽

附录二

常用物理常量表

计算用值	物理量	符号	国际推荐值	单位	相对标准不确定度
3.00×10^{8}	光速	c	299 792 458	$m\cdot s^{-1}$	精确
$4\pi\times10^{-7}$	真空磁导率	μ_0	$4\pi\times10^{-7}$	$N\cdot A^{-2}$	精确
8.85×10^{-2}	真空电容率	ε_0	$8.854\ 187\ 817\cdots\times10^{-12}$	$F\cdot m^{-1}$	精确
6.07×10^{-11}	引力常量	G	$6.674\ 30(15)\times10^{-11}$	$m^3\cdot kg^{-1}\cdot s^{-2}$	1.5×10^{-5}
6.63×10^{-34}	普朗克常量	h	$6.626\ 070\ 15\times10^{-34}$	$J\cdot s$	精确
1.055×10^{-34}	约化普朗克常量	$\hbar$	$1.054\ 571\ 817\cdots\times10^{-34}$	$J\cdot s$	精确
1.60×10^{-19}	元电荷	e	$1.602\ 176\ 634\times10^{-19}$	C	精确
9.11×10^{-31}	电子质量	m_e	$9.109\ 383\ 701\ 5(28)\times10^{-31}$	kg	3.0×10^{-10}
1.67×10^{-27}	质子质量	m_p	$1.672\ 621\ 939\ 69(51)(21)\times10^{-27}$	kg	3.1×10^{-10}
1.67×10^{-27}	中子质量	m_n	$1.674\ 927\ 498\ 04(95)\times10^{-27}$	kg	5.7×10^{-10}
-1.76×10^{-11}	电子比荷	$-e/m_e$	$-1.758\ 820\ 010\ 76(53)\times10^{-11}$	$C\cdot kg^{-1}$	3.0×10^{-10}
1.01×10^{7}	里德伯常量	R_∞	10 973 731.568 160(21)	m^{-1}	1.9×10^{-12}
6.02×10^{23}	阿伏伽德罗常量	N_A	$6.022\ 140\ 76\times10^{23}$	mol^{-1}	精确
8.31	摩尔气体常量	R	8.314 462 618	$J\cdot mol^{-1}\cdot K^{-1}$	精确
1.38×10^{-23}	玻耳兹曼常量	k	$1.380\ 649\times10^{-23}$	$J\cdot K^{-1}$	精确
5.67×10^{-8}	斯特藩-玻耳兹曼常量	σ	$5.670\ 374\ 419\times10^{-8}$	$W\cdot m^{-2}\cdot K^{-4}$	精确
2.898×10^{-3}	维恩位移定律常量	b	$2.897\ 771\ 955(17)\times10^{-3}$	$m\cdot K$	精确
1.66×10^{-27}	原子质量常量	m_u	$1.660\ 539\ 066\ 60(50)\times10^{-27}$	kg	3.0×10^{-10}
22.4×10^{-3}	理想气体的摩尔体积（标准状态）	V_m	$22.710\ 954\ 64\times10^{-3}$	$m^3\cdot mol^{-1}$	精确
5.29×10^{-11}	玻尔半径	a_0	5.291 772 109 03(80)	m	1.5×10^{-10}
2.82×10^{-5}	经典电子半径	r_e	$2.817\ 940\ 326\ 2(13)\times10^{-15}$	m	4.5×10^{-10}

注:表中的数据为国际科学联合会理事会科学技术数据委员会(CODATA)2014年的国际推荐值.

表内括号中数字表示给定值最末两位数的标准值差. 例如,8.314 510(70)= 8.314 510±0.000 070.

附录三

常用数学公式

一、平面三角

1. 三角恒等式

$\sin^2\alpha+\cos^2\alpha=1$

$\cos\alpha+\cos\beta=2\cos\frac{\alpha+\beta}{2}\cos\frac{\alpha-\beta}{2}$

$\sin(\alpha+\beta)=\sin\alpha\cos\beta+\cos\alpha\sin\beta$

$\cos(\alpha\pm\beta)=\cos\alpha\cos\beta\mp\sin\alpha\sin\beta$

$\sin\frac{\alpha}{2}=\pm\sqrt{\frac{1-\cos\alpha}{2}}$

$\cos\frac{\alpha}{2}=\pm\sqrt{\frac{1+\cos\alpha}{2}}$

$\sin 2\alpha=2\sin\alpha\cos\alpha$

$\cos 2\alpha=1-2\sin^2\alpha$

2. 余弦定理

$a^2=b^2+c^2-2bc\cos A$

$b^2=a^2+c^2-2bc\cos B$

$c^2=b^2+b^2-2bc\cos C$

二、初等代数

1. 二次方程 $ax^2+bx+c=0$

根：$$x=\frac{-b\pm\sqrt{b^2-4ac}}{2a}$$

根与系数的关系：$$x_1+x_2=\frac{b}{a},x_1x_2=\frac{c}{a}$$

2. 指数

$a^m\cdot a^n=a^{m+n}$

$a^m\div a^n=a^{m-n}$

$(a^m)^n=a^{mn}$

$a^{\frac{m}{n}}=\sqrt[n]{a^m}=(\sqrt[n]{a})^m$

$(ab)^m=a^mb^m$

$\left(\frac{a}{b}\right)^m=\frac{a^m}{b^m}\quad(b\neq0)$

$a^0=1\quad(a\neq0)$

$a^{-m}=\frac{1}{a^m}\quad(a\neq0)$

3. 对数

若 $a=10^m$，则 $\lg a=m\quad(a>0)$

若 $a=e^m$，则 $\ln a=m\quad(e=2.72)\quad(a>0)$

$\lg a=0.43\ln a$

$\ln a=2.3\lg a$

$\ln\frac{a}{b}=\ln a-\ln b$

$\ln(ab)=\ln a+\ln b$

$\ln 2=0.69$

$\ln 3=1.098\,6\approx1.1$

4. 级数展开式

$$(1+x)^n=1+\frac{nx}{1!}\pm\frac{n(n-1)x^2}{2!}\pm\cdots$$

$$(x+y)^n=x^n\pm\frac{n}{1!}x^{n-1}y\pm\frac{n(n-1)}{2!}x^{n-2}y^2\pm\cdots$$

三、初等几何

圆面积（半径为 R，直径为 D）	$S=\pi R^2=\frac{1}{4}\pi D^2$
含 θ 的弧长	$l=R\theta$（θ 以弧度计）
扇形面积	$A=\frac{1}{2}R^2\theta$
球冠面积（高为 h）	$S=2\pi Rh$（不包括底面）
球面积	$S=4\pi R^2=\pi D^2$
球体积	$V=\frac{4}{3}\pi R^3=\frac{1}{6}\pi D^3$

四、矢量

矢量在 Oxy 坐标系的分量式	$\boldsymbol{A}=A_x\boldsymbol{i}+A_y\boldsymbol{j}\begin{cases}A=\sqrt{A_x^2+A_y^2}\\ \theta=\arctan\frac{A_y}{A_x}\end{cases}$
两矢量的和、差	$\boldsymbol{C}=\boldsymbol{A}\pm\boldsymbol{B}=(A_x\pm B_x)\boldsymbol{i}+(A_y\pm B_y)\boldsymbol{j}$
两矢量的标积	$C=\boldsymbol{A}\cdot\boldsymbol{B}=A_xB_x+A_yB_y=AB\cos\theta$ （θ 为 $\boldsymbol{A}$ 与 $\boldsymbol{B}$ 间的夹角）
两矢量的矢积	$\boldsymbol{C}=\boldsymbol{A}\times\boldsymbol{B}=(A_xB_y-A_yB_x)\boldsymbol{k}$ $\lvert\boldsymbol{A}\times\boldsymbol{B}\rvert=AB\sin\theta$
空间矢量的导数	$\frac{d\boldsymbol{A}}{dt}=\frac{dA_x}{dt}\boldsymbol{i}+\frac{dA_y}{dt}\boldsymbol{j}+\frac{dA_z}{dt}\boldsymbol{k}$
空间矢量的积分	$\boldsymbol{A}=\int d\boldsymbol{A}=\int dA_x\boldsymbol{i}+\int dA_y\boldsymbol{j}+\int dA_z\boldsymbol{k}$

五、微积分

$\frac{d}{dx}x^n=nx^{n-1}$	$\int x^n dx=\frac{x^{n+1}}{n+1}+C\quad(n\neq-1)$
$\frac{d}{dx}\ln x=\frac{1}{x}$	$\int\frac{dx}{x}=\ln x+C$
$\frac{d}{dx}\sin x=\cos x$	$\int\sin x dx=-\cos x+C$
	$\int\sin^2 x dx=\frac{x}{2}-\frac{1}{2}\sin x\cos x+C$
$\frac{d}{dx}\cos x=-\sin x$	$\int\cos x dx=\sin x+C$

$$\frac{\mathrm{d}}{\mathrm{d}x}\mathrm{e}^x=\mathrm{e}^x$$

$$\frac{\mathrm{d}}{\mathrm{d}x}C=0\text{（}C\text{ 为常数）}$$

$$\int \mathrm{e}^x\mathrm{d}x=\mathrm{e}^x+C$$

$$\int C\mathrm{d}x=Cx+C$$

$$\int \frac{\mathrm{d}x}{\sqrt{x^2\pm a^2}}=\ln(x+\sqrt{x^2\pm a^2})+C$$

$$\int \frac{x\mathrm{d}x}{(x^2+a^2)^{3/2}}=-\frac{1}{(x^2+a^2)^{1/2}}+C$$

$$\int \frac{\mathrm{d}x}{(x^2+a^2)^{3/2}}=\frac{x}{a^2(x^2+a^2)^{1/2}}+C$$

（注：上述积分公式中的 C 为积分常数）

郑重声明